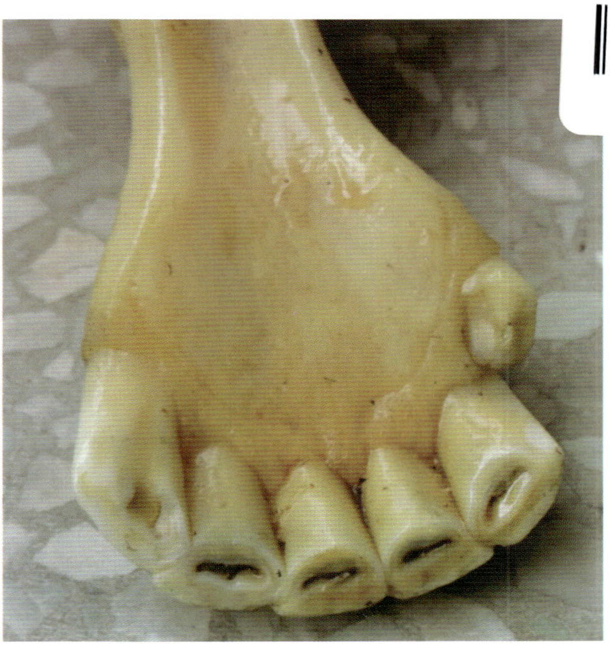

彩图 1　马下切齿之齿漏斗(又齿坎、齿窝,深约 7 mm)

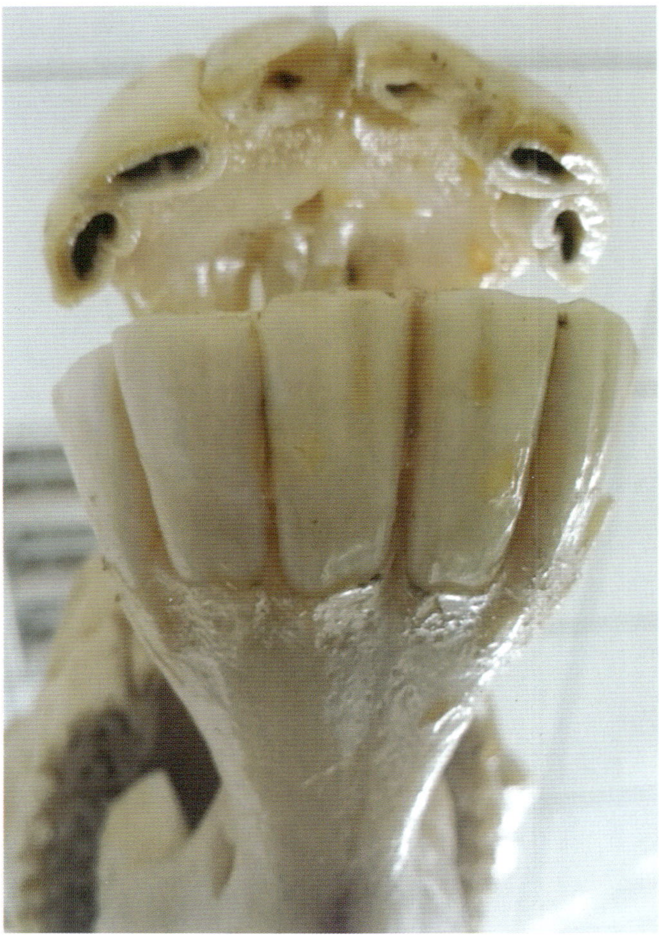

彩图 2　马上切齿之齿漏斗(深约 14 mm)

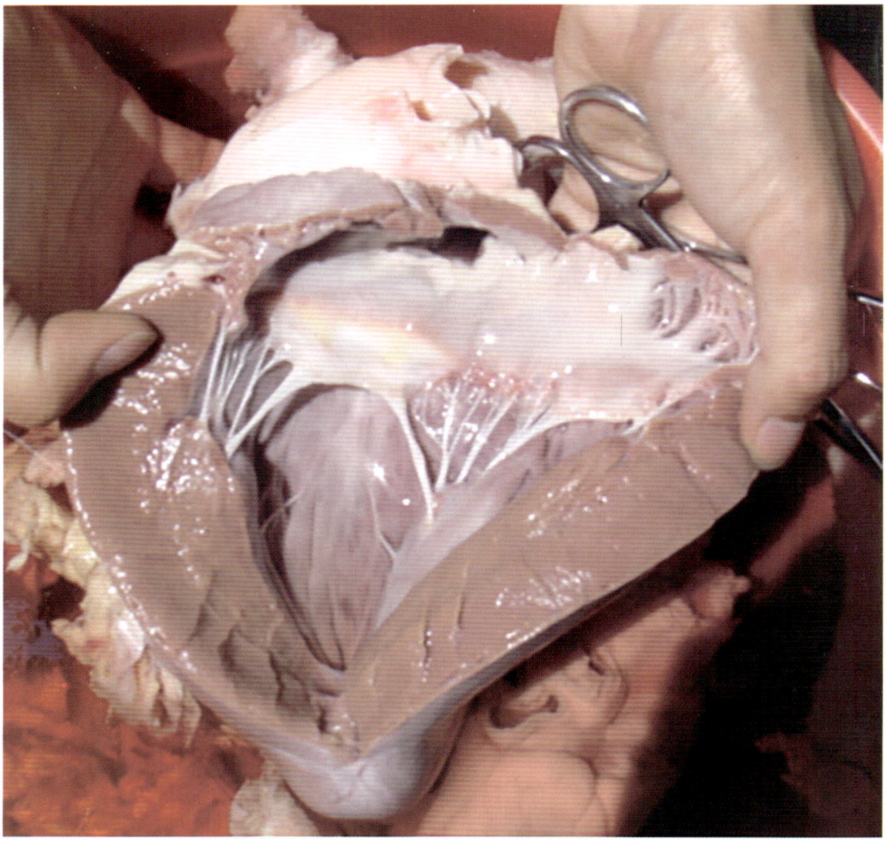

彩图3　牛心脏(示左心室、左心房、左房室瓣、心内膜、心肌和心外膜)

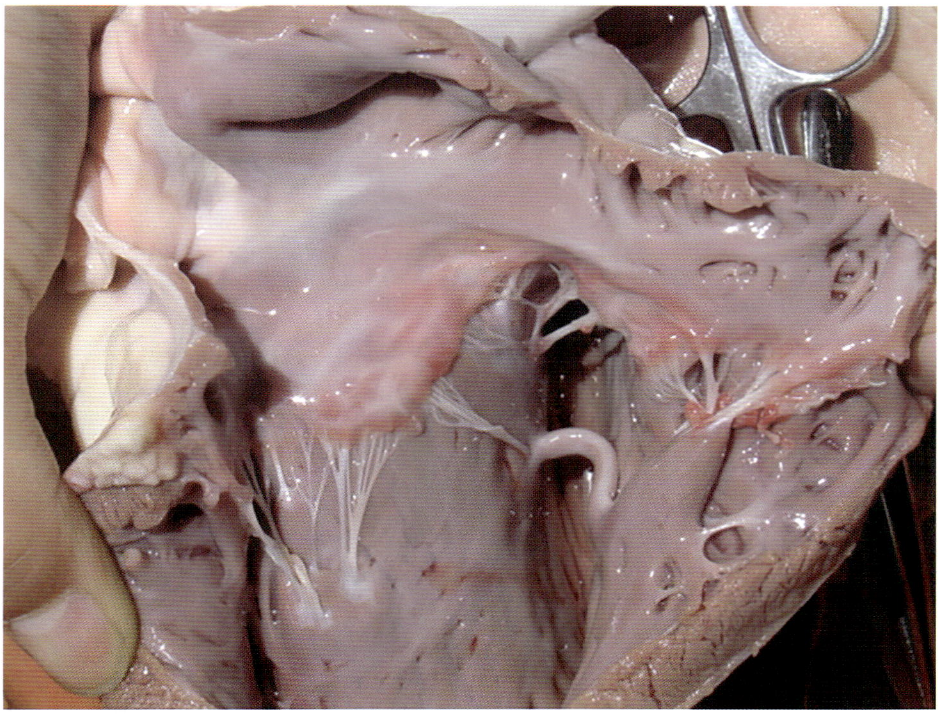

彩图4　牛心脏(示右心室、右心房、右房室瓣、心横肌、乳头肌和梳状肌)

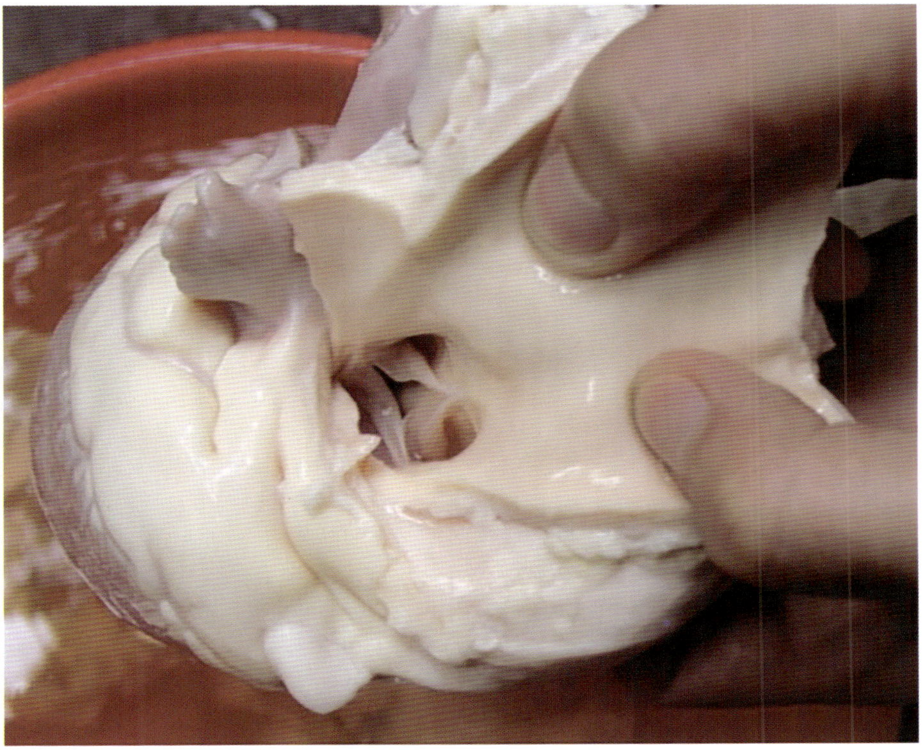

彩图5　牛心脏主动脉口之三片主动脉瓣

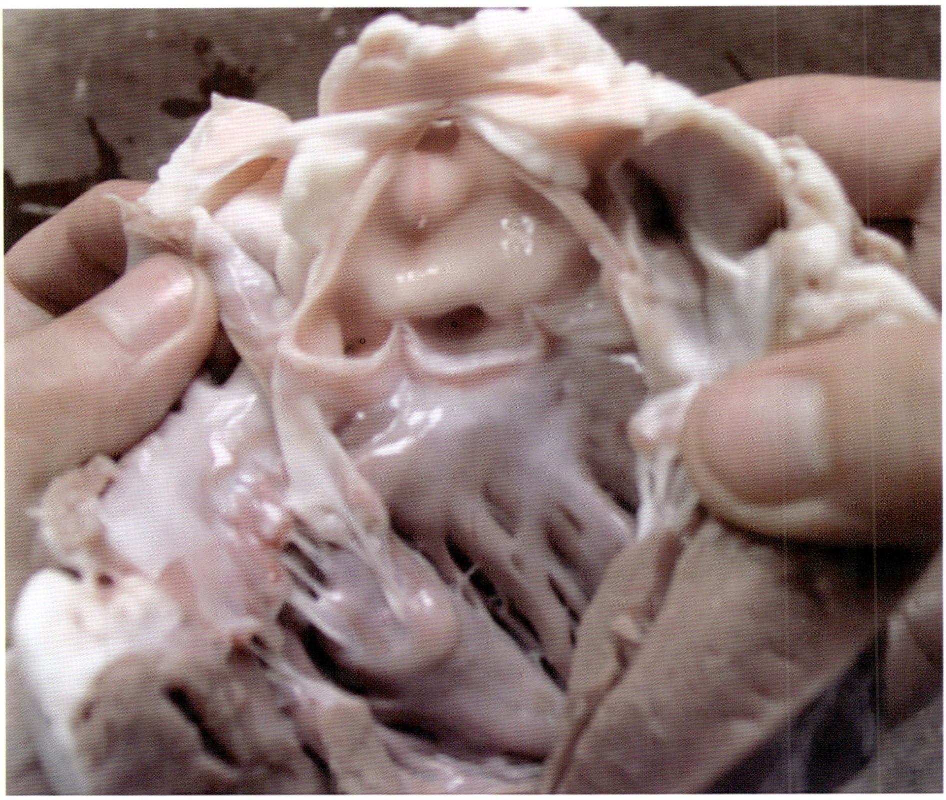

彩图6　牛心脏主动脉口处分出的两个冠状动脉入口(两个小黑点处)

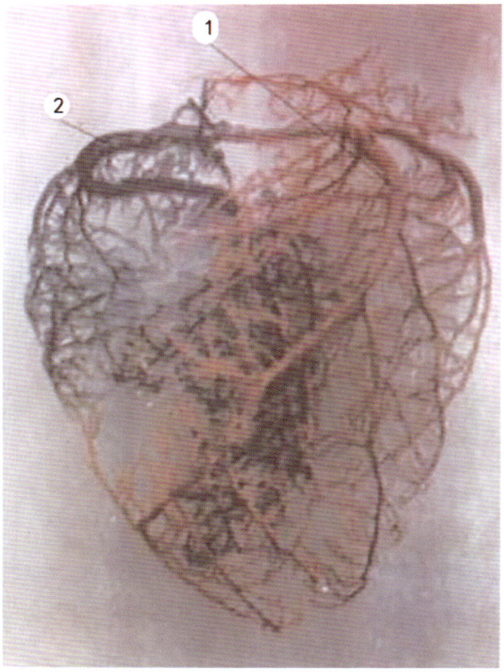

右侧观

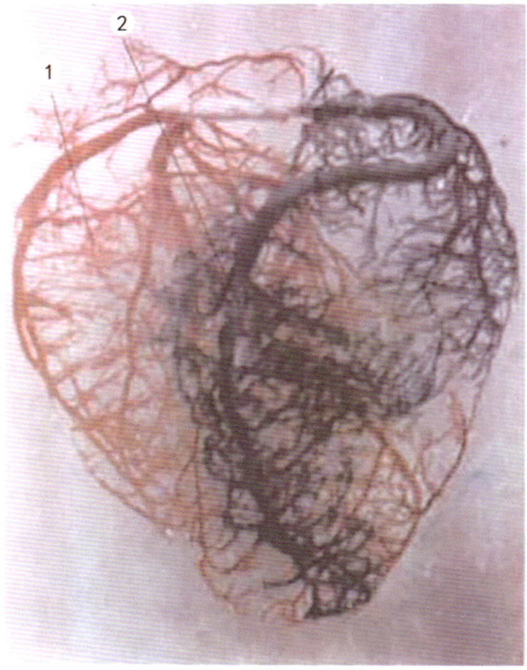

左侧观

彩图7　牛心脏营养血管铸型标本

（1.冠状动脉右旋支及其降支　2.冠状动脉左旋支及其降支）

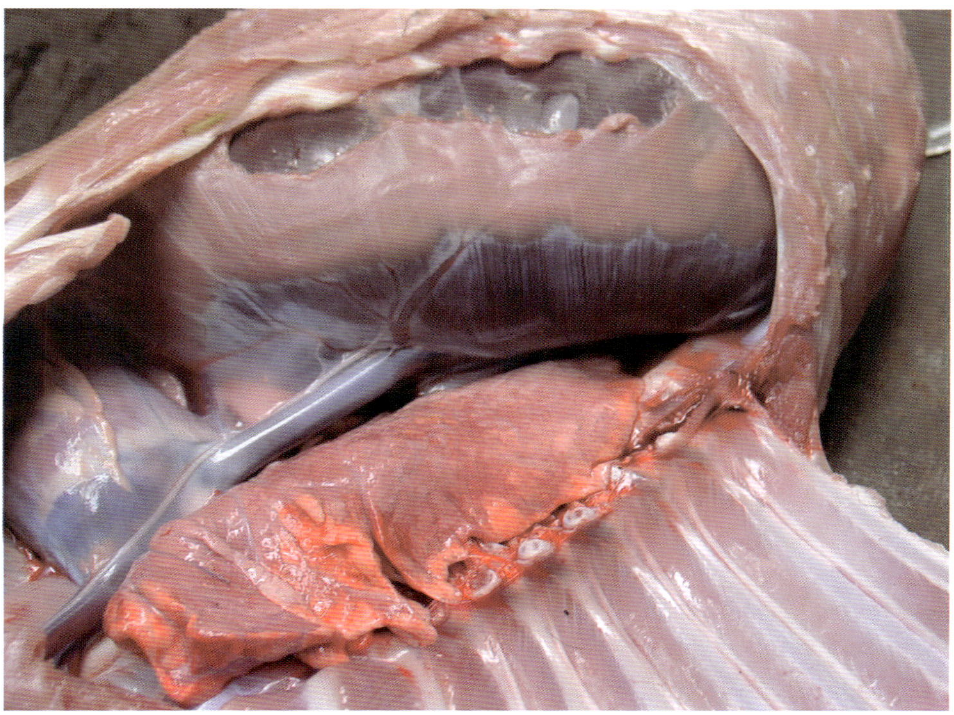

彩图8　山羊胸腔右侧（示心、肺、前后腔静脉、膈神经和膈肌）

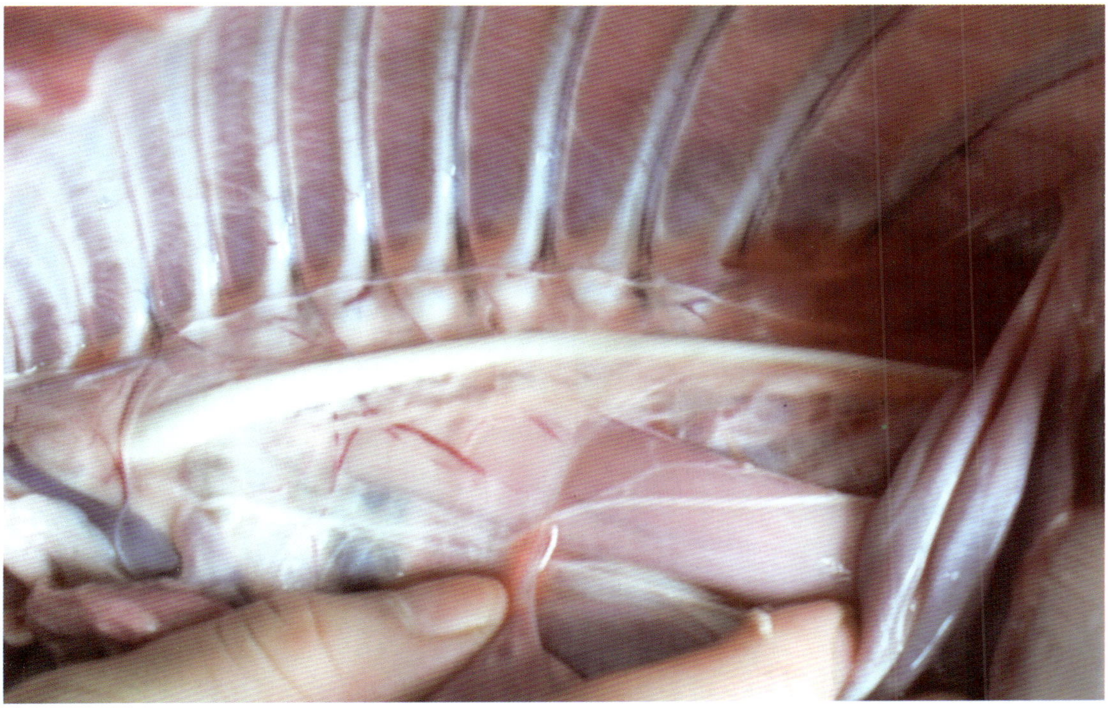

彩图9　山羊胸腔左侧(示交感神经、主动脉、食管、迷走神经)

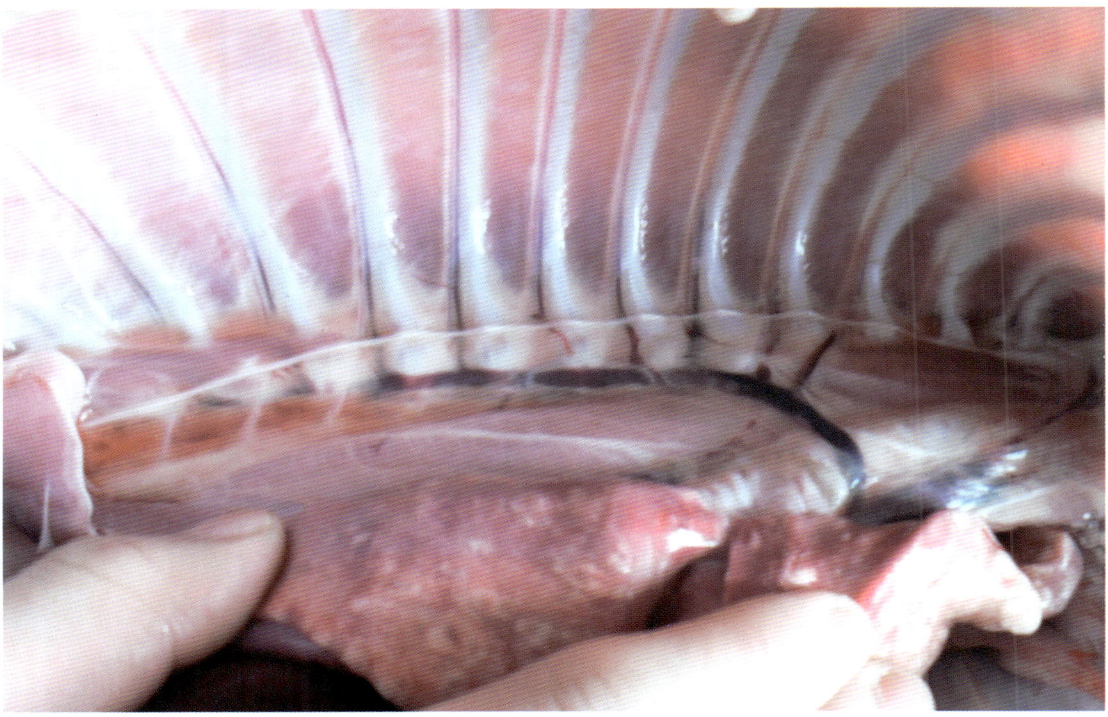

彩图10　山羊胸腔右侧(示交感神经、奇静脉、食管、迷走神经和肺)

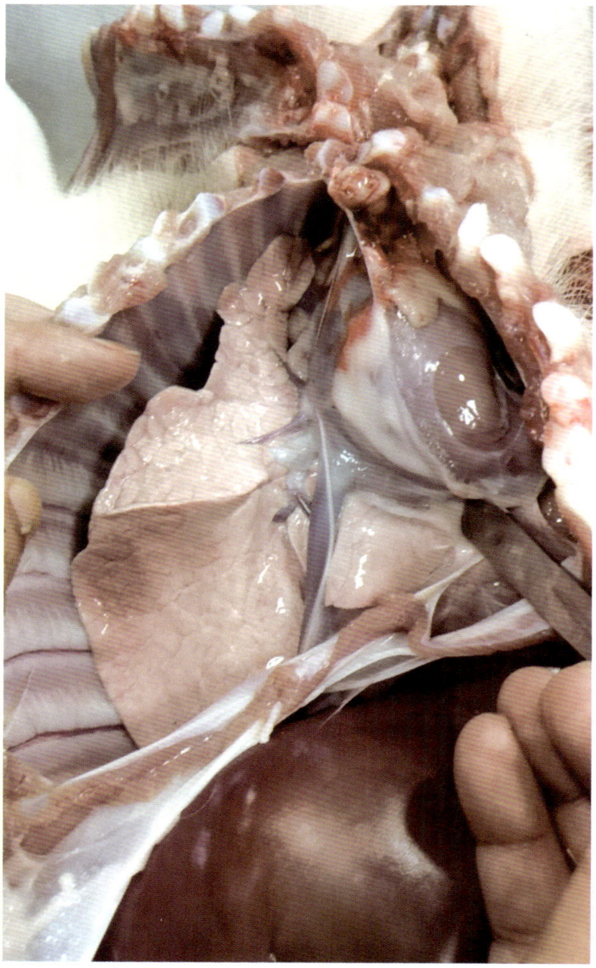

彩图 11　猪胸腔
（示心、肺、膈神经、后腔静脉、肺静脉）

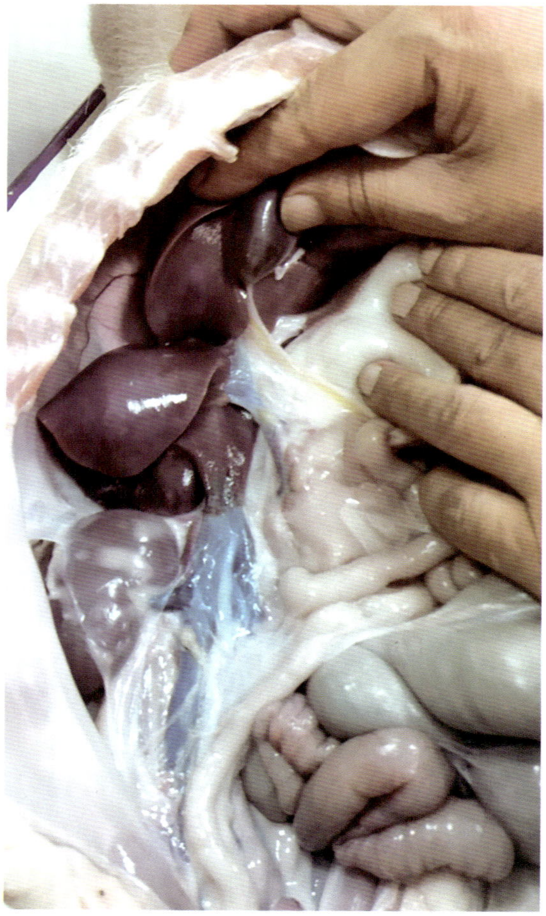

彩图 12　猪腹腔
（示肝门静脉和后腔静脉）

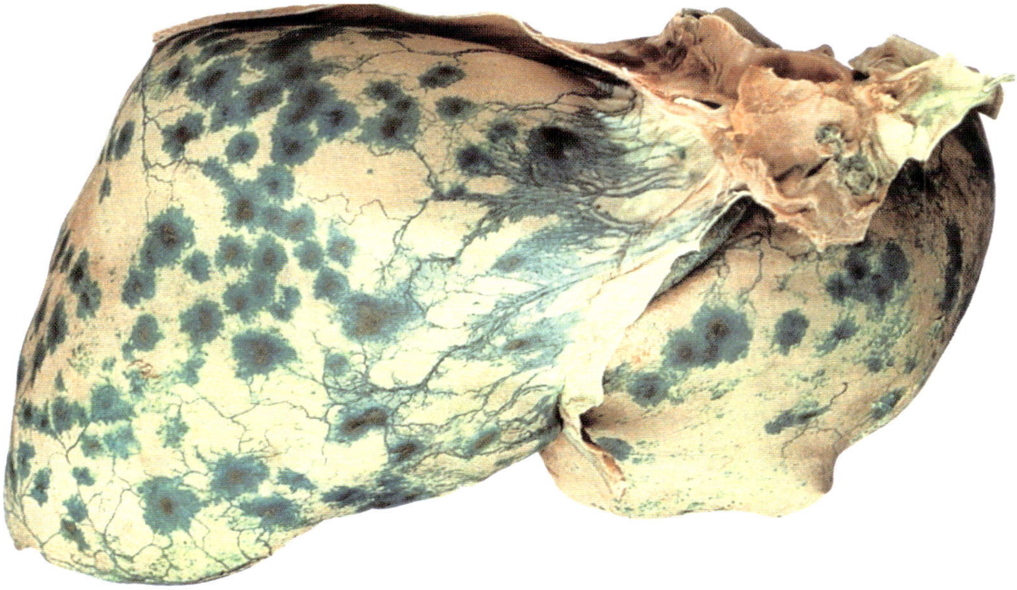

彩图 13　肝的淋巴管(蓝点为普蓝注射点)

前面观

后面观

彩图 14　胃的淋巴管(黑点为墨汁注射点)

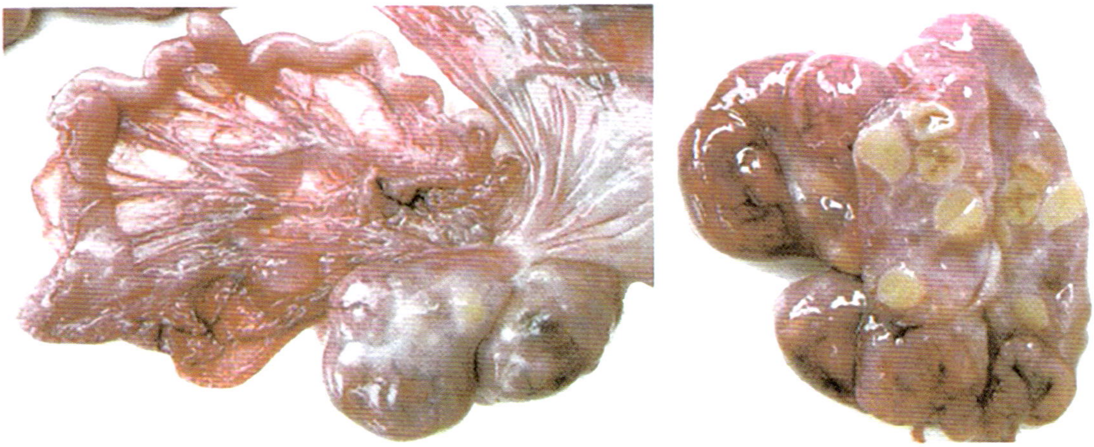

彩图 15　猪正常卵巢之黄体(黄色结构)

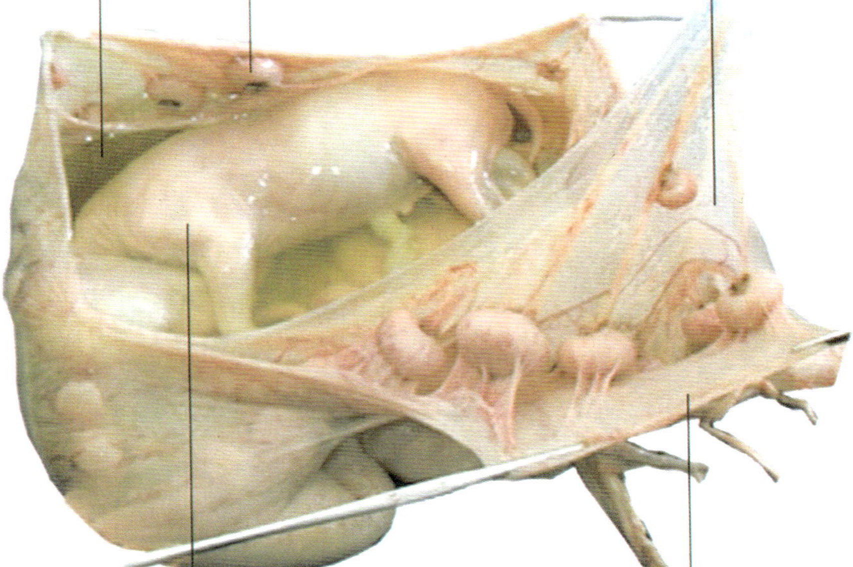

彩图 16　妊娠母牛子宫结构

高等学校规划教材 | 畜牧兽医类

动物解剖学

DONGWU JIEPOUXUE

Animal Anatomy

主编● 孙裕光

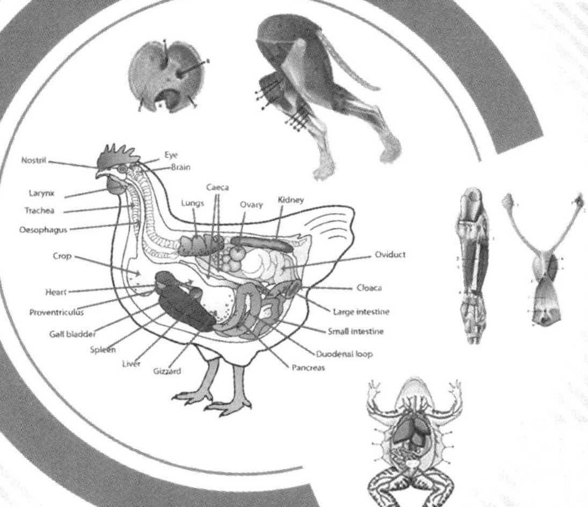

案例版

西南师范大学出版社
国家一级出版社 全国百佳图书出版单位

图书在版编目(CIP)数据

动物解剖学 / 孙裕光主编. —重庆：西南师范大学出版社，2017.7(2021.1 重印)

ISBN 978-7-5621-8786-8

Ⅰ.①动… Ⅱ.①孙… Ⅲ.①动物解剖学 Ⅳ.①Q954.5

中国版本图书馆 CIP 数据核字(2017)第 126081 号

动 物 解 剖 学

DONGWU JIEPOUXUE

主　编　孙裕光

副主编　马鲜平　魏光河　卢建远

责任编辑：杜珍辉

特约编辑：杨炜蓉

封面设计：魏显锋　熊艳红

出版发行：西南师范大学出版社

网址：http://www.xscbs.com

地址：重庆市北碚区天生路 1 号

经　　销：新华书店

印　　刷：重庆市正前方彩色印刷有限公司

幅面尺寸：185mm×260mm

印　　张：23

插　　页：8

字　　数：550 千字

版　　次：2018 年 7 月第 1 版

印　　次：2021 年 1 月第 3 次印刷

书　　号：ISBN 978-7-5621-8786-8

定　　价：55.00 元

高等学校规划教材·畜牧兽医类

总编委会 / ZONG BIAN WEI HUI

前 言

动物解剖学是动物医学、动物科学和动物药学等专业的专业基础课程，也是一门实践性很强的形态学课程，由于其内容丰富，名词术语甚多，且要求记忆，因此对健康动物做实地解剖观察，就显得尤为重要；教材插图的图注实为解剖学专有名词，它们约占医学名词术语的60%以上，限于篇幅，本书省略了专有名词的英文和拉丁文；标准的教科书，均采用线条图配以文字说明，以系统讲解为主，对动物体各个器官的细节进行叙述。本教材仍以器官系统为主线，采用比较解剖学方法，将牛、马、猪、羊和犬的相同器官放在一起，做全面的描述，家兔和家禽解剖学特征各列一章；部分章节辅以临床知识加以说明（谓之案例版教材）；书中附了少量现场解剖彩色照片，目的都是帮助读者熟悉并掌握家畜家禽身体各系统、各器官的位置、形态和结构。本教材理论性与实践性很强，适宜全国高等农业院校的本科生、研究生学习和参考。由于编写者水平有限，书中疏漏与错误之处，敬请读者给予批评指正。

编者

2018 年 4 月

目　录

第二篇 内脏

第三篇　脉管系

第四篇　神经系统、内分泌系统、感觉器官和被皮系统

第五篇　畜禽比较解剖学

绪　论

一、动物解剖学的概念

动物解剖学(Animals anatomy)主要是关于家畜和家禽的解剖学，分类学上包括牛、马、猪、山羊、绵羊、犬、猫、鸡、鸭、鹅等动物的解剖。家畜、家禽有机体的正常形态结构及其发生发展规律是解剖学研究的主要内容。根据解剖学记载，哺乳动物的肾依据动物进化规律，按其皮质和髓质愈合程度的不同可分为四类，即复肾、有沟多乳头肾、光滑多乳头肾和光滑单乳头肾；动物胸腺生长发育是依据日龄或年龄的增加所呈现的由小到大再到小直至消失的过程；从吃奶到吃草，反刍动物的胃的形态、大小、结构、黏膜颜色等均会发生变化；哺乳动物齿的生长规律与动物的生长壮老规律是一致的；胎儿的心脏、血管与成年动物的心脏、血管在结构上有部分不同，由此导致两者血液循环路径也不完全一样；长骨的骺软骨也会随动物年龄的增大发生变化；胃黏膜上皮细胞每 10 天左右脱落更新一次；动物的脑是不断发展的，它经过了几百万年漫长的演化过程，成为今天人类(包括动物)思维、情感、记忆等一切功能活动的高级中枢，上述内容是有关器官组织的发生发展变化的规律，都是解剖学研究的内容。

解剖学既是生物学的分支学科，又是形态学(研究组织、器官和有机体的形态、结构、局部关系和功能联系的科学)的一个分支学科，动物解剖学是动物医学、动物科学、宠物科学、草业科学和生物学等专业重要的必修专业基础课。动物解剖学是以牛、羊、猪、马、犬、猫、兔和家禽为主要研究对象的形态学。解剖牛的称牛解剖学，解剖猪的称猪解剖学，以此类推，合称畜禽解剖学或动物解剖学。

解剖学研究构造，生理学研究功能。形态结构是功能活动的基础，功能则是形态结构表现的运动形式，功能必须与形态结构相适应，构造与功能密不可分。

解剖动物的目的在于对动物身体的正常构造能有清楚的了解，并对个体间、品种间、不同动物间的差异有所鉴别。

解剖学的任务是阐明各器官的形态、结构、位置及毗邻关系。

完备的解剖学知识是后续课程的基础，是临床实践成功的重要前提。

二、动物解剖学的研究方法

(1)大体解剖,主要借助解剖器械(刀、剪等)用分离切割的方法,通过肉眼观察、研究动物器官的形态、结构、位置及相互关系。解剖用的标本可以是新鲜的尸体,也可以是预先防腐固定的标本。对死亡动物尸体进行解剖,至今仍然是研究和了解动物体结构最重要和最高效的方法。例如,犬防腐解剖标本的制备,可以用犬用长柄夹钳,固定犬的颈部,然后经过肌内注射麻醉剂846合剂,再由颈总动脉插入导管放血致死,此操作过程可以利用心脏将血管中的血液排空,血液排空后,可以继续注入5%福尔马林,2%苯酚及30%乙醇的混合溶液来作为防腐剂,在此操作过程中,不可施予过大力量,应该缓慢推进,全程约30分钟。注射防腐剂后,再由颈总动脉注入约50 mL红色乳胶,以区别动脉、静脉。

经过处理的标本应该妥善保存,在每次解剖完后,用纱布沾1%苯酚混合溶液(或其他抗菌剂),沾湿后包裹脚掌、头与全身,以保持湿润。最后再以塑料薄膜将标本包起来,若加以冷藏,则保存效果更佳。

(2)铸型腐蚀和透明,管道系统如血管、导管等可采用此方法。

(3)X线透视和摄影,用于观察骨骼、关节和管道系统(需先注入造影剂,如硫酸钡),又称X射线解剖学。

(4)大体解剖方法结合切片、染色、变性、HRP追踪及电生理学等方法,如研究神经系统。

(5)大体解剖结合力学分析、肌电测定,如研究运动系统。

(6)显微解剖,如研究组织、胚胎。

(7)电子计算机X线断层扫描(简称CT,可以由平面清楚地了解立体的构造)、核磁共振影像、超声波、细胞图像分析系统、同位素放射自显影、荧光和酶标记、免疫组织化学等。

三、动物解剖学的分类

解剖学是一门古老的科学,随着社会发展和技术创新,根据研究的目的不同建立了较多的分支学科,如可以把解剖学划分为系统解剖学、局部解剖学(关注的是机体的局部区域,以及这个区域内各器官的功能和它们之间的相互关系,它是临床解剖学的基础)、比较解剖学(对多种动物同一器官的形态结构进行比较和研究)、功能解剖学(在动物生活过程中,观察、研究机体器官的形态、结构和功能变化规律)、品种解剖学、年龄解剖学、艺用解剖学、应用解剖学(把解剖学知识应用到疾病的诊断和治疗上)、显微解剖学(研究显微镜下可看见的构造)、超微构造解剖学(需要电子显微镜的帮助才能完成更详细的研究)、病理解剖学(研究患病或器官功能失调动物的不正常状况)、胚胎解剖学(研究个体由受精卵到出生的发展过程)、发生解剖学(研究合子到成体的过程)、理论解剖学、实验解剖学、外科解剖学、畸形学(研究不正常发育)、神经解剖学(研究神经系统中神经核团的细胞构筑和神经元之间的相互联络)以及X射线解剖学(用X光观察研究机体器官的形态结构)等。

对动物医学专业的同学而言,要求掌握两门课程:系统解剖学和局部解剖学。

(一)系统解剖学

系统解剖学,又名大体解剖学(Gross anatomy),是采用刀、剪、镊、锯等解剖器械,用切割分离的方法,经肉眼或放大镜观察,研究动物有机体各器官的正常形态、构造、色泽、位置及其相互关系的科学。它是把正常动物体分成若干个机能系统,然后以各个系统中的器官为中心,对其形态、结构等方面进行描述。系统解剖学与“系统”有着一定的关系,换句话说,与完成一个普通功能的结构和器官有关系。例如呼吸系统负责气体交换,而神经系统负责接收、转换、传导信号并对刺激做出反应。但是不同种类动物个体是有区别的,所以系统解剖学在解剖学的观点中同样类似比较解剖学,特别是对家畜和家禽而言。

例如猪的两个肾的形态都是蚕豆状,大小是 10 cm×5 cm×4 cm,分前后两端、内外两个缘、背腹两个面,红褐色,去掉肾脂肪囊和肾筋膜,可以看见肾表面光滑,肾内侧缘凹陷称肾门,该处有出入肾的血管、输尿管、神经、淋巴管等。从肾矢状面看,肾的外周部分称肾皮质,肾的内部、被肾皮质包绕的部分称肾髓质,髓质由若干个肾锥体构成,锥体的底朝向肾的表面,锥体的尖指向肾门;皮质深入相邻肾锥体之间的部分叫肾柱。锥体的尖叫肾乳头,乳头表面有若干个乳头孔,乳头孔开口于小的管道叫肾小盏,相邻的几个肾小盏合并成比较大的管道叫肾大盏,肾大盏汇合成肾盂,肾盂出肾门,延续为输尿管。这就是系统解剖学中一个肾的构造。研究的目的是让学习者知道什么是正常动物肾的结构,然后才能够明确区分什么是肾的异常结构,即所谓“知常才能知变”。只有知道什么是生理状态下的形态,才能够明白什么是病态下的形态。如肾表面形成多个囊泡状结构,内充满尿液,叫多囊肾。系统解剖学知识是局部解剖学的基础。

(二)局部解剖学

局部解剖学是指解剖身体的某一部分,以研究与其他部分的关系。它是把正常动物体划分为若干个部分,如头部、颈部、胸部、腹部、骨盆部、前肢、后肢等,然后以某个器官为中心,去描述它的层次关系、毗邻关系、位置关系以及到达这个器官的血管、神经束是如何分布的,从而为进行临床外科手术打下基础。例如从右侧腹壁切口,做右肾的手术,它的层次关系是 8 层:(1)皮肤→(2)浅筋膜→(3)腹外斜肌及其腱膜→(4)腹内斜肌→(5)腹横肌→(6)腹横筋膜→(7)腹膜外筋膜→(8)腹膜壁层→(9)腹膜腔,此时还看不见右肾。肾腹侧还有很多“邻居”:肾上腺、十二指肠、肝、结肠、小肠,必须掀开那些“邻居”,才能够看见右肾。猪肾左右对称,在腹膜外、脊柱两侧,紧贴腹腔顶壁,位于最后胸椎及前 3 个腰椎腹面的两侧。

四、动物解剖学发展简史

解剖学的发展与其他自然科学的发展一样,经历了唯物论和唯心论的激烈斗争过程。有关的解剖学方面的记载可追溯到古代中国、希腊和埃及的许多著作中。早在史前时期，人们通过长期的实践，如狩猎、屠宰畜禽和役畜受伤治疗等，就已经对动物的外形及内部构造进行了观察和记载。在石器时代人居洞穴的壁上就留有很多粗浅的解剖图画，古代中国和古埃及就已具备了尸体防腐的知识。早在战国时代，我国第一部医学经典著作《黄帝内经》中指出："若夫八尺之士，皮肉在此，外可度量切循而得之，其死可解剖而视之"；"其脏之坚脆，腑之大小，谷之多少，脉之长短，……，皆有大数"。其中不仅已使用"解剖"一词，而且对脏腑和脉管已做过观察度量，这说明我们祖先早就做过解剖学方面的研究。又如《师皇秘籍》《抱犊集》《养耕集》《活兽慈舟》《司牧安骥集》《猪经大全》《相法牛经大全》《鸽经》等古典中兽医著作，对于动物的解剖构造都有所阐述。明朝喻本元、喻本亨兄弟二人，总结前人经验，编著了《元亨疗马牛驼经全集》，书中就有相马、相牛、饲养管理、针灸、病征以及动物的形态结构方面的介绍。清朝末叶，在河北保定创立了"北洋马医学堂"，1906 年在奉天建立了"农业学堂兽医科"。辛亥革命后，各大学相继成立了畜牧兽医系和兽医学术研究部门。进入 20 世纪以来，随着畜牧兽医事业蓬勃发展，解剖学科得到了飞速发展。张鹤宇等老一辈解剖学家先后翻译了塞普提摩斯 · 谢逊和克里莫夫的解剖学专著，并出版了多种畜禽解剖学著作、图谱，建立了解剖学模型厂和标本厂。德国病理解剖学家哈根斯，于 1986 年发明了解剖标本的塑化处理保存技术，并已投资 1 亿元人民币在中国大连建立了塑化解剖标本厂，从而大大改变了长期以来一直沿用福尔马林保存解剖标本带来刺激的困境，有利于避免福尔马林对人体健康的不良影响。

西方解剖学的发展，是从古代名医、解剖学的创始人希波克拉底开始的，他对人类头骨做了正确的描述，但把神经和肌腱混淆了。古希腊哲学家、博物学家亚里士多德对解剖学的发展有重大贡献，他把神经和肌腱区别开来，并指出心脏是血液循环的中枢。古罗马名医和解剖学家加利那斯明确指出血管内运行的是血液而不是空气，神经按区分布等。随着西欧的文艺复兴和各种科学的蓬勃发展，解剖学也有了相应的进步。意大利画家达 · 芬奇绘制了最早的 13 幅解剖学图谱，其描绘之精细准确，在现代也堪称佳作。比利时著名的解剖学家维萨利马斯，著成《人体的构造》一书。17 世纪，英国名医哈维证明血液在一个封闭的管道内循环。意大利解剖学家马尔皮基在显微镜下发现了蛙的毛细血管血液循环，并研究了动物和植物的微细结构，奠定了组织学的基础。

随着社会的进步和物理学、生理学、生物化学等新理论、新技术的发展，以及多学科综合研究的进行，解剖学等形态学的研究也有引向综合性学科的趋势，那种纯形态学研究的局面正在发生越来越多的改变。

五、畜体结构概述

畜体是由无数微小的细胞有机组合构成的。因此，细胞是构成畜体形态结构和执行各种功能的基本单位，是一切生物进行新陈代谢、生长发育和繁殖分化的形态基础。形态相似和功能相关的细胞借助于细胞间质结合起来构成的结构称为组织。畜体的组织通常分为四种：即上皮组织、结缔组织、肌肉组织和神经组织。这四种组织又称为畜体的基础组织。几种组织结合起来，共同执行某一特定功能，并具有一定的形态特点，即构成器官，如心、肝、肺、肾、睾丸、卵巢等。若干个功能相关的器官联合起来，共同完成某一特定的连续性生理功能，即形成系统，如口腔、咽、食管、胃、小肠、大肠、肛门和消化腺等构成消化系统。饲料经口腔进入消化管，经过消化、吸收，最终形成粪便由肛门排出。饲料经过物理的、化学的、微生物的消化过程，其营养物质被吸收，残渣被排出，这就是消化系统所执行的功能。畜体由运动系统、被皮系统、消化系统、呼吸系统、泌尿系统、生殖系统、心血管系统、淋巴系统、神经系统、内分泌系统、感觉器官等组成。畜体是由许多器官系统构成的一个完整的统一体。各系统之间相互联系、相互影响、相互制约和相互依存，彼此协调。这些器官系统在神经体液的调节下共同完成统一的生命活动。

六、畜体主要部位名称

为了便于说明动物畜体体表的各部分，将其分为头部、躯干和四肢三部分。各部分的划分和命名主要以骨为基础(图 0-1)。

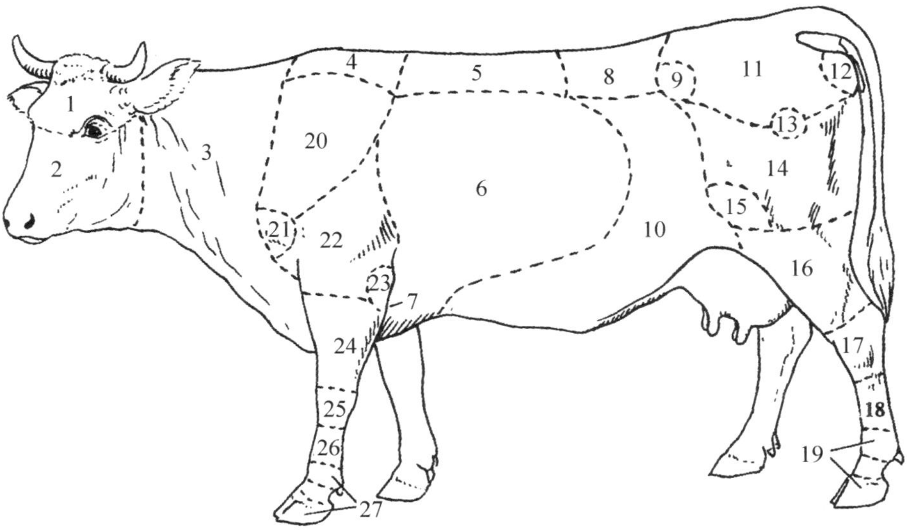

1.颅部 2.面部 3.颈部 4.鬐甲部 5.背部 6.肋部 7.胸骨部 8.腰部 9.髋结节 10.腹部 11.荐臀部 12.坐骨结节 13.髋关节 14.股部 15.膝部 16.小腿部 17.跗部 18.跖部 19.趾部 20.肩胛部 21.肩关节 22.臂部 23.肘部 24.前臂部 25.腕部 26.掌部 27.指部

图 0-1 牛体各部名称

(一)头部

头部包括颅部和面部。

1.颅部 位于颅腔周围。又分为枕部(在头颈交界处、两耳根之间)、顶部(牛在两角根之间，马在颅腔顶壁)、额部(在顶部之前、两眼眶之间)、颞部(在耳和眼之间)、耳部(包括耳及耳根)和腮腺部(在耳根腹侧,咬肌部后方)。

2.面部　位于口腔和鼻腔周围。又可分为眼部(包括眼和眼睑)、眶下部(在眼眶前下方,鼻后部的外侧)、鼻部(包括鼻孔、鼻背和鼻侧)、咬肌部(为咬肌所在部位)、颊部(为颊肌所在部位)、唇部(上唇和下唇)、颏部(在下唇腹侧)和下颌间隙部(在下颌支之间)。

【案例】 下颌区是多发水肿的部位。同样,水肿也会在颈部至胸部浅层积聚。

(二)躯干

躯干包括颈部、背胸部、腰腹部、荐臀部和尾部。

1.颈部　又分以下几部:

(1)颈背侧部。位于颈部背侧,前端接枕部,后端达鬐甲的前缘。

(2)颈侧部。位于颈部两侧。颈侧部有颈静脉沟,在臂头肌与胸头肌之间,沟内有颈静脉。

(3)颈腹侧部。位于颈部腹侧,前部为喉部,后部为气管部。

【案例】 颈部最重要的临床用途之一是用来做结核菌素试验。该试验的部位位于颈中部。该区域也适合于肌内注射,如感染引起的并发症的治疗,此时注射选在一个经济价值相对较低的肌肉处。

2.背胸部　又分以下几部:

(1)背部。为颈背侧部的延续,主要以胸椎为基础。前部为鬐甲部,后部为背部。

(2)胸侧部(肋部)。以肋为基础,其前部为前肢的肩带部和臂部所覆盖,后部以肋弓与腹部为界。

(3)胸腹侧部。又分为前后两部,前部在胸骨柄附近,称为胸前部;后部自两前肢之间向后达剑状软骨,称为胸骨部。

3.腰腹部　分腰部与腹部。

(1)腰部。以腰椎为基础,为背部的延续。

(2)腹部。为腰椎横突腹侧的软腹壁部分。

4.荐臀部　分荐部与臀部。荐部以荐骨为基础,是腰部的延续。臀部位于荐部两侧。

5.尾部　位于荐部之后,可分尾根、尾体和尾尖。

(三)四肢

四肢包括前肢和后肢。

1.前肢　又分肩带部(肩部)、臂部、前臂部和前脚部(包括腕部、掌部和指部)。

2.后肢　又分大腿部(股部)、小腿部和后脚部(包括跗部、跖部和趾部)。

七、畜体的方位术语

使用统一的解剖学术语十分重要。目的是便于解剖学家之间以及解剖学家与临床兽医之间进行正确的交流。兽医解剖学名词(Nomina Anatomica Veterinaria,NAV)使彼此之间的交流更加通畅。起初的兽医解剖学名词以拉丁文书写,初看起来显得过于艰涩,但对相同的英文术语和名称具有很强的兼容性,为避免命名冲突,肌肉的命名仍保留拉丁文形式,原因在于这些古老命名被广泛应用和普遍接受。

进行局部解剖描述时,保证方向和位置描述的一致性就显得尤为重要。人体解剖学中的常用修饰词如上、下、前、后,一般不适用于兽医解剖学,但在描述头部某些结构(如眼、脑)时,仍少量使用。

在叙述畜体器官方向位置时,以动物正常驻立姿势为标准,有左、右、内侧、外侧、上(亦称背侧)、下(亦称腹侧)、前(亦称头侧)、后(亦称尾侧)等方位术语。这些方向位置,通常是以三种不同的互相垂直的假想平面,即矢状面、水平面和横切面来确定的(图 0-2)。

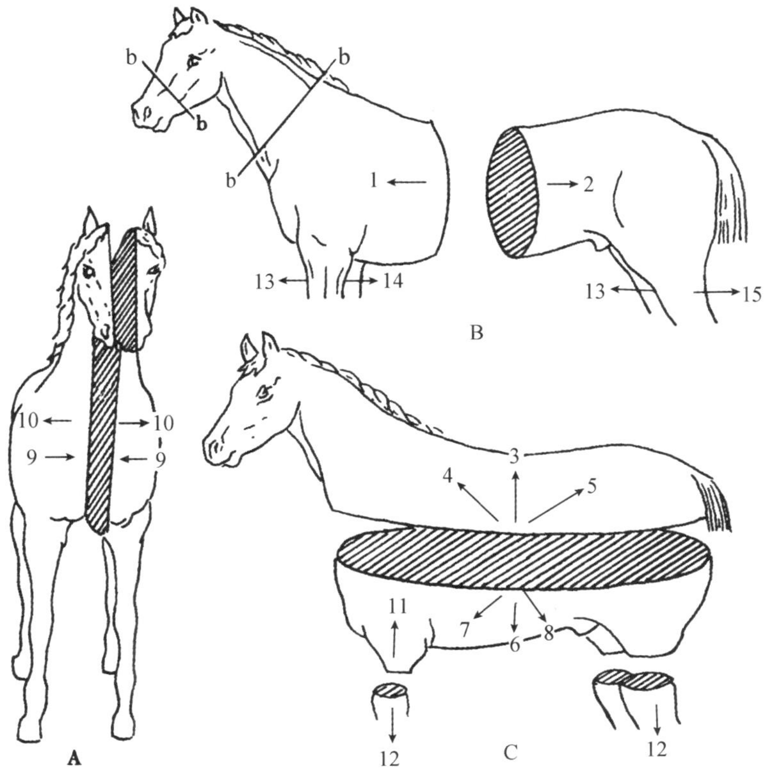

A. 正中矢状面 B. 横切面 C. 额面(水平面) b—b. 横切面
1. 前 2. 后 3. 背侧 4. 前背侧 5. 后背侧 6. 腹侧 7. 前腹侧 8. 后腹侧
9. 内侧 10. 外侧 11. 近端 12. 远端 13. 背侧面 14. 掌侧面 15. 跖侧

图 0-2 三个基本切面和方位用语

矢状面：是从头部到尾部，沿脊柱（中轴）将动物体分成左右对称的两部分，即与动物体纵轴平行，同时又与地面垂直的切面。矢状面分为正中矢状面和侧（旁）矢状面。正中矢状面只有一个，位于动物体纵轴的正中线上，将动物分为左、右对称的两部分。侧（旁）矢状面是与正中矢状面平行的切面，位于正中矢状面侧方，可以做很多个侧矢状面。靠近正中矢状面的一侧为内侧，远离正中矢状面的一侧为外侧。

水平面，又称额面，是就动物的头和躯干的切面而言。即与动物背部平行的切面称水平面或额面。水平面可以将动物体的器官分为上、下两面，上面靠近背侧，也叫背侧面，下面靠近腹底壁，也叫腹侧面。

横切面：与脊柱垂直的切面称横切面。横切面可将畜体分为前、后两面，向前的一方叫前面或颅侧，向后的一方叫后面或尾侧。在头部常把靠近口的一方称为口侧，远离口的一方称为远口侧。

由于四肢的位置相对于躯干有变化，所以对其位置、方向进行了进一步的界定和划分。四肢近端是指靠近躯干的部分，远端则指远离躯干的部分。前肢和后肢近端（腕骨和跗骨以上的部分），靠近四肢前部的结构位于头侧，靠近四肢后部的结构位于尾侧。头侧面在前肢腕骨远端延伸为背侧面，尾侧面延伸为掌侧面。后肢跗骨远端区域以类似术语定义为背侧和跖侧。沿每一肢的长轴均有一假想的中心轴，任一与中心轴垂直的切面称横断面；四肢中靠近中心轴分布的结构，称其位于轴侧。反之，如远离中心轴的则称其位于远轴侧。

其他方位用语还有内、外、深、浅等。内和外仅用于描述骨性腔和中空器官，如胸腔、腹腔、颅腔的内和外，以及口腔、胃、肠、膀胱等器官的内和外。

深、浅二词，常用于描述器官离皮肤远近方向和层次，如器官离表面近的一面叫浅面，远的一面叫深面。离皮肤表面近的一层叫浅层，远的一层叫深层。

第一篇　运动系统

牛羊猪马等家畜的运动系统由骨、骨连接和肌肉三部分组成。家畜各种动作的完成，主要是肌肉收缩作用于骨的结果。换句话说，运动是以骨骼为杠杆、关节为枢纽，肌肉的收缩作用为动力来完成的。

运动系统是一个功能单位，它与心血管系统、淋巴系统、神经系统等共同构成一个整体。运动系统在细胞水平上负责许多代谢功能，在器官水平上，负责运动、稳定和支持功能。在兽医临床中，运动系统的功能紊乱和疾病是诊断中最常见的现象之一。

运动系统构成家畜的基本体型，其重量占畜体体重的75％～80％，因家畜种类、品种、年龄以及营养、健康状况等不同而有不同。因此，运动系统的状况不仅直接关系到役畜的使役能力，而且也影响到肉用家畜的屠宰率及品质，在畜体的鉴定上有重要意义。位于皮下的一些骨突和肌肉，可以从表面摸到，在临床医学、畜牧生产实践上常用来作为确定内脏器官的位置和范围、确定血管神经的路径、决定外科手术的切口和针灸穴位的部位。

第一章　骨

第一节　概述

构成家畜全身骨的每一块骨就是一个一个的活的器官。骨具有很多功能，主要是供肌肉附着，作为动物体运动的杠杆，并以关节为轴做一定幅度、范围的杠杆运动；支持躯体，维持一定的体型；保护体内柔软的器官，如头骨保护脑，脊柱保护脊髓，胸廓保护心和肺等；骨髓腔中的红骨髓能制造血细胞；协助维持体内钙、磷代谢的正常水平。此外，在确定各器官的位置和关系时，骨可作为正确的标志，对临床诊断有一定意义；由于骨含有大量的矿物质（60％～70％），在动物死后骨不会发生变化，因此它就成了考古学研究的有用材料。骨占动物体重的7%～15%，因年龄而有变化，幼畜比例高、成年家畜比例低(表1-1)。

表1-1 不同年龄各种家畜的骨骼重量占体重的百分比

畜 别	马	牛	绵羊	猪	兔	母鸡
成畜	13%	10%	8%	7.4%	8%	9.5%
幼畜	30%	25%	15%	18.2%	15%	10%

一、骨的表面形态

骨的表面由于受肌肉的附着、牵引，血管、神经的通过，和与附近器官的接触，而形成各种突起和凹陷，各有名称。

骨面的突起：骨表面截然高起的部分称为突，逐渐高起的部分称为隆起。突出较小且有一定范围的称为结节；小的结节称为小结节。较高的突称为棘或棘突，这些都是由于肌肉附着而形成的；薄而锐的长形隆起称为嵴；而凸出较细的称为线。骨的端部呈球状凸出的部分称为头；膨大成横圆柱状且表面具有关节面的部分称为髁。骨面高的突起是由独立的骨化中心发育而来，这个结构是用来提供肌肉和韧带附着，如脊椎的棘突、股骨的大转子。

骨面的凹陷：骨面较大的凹陷称为窝；细长的称为沟；指压状的称为压迹。骨缘的缺刻称为切迹。骨质内的长形管称为管。骨面的裂隙称为裂。骨内的空腔称为窦。

二、骨的分类

每块骨的形状、大小和坚韧度都是由遗传因素决定的，尽管外界有持续施加在其上的作用力，但是骨一直保持着各自的形态。运动、出生后的营养状况以及骨面机械性作用(肌肉的附着、牵引，血管、神经的通过，与附近器官的接触)也是重要的影响因素。尽管骨的形态有很大的变化，依其作用和形态的不同，可将其分为长骨、短骨、扁骨和不规则骨四种类型。

(1)长骨通常呈管状，两端粗大，称骨骺；中部称骨干，内有空腔，称骨髓腔。在骨骺与骨干之间有软骨板，称骺软骨(骺板)，幼龄时明显，成年后骺板骨化，骺与骨干愈合。幼龄动物骺软骨不断生长，又逐渐骨化，使长骨不断增长；动物成年后，骺软骨完全骨化，即不再增长。当骺板生长速度低于骨化速度的时候，在X光下可见骨骺与骨干分离现象，即是骺软骨在X光下不显影，出现带状透明区所致。当骺板生长变慢并最终骨化，在X光下出现线状阴影称骺线。

长骨起着支持和运动杠杆的作用。四肢骨属于管状长骨类型。肋骨属于弓形长骨，长而弯曲，没有骨髓腔。弓形长骨除执行运动杠杆的作用外，同时又是体腔壁的支柱。

(2)短骨是方形或圆形小骨，骨质坚实，起着杠杆和支持作用。有些短骨成组地位于长骨之间，起着分散压力的作用，如腕骨和跗骨。有的短骨成串排列，如椎骨，使组成的脊柱既具有坚固性，又具有灵活性。有的短骨称籽骨，起着滑车的作用，改变力的方向。

(3)扁骨是扁平的板状骨，主要是构成骨性腔壁以保护内部脏器，如颅骨的各骨、构成骨盆腔的各骨；有的扁骨以其宽大的表面作为肌肉的附着处，如肩胛骨。

(4)不规则骨即形状不规则的骨,多呈楔形,如构成脊柱的椎骨,蝶骨、枕骨、颞骨。

【案例】 软骨病是一种正常软骨内骨化障碍,是由骺端和干骺端之间的软骨生长板出现肿胀、断裂使软骨损伤。后肢中的髋股关节、股胫关节、骨膝关节和胫跗关节多见软骨病。在判读幼畜四肢的 X 线片时,需要记住骺软骨的存在。大体解剖学表明,家养反刍动物在出生后的前脚和后脚,中指(趾)节的近端骺是最先完全愈合的(公牛1～2 年;绵羊和山羊大约为 6 个月)。2 岁左右的公牛构成球节的骺仍然是分离的;而绵羊和公山羊的骺则愈合较早。3 岁以上的公牛,与近侧列腕骨和跗骨构成关节的骺仍然是分离的;而绵羊和公山羊的骺则较早愈合。跟骨结节愈合较晚(公牛、绵羊和山羊约为 3 年)。通过放射学,可以将骨骺和骨干的愈合过程划分为一系列的阶段。"完全放射学愈合"出现的年龄根据大体解剖学或局部解剖学的研究可能有所不同。

三、骨的构造

骨作为一个器官,它是由骨膜、骨质、骨髓、神经、血管等组织构成的,以长骨为例图示如下(图 1-1)。

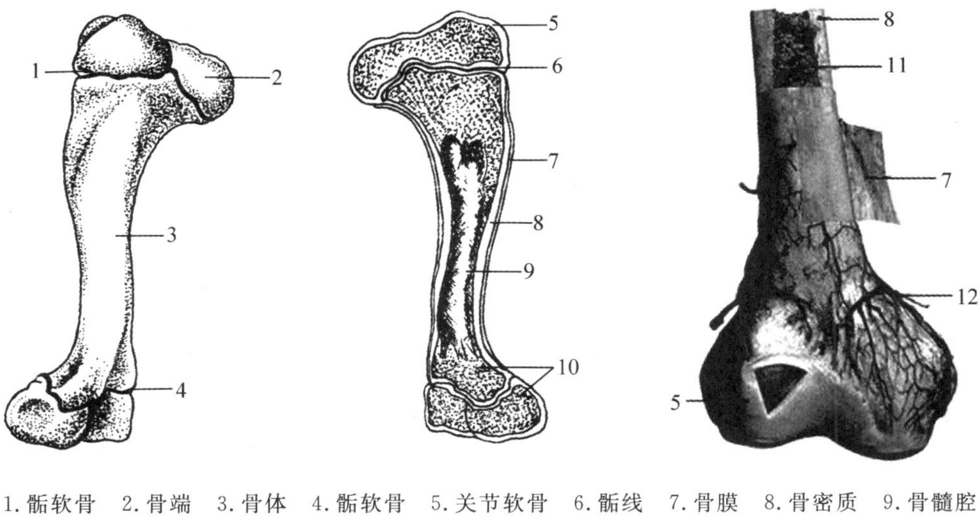

1. 骺软骨 2. 骨端 3. 骨体 4. 骺软骨 5. 关节软骨 6. 骺线 7. 骨膜 8. 骨密质 9. 骨髓腔 10. 骨松质 11. 骨髓 12. 滋养血管

图 1-1 骨的形态和结构

(一)骨膜

骨的内、外表面都有结缔组织膜包裹,分别称骨内膜和骨外膜。骨内膜衬于骨髓腔面并覆盖骨松质,介于骨质和骨髓之间。

骨外膜覆盖在骨的外表面(关节面、腱、韧带附着处没有骨外膜)。在关节附近,骨外膜和骨外表面分开,并与关节囊相接。在关节外,骨外膜离开关节囊再次覆盖在相邻骨的外表面。在骨与软骨的交汇处，例如肋，骨外膜继续覆盖在肋软骨的表面，成为软骨膜。

骨膜分浅、深两层。浅层为纤维层，富有血管和神经，具有营养保护作用，深层为成骨层，能够分化成两种细胞：成骨细胞和破骨细胞，参与骨的生成和修复。许多提供骨骼营养物质的血管、淋巴管、感觉神经纤维网都附着在成骨层上。成骨层一生都具有生成骨组织的能力，这对于生理上骨改建和骨折修复是很重要的。成骨层能促使软骨愈合和骨愈合。长期的骨外膜的机械刺激会引起骨质增生。正在生长的骨，成骨层很发达，老龄动物成骨层逐渐萎缩。在骨受损伤时，成骨层有修补和再生骨质的作用。因此，处理骨折等手术时，要很好地保护骨膜。

骨内膜由一层扁平的、无活性的骨祖细胞组成。它们可以分化成成骨细胞或破骨细胞。骨内膜也能生成骨组织。

（二）骨质

骨质是构成骨的主要成分。把任何一块骨锯开，在切面上均可见到两种骨质，即骨密质和骨松质。骨密质由致密、坚硬的骨板构成，多分布于骨的表面和管状长骨的骨干，骨密质包绕着骨松质；骨松质位于骨的内部，由骨小梁形成网格状。长骨骨干几乎没有骨松质，所以就形成了骨髓腔。

骨板和骨小梁的排列方向与应力线一致。应力线的形成是为了最大限度地抵抗施加在骨上的张力和压力。应力线是张力和压力的轨迹线。骨内张力曲线群由平行排列的张力曲线组成，压力曲线群亦然。两种应力曲线总是互相成一直角。

在长骨上施加压力不会影响骨的稳固性，但会使骨凸面产生张力，凹面产生压力，在中心区，这两个力互相抵消，合力为零。因此，骨骼不需要在它的中心区有受力点，最理想的骨骼是长骨，中间空心，有着坚固的外壁，例如骨干。

骨的功能特点要求它坚固性强，重量轻。骨的结构创造了达到这些要求的必要条件：中空管能够抵抗强大的压力，骨松质有效地节省材料并减轻重量。骨干的厚度能够最大限度地适应肌肉施加在骨上的力量。四肢骨骨干的内侧壁承受的负荷大于外侧壁，因此比外侧壁厚。

（三）骨髓

骨髓是骨髓腔和骨松质小梁之间的一种柔软组织，成年动物有红骨髓和黄骨髓两种。红骨髓存在于骨松质的网眼内。黄骨髓仅存在于长骨的骨髓腔内。胎儿和幼畜的骨髓都是红骨髓。红骨髓内含有处于不同发育阶段的各种血细胞和大量的毛细血管，具有生成血液有形成分的能力，因此骨是一个造血器官。

随着年龄增长，骨髓中的脂肪成分逐渐增多而变为黄骨髓（脂肪骨髓）。黄骨髓无造血机能，但在大量失血后，黄骨髓可转变为红骨髓，从而恢复造血功能。因此，成年动物有红、黄两种骨髓。黄骨髓主要是脂肪组织，具有贮存营养的作用。

成年以后，只有管状长骨的两端、短骨和扁骨的骨松质内有红骨髓，并终生保持造血功能。20日龄的犊牛红骨髓与黄骨髓的含量之比为9∶1；成年母牛骨髓占骨重的43%～45%，红黄骨髓含量之比为1∶1。在老年动物和过早成熟的病态动物中，黄骨髓又会转变为胶质髓。

（四）神经、血管

骨具有丰富的血管（骺动脉、干骺端动脉、滋养动脉、骨膜动脉），其血液量占心输出量的

5%～10%。血管分支由骨膜直接穿入骨密质，在骺附近，血管穿过的小孔每 1 cm^2 有 25～30 个。大的滋养动脉（多见于四肢长骨）经滋养孔进入骨髓腔。骨是一个高度血管化的组织，这表明了它在代谢中具有重要地位。骨外伤或断裂会使血液供应中断，导致骨组织坏死。骨松质内没有血管，它的营养物质是由骨髓的营养成分扩散而来的。骨组织中没有淋巴管，只有骨外膜中存在密集的淋巴管。骨组织本身没有感觉，但在骨膜内有许多的躯体传入神经，疼痛是由它传递的。在哈弗氏管中，血管与植物性神经纤维伴行。

四、骨的化学成分

骨含有有机物和无机物两种成分。有机物使骨具有韧性和弹性；无机物则为骨增加硬度。骨的化学成分直接决定骨的物理性质。

新鲜骨的化学成分见表 1-2。骨的有机物主要包含骨胶原纤维（包括胶原纤维、骨黏蛋白和少量硫酸软骨素）和脂肪。骨的无机物即骨盐，沉积于骨黏蛋白中。无机物中，含羟基磷灰石 Hydroxyapatite [$Ca_{10}(PO_4)_6(OH)_2$]85%。

表 1-2 **新鲜骨的化学成分**（平均值）

在整个骨内的含量	（%）	骨的无机物含量	（%）
水分	50.0	羟基磷灰石	85.0
有机质	28.15	碳酸钙	9.0
无机质	21.85	氟化钙	3.0
		磷酸镁	1.5
		氯化钠和氯化钾	0.5
		其他	1.0

在教学中做的骨浸渍试验，通过使用弱碱性液体浸泡骨，可以去除骨中的有机成分；用酸来处理骨，可以去除骨中的无机物或矿物质成分。

用酸脱去无机盐类的骨（脱钙），只剩骨胶原，虽仍具有原骨形态，柔软易于弯曲且有弹性，但没有支撑能力。

用碱或将骨燃烧破坏骨的有机质（去掉有机物），燃烧后剩下的是骨灰，虽然骨的形态仍旧保留，但骨质松脆，易破碎。

幼畜至成畜的生长过程中，因钙盐的沉积，骨逐渐变得坚硬，可承受更大的压力。成畜骨内的钙盐可因体内需要再吸收入血液，骨的形态可因缺无机盐而变形。因此，骨的化学成分随着年龄和饲养条件而发生变化，从而影响骨的物理特性。

去脂肪后的干骨的有机质占 1/3，无机质占 2/3，二者之比，因年龄而有变化：初生 1∶1，成年 1∶2，老年 1∶6。

五、骨的物理特性

骨是体内坚硬的器官，并具有韧性和硬性等物理特性，能承受压力和张力。骨的这种物理特性是由骨的形状和内部构造以及化学成分决定的。有机质是骨的弹性和韧性的物质基础。无机质是骨坚固性的物质基础。母牛新鲜掌骨可承受最大压力为 1590 kg/cm^2。

幼畜的骨内有机物较多，弹性和韧性大，不易骨折，而易弯曲变形。老年家畜，由于骨内无机盐含量增多，脆性较大，易发生骨折，且不易愈合。妊娠母畜骨内钙质部分被胎儿吸收，使母畜骨质疏松而发生骨软症，故应注意给妊娠母畜合理提供钙质。乳牛在泌乳期，如饲料成分比例失调，钙质减少，易发生骨软症。为了预防骨软症，应注意饲料成分的合理调配。

六、骨的力学特性

骨作为动物体主要的支持和运动系统，是动物体受力的主要载体，具有独特的力学性质，它能“以尽可能少的材料承受尽可能大的外力”，并具有良好的功能适应性。

(一)以最少材料承担最大负荷

经过长期自然演化，动物体所具有的不同类型的骨产生了最优的力学性能，即具有最大的强度、最省的材料、最轻的重量，简言之，具有“以最少材料承担最大负荷”的最优力学特性。轻盈结实的中空长骨，切面类似铁轨“工字梁”结构的扁骨(如下颌骨)等均体现了这一特性。当平行于新鲜骨密质的纹理时，其承重为 1300～2100 kg/cm^2，由此可见其承重能力之强。骨的这种力学特性与它的密度和结构密切相关。骨的密度比铸铁小 3 倍，柔性比铸铁大 10 倍，并具可塑性，承受外力时可吸收大量能量。骨是由羟基磷灰石和胶原纤维组成的复合材料，前者抗压力，后者抗拉力，柔性的胶原纤维可以阻止脆性断裂，坚硬的矿物质成分可克服软材料的柔性。骨作为复合材料还具有不均匀性和各向异性，即在同一块骨的不同部位，或在同一部位的不同方向，骨的力学性能都有很大的差别。此外，骨的状态也影响其力学性质，例如新鲜的骨和经过干燥、部分脱水后的干骨相比，拉伸、压缩强度和弹性等参数都不同。骨的强度、弹性还与年龄、性别和病理因素有关。

(二)骨具有功能适应性

骨作为一种有生命的材料，一种活的组织，具有不同于其他工程材料的特性，即功能适应性。活体骨会按其所受应力(指材料发生形变时内部产生了大小相等但方向相反的反作用力抵抗外力，单位面积上的这种反作用力为应力)而改变成分、内部结构和外部形态，换言之，骨的重建与其所处的力学环境密切相关。骨不断地进行生长、发育、再造和吸收的过程总称为“骨重建”。骨重建使其内部结构和外部形态动态地适应不断变化的外部力学环境。例如，应力对骨的改变、生长和吸收起着调节作用，每一块骨都对应一个适宜的应力范围，应力过高和过低都会使骨萎缩。骨通常会在应力加大的方向上再造。长期卧床患者或局部长期石膏固定的骨折患者会表现出全身或局部的骨质疏松，而经常进行体育锻炼的人与不锻炼的人相比，骨的矿物盐含量多。运动和功能锻炼可促进骨的形态结构发生变化，使骨变得更加粗壮和坚固。骨的重建机制与成骨细胞和破骨细胞的活动有关。人的骨骼每年有 5%～10%被破坏和重建。这种对应变的感应，可能与骨骼中的生物电现象有关。骨的再生能力强，在受到创伤后能很快修复。

动物体内的骨有足够的强度(有抵抗外力破坏的能力)、刚度(有抵抗变形的能力)和稳定性(有保持原有平衡形态的能力)。骨所受的外力有：自身重力、肌群收缩力、肌张力(肌肉静止松弛状态下的紧张度称为肌张力)、外力和各种运动产生的力。骨骼受力后的变形主要有：拉伸、压缩、剪切、弯曲和扭转五种基本变形。例如，进行吊环运动时上肢骨被拉伸；举重运动员举起杠铃后上肢和下肢骨被压缩；弯腰时脊柱弯曲；花样滑冰时转动动作使下肢骨受扭转；等等。实际上，骨骼所受力往往是几种力的组合。骨的受力状况虽然复杂，但骨总是以最优的外表形态和内部结构来进行适应，以优化的形态和结构为骨自身重建的目标。从解剖实例可见，凡是强有力的肌腱附着的骨骼部分，为适应受较大应力的功能，均形成局部隆起，如股骨大转子等。

七、骨的生长发育及其影响因素

骨组织是一种坚硬的结缔组织，是由细胞、纤维和基质构成的。纤维为骨胶纤维（和胶原纤维一样），基质含有大量的固体无机盐。骨的最大特点是细胞基质具有大量的钙盐沉积，成为很坚硬的组织。

（一）针织骨和板层骨

针织骨即纤维性的、不成熟的骨。从进化的角度看，它是最早发生的骨，也是骨发生的最古老形式，是骨质化的结缔组织。在胎儿发育中，每个骨最初是由针织骨组成的，在出生后骨渐渐由板层骨替代。然而，一些针织骨终生存在，如耳的骨质迷路、外耳道、长骨上的肌肉连接位点。

板层骨（骨板骨、成熟骨）构成骨密质，又分为三种：哈氏骨板、骨间板和环骨板。哈氏骨板围绕血管、神经形成5～20层同心圆筒，称哈氏系统；骨板的纤维呈螺旋状，相邻骨板的纤维约呈90°交叉，中央为哈氏管，内为血管、神经、淋巴管。中央血管通过伏克曼氏管与内外骨膜、骨髓联系起来，通过这个致密的血管网，骨成了一个高度血管化的器官。骨板之间有骨细胞，以突起穿过骨板（突起所在的空隙叫骨小管）而互相联系。纤维以骨黏蛋白黏结，骨盐沉积于其中。骨间板填充于哈氏系统之间。环骨板环绕骨的外表面和内表面。

（二）骨化过程

骨化过程即骨的形成过程。骨在发生上来自成骨细胞，而成骨细胞又来自中胚层未分化的间充质，这是胚胎期原始的结缔组织。成骨细胞除可分化成软骨和硬骨外，也可以分化成齿的釉质和齿质，图示如下：

间充质
- 成纤维细胞→胶原
- 成骨细胞
  - 成骨细胞→硬骨
  - 成软骨细胞→软骨
  - 成齿质细胞→齿质
- 成肌细胞→肌肉

硬骨依其发生来源的不同，其生长可分为软骨原骨骨化（即软骨内骨化，如骺软骨的骨化）和膜原骨骨化（即膜内骨化，如新生儿头骨的囟门的封闭过程）两种骨化过程。

从间充质经过软骨阶段再变成硬骨，称软骨内骨化。例如脊柱、肋骨、四肢骨和头骨的一部分。长骨的形成过程是：在骨干中部由软骨膜骨化先形成一圈硬骨，称骨领，然后进行软骨内骨化。骺则进行软骨内骨化，未骨化的部分形成骺软骨和关节软骨；骺软骨在幼年一面生长，一面骨化，使骨加长，成年时因骨化而将骺与骨干结合。短骨的骨化过程同骺。

在间充质的基础上，不经过软骨阶段而直接形成硬骨，称膜内骨化。例如额骨、顶骨、上颌骨、下颌骨等大部分扁骨。

两种骨化过程是根据来源不同而区分的，两个过程形成的硬骨，从形态上无法进行区分。

（三）与骨化有关的细胞

与骨化有关的细胞包括成骨细胞和破骨细胞。成骨细胞（在骨膜）与骨的有机质形成和无机质沉积有关，来源于间充质前体细胞，最后发育为骨细胞埋于骨质中。破骨细胞来源于单核细胞和前破骨细胞，其分泌的酶使有机质溶解而游离出无机质，与骨的重建有关，最后退化或再转变为原来细胞。

（四）骨组织的重建

骨组织重建的目的是适应不同时期力学上的需要。骨组织的结构是由它的功能需求决定的。骨密质和骨松质的结构不断地适应生物机械力的变化，骨内膜负责诱导生理上骨的生成和再吸收过程中骨结构的改变。

【案例】 骨的长长和长粗。从前有一个英国印染商家里养了很多猪，一天他的一个医生朋友去他家做客，主人用猪肉款待。医生朋友吃猪肉的时候发现猪骨色红，问主人是何缘故？主人说不清楚。问喂的是什么饲料？答：是印染用茜草残渣拌糠麸做的饲料。朋友终于明白了，茜草中含有大量的紫色素，可以染布。当猪吃了这种植物后紫色素随血液沉着到骨质里面，使骨变红，于是他写了一篇文章登在了英国皇家学会的会报上。法国一个地主很好学，看了这篇文章以后很好奇。回家就开始做一系列的养猪试验：试验一：用茜草作添加剂喂猪，由于有时候茜草会中断，有茜草就加，没有就只喂糖麸，当猪长大了以后，把骨做一个横断面，发现有红白相间的骨性环，红色的就是饲喂了茜草，白色的就是没有添加茜草。于是得出结论一：骨长粗犹如树轮，是由成骨细胞不断地在骨的外周贴附并不断地骨化，形成很多骨性环层，使骨逐渐变粗。试验二：在小猪的骨上绑一根银丝环，然后继续喂养，当猪长大以后，发现银丝环掉到骨髓腔里面了，于是得出结论二：骨长粗的同时，骨髓腔也随之变大，因骨内膜的破骨细胞，使骨壁始终保持一个厚度，减少骨的重量。试验三：在小猪的骨上插上三根银针，继续喂养，当猪长大以后，发现银针的距离没有改变，于是得出结论三：骨长长靠的是两端的骺软骨。

（五）影响骨生长发育的因素

1. 钙和磷　其吸收与维生素 D 有关。

2. 维生素　维生素 A 可促进成骨细胞合成骨基质；维生素 C 可促进纤维的形成。

3. 激素　骨的生长受生长激素（STH）、促肾上腺皮质激素（ACTH）、促甲状腺激素（TSH）、雄激素、雌激素、甲状腺激素、甲状旁腺激素的调节。①性激素与骺软骨的生长有关（抑制生长）。②甲状旁腺激素可刺激破骨细胞的活动，使羟基磷灰石溶解，血钙增加，同时降低肾脏钙盐的排泄；甲状旁腺激素和维生素 D_3 协同促进钙在小肠的重吸收。③甲状腺的 C 细胞分泌降钙素，它能够激活成骨细胞并拮抗甲状旁腺激素，抑制破骨细胞的活动。

4. 遗传因素　如软骨发育不良，表现为四肢长骨短小。

八、骨的疾病

钙磷供应不足或比例不当可引起多种骨关节疾病，如佝偻病、骨质疏松症、骨关节病、骨关节畸形等，特别是幼畜、役畜、奶牛、卵用禽等。

九、畜体全身骨的划分

- 畜体全身骨骼
  - 中轴骨
    - 躯干骨
      - 颈椎
      - 胸椎、肋骨、胸骨
      - 腰椎
      - 荐椎(骨)
      - 尾椎
    - 头骨
      - 颅骨：枕骨、额骨、顶骨、顶间骨、筛骨、颞骨、蝶骨
      - 面骨：上颌骨、颌前骨、鼻骨、颧骨、泪骨、腭骨、翼骨、犁骨、鼻甲骨、下颌骨、舌骨
  - 四肢骨
    - 前肢骨：肩胛骨、肱骨、前臂骨、腕骨、掌骨、指骨、籽骨
    - 后肢骨：髋骨(髂骨、坐骨、耻骨)、股骨、髌骨、小腿骨、跗骨、跖骨、趾骨、籽骨
  - 内脏骨：心脏骨(马、牛)、阴茎骨(狗)

畜体全身骨(图 1-2～图 1-5)可分为中轴骨、四肢骨和内脏骨。中轴骨包括躯干骨和头骨。四肢骨包括前肢骨和后肢骨。内脏骨位于内脏器官和柔软器官内，如牛、马的心脏骨，狗、猫的阴茎骨等。

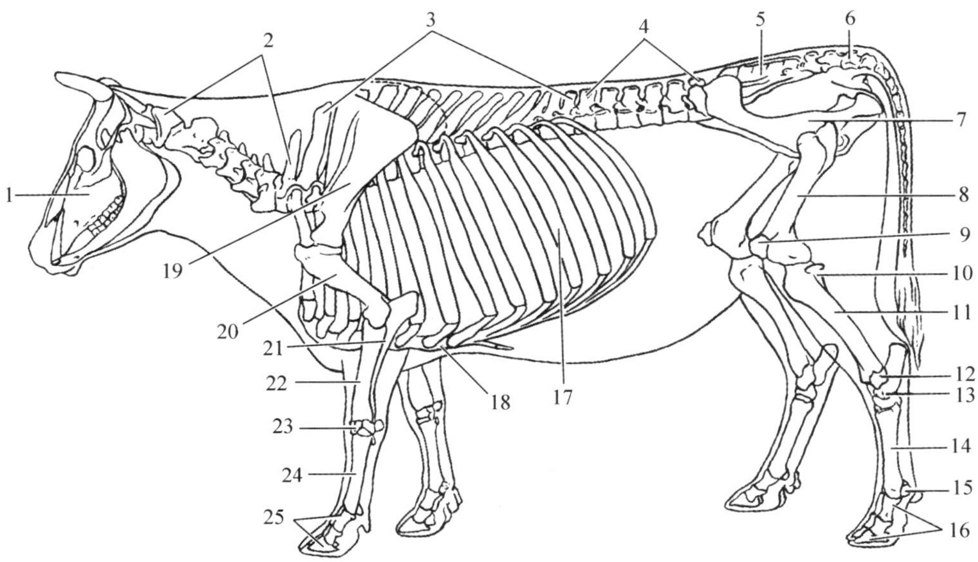

1. 头骨　2. 颈椎　3. 胸椎　4. 腰椎　5. 荐骨　6. 尾椎　7. 髋骨　8. 股骨　9. 髌骨　10. 腓骨　11. 胫骨　12. 踝骨　13. 跗骨　14. 跖骨　15. 近籽骨　16. 趾骨　17. 肋骨　18. 胸骨　19. 肩胛骨　20. 肱骨　21. 尺骨　22. 桡骨　23. 腕骨　24. 掌骨　25. 指骨

图 1-2　牛的骨骼

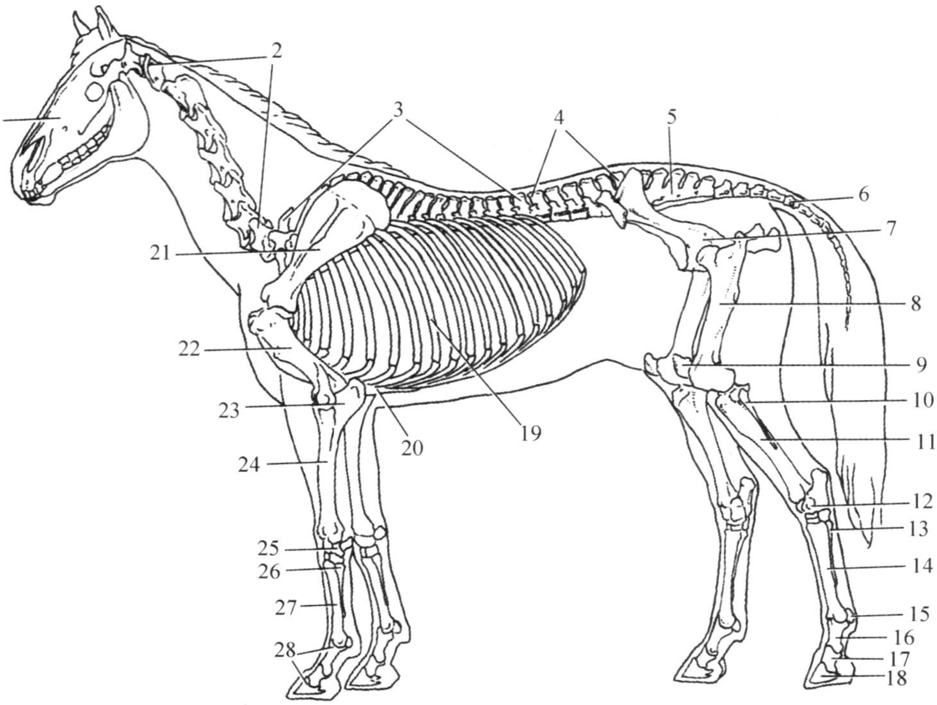

1.头骨　2.颈椎　3.胸椎　4.腰椎　5.荐骨　6.尾椎　7.髋骨　8.股骨　9.髌骨　10.腓骨　11.胫骨　12.跗骨　13.第四跖骨　14.第三跖骨　15.近籽骨　16.系骨　17.冠骨　18.蹄骨　19.肋骨　20.胸骨　21.肩胛骨　22.肱骨　23.尺骨　24.桡骨　25.腕骨　26.第四掌骨　27.第三掌骨　28.指骨

图 1-3　马的骨骼

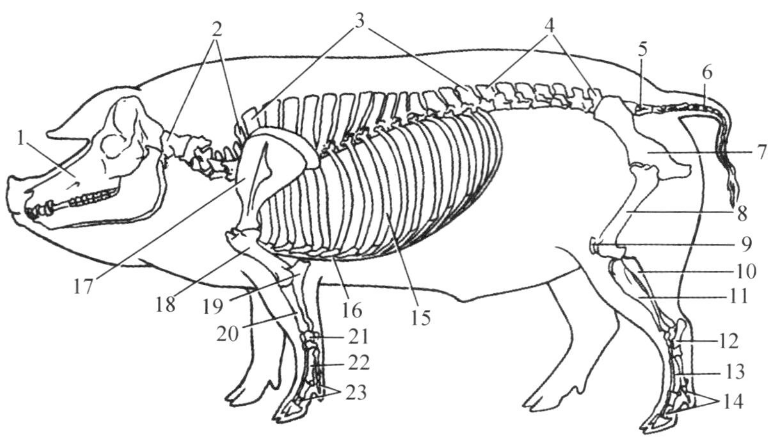

1.头骨　2.颈椎　3.胸椎　4.腰椎　5.荐骨　6.尾椎　7.髋骨　8.股骨　9.髌骨　10.腓骨　11.胫骨　12.跗骨　13.跖骨　14.趾骨　15.肋骨　16.胸骨　17.肩胛骨　18.肱骨　19.尺骨　20.桡骨　21.腕骨　22.掌骨　23.指骨

图 1-4　猪的骨骼

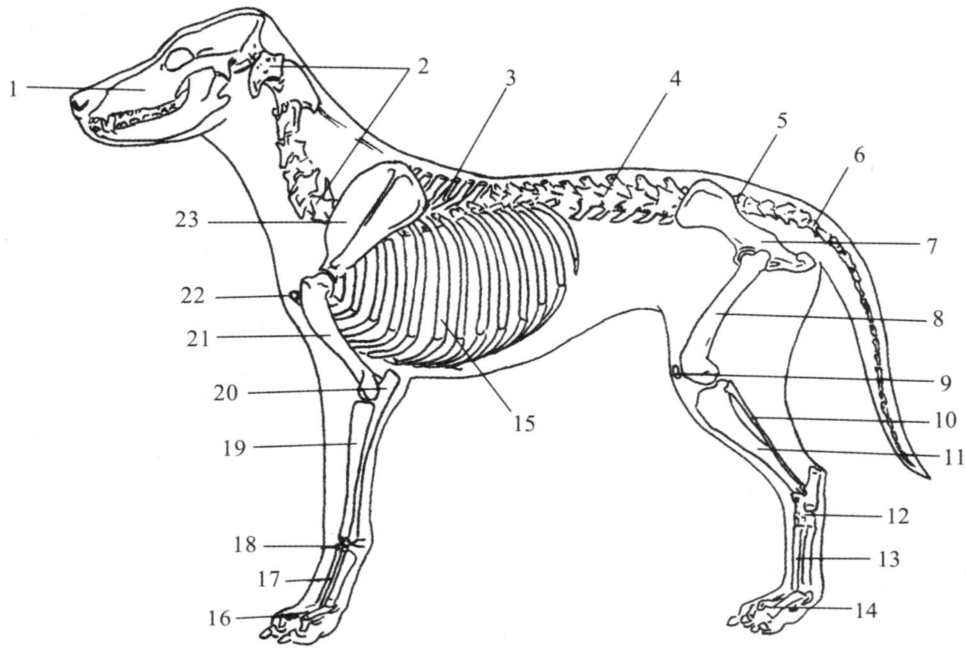

1.头骨 2.颈椎 3.胸椎 4.腰椎 5.荐椎 6.尾椎 7.髋骨 8.股骨 9.髌骨 10.腓骨 11.胫骨 12.跗骨 13.跖骨 14.趾骨 15.肋骨 16.指骨 17.掌骨 18.腕骨 19.桡骨 20.尺骨 21.肱骨 22.胸骨 23.肩胛骨

图 1-5 犬的骨骼

第二节 躯干骨

躯干骨包括椎骨、肋骨和胸骨。一系列椎骨借软骨、关节与韧带连接而成了脊柱，并构成畜体的中轴；构成脊柱的椎骨从前至后分别是：颈椎(C)、胸椎(T)、腰椎(L)、荐椎(S)和尾椎(Cy)；脊柱前端连接头骨，在头颈之间形成颈弯曲；颈胸之间形成颈背弯曲；胸腰之间形成背腰弯曲。在整个脊柱中，因胸椎有肋限制，荐骨有髋骨限制，故活动性较小，而颈椎、腰椎的活动性较大，尾椎活动范围最大；脊柱内有椎管，容纳脊髓。肋将胸椎与胸骨连接起来，位于胸廓的两侧；胸骨位于胸廓的腹侧。

躯干骨可作为胸腔、腹腔及盆腔的支架，容纳并保护内脏器官。具有支持头部、悬吊内脏、支持体重、传递冲力等作用。

脊柱的前身是脊索，脊柱是脊索的存替。脊柱进化的趋势是由分区不明显到分为明显的5个区(颈、胸、腰、荐、尾)，在支持身体和保护内脏方面趋向于愈加坚固，在转动方面趋向于愈加灵活，特别是鸟类的颈椎。脊柱的正常形态改变或发生异常弯曲，均会影响正常生活，并使运动受限。

一、椎骨

(一)椎骨的一般构造

家畜的椎骨数(以脊柱式表示):牛 $C_7T_{13}L_6S_5Cy_{18-20}$,羊 $C_7T_{13}L_{6-7}S_4Cy_{3-24}$,猪 $C_7T_{14-15}L_{6-7}S_4Cy_{20-23}$,马 $C_7T_{18}L_6S_5Cy_{14-21}$,狗 $C_7T_{13}L_7S_3Cy_{20-23}$,猫 $C_7T_{13}L_7S_3Cy_{22-23}$,兔 $C_7T_{12}L_7S_4Cy_{16}$。

各段椎骨的形态和构造虽有差异,但基本相似。它们的一般构造为:具有椎体、椎弓和突起(图 1-6~图 1-12)。椎体是椎骨的腹侧部分,呈短柱形,前有突出的椎头,后有稍凹的椎窝,与相邻的椎骨相接。椎弓是椎体背侧的拱形骨板。椎弓和椎体间围成椎孔;所有椎孔在脊柱中相连而成椎管,主要容纳脊髓。椎弓的前后各有切迹,相邻椎弓的切迹合成椎间孔,是神经和血管出入椎管的通路。从椎弓的中央,向背侧伸出一个棘突。各段椎骨的棘突,其形态、长度和方向均不同,它们主要供肌肉和韧带附着。从椎弓向两侧伸出一对横突。在椎弓背侧的前后两缘各有一对关节突,与相邻椎骨的关节突形成关节。

(二)各段椎骨的特点

1. 颈椎　哺乳动物均为 7 个;棘突低矮;全无肋骨相连(第 7 颈椎除外);横突上有孔,称横突孔,供椎动脉通过。第 3~6 颈椎的形态基本相似,第 1、第 2 和第 7 颈椎比较特殊。

第 3~6 颈椎有较发达的椎体,椎头和椎窝均很显著。椎弓上的关节特别发达。椎孔较宽大,棘突则不很发达。横突分为前后二支。横突的基部有孔,各颈椎横突的孔连成横突管,管内通过椎动脉。

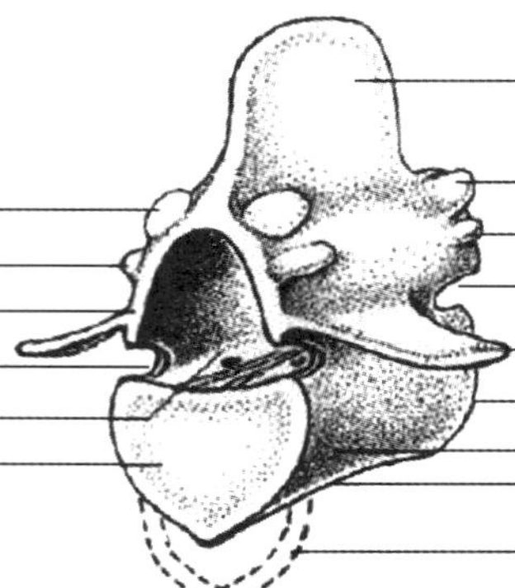

图 1-6　椎骨的一般特征(颈椎)

第 1 颈椎又称寰椎。呈环形,由背侧弓(较长,有背侧结节)和腹侧弓(较短,有腹侧结节)构成。无椎体、棘突和关节突。两弓的前面形成一对较深的关节窝,与枕髁成关节。后面则形成鞍状关节面,与第二颈椎成关节。寰椎的两侧是一对宽板,叫寰椎翼,其外侧缘可以在体表摸到。寰椎翼的腹侧凹为寰椎窝。翼前部的内侧有椎外侧孔,通向椎管;外侧有翼孔,通寰椎窝。无横突孔。

第 2 颈椎又称枢椎,椎体前端形成齿状突,深入寰椎的椎孔内,形成可以转动的关节。棘突纵长,呈嵴状。无关节前突。横突仅有一支,伸向后方。有横突孔形成管状,但较小。椎外侧孔大而圆。

第 7 颈椎短而宽，椎窝两侧有一对小关节面，与第一肋骨形成关节。横突不分支，无横突孔。棘突较显著。

2. 胸椎　因家畜种类不同，数目变化较大。棘突很发达，举头的强有力肌肉就附着在棘突的垂直面上，各胸椎全与肋骨相连；横突短小，游离端有关节面，与肋结节成关节；前、后关节突扁而小，彼此很靠近；靠后部的胸椎形状渐变，棘突逐渐低矮，关节突渐显著；椎头与椎窝的两侧均有小关节面，与肋骨小头成关节。

3. 腰椎　椎体粗，棘突宽大，横突长，伸向外侧前方，无肋骨附着。在前关节上方有明显的乳状突，另外，在后关节突的下方有副突。

4. 荐骨　荐椎数目变化较大。肉食动物和猪一般在 1.5 岁愈合形成，反刍动物在 3～4 岁愈合形成，马在 4～5 岁愈合形成。所有家畜的椎体及其骨化的椎间盘愈合形成一个单骨，即荐骨。椎关节骨化，使荐骨不能活动，从而更有效地使推动力从后肢传导至脊柱。

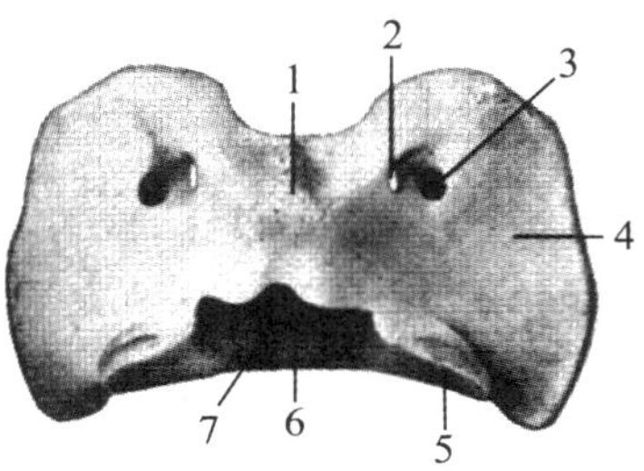

1. 背侧弓　2. 椎外侧孔　3. 翼孔　4. 寰椎翼
5. 鞍状关节面　6. 腹侧弓　7. 椎孔

图 1-7　牛寰椎

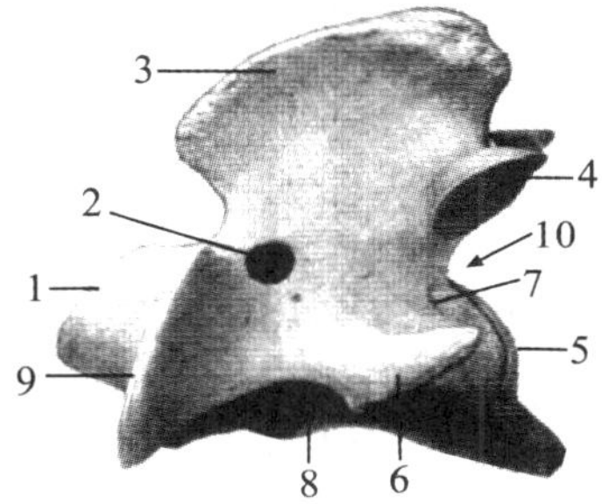

1. 齿突　2. 椎外侧孔　3. 棘突　4. 后关节突　5. 椎窝
6. 横突　7. 横突孔　8. 椎体　9. 鞍状关节面　10. 椎后切迹

图 1-8　牛枢椎

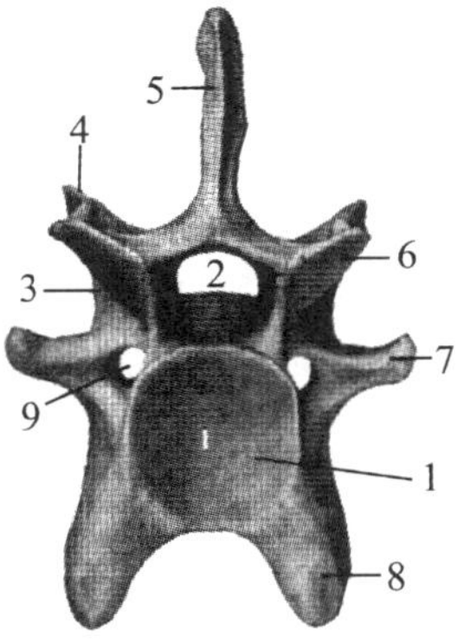

1. 椎窝　2. 椎孔　3. 椎弓　4. 前关节突
5. 棘突　6. 后关节突　7. 横突背侧支
8. 横突腹侧支　9. 横突孔

图 1-9　牛第 6 颈椎

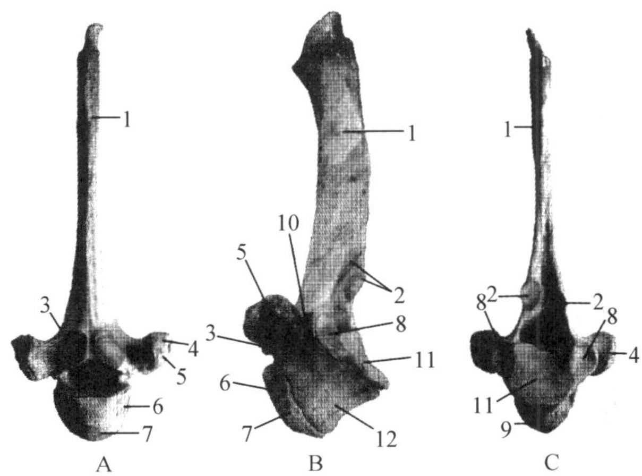

A. 前面观　B. 侧面观　C. 后面观
1. 棘突　2. 后关节突　3. 前关节突　4. 横突　5. 横突肋凹　6. 前肋凹
7. 椎头　8. 后肋凹　9. 腹侧嵴　10. 椎外侧孔　11. 椎窝　12. 椎体

图 1-10　黄牛第 4 胸椎

肉食动物的荐骨呈四边形，而其他家畜的则呈三角形。荐骨背侧面有棘突，被视为一些种属的遗留物，此外还有一些嵴；荐骨背侧面供臀部、尾部和腿部肌肉附着，并提供腰荐神经丛的背侧脊神经通过的端口；腹侧面对着盆腔（盆面），上有横线，是各骨的界线；荐骨腹侧面有脊神经腹侧支通过。荐部的椎管（荐管）比腰椎的更窄。棘突在家畜中存在很大的差异，肉食动物和马的棘突是分开的，基部则互相愈合。反刍动物的背侧棘互相愈合形成荐正中嵴。猪的棘突由不明显的嵴代替。反刍动物还有荐中间嵴，由关节突退化并愈合形成。其他家畜的荐中间嵴由一些小的结节代替。腰荐神经丛穿过荐腹侧和背侧荐孔离开椎管。

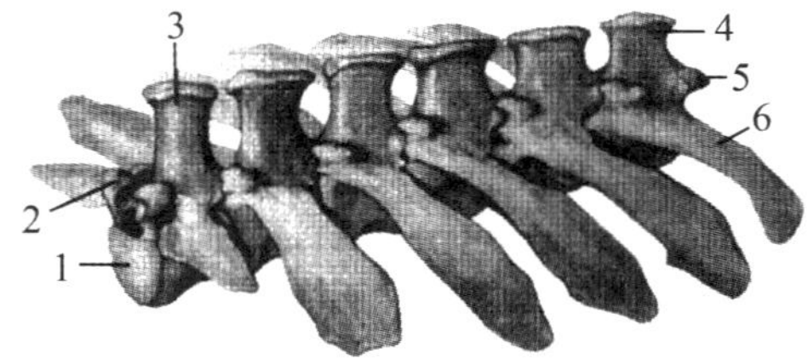

1. 第 1 腰椎椎头　2. 第 1 腰椎前关节突　3. 第 1 腰椎棘突
4. 第 6 腰椎棘突　5. 第 6 腰椎后关节突　6. 第 6 腰椎横突

图 1-11　腰椎（前侧面观）

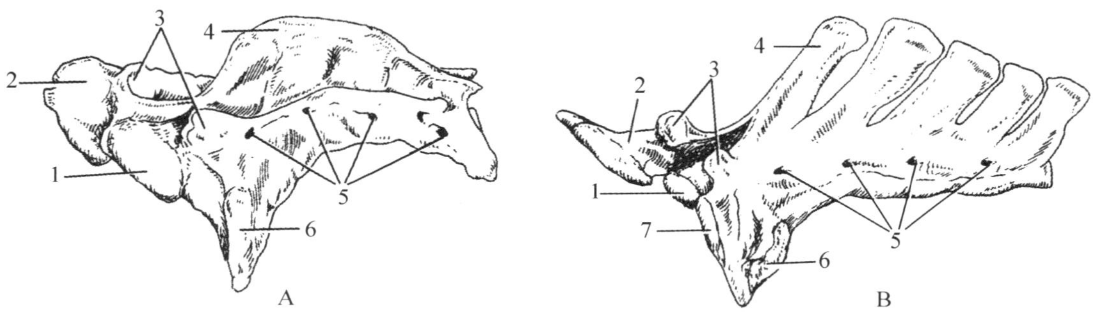

A. 牛的荐骨　B. 马的荐骨

1. 椎头　2. 荐骨翼　3. 前关节突　4. 棘突　5. 荐背侧孔　6. 耳状关节面　7. 卵圆关节面

图 1-12　牛荐骨

第一荐椎椎体的腹侧缘较为突出，称为岬。马的荐骨呈尖端向后的长三角形，棘突仍分离。有四对背侧荐孔、四对腹侧荐孔。牛的荐骨比马的长，前后宽度相似，外侧嵴薄锐，不平整；棘突已互相愈合。骨盆面凹，腹侧荐孔大。猪的荐椎愈合较晚。

特点：棘突较低矮；其椎体和椎间盘牢固愈合形成一块骨，即荐骨，荐骨是后肢腰带与躯干连接的部分，前面 1～2 个荐椎两侧突出成荐骨翼，与髂骨翼形成荐髂关节。荐骨的盆面正中有一明显的脉管沟，内含荐中动脉。

5. 尾椎　数目变化较大。尾椎从前到后逐渐减小，其形态逐渐简化，失去了一些椎骨的特征，如椎弓和棘突。最后一个尾椎呈圆柱状，体积减小。

前段尾椎大部分具有典型椎骨的结构特征，但越到后段越小，失去了特征性结构，尤其是突起，而呈简单的柱状。

马的第 2 尾椎的棘突分叉，第 3 尾椎的椎弓不完整，使椎管向背侧开放。横突逐渐变小，从第 7 尾椎后，所有的突起都消失，相比之下，仅有小的骨嵴。

牛的第 2～4 尾椎的腹侧面有一对腹侧棘，中间形成一沟，内有尾椎动脉通过，在临床上常在此进行脉诊。

为了保护尾椎血管，一些尾椎的腹侧面（反刍动物第 1～8 尾椎，肉食动物第 5～15 尾椎）出现旁正中突，即血管突。血管突在某些尾椎（牛的第 2 和第 3 尾椎，肉食动物第 3～8 尾椎）形成腹侧弓（血管弓）。腹侧弓又称人字骨，代表脉弓的残迹。荐骨和第 1 尾椎以及前几个尾椎之间的弓间隙为进入椎管提供了入口。

二、肋

肋（图 1-13）由肋骨和肋软骨构成，左右成对，构成胸廓的侧壁。肋是弓形长骨。牛的肋骨很宽，其他动物的肋较细。肋骨位于背侧，肋软骨位于腹侧。肋骨近端有肋骨小头，与相邻的胸椎的肋凹形成的肋窝成关节。小头的后上方有肋结节，与胸椎横突成关节。肋骨的后缘内侧，有血管、神经通过的沟。两相邻肋骨之间的间隙，称为肋间隙，临床上常在肋间隙听诊心音、肺的呼吸音。

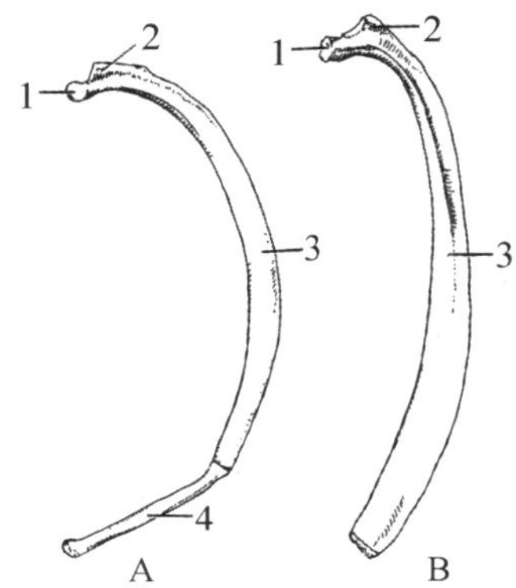

A. 马的第八肋（内面）　B. 牛的第八肋（内面）

1. 肋骨小头　2. 肋结节　3. 肋骨　4. 肋软骨

图 1-13　肋

肋软骨由透明软骨构成。前几对肋的肋软骨直接与胸骨相连，称为胸骨肋（又名真肋）。其余肋骨的肋软骨则由结缔组织连接于前一肋的肋软骨上，称为弓肋（又名假肋）。肋软骨不与其他的肋骨相接的肋骨称为浮肋（见于狗、猫、兔）。各弓肋的肋软骨顺次相接，形成所谓肋弓，作为胸廓的后界。

肋成对，其对数和胸椎的数目相同：马 18 对，反刍动物 13 对，猪 13～16 对，肉食动物 12～14 对。肉食动物的胸肋与非胸肋的比例为 9∶4，猪的为 7∶7(8)，反刍动物为 8∶5，马的为 8∶10，这一比例会随着胸椎的变化而变化。

三、胸骨

胸骨位于胸廓的底壁正中，由骨质的胸骨节（7 枚）借软骨连接而成。胸骨（图 1-14）的前端称为胸骨柄，两侧有 7～9 对肋窝，与胸骨肋（真肋）的肋软骨相接。胸骨的后端为剑状突，接圆盘状的剑状软骨。马的胸骨呈船形，前部左右压扁，后部上下压扁。牛的胸骨较长，呈上下压扁状。

四、胸廓

胸廓是由背侧的胸椎、两侧的肋骨和肋软骨及底壁的胸骨组成的前小后大的截顶锥形的骨性支架。胸廓的前部小，坚固性大，用以保护胸腔内的器官，并连接前肢。后部宽，活动性较大，以形成呼吸运动的杠杆。胸前口由第一胸椎、两侧的第一肋骨和胸骨柄构成。胸后口则由最后胸椎、最后肋骨、肋弓和剑状软骨所构成。

草食动物的胸廓前外侧压扁，后部变宽，但肉食动物的腹侧较宽较深。

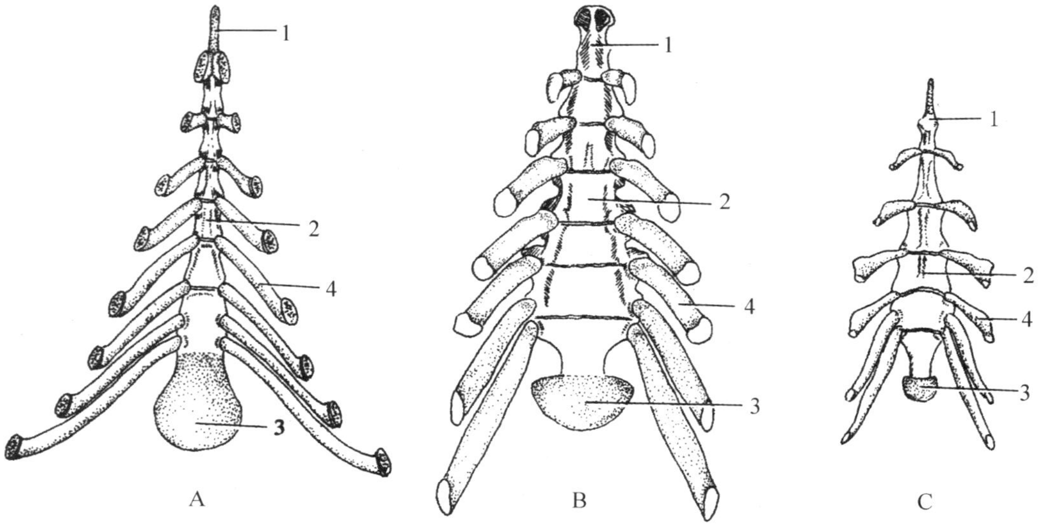

A. 马　B. 牛　C. 猪

1. 胸骨柄　2. 胸骨体　3. 剑状软骨　4. 肋软骨

图 1-14　胸骨的背面观

马的胸廓前部两侧显著压扁，向后逐渐扩大。胸前口椭圆形，下方狭窄。胸后口呈倾斜状，相当宽大。牛的胸廓较马的短。胸前口较高，胸廓底部较宽而长，后部显著增宽。

【案例】 由于高达 80% 的临床病例是与呼吸、消化和生殖有关的疾病，因此，许多疾病和病症将影响胸部。胸椎一般不可触及，但肋弓分布广泛，且可触及。即使偶尔的肋骨骨折也可以在无任何并发症的情况下自动愈合。在一些人工助产的难产案例中，产下的犊牛可能在生产过程中受伤，并发现有肋骨骨折的迹象。

第三节　头骨

头骨分颅骨和面骨。颅骨位于头的后上方，构成颅腔和感觉器官——眼、耳和嗅觉器官的保护壁。面骨位于头的前下方，形成口腔、鼻腔、咽、喉和舌的支架(图 1-15～图 1-21)。

一、颅骨

颅骨包括成对的顶骨、额骨和颞骨和不成对的枕骨、顶间骨、蝶骨和筛骨等。

颅骨的内面凹，有许多适应脑髓表面沟和回的指状压迹、供脑膜附着的嵴、供血管神经通过的孔和管。

颅骨构成颅腔，颅腔底壁分为3个窝：颅前窝位置较高，容纳嗅球和大脑半球的前部；颅中窝相当于蝶骨的后部，容纳大脑底面、下丘脑和中脑；颅后窝在枕骨体的背侧，容纳脑桥、延髓和小脑。

在颅腔底壁上有许多供血管、神经通过的孔、管和裂。

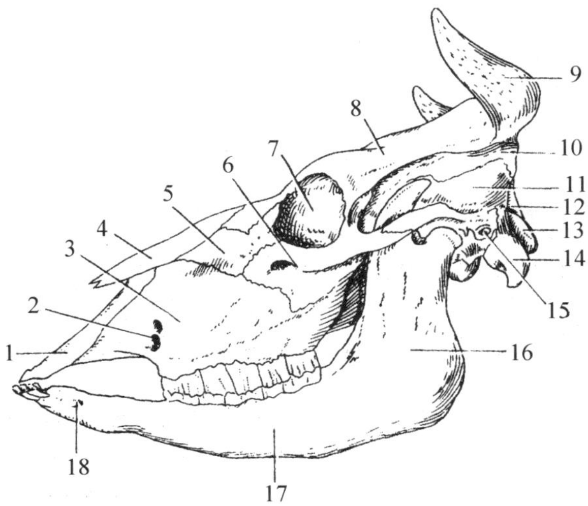

1. 切齿骨　2. 眶下孔　3. 上颌骨　4. 鼻骨　5. 泪骨　6. 颧骨　7. 眶窝　8. 额骨　9. 角突　10. 顶骨　11. 颞骨　12. 枕骨　13. 枕髁　14. 颈静脉突　15. 外耳道　16. 下颌支　17. 下颌体　18. 颏孔

图 1-15　牛头骨(侧面观)

(一)枕骨

枕骨位于颅骨的后部，构成颅腔的后壁和底壁的一部分。枕骨后端正中有枕骨大孔，前通颅腔，后接椎管。枕骨由基底部、侧部及枕鳞部组成。基底部(枕骨体)构成颅腔底壁，自枕骨大孔向前延伸与蝶骨体相接。其侧缘与鼓泡间形成裂缝称岩枕裂，裂的后部有颈静脉孔。侧部位于枕骨大孔两侧及背侧一小部分。在枕骨大孔的两侧有卵圆形的关节面，称为枕髁，与寰椎构成寰枕关节。髁的外侧有粗大的颈静脉突。突的基部与枕髁间形成髁腹侧窝，内有舌下神经孔。枕鳞部位于侧部的背侧，主要构成颅腔后壁。枕鳞部的外表粗糙，上部有一明显的线状隆起，为项线。马和猪的枕骨上端有一横行嵴，叫枕嵴。

(二)顶间骨

顶间骨位于左、右顶骨和枕骨之间，常与邻骨愈合。脑面有枕内结节，隔开大脑和小脑。

(三)顶骨

顶骨位于枕骨前上方，外面凸，内面凹，有与脑回相对应的沟。构成颅腔的顶壁(水牛)或后壁(黄牛)，并参与形成颞窝。

(四)额骨

额骨位于鼻骨的后方。牛的额骨特别发达。有角牛额骨后缘的两侧形成角突。外面扁平，向两侧伸出眶上突，形成眼眶上界。额面由外板形成，前接鼻骨。内面为横向的内板，形成颅腔的前壁，向下接筛骨。内外板、筛骨之间形成额窦。在眼眶间有眶上沟，沟内有眶上孔。

(五)颞骨

颞骨位于枕骨之前，顶骨的下外侧，构成颅腔的侧壁，又分为鳞部、岩部和鼓部。鳞部与顶骨、额骨及蝶骨相接，在外面有颧突伸出，并转而向前与颧骨的颞突合成颧弓。颧突根部有髁状关节面，与下颌骨的下颌髁成关节。岩部位于鳞部与枕骨之间，构成内耳和内耳道的骨质支架。其腹侧有连接舌骨的茎突。鼓部位于岩部的腹外侧，其外侧有骨性外耳道，向内通鼓室。鼓室形成突向腹外侧的鼓泡。

（六）蝶骨

蝶骨构成颅腔底壁的前部。由一蝶骨体和两对翼（眶翼、颞翼）以及一对翼突组成，形如展翅的蝴蝶。前与筛骨、腭骨、翼骨和犁骨相接，两侧与颞骨相接，后与枕骨基底部相接。蝶骨体位于正中，呈短棱柱状。眶翼由骨体前部两侧向上伸延，参与构成眼眶内侧壁。在眶翼基部的后方有眶圆孔，眶面中央有视神经管口；颞翼由骨体后部向背外侧伸出，参与构成颅腔外侧壁，颞翼中央偏后方有卵圆孔，该孔一般比前方的眶圆孔小。翼突在骨体与颞翼相接处，向前下方突出，形成鼻后孔的侧壁。

（七）筛骨

筛骨位于颅腔前壁，将鼻腔和颅腔隔开。由筛板、垂直板和一对筛骨迷路组成。筛板是位于鼻腔与颅腔之间的筛状隔板，脑面被筛骨嵴分成左右两个椭圆形的筛骨窝，以容纳脑的嗅球。筛板上有许多小孔，为嗅神经纤维的通路。垂直板位于正中，伸向鼻腔，构成鼻中隔后部。筛骨迷路又称侧块，呈圆锥形，位于垂直板两侧，由许多卷曲的薄骨板构成，向前突向鼻腔，支持鼻黏膜。

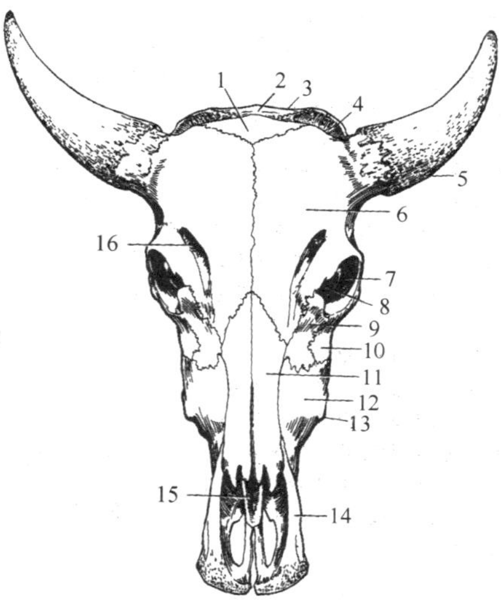

1. 顶骨　2. 顶间骨及枕骨　3. 枕嵴　4. 颞骨　5. 角突　6. 额骨　7. 眶窝　8. 泪泡　9. 泪骨　10. 颧骨　11. 鼻骨　12. 上颌骨　13. 面结节　14. 切齿骨　15. 犁骨　16. 眶上孔

图 1-16　水牛头骨的正面

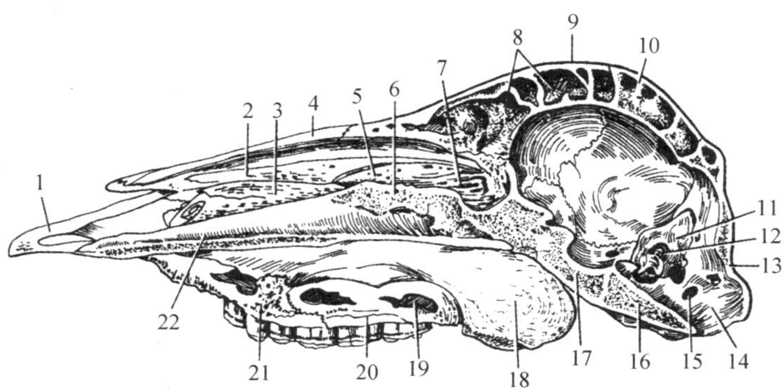

1. 切齿骨　2. 背鼻甲骨　3. 腹鼻甲骨　4. 鼻骨　5. 筛鼻甲　6. 筛骨垂直板　7. 筛骨迷路　8. 额窦　9. 额骨　10. 顶骨　11. 岩颞骨　12. 内耳道　13. 枕骨　14. 枕骨大孔　15. 舌下神经孔　16. 枕骨基部　17. 蝶骨体　18. 犁骨　19. 腭窦　20. 腭骨　21. 上颌骨　22. 犁骨沟

图 1-17　水牛头骨的纵切面

二、面骨

面骨位于头骨的前下方，主要是构成口腔、鼻腔、部分眼眶的骨。面骨有 11 种 20 块。其中有 9 种对骨：颧骨、泪骨、鼻骨、翼骨、腭骨、上颌骨、下颌骨、颌前骨、上下鼻甲骨。两种单骨：犁骨和舌骨。猪还多一块吻骨。面骨构成了眼眶、鼻腔和口腔的支架。

(一)颌前骨(切齿骨)

颌前骨位于上颌骨的前方，腹侧缘有切齿齿槽，但反刍兽无切齿槽，形成齿板。包括骨体、鼻突、腭突和齿槽突。腭突向后接上颌骨的腭突。鼻突则与鼻骨之间形成鼻颌切迹。切齿骨构成面骨的前侧部，形成鼻腔的开口和硬腭顶。切齿骨体有两个面：凹陷的腭面和隆凸的唇面。向前延伸形成齿槽突，齿槽突形成锥形的齿槽，每侧有 3 个切齿槽。反刍动物无上切齿和犬齿，其切齿骨上无齿槽。切齿齿槽突和后部的上颌骨之间则较短。左、右切齿骨的腭突在中线与切齿间裂相连，它们或紧密连接(肉食动物和猪)，或相离一窄缝，即切齿中间缝(猪和反刍动物)。

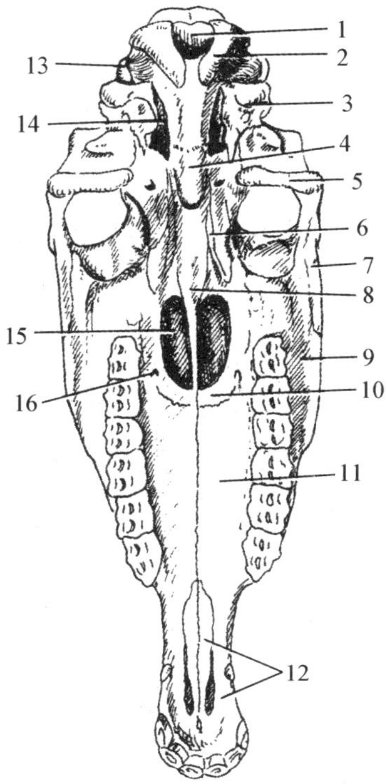

1.枕骨大孔 2.枕髁 3.岩颞骨 4.蝶骨体 5.颞髁 6.翼骨 7.颧骨 8.犁骨 9.上颌骨 10.腭骨 11.上颌骨腭突 12.切齿骨 13.颈静脉突 14.破裂孔 15.鼻后孔 16.腭前孔

图 1-18 马头骨底面

(二)鼻骨

鼻骨位于额骨的前方。构成鼻腔顶壁的大部。猪鼻骨的前方有一块吻骨。

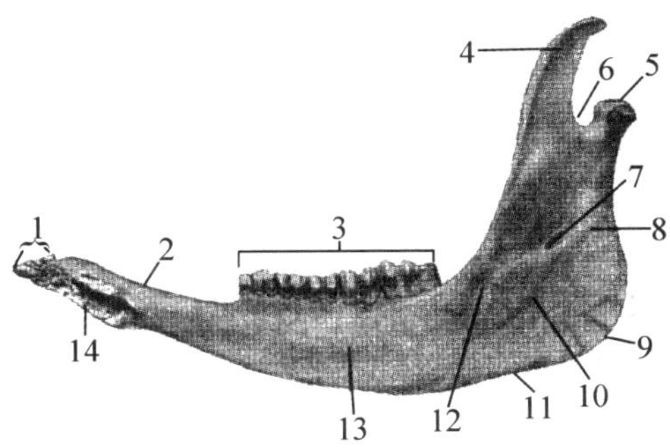

1.切齿 2.齿槽间缘 3.臼齿 4.冠状突 5.髁突 6.下颌切迹 7.下颌孔 8.下颌支 9.下颌角 10.翼肌凹 11.面血管切迹 12.下颌舌骨肌神经沟 13.下颌体 14.连接面

图 1-19 公牛下颌骨(内侧观)

(三)泪骨

泪骨位于眼窝的内前方。眼眶内有漏斗状的泪囊窝，窝内有通向鼻腔的鼻泪管开口。在泪囊窝后方约 2 cm 处还有一凹窝，即下斜肌窝，是眼球下斜肌的附着处。

(四)颧骨

颧骨位于泪骨的外下方与上颌骨的后上方。表面有面嵴,向后伸出颞突,与颞骨的颧突合成颧弓。

(五)腭骨

腭骨位于鼻后孔的前方和两侧。构成鼻后孔的侧壁及硬腭后部的骨性支架。

(六)翼骨

翼骨是薄而窄并稍带弯曲的骨板,构成鼻后孔侧壁后部的支架。紧贴在腭骨的内侧,位于蝶骨和犁骨的交界处。

(七)犁骨

犁骨是前后延长的扁骨,在鼻腔底部的中线上,与鼻中隔软骨相连。

(八)鼻甲骨

鼻甲骨上下成对,为四个卷曲状薄骨片,附着在鼻腔的两侧壁上。鼻甲骨分为一对上鼻甲骨,一对下鼻甲骨。但反刍兽上鼻甲骨不形成卷曲。它有支持鼻黏膜的作用。它将每侧鼻腔分为上中下三个鼻道和上下鼻甲骨与鼻中隔之间的总鼻道。

(九)上颌骨

上颌骨位于面部的两侧,构成鼻腔的侧壁和底壁,口腔的顶壁。上颌骨的下缘有容纳犬齿(公马、猪)和臼齿的齿槽。其外侧面有一向前延伸的纵嵴,叫面嵴。牛的面嵴不明显,但有一面结节。面嵴的前上方有一孔,叫眶下孔。该孔是牛鼻修补手术麻醉时的进针孔。

(十)下颌骨

下颌骨是面骨中最大的骨,位于头骨的下方。由前部的骨体和后部的下颌支组成。骨体上缘有切齿、犬齿(公马、猪)和臼齿齿槽。在切齿槽和臼齿槽之间为齿槽间隙。下缘在与最后臼齿齿槽相对处有一浅沟,称下颌血管切迹,是兽医临床上诊脉的地方。两下颌支之间的空隙称下颌间隙。下颌支上端后方有下颌髁,与颞骨成关节,前方有较高的冠状突,供颞肌附着。内、外侧面均凹,供咀嚼肌附着,内面有下颌孔。

(十一)舌骨

舌骨位于下颌间隙后部,由几枚小骨节(底舌骨、甲状舌骨、角舌骨、上舌骨、茎突舌骨等)组成,构成舌和喉的骨质支架(图 1-20)。

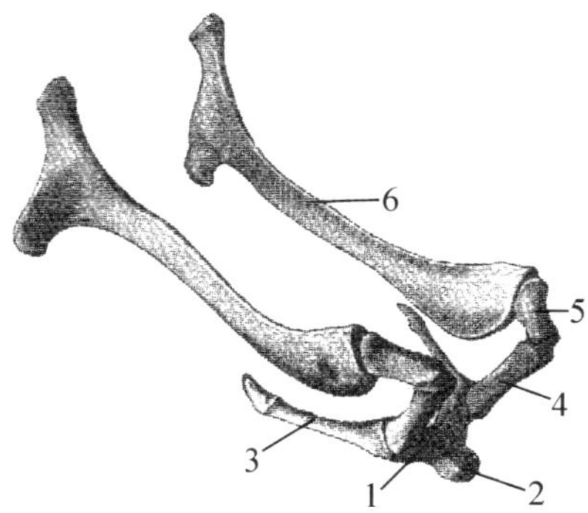

1.底舌骨　2.舌突　3.甲状舌骨
4.角舌骨　5.上舌骨　6.茎突舌骨

图 1-20　牛舌骨

(十二)吻骨

猪在颌前骨与鼻骨之间还有一个吻骨,是构成吻突的基础。

三、几种家畜的头骨特征

因各种动物脑的发育情况不同，颅腔大小、形态有差别，例如，马的头骨呈长锥状，猪呈锥状，牛则比马的短。动物食性不同，牙齿的发育情况不同，面部的长短也不一样。例如，马、兔的面部较长，而狗、猫则较短。眶窝发育情况、角的有无等也不一样，如牛的额骨上有角突，猪有吻骨等。

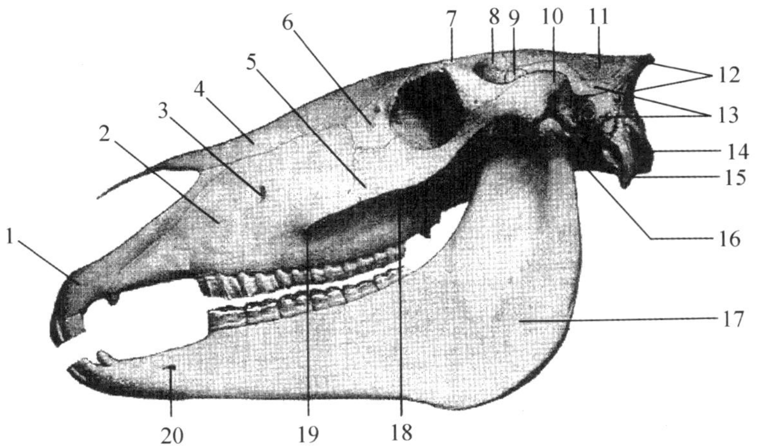

1. 切齿骨 2. 上颌骨 3. 眶下孔 4. 鼻骨 5. 颧骨 6. 泪骨 7. 眶上孔 8. 额骨 9. 下颌骨冠状突 10. 颧弓 11. 顶骨 12. 枕骨 13. 颞骨 14. 枕髁 15. 颈静脉突 16. 髁突 17. 下颌骨 18. 面嵴 19. 面结节 20. 颏孔

图 1-21 马头骨侧面观

犬头骨外形与品种密切相关。长头型品种面骨较长，颅部较窄，头指数约为 50；短头型品种面骨很短，颅部较宽，头指数可达 90。此外还有中间型品种，头骨外形介于两者之间，头指数约为 70。头指数＝(头宽×100)/头长。

四、鼻旁窦

在一些头骨的内部，形成直接或间接与鼻腔相通的腔，称为鼻旁窦，又名副鼻窦。鼻旁窦有额窦、上颌窦、筛窦、腭窦、蝶窦。成年猪的额窦很发达，从额骨延伸到顶骨甚至枕骨内。窦可增大头部的体积(以附着牙齿)，减轻头部重量；窦可对声音产生共鸣；但严重的鼻炎可蔓延至鼻旁窦。额窦与角突内的空腔相通，故当角折断后，额窦易被感染而引起发炎。

五、牛、马头骨孔、管的解剖

在头骨上还有许多孔、沟和管，它们是血管、神经的通路。在背侧面左、右切齿骨的相接处有切齿孔。在侧面，在外耳突的腹侧有与舌骨连接的茎突(以前称舌突)；在茎突和乳突之间有茎乳突孔，面神经由此穿出。在眼眶的后部，翼嵴(上下行的骨突起)的前方，在马有 4 个孔，由上向下依次为筛孔(筛神经和血管通过)、视神经孔(视神经通过)、眶孔(眼神经、动眼神经、滑车神经和外展神经通过)和圆孔(上颌神经通过);牛的眶孔和圆孔合成眶圆孔。在上颌结节后方的隐窝中有3个孔,由上向下依次为上颌孔(系眶下管的入口,有眶下神经和眶下血管通过)、蝶腭孔(鼻后神经和血管经此孔入鼻腔)和腭后孔(经腭管通腭前孔,有腭大神经和血管通过)。在底面,在枕髁和颈静脉突之间的窝中,牛有两个孔,前内侧的为舌下神经孔(舌下神经通过),后上方的为髁孔(有血管通过);马只有舌下神经孔。马的破裂孔大,系枕骨基底部和鼓泡之间的裂状孔,下颌神经、舌咽神经、迷走神经和副神经由此走出,并有一些进出颅腔的血管通过。牛无破裂孔,但在蝶骨颞翼的后方有卵圆孔(下颌神经通过),在鼓泡和枕骨基底部之间有狭的裂隙,后部较宽为颈静脉孔(有舌咽神经、迷走神经和副神经通过)。在岩颞骨的腹侧除有大的鼓泡外(内为鼓室),在其前方有向前下方伸出的肌突(供腭肌附着),在肌突根部的外侧有小裂状的岩鼓裂(供鼓索神经通过);肌突根部的内侧有骨性耳咽管,与鼓室相通。

第四节　前肢骨

家畜的前肢骨(图1-22)主要由肩胛骨、肱骨、前臂骨(桡骨和尺骨)、腕骨、掌骨、指骨和籽骨组成(图1-2、1-3)。肩胛骨是肩带三骨(肩胛骨、锁骨、乌喙骨)之一,在家畜仅保留此骨,其他两骨已退化,乌喙骨的遗迹是肩胛结节,锁骨的遗迹是肩峰。肱骨是臂部的骨质基础。

一、肩胛骨

肩胛骨是三角形的扁骨,斜位于胸廓两侧的前上部,其长轴由第4胸椎棘突斜向第2肋的中部。肩胛骨分两个面、三个缘和三个角。

外侧面有一条纵嵴叫肩胛冈,冈的中部增厚,形成一长而厚的粗糙区称冈结节。牛肩胛冈的下端向下方伸出一突起,称肩峰,是锁骨的遗迹。猪的肩胛冈为长三角形,冈的中部弯向后方,有一大的冈结节。肩胛冈将外侧面分为前上方的冈上窝,后下方的冈下窝,供肌肉附着。内侧面(肋面)的中部有大而浅的肩胛下窝,供肩胛下肌附着。窝的背侧前、后各有一个不明显的粗糙面为锯肌面,供腹侧锯肌附着。

肩胛骨前缘薄,边缘略厚而光滑,后缘厚而粗糙。滋养孔常在后缘外侧下1/3处;背侧缘附着肩胛软骨。

前角约与第1～2胸椎棘突相对;后角粗而厚,对应第6～7肋骨椎骨端;腹侧角又称关节角,与第2肋中部相对。关节角有圆形关节窝,称关节盂(肩臼),与肱骨头成关节。关节盂的前上方有突出的盂上结节或肩胛结节,是臂二头肌的起点。结节的内侧有一突起称喙突,是乌喙骨的遗迹。

二、肱骨

肱骨又称臂骨，是一管状长骨，斜位于胸部两侧，由前上方斜向后下方，由两端和骨体组成。近端有圆而光滑的肱骨头，与肩胛骨的关节盂成关节。在肱骨头的掌侧面缩细部，称肱骨颈。肱骨头的前部两侧各有一突起：外侧的称外侧结节，因大而高于肱骨头，故又称大结节；内侧的称内侧结节，又叫小结节。两结节之间有深凹的结节间沟，沟内有臂二头肌通过，亦称臂二头肌沟（牛有 1 条，马有 2 条）。

肱骨骨体略呈扭曲的圆柱状，外侧有由后上方向外下方呈螺旋状的臂肌沟，供臂肌附着。肌沟外上方有稍凸的三角肌粗隆，内侧中部有卵圆形粗糙面，称大圆肌粗隆，是大圆肌和背阔肌的止点。

远端有内、外侧两个滑车状关节面，分别称内侧髁和外侧髁。内、外侧髁的上方各有内、外侧上髁。两髁的后面形成宽深的鹰嘴窝，尺骨鹰嘴的肘突伸入其中。滑车关节面的前上方有一浅窝称冠状窝。

【案例】 案例 1：肱骨体呈 S 形。这个外形带来的问题是当骨干骨折修复时髓内钉的选择。髓内钉常规的选择是尽可能地充满髓腔而使固定更加牢固。然而由于这个 S 形肱骨体或骨干，必须用一个较细的髓内钉才能穿过弯曲的髓内腔。由于肱骨近端粗厚，远端细，所以骨干骨折主要出现在肱骨的远端。幼犬主要发生在肱骨远端滑车上孔和生长板。案例 2：髁上孔的存在是用于鉴别猫和犬肱骨的不同之处。臂动脉和正中神经穿过髁上孔，所以如果当这个地方发生骨折将对猫产生严重的影响。案例 3：与犬肱骨大结节挨得非常近的沟有着特殊的小孔。可以通过这个沟穿入骨髓钉，并固定在远端，起到肱骨体骨折的固定效果。

三、前臂骨

前臂骨由桡骨和尺骨组成，位于前臂部，几与地面垂直。桡骨位于前内侧，主要起支持作用。其近端与肱骨远端的髁成关节，远端与腕骨成关节。尺骨位于后外侧，其近端特别突出，形成伸肌的杠杆，称为肘突，又称鹰嘴。骨干和远端或与桡骨愈合，或独立存在。两骨间的间隙称为前臂间隙。马、牛、羊的桡骨发达，尺骨显著退化，仅近端发达，骨体向下逐渐变细，与桡骨愈合。在猪、犬、兔和鼠等动物，尺骨比桡骨长。

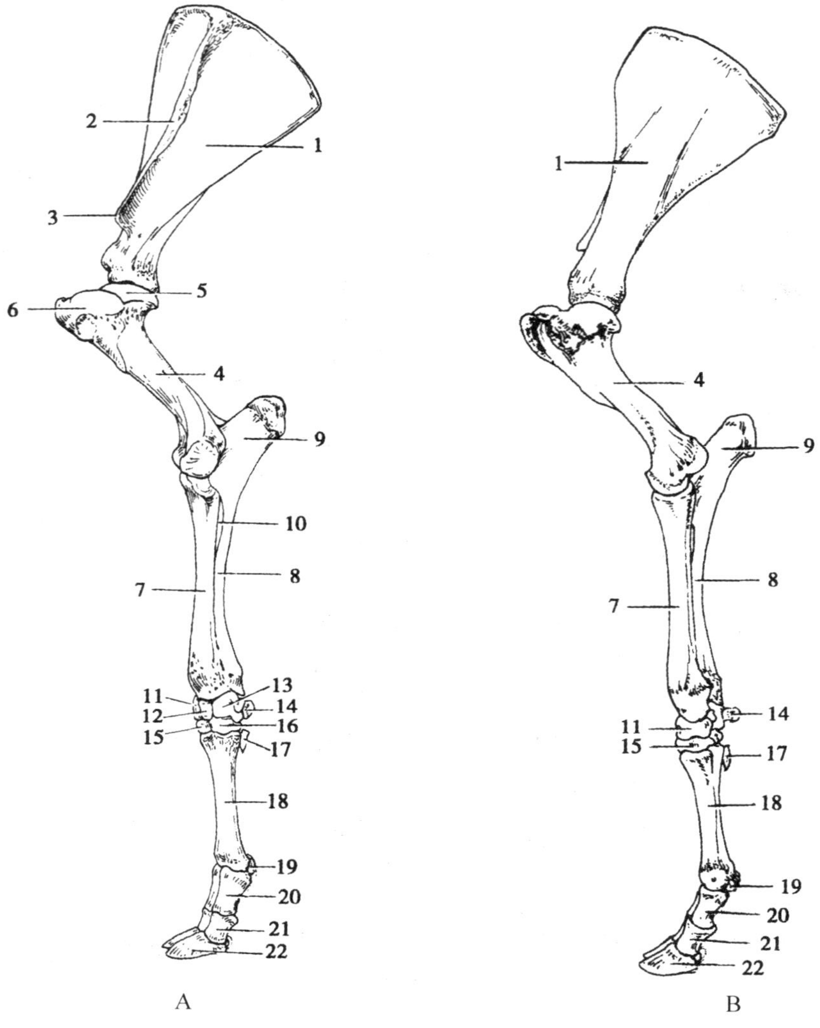

A. 外侧面(左) B. 内侧面(右)

1. 肩胛骨 2. 肩胛冈 3. 肩峰 4. 肱骨 5. 肱骨头 6. 外侧结节 7. 桡骨 8. 尺骨 9. 鹰嘴 10. 前臂骨间隙 11. 桡腕骨 12. 中间腕骨 13. 尺腕骨 14. 副腕骨 15. 第二、三腕骨 16. 第四腕骨 17. 第五掌骨 18. 大掌骨 19. 近籽骨 20. 系骨 21. 冠骨 22. 蹄骨

图 1-22 水牛前肢骨

【案例】 在尺骨的近端，鹰嘴的中心通常为骨化的中心。在幼犬玩闹中，臂三头肌强烈拉伸肘关节容易造成其损伤。有时鹰嘴未能与骨干愈合，肘突成为一个单独的分离骨化中心，并能引起关节的病理变化，这种情况与遗传因素有关，例如德国牧羊犬。

四、腕骨

腕骨是近列的桡腕骨、中间腕骨、尺腕骨和副腕骨以及远列的第1、2、3、4腕骨的总称。腕骨位于腕部。近列腕骨自内侧向外侧为桡腕骨、中间腕骨、尺腕骨和副腕骨。远列腕骨的数目，各种家畜不一样，自内侧向外侧顺次为第1、第2、第3和第4腕骨。腕骨的背侧面隆凸而较粗糙，掌面凹凸不平。副腕骨向后方突出，在体表能触及，可作为骨性标志。家畜的两排腕骨可概括为：猪上下各有4块，马共7块(上4下3)，牛共6块(上4下2)。

五、掌骨

掌骨为长骨，近端接腕骨，远端接指骨。趾行动物的掌骨共有5块，根据排列顺序，自内向外依次称第1、2、3、4、5掌骨。猪有四枚掌骨：第3、第4掌骨较大，第2和第5掌骨较小，缺第1掌骨。马的第3掌骨大且长，第2和第4掌骨退化，缺第1和第5掌骨。牛和羊只有发达的第3掌骨和第4掌骨，并已愈合。据此可概括为：猪4块(2大，2小)；马3块(1大，2小)；牛羊1块，由2块愈合而成。

六、指骨

指骨是所有指部骨的总称。动物的指有5个，由内向外称第1、2、3、4、5指，除第1指外，每一指都由3个指节骨构成。即第1指节骨(系骨)、第2指节骨(冠骨)、第3指节骨(蹄骨)。有蹄兽的3块指节骨常顺次称为系骨、冠骨和蹄骨。牛、羊有4个指。第3、4指发育完全，称为主指，向前方倾斜，与地面接触。第2、5指大部分退化，称为悬指，不与地面接触。系骨圆柱状，背侧面圆隆，掌侧面粗糙，指间面较平坦。两端较粗，骨体较细，近端粗大，称为骨底，其关节凹被矢状沟分成内、外两部分，外侧部较大。近端关节面的掌侧有两个与近籽骨成关节的小关节面。远端称为骨头，其关节面较大，呈滑车状，由纵沟分为两个凸面，远轴侧的略大。冠骨为指骨中最短的一块，呈不规则的棱柱状，两端粗大，中部略细。近端关节凹由矢状嵴分为两个关节窝。远端较小，同系骨的远端相似。蹄骨位于蹄匣内，与蹄匣的形状一致，尖端向前下方。每一蹄骨具有4个面，即壁面、轴侧面、底面和关节面。前三个面均有许多大小不等的血管孔。壁面(远轴侧面)呈三角形，略隆凸，近侧缘内侧有伸肌突，为指总伸肌的止点。指间面(轴侧面)呈狭三角形。关节面略呈凹的半圆形，由一低嵴分为两部，轴侧的较低，与冠骨的远端关节面相适应，在掌侧有一小面与远籽骨成关节。底面略凹，其后缘粗糙，称为屈肌面，供屈肌腱附着。第2、5指骨分别位于指关节掌面，每一指骨由第1指节骨和第3指节骨组成，不与掌骨成关节，仅以结缔组织连于掌指关节的掌侧。

七、籽骨

每一掌骨远端与第1指节骨之间的掌侧有2个小骨，称近籽骨。每一指的第2与第3指节骨间的掌侧有 1 块小骨，称远籽骨。近籽骨 4 块，远籽骨 2 块。

第五节　后肢骨

家畜的后肢骨包括髋骨、股骨、膝盖骨、小腿骨和后脚骨(图 1-23)。髋骨由髂骨、坐骨和耻骨组成，两侧髋骨组成盆带，连于躯干的荐部。小腿骨由胫骨、腓骨组成。后脚骨包括跗骨、跖骨、趾骨和籽骨。

一、髋骨

髋骨由髂骨、坐骨和耻骨结合而成。三骨结合处有一关节窝称髋臼，与股骨成关节。髋臼内侧的大孔称闭孔。

1. 髂骨　为髋骨的前背侧，其前部宽，称髂骨翼，翼的腹侧面与荐骨成关节。翼前内侧的隆起称荐结节，前外侧的隆起称髋结节，后部窄为髂骨体。翼的内侧缘凹，为坐骨大切迹。

2. 耻骨　位于坐骨的前方，构成骨盆腔底壁的前部，其内侧缘与对侧耻骨相连而成耻骨联合。耻骨后缘分两支，参与形成闭孔。

3. 坐骨　位于髋骨的后下方。构成骨盆腔底壁的后部。坐骨呈不规则的四边形，左右坐骨的后缘相连形成坐骨弓。弓的两端粗大的突起叫坐骨结节。前缘与耻骨围成闭孔；背缘向内凹，形成坐骨小切迹；内侧缘与对侧坐骨相接形成骨盆联合的后部。前外侧参与髋臼的形成。

4. 骨盆腔　是由背侧的荐骨和前 3～4 个尾椎，两侧的髂骨和荐坐韧带、腹侧耻骨和坐骨构成，为一个前宽后窄的圆锥形腔。骨盆腔与腹腔直接相通。骨盆腔前口大后口小，前口由荐骨岬、荐骨翼、髂骨及耻骨前缘围成；后口是由第 4 尾椎、两侧的荐坐韧带后缘和腹侧的坐骨弓围成。骨盆的大小和形状，因性别而异，一般来说，母畜比公畜的骨盆腔大而宽敞，髋骨两侧的对应点距离较远。也就是骨盆的横径较大，骨盆底部的耻骨较凹，坐骨部宽而平。

【案例】　髂背侧前棘、大转子和坐骨结节这些可触及的骨性标记经常被用来验证骨盆的对称性，临床上检查髋骨骨折或者髋关节错位，可以两侧对比这三个骨性标记的位置关系。

二、股骨

股骨为畜体内最大的管状长骨，由后上方斜向前下方，包括骨体和两端。骨体呈圆柱形，背侧面圆而平滑；跖侧面上部较窄而平，下部宽而粗糙；外侧缘有不明显的第 3 转子，在外侧缘下部有浅而略长的髌上窝；内侧缘上部有粗厚的小转子。近端可分为股骨头、颈和大转子。股骨头近似球形，向内稍向上方突出，关节面的一部分向外延伸，头上有头凹，供圆韧带附着。股骨头与骨

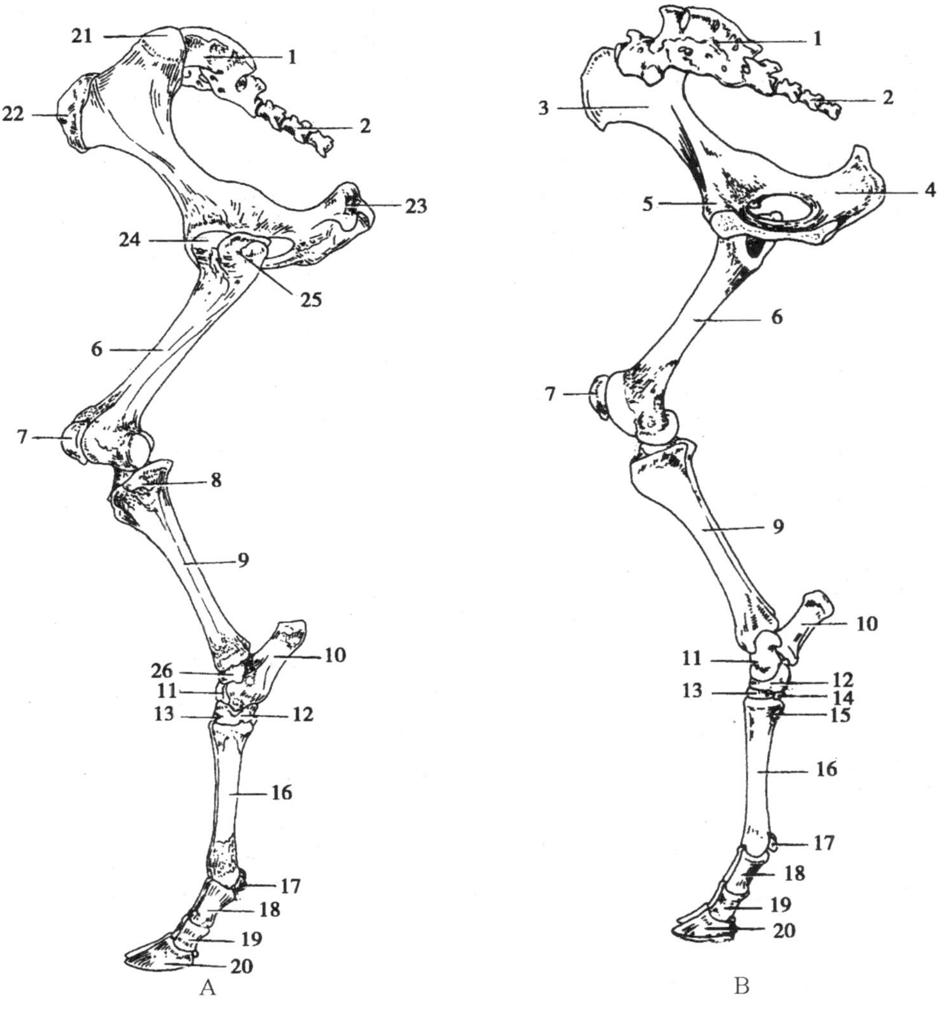

A.外侧(左) B.内侧(右)

1.荐骨 2.尾椎 3.髂骨 4.坐骨 5.耻骨 6.股骨 7.髌骨 8.腓骨 9.胫骨 10.腓跗骨 11.距骨 12.中央、第四跗骨 13.第二、三跗骨 14.第一跗骨 15.第二跖骨 16.大跖骨 17.近籽骨 18.系骨 19.冠骨 20.蹄骨 21.荐结节 22.髋结节 23.坐骨结节 24.股骨头 25.大转子 26.踝骨

图 1-23 水牛后肢骨

体连接处缩细为股骨颈;股骨头外侧有粗大而高的突起,为大转子;大转子与股骨头间有深的凹陷,称转子窝,供肌肉附着。远端粗大,前方为滑车,后方为内、外侧髁。滑车关节面与髌骨成关节,滑车关节面的内侧嵴较高大;内外侧髁与胫骨成关节,外侧髁关节面较隆凸。在两髁间有深的髁间窝,而髁内外侧上方有肌肉、韧带附着的内外侧上髁。外侧髁与滑车外侧嵴之间有伸肌窝。在外侧髁的外侧有腘肌窝,为腘肌的起点。

【案例】 转子窝是股骨骨折内固定的髓内钉出现偏离重新进出的位置。由于股骨头关节面的偏离或股骨体的纵向长度相关的问题，在股骨有可能实施钢丝重新固定的技术。

三、膝盖骨

膝盖骨又称髌骨，为一大的籽骨，呈短楔状骨，位于股骨的远端背侧，与股骨的滑车关节面成关节。

四、小腿骨

小腿骨包括胫骨和腓骨。小腿骨由前上方斜向后下方。

1. 胫骨　位于前内侧，呈三棱形。近端有两个髁状关节面与股骨的远端成关节。胫骨的近端前方有膝直韧带附着的胫骨隆起，伸向胫骨体，叫胫骨嵴，远端有与跗骨成关节的关节面。

【案例】 胫骨嵴拥有自己的骨化中心，与胫骨体软骨生长板分开。作为股四头肌腱的连接点意味着与膝韧带直接相连，在外科的矫治时这个区域非常复杂。

2. 腓骨　位于胫骨的后外侧。在胫骨与腓骨之间有一条骨间隙，称小腿骨间隙。

五、跗骨

跗骨是跟骨、距骨、中央跗骨、远列跗骨（第 1、2、3、4 跗骨）的总称。跗骨位于小腿骨与跖骨之间，排成三列。近列的两块骨比较发达，一块位于后外方，称跟骨；其后上方的突起，称跟结节。一块位于前内侧称距骨。中间一块为中央跗骨。远列为第 1、2、3、4 跗骨。

猪的跗骨完全，马缺第 1 跗骨，牛的第 2、3 跗骨愈合，第 4 跗骨与中央跗骨愈合。因此，跗骨总数：猪 7 块，马 6 块，牛 5 块。

【案例】 跟结节有自己的骨化中心，与跟骨体的生长板分开，作为跟总腱的连接位置，在外科的矫治时这个区域非常复杂。

六、跖骨

跖骨与前肢的掌骨相似，但较长。

七、趾骨和籽骨

它们与前肢的指骨和籽骨相似。但后肢的趾节骨比较细长。

家畜前脚与后脚骨骼之比较见表 1-3，家畜全身骨块数见表 1-4。

表 1-3 家畜前脚部与后脚部骨骼的比较表

	前脚部骨骼					后脚部骨骼				
	腕骨	掌骨		指骨		跗骨	跖骨		趾骨	
	数目	数目	发育情况	数目	发育情况	数目	数目	发育情况	数目	发育情况
马	7	3	234△	1	3	6	3	234	1	3
牛	6	3	345	4	2345*	5	3	234	4	2345*
羊	6	2	34	4	2345*	5	2	34	4	2345*
猪	8	4	2345△	4	2345	7	4	2345	4	2345
骆驼	7	2	34	2	34	6	2	34	2	34
狗	8	5	12345	5	12345	7	4	2345	4	2345

注 △：2345 表示第 3 和第 4 发达，第 2 和第 5 小；234 表示第 3 发达，第 2 和第 4 小，*：2345 表示牛、羊的第 3 和第 4 指(趾)大而发育完全，第 2 和第 5 指(趾)小而发育不完全。

表 1-4 各种家畜的骨数

	牛	羊	马	猪	狗	家兔
脊 柱	49～51	46～49	51～57	51～58	52～53	46
肋骨	26	26	36	28～34	26	24
胸骨	7	6	7	6	7	6
颅骨	31	31	31	32	31	31
前肢骨	50	48～50	40	76	80	90
后肢骨	50	48～50	40	76	76	78
总计	213～215	205～212	205～211	269～282	272～273	275

注：此表的骨数不包括听骨、心骨和阴茎骨，髋骨按一块计。

第二章 骨连接

畜体骨与骨之间通过软骨、纤维和滑膜等结缔组织连接起来，称骨连接。标本馆陈列的骨架标本，是在散骨标本上钻孔，以螺丝钉、铁丝、钢管串联形成骨骼，再整形制作成活体动物生活姿势的骨架标本，展示出各种动物的生活造型，供教学、科研、参观之用。动物体内各骨通过骨连接，构成口腔、鼻腔、眼眶、颅腔、胸腔、腹腔、骨盆腔和椎管以容纳内部器官；通过骨连接，形成可活动的关节，构成运动杠杆的枢纽，在神经的调节下，通过肌肉作用，改变关节角的大小，使关节可以屈、伸、滑动、旋转，四肢可以内收、外展，从而完成各种运动。

第一节 骨连接的类型

由于骨与骨之间的连接要求有不同的坚固性和灵活性，连接的方式也就不同。根据连接组织的成分，一般分为三类：纤维连接、软骨连接和滑膜连接（常称关节）。前肢与躯干的肌肉连接不形成通常意义的骨连接。

一、纤维连接

两骨之间以纤维结缔组织相连，连接牢固，一般无活动性，如头部诸骨之间的缝，桡骨和尺骨之间的韧带连接，齿嵌入齿槽。这种连接大部分是暂时性的，步入成年或老龄后就变为骨性结合。

二、软骨连接

两骨间借助软骨组织相连接，基本不能活动。软骨连接有两种形式：透明软骨结合，如蝶骨和枕骨的结合，长骨的骨干与骺间的骺软骨板结合等，到老龄时，常骨化为骨性结合；纤维软骨结合，如椎体之间的椎间盘，这种连接，在正常情况下终生不骨化。

三、滑膜连接

滑膜连接为骨连接中较为普遍的一种形式。骨与骨部直接连接，其间有滑膜包围的腔隙，能进行灵活的运动。

第二节　关节

一、基本结构

关节都具有关节面和关节软骨、关节囊、关节腔及血管、神经等基本结构(图 2-1)。

(一)关节面

关节面是关节中骨与骨相对的光滑面,表面被覆关节软骨。关节面的形状互相吻合,多为一凸一凹。家畜中常见的关节面有球状的如股骨头、窝状的如髋臼、髁状的如股骨髁、滑车状的如距骨滑车。它们的形状主要是与运动和支持相适应。有些关节面呈平面,运动范围较小,主要起支持作用。

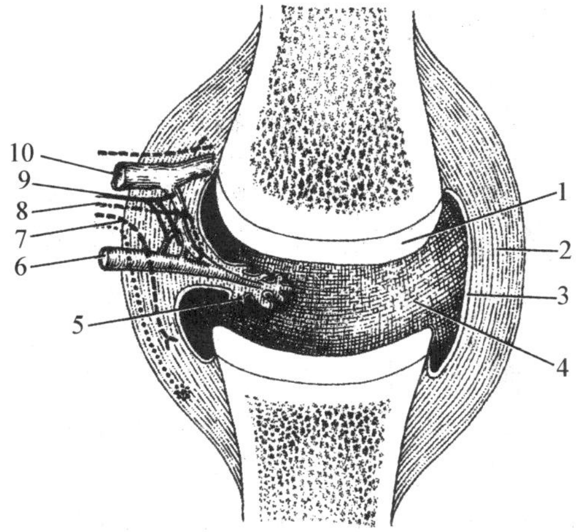

1.关节软骨　2.关节囊的纤维层　3.关节囊的滑膜层　4.关节腔　5.滑膜绒毛　6.动脉　7、8.感觉神经纤维　9.植物性神经(交感神经节后纤维)　10.静脉

图 2-1　关节构造的模式图

(二)关节软骨

关节软骨是覆盖在关节面的一薄层透明软骨,在凹面的中心处很薄,在凸面的中心处很厚,在有蹄类动物中,一些部位的关节软骨逐渐减少,形成滑膜沟。关节软骨缺少血管和神经,关节软骨能终生保留,不会骨化。关节软骨的新陈代谢是厌氧的,滑液通过扩散作用把营养物质提供给软骨。在经常发生摩擦和受压力较大的部位,关节软骨较强厚。有的关节窝周缘有纤维性软骨,称为关节唇,有增大关节窝容积、防止边缘破裂的作用,例如髋关节。有些关节,在两骨间还垫有软骨板,称为关节盘或半月板,有减轻震动、吻合关节面和扩大关节运动范围的作用,如膝关节。关节软骨有减少摩擦和缓冲震动的作用。

软骨来源于间充质前体细胞,即成软骨细胞,最后发育为软骨细胞。软骨的特征是细胞内基质没有固定形状,软骨基质主要是氨基葡聚糖,内有胶原纤维,此构造赋予了软骨韧性和弹性。氨基葡聚糖可以结合水,从而增加软骨的弹性和柔软度。由于软骨上没有血管、神经,营养成分由周围结缔组织、滑液和软骨下骨的血管输送,通过扩散至软骨基质而进入软骨。

依据软骨内纤维的种类,软骨可以分为透明软骨、弹性软骨和纤维软骨。在成年动物中,透明软骨存在于长骨关节末端(关节软骨),肋的端部(肋软骨)以及部分喉(喉软骨)、气管(气管软骨)和支气管(支气管软骨)的管壁上。弹性软骨存在于会厌和耳的内部支架。纤维软骨形成椎间盘、膝关节和颞下颌关节的半月板和关节盘。随着年龄的增加,纤维软骨会骨化,可以看见钙盐的沉着,这种现象在猫中最常见,如在肋软骨或者关节盘中经常发生。

(三)关节囊

关节囊是由结缔组织构成的膜,附着在相邻两骨的关节面周缘。囊壁分两层,外层是纤维层,内层是滑膜层。纤维层的厚度与长短因所在部位而不同,有保护关节的作用。纤维层与周边的骨膜或软骨膜相延续,由于纤维层供血很有限,如果这里受伤,需要很长的时间才能恢复。然而,纤维层由很多感觉神经纤维支配,这就解释了为什么受伤后关节囊会疼痛,或者关节内肿胀压迫关节囊会疼痛。滑膜向关节腔内形成皱褶或绒毛。滑膜呈微黄、象牙色,滑膜层细胞有盖细胞、A型滑膜细胞(负责吞噬关节积血中的细胞及血红蛋白)、B型滑膜细胞(负责制造和分泌蛋白质)。滑膜向关节腔分泌滑液,滑液透明而带黏性,量不多,淡黄色或无色,较稀薄,由透明质酸、糖、电解质和酶组成。当滑膜分泌滑液过多时,会导致关节积水。滑液除润滑和缓冲作用外,还有营养关节软骨和排出代谢产物的作用。

关节游离体,或者叫"关节鼠",是骨或软骨关节内的游离碎片,由骨折碎片或滑膜绒毛骨化后生成。由于它们存在于关节内,会引起很强的疼痛感。

(四)关节腔

由关节软骨和关节囊围成的腔称为关节腔,滑液充满于腔内。腔的大小不一,在关节面相对的部分仅有一隙缝,而在活动的方向上关节囊较松,腔也较大。

(五)血管和神经

血管主要来自附近的分支,在关节周围形成血管网,再发出分支分布至关节的纤维层和滑膜层。神经也是来自附近的神经分支。一般承受重量较大或运动范围较大的关节和韧带,神经分布比较丰富,关节软骨则没有血管和神经分布。

二、辅助结构

(一)韧带

见于多数关节,是连接各骨的纤维带,有加固关节的作用。韧带在关节上的配置是与关节的运动特征密切相关的。例如,家畜四肢的大多数关节,主要做伸屈的动作。韧带则分布在两侧,称为侧韧带。运动范围较大的关节,缺侧韧带或韧带位于关节面的中央。

(二)关节盘

关节盘系位于关节面之间的纤维性软骨板,能使关节面互相吻合,扩大运动范围,减少冲击和震动,如椎骨椎体之间的椎间软骨或椎间盘,膝关节中的半月板,颞下颌关节中的椭圆形纤维软骨——关节盘等。

(三)关节唇或缘软骨

关节唇或缘软骨是附着在关节窝周缘的纤维软骨环,可加深关节窝,扩大关节面,并有防止边缘破裂的作用,如髋臼周围的缘软骨。

三、关节的类型

滑膜关节可以根据不同的特征进行分类(图 2-2)。

(一)根据构成关节的骨的数目进行分类

根据构成关节的骨的数目,关节可分为单关节和复关节。单关节仅由两枚骨连接形成,如肩关节。复关节则由两枚以上的骨组成,或在相连两枚骨间夹有短骨或半月板,如腕关节和膝关节。复关节有利于分散或缓冲震动,还能使运动复杂化,并增强关节的坚固性。

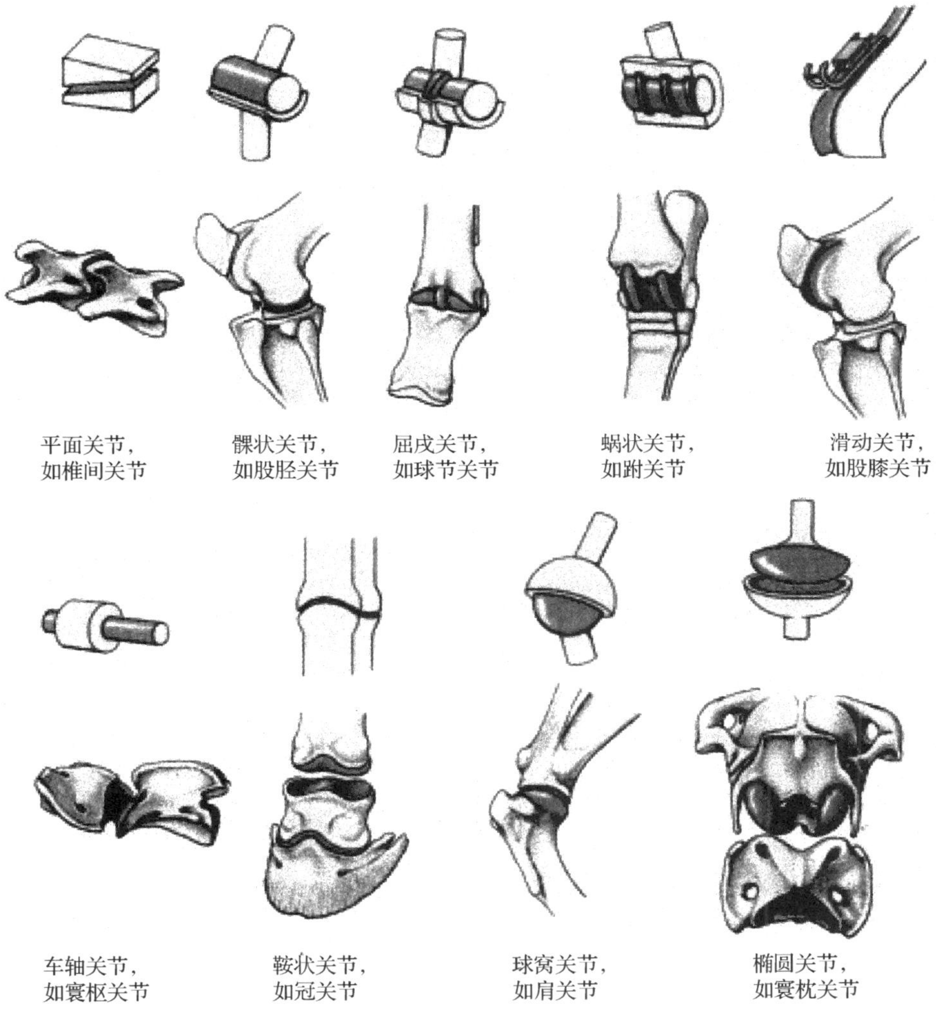

图 2-2　滑膜关节的类型示意图

(二)根据关节的活动方式进行分类

根据关节的活动方式,关节可分为单轴关节、双轴关节、多轴关节和紧密关节。单轴关节是在一个平面上，围绕一个轴运动的关节。家畜的四肢多为单轴关节，如腕、肘、指等关节，只能围绕横轴做伸屈的动作，其关节面适应于一个方向的运动，两侧的侧韧带均较强。单轴关节又可细分为屈戌关节和车轴关节。屈戌关节的关节轴与骨长轴垂直，如肘关节和胫跗关节。车轴关节的关节轴与骨长轴平行，如第一和第二颈椎之间的寰枢关节。双轴关节是围绕两个运动轴运动的关节。如寰枕关节，既能围绕横轴做伸屈动作，又能围绕纵轴做左右摆动，其髁状关节面与此相适应。双轴关节又可细分为鞍状关节（如指或趾骨间关节）和椭圆关节（如枕骨和第一颈椎间的寰枕关节）。多轴关节是可做多方向运动的关节，关节面呈球窝状，如髋关节可以做伸屈、收展和旋转的动作。多轴关节又称球窝关节或球形关节。紧密关节（微动关节），如荐髂关节。

（三）根据关节表面形态进行分类

根据关节表面形态，关节可分为球形关节或球窝关节（如肩关节和髋关节）、杵臼关节（关节盂覆盖在关节球的一半以上，如鸟类的髋关节）、椭圆关节（如在枕骨和第一颈椎间的寰枕关节）、鞍状关节（如指或趾骨间关节）、髁状关节（如股胫关节）。

（四）根据关节的功能特点进行分类

根据关节的功能特点，关节可分为屈戌关节（如球节关节）、蜗状关节（如马的跗关节）、滑动关节（如股膝关节）、平面关节（如在椎骨的关节突之间的关节）、不交合连接（关节表面不平的关节，关节面是通过纤维盘填补而平整。如股胫关节之间通过半月板、颞下颌关节之间通过关节盘的填补而平整）。

（五）根据关节运动的方式进行分类

根据关节运动的方式，关节可分为单动关节和联动关节。一个关节就能够完成一种活动的称单动关节，如四肢的关节。一种特殊的运动需要两个以上关节同时活动才能完成的，称联动关节，如颞下颌关节。两侧的颞下颌关节同时活动时才能完成开口、闭口和咀嚼动作。

四、关节的运动

关节中两骨常形成一定的角，运动时常改变角的大小。

1. 伸和屈　在矢状面上，增大关节角的动作称为伸，减小关节角的动作称为屈。

2. 内收和外展　在横断面上，骨向正中方向动作，减小关节角的称为内收；向正中相反的方向动作，增大关节角的称为外展。

3. 旋转　骨围绕着垂直轴向前内侧转动的称为旋内；向后外侧转动的称为旋外。家畜仅髋关节有小范围的旋动运动。

第三节　躯干连接

躯干连接分为脊柱连接和胸廓连接（图 2-3～图 2-5）。

一、脊柱连接

脊柱连接可分为椎体间连接、椎弓间关节、脊柱的共同韧带和寰枢关节、寰枕关节和腰荐关节。

脊柱的活动性随不同部位而异。颈椎最自由，其关节面大，呈水平方向，关节囊松，可以大幅度地进行外侧、腹侧、背侧和旋转运动。胸椎和腰椎的活动性由前向后减小。前段胸椎可以进行旋转运动，后段胸椎或多或少地限于背腹侧的弯曲运动。马腰椎的横突间关节使其能够进行有限的外侧运动。后段脊柱具有活动性，各椎骨通过椎间盘连到一起。

（一）椎体间连接

相邻椎体间借椎间盘和韧带相连。椎间盘是纤维软骨盘，由软骨板、纤维环和髓核构成。

软骨板位于椎间盘的前、后，帮助固定椎间盘，将髓核与椎体分开，在进化上属于椎骨的骨骺板，即未成年的椎体的生长区。软骨板如同关节软骨一样，可以承受压力，防止椎骨遭受超负荷的压力，保护椎体。

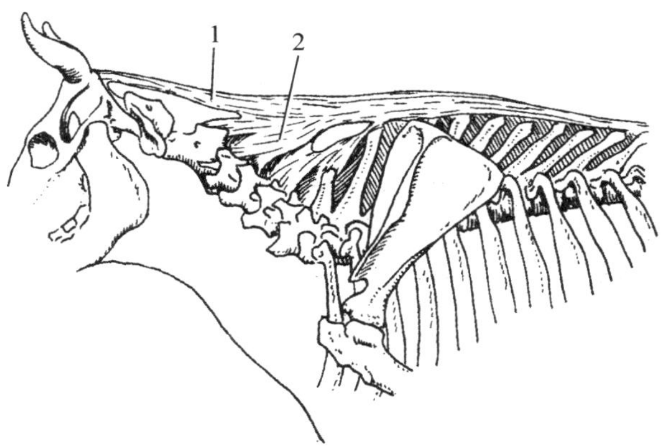

1. 索状部　2. 板状部

图 2-3　牛的项韧带

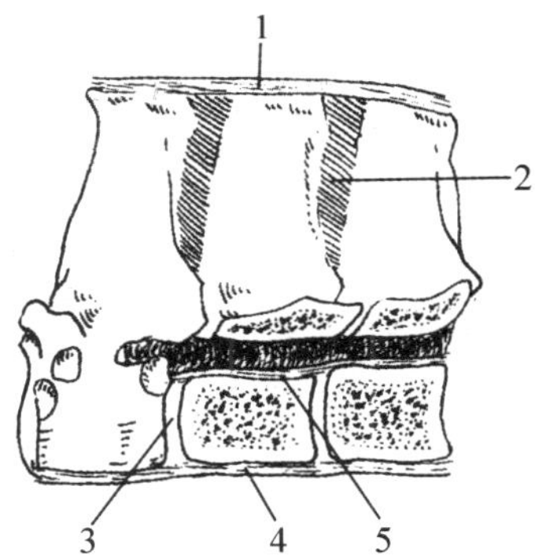

1. 棘上韧带　2. 棘间韧带　3. 椎间盘
4. 腹侧纵韧带　5. 背侧纵韧带

图 2-4　马胸椎的椎间关节

髓核是位于椎间盘中央的具有弹性的胶状物，是胚胎期脊索的遗迹。髓核含水量高，正常人的身高与髓核内水分改变有关，例如，新鲜椎体在受压 136 kg 时可压出水滴，并经由血液回收，但夜间又可由血液补回，因此人的身高早晨高于晚上。但随着年龄的增加，髓核内水分逐渐丢失，髓核的形态改变，身高也随之降低。

纤维环围绕髓核呈同心圆排列，坚韧而有弹性，并与软骨板相连。

颈部和尾部的脊柱是活动能力最高的部分，

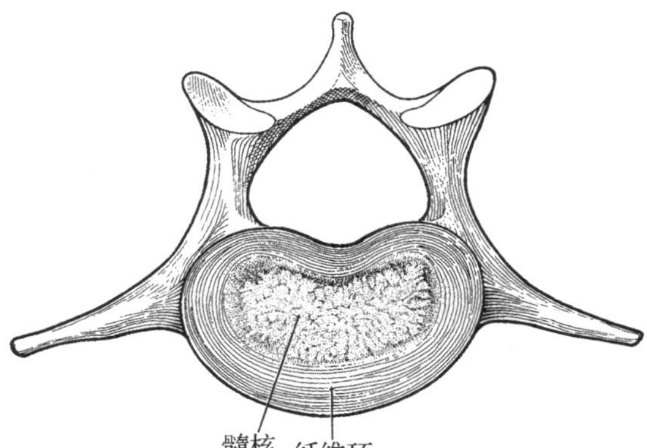

图 2-5　犬的腰椎间盘

椎间盘较厚。

(二)椎弓间关节

椎弓间关节主要为关节突间关节,它是相邻椎骨的关节突所形成的滑动关节,有关节囊。颈部的关节囊是弹性纤维,而且松大,活动性大。胸、腰部的关节突间关节囊的纤维紧而短,关节的灵活性小。

(三)脊柱共同韧带

脊柱共同韧带是连接多数椎骨的韧带,以加固脊柱,包括棘上韧带、背侧纵韧带和腹侧纵韧带等。

1. 棘上韧带与项韧带　位于棘突的顶端。由枕骨延伸至荐骨。马、牛棘上韧带的颈部特别强大,色黄而有弹性,特称项韧带,有协助头颈的伸肌、支持头颈的作用。项韧带分左右两半,每一半又分索状部和板状部。索状部呈圆索状,从枕骨沿颈的背侧缘向后伸至第三、四胸椎棘突,并向后连接棘上韧带。马的索状部与寰椎和第 3～4 胸椎棘突之间各有一黏液囊,在临床上可因感染而发生炎症。板状部呈板状,位于索状部和颈椎棘突间的三角形间隙中。它起于后上方的索状部和第二、三胸椎棘突,向前下方连接颈椎棘突。两板状部之间以疏松结缔组织连接,易于分离。猪的项韧带不发达。

2. 背侧纵韧带　位于椎骨椎体背侧面,在椎管的底壁上,起于枢椎,止于荐骨。在椎间盘处变宽,并附着于此。

3. 腹侧纵韧带　位于椎体的腹侧面,由后部胸椎到荐骨。

除此以外,在棘突之间还有棘间韧带,横突之间还有横突间韧带。

每个椎间关节的运动虽然有限,但是各椎间关节的运动总和很明显,致脊柱有很显著的屈、伸和侧向运动。

(四)寰枢关节

由寰椎与枢椎构成的关节称寰枢关节,可沿枢椎的纵轴向左右转动头部。

(五)寰枕关节

由寰椎的关节前窝与枕骨髁构成的关节称寰枕关节,可以围绕横轴进行头的伸、屈动作,也可以围绕纵轴进行小范围的左右转动。

(六)腰荐关节

腰荐关节由最后腰椎和荐骨形成,由椎间盘填充和髂腰韧带支持。

二、胸廓连接

胸廓连接包括肋软骨关节、肋胸关节和肋椎关节以及胸骨韧带等。

(一)肋软骨关节

肋软骨关节是由肋骨与肋软骨形成的，在肉食动物和马中形成骨联合，而在猪和反刍动物中则形成坚固的关节。前段肋软骨直接连到胸骨上，形成肋胸关节(或胸肋关节)；非胸肋的肋软骨借弹性软组织连到一起，形成肋弓。

(二)肋胸关节

肋胸关节是由真肋软骨的髁状胸骨端和相对应的胸骨关节窝组成，为髁状关节，在功能上为屈戌关节。在猪和马中，双侧的第 1 肋在胸骨柄上有一共同的关节腔，而其他真肋相对的关节窝则位于胸骨节相互结合处的两侧，包在紧密的关节囊内。青年动物的各胸骨借胸骨间软骨连在一起(胸骨软骨结合)，后来逐渐骨化。胸骨软骨结合包括胸骨间软骨结合、柄胸软骨结合和剑胸软骨结合。反刍动物和猪的胸骨柄借滑膜关节连到胸骨体上(柄胸滑膜关节)。

胸骨韧带位于胸骨的背侧面。反刍动物和猪的从后向前伸至第一对肋，其中后面的胸骨韧带变宽，止于剑状软骨。马的胸骨韧带分为 3 个分支，止于最后胸肋和剑状软骨。有些肉食动物没有胸骨韧带。

(三)肋椎关节

助椎关节是每一肋骨与胸椎形成的两个关节：一个是肋骨小头与胸椎肋窝形成的关节；另一个是肋结节与横突形成的关节。两个关节除各有一个关节囊外，还具有短韧带。前部的肋椎关节活动性较小，后部的活动性较大。

第四节　头部连接

幼年动物头骨由软骨连接在一起，随着年龄的增大而骨化形成骨缝。头骨底部的一些关节仍然是软骨，因此终生可用 X 线观察到，并且由参与形成的头骨名称来命名，如蝶枕软骨、蝶岩软骨结合、蝶间软骨结合、岩枕软骨结合。大部分软骨连接骨化，形成不可活动的连接。一些品种犬的额骨、顶骨和枕骨是分开的，形成永久性的囟门。除了上述骨缝外，头骨连接还有三个关节：下颌关节、下颌间关节、颞舌骨关节。

一、下颌关节

下颌关节由下颌髁与颞骨颧突腹侧的髁状关节面形成的滑膜连接(图 2-6～图 2-7)。两骨的关节面间还夹有椭圆形的软骨板，将关节腔分为互不相通的上下两部分。关节囊的外侧壁增厚而形成外侧韧带，后面有弹性纤维组成的后韧带(肉食动物和猪没有后韧带)。一对下颌关节是联动的，可进行左右磨动和开口、闭口等动作。

二、下颌间关节

下颌间关节是左右下颌骨体连接形成的中间骨性连接(下颌间缝)。在猪和马形成骨结合。一些小的关节区仍是软骨,形成软骨结合。

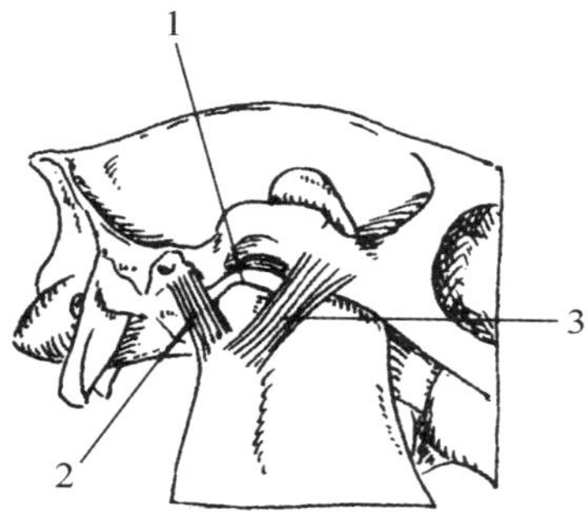

1.关节盘　2.后韧带　3.外侧韧带

图 2-6　马的下颌关节

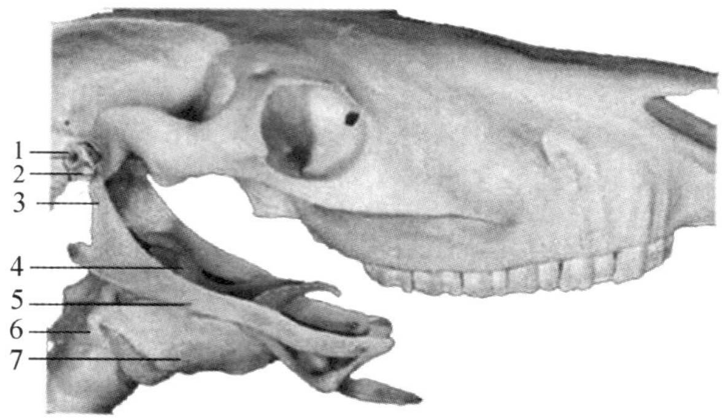

1.外耳道　2.茎突　3.茎突舌骨　4.勺状软骨　5.茎突舌骨　6.环状软骨　7.甲状软骨

图 2-7　带有舌骨和喉的马头骨

三、颞舌骨关节

舌骨由上舌骨、茎突舌骨和鼓舌骨组成,连于头骨底。鼓舌骨与反刍动物和马的茎突形成关节,与肉食动物的乳突形成关节,与猪的颞骨项突成关节,分别形成韧带结合或软骨结合。

第五节　前肢连接

前肢除肩胛骨与躯干骨之间由肌肉连接外,其余均形成关节骨连接(图 2-8)。前肢的关节自上而下依次为:肩关节、肘关节、腕关节、系关节、冠关节和蹄关节。关节角是指两骨之间的夹角。肩关节角在肱骨的后方,肘关节角在肱骨的前方,腕关节角在后面。三个指关节(系关节、冠关节和蹄关节)在站立时向背侧屈曲,关节角都在后方,呈钝角。这些关节都是进行伸屈动作的,关节角是它们的曲侧(该侧的肌肉为屈肌),关节角顶是它们的伸侧(该侧的肌肉为伸肌)。除肩关节外,在关节的两侧都有一对侧韧带;关节囊壁在关节的屈面和伸面比较宽松,以利关节的活动。

一、肩关节

由肩臼和肱骨头形成,位于第一肋骨的下端附近。肩关节按关节面的形状来划分是多轴关节,也是典型的球窝关节,理论上应该有相当的运动多向性,但实际上它受周围肌肉的限制,运动范围有限,因此,它的功能就像屈戌关节一样,主要进行屈伸运动,旋转、内收、外展都受到限制。

但在肉食动物，它能外展60°、内旋35°和外旋45°。马的肱骨头呈圆柱状，这使马几乎不可能进行外侧和内侧运动。由于肩胛侧副韧带缺失，肌腱和肌肉行使韧带的作用来支撑肩关节。肩胛下肌腱行使内侧侧副韧带的作用，冈下肌腱行使外侧侧副韧带的作用。关节囊宽松，没有侧韧带，在某些区域周围有肌腱包绕，尤其是肩胛下肌。

二、肘关节（肱尺关节，肱桡关节）

肘关节由肱骨髁与尺骨滑车切迹和桡骨头组成，是复关节，是典型的屈戌关节。它在矢状面上的屈伸运动范围受到限制。滑车表面突起的嵴和沟与伸入肱骨鹰嘴窝的鹰嘴突起阻碍了关节的侧向和旋转运动。猫的肘关节在矢状面上的运动范围被限制为140°，犬为100°～140°，其范围大小取决于品种。马的运动范围比肉食动物稍小些。牛的肘关节运动范围更小，这是由于侧副韧带将关节牢固连接，与关节的运动轴不一致。

肘关节具有一对侧韧带，从外侧肱骨上髁和内侧肱骨上髁延伸至桡骨和尺骨，外侧韧带较发达，可在体表触摸到。

肱尺关节、肱桡关节和桡尺关节享有一个共同的关节囊。在后面，关节囊沿着鹰嘴窝近缘附着，在前面，一个囊向内延伸于臂二头肌之下，另一个囊向外侧延伸于指总伸肌之下。

桡尺关节：两个前臂骨的转动能力在大多数动物已经丧失，在肉食动物减弱，其原因是这些动物的尺骨退化变小。猫的外旋转动幅度为100°，而犬为50°。马和牛桡骨和尺骨的近端部分被富含弹性纤维组织的骨间韧带连接起来，并随年龄的增长逐步骨化为骨性结合（软骨联合）。猪的桡骨和尺骨在近端和远端结成牢固的关节（微动关节）。肉食动物有两个独立的桡尺骨关节，即桡尺近关节和桡尺远关节。

三、腕关节

腕关节是复关节，由桡骨、腕骨和掌骨形成，包括桡腕关节、腕间关节和腕掌关节。关节角在后，但站立时几乎垂直。关节囊的纤维层在背侧较厚而宽松，在掌侧特别厚而紧。关节囊的滑膜分为三部分。以桡腕关节的最松，关节腔最大，活动范围也最大。腕间关节次之，关节腔也较小。腕掌关节的关节面较平，关节腔最小，活动范围也最小。腕关节具有一对长的侧韧带，连于桡骨、腕骨和掌骨之间，还有一些短的骨间韧带。由于关节面的形状、骨间韧带和掌侧关节囊壁的限制，腕关节只能向后屈，不能向背侧屈。

四、指关节

指关节包括系关节、冠关节和蹄关节。

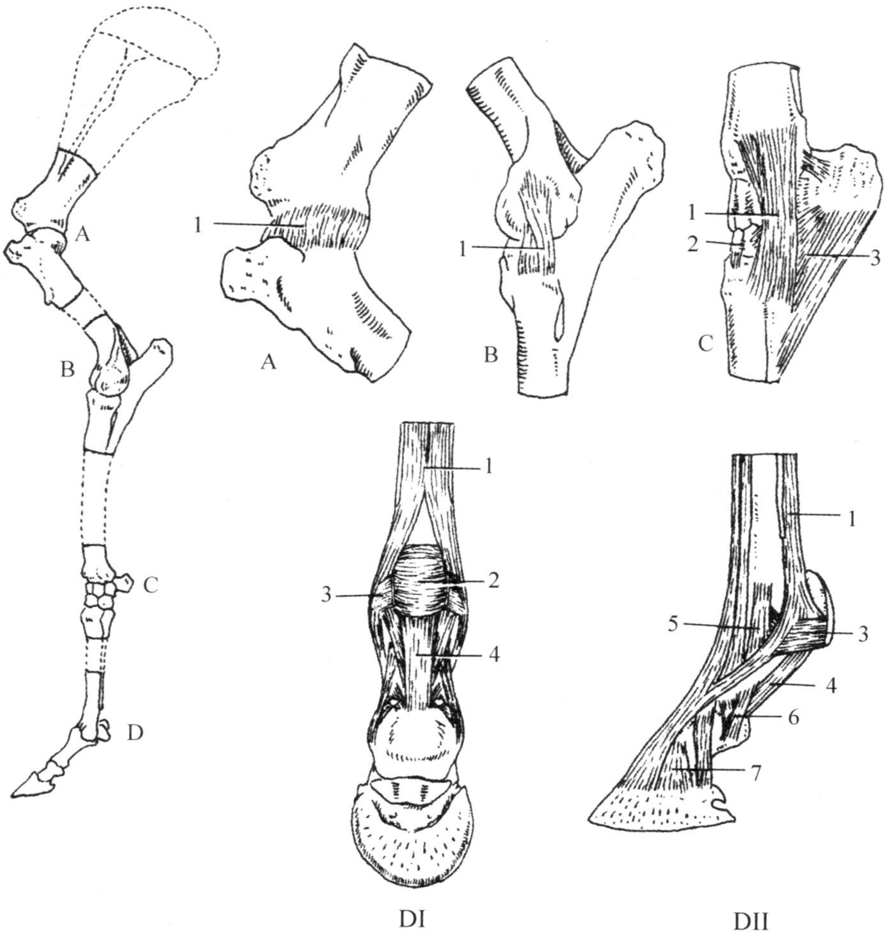

A. 肩关节 1. 关节囊 B. 肘关节 1. 外侧副韧带 C. 腕关节 1. 外侧副韧带 2. 骨间韧带 3. 副腕骨下韧带 D. 指关节(DⅠ掌侧面、DⅡ侧面) 1. 悬韧带 2. 籽骨间韧带 3. 籽骨侧韧带 4. 籽骨下韧带 5. 系关节侧副韧带 6. 冠关节侧副韧带 7. 蹄关节侧副韧带

图 2-8 马前肢关节

(一)系关节

系关节又称球节，是掌骨远端、系骨近端和两个籽骨形成的单轴关节。关节囊的背侧壁强厚，掌侧壁较薄，位于掌骨与悬韧带之间。侧韧带与关节囊紧密相连。另有籽骨韧带连接和固定籽骨。其中主要的有悬韧带和籽骨下韧带。

悬韧带为骨间中肌腱质化而形成的，位于掌骨的掌侧，呈厚而强的扁索状。起于大掌骨的近端，向远端分支，止于籽骨并继续转向背侧而并入伸肌腱。其主要作用是固定球节，当前肢负重时防止球节向背侧屈。与伸肌腱结合的分支有限制该关节后屈的作用。

籽骨下韧带是系骨掌侧的强厚韧带，起于近籽骨，向下止于系骨远端和冠骨的近端。有防止关节向背侧屈的作用。

(二)冠关节

冠关节是由系骨远端与冠骨近端形成的关节。关节囊与侧韧带和腱紧密连接,连接处的囊壁特别强厚。主要进行屈伸运动,动作范围不大。

(三)蹄关节

蹄关节由冠骨的远端与蹄骨的近端和远籽骨形成。关节囊的背侧和两侧壁强厚,掌侧壁较薄。侧韧带短而强,位于蹄软骨下。关节只能进行屈伸运动。

马的指关节仅有一指,除系骨、冠骨和蹄骨外,有两个近籽骨和一个远籽骨。悬韧带分为两支,每支附着在同侧籽骨上,并各分出一支止于伸肌腱。

牛的指关节有双指,近籽骨是两对。悬韧带内含有肌质,特别在犊牛,因此,常被称为骨间中肌。它先分为三支:内侧支、外侧支和中支。内、外侧支各再分为二,分别止于内、外侧近籽骨和伸肌腱上。中支除止于中间籽骨外,还穿过指间沟,分为二,也并入伸肌腱及侧韧带。此外,两系骨间有坚强的指间韧带相连;两远籽骨与对侧冠骨间有坚强的交叉韧带相连,它们都有防止两指过分开张的作用。

第六节 后肢连接

家畜的后肢在前进运动时起推动作用,因此髋骨与躯干的荐骨间形成牢固的荐髂关节,以传递这种推动力至脊柱和前肢。自荐髂关节以下,后肢有髋关节、膝关节、跗关节、系关节、冠关节和蹄关节。三个趾关节(系关节、冠关节和蹄关节)与前肢的指关节相似。其余关节的关节角方向与前肢相当关节相反:髋关节的关节角在前方;膝关节角在后方;跗关节角在前方。后肢各关节除髋关节外,都具有一对侧韧带,主要也是进行伸、屈运动(图 2-9)。

髋骨在腹侧中线借纤维软骨连接形成骨盆联合。前部的耻骨联合随年龄增长而骨化,但大多数动物的后部坐骨联合不发生骨化。耻前韧带连接耻骨的游离缘。闭孔膜为一薄的纤维组织,覆盖闭孔。

一、荐髂关节

荐髂关节为紧密连接的滑膜连接,由荐骨翼的耳状面与髂骨翼的耳状面构成。耳状面被覆软骨。关节囊紧密,四周并以一层韧带加固,到成年,两骨间几乎完全不能活动。

在荐骨与髂骨间有韧带连接。在荐骨和髋骨之间也有韧带连接。荐结节韧带是犬的一条纤维带,伸展于最后荐椎的横突与坐骨结节之间。猫缺荐结节韧带。在有蹄类,它扩大成宽阔的薄板,伸展于牛的荐骨外侧部或马和猪的第一尾椎横突与髂骨和坐骨的背侧缘之间,称为荐结节阔

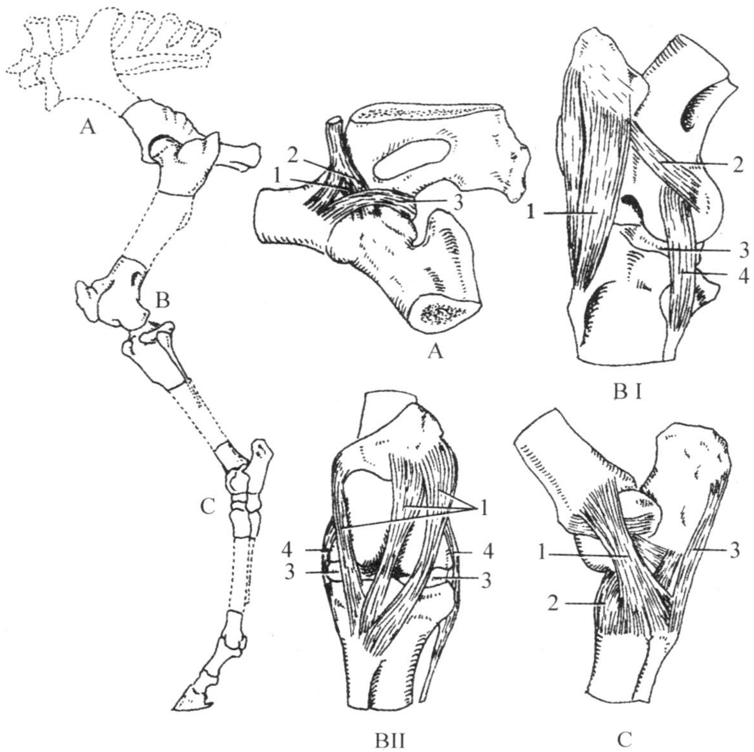

A. 髋关节 1. 圆韧带 2. 副韧带 3. 横韧带 B. 髌关节(BⅠ侧面、BⅡ前面) 1. 髌直韧带 2. 股髌外侧韧带 3. 半月板 4. 股胫外侧副韧带 C. 跗关节 1. 侧副韧带 2. 背侧韧带 3. 跖侧韧带

图 2-9 马的后肢关节

韧带。阔韧带与髋骨间形成坐骨大孔和坐骨小孔，供血管、神经、腱通过。荐结节阔韧带的后缘在牛的皮下可以触及，但马和猪被肌肉覆盖。

二、髋关节

髋关节为球窝关节，由髋臼和股骨头形成。髋臼被一纤维软骨带加深，该软骨称髋臼唇，位于髋臼的边缘。关节囊宽松，附着于髋臼唇，其上有股骨头韧带形成的凹痕。在股骨头与髋臼之间，以一圆韧带相连。马的髋关节还有一坚韧的副韧带，从腹直肌分出，起始于耻骨前韧带，通过髋臼切迹，紧靠股骨头韧带，止于股骨头凹。在有蹄类，髋关节的运动范围主要为屈、伸，而旋转、内收、外展能力极为有限。球状的髋关节运动受限制的原因与股骨头的形状、关节内韧带以及股部发达的肌肉有关。与其他动物相比较，这些结构允许犬和猫做出更大范围的运动。

三、膝关节

膝关节是复关节，是屈戌关节，是全身最大、最复杂的关节，它具备关节的基本结构和辅助结构。膝关节包括股胫关节和股膝关节。

股胫关节是由股骨远端的两个髁和胫骨的近端以及两个半月板形成的复关节。半月板为半月形纤维软骨，外周边缘厚而凸，中央边缘薄而凹。其近侧面凹，朝向股骨髁；远侧面平坦，朝向胫骨。半月板可使膝关节做有限的旋转运动。

关节囊宽大，其纤维层附着于关节面的边缘和半月板，因此完全包围股骨髁。关节囊的滑膜层覆盖交叉韧带，在内、外侧股胫关节之间形成隔，仅马完全隔开。2 个股胫关节囊又被半月板再各分为 2 个自由交通的滑膜腔，即近滑膜腔和远滑膜腔。外侧骨胫关节有两个滑膜囊，一个滑膜囊自趾长伸肌从伸肌窝的起点包盖趾长伸肌腱；另一个滑膜囊包围腘肌的起始腱。

股胫关节的韧带包括半月板韧带和股胫关节韧带。

每一块半月板借前、后韧带附着在胫骨近端。外侧半月板另有至股骨远端的韧带。半月板韧带包括半月板胫骨前韧带、半月板胫骨后韧带、外侧半月板股骨韧带、横韧带（见于肉食动物和个别牛，连接两个半月板的前角）。

股胫关节韧带包括外侧和内侧副韧带、膝关节前后交叉韧带、腘斜韧带。

股膝关节是由膝盖骨和股骨远端的滑车形成关节。由于膝盖骨类似雪橇一样在股骨滑车上滑动，因此在分类上为滑动关节。股膝关节的韧带可分为：膝支持带、股膝韧带（股膝内、外侧韧带）、膝韧带。

膝支持带为结缔组织带，由股四头肌腱、膝盖骨、股骨髁和胫骨滑车之间的局部筋膜分出。

内、外侧股膝韧带为疏松的纤维带，部分与支持带相混杂，伸展于股骨上髁与同侧的膝盖骨之间。

肉食动物、猪和小反刍动物的膝盖骨借单一的膝韧带与胫骨粗隆连接。而牛和马借 3 条膝韧带与胫骨粗隆相连。肉食动物、猪和小反刍动物的单一膝韧带等同于其他动物的膝中间韧带，由股四头肌止点腱的远侧部形成。膝韧带借大量的脂肪，即膝下脂体与关节囊分开。一个小的滑膜囊常位于韧带的远侧部与胫骨粗隆之间（膝盖骨下囊）。

牛和马的膝外、内侧韧带为纤维支持带的韧带性增厚。膝外侧韧带从膝盖骨前面的外部伸至胫骨粗隆的外侧部，并有股二头肌的强腱加入。

膝内侧韧带在近侧附着于膝旁纤维软骨，止于胫骨粗隆的内侧面。膝中间韧带从膝盖骨尖的前部伸至胫骨粗隆。膝中间韧带可从胫骨粗隆的近侧触及。

马的膝关节的结构提供了锁定机制，它是被动支持装置的重要部分。通过它，当一个后肢休息时，另一个后肢可支持体重的大部分。膝盖骨及膝中间韧带和膝内侧韧带完成一个约束环，因此，膝盖骨在休息姿势时通过股四头肌的收缩被扣紧在股骨的滑车上。

关节囊非常宽大，在近侧股四头肌止点腱的下方有盲囊，在远侧它与股胫关节腔相通。股膝关节和股胫关节具有总关节囊和 3 个小囊，其中 1 个为股膝关节囊，1 个为内侧股胫关节囊，1 个为外侧股胫关节囊。在肉食动物和猪中，所有 3 个囊相通。反刍动物的 2 个股胫关节囊相通，内侧股胫关节囊与股膝关节囊相通。

然而在马中，股膝关节腔通常与内侧股胫关节囊相通，但有时与外侧股胫关节相通，而且2个股胫关节之间互不相通。

在肉食动物，股胫关节腔也包含腓肠肌起始腱内的籽骨，即腓肠豆。外侧股胫关节囊伸出一盲囊形成近侧胫腓关节囊。

当膝盖骨脱臼时，韧带的方向和紧张度可发生改变。股膝关节的运动，主要是膝盖骨在股骨滑车上滑动。股四头肌收缩，由膝盖骨改变力的方向，再经膝直韧带的牵引，可伸股胫关节。

四、胫腓关节

由于腓骨的动物种间差异，胫腓关节也相应地因物种而异。肉食动物的腓骨在每一端借小而紧的滑膜关节与胫骨构成关节，即近胫腓关节与远胫腓关节。在两骨体之间形成韧带联合(小腿骨间膜)。对除马之外的所有家畜，近侧关节腔与外侧股胫关节相通。远侧关节腔与跗小腿关节相通。在反刍动物，腓骨头与胫骨外侧髁愈合，不存在近胫腓关节。远胫腓关节由腓骨的远端和外侧髁组成。

马仅存在近胫腓关节，因为腓骨的远端与胫骨愈合形成外侧髁。

五、跗关节

跗关节又称为飞节，是由胫骨和腓骨、跗骨和跖骨形成的复关节，有4个水平的关节。关节囊的纤维层从小腿的远端伸至跖骨的近侧部，覆盖整个跗部。滑膜层在4个水平的关节处形成4个滑膜囊:跗小腿关节、近跗骨间关节、远跗骨间关节、跗跖关节。

跗小腿关节为蜗状关节，由距骨滑车和胫骨远端及跟骨和腓骨的远端或外侧髁(反刍动物)组成。因为马腓骨远端合并于胫骨内，跗小腿关节仅由胫骨和距骨构成。关节囊宽大，与近跗骨间关节相通。它有3个盲囊:2个跖侧盲囊伸至内、外侧髁近侧，1个背侧盲囊在胫骨前肌内侧腱下方延伸。

近跗骨间关节可再分为近侧的距骨与跟骨之间的关节和远侧的中央跗骨与第4跗骨之间的关节。肉食动物除屈曲和伸展外，此关节还能侧运动和旋转。反刍动物此关节仅能做屈曲和伸展运动。马的近侧跗骨间关节几乎不发生任何运动。

远跗骨间关节是一个僵硬的关节，由近侧的中央跗骨和小的远侧跗骨构成。

同列各骨之间的垂直关节称跗骨内关节，紧密相对，只能进行轻微运动。远列跗骨与跖骨构成跗跖关节。

跗关节的韧带包括侧副韧带、跗骨远韧带、跗骨近韧带和筋膜。

六、趾关节

趾关节包括系关节、冠关节和蹄关节，其构造与前肢的指关节相同。

全身主要骨连接总结如下。

- 全身主要骨连接
  - 头部骨连接
    - 家畜的头骨之间，大多数以缝或软骨连接。
    - 只有下颌骨与颞骨间，构成下颌关节。
  - 躯干骨连接
    - 椎骨的连接
      - 椎间盘
      - 韧带
      - 关节：主要有寰枕关节和寰枢关节及椎弓间关节
    - 胸廓关节
      - 肋椎关节
      - 肋胸关节
  - 四肢关节
    - 前肢关节
      - 肩关节
      - 肘关节
      - 腕关节
      - 指关节
        - 系关节（球节）
        - 冠关节
        - 蹄关节
    - 后肢关节
      - 荐髂关节
      - 髋关节
      - 膝关节
      - 跗关节（飞节）
      - 趾关节
        - 系关节（球节）
        - 冠关节
        - 蹄关节

第三章 肌 肉

第一节 概述

骨骼肌是畜体内高度分化的器官，是运动系统的动力部分，当接受刺激后，在神经系统的支配下，能随意地进行节律性收缩，故又称随意肌。

一、肌肉在畜体内的分布

全身肌肉总量因动物种类、品种和年龄而异，如牛占体重 42%～47%，绵羊占体重 34%，一般约占肉尸（即除去内脏和头）的 50%（表 3-1）。肌肉在身体上的分布也不一致。以马为例，前肢肌肉有 62.36 kg，躯干肌肉有 67.37 kg，后肢肌肉有 86.40 kg，合计是 216.13 kg，而前肢骨 11.50 kg、后肢骨 14.78 kg、躯干骨 25.60 kg，合计是 51.88 kg，骨与肌肉的比例约为 1：4.1。

表 3-1 家畜肌肉占体重的百分比

	马(%)	羊(%)	猪(%)	鸡(%)
成 体	37.8	34.3	31.0	29.0
幼 体	38.3	32.0	29.0	16.5

二、肌肉的作用

（1）肌肉是主动运动器官。肌肉是运动的动力，具有收缩性，肌肉收缩产生运动，维持骨骼的稳定与活动。肌器官受神经系统的控制，是神经系统的工作器官，即所谓的效应器。

（2）肌肉参与新陈代谢活动，是重要的能量贮存库（如肌糖原，肌红蛋白能与 O_2 结合）。例如，肌肉的新陈代谢，在安静时占全身的 25%，工作时增大到 70%。

（3）肌肉是重要的“水库”。肌肉与皮下组织的含水量共占全身的 58%。

（4）肌肉产生体热。肌肉运动产生热量以保持体温。肌肉收缩时，消耗的能量中 70%产生体热，只有 30%成为机械能。肌肉像发动机一样，不能完全有效地使用能量。

三、肌器官的形态

不同动物的肌肉因为长期适应于某种功能，常发生变异。例如在一种动物中是一块肌肉，而在另一种动物中可以分为两块或更多块，因此它们的形状和附着点也发生改变，远不如骨骼稳定，易于比较。肌肉因其机能及位置不同，而有不同形态（图 3-1）。

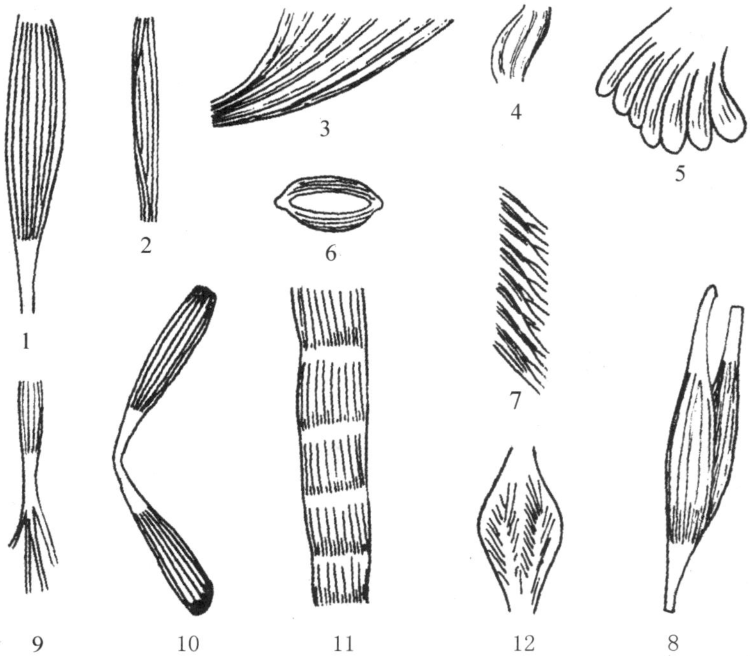

1. 纺锤形肌　2. 带状肌　3. 板状肌　4. 短肌　5. 锯肌　6. 环形肌　7. 多裂肌
8. 二头肌　9. 四尾肌　10. 二腹肌　11. 带腱划肌　12. 复羽状纺锤形肌

图 3-1　肌肉的形状

1. 纺锤形肌　主要分布于四肢，中间为肌腹（纺锤形或圆柱形），两端多为肌腱；其起始部称为肌头，止点腱称为肌尾。有些肌肉有数个肌头或数个肌尾。纺锤形肌收缩时，可产生大幅度的运动。

2. 长肌或带状肌　扁而长，呈带状，收缩时，可产生大幅度的运动。

3. 短肌　多数沿脊柱分布于相邻椎骨之间，有明显的分节性。各肌束可独立存在（如多裂肌），也可互相结合成一大块肌肉（如背最长肌）。短肌收缩时只能产生小幅度的运动。

4. 阔肌或板状肌　扁而阔，呈薄板状，如腹壁肌、连接前肢与躯干的肌。其形态大小不一，有扇形、锯齿形及带状等。板状肌可直接移行为腱膜。

5. 环形肌　环绕自然孔周围，形成括约肌，收缩时可缩小和关闭孔裂，如口轮匝肌。

四、肌的结构

典型的纺锤形肌可以分为肌头、肌腹和肌尾。它是由间质、实质、肌腱（或腱膜）及血管、神经等构成的（图 3-2、图 3-3）。

（一）间质

间质是肌的结缔组织支架，由外向内形成肌外膜、肌束膜和肌内膜。间质内有神经、血管，有时有脂肪，使肌肉呈大理石状花纹，起联系、支持和营养的作用。

(二)实质

实质是横纹肌纤维，组成由小到大的各级肌束，以肌束膜分隔包裹，肌内膜则包裹每一肌纤维。横纹肌纤维长 5～10 cm，直径 10～100 μm，质膜称肌纤维膜，肌浆中有纵行排列的肌原纤维，肌原纤维因各段折光性不同，形成许多相间排列的明、暗带，所有肌原纤维的明、暗带排列整齐，形成横纹，细胞核多，分布在肌纤维边缘。

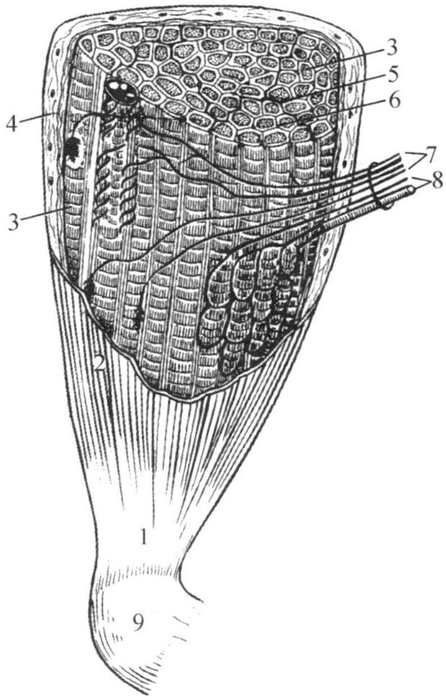

1. 肌腱　2. 肌腹　3. 肌纤维　4. 肌外膜　5. 肌束膜
6. 肌内膜　7. 神经　8. 血管　9. 骨

图 3-2　肌器官构造的模式图

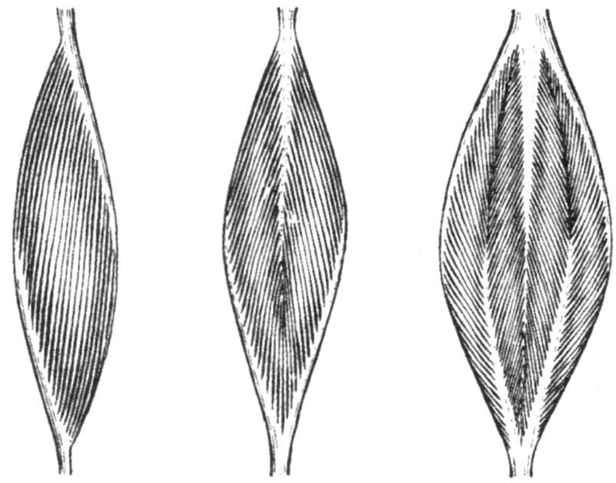

A　B　C

A. 半羽状肌　B. 羽状肌　C. 复羽状肌

图 3-3　肌器官的内部结构模式图

(三)肌腱(或腱膜)

肌腱由致密结缔组织构成，肌借以连接于骨，腱内的纤维集合成束。梭形肌的腱呈索状；板状肌的腱呈薄膜状，称腱膜。腱由平行排列的腱纤维构成，致密而坚韧；与肌腹的结构相似，也形成各级腱纤维束；腱纤维束之间有柔软的结缔组织膜。

腱与肌腹的连接及其在骨上的附着，都特别牢固，不易撕脱。腱因具有很强的坚韧性和抗张力，且不易疲劳，在运动器官中起着相当重要的作用：可将肌腹的收缩力传导至运动的骨上，通过加速或省力装置，以提高肌的工作效力；缓冲运动时产生的震动；形成有蹄动物足部的特殊支持装置，以支持体重，如使马类动物能够较长时间站立而不疲劳；还可起韧带作用，以加固关节。

(四)血管和神经

肌肉高度血管化，有丰富的血管、少量的淋巴管和固定的神经支配。大的血管、神经在有些肌肉从相当于“门”处穿入，在肌内的分支沿肌束膜而行，血管在肌纤维上形成稠密的毛细血管网。减少血液供应会影响肌肉的功能，长期阻断血液的供应可使肌肉坏死。

每一块肌肉都有神经进入，一定的躯干肌有一定的脊神经进入，一定的头部肌有一定的脑神经进入。支配肌肉的神经有运动神经、感觉神经和交感神经。

运动神经末梢与肌纤维之间形成运动终板，它是一个突触连接，神经冲动通过神经递质(乙酰胆碱)传递给肌纤维，引起肌肉的收缩。

感觉神经末梢排列成肌梭，外部包裹一个囊，这些机械感受器提供肌紧张、腱和关节囊紧张度的信号。肌梭还负责身体的协调运动和感受身体的姿势。感觉神经末梢可传递痛觉、温度觉、触觉、压觉等浅感觉的刺激，还接受肌肉收缩或被动牵张性刺激(本体感觉)。交感神经分布到肌肉的血管上。

由于肌的神经支配固定，故可根据其神经推断任何一块肌肉的发生及同源。脊椎动物的骨骼肌来源于中胚层的体节。哺乳动物的四肢肌是来自肢芽内的间充质，头部的肌肉除由生肌节发生的眼球运动肌和舌肌及舌骨肌外，还包括一些起源于中胚层腮弓肌节分化的内脏肌，包括面肌、咀嚼肌和口咽及喉部的肌肉，以后转变为随意的骨骼肌。一定的肌节分化来的肌肉受相应的脊髓节段所发出的脊神经支配。故一个肌节分化成数块肌肉时，这些肌肉都受同一脊神经的支配；数个生肌节合并成一块肌肉时，这块肌肉可受数条脊神经的支配。故根据神经的分布可了解肌肉的起源。家畜的膈因受起源于脊髓颈段发出的脊(膈)神经支配，可知膈原来起源于颈部的生肌节，以后才转移到胸腔和腹腔之间。

五、肌肉的起止点

肌肉的起止点就是肌肉与骨骼的关系问题。每一肌以两端附着于骨，有的还附着在软骨、韧带、筋膜、皮肤或者其他器官上，通常跨过一个或一个以上的关节。肌肉收缩时，肌腹变短变粗，使其两端的附着点互相靠近，牵引骨发生移位，而产生运动。肌肉收缩时，其不动的附着点称起点，活动的附着点称止点。起点一般都靠近躯干或四肢的近端，止点则靠近躯干或四肢的远端。肌肉的起点和止点，随着运动条件的改变可以相互转化，即原来的起点变为止点，而原来的止点则变为起点。在孔裂周围的环形肌，没有起止点。

六、肌肉的理化特性

肌肉的颜色呈鲜红至暗红色，取决于肌红蛋白的含量，幼畜肌肉中肌红蛋白含量较少，因此颜色较淡。肌肉具有弹性和韧性，其弹性和韧性大小主要决定于间质的含量和组成，且常随年龄增大而逐渐降低，如幼畜的肌肉可承受拉力为 0.07 kg/mm^2，而老年只有 0.0015 kg/mm^2。在哺乳动物，肌肉含水分 72%～80%，无机盐 1%～1.5%，有机物 20%～26%。有机物中，蛋白质占16.5%～20.9%，包括基质蛋白质、肌浆蛋白质(肌红蛋白和属于酶类的肌溶蛋白)和肌动球蛋白(构成肌原纤维的蛋白质)，其他有磷酸酯、肌糖原等。

七、肌肉的分类

每一块肌肉就是一个实质器官，可分为能收缩的肌腹和不能收缩的肌腱两部分。肌肉收缩时，收缩的力量取决于肌纤维数量；收缩的距离则取决于肌纤维的长度，一般为 1/3。实验证明，肌肉的收缩力为 5～13.7 kg/cm^2 生理横断面。肌肉可按以下方法进行分类。

（一）根据肌肉收缩在关节上的作用效果分类

根据肌肉收缩在关节上的作用效果，肌肉可分为伸肌（收缩时连成关节的各骨块间角度变大）、屈肌（收缩时使关节角度变小）、外展肌（牵引前、后肢从静止的位置离开正中矢状面）、内收肌（牵引前、后肢从静止的位置向躯体的正中矢状面接近）、旋肌（收缩时使肢体沿关节纵轴发生旋转运动，分旋前和旋后）、开肌（使孔道开大）、括约肌（使孔道缩小）。

家畜的任何一个动作都是许多有关肌肉共同作用的结果。对一个动作来说，参与活动的肌肉，有的起主要作用，有的则起次要作用。对一块肌肉来说，在这一动作中起主要作用，而在另一动作中可能起次要作用。

肌肉收缩的表现形式分为两种：一种是肌肉长度变短，另外一种是肌肉收缩时长度并不缩短，但肌肉内部的张力增加。在家畜体内，肌肉的这两种收缩形式同时存在，不过在不同的情况下，有的是以缩短为主，有的则以增加肌肉张力为主，例如牛行走时，四肢提举屈曲，主要是依靠肌肉收缩缩短；而牛在站立时，四肢能负担体重，四肢肌肉处于紧张状态，但长度并不缩短，而是张力增加。

（二）根据肌腹中腱组织的含量及肌纤维的排列方向分类

1. 动力肌　构造简单，肌腹只由肌纤维及柔软的结缔组织支架所构成，肌纤维的方向与肌腹的长轴平行。这种肌收缩迅速而有力，幅度较大，但消耗的能量多，易于疲劳。解剖横径（切面）＝生理横径（切面）。

2. 动静力肌　肌腹中含有或多或少的腱质，构造复杂。有些肌表面有腱索或腱膜（称腱镜），肌纤维斜向排列于其一侧，为半羽状肌。如果腱索伸入肌腹中间，肌纤维以一定角度对称地排列于其两侧，为羽状肌。如果肌腹中有数条腱索或腱层，肌纤维有规律地斜向排列于这些腱索（层）的两侧，则为复羽状肌。这些肌肉由于腹肌中具有腱索，肌纤维虽短而数量大为增多，从而增强了肌腹的收缩力，而且不易疲劳，但收缩的幅度较小。生理横径＞解剖横径。

3. 静力肌　肌腹中肌纤维很少，甚至消失，而由腱纤维所代替，使整个肌变成了韧带，主要起机械作用。如马、牛四肢的骨间中肌及马的第三腓骨肌和趾浅屈肌。

（三）按肌纤维的收缩及代谢特性分类

1. 红肌　构成红肌的肌纤维肌浆中由于含有较多的肌红蛋白而呈红色，肌原纤维均匀分布，血管供应丰富，收缩较慢但持久，不易疲劳。红肌又称Ⅰ型肌纤维、慢肌纤维、慢速收缩纤维、慢性氧化型纤维。

2. 白肌　构成白肌的肌浆中由于含较少的肌红蛋白而呈白色。肌原纤维较多，在肌纤维内聚集成束，收缩快而迅速，容易疲劳。白肌纤维含有较高水平的肌酸激酶和糖酵解能力，使肌肉中的能量物质在兴奋时或应激时，迅速转化为三磷酸腺苷（ATP），容易引起应激反应与白肌纤维含量高有关。白肌又称Ⅱ型肌纤维、快肌纤维、快速收缩纤维、快速糖酵解型纤维。

多数动物从肉眼观察并不能截然分清红、白肌，但在新屠宰的有些动物的肉尸上可以分得清楚。在兔的大腿内侧有一块很发达的白肌(内收大肌),其中包裹着一条红色的肌肉柱(半腱肌),从横断面来看,就像铅笔白色的木质部裹着红笔芯一样。动物体大多数肌肉为混合性。

(四)根据 SDH(琥珀酸脱氢酶)实验分类

SDH 分布在肌细胞内,位于肌细胞四周。阳性反应呈蓝黑色,在肌肉横切面上可见肌纤维着色不一致。根据酶反应强弱,肌纤维分为三型:强阳性(红肌纤维,25%)、阳性(中间型肌纤维,12%)和阴性(白肌纤维,67%)。

八、肌肉的分布与关节的运动

关节周围的肌肉都是按关节的运动轴分布的。关节的每一运动轴都有作用相反的两个肌组。例如,单轴关节(肘关节、指关节等),只具有屈肌组和伸肌组,屈肌组分布于关节的屈面(关节角内),伸肌组分布于关节的伸面(关节角顶);多轴关节(如髋关节)则除分布于关节伸面和屈面的伸肌组和屈肌组外,其内侧面和外侧面还分布有内收肌组和外展肌组,以及旋前(内)肌组和旋后(外)肌组。运动时,一组肌肉收缩,作用相反的另一组肌肉的紧张度就适当放松,并起一定的牵制作用,使运动平稳进行。

在一个动作(如关节的屈或伸)中,起主要作用的肌肉称为主动肌;起协助作用的肌肉称协同肌;而产生相反动作的肌肉则称对抗肌。此外,还有些肌肉也参与活动,以稳定躯干或肢体的近侧部分,这些起固定作用的肌肉称为固定肌。例如,屈肩关节时,三角肌和大圆肌为主动肌;背阔肌也有屈肩关节的作用,为协同肌;而冈上肌为对抗肌;斜方肌和菱形肌固定肩胛骨,为固定肌。但同一块肌肉的作用并不是固定的,在不同的条件下,可以作为主动肌、协同肌、对抗肌或固定肌。

运动需要有许多肌肉同时工作或轮换工作。当两块肌肉共同运动时,它们是协同的,当肌肉相对着运动时,它们是拮抗的。几乎所有的运动,如呼吸、慢走、快走或者奔跑,都是由拮抗肌群节律性的收缩和舒张完成的。甚至在舒张过程中,每块肌肉都要产生少量张力,即肌紧张。这个状态是由起源于肌梭的反射和时常兴奋刺激引起的。麻醉药引起张力减退,使肌紧张度降低。很多肌肉负责保持身体特定的姿势,因此需要持续轻度的肌紧张,这些肌肉有些时候是由肌腹中腱样组织支持的。

为了启动运动,肌肉必须克服拮抗肌的肌紧张和重力的作用。根据活动肌在运动时的长度变化情况的不同,肌肉收缩可以分为两类:肌肉内在的张力持续增加,而肌纤维的长度不改变,称为等长收缩;在一定的压力下,肌纤维渐渐开始收缩而变短,引起肌肉运动,称为等张收缩。

九、肌肉的命名

肌肉的命名是有一定原则的,掌握命名原则将为寻找肌肉提供线索,并有助于记忆肌肉名称。常按以下几种方式命名:按形状命名,如三角肌、圆肌、锯肌;按肌纤维走向命名,如斜肌、直肌、横肌;按所在位置命名,如胸肌、颞肌、浅肌、深肌;按肌头数目命名,如二头肌、三头肌;按肌肉起止点命名,一般是把起点放在前面,如胸头肌,即起于胸骨,止于头骨;按作用命名,如伸肌、屈肌、展肌、收肌、咬肌、提肌、降肌；综合性命名，如腹外斜肌，指明该肌是在腹部、外层、肌纤维斜行；特殊命名（个别肌肉采用），如缝匠肌、比目鱼肌和孖肌。

十、肌肉的辅助器官

肌肉的辅助器官（图 3-4）包括筋膜、黏液囊、腱鞘、滑车、籽骨和加粗的骨骺。

（一）筋膜

筋膜为被覆在肌、肌群以及整个肌系的结缔组织膜，并形成各种特殊结构，以辅助肌器官进行工作。筋膜可分为浅筋膜及深筋膜两类。

浅筋膜又称皮下筋膜，由疏松结缔组织构成，在皮下形成一广阔而柔软的膜，覆盖于整个肌系的表面，各部厚薄不一，含或多或少的脂肪。头及躯干等处的浅筋膜中含有皮肌。浅筋膜有连接皮肤和深部组织、保护、沉积脂肪及参与维持体温等作用。

深筋膜在浅筋膜之下，由致密结缔组织构成。致密而坚韧，直接贴附于浅层肌群上，并深入肌肉之间，附着于骨上，形成肌间隔。深筋膜在某些部位（如前臂、小腿等处）形成包围肌或肌群的筋膜鞘，或者形成环韧带以固定腱的位置，提高肌的工作效能。深筋膜还在多处与骨、腱或韧带相连；在肌肉厚而骨面不够宽广的部位，作为肌肉的起止点。总之，深筋膜成为整个肌系附着于骨骼上的支架，为肌肉的工作提供了有利条件。在病理情况下，深筋膜一方面限制了炎症的扩散，另一方面又使积液沿一定方向蔓延。

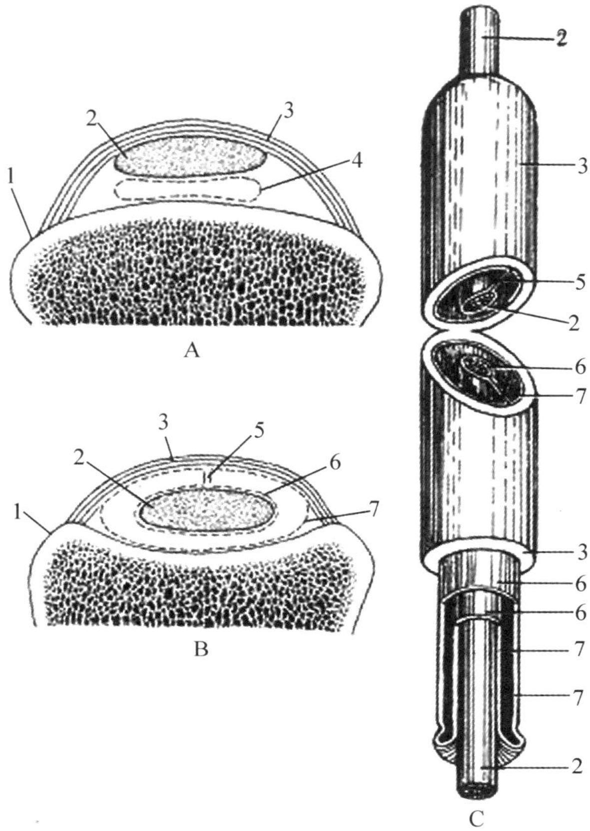

A. 黏液囊　B、C. 腱鞘　1. 骨　2. 腱　3. 纤维膜
4. 滑膜　5. 腱系膜　6. 滑膜腱层　7. 滑膜壁层

图 3-4　黏液囊和腱鞘构造的模式图

（二）黏液囊

黏液囊是密闭的结缔组织囊。囊壁薄，内面衬有滑膜，囊内含少量黏液，主要起减少摩擦的作用。黏液囊多位于肌、腱、韧带及皮肤等结构与骨的突起之间，分别称为肌下黏液囊、腱下黏液囊、韧带下黏液囊及皮下黏液囊。关节附近的黏液囊，有的与关节腔相通，常称为滑膜囊。多数黏液囊是固定的，即出生时就存在，也有的囊是由于摩擦作用，在出生后新形成的。

（三）腱鞘

腱鞘为黏液囊卷裹于腱外而成，呈长筒状，腱鞘的内（腱）层紧包于腱上，外（壁）层以其纤维膜附着于腱所通过的管壁上。内外两层通过腱系膜相连续;两层之间有少量滑液,可减少腱活动时的摩擦。

(四)滑车

滑车为骨的滑车状突起,上有供腱通过的沟,表面覆有软骨,与腱之间常垫有黏液囊。这种结构可减少腱与骨间的摩擦。

十一、肌肉在出生后的增长

出生时每一肌肉有一定的肌纤维数;出生后的肌肉生长包括肌纤维加粗加长和肌纤维数目增加。在大白鼠,肌纤维数目在出生后增加迅速。据计算,大白鼠出生时其肌纤维数为成年时的2/3,即有1/3是在出生后增加的。在猪,肌纤维在怀孕70天时就已形成,有人认为出生后其数目不再增加;猪的肌纤维数的遗传力高达0.77。但在马、狗和猫,肌纤维数在出生后是增加的,在猫并可因运动而增加。通过选种,可使肌纤维数目增多。在猪,通过检查某些肌肉(如第5指短屈肌),发现肌纤维数与品种有关,而与营养无关。

在身体的不同部位,肌肉的生长速度在不同时期也不同,如早成禽的腿肌和胸肌。

骨骼肌的肌纤维在受损伤后一般不能再生,而由纤维结缔组织代替,形成疤痕。但肌肉中有一种单核的小细胞,叫卫星细胞,位于肌纤维膜与肌内膜之间,可能是保留的胚胎性"成肌细胞",在成年时能发育再生为肌纤维。

十二、畜体肌肉的划分

畜体全身的肌肉可分为头部肌、躯干肌、前肢肌和后肢肌四部分。另外,在身体某些部位的浅筋膜中含有皮肌。

第二节 皮肌

皮肌(图3-5)为浅筋膜中的薄肌层,大部分贴附于皮肤的深面,仅极少部分附着于骨,而且并不包盖全身。皮肌有颤动皮肤,以驱逐蚊蝇、抖掉水滴及灰尘等作用。根据其所在部位,可分为面皮肌、额皮肌、颈皮肌、肩臂皮肌和躯干皮肌等。

一、面皮肌

面皮肌薄而不完整,覆盖于腮腺、咬肌及下颌间隙,并分出一明显的肌带伸至口角,称唇皮肌,可向后牵引及下掣口角。

二、额皮肌

牛的额部有宽大的额皮肌,起于枕部筋膜和角基部,肌纤维斜向前外方,与眼轮匝肌相融合,有使额部皮肤起皱及提上眼睑的作用。

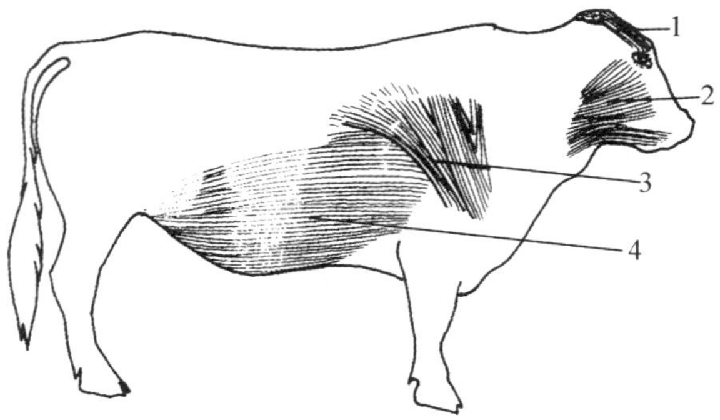

1. 额皮肌　2. 面皮肌　3. 肩臂皮肌　4. 躯干皮肌

图 3-5　牛的皮肌

三、颈皮肌

马的颈皮肌位于颈腹侧部，主要起自胸骨柄。起始部最厚，斜向前外方展开，渐次变薄，最终消失于浅筋膜中。部分肌束伸至腮腺的表面。有些马的颈皮肌特别发达，与面皮肌相连。牛无此皮肌。

四、肩臂皮肌

肩臂皮肌覆盖于肩臂部，牛的较窄。上端附着于皮肤，下端连于前臂筋膜，肌纤维垂直，后部则斜向后上方，与躯干皮肌连续。

五、躯干皮肌

躯干皮肌又称胸腹皮肌，覆盖胸、腹壁的大部分。肌纤维纵行，前部在肘线处分成浅、深两部：浅部连于肩臂皮肌；深部与胸深后肌及背阔肌融合，并以薄腱附着于肱骨内侧结节。后部进入膝褶。上缘变薄，附着于皮肤。下缘伸展至脐部附近。在公狗中，剑状软骨后方的腹正中线附近，躯干皮肌特别发达，称为包皮皮肌，它向后延伸入包皮，而两侧的包皮皮肌则会合成一弓形，作用是在非勃起状态时，支持包皮的前端，在勃起后，则使包皮后缩至阴茎龟头的后部。

第三节　前肢肌

前肢肌(图 3-6、图 3-7)可分为肩带肌、肩部肌、臂部肌及前臂和前脚诸肌。

一、肩带肌

肩带肌将前肢与躯干连接起来。肩带肌起始于颈部、背部和胸部，附着于肩胛骨或肱骨上。它们位于前部躯干固有肌的浅层，可以分为浅层和深层。浅层肌连接前肢和躯干，并协调前肢、

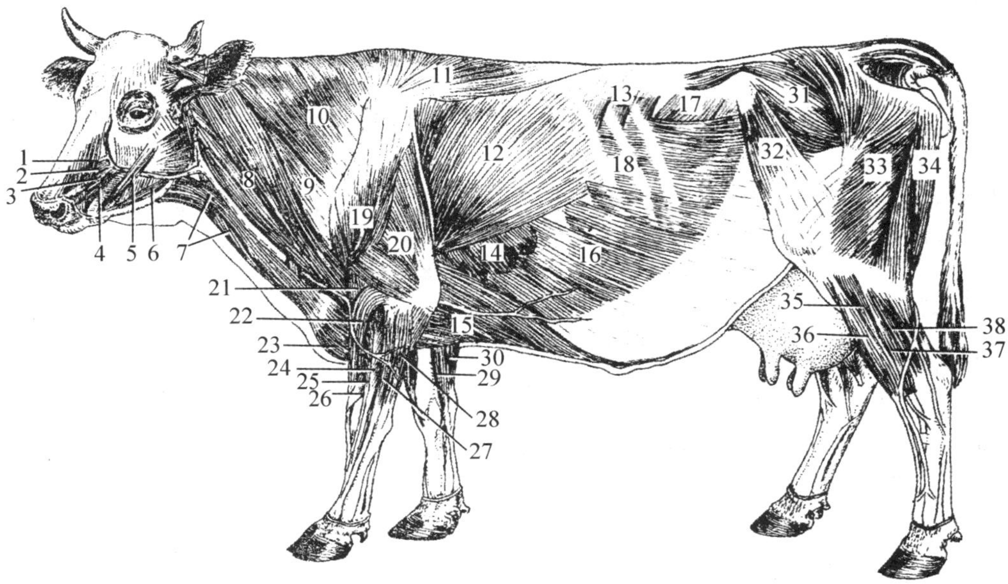

1.鼻唇提肌 2.上唇固有提肌 3.鼻外侧开肌 4.上唇降肌 5.颧肌 6.下唇降肌 7.胸头肌 8.臂头肌 9.肩胛横突肌 10.颈斜方肌 11.胸斜方肌 12.背阔肌 13.后上锯肌 14.胸下锯肌 15.胸深后肌 16.腹外斜肌 17.腹内斜肌 18.肋间外肌 19.三角肌 20.臂三头肌 21.臂肌 22.腕桡侧伸肌 23.胸浅肌 24.指总伸肌 25.指内侧伸肌 26.腕斜伸肌 27.指外侧伸肌 28.腕外侧屈肌 29.腕桡侧屈肌 30.腕尺侧屈肌 31.臀中肌 32.阔筋膜张肌 33.臀股二头肌 34.半腱肌 35.腓骨长肌 36.第三腓骨肌 37.趾外侧伸肌 38.趾深屈肌

图 3-6 牛的全身浅层肌

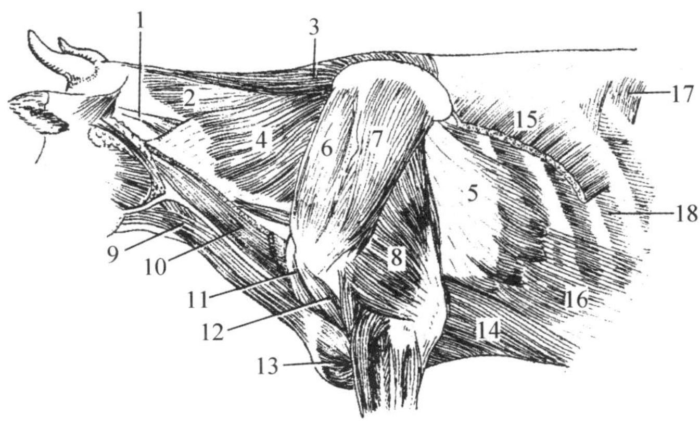

1.头最长肌 2.夹肌 3.菱形肌 4.颈腹侧锯肌 5.胸腹侧锯肌 6.冈上肌 7.冈下肌 8.臂三头肌 9.胸头肌 10.臂头肌 11.胸深肌 12.臂二头肌 13.胸浅肌 14.胸深肌 15.背阔肌 16.腹外斜肌 17.后背侧锯肌 18.肋间外肌

图 3-7 牛的躯干深层肌

躯干、头和颈的运动。浅层肌有:斜方肌、胸锁乳突肌(包括胸头肌和臂头肌)、肩胛横突肌、背阔肌、胸浅肌。肩带深层肌在两前肢之间为胸部提供了肌性悬挂装置,对颈和前肢的运动起重要作用。深层肌有:胸深肌、锁骨下肌、菱形肌和腹侧锯肌。

(一)斜方肌

斜方肌呈倒三角形,位于肩颈上半部的皮下,马的较薄,被肌腱束分为颈、胸两部;牛的较厚,两部之间无明显的分界。颈斜方肌起自项韧带索状部,肌纤维斜向后下方;胸斜方肌起自前10个胸椎棘突,肌纤维斜向前下方。两部都止于肩胛冈。斜方肌接受副神经支配,作用是提举、摆动和固定肩胛骨。

(二)臂头肌

臂头肌是胸锁乳突肌的一个组成部分。臂头肌又可以进一步划分为远侧的锁臂肌和近侧的锁头肌。锁臂肌位于锁骨残迹和肱骨之间。锁头肌位于锁骨和头之间。这两部分肌肉在不同的动物之间有不同的起止点,其命名也相应而异。臂头肌的近端部分,即锁头肌,通过锁骨向前附着于头和颈部。所有家畜都有锁乳突肌。而肉食动物还有锁颈肌,反刍动物和猪还有锁枕肌。臂头肌的作用是:(1)牵引前肢向前,伸肩关节;(2)提举和侧偏头颈。接受副神经、颈神经的腹侧支的支配。

(三)菱形肌

菱形肌在斜方肌和肩胛软骨的深面,也分为颈胸二部。颈菱形肌狭长而较厚,肌纤维纵行(马)或斜向后下方(牛)。胸菱形肌薄,近似四边形,肌纤维垂直。起点同斜方肌,止于肩胛软骨的内侧面。作用是向前上方提举肩胛骨。如前肢不动,则可伸颈。接受颈神经与胸神经的腹侧支的支配。在临床上,在斜方肌与菱形肌之间,形成肩胛上间隙,如鞍伤感染,可以蔓延到间隙内,形成蓄脓场所。

(四)背阔肌

背阔肌位于胸侧壁上部,呈三角形,肌纤维由后上方斜向前下方,部分被躯干皮肌及臂三头肌所覆盖。马的背阔肌起自腰背筋膜的浅层,与大圆肌同止于肱骨圆肌结节。牛的背阔肌除起自腰背部筋膜的浅层外,还起自第9～11或第10～12肋骨、肋间外肌和腹外斜肌表面的筋膜。前部借大圆肌腱止于圆肌结节;中部止于臂三头肌长头内面的腱膜;后部与胸深肌同止于肱骨内侧结节。背阔肌的作用是:(1)向后上方牵引肱骨,屈肩关节,协助提举前肢;(2)当前肢踏地时,则牵引躯干向前;(3)牛的背阔肌肋部可协助吸气;(4)当前肢可自由活动时,将前肢拉向后方,如挖土动作。接受胸神经(C7,C8,T1)的支配。

(五)肩胛横突肌

马无此肌。牛此肌的前部紧贴于臂头肌的深面,后部位于颈斜方肌和臂头肌之间。起自寰椎翼,有的还起自枢椎横突,主要止于肩峰部的筋膜,有的还止于肩胛冈。作用是牵引前肢向前和侧偏头颈。接受副神经的支配。

(六)胸浅肌

胸浅肌连于胸壁腹侧和前肢近端部之间,构成腋窝腹侧部。胸浅肌由胸降肌和胸横肌组成。

胸降肌起自胸骨柄，止于肱骨嵴。胸横肌位于胸降肌后面，在马起自胸骨嵴，在牛起自胸骨腹侧面，止于前臂内侧筋膜。马的胸降肌在胸骨前方形成一明显的凸起，可从活体皮下触摸到，延伸于胸骨柄与肱骨嵴之间。胸浅肌与对侧肌之间形成胸正中沟，与臂头肌之间形成胸外侧沟。胸横肌起始于前 6 个肋软骨和胸骨，在肘内侧止于前臂筋膜。在肉食动物，窄条状的胸降肌很难与稍宽厚的胸横肌分开。两者都覆盖臂二头肌，末端均止于肱骨大结节嵴。作用是内收前肢。接受胸肌神经的支配。

（七）胸深肌

胸深肌为一强大肌，起于胸骨、剑状软骨和肋软骨，止于肱骨内侧或外侧。大部分被胸浅肌覆盖。

马的胸深肌分为前后两部。胸深前肌略呈三菱形，起自胸骨侧面前半部及前 4 个肋软骨，先向前，然后经肩关节的前面及冈上肌的前缘向上，止于冈上肌上端表面的腱膜。胸深后肌为胸肌中最大者，略呈三角形，前部狭而厚，后部宽而薄，上缘邻接躯干皮肌，二者之间有胸外静脉伸延。起自腹黄膜、剑状软骨、胸骨腹侧面及第 4～9 肋软骨，主要止于肱骨内侧结节；部分肌纤维借一薄膜跨越臂二头肌的起始腱，止于肱骨外侧结节。

牛的胸深肌相当于马的胸深后肌，大。主要起自胸骨腹侧面及腹黄膜，止于肱骨内、外侧结节。作用是：(1)内收及后退前肢；(2)当前肢前踏时，则牵引躯干向前。接受胸肌神经的支配。

（八）腹侧锯肌

腹侧锯肌又名下锯肌，为一宽大的扇形肌，下缘呈锯齿状，位于颈胸外侧面。可分为颈胸二部：颈下锯肌厚，全为肉质；胸下锯肌较薄，表面有厚而强韧的腱层。

马的颈下锯肌起自 4 个颈椎横突，胸下锯肌起自前 8～9 根肋骨，止于肩胛内侧面上部及肩胛软骨。

牛的颈下锯肌很发达，起自 5 或 6 个颈椎横突及前 3 个肋骨；胸下锯肌起自第 4～9 肋骨，止于肩胛骨内侧面上部及肩胛软骨。作用是在下锯肌与肩臂部之间，形成范围广大的肩胛下间隙，其范围向前伸展到臂头肌的深面，向后到背阔肌的深面，内填充以疏松结缔组织。左右下锯肌，特别是多腱质的胸下锯肌，形成一弹性吊带，将躯干悬吊在两前肢之间。前肢不动时，两侧下锯肌同时收缩，可提举躯干；颈下锯肌收缩可举颈；胸下锯肌可协助吸气；一侧收缩，将身体重心移至对侧前肢，使两前肢轮换休息。运步时，一侧收缩，身体重心移至对侧前肢，便于提举同侧前肢，同时扩大肩胛下的间隙，便于肩臂部前后摆动。接受颈神经的腹侧支和胸长神经（胸肌神经）的支配。

【案例】　案例 1：进行胸廓外科切开的通路，在这个切口横断背阔肌肌纤维，可能切断下面的胸背神经。

案例 2：反刍动物的前肢与脊椎没有关节联系。但是，这一点对于公牛却十分重要，因为公牛胸腔的全部重量都由前肢通过斜方肌、菱形肌、胸肌和腹侧锯肌来支撑。在某些情形下，这些肌肉会出现神经源性萎缩。

二、肩部肌

肩部肌(图 3-8、图 3-9)是作用于肩关节的肌肉。分布于肩胛骨的外侧面及内侧面,起于肩胛骨,止于肱骨,跨越肩关节,可伸、屈肩关节及展收肱骨。

(一)冈上肌

冈上肌占据冈上窝。马的冈上肌表面有强韧的腱膜,牛的全为肉质。起自冈上窝、肩胛冈及肩胛软骨,止部分分为二支,分别止于肱骨内、外侧结节的前部。作用是伸肩关节和固定该关节。接受肩胛上神经的支配。

(二)冈下肌

冈下肌位于冈下窝内,起自冈下窝及肩胛软骨,有一浅的长腱及一深的短腱,分别止于臂骨外侧结节的前部及后部,有外展及旋外肱骨的作用,并代替外侧韧带固定肩关节。接受肩胛上神经的支配。

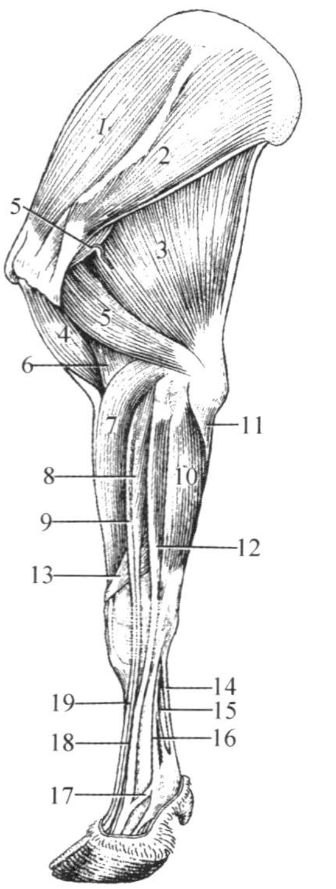

1. 冈上肌　2. 冈下肌　3. 臂三头肌　4. 臂二头肌
5. 小圆肌　6. 臂肌　7. 腕桡侧伸肌　8. 指总伸肌
9. 指内侧伸肌　10. 腕尺侧伸肌　11. 指深屈肌尺骨头
12. 指外侧伸肌　13. 腕斜伸肌　14. 指浅屈肌腱
15. 指深屈肌腱　16. 悬韧带　17. 悬韧带的分支
18. 指总伸肌腱　19. 指内侧伸肌腱

图 3-8　牛的左前肢外侧肌

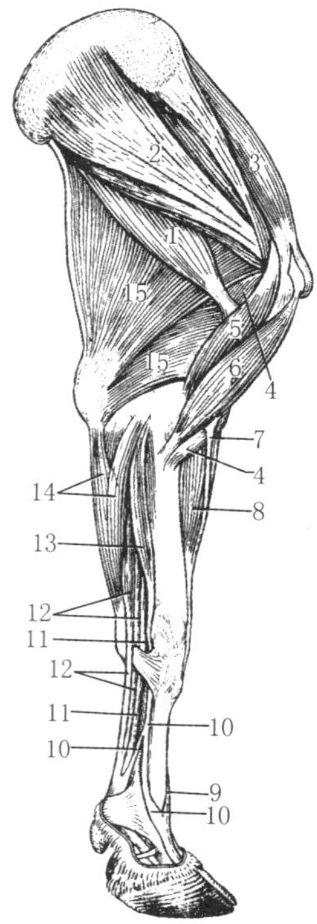

1. 大圆肌　2. 肩胛下肌　3. 冈上肌　4. 臂肌
5. 喙臂肌　6. 臂二头肌　7. 臂二头肌纤维索
8. 腕桡侧伸肌　9. 指内侧伸肌腱　10. 悬韧带及其分支
11. 指伸屈肌腱　12. 指浅屈肌腱　13. 腕桡侧屈肌
14. 腕尺侧屈肌　15. 臂三头肌

图 3-9　牛的左前肢内侧肌

(三)三角肌

三角肌呈三角形,在肩关节后方,位于冈下肌及臂三头肌的表面。主要借助冈下肌表面的腱膜起于肩胛冈,后部起自肩胛骨后缘上部,在牛还起自肩峰,止于三角肌结节及臂筋膜,有屈关节及外展肱骨的作用。接受腋神经的支配。

(四)肩胛下肌

肩胛下肌位于肩胛下窝内,起自肩胛骨内侧面,止于肱骨内侧结节后部。作用是内收肱骨,并代替内侧韧带固定肩关节。接受肩胛下神经的支配。

(五)大圆肌

大圆肌扁而长,位于肩胛下肌后方。起自肩胛骨后角及后缘的上部,与背阔肌共同止于肱骨圆肌结节。作用是屈肩关节及内收肱骨。接受腋神经的支配。

(六)喙臂肌

喙臂肌位于肩关节及肱骨内侧面。以一细长腱起自肩胛结节内侧面,止于肱骨内侧面。作用同大圆肌。接受肌皮神经的支配。

三、臂部肌

臂部肌(图 3-8、图 3-9)是作用于肘关节的肌肉。分布于肱骨周围,起于肩胛骨及肱骨,跨越肩关节及肘关节,止于前臂骨,主要对肘关节起作用,对肩关节亦有作用。可分为伸、屈两组。伸肌组位于肘关节后方,有臂三头肌、前臂筋膜张肌及肘肌;屈肌组位于肘关节前方,有臂二头肌及臂肌。

(一)前臂筋膜张肌

前臂筋膜张肌位于臂三头肌的后缘及内侧面。马的阔而薄,唯后缘较厚,以一薄腱膜起自背阔肌止端腱及肩胛骨后缘,止于肘突及前臂筋膜。牛的狭长而薄,起自肩胛骨后角,以一扁腱止于肘突内侧面后部。前臂筋膜张肌有伸肘关节的作用。在马,还可紧张前臂筋膜。接受桡神经的支配。

(二)臂三头肌

臂三头肌位于肩胛骨后缘与肱骨之间的夹角内,肌腹庞大,分三个头。长头最大,厚而长,呈三角形,起自肩胛骨后缘;外侧头厚,呈四边形,主要起于肱骨外侧面三角肌结节的后上方;内侧头最小,牛的起于肱骨的内侧面,马的起于圆肌结节下方。三个头共同止于肘突顶端。作用是伸肘关节,长头还可屈肩关节。接受桡神经的支配。

(三)肘肌

肘肌小,在臂三头肌外侧头的深面,覆盖着肘窝。起自肱骨后面下 1/3,止于肘突的外侧面。

有伸肘关节的作用;当肘关节伸展时,牵引关节囊,免被夹损。接受桡神经的支配。

(四)臂二头肌

臂二头肌位于肱骨前面,马的呈纺锤形,牛的为圆柱状,肌腹中含有较多的腱质。以强腱起自肩胛结节,以短腱止于桡骨结节及肘内侧韧带,并分出一长纤维索并入腕桡侧伸肌腱,间接止于掌骨。作用是屈肘关节;当伸前肢时,也有伸肩关节的作用;在家畜站立时,与腕桡侧伸肌一起有固定肩、肘、腕三关节的作用。接受肌皮神经的支配。

(五)臂肌

臂肌位于肱骨螺旋形肌沟内。起自肱骨后面上部,向下经臂二头肌与腕桡侧伸肌之间转到前臂近端内侧面,在肘内侧韧带的深面止于桡骨内侧缘。作用是屈肘关节。接受肌皮神经的支配。

四、前臂及前脚诸肌

前臂及前脚诸肌(图 3-8、3-9)作用于腕关节及指关节。它们的肌腹分布在前臂骨的背外侧面及掌侧面(前臂骨的内侧面无肌覆盖,前臂骨位于皮下),大多为纺锤形肌,多腱质,起自肱骨远端及前臂骨近端。其中作用于腕关节的肌肉,止端腱较短,跨越腕关节而止于腕骨及掌骨;作用于指关节的肌肉,则以长腱跨越腕关节和指关节,而止于指骨。前臂及前脚部肌可分为背外侧及掌侧两个肌群。背外侧肌群分布于前臂骨的背侧面和外侧面,由前向外向后依次为腕桡侧伸肌、指总伸肌和指外侧伸肌、腕斜伸肌。在牛,腕桡侧伸肌和指总伸肌之间,还有一指内侧伸肌。

掌侧肌群分布于前臂骨的掌侧面,共有五肌:位于肌群外侧面、在指外侧伸肌之后的是腕外侧屈肌;位于肌群内侧面的是腕桡侧屈肌(在前)和腕尺侧屈肌(在后);在肌群中间的是指浅屈肌和指深屈肌。

(一)腕桡侧伸肌

腕桡侧伸肌位于桡骨背侧面。起自肱骨远端外侧面的嵴及前面的窝,肌腹于前臂下部延续为一扁腱,经腕关节背侧面向下,止于第三腕骨近端。由于臂二头肌有纤维索与之相连,在家畜站立时,可固定肩、肘、腕三关节。接受桡神经的支配。

(二)指总伸肌

指总伸肌位于指内、外侧伸肌之间。

马的指总伸肌位于桡骨外侧面,在腕侧伸肌后方。起自肱骨远端前面、肘外侧韧带及桡、尺骨外侧面。肌腹于前臂下部延续为二腱。一腱粗而长,为主腱,经腕关节背外侧面、掌骨和系骨背侧面向下延伸,止于蹄骨伸腱突。另一腱细而短,于掌骨近端并入指外侧伸肌腱。主腱在系骨中部以下,因接受悬韧带的二支而变宽。

牛的指总伸肌较细,位于指内侧伸肌与指外侧伸肌之间。起自肱骨外侧上髁的前部及尺骨外侧面上部，于前臂远端延续为一细腱，经腕、掌的背侧面向下伸延，至掌的远端分为二支，分别沿内、外二指的背缘向下，止于蹄骨伸腱突。作用是伸指及腕，亦可屈肘。接受桡神经的支配。

【案例】 犬的每一条指总伸肌（共 4 条）腱都有一个穿过掌指关节的背侧籽骨，而在猫的相同位置是软骨。拇长外展肌腱（即腕斜伸肌）内也有一籽骨。这是在这个部位识别犬科动物 X 光片的正常结构标记，而不是骨折碎片。

（三）指内侧伸肌

指内侧伸肌又名第三指固有伸肌，马无此肌。牛的位于腕桡侧伸肌与指总伸肌之间。起点同指总伸肌。肌腹和腱紧贴于指总伸肌及其腱的内侧缘。止于内侧指的冠骨近端前缘及蹄骨关节缘的远轴部。作用是可伸系关节，也可展第三指。接受桡神经的支配。

（四）指外侧伸肌

指外侧伸肌位于前臂外侧，在指总伸肌后方。马的很小。牛的发达，又名第四指固有伸肌。起自桡骨近端外侧结节、肘外侧韧带及桡、尺骨的外侧面。止腱经腕关节外侧面向下延伸至掌部，继续沿指总伸肌腱外侧缘下行，马的止于系骨近端，牛的止于外侧指的冠骨及蹄骨。作用是可伸指及腕，牛的还可以外展第四指。接受桡神经的支配。

（五）腕斜伸肌

腕斜伸肌又名拇长外展肌，呈扁三角形。在指伸肌覆盖下，斜附于前臂骨下半部。止腱越过腕桡侧伸肌腱，斜经腕关节内侧面，向内下方延伸，在马止于第二掌骨，在牛止于第三掌骨近端。作用是伸旋外腕关节。接受桡神经的支配。

（六）腕外侧屈肌

腕外侧屈肌原名腕尺侧伸肌，但在马、牛因肌肉位置关系而有屈腕作用。位于前臂外侧后部，在指外侧伸肌后方。起自肱骨外侧上髁后部。有二止腱，后腱粗短，止于副腕骨；前腱细长，止于第四掌骨近端。作用是屈腕关节，亦可伸肘关节。接受尺神经的支配。

（七）腕桡侧屈肌

腕桡侧屈肌又名腕内侧屈肌。位于桡骨内侧缘的后方。起自肱骨内侧上髁。肌腹扁，在前臂下部延续为一细腱，向下穿经腕横韧带。马的止于第二掌骨近端，牛的止于第三掌骨近端内后角。作用是屈腕、伸肘。接受正中神经的支配。

（八）腕尺侧屈肌

腕尺侧屈肌又名腕中间屈肌。位于前臂内侧后部，在腕桡侧屈肌后方。起自肱骨内侧上髁及肘突内侧面，以强腱止于副腕骨。作用是可屈腕、伸肘。接受尺神经的支配。

(九)指浅屈肌

马的指浅屈肌位于屈肌组的中央,在腕尺侧屈肌与指深屈肌之间。有二头:肱骨头起自肱骨内侧上髁,肌腹与指深屈肌不易分离,于腕关节上方延续为一强腱;桡骨头为一强腱带,起自桡骨后面下半部,于腕关节上方与肱骨头的腱合成一总腱,伴同指深屈肌腱通过腕管,经掌、指部的后面浅层向下伸延,至系骨远端分为二支,分别止于系骨及冠骨两侧。指浅屈肌腱在掌部变成一扁带,紧贴于指深屈肌腱的后面;在系关节的后面向前形成一腱环,供指深屈肌腱通过。

牛的指浅屈肌位于前臂后方,在诸屈肌包围之中,内侧面大部分被腕尺侧屈肌覆盖。起自肱骨内侧上髁。肌腹分深浅二部,各有一腱。浅腱穿过腕横韧带,而深腱通过腕管向下伸延,至掌中部合成一总腱,并立即分为两支,分别止于内、外侧指的冠骨后面。此二腱支在系关节上方各与一来自悬韧带浅部的腱带相结合,并在系关节掌侧形成一腱管,供指深屈肌腱通过。

指浅屈肌的作用是在前进运动中屈指关节和腕关节,并伸肘关节;站立时,由于其腱头(桡骨头)的作用,可支撑体重。接受正中神经的支配。

(十)指深屈肌

指深屈肌位于前臂骨后面,被其他屈肌包围。共有三个头,分别起自肱骨内侧上髁、肘突及桡骨后面。马的桡骨头最小。三腱合成的总腱经腕管向下伸延至掌部。以下的行径,在马和牛有所不同。

马的指深屈肌腱在掌部变成一圆索,在悬韧带(在前)与指浅屈肌腱(在后)之间向下伸延,至掌中部接受自腕掌韧带下延之腱带(腱头),至系部通过指浅屈肌的腱环及其二分支,腱向下渐变宽而止于蹄骨屈腱面。

牛的指深屈肌腱在指浅屈肌腱与悬韧带之间向下伸延,至系关节上方分为两支,分别通过指浅屈肌腱的二支所形成的腱管,而止于内、外侧指的蹄骨掌侧后缘。指深屈肌的作用同指浅屈肌。接受正中神经与尺神经的支配。

【案例】 所有腕和指的伸肌都起于外侧上髁。所有腕和指的屈肌都起于内侧上髁。这是对记忆名称和理解该区域肌肉功能非常有用的结构。

五、前肢肌的辅助器官

前肢肌肉的辅助结构(图 3-10)有筋膜、腱鞘、黏液囊等。

(一)浅筋膜

肩臂外侧的浅筋膜含肩臂皮肌。前臂浅筋膜供胸浅后肌止点。前臂及掌指部的浅筋膜很薄,内含皮下静脉及皮神经。

(二)深筋膜

深筋膜形成许多特殊结构,辅助肌器官进行工作。

1. 前臂筋膜　厚而坚韧，呈腱性，紧裹整个前臂肌。自其深面分出三个肌间隔，附着于前臂骨，因而形成四个筋膜鞘：两个鞘位于前臂骨外侧，分别包裹腕桡侧伸肌及指总伸肌；另一鞘位于前臂内侧，包围腕桡侧屈肌；最大的一个筋膜鞘在前臂骨后方，包围其余诸肌。

2. 腕筋膜　在腕背面形成腕背侧韧带，将伸肌腱紧束于桡骨远端的沟中。在腕掌侧特别增厚，称腕横韧带，从副腕骨伸至腕内侧韧带而形成腕管，供指屈肌腱及血管、神经通过。在马，另有一厚而坚韧的纤维带，从副腕骨向前下方伸延到掌骨的近端，并入指外侧伸肌腱。

3. 掌筋膜　在掌的背面，很薄，与骨膜及指伸肌腱结合。在掌的后面上半部变厚，两端附着于掌骨的内、外侧缘(马的附着于小掌骨)，形成固定指屈肌腱的筋膜鞘。在马的掌外侧，深筋膜形成一腱带，在指总伸肌与指外侧伸肌之间，自腕部向下延伸到掌部远端，与此二腱合并。

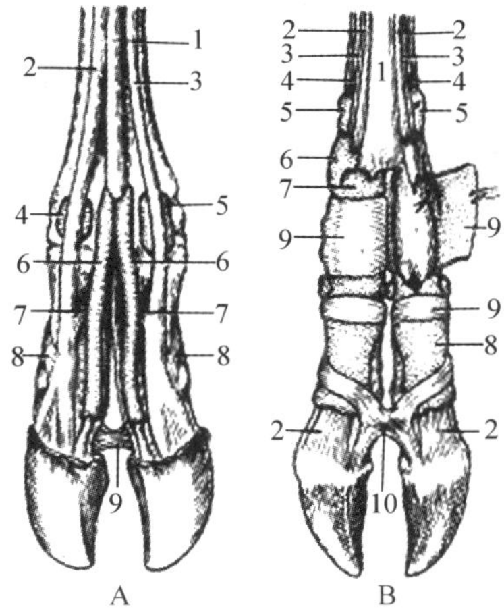

A. 背侧面：1. 指总伸肌腱　2. 指内侧伸肌腱　3. 指外侧伸肌腱　4. 指内侧伸肌腱下囊　5. 指外侧伸肌腱下囊　6. 指总伸肌腱鞘　7. 骨间肌轴侧伸肌支　8. 骨间肌远轴侧伸肌支　9. 近侧指间韧带　B. 掌侧面：1. 指浅屈肌腱　2. 指深屈肌腱　3. 骨间中肌的腱板　4. 骨间中肌　5. 6. 7. 指腱鞘的近侧盲囊　8. 指腱鞘　9. 近侧和远侧环韧带　10. 交叉韧带

图 3-10　牛的指部腱鞘

4. 指筋膜　在指掌侧形成三个(牛的每一指有三个)环韧带。固定屈腱。系关节掌侧环韧带两端附着于籽骨，与籽骨沟形成一管，供指屈肌腱通过；指近侧环韧带在系骨后面，紧贴于指浅屈肌腱上，四角(马)或两侧(牛)附着于系骨；指远侧环韧带覆盖在指深屈肌腱上，马的呈新月形，两端附着于系骨中部，牛的在冠骨后方，主要由指间十字韧带形成。

(三)腱鞘

在腕关节周围及指部具有许多腱鞘。这些腱鞘在正常情况下，活体上不易感知，但如因炎症而有渗出物时，则形成限界性肿胀，触之有波动。因此，了解腱鞘在活体上的位置，具有实际意义。

1. 腕部腱鞘　前臂诸肌除止于副腕骨的腕尺侧屈肌及腕外侧屈肌的短腱之外，其余的腱在越经腕部时，都包裹有腱鞘。它们的上端始于腕关节之上 6～8 cm；下端一般达于掌骨上端，但腕桡侧伸肌腱鞘仅至腕关节中部。指屈肌的腕腱鞘很发达，包围指屈肌腱，中段位于腕管内，下端达掌部中点。腕斜伸肌腱鞘位于腕关节背内侧，达第二掌骨近端。牛的指总伸肌腱与指内侧伸肌腱在腕背面包于一总腱鞘内，指浅屈肌的浅腱在腕部另有一腱鞘。

2. 指部腱鞘　马的指腱鞘位于指部掌侧，衬于指浅屈肌腱的前面而包围指深屈肌腱。上端达掌部的下$\frac{1}{4}$，下端达冠骨中点，在这里因指浅屈肌腱分叉为二，腱鞘直接位于皮下。

牛的指背侧面和掌侧面各有两个腱鞘。指背侧腱鞘位于二指的背侧面,包围指总伸肌腱的两个分支,从掌骨远端直达伸腱突。指掌侧腱鞘衬于指浅屈肌腱所成的腱管内面,包围指伸屈肌腱。

(四)黏液囊

1. 皮下黏液囊　前肢常见的皮下黏液囊位于肘结节、桡骨近端外侧韧带结节、掌骨结节、系关节外侧及掌侧等处的骨的突起部位。牛的腕背侧有很发达的腕皮下黏液囊。

2. 腱下黏液囊　很多,较重要的有:臂二头肌起始腱在通过肱骨结节间沟处的臂二头肌黏液囊、冈下肌的浅腱与肱骨外侧结节之间的黏液囊、臂三头肌止点腱与肘结节之间的黏液囊、臂二头肌止点腱与桡骨结节之间的黏液囊、腕桡侧伸肌腱与第三腕骨之间的黏液囊、指深屈肌腱与远籽骨之间的舟骨黏液囊等。

六、前肢肌的作用

由于家畜整个身体的重心比较靠近前肢,所以家畜的前肢除了执行前进运动以外,还要支持大部分体重(图 3-11)。

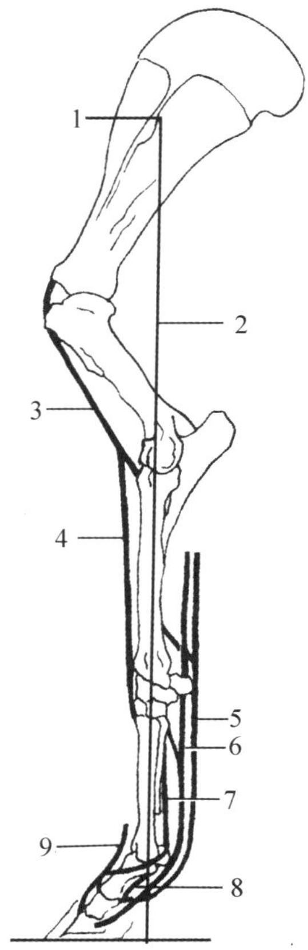

1. 肩胛骨摆动中心　2. 重力垂线
3. 臂二头肌　4. 腕桡侧伸肌腱膜
5. 指浅屈肌腱　6. 指深屈肌腱
7. 悬韧带　8. 籽骨下韧带
9. 指伸肌腱

图 3-11　马前肢的静力装置和重力垂线

(一)支持作用

前肢肌的支持作用有赖于下列静力结构:

(1)胸下锯肌的腱层形成一坚韧的弹性吊带,将躯干悬吊在两前肢之间。

(2)家畜站立时,腕关节因掌侧韧带限制而不能背屈,肩关节和肘关节就被贯穿有腱索的臂二头肌和腕桡侧伸肌及多腱质的冈上肌机械地固定起来。

(3)掌部和指部的背侧面有指伸肌腱及与它们相联系的腕部深筋膜纤维带和悬韧带的分支;掌侧面有悬韧带及具有腱头的两条指屈肌腱。这些腱和韧带在家畜站立时,有固定腕、指关节和维持系关节角度的作用。所以马类动物能够较长时间站立而不易疲劳。

牛的悬韧带含有肌纤维,特别是幼龄牛。指深屈肌又缺少腱头,所以前肢的静力结构不如马的发达,因此不能持久站立。

(二)运动作用

前肢肌的运动作用有赖于下列肌肉及肌间结构:

(1)前肢骨与躯干骨之间不是以关节相连,而是借发达的肩带肌互相连接起来,这对于前后摆动前肢及缓冲运动时的震动,有很大的好处。

(2)范围宽广的肩胛下间隙及其中的疏松结缔组织,有利于前后摆动肩臂部。

(3)肩臂前方的臂头肌及后方的背阔肌和胸深肌,这些强有力的肌肉在前进运动中能够大幅度地摆动肩臂与牵引躯干向前。斜方肌和菱形肌在肩关节做伸屈运动时,起固定肩胛骨的作用。胸浅肌则限制前肢过分外展。

(4)肩关节和肘关节的伸肌特别发达,它们在前肢跨步前踏的负重期,可有力地伸展这两个关节。

(5)腕关节和指关节的关节角方向相同,动作一致。这两个关节的屈肌比较发达,而且由于其在肱骨上的起点位于肘关节的伸面,除屈指关节外,还同时有伸肘的作用。它们在前肢踏地负重期,通过屈指和伸肘,配合肩关节和肘关节的伸肌,产生强大的推动力,将躯干牵引向前。

七、肌沟

(一)桡沟

桡沟在前臂背外侧,为腕桡侧伸肌与指总伸肌之间的沟。

(二)尺沟

尺沟在前臂后缘,为腕外侧屈肌与腕尺侧屈肌之间的沟。

(三)正中沟

正中沟在前臂内侧,为桡骨与腕桡侧屈肌之间的沟。

(四)掌内侧沟及掌外侧沟

掌内侧沟及掌外侧沟分别在掌内、外侧,为指深屈肌腱与掌骨之间的沟。

前肢的血管、神经,除皮下静脉和皮神经以外,大多沿上述肌沟或其深面延伸。在活体上熟悉这些肌沟的确切部位,对于神经封闭及针灸取穴等,具有实践意义。

第四节 后肢肌

后肢肌(图 3-12、图 3-13)可分为臀部肌、股部肌和小腿及后脚部肌(又分为小腿背外侧肌群、小腿跖侧肌群)。臀部肌分布于臀部,跨越髋关节,止于股骨。可伸、屈髋关节及外旋大腿。包括臀浅肌、臀中肌及臀深肌。另外,髂腰肌也列入本组中叙述。股部肌分布于股骨周围,起自髋骨、荐骨、骨盆韧带或股骨,跨越髋关节及膝关节,有些伸达跗关节,止于股骨、膝盖骨、胫骨及跟骨。可分为股后、股前及股内侧三个肌群。股后肌群包括股二头肌、半腱肌、半膜肌三块长而大的肌肉。股前肌群包括阔筋膜张肌及股四头肌。股内侧肌群的浅层有缝匠肌及股薄肌,深部有耻骨肌及内收肌。此外,最深部还有较小的闭孔外肌、闭孔内肌、孖肌及股方肌等。小腿及后脚部肌肉大多为纺锤形肌,肌腹分布于小腿骨的背外侧面及跖侧面,多腱质,起自股骨远端及小腿骨近端。其中,作用于跗关节的肌肉跨越跗关节,止于跗骨及跖骨;作用于趾关节的肌肉以长腱跨越跗关节和趾关节,止于趾骨。可分为背外侧肌群及跖侧肌群。由于跗关节的伸面在后,背外侧肌群有屈跗关节和伸趾关节的作用，而跖侧肌群则有伸跗关节和屈趾关节的作用。

马和牛的小腿背外侧肌差异较大，而小腿跖侧肌基本相似。小腿跖侧肌群包括小腿后部的腓肠肌、比目鱼肌、趾浅屈肌及胫骨后面的趾深屈肌、腘肌及趾短伸肌。

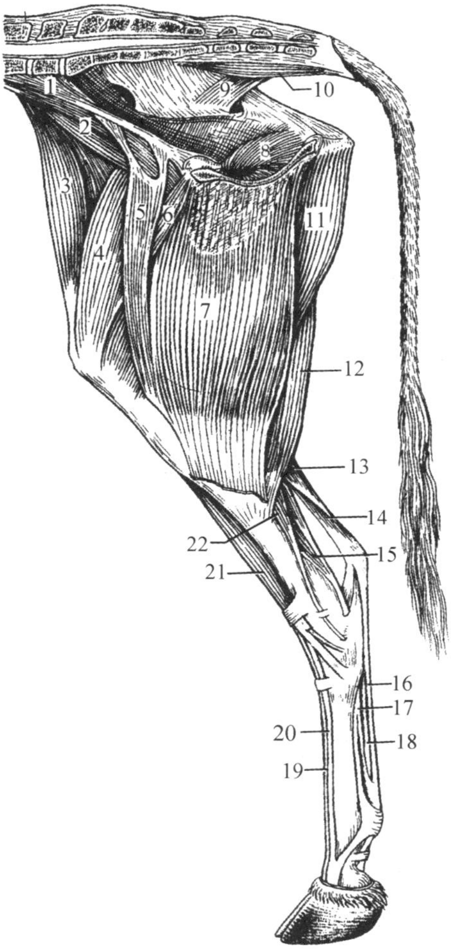

1.腰小肌 2.髂腰肌 3.阔筋膜张肌 4.股直肌 5.缝匠肌 6.耻骨肌 7.股薄肌 8.闭孔内肌 9.尾骨肌 10.荐尾腹侧肌 11.半膜肌 12.半腱肌 13.腓肠肌 14.趾浅屈肌 15.趾深屈肌 16.趾浅屈肌腱 17.悬韧带 18.指深屈肌腱 19.趾长伸肌腱 20.趾内侧伸肌腱 21.腓骨第3肌 22.趾长屈肌

图 3-12 牛右后肢内侧肌

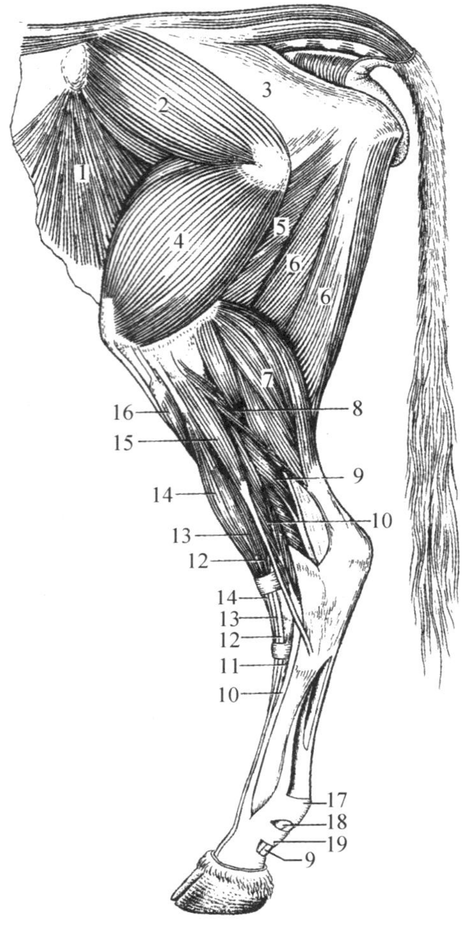

1.腹内斜肌 2.臀中肌 3.荐结节阔韧带 4.股外侧肌 5.半膜肌 6.半腱肌 7.腓肠肌 8.比目鱼肌 9.趾深屈肌及其腱 10.趾外侧伸肌及其腱 11.趾短伸肌 12.趾长伸肌 13.趾内侧伸肌及其腱 14.腓骨第3肌及其腱 15.腓骨长肌 16.胫骨前肌 17.跖趾关节掌侧环状韧带 18.趾浅屈肌腱 19.趾近侧环状韧带

图 3-13 牛左后肢外侧肌(阔筋膜张肌和臂股二头肌已割去

一、臀部肌

(一)臀浅肌

牛、羊缺此肌。马的位于臀部浅层,呈三角形。有二头,前头起自髋结节,后头起自臀筋膜的深面,间接起自荐骨。止于股骨第三转子。作用是外展后肢及屈髋关节。接受臀后神经的调节控制。

(二)臀中肌

臀中肌大而厚,位于骨盆的背外侧,构成臀部的圆形轮廓,前端狭而薄,伸达腰部。主要起于髂骨的外侧面、背最长肌腱膜及荐坐韧带,止于大转子。有伸髋关节、外展及旋外后肢的作用。由于同背最长肌结合,还参与竖立、蹴踢及推进躯干等动作。接受臀前神经的调节控制。

(三)臀深肌

臀深肌被臀中肌覆盖。马的短而厚,牛的阔而薄。起自髂骨外侧面,在牛还起自荐坐韧带,马的止于大转子前部,牛的止于大转子前下方的圆粗糙区。作用是旋内股骨。接受臀前神经的调节控制。

【案例】 臀肌(浅、中、深)的腱伸向大转子或止于大转子,在背侧切断臀肌腱,是髋关节背侧手术的通路。

(四)髂腰肌

髂腰肌位于腰椎和髂骨的腹侧面。由腰大肌和髂肌组成。起自髂骨腹侧面,因与腰大肌的止部紧密结合,常将二肌合称为髂腰肌,止于股骨小转子。作用是屈髋关节及旋外后肢。接受腰神经的腹侧支、股神经的调节控制。

二、股部肌

(一)臂股二头肌

臂股二头肌长宽而大,位于臀股外侧。有二头。椎骨头在臀中肌之后起自荐骨,牛的还起自荐坐韧带。坐骨头起自坐骨结节。二头结合后,马的分为前、中、后三部;牛的分为前后二部,前部相当于马的前部及中部。前部以腱膜止于膝盖骨及其外侧韧带;中部腱膜止于胫骨嵴,并形成小腿筋膜的中层;后部腱膜止于跟结节。有伸髋关节、膝关节及跗关节的作用;在推进躯干、后踢及竖立等动作中伸直后肢;在提举后肢时,可屈膝关节。接受坐骨神经的调节控制。

(二)半腱肌

半腱肌长,位于股二头肌后方,构成股部的后缘,止端转到腿内侧。马的有二头:椎骨头起自前二尾椎及荐坐韧带后缘,坐骨头起自坐骨结节。牛无椎骨头。止端腱膜的前部止于胫骨嵴的内侧面，中部与小腿筋膜融合；后部止于跟结节。作用同股二头肌。接受坐骨神经的调节控制。

(三)半膜肌

半膜肌大而呈三棱形，位于股后内侧。马的有二头：椎骨头小而尖，伸达尾根，起自荐坐韧带后缘，形成骨盆后口的侧壁；坐骨头起自坐骨结节腹侧面。牛无椎骨头。止于股骨远端内侧面，在牛还止于胫骨近端内侧缘。作用是伸髋关节及内收后肢。接受坐骨神经的调节控制。

(四)阔筋膜张肌

阔筋膜张肌位于股前外侧浅层。起自髋关节，向下呈扇形展开，借阔筋膜止于膝盖骨和胫骨近端。肌的前缘形成股部的前界。有紧张阔筋膜、屈髋关节和伸膝关节的作用。接受臀前神经的调节控制。

【案例】 阔筋膜延伸线是暴露股骨干的通路，手术时可以沿着阔筋膜延伸线和股二头肌的前缘做切口。

(五)股四头肌

股四头肌大而厚，在阔筋膜张肌及阔筋膜覆盖之下，位于股骨前面及两侧。有四个头，即股直肌、股外侧肌、股内侧肌及股中间肌。股直肌以二短腱起自髂骨髋臼前上方及前方的浅窝，其余三头分别起自股骨的外侧、内侧及前面。四头同止于膝盖骨。股四头肌为膝关节强有力的伸肌。接受股神经的调节控制。

(六)缝匠肌

缝匠肌为一狭长而薄的带状肌，位于股内侧浅层前部。上部在腹腔内起自髂骨及腰小肌腱，以腱膜止于膝内侧直韧带及胫骨结节。有伸膝关节、屈髂关节及内收后肢的作用。接受股神经的调节控制。

(七)股薄肌

股薄肌薄且阔，位于股内侧皮下，前缘接缝匠肌。起自骨盆联合及耻前腱，以腱膜止于膝内侧直韧带及胫骨近端的内侧面。有内收后肢及伸膝关节的作用。接受闭孔神经的调节控制。

(八)耻骨肌

耻骨肌呈锥形，位于股薄肌与股内侧肌之间。起自耻骨前缘及耻前腱，止于股骨内缘。作用是内收后肢及屈髋关节。接受闭孔神经的调节控制。

(九)内收肌

内收肌呈三棱形，位于耻骨肌与半膜肌之间。马的起自耻骨及坐骨的腹侧面，牛的起自坐骨腹侧面及耻骨下的韧带，止于股骨后面及远端内侧面。作用是内收后肢，亦可伸髋关节及旋内股骨。接受闭孔神经的调节控制。

(十)闭孔外肌

闭孔外肌略呈锥形,位于内收肌的外侧,髋关节的后方。起自耻骨和坐骨腹侧面及闭孔的周缘,止于大转子后面的深窝中。作用是内收及外旋后肢。接受闭孔神经的调节控制。

(十一)闭孔内肌

闭孔内肌肌腹在盆腔内,薄,呈扇形。起自耻骨及坐骨的盆腔面,马的还有一部分起自髂骨的盆腔面。其扁腱,在马越过坐骨的外侧缘;在牛穿经闭孔,止于大转子后面的深窝中。作用是旋外股骨。接受坐骨神经的调节控制。

(十二)股方肌

股方肌狭而呈三棱形,位于内收肌上部的前外侧。起自坐骨腹侧面,止于股骨后面,在小转子附近。作用是伸髋关节及内收后肢。接受坐骨神经的调节控制。

(十三)孖肌

孖肌薄,位于股二头肌的深面。起自坐骨外侧缘,止于大转子后面的深窝中。作用是伸髋关节及旋外后肢。接受坐骨神经的调节控制。

三、马的小腿背外侧肌群

马的小腿背外侧肌群共有四肌。背侧面三肌:浅层为趾长伸肌,深层为第三腓骨肌及胫骨前肌。外侧面一肌,为趾外侧伸肌。

(一)趾长伸肌

趾长伸肌呈纺锤形,位于小腿背外侧面浅层。以强腱起自股骨远端,在小腿远端延续为一个长腱,经跗、跖、趾的背面伸向趾远端,止于蹄骨的伸腱突。止腱在跗部被三条横韧带所固定;在跖中部稍上处接受趾外侧伸肌腱。由此往下,与前指的指总伸肌腱相同。作用是伸趾关节,屈跗关节,并参与固定膝关节。接受腓神经的调节控制。

(二)趾外侧伸肌

趾外侧伸肌在趾长伸肌的后方,位于小腿骨的外侧。起自股胫外侧韧带、胫骨的外侧缘及腓骨。止点腱经跗外侧时,也被横韧带所固定;于跖中部稍上处并入趾长伸肌腱。作用是协助趾长伸肌。接受腓神经的调节控制。

(三)第三腓骨肌

第三腓骨肌已成为一强腱,位于趾长伸肌的深面,其深面与胫骨前肌结合,不易分离。与趾长伸肌同起于股骨远端前部,止端在胫骨远端被胫骨前肌腱穿过,然后分为二支,止于大跖骨近端及跗骨。作用是:(1)当膝关节屈曲时,可机械地屈跗关节;(2)与小腿后面的腱带(趾浅屈肌)、膝盖骨及三条膝直韧带联合组成一机械装置,在马站立时,膝盖骨挂在股骨滑车内侧嵴上,第三腓骨肌、趾浅屈肌及三条膝直韧带即机械地固定膝关节和跗关节。接受腓神经的调节控制。

(四)胫骨前肌

胫骨前肌位于趾长伸肌及第三腓骨肌的深面,紧贴胫骨。起自胫骨外侧髁、外侧缘及胫骨结节外侧面,止点腱在跗关节背侧面穿过第三腓骨肌后,分为两支,一支止于大跖骨近端前面,另一支向内侧止于第一、二跗骨。作用是屈跗关节。接受腓神经的调节控制。

四、牛的小腿背外侧肌群

牛的小腿背外侧肌群共有六肌。四肌位于小腿背侧面,重叠三层,浅层为第三腓骨肌,中层为趾内侧伸肌及趾长伸肌,深层为胫骨前肌;二肌位于小腿外侧,前为腓骨长肌,后为趾外侧伸肌。

(一)第三腓骨肌

第三腓骨肌为发达的纺锤形肌,位于小腿背侧面的浅层。与趾长伸肌及趾内侧伸肌同以一短腱起自股骨远端外侧,肌腹于小腿远端延续为一扁腱,经跗关节背侧面向下伸延,止于跖骨近端及跗骨。止点腱在跗关节背侧面为跗背近侧横韧带所固定。作用是屈跗关节。接受腓神经的调节控制。

(二)趾长伸肌

趾长伸肌肌腹上半部在第三腓骨肌的深面,下半部位于其后方。趾长伸肌与第三腓骨肌及趾内侧伸肌同起自股骨远端外侧,止端腱在跗关节背侧面被跗背近侧和远侧横韧带所固定,由此往下,其行程和止点,与前肢的指总伸肌腱相同。作用是伸趾关节及屈跗关节。接受腓神经的调节控制。

(三)趾内侧伸肌

趾内侧伸肌又名第三趾固有伸肌,位于第三腓骨肌深面及趾长伸肌前面。起点同趾长伸肌。止点腱在跗部被二横韧带所固定。在系部接受骨间中肌的两伸肌支。止于内侧趾的冠骨。作用是伸、展内侧趾。接受腓神经的调节控制。

(四)腓骨长肌

腓骨长肌短而扁,呈三角形,在趾长伸肌后方,位于小腿背外侧面。起自小腿骨近端外侧面、股胫外侧韧带以及从腓骨下延的纤维带。肌腹于小腿中部延续为一细长腱而向下伸延,至跗部斜向后下方,跨越趾外侧伸肌腱,经跗关节外侧面,在跗外侧韧带的深面止于大跖骨近端及第一跗骨。作用是屈跗关节,亦有旋内后脚的作用。接受腓神经的调节控制。

(五)趾外侧伸肌

趾外侧伸肌又名第四趾固有伸肌,位于小腿外侧,在腓骨长肌后方。起自股胫外侧韧带及小腿骨近端外侧。肌腹圆,于小腿下部延续为一长腱,经跗关节外侧向下伸延至跖背侧,继续沿趾长肌腱的外侧缘下行,止于外侧趾的冠骨。其腱在系部接受骨间中肌的两伸肌支。作用是伸展外侧趾。接受腓神经的调节控制。

(六)胫骨前肌

胫骨前肌位于趾长伸肌及趾内侧伸肌的深面,紧贴胫骨。大部分起自胫骨结节及胫骨嵴的外侧面,少部分起自胫骨外侧缘的上部及腓骨纤维带。止点腱在跗关节背侧面穿过近侧横韧带及第三腓骨肌腱,止于大跖骨近端及第二、三跗骨。其作用为屈跗关节。接受腓神经的调节控制。

五、小腿跖侧肌群

(一)腓肠肌

腓肠肌发达,位于小腿后部,大部分夹于股二头肌(在外侧)和半腱肌、半膜肌(在内侧)之间。以内、外侧头起自股骨后面下部。二纺锤形肌腹于小腿中部合成一强腱。腱的上部紧贴于趾浅屈肌腱后面,下半部经外侧面扭转至其前面,止于跟结节后部。腓肠肌腱以及附着于跟结节的趾浅屈肌腱、股二头肌腱和半腱肌腱合成一非常坚韧的腱索,称为跟腱。是跗关节强有力的伸肌。接受胫神经的调节控制。

(二)比目鱼肌

比目鱼肌为一小而薄的带状肌,位于小腿外侧上半部,腓肠肌外侧缘的前方。起自腓骨头,止于腓肠肌腱。作用同腓肠肌。接受胫神经的调节控制。

(三)趾浅屈肌

趾浅屈肌上部夹于腓肠肌二肌腹之间。起自股骨后面下部外侧的一浅窝中,肌腹不发达,富含腱质,马的几乎完全转变成一强腱,于小腿中部,自腓肠肌腱的前面经内侧面扭转至其后面,至跟结节处变阔,呈帽状罩于其上,两侧附着于跟结节两旁。主腱越过跟结节后,经跗部和跖部后面向下延伸至趾部,其行程和止点与前肢趾浅屈肌腱相似。其作用是机械性的,在膝关节运动的影响下,被动地伸跗屈趾;它还与第三腓骨肌等合成一机械装置,家畜站立时,固定膝关节和跗关节。接受胫神经的调节控制。

(四)趾深屈肌

趾深屈肌发达,紧贴于胫骨后面,有三个头,都起自胫骨后面及小腿骨外侧缘的上部。外侧浅头(胫骨后肌)及外侧深部(拇长屈肌)的腱合成主腱,主腱及其腱鞘(跗鞘)通过跗管向下延伸;内侧头(趾长屈肌)的细腱及其腱鞘经跗关节内侧面向下伸延,至跖骨后面上 1/4 处并入主腱。趾深屈肌腱在跖部和趾部的行程及止点与前肢指深屈肌腱相似。作用是屈趾关节和伸跗关节。接受胫神经的调节控制。

(五)腘肌

腘肌位置深,在膝关节后面。以圆的腱起自股骨远端外侧面后部一小窝,肌腹扩大为厚的三角形,止于胫骨后面上部。它是股胫关节的屈肌。接受胫神经的调节控制。

(六)趾短伸肌

趾短伸肌位于跖骨背外侧面上部,在趾长伸肌腱与趾外侧伸肌腱的夹角内。作用是伸趾关节及屈跗关节。接受腓神经的调节控制。

六、后肢肌的辅助器官

后肢肌肉的辅助器官(图 3-14)包括筋膜、腱鞘和黏液囊。

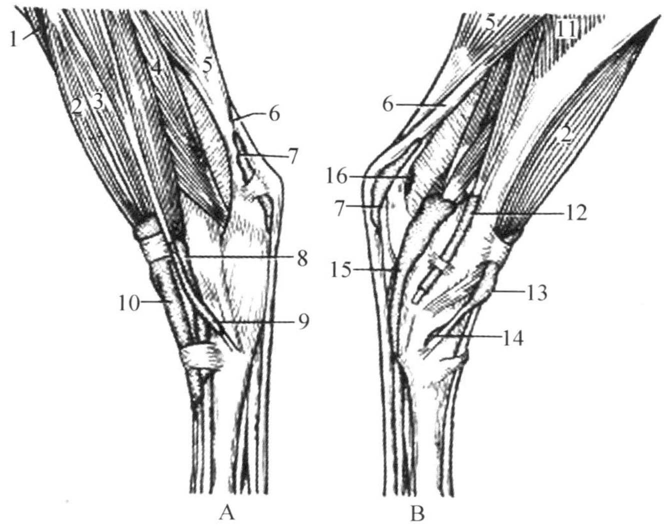

A. 外侧面　B. 内侧面

1. 胫骨前肌　2. 腓骨第 3 肌　3. 趾长伸肌　4. 拇长屈肌　5. 腓肠肌　6. 趾浅屈肌腱　7. 趾浅屈肌腱下囊　8. 趾外侧伸肌腱鞘　9. 腓骨长肌腱鞘　10. 趾长伸肌及趾内侧伸肌腱鞘　11. 腘肌　12. 趾长屈肌腱鞘　13. 胫骨前肌腱鞘　14. 胫骨前肌腱下囊　15. 趾深屈肌腱鞘　16. 腓肠肌腱下囊

图 3-14　牛左侧跗部腱鞘和黏液囊

(一)浅筋膜

臀部的浅筋膜较薄,常含脂肪。

(二)深筋膜

1. 臀筋膜　紧贴于臀肌上,不易剥离,深面供臀肌起始,并分出肌间隔伸入各肌之间。

2. 阔筋膜　为股外侧的深筋膜,强厚而呈腱性,供阔筋膜张肌终止,深面分出肌间隔,伸入股后诸肌之间。股内侧筋膜较薄,前部与阔筋膜延续,在膝关节处与缝匠肌及股薄肌的止点腱融合。

3. 小腿筋膜　有三层。浅层为阔筋膜与股内侧筋膜的延续。中层由股部浅层诸肌(股二头肌、半腱肌、阔筋膜张肌、缝匠肌、股薄肌)的腱膜相连而成。此二层结合成一总鞘,包围整个小腿肌。在小腿中部,跟腱前方,总鞘的内外侧壁紧密结合成一强带,附着于跟结节,加强跟腱,实际上是股二头肌和半腱肌在跟结节上的止腱。深层紧裹跟腱前方小腿诸肌,形成三个筋膜鞘,分别包围小腿背侧、外侧及胫骨后面诸肌。

4. 跗筋膜　附着于跗部的骨突及韧带。在跗部背侧形成近侧、中间和远侧三个横韧带(牛无中间横韧带),以约束小腿背外侧诸肌的位置。在跗后形成跖侧横韧带,将跗沟转变为跗管,供趾深屈肌腱通过。

5. 跖、趾筋膜　与掌指筋膜相似。

(三)腱鞘

马牛趾部的各腱鞘与指部的相似。跗部腱鞘的配布,马和牛的基本相似。

马跗关节背侧面正中有趾长伸肌腱鞘,被三条横韧带所固定,此腱鞘的内缘中 1/3 有包围第三腓骨肌腱及胫骨前肌腱的共同腱鞘。跗关节外侧面,沿跗外侧韧带有趾外侧伸肌腱鞘。跗关节内侧面,沿跗内侧韧带有趾长屈肌腱鞘。跗关节的后面,在跗管中有趾深屈肌腱鞘(跗腱鞘)。

牛跗关节背侧面正中有包裹趾长伸肌及趾内侧伸肌的共同腱鞘,紧邻此腱鞘的内缘,并列着第三腓骨肌腱鞘,此二腱鞘被二横韧带所约束。紧邻第三腓骨肌腱鞘的内侧缘,有胫骨前肌腱鞘。跗关节外侧面有趾外侧伸肌腱鞘。腓骨长肌腱鞘的上半部位于趾外侧伸肌腱鞘之前,下半部则斜向后下方。跗关节内侧面,齐掌骨内后缘有趾长屈肌腱鞘。跗关节后面,在跗管中有趾深屈肌腱鞘(跗腱鞘)。

(四)黏液囊

1. 皮下黏液囊　在髋结节、膝盖骨、跟结节、内外侧髁以及系关节的后面及两侧等处常有皮下黏液囊。

2. 肌下和腱下黏液囊　很多,在马、牛,比较重要的有下列几个:

马:(1)臀中肌止点腱与大转子前部之间有一腱下囊,叫转子囊。(2)股二头肌跨越大转子后部时,有一肌下囊。(3)半腱肌止腱在胫骨嵴内侧附近有一腱下囊。(4)胫骨前肌止腱的内侧支与跗内侧韧带之间有一腱下囊。(5)腓肠肌腱的前面与跟结节之间有一腱下囊,后面与趾浅屈肌腱之间有一大的黏液囊,自二腱扭转处伸至跗关节中部。

牛:(1)半腱肌止腱在胫骨嵴附近有一腱下囊。(2)第三腓骨肌、趾长伸肌及趾内侧伸肌的共同起端下,在胫骨近端前面的肌沟中有一滑膜囊,与股胫关节囊相通。(3)胫骨前肌止腱在跗关节内侧面有一腱下囊。(4)趾浅屈肌腱与跟结节之间有一很大的黏液囊,叫跟结节腱下囊。

七、后肢肌的作用

家畜的后肢除支持体重以外,还有在前进运动中推动躯干的作用。因此,后肢在结构上有它自己的特点(图 3-15)。

(一)支持作用

后肢站立时,膝关节和跗关节由于体重垂线通过关节角内而处于极度屈曲姿态;系关节则由于体重垂线通过其前方而处于背屈姿态。

后肢的支持作用有赖特殊的静力结构。站立时,膝盖骨由于肌肉(阔筋膜张肌、股四头肌、缝匠肌、股二头肌前部)的作用挂在股骨滑车内侧嵴上,通过三条膝直韧带将膝关节固定。而小腿前面和后面的两条坚韧的腱索(第三腓骨肌和趾浅屈肌),又机械地将膝关节和跗关节连在一起,当膝关节固定时,跗关节也将同时被固定。

跖部和趾部配布有与前肢掌部和指部相似的腱、韧带结构,支持系关节。后肢的静力结构,不如前肢的完善,所以马站立时,左右后肢经常轮换休息。

牛后肢静力结构由于趾浅屈肌和第三腓骨肌多肉质,不如马的发达,所以不能持久站立。

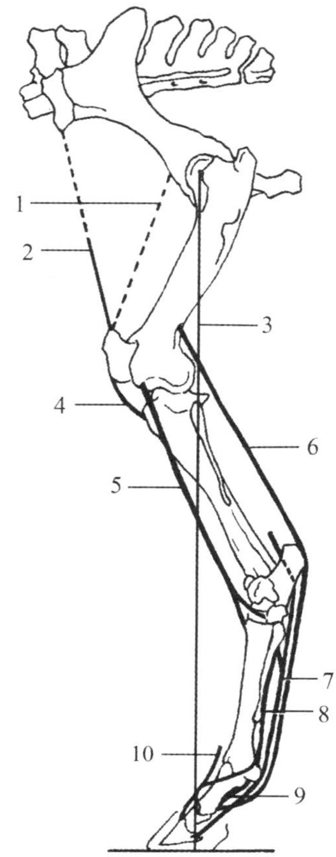

1. 股四头肌　2. 阔筋膜张肌　3. 重力垂线
4. 膝直韧带　5. 第三腓骨肌　6. 趾浅屈肌
7. 趾深屈肌　8. 悬韧带　9. 籽骨下韧带
10. 趾伸肌腱

图 3-15　马后肢的静力装置和重力垂线

(二)推动作用

后肢的推动作用有赖于特殊的骨骼结构和肌肉配布:后肢骨骼通过荐髂关节与脊柱稳固地连接起来,同时髋关节、膝关节和跗关节的角顶方向分别与前肢相对应的关节相反,这三个关节伸展时有利于将后肢肌的推动力传至躯干。髋关节、膝关节和跗关节都有特别发达的伸肌,而趾关节则以屈肌比较发达。当后肢跨步前踏负重时(这时躯干已被对侧后肢推向前),这些肌肉同时收缩,伸展这三个关节和屈趾关节,产生强大的推动力,推动躯干前移。而由于股二头肌在股后外侧,半腱肌和半膜肌在股后内侧,它们同时还能维持股部和小腿的平稳,防止其向外或向内摆动。当后肢支地负重时,这些伸肌配合颈背部的伸肌共同作用,可提举躯干前部,如跳越障碍物时的竖立动作。

八、肌沟

(一)股二头肌沟

股二头肌沟在股外侧后部、股二头肌与半腱肌之间,沟内有针灸穴位。

(二)腓沟

腓沟在小腿外侧,位于趾长伸肌与趾外侧伸肌之间,牛的不明显。

(三)小腿内、外侧沟

小腿内、外侧沟位于跟腱前方,小腿内、外侧。

(四)跖内、外侧沟

跖内、外侧沟位于跖骨及趾屈腱之间的两侧。

九、股管

又叫股三角，为股内侧上部肌肉之间的锥形空隙，由缝匠肌（在前）、耻骨肌（在后）、髂腰肌和股内侧肌（都在外侧）以及股薄肌（在内侧）围成。其通腹腔之孔称为股环。管内有股动脉、静脉及隐神经通过，在马还有腹股沟深淋巴结。

第五节 躯干肌

躯干肌（图 3-16）是作用于躯干各骨的肌肉，同时与头骨、前肢骨、后肢骨发生联系。可分为脊柱肌、颈腹侧肌、胸壁肌、腹壁肌。脊柱肌又可分为脊柱背侧肌、脊柱腹侧肌和尾肌。脊柱背侧肌又分为颈椎背侧肌及背腰肌；脊柱腹侧肌又分为颈椎腹侧肌和腰椎腹侧肌。

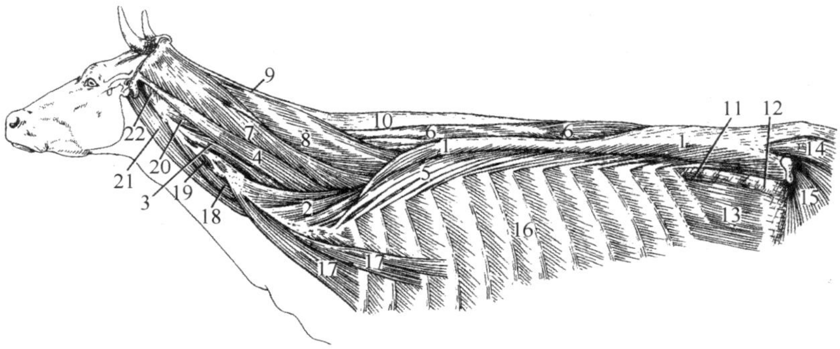

1. 背腰最长肌　2. 颈最长肌　3. 寰最长肌　4. 头最长肌　5. 背髂肋肌　6. 背颈棘肌和半棘肌　7、8. 头半棘肌　9、10. 项韧带索状部　11. 肋缩肌　12. 腹内斜肌　13. 腹外斜肌　14. 臀中肌　15. 阔筋膜张肌　16. 肋间外肌　17. 斜角肌　18、19. 颈横突间肌　20. 头后斜肌　21. 头长肌　22. 头前斜肌

图 3-16　牛脊柱背侧肌

一、颈椎背侧肌

颈椎背侧肌有十多块肌肉，可分为下列五层：第一层：颈斜方肌；第二层：颈菱形肌及颈下锯肌；第三层：夹肌；第四层：头寰最长肌、头半棘肌、颈最长肌和颈髂肋肌；第五层：颈多裂肌、头背侧大直肌、头背侧小直肌、头前斜肌、头后斜肌和颈横突间肌。

颈椎背侧肌群中除第一、二两层属于肩带肌（前已叙述）外，较主要的有夹肌和头半棘肌。其余都比较小。

（一）夹肌

夹肌位于颈椎背侧，阔而薄，呈三角形，部分被颈斜方肌及颈下锯肌覆盖。起自背肩胛韧带前部及项韧带索状部，止于枕骨、颞骨及前 4 个（牛）或 5 个（马）颈椎。作用是在两侧同时收缩时可抬头颈，一侧收缩时则偏头颈。接受颈神经背侧支和胸神经背侧支的控制。

（二）头寰最长肌

头寰最长肌包括两条平行的梭状肌，位于夹肌深面。后端以腱膜起自前 2 个胸椎横突，中部起自后4、5个颈椎关节突，前端以二薄腱止于颞骨及寰椎翼。作用同夹肌。接受颈神经背侧支和胸神经背侧支的控制。

（三）头半棘肌

头半棘肌又称复肌，是三角形的扁肌，表面有数条结缔组织构成的腱划。位于夹肌与项韧带板状部之间。起自前6、7个（马）或8、9个（牛）胸椎横突及第3～7个颈椎关节突，止于枕骨。作用同夹肌。接受颈神经背侧支和胸神经背侧支的控制。

（四）颈最长肌

颈最长肌可视为背最长肌的延续，呈三角形，位于后4个颈椎背侧，被颈下锯肌覆盖。起自前7个胸椎横突，止于后4个颈椎横突。有协助升颈的作用。接受颈神经背侧支和胸神经背侧支的控制。

（五）颈髂肋肌

颈髂肋肌可视为背髂肋肌的延续，由3～4个肌束组成。起自第一肋骨，止于后3、4个颈椎横突。作用是升颈。接受颈神经背侧支和胸神经背侧支的控制。

（六）颈多裂肌

颈多裂肌位于后5个颈椎椎弓背面，除寰枢关节外，每一椎间关节都有一肌束，被头半棘肌覆盖。作用是两侧同时收缩，可升颈；一侧收缩，可偏颈，并有旋转作用。接受颈神经背侧支的控制。

（七）头背侧大直肌

头背侧大直肌在项韧带索状部之下，位于寰椎及寰枢关节背侧面，起自枢椎棘突，止于枕骨后面。作用是抬头。接受颈神经背侧支的控制。

（八）头背侧小直肌

头背侧小直肌在前肌覆盖之下，位于寰枕关节背侧面，起自寰椎背面，止于枕骨后面。作用是抬头。接受颈神经背侧支的控制。

（九）头后斜肌

头后斜肌发达，位于寰椎和枢椎的背侧面，起自寰椎棘突及后关节突，止于寰椎翼的背侧面。作用是转头。受颈神经背侧支所支配。

（十）头前斜肌

头前斜肌短而厚，位于寰枕关节的侧面，起自寰椎翼前缘及腹侧面，止于颞骨及颈突。作用是抬头及偏头。受颈神经所支配。

（十一）颈横突间肌

颈横突间肌位于颈椎侧面，占据关节突与横突间的空隙。作用是偏颈。受颈神经所支配。

二、颈椎腹侧肌

颈椎腹侧肌有斜角肌、头长肌、头腹侧直肌、头外侧直肌及颈长肌等。其中仅斜角肌比较重要，其余都比较小，而且位置也深。

(一)斜角肌

斜角肌位于颈后部的腹外侧，表面有膈神经横过。起自第一肋骨，在牛，其背侧部分还起自第三、四肋骨，止于后 4 个颈椎横突。

斜角肌的作用是屈颈或偏颈；颈不动，则固定第一肋骨，在牛，还向前牵引前 4 肋骨，以助吸气。受胸神经腹侧支(肋间神经)和颈神经腹侧支(膈神经)所支配。

(二)头长肌

头长肌又称头腹侧大直肌，位于前数枚颈椎的腹外侧，起自第 3～5(马)或第 2～6(牛)颈椎横突，止于颅骨腹侧面。作用是屈头。受颈神经腹侧支所支配。

(三)颈长肌

颈长肌位于颈椎及前 5～6 个胸椎的腹侧面。作用是屈颈。受颈神经腹侧支和胸神经腹侧支所支配。

(四)头腹侧直肌和头外侧直肌

头腹侧直肌和头外侧直肌都为小肌，分别位于寰枕关节的腹外侧及外侧。作用是屈颈。受颈神经腹侧支所支配。

三、背腰肌

背腰部有十余块肌肉，可分为下列四层：第一层：胸斜方肌、背阔肌；第二层：胸菱形肌、前上锯肌和后上锯肌；第三层：背髂肋肌、背最长肌；第四层：背多裂肌、腰横突肌间肌。

背腰肌群中，第一、二层中的胸斜方肌、背阔肌和胸菱形肌属于肩带肌；上锯肌属于呼吸肌。比较重要的有背腰最长肌及背髂肋肌，其余都比较小。

(一)背腰最长肌

背腰最长肌长而强大，富含腱质，呈三棱形，位于胸、腰椎棘突与肋骨上端、腰椎横突之间的三棱形夹角内，自髂骨前缘伸达最后颈椎。起自髂骨前缘和荐椎、腰椎及后数个胸椎棘突。向前分为二支：腹侧支止于腰椎、胸椎和第七颈椎的横突以及肋骨的外侧面；背侧支止于后 4 个颈椎棘突(又称为背颈棘肌半棘肌)。作用是：(1)伸背腰；(2)协助呼气；(3)跳越障碍物时，参与提举躯干前部(后肢支地负重时)或后部(前肢支地负重时)；(4)挽车或犁地时，起主要作用。受胸神经背侧支和腰神经背侧支支配。

(二)背髂肋肌

背髂肋肌又称肋最长肌，狭长而分节，由一系列斜向前下方的肌束组成，上缘与背最长肌外侧缘接触。二者之间形成髂肋肌沟，沟中有针灸穴位。起自后 8(牛)或 15(马)个肋骨的前缘和腰椎横突末端，止于所有肋骨的后缘(牛)或前 12、13 个肋骨的后缘及第七颈椎横突(马)。作用是向后牵引肋骨，协助呼气。受胸神经支配。

(三)背多裂肌

背多裂肌位于胸、腰椎棘突侧面，为一系列斜向前上方的短肌束，起自沿途椎骨的乳状突，止于沿途椎骨的棘突后缘。作用是协助伸背、腰。受胸神经背侧支所支配。

(四)腰横突间肌

腰横突间肌位于腰椎横突间隙内，薄而呈腱性。作用是协助偏腰。受腰神经支配。

四、腰椎腹侧肌

腰椎腹侧肌有腰大肌、腰小肌及腰方肌，常合称为腰肌，这几块肌肉俗称"里脊"。

(一)腰小肌

腰小肌位于腰椎腹侧面、椎体两旁，狭而长，起自腰椎及最后 1 个(牛)或后 3 个(马)胸椎椎体腹侧面，止于髂骨干中部。作用是屈腰荐关节而下掣骨盆，并可协助弓腰。受胸神经腹侧支、腰神经腹侧支支配。

(二)腰大肌

腰大肌位于腰椎横突腹侧面，比腰小肌大，且部分被其覆盖。起自腰椎横突腹侧面，牛的还起自最后 1 或 2 个肋骨的上部，与髂肌以同一止腱止于股骨小转子。作用是屈髋关节。受腰神经腹侧支支配。

(三)腰方肌

腰方肌薄，位于腰椎横突腹侧面外侧，起自腰椎横突及后 2 个肋骨的上部，止于荐骨翼的腹侧面及腰椎横突的前缘。作用是两侧同时收缩可固定腰椎；一侧收缩，则屈腰部。受腰神经腹侧支、荐神经腹侧支支配。

五、尾肌

动物的尾巴功能多样，因而尾巴与躯干间的可变性连接方式就显得尤为重要。尾巴可明显地影响整个躯体的运动。尾巴的运动表达了大量的情感，尤其是肉食动物，尾巴的运动是动物间交流的主要方式。尾肌呈环状排列于尾椎的周围，分布于尾椎的背侧、腹侧、外侧。尾肌是起于椎骨或骨盆骨的肌肉的直接延续，向后逐节止于各尾椎。尾肌表面被覆尾筋膜。

(一)尾提肌

尾提肌有荐尾背内侧肌(尾短提肌)、荐尾背外侧肌(尾长提肌)。位于尾椎的背侧面，分布于荐骨(肉食动物为最后腰椎)至尾椎中部或末端之间。

(二)尾降肌

尾降肌有荐尾腹内侧肌(尾短降肌，双侧荐尾腹内侧肌之间形成供尾部血管——尾正中动脉、静脉通过的深肌沟)、荐尾腹外侧肌(尾长降肌)。位于尾椎腹侧面。

(三)尾外侧屈肌

尾外侧屈肌有尾横突间肌。位于尾长提肌和尾长降肌之间、尾椎的外侧。以反刍动物和马的最为发达。

(四)骨盆和尾骨肌

尾骨肌有尾骨肌、髂尾肌、耻尾肌。分布于骨盆与第1尾椎的横突或血管突之间,止于尾提肌与尾降肌之间。髂尾肌和耻尾肌仅见于肉食动物,为肛提肌的一部分。髂尾肌起于髂骨体内侧面,耻尾肌起于骨盆底部,两块肌肉之间有闭孔神经通过。反刍动物、猪和马的尾骨肌起于荐结节阔韧带内侧,肉食动物的尾骨肌起于坐骨棘,止于第1尾椎横突。双侧尾骨肌同时收缩时,将尾拉向肛门和会阴部,单侧收缩时,将尾屈向一侧。作用是举尾、降尾及摆尾。受尾神经所支配。

【案例】 案例1:肛提肌和尾骨肌是骨盆隔膜直肠两侧的结构,在排便收缩时起作用。在老龄犬,特别是雄性犬,由于肌肉萎缩可能引起功能退化,排便时可能引起直肠偏离到另一侧,导致肛门外侧的会阴区出现皮下膨胀,这就是临床上提到的会阴疝。

案例2:肛提肌和尾骨肌位于直肠的外侧并包于肛管。当用力排便时,它们起到对直肠的支持作用,构成盆隔。这些支持肌肉机能下降会造成直肠向外侧脱离,并发展成会阴疝。手术修补可以试图重建外侧支持。被牵连的结构包括肛提肌和尾骨肉以及荐结节韧带。这个过程需要一个手术通道,必须十分谨慎处理靠近韧带的坐骨神经干。如果在修补的时候包裹了坐骨神经,会造成坐骨神经麻痹,最后导致后肢的主要肌肉丧失运动功能。

六、脊柱背侧肌(轴上肌)的特征及作用

脊柱背侧诸肌均为具有分节特性的短肌束。由于背腰部活动性较小,所以肌肉比较简单,浅层的肌束已经合并,如背最长肌、背髂肋肌等;深层的短肌束仍保持其分节特征,如背多裂肌、腰横突间肌。颈部的活动性大,肌肉也比较复杂。脊柱背侧肌群可以分成三种:(1)髂肋肌系统,位于外侧。(2)最长肌系统,位于中间。整个肌肉是由很多肌肉互相重叠而形成,由髂骨延伸至颈部。(3)横突棘肌系统,位于最内侧、最深处,包括很多不同的肌束。有的肌束很短,仅由一椎骨延伸至相邻椎骨,有的则跨过2～3个或更多的椎骨。此复杂的肌肉群是由荐骨延伸至颈部的。

脊柱背侧肌肉的主要作用是:(1)伸展脊柱。如果两边髂肋肌系统、最长肌系统、横突棘肌系统同时收缩,则伸展脊柱;如果单侧收缩,则使脊柱的那一边收缩。(2)牵引和提举躯干。颈背侧的主要肌肉如夹肌、头半棘肌及头寰最长肌等,以鬐甲为起点,可提举头颈。背部的主要肌肉如背最长肌,以荐骨及髂骨为起点,除伸展脊柱外,当后肢支持体重时,可配合臀肌群及股后肌群,提举躯干前部,竖立起来。颈背部肌肉的联合作用,在前进运动中可牵引躯干向前;当前肢支持体重时,可提举躯干后部,如做出蹶踢等动作。

七、腰背筋膜

腰背筋膜紧贴于此区肌的表面，但易分离。其内侧缘附着于棘上韧带。外侧缘分为两层：浅层作为背阔肌的腱膜；深层供上锯肌、腹外斜肌腰部、腹横肌等起始。在鬐甲部特别增厚，叫背肩胛韧带或棘横筋膜，是颈部肌肉的起点，胸菱形肌、头半棘肌和夹肌起始于此。从背肩胛韧带分出三层腱膜：浅层供上锯肌起始；中层伸入背最长肌及背髂肋肌之间；深层伸入背最长肌和夹肌之间。由于鬐甲部分肌肉与筋膜的分层结构，创伤化脓时，往往扩散至肌层之间，不易处理。

八、颈腹侧肌

颈腹侧肌（图 3-17）位于颈部腹侧，有胸头肌、肩胛舌骨肌及胸骨甲状舌骨肌，它们包于颈部气管、食管及大血管的腹面及两侧。

（一）胸头肌

胸头肌长，位于颈下外侧，构成颈静脉沟的下界。左右二肌在颈后部沿中线互相紧贴，至颈中部则互相分离，斜向前上方，伸达止点。马和牛的胸头肌都起自胸骨柄，而止点则有所不同：马的以扁腱在腮腺深面止于下颌骨后缘；牛的分为浅深二部，浅部叫胸下颌肌，止于下颌骨腹侧缘及咬肌前缘，深部名为胸乳突肌，经颈静脉及腮腺的深面而止于颞骨。作用是屈头颈。受副神经和颈神经的腹侧支支配。

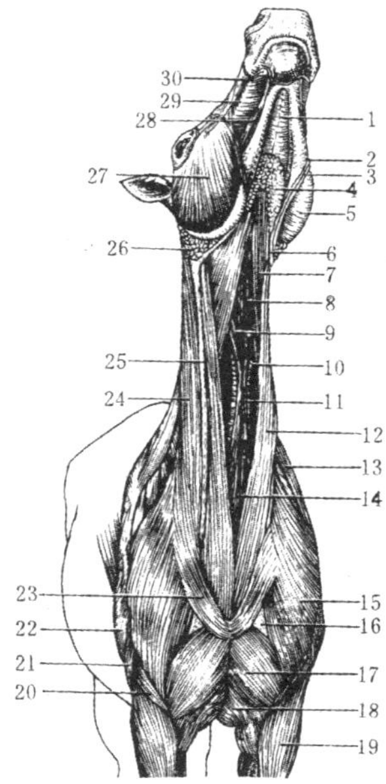

1. 颌舌骨肌　2. 下颌血管切迹　3. 腮腺管　4. 下颌淋巴结　5. 翼内侧肌　6. 舌面静脉　7. 肩胛舌骨肌　8. 胸骨舌骨肌　9. 胸骨甲状肌　10. 气管　11、14. 胸骨甲状舌骨肌　12. 胸头肌　13. 颈斜方肌　15、24. 臂头肌　16. 胸外侧沟　17. 胸降肌　18. 胸横肌　19. 腕桡侧伸肌　20. 臂肌　21、22. 臂三头肌外侧头和长头　23. 颈皮肌　25. 颈静脉　26. 腮腺　27. 咬肌　28. 下唇降肌　29. 颊肌　30. 颧肌

图 3-17　马颈胸部腹侧肌

（二）胸骨甲状舌骨肌

胸骨甲状舌骨肌细而长。左右二肌并列于气管腹侧面，起自胸骨柄，前部分为二支：外侧支止于甲状软骨，称胸骨甲状肌；内侧支止于舌骨体，称胸骨舌骨肌。作用是吞咽后，将舌及喉向后拉回原位；吸吮时，固定舌骨，利于舌下掣肌的作用。受颈神经的腹侧支支配。

（三）肩胛舌骨肌

马的肩胛舌骨肌最发达，为长而薄的带状肌，起于靠近肩关节的肩胛下筋膜，后半部紧贴于臂头肌的深面，在颈中部与对侧肌肉会合，前半部由颈静脉（在浅层）和颈总动脉（在深层）之间通过，与胸骨舌骨肌一起止于舌骨体。牛、羊的肩胛舌骨肌起自颈深筋膜，止于舌骨体。肉食动物没有肩胛舌骨肌。作用同胸骨甲状舌骨肌。受颈神经的腹侧支支配。

【案例】 案例1:在颈前半部实施颈静脉注射时肩胛舌骨肌对颈总动脉提供保护作用。

案例2:如果经口投药时抬高头颈,使肩胛舌骨肌、胸骨甲状舌骨肌被动拉紧,将不能完成吞咽,药物会进入气管或鼻腔。

案例3:颈部腹侧正中部切开的手术通路,用于食管切开术和颈椎间盘开创术。操作过程中要注意区分和保护位于食管和气管之间偏左侧的喉返神经。

案例4:在两边的胸骨舌骨肌之间有纤维缝。外科颈部手术总是通过正中缝使手术过程中的组织损伤和出血降到最低。肌肉能够向两侧分离而显示深部结构。

案例5:颈部腹侧正中部手术通路视野,沿两侧胸骨甲状肌的中缝分离显示深层结构。

案例6:低头是通过颈腹侧带状肌来完成的;而高强度和高弹性的项韧带则在将头从地面抬起的过程中发挥极其重要的作用。

九、胸壁肌

胸壁肌又称胸廓肌,分布于胸侧壁,还形成胸腔后壁。胸壁肌收缩可改变胸腔的横径和前后径,参与呼吸运动,所以也叫呼吸肌,可分为吸气肌和呼气肌。吸气肌除膈肌外,其余的肌肉(前上锯肌、肋提肌、肋间外肌)都分布于胸侧壁,肌纤维斜向后下方,收缩时肋骨前移,胸腔横径变大,发生吸气动作。呼气肌(后上锯肌、肋间内肌、腰肋肌)纤维斜向前下方,可向后牵引肋骨。

(一)前上锯肌

前上锯肌薄,下缘呈锯齿状,位于背阔肌和下锯肌的深面。起自腰背筋膜,斜向后下方,马的止于第5(6)～11(12)肋骨,牛的止于第6～9肋骨。作用是向前牵引肋骨,帮助吸气。受肋间神经支配。

(二)肋提肌

肋提肌位于每一肋间隙的上部,与肋间外肌相连续。起自胸椎横突,纤维斜向后下方,止于后一肋骨前缘。作用是向前上方并向外牵引肋骨,以助吸气。受肋间神经支配。

(三)肋间外肌

肋间外肌占据每一肋间隙,但不达肋软骨间隙。起自肋骨的后缘,纤维斜向后下方,止于后一肋骨的前缘。作用是向前外方牵引肋骨,扩大胸腔横径,引起吸气。受肋间神经支配。

(四)膈肌

膈肌(图3-18)为哺乳动物所特有,形成胸腔与腹腔之间穹窿状的横隔;胸腔面凸向前上方,被覆胸膜;腹腔面凹向后下方,被覆腹膜。膈的中央为强韧而发亮的腱膜,常称中心腱;周围为肉质,称肉质缘,又分为胸骨部、肋部和腰部。

膈的附着:(1)肋部附着于第8肋软骨及其以后的所有弓肋的内侧面。附着线斜向后上方,至最后肋骨,距肋骨下端约一掌远。(2)胸骨部附着于剑状软骨的背侧面。(3)腰部包括两个膈脚,右膈脚大而长,附着于前4个腰椎椎体;左膈脚小而短,呈三角形,附着于前2个腰椎。在膈脚的背侧缘和腰肌之间，每一侧有交感神经干和内脏神经通过。在胸导管的起始处，乳糜池位于膈脚之间。

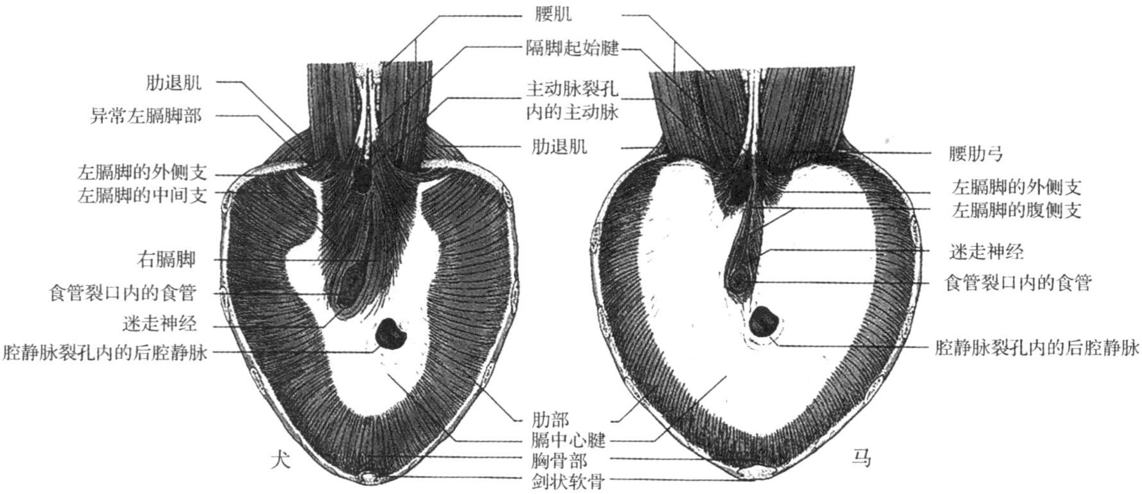

图 3-18 膈(示意图，后面观)

膈上有三个裂孔，从上至下，分别为：(1)主动脉裂孔，位于左、右膈脚之间椎体的腹侧。供主动脉、奇静脉、胸导管通过。(2)食管裂孔，位于右膈脚的分支之间，接近中心腱。供食管和双侧迷走神经及食管血管通过。(3)腔静脉孔，位于中心腱的膈顶，稍偏中线右侧。供后腔静脉通过并牢牢地固定在中心腱上。

膈是吸气肌，收缩时，肋部前移，增大胸腔的纵径，引起吸气。受膈神经支配。

(五)后上锯肌

后上锯肌位于前上锯肌之后，起自腰背筋膜，纤维斜向前下方。马的止于后 7～8 个肋骨，牛的止于后 3 个肋骨。作用是向后牵引肋骨，协助呼气。受肋间神经支配。

(六)肋间内肌

肋间内肌在肋间外肌的深面，位于肋间隙及肋软骨间隙，肌纤维斜向前下方，起自肋骨及肋软骨的前缘，止于前一肋骨的后缘。作用同前肌。受肋间神经支配。

(七)腰肋肌

腰肋肌小，呈三角形，位于最后肋骨的后方，腹外斜肌的深面。起自前 3 个腰椎横突，止于最后肋骨的后缘。作用是在呼吸时固定最后肋骨，并将其向后牵引，所以也叫肋退肌。受腰神经支配。

【案例】 案例 1：膈容易出现疝或破损；膈的食管裂孔，是胸腔和腹腔之间的一个自然通道。此处有可能发生膈疝，必要时实施左侧胸廓切开术，对其进行手术修补。

案例 2：膈是重要的呼气器官，但很容易因创伤性网胃炎(可能引发坏死性肌炎)而被刺破，使得腹腔内容物(常见网胃或肝，偶见瓣胃)挤入胸腔。当维生素 E 和硒缺乏时引起呼吸肌营养不良，使犊牛呼吸变快变浅。

十、腹壁肌

(一)腹壁筋膜

腹壁深筋膜在马、牛由弹性纤维构成,称腹黄膜。上部薄,覆盖着下锯肌及肋间外肌;下部厚,覆盖着腹外斜肌,与腹外斜肌的腱膜结合紧密,不易分离。腹黄膜强韧而有弹性,协助腹肌支持内脏。

(二)腹壁肌肉

腹壁肌肉(图 3-19)为构成腹腔侧壁和底壁的肌层,均为阔肌。分成四层,从外向内依次为:腹外斜肌、腹内斜肌、腹直肌及腹横肌。各层肌纤维的方向彼此交叉,有利于承受腹腔内脏的巨大重量。除腹直肌外,都具有一宽大的肌部及一广阔的腱膜。两侧腹肌的腱膜沿腹底壁至中线结合,形成腹白线,自剑状软骨伸至耻前腱。腹直肌位于腹腔底壁,在腹白线两旁,其他三肌的肌腹都位于腹腔侧壁。腹肌的内面衬有腹横筋膜及腹膜,外面覆有腹黄膜、躯干皮肌及皮肤。腹壁肌收缩时可增加腹压,协助排粪、排尿、分娩、反刍、呕吐及呼吸等动作。

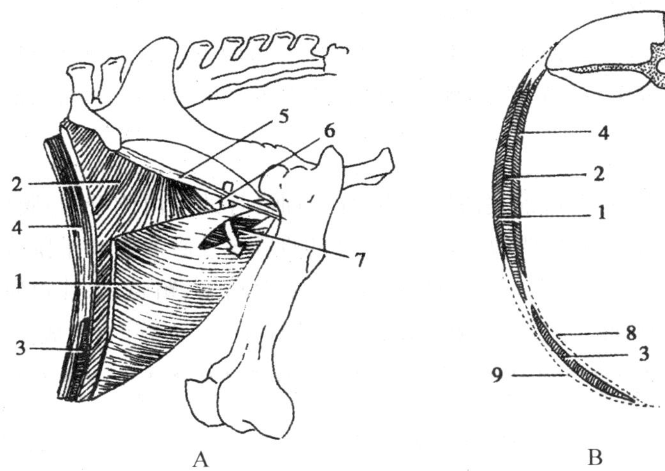

A. 外侧面 B. 横断面

1. 腹外斜肌 2. 腹内斜肌 3. 腹直肌 4. 腹横肌 5. 腹股沟韧带 6. 腹股沟管腹环 7. 腹股沟管皮下环 8. 腹直肌内鞘 9. 腹直肌外鞘

图 3-19 马腹壁肌模式图

1. 腹外斜肌 为腹壁肌的最外层,起自第五至最后肋骨的外面及肋间外肌上的筋膜,以腱膜止于白线及耻前腱。此外,还止于髋结节、髂骨及股内侧筋膜。肌部狭而长,纤维斜向后下方,唯腹肋部的纤维成水平方向。肌部的范围以两条凹向上方的曲线为标志:上界,即起点,从最后肋骨上、中三分之一交界处至第 5～6 肋骨的下、中三分之一交界处呈一微凹的弧形;下界,即肌与腱的连接线,约与肋弓平行。

腱膜广阔而强韧,表面与腹黄膜牢固黏连;深面与腹内斜肌腱膜融合,构成腹直肌鞘的腹侧壁。在腹股沟区,连于髋结节与耻骨间的部分变得强厚,称腹股沟韧带;其前方有一自然裂孔,为腹股沟管外口，名皮下环。受肋间神经、最后肋间神经、髂下腹神经、髂腹股沟神经支配。

【案例】 腹外斜肌肋部和腹侧锯肌之间是穿过肋间隙完成胸廓切开术的通路。手术时，用肋骨牵开器将这些肌肉分开，可以相对减少对肌肉的损伤，如果切口位于第五肋间隙的前面将有必要切开斜角肌。

2. 腹内斜肌　在腹外斜肌覆盖之下。肌部呈扇形，位于腹胁部，纤维斜向前下方，起自髋结节，牛的还借腰背筋膜起自腰椎横突。其小的背侧部，在马止于后4～5个肋软骨的内侧面，在牛仅止于最后肋骨。腹侧部以腱膜止于耻前腱及白线。肌部与腱膜的连接线约在腹腔侧壁下三分之一上界的水平线上。腹内斜肌腱膜在脐前分为浅深两层，分别在腹直肌的腹侧面和背侧面与腹外斜肌及腹横肌的腱膜融合，马的深层不甚明显。受最后肋间神经、髂下腹神经、髂腹股沟神经支配。

3. 腹直肌　为腹壁第三层肌，左右二肌并列于腹腔底的腹白线两侧，包于腹斜肌及腹横肌的腱膜所构成的鞘中。前后狭而中部宽。肌纤维纵行，具有若干条腱划(肌肉的分节现象)。起自第四胸骨肋以后的肋软骨及胸骨的腹外侧面，以强厚的耻前腱止于耻骨前缘。受肋间神经、最后肋间神经、髂下腹神经、髂腹股沟神经支配。

4. 腹横肌　为腹壁最深层肌，较薄，起自腰椎横突及弓肋下端的内侧面，纤维横向内下方，以腱膜止于白线。其腱膜构成腹直肌鞘的背侧壁。受最后肋间神经、髂下腹神经、髂腹股沟神经支配。

(三)腹股沟管

腹股沟管位于腹底壁后部，耻前腱两侧。为腹内斜肌(管的前内侧壁)与腹股沟韧带(管的后外侧壁)之间的斜行裂隙。管的内口叫腹环，由腹内斜肌的后缘及腹股沟韧带围成；外口叫皮下环，为腹外斜肌腱膜上的一个卵圆形裂孔。公畜的腹股沟管中含精索、鞘膜、睾外提肌及血管神经等。母畜的腹股沟管仅供血管及神经通过。如果内口扩大，则小肠可脱入管内，形成疝(腹壁疝、阴囊疝)。

【案例】 案例1:腹壁肌肉层是进行腹壁外科手术的通路。切口的深度是由通路中每一层肌肉的纤维走向来确定的。腹横肌层可通过观察到的脊神经腹侧支在其表面通过来判断。

案例2:腹白线是腹腔手术的外科通路，切口确保在腹正中白线上，其目的是减少出血和便于缝合。

第六节　头部肌

头部肌(图3-20)包括面肌和咀嚼肌，表面均覆盖有浅筋膜和深筋膜。在浅筋膜内有面皮肌和额皮肌。深筋膜按其部位分为颞筋膜、腮腺咬肌筋膜和颊咽筋膜等。另外还有些小肌，如舌肌、腭肌、咽肌、喉肌、耳肌以及眼球肌等，将分别叙述。舌骨肌也附在后面。

一、咀嚼肌

咀嚼肌是使下颌运动的肌肉，均起于颅骨，止于下颌骨。可分为闭口肌和开口肌。

(一)闭口肌

闭口肌很发达，富有腱质，位于颞下颌关节的前方。均接受下颌神经的支配。

1. 咬肌　位于下颌骨支的外侧面，马的起自面嵴及颧弓，牛的起自上颌骨，从面结节直至颧弓，止于下颌骨支的外侧面。两侧同时收缩时，可上提下颌(闭口)；交替收缩时，可使下颌左右运动，以咀嚼食物。

2. 颞肌　位于颞窝内。起自颞窝，止于下颌骨冠状突。作用同咬肌。

3. 翼内侧肌　位于下颌骨支的内侧面，与咬肌相对。作用同咬肌。

4. 翼外侧肌　位于前肌的上外侧，自颅底向后伸至下颌髁。作用同翼内侧肌，还可前移下颌骨。

(二)开口肌

开口肌不发达。位于颞下颌关节的后方，在枕骨和下颌骨之间。

1. 枕下颌肌　牛无此肌。马的自颈突伸至下颌骨后缘。作用为开口时降下颌。受面神经所支配。

2. 二腹肌　自颈突伸至下颌骨下缘的内侧面。马的具有前后二肌腹及一中间腱，其他家畜的二腹肌结构表现为腱划。作用同枕下颌肌。

前部接受下颌神经支配，后部接受面神经支配。

二、面肌

面肌是位于口腔、鼻腔和眼裂周围的肌肉。可以分为开张自然孔的张肌和关闭自然孔的环形肌。由于这些肌肉与面部表情有关，所以又称其为表情肌。面肌均接受面神经的支配。

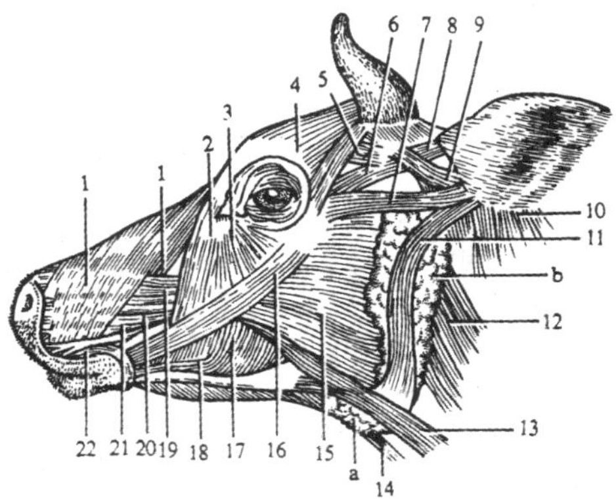

a. 下颌腺　b. 腮腺

1. 鼻唇提肌　2. 颊提肌　3. 下眼睑降肌　4. 额皮肌　5～9、11. 耳肌　10、12. 臂头肌(锁乳突肌和锁枕肌)　13. 胸头肌　14. 胸骨舌骨肌　15. 咬肌　16. 颧肌　17. 颊肌　18. 下唇降肌　19. 上唇固有提肌　20. 犬齿肌　21. 上唇降肌　22. 口轮匝肌

图 3-20　牛头部浅肌层

(一)张肌

一般呈薄板状或条带状。由面部的后上方向口、鼻部集中。可开张口裂和鼻孔。在眼裂附近有开张眼裂的肌肉。

1. 颧肌　位于颊部皮下，扁平带状肌，自颧弓伸向下唇。可退缩口角。

2. 鼻唇提肌　位于鼻侧部皮下，前部分为浅深二层。牛的特别薄而宽，与面皮肌融合。可开张鼻孔，提举上唇。

3. 上唇固有提肌　马的发达，自眼前方经鼻唇提肌的深面向前伸至鼻尖，与对侧的止点腱合成一总腱而止于上唇。牛的自面结节向前，经鼻唇提肌浅深二层之间向前，以数条细腱止于鼻唇镜。可提举上唇。

4. 犬齿肌(鼻孔外侧开肌)　位于鼻侧部，穿经鼻唇提肌二支之间，止于外侧鼻翼。牛的位于上唇提肌与上唇降肌之间，具有二止腱。可开张鼻孔。

5. 上唇降肌　马无此肌。牛的位于犬齿肌的下缘，以许多细腱止于上唇。下降上唇。

6. 下唇降肌　细而长，沿颊肌下缘伸至下唇。可下降下唇。

7. 鼻端开肌　位于鼻唇镜腺的深面。可开张鼻孔。

8. 颧骨肌　位于眼眶前下方。牛的阔而薄，前部可以提颊，后部可降下眼睑。马的小，专降下眼睑。

9. 上眼睑提肌　在眼眶内。有提举上眼睑，开张眼裂的作用。

10. 下眼睑降肌　位于眼睑下方，起于咬肌筋膜，肌纤维略向后上方，止于下眼睑，与眼轮匝肌相融合。有降下眼睑，开张眼裂的作用。

11. 颏肌　位于颏部，为颏的基础。肌肉纤维起自下颌骨体切齿部的唇面，向下方行走，止于下唇及颏部皮肤。纤维间混有脂肪组织。

(二)环形肌

环形肌又称括约肌，位于自然孔周围，可关闭或缩小自然孔。

1. 颊肌　位于口腔侧壁，起于上颌骨和下颌骨的齿槽缘，浅层纤维呈羽状排列(马)或垂直方向排列(牛)；深层纤维纵行，后部为咬肌覆盖，止于口角。可使口腔侧壁紧贴臼齿，推挤食物进入上、下臼齿间，以利于咀嚼。

2. 口轮匝肌　位于唇的皮肤和黏膜之间，环绕在上下唇里，与结缔组织紧密结合，构成唇的基础，与皮肤很难分离。牛的在上唇正中断开，不呈环形。收缩可闭合上下唇。

3. 眼轮匝肌　环绕在上下眼睑里。可闭合眼睑。

三、舌骨肌

舌骨肌参与舌的运动及吞咽动作，除前述的肩胛舌骨肌及胸骨甲状舌骨肌以外，其余的都是小肌。

(一)下颌舌骨肌

下颌舌骨肌位于下颌间隙皮下，左右二肌在中线相遇，形成一吊器以托舌，并构成口腔底的肌层。起自下颌骨齿槽缘的内侧面，止于舌骨及正中纤维缝。马的薄，肌纤维横行。牛的厚，肌纤维大部分横行，唯前部斜向前上方。作用是吞咽时提举口腔底、舌及舌骨。接受下颌神经支配。

(二)茎舌骨肌

茎舌骨肌为一菱形肌，起于舌骨大支上端，向前下方延伸，以腱止于舌骨大角。止点腱分为二支，其中有二腹腱穿过。可向后上方牵引舌根和喉。受舌下神经所支配。

第二篇 内脏

第四章 内脏概述

一、内脏的概念

内脏是指胸腔、腹腔和盆腔的内部器官以及位于头、颈部的消化和呼吸器官。内脏可以分为头、颈、胸、腹和盆腔的脏器，包括消化、呼吸、泌尿和生殖四个系统。前三个系统的机能是进行新陈代谢，以维持家畜生命的正常活动；生殖系统的机能则是繁殖后代，延续种族。内脏学是研究内脏的科学，通常按照器官系统来讲述。消化、呼吸、泌尿和生殖器官基本上是机体内的管状系统。这些器官通过口腔、鼻、肛门、阴道和尿道与外界相通。这些开口为内脏的非创伤性检查提供了可能(内窥镜检查)。

二、内脏的一般构造

每个内脏器官位于不同的位置，结构不同，执行各种功能。尽管有上述不同，但是这些器官也有结构和功能的相似性，故按形态、结构可将内脏器官分为管状器官和实质性器官两类。

(一)管状器官

大多数空腔脏器的腔是一条管道，一端或两端与外界相通。如消化道有一个入口和一个出口；呼吸道只有一个共同的出入口。管状器官壁的结构一般由四层构成，由内向外顺次为黏膜、黏膜下层、肌层和外膜(或浆膜)(图 4-1)。

1. 黏膜　管状器官的衬里是一层黏膜，正常情况下分泌黏液，因能分泌黏液而称黏膜。正常黏膜色泽呈淡红色，柔软而湿润，富有伸展性，空虚状态常形成褶皱。黏膜可分以下三层：

(1)上皮：由上皮组织构成，是管状器官进行机能活动的主要成分，有保护、分泌和吸收等作用。上皮没有血管(内耳壁部分除外)。保护功能包括：抵抗机械性、化学性、热或渗透性改变的影响(如在消化道或泌尿系统)；抵抗吸入的尘埃颗粒或空气中的悬浮颗粒；抵抗感染性物质(如病毒、细菌、寄生虫)和免疫防御。黏膜具有吸收作用：为了增加吸收的表面积，黏膜形成绒毛、凹陷、皱褶或嵴，例如肠黏膜纵行的和横行的皱褶、肠绒毛、瘤胃乳头、直肠嵴。除了这些结构外，面向管腔的游离面上的尖端细胞含有微小的、指样突起的微绒毛(如小肠和膀胱)，微绒毛负责吸收水、小分子和离子。黏膜上皮具有分泌作用：如它能产生、储存和分泌黏液及消化酶至胃肠道的管腔。上皮高度特异化，包括器官特异性分化的单一上皮细胞(杯状细胞)、胃腺和肠腺。当需要时，多细胞腺体(颊腺、唇腺、咽腺、鼻腺或气管腺)能产生大量的黏液，如在口腔预消化时。这些腺体总是位于上皮外面的结缔组织中，通过单独的或分泌管的分支与器官内腔相连。外分泌是将物质释放到器官腔或体表。内分泌则是将分泌的激素隐匿在一个毛细管网络或局限在周围的结缔组织。

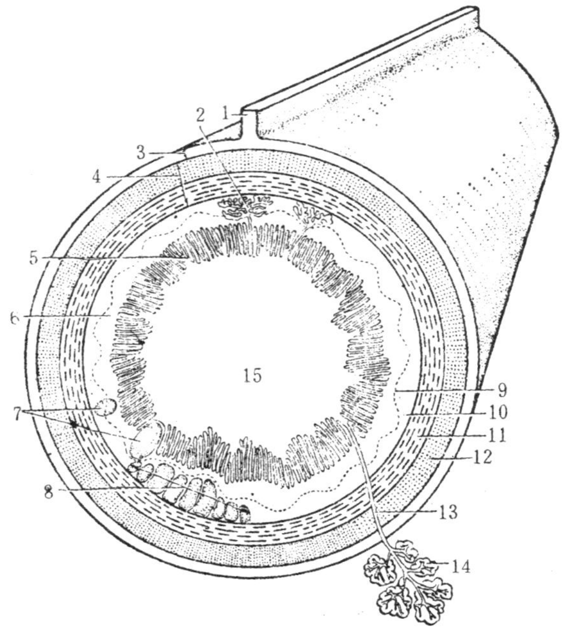

1.肠系膜 2.十二指肠腺 3.浆膜 4.肌膜 5.黏膜上皮 6.固有膜 7.淋巴孤结 8.淋巴集结 9.黏膜肌层 10.黏膜下组织 11.内环肌层 12.外纵肌层 13.腺管 14.壁外腺 15.肠腔

图 4-1 有腔内脏结构模式图(十二指肠)

(2)固有膜：由疏松结缔组织构成，其中含有血管、淋巴管和神经(感觉神经和植物性神经)。固有膜有支持和固定上皮的作用。如腭上皮或舌上皮就锚在其下的结构上。固有层的毛细血管可以供给上皮的代谢需要。这些毛细血管也转运肠道吸收的物质(氨基酸、碳水化合物)。淋巴管转运肠道重吸收的长链脂肪酸。感觉神经感受器位于这一层，它们负责触觉和味觉。这一层也包含有免疫细胞(淋巴细胞、巨噬细胞)，在非特异性免疫和特异性免疫防御机制中起着重要作用(黏膜相关淋巴组织，MALT)。免疫细胞分散存在或集合形成孤立的淋巴小结。这种细胞在咽部集合形成扁桃体或在肠道形成淋巴集结(Peyer's)。

(3)黏膜肌层：部分器官的固有膜和黏膜下层之间有一薄层平滑肌，即黏膜肌层。与上皮的运动有关。收缩时可促进黏膜活动，有利于物质吸收、调节血流和腺体分泌物的排出。

2. 黏膜下层 由疏松结缔组织构成，有连接黏膜和肌层的作用，在富有伸展性的器官（如胃和膀胱等）特别明显。黏膜下层内含有较大的血管、淋巴管和神经丛。在有些管状器官（如食管和十二指肠）的黏膜下层内还含有腺体。

3. 肌层 主要由平滑肌（内脏肌）构成，一般可分内层的环形肌和外层的纵行肌两层，在两层肌肉之间有结缔组织和神经丛（交感神经和副交感神经）。内脏器官的运动是蠕动，并且活动具有自主性，自主性对它们行使功能是必需的。它受植物神经冲动的控制。纵行肌收缩时，可使管道缩短而管腔变大；环形肌收缩时，可使管腔缩小；两层肌肉的交替收缩，可使内容物按一定方向移动。有些管状器官，如口腔、咽、喉、食管（马的前 4/5）和肛门等器官壁的肌层，由横纹肌构成。

4. 外膜 为管壁最外层，在体腔外的管状器官（如颈部食管和直肠末端等），其外表面仅覆盖一层疏松结缔组织，称为外膜。在体腔内的管状器官，外侧则为浆膜，即外膜表面再覆盖一层间皮。浆膜能分泌浆液，有润滑作用，可减少器官运动时的摩擦。

（二）实质性器官

实质性器官包括肺、肝、胰腺、肾、睾丸和卵巢等，多数为腺性结构，内有主要组织构成实质，是实现该器官机能的主要部分。在实质性器官的外表面以及实质之间，有起联系和支架作用的结缔组织，称为间质。实质性器官常以导管开口于管状器官的管腔内，因而间接与外界相通。血管和神经束在特定的部位（称作“门”）一起进入器官。在此处，器官的外膜变成系膜，它为血管和神经的延续提供支持。

三、体腔和浆膜

大部分内脏位于体腔内，体腔内几乎没有空隙。家畜的体腔可分为胸腔、腹腔和骨盆腔。虽然有区域的不同，但体腔的内侧壁结构相似。壁层从外向内分为以下几层：被皮、浅筋膜、骨骼肌、内部筋膜、浆膜。

（一）浆膜

浆膜是衬贴于体腔或浆膜腔内的一层薄膜，由单层扁平上皮（间皮）和下面（上皮下）少许纤维结缔组织（即浆膜固有层）构成。浆膜贴于体腔壁内表面的部分为浆膜壁层。壁层从腔壁折转而覆盖于内脏器官外表面的，称浆膜脏层，也就是内脏器官表面的浆膜层。生理状态下，浆膜透明、湿润、光滑、有光泽。

浆膜腔就是介于壁层和脏层之间的腔隙，在正常情况下，腔内仅有浆膜分泌的少量浆液。

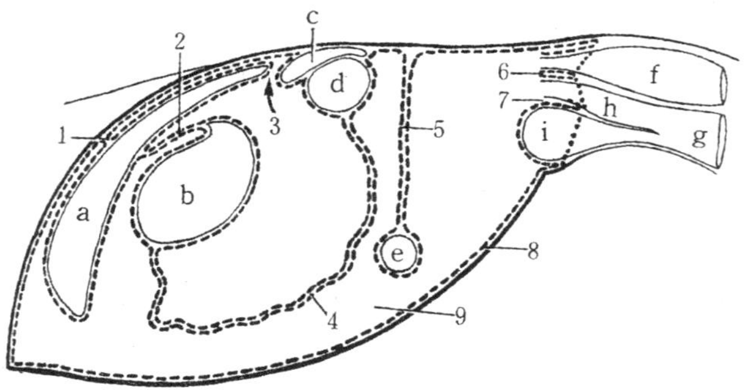

1.冠状韧带　2.小网膜　3.网膜孔　4.大网膜　5.肠系膜　6.直肠生殖陷凹　7.膀胱生殖陷凹
8.腹膜壁层　9.腹膜腔　a.肝　b.胃　c.胰　d.结肠　e.小肠　f.直肠　g.阴门　h.阴道　i.膀胱

图 4-2　腹膜与腹膜腔(母马)

在胸腔内的浆膜,称为胸膜,有一对;在腹腔和骨盆腔内的浆膜,称为腹膜(图 4-2)。它们围成的腔隙,分别称为胸膜腔和腹膜腔,互不相通。所以四个浆膜腔分别是:左、右胸膜腔,腹膜腔,心包腔。

浆膜能分泌、重吸收水样浆液性液体,也能重吸收气体或气体样物质(如腹腔镜检查后的二氧化碳)。浆液不只包含生理缓冲系统,也包含间皮和吞噬外源性颗粒的非特异性免疫细胞(胸膜或腹膜巨噬细胞)。浆液和体腔内壁的间皮细胞形成一道屏障。该功能在临床上非常重要。

浆膜下组织是一层疏松结缔组织,位于浆膜下。这一层包含脂肪、血管和淋巴管。上皮下层精细的神经丛网络对作用于浆膜面的触觉、机械、热和化学刺激很敏感。

在浆膜和体腔壁之间是由浆膜下组织形成的窄的、裂隙样的间隙。在腹部背侧壁和盆腔底,这个浆膜后间隙扩大成腹膜后间隙。肾和输尿管位于这个间隙内。

"腹膜后"一词用来说明内脏器官位于腹膜腔后间隙,因此,这类器官只有一侧有腹膜覆盖。在外科上这些器官可以不必打开腹膜腔就可以触及。完全由浆膜覆盖的腹膜内器官描述为"腹膜内"。胸腔内完全被浆膜覆盖的脏器描述为"胸膜内"。交感干在"胸膜后"。尾部盆腔的器官位于"腹膜外"。

浆膜腔的壁根据位置分为壁层浆膜、脏层浆膜和连接浆膜。

壁层浆膜是衬贴在体腔内侧壁的浆膜部分,如心包膜、睾丸鞘膜。与其他的浆膜不同,壁层浆膜对疼痛尤为敏感。当进行手术时,局部麻醉必须应用到体壁使浆膜对疼痛不敏感。壁层浆膜根据位置进行分类和命名:胸腔的壁——胸膜、腹部和骨盆的壁——腹膜。壁层浆膜紧附于躯干的内部筋膜上。位于胸壁的这部分筋膜是胸内筋膜;在腹侧壁和腹底壁的叫作腹横筋膜,在鞘突内的叫作精索内筋膜。

连接浆膜是形成系膜的浆膜。它是壁层浆膜在每个体腔左边和右边的延续。这两边汇合形成双层浆膜系于体腔壁,存在于体腔的顶端和底部,形成背侧系膜和腹侧系膜。在一些情况下,系膜是指韧带或皱褶,如胃系膜。胃系膜是到达胃的系膜,将胃悬吊于腹腔内。

最初的系膜也为动脉、静脉、神经核、淋巴管提供到达其供给器官的通道。淋巴结经常位于器官系膜内。次级系膜支持和固定器官的位置(如十二指肠结肠褶,三角韧带)。系膜含有结缔组织和脂肪。猫的系膜还含有机械性刺激感受器,大多为环层小体,感受压力刺激。

系膜在背侧为双层结构,向腹侧延续,在这里分开包绕胸腔、腹腔和盆腔的特异器官。覆盖器官的系膜部分称为脏层浆膜,如心外膜、睾丸外膜。一旦到达器官的另一面,脏层浆膜再一次重合形成双层结构系于腹侧胸壁或腹侧腹壁上。中间和后段肠在胚胎发育过程中没有形成腹侧系膜。

胃和十二指肠前段的背侧和腹侧系膜为适应肝的缠绕形成独特的结构。

大网膜由胃的背侧系膜发育而来,延伸、折回成双层,形成袋状的网膜囊(腹膜腔的一部分)。网膜囊深的脏层部分和浅的壁层部分形成隐窝——大网膜后隐窝。肉食动物和反刍动物的大网膜起自背侧腹壁,向后延伸至骨盆入口,翻转方向,向前延续直至附于胃大弯。大网膜的延伸皱褶附于其他器官,限制了它们的运动性,但也形成了凹陷,使变位的器官可以陷入其中,如马的肾脾间隙。

腹侧胃系膜被肝分为两部分。近侧部分——肝胃韧带在胃小弯和门裂隙之间延伸。在肝的壁面,腹侧胃系膜延伸为镰状韧带,最终附于腹底壁的白线。肝胃韧带和腹侧肠系膜、肝十二指肠韧带一起形成小网膜。

靠近体腔背侧壁的器官只有一面被浆膜覆盖。

(二)胸腔与纵隔

胸腔位于胸廓内,是膈前面的胸廓部分,膈后面的胸廓是腹腔的胸内部分。胸腔呈截顶的圆锥状,其背侧壁、腹侧壁和两侧壁为胸廓的骨骼和肌肉;后壁为膈,与腹腔为界。第一胸椎、第一对肋骨和胸骨柄围成胸腔前口。胸腔内有心脏、肺、气管、食管和大血管等(图 4-3)。

胸腔包含两个胸膜腔,分别位于纵隔的左侧和右侧。每个腔包绕着一侧肺,衬有浆膜(胸膜)。胸膜起自肺门,通过肺门韧带从胸壁扩展覆盖肺。膈和纵隔也被胸膜所覆盖。胸内筋膜位于胸膜下,也延伸到纵隔。胸膜根据位置分为以下几部分:

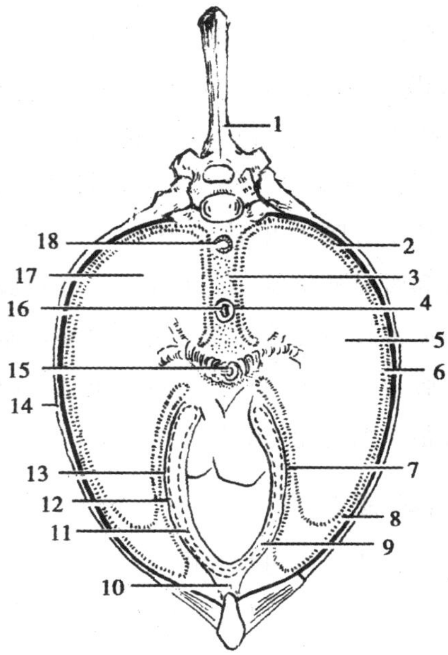

1. 胸椎 2. 肋胸膜 3. 纵隔 4. 纵隔胸膜 5. 左肺 6. 肺胸膜 7. 心包胸膜 8. 胸膜腔 9. 心包腔 10. 胸骨心包韧带 11. 心包浆膜脏层 12. 心包浆膜壁层 13. 心包纤维层 14. 肋骨 15. 气管 16. 食管 17. 右肺 18. 主动脉

图 4-3 胸腔横断面(示胸膜和胸膜腔)

壁胸膜和脏胸膜(即肺胸膜)。壁胸膜又分为肋胸膜(衬于肋形成的区域)、纵隔胸膜(包括心前胸膜、心包胸膜、心后胸膜)、膈胸膜。

胸腔包括以下凹陷和间隙:纵隔隐窝、肋膈隐窝、胸膜顶。纵隔隐窝在前面以心包膜为界,后部以膈为界,右侧为后腔静脉及其系膜,左侧为纵隔。肋膈胸膜位于肋胸膜和膈胸膜之间,这个间隙在吸气时被肺填充。左边和右边的胸膜在前端为一个圆顶状的囊,称胸膜顶。反刍动物和肉食动物的胸膜顶比胸前口多延伸出 1～2 指宽。

纵隔是指位于左、右胸膜腔之间,由两侧的纵隔胸膜以及夹于其间的器官和结缔组织所构成的结构。参与构成纵隔的器官有心脏、心包、胸腺(幼畜特别发达)、食管、气管、出入心脏的大血管(除后腔静脉外)、神经(除右膈神经外)、胸导管以及淋巴结等,它们彼此借结缔组织相连。纵隔在心脏所在的部分称心纵隔;在心脏之前和之后的部分分别称为心前纵隔和心后纵隔。

(三)腹腔

腹腔是体内最大的腔。腹腔的前壁为膈,凸入胸廓内,所以容积远较从体表所理解的大;后端与骨盆腔相通;背侧壁主要为腰椎、腰肌和膈脚等;两侧壁和底壁为腹肌。腹腔内有胃、肠、肝、胰等大部分消化器官,以及脾、肾、输尿管、卵巢、输卵管和一部分子宫等。

腹腔内壁衬有腹膜,腹膜形成一个囊,构成腹膜腔。腹膜的外面是宽阔的躯干内筋膜。

腹膜是指覆盖在腹腔和骨盆腔脏器表面及腹腔、骨盆腔内表面的一层浆膜,分壁层和脏层。脏层和壁层腹膜所围成的不规则的腔隙称为腹膜腔。腔内有少量的浆液,有润滑作用,可减少运动时内脏器官之间的摩擦。雄性动物的腹膜腔为一密闭的腔隙,雌性动物的腹膜腔则借输卵管腹腔口,经输卵管、子宫、阴道和阴道前庭与外界相通。腹膜腔套在腹腔内,腹腔和骨盆腔内的脏器均位于腹腔之内、腹膜腔之外。根据腹腔和骨盆腔内脏被覆腹膜的情况不同,可分为腹膜内位器官和腹膜外位器官。表面几乎都被腹膜覆盖的器官为腹膜内位器官,如胃、脾、空肠、卵巢等;仅一面被腹膜覆盖的器官为腹膜外位器官,如肾、肾上腺等。

腹膜有分泌、吸收、支持固定、防御和修复等功能。修复是指一旦腹膜被破坏,它会渗出一种具有很强黏连能力的纤维素,黏连受损的腹膜。

(四)腹腔分区

为了便于说明腹腔内各器官的大概位置,可将腹腔用两个横断面和两个矢状面再划分为若干区域(图 4-4)。以通过两侧最后肋骨后缘最突出点和髋结节的两个横断面,将腹腔分为腹前部(区)、腹中部(区)和腹后部(区)。

腹前部又可分为三部:肋弓以下为剑状软骨部;肋弓以上、正中矢面的两侧为左、右季肋部。通过两侧腰椎横突顶端的两个矢状面,将腹中部分为左、右腹外侧部(髂部)和中间部。中间部的上半为腰部或肾部(又称肋襞区),下半为脐部。腹后部也被上述两个矢状面分为左、右腹股沟部和中间的耻骨部。例如肝脏和胃位于腹前部,牛、羊的皱胃位于右季肋部和剑状软骨部,瓣胃位于右季肋部,肾、卵巢位于腰部,膀胱位于耻骨部。

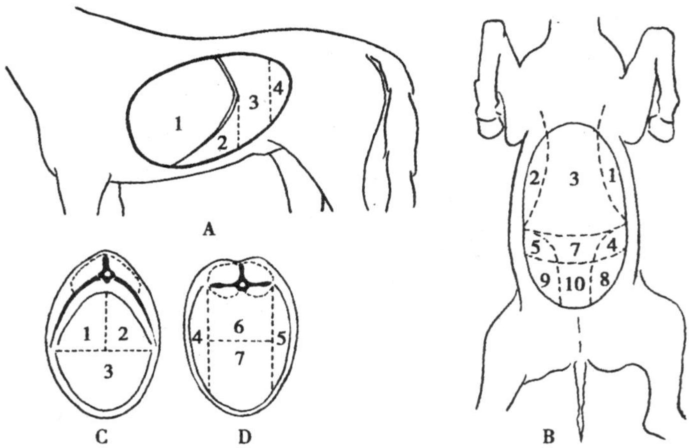

A. 侧面:1、2. 腹前部(1. 季肋部 2. 剑状软骨部) 3. 腹中部 4. 腹后部 B. 腹面 C. 腹前部横断面 D. 腹中部横断面 1. 左季肋部 2. 右季肋部 3. 剑状软骨部 4. 左髂部 5. 右髂部 6. 腰下部 7. 脐部 8. 左腹股沟部 9. 右腹股沟部 10. 耻骨部

图 4-4 腹腔分区

(五)骨盆腔

骨盆腔可视为腹腔的一部分,其背侧壁为荐骨和前两个尾椎;两侧壁为髂骨和荐坐韧带;底壁为耻骨和坐骨。骨盆腔前口由荐骨岬、髂骨和耻骨前缘围成;后口由尾椎、荐坐韧带后缘和坐骨弓围成。骨盆腔内有直肠、输尿管和膀胱。母畜还有子宫(后部)和阴道;公畜有输精管、尿生殖道和副性腺等。

第五章　消化系统

动物有机体在整个生命活动过程中，要不断地从外界吸取营养物质，以供新陈代谢的需要。消化系统的主要功能就是摄取营养物质，分解这些物质，吸收其精华，排出其糟粕，从而保证新陈代谢的正常进行。消化食物(饲料)有机械(物理)、化学和微生物三种作用形式。机械作用是靠口腔内牙齿的咀嚼和胃、肠的蠕动把食物磨碎，混合消化液并向后运送。化学消化是由消化液含的各种酶的作用，把结构复杂不能够被机体直接吸收的食物分解为简单的物质，以便于吸收。微生物消化是靠消化道中的微生物分泌纤维素酶，分解食物中的粗纤维，以供动物体利用。食物经消化后分解为比较简单的物质，如蛋白质分解为氨基酸，脂肪分解为甘油和脂肪酸，淀粉分解为葡萄糖，这些物质由消化管壁吸收进入血液和淋巴液，再经血液循环送到全身各部。营养物质被吸收后，所余的残渣则形成粪便排出体外。消化是指将食物分解为可吸收的简单物质的过程。简单的物质通过消化管壁进入血液和淋巴液的过程称为吸收。

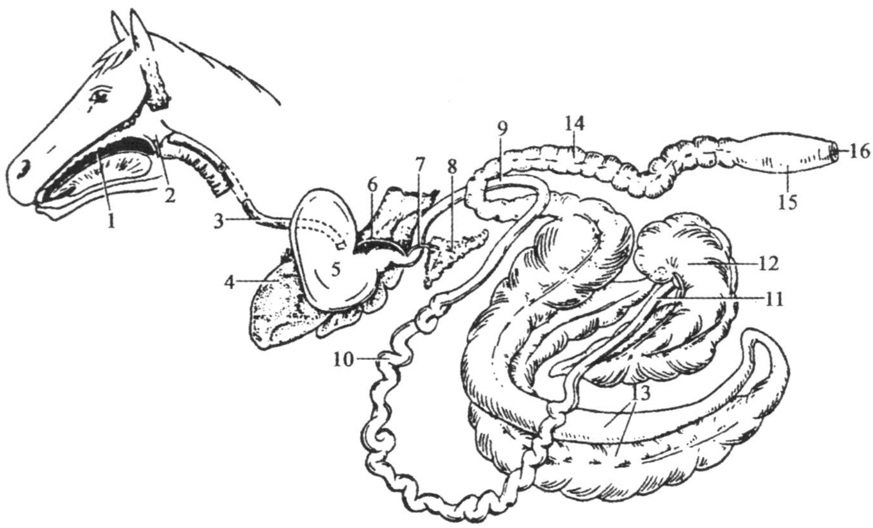

1.口腔　2.咽　3.食管　4.肝　5.胃　6.肝总管　7.胰管　8.胰　9.十二指肠　10.空肠
11.回肠　12.盲肠　13.大结肠　14.小结肠　15.直肠　16.肛门

图 5-1　马消化系统模式图

消化系统包括消化管和消化腺两部分(图 5-1)。消化管为食物通过的管道，起于口腔，经咽、食管、胃、小肠、大肠，止于肛门。消化腺为分泌消化液的腺体，包括唾液腺、肝、胰腺、胃腺和肠腺。其中胃腺和肠腺位于胃壁和肠壁内，称为壁内腺；而唾液腺、肝和胰腺则在消化管外形成独立的器官，由腺管通入消化管，称为壁外腺。消化液中有多种消化酶，在消化过程中起催化作用。

消化管的各部分虽然在功能和结构上各有特点，但是管壁的构造基本相同，从内向外一般都可以分为黏膜、黏膜下层、肌层和浆膜 4 层。(1)黏膜是管壁的最内层，它可再分为 3 层：黏膜上皮、固有膜和黏膜肌层。黏膜的表面是黏膜上皮，它下面是一层结缔组织构成的固有膜，其中随所在部位的不同而有胃腺或小肠腺，黏膜的最外层是一薄层平滑肌，叫黏膜肌层，黏膜可形成皱褶、绒毛，内表面有些还有腺体导管的开口。(2)黏膜下层由疏松结缔组织构成，其中有血管、淋巴管和神经，有的含腺体。(3)肌层由平滑肌构成，一般分为内层环形肌和外层纵行肌，交替收缩使管道蠕动。(4)浆膜包在管道最外层，可分泌浆液，它是由一薄层结缔组织表面盖有一层扁平上皮构成。

第一节　口腔和咽

一、口腔

口腔为消化管的起始部，有采食、吸吮、咀嚼、尝味、吞咽和泌涎等功能。口腔的前壁和侧壁为唇和颊；顶壁为硬腭；底为下颌骨和舌，前经口裂与外界相通，后与咽相接。口腔可分口腔前庭和固有口腔两部分。口腔前庭是指唇、颊和齿弓之间的空隙；固有口腔指齿弓以内的部分，舌位于固有口腔内(图 5-2)。

口腔内面衬有黏膜，常常有色素。黏膜在唇缘处转为皮肤。

(一)唇

唇分上唇和下唇。上、下唇的游离缘共同围成口裂，上、下唇在左右两端汇合成口角。唇主要为口轮匝肌，外覆皮肤，内衬黏膜。黏膜深层有唇腺，腺管直接开口在黏膜表面。唇具有采食、交流功能，新生家畜还具有吮乳的功能，某些动物还具有触须。唇的形状取决于采食习性。

马唇长而灵活，有利于采食并送食物入口。

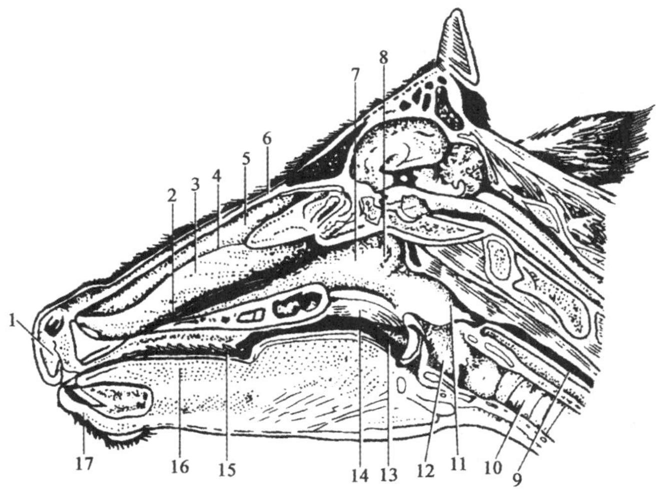

1.上唇　2.下鼻道　3.下鼻甲　4.中鼻道　5.上鼻甲　6.上鼻道　7.鼻咽部　8.咽鼓管咽口　9.食管　10.气管　11.喉咽部　12.喉　13.口咽部　14.软腭　15.硬腭　16.舌　17.下唇

图 5-2　牛头纵剖面

牛唇短厚，坚实，不灵活。上唇中部和两鼻孔之间无毛、平滑而湿润，称为鼻唇镜。在鼻唇镜的皮肤内有鼻唇腺，腺管开口于鼻唇镜的表面。唇黏膜上有角质乳头，口角处的较长，尖端向后。

犬和小型反刍动物的唇薄而灵活，上唇中间有明显的纵沟，称为人中。犬的唇自齿向后退缩是攻击的信号，是一个重要的交流信号，但无摄食作用。

猪的口裂很大，唇活动性小。上唇短而厚，与鼻连在一起构成吻突；下唇尖小。猫主要是靠牙齿和舌捕食，因此唇不灵活、较小。

（二）颊

颊位于口腔两侧，主要由颊肌构成，外覆皮肤，内衬黏膜。在牛、羊的颊黏膜上形成许多尖端向后的锥状乳头，在摄取粗糙、干燥的食物时起着保护口腔的作用。在颊肌的上、下缘有颊腺，腺管直接开口于黏膜表面。肉食动物则聚集形成颧腺。

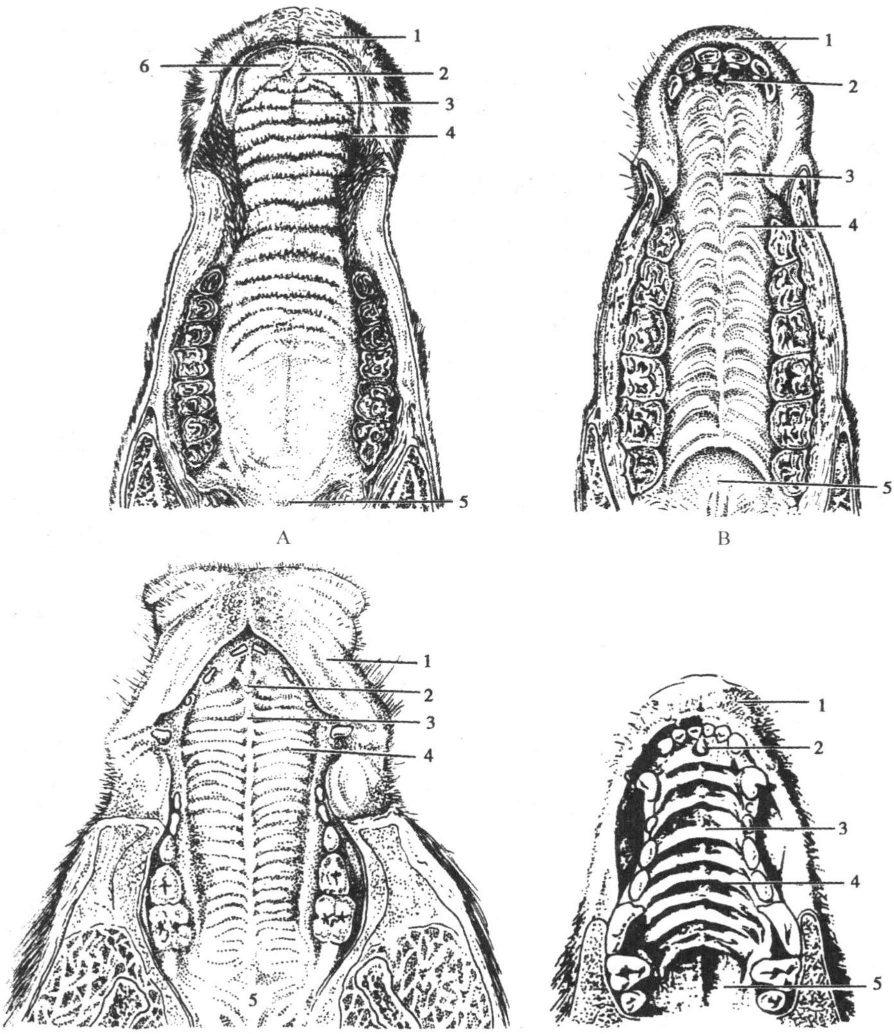

A. 牛　B. 马　C. 猪　D. 犬

1. 上唇　2. 切齿乳头　3. 腭缝　4. 腭褶　5. 软腭　6. 齿垫

图 5-3　硬腭

(三)硬腭

硬腭形成固有口腔的顶壁,向后与软腭延续(图 5-3)。颌前骨腭突、上颌骨腭突和腭骨水平部构成硬腭的骨质基础。硬腭的黏膜厚而坚实,上皮为高度角质化的复层扁平上皮,黏膜中无腺体,黏膜下有丰富的静脉丛。牛的硬腭较宽,猪的硬腭长而狭窄。硬腭的正中有一条纵行的腭缝,腭缝两侧有许多条横行的腭褶(马 16～18,牛约 20)。前部的腭褶高而明显,向后逐渐变低而消失。马、猪的腭褶平滑;牛的腭褶上有许多乳头,呈锯齿状。在硬腭的前端有一突起,称为切齿乳头。牛、猪在切齿乳头的两侧有鼻腭管的开口,管的另一端通鼻腔。切齿管的分支到达鼻腔的犁鼻器(为内衬嗅黏膜的盲管)。马的切齿管未将口腔与鼻腔相连。硬腭黏膜移行为齿龈,向后延续至软腭。黏膜厚而致密,被覆复层扁平上皮,常有色素斑;黏膜下层不发达,直接与骨膜相连,因此移动性不大。黏膜内一般无腺体,腭腺仅见于某些动物的局部。黏膜内除动脉和神经外,还具有静脉丛,以马的较发达。

(四)软腭

软腭为一含肌组织和腺体的黏膜褶,位于鼻咽部和口咽部之间。前缘附着于腭骨;后缘凹,为游离缘,称为腭弓,包围在会厌之前。位于软腭与舌根之间的空隙即为咽峡或口咽部。软腭两侧与舌根和咽壁相连的黏膜褶,分别称为舌腭弓和咽腭弓。咽外侧壁在舌腭弓和咽腭弓之间的部分凹陷,称为扁桃体窦,为腭扁桃体所在处。马无明显的扁桃体窦,腭扁桃体位于舌根两侧,仅在黏膜上见有无数小孔,称为扁桃体穴。牛的扁桃体窦大而深,腭扁桃体位于窦壁内。猪的腭扁桃体则分散于软腭口腔面的黏膜内。

软腭的腹侧面与口腔硬腭黏膜相连,覆以复层扁平上皮;背侧面与鼻腔黏膜相连,覆以假复层柱状纤毛上皮。在两层黏膜之间夹有肌肉和一层发达的腭腺,腺体以许多小孔开口于软腭腹侧黏膜的表面。

马的软腭长,后缘达喉的会厌基部,因此很难用口呼吸。牛的软腭比马短而厚。猪的软腭厚而短,呈水平位。

软腭在吞咽过程中起活瓣作用。平时,软腭下垂,使鼻后孔与咽直接相通;吞咽时,软腭被肌肉上提,关闭鼻后孔,咽峡扩大,于是食团被挤入咽腔。软腭接受迷走神经、舌咽神经和下颌神经的支配。

【案例】 案例 1:软腭位于会厌的背侧,这是一个口腔呼吸的通路,在这个会厌和软腭相对的位置可以进行气管导管的插入。

案例 2:腭扁桃体位于隐窝内,一般不是很明显。临床检查如果看到变大的扁桃体,并从隐窝中鼓出,我们以此可以判断为机体处于感染状态。

案例 3:当鼻腔呼吸的时候,会厌位于软腭的背侧。当犬麻醉后把一根气管插管通过口腔插入喉和气管时,要求软腭向会厌背侧提升,这样插管才能够进入喉口。

(五)口腔底

口腔底虽大部分为舌所占据，实为不与舌相连的相对平坦的部分，表面覆有黏膜。舌两侧的口腔底形成舌下外侧隐窝，黏膜形成舌下襞，上有舌下腺导管的许多开口，黏膜下即为舌下腺所在。在最后颊齿之后，黏膜移行至上颌，形成翼腭襞，内有同名韧带。舌尖下的口腔底黏膜与舌腹侧面的黏膜相移行并形成舌系带；两侧有一对黏膜隆起，称舌下肉阜，其形状因动物种类而有不同，有的则缺少，如猪，反刍动物和马的发达，肉食动物的很小。舌下肉阜为颌下腺管（马）或颌下腺管和长管舌下腺管（牛）的开口处。口底器相当于爬行类前舌下腺的遗迹。（图 5-4）

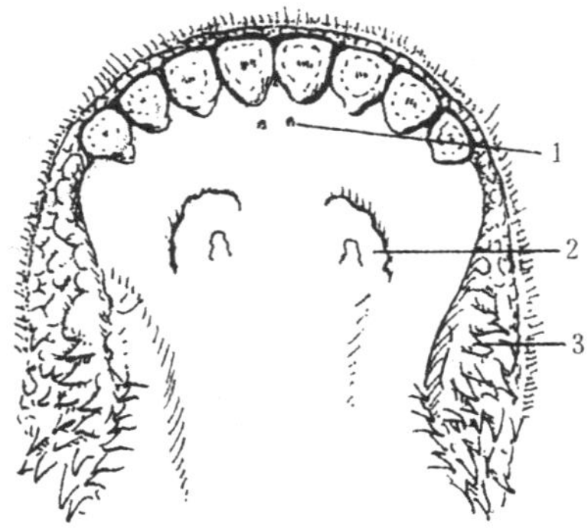

1. 口底器　2. 舌下阜　3. 唇乳头

图 5-4　牛的口腔底前部

> **【案例】** 在临床上如果怀疑颌下腺或单口舌下腺管阻塞，可以通过舌下肉阜找到颌下腺管和舌下腺管开口，利用注射器注入造影剂，X 线可仔细观察腺管的情况。

(六)舌

舌主要由横纹肌构成，表面覆以黏膜（图 5-5、图 5-6）。舌在咀嚼、吞咽动作中有搅拌和推送食物的作用；舌还是味觉器官，可辨别食物的味道；在吮乳的幼畜，舌可起活塞作用。舌在饮水、采食和吞咽过程中起着重要作用。舌还有痛觉、温觉感受器。犬的舌具有丰富的血液供应和大量动静脉吻合，通过伸舌喘气，与呼吸道（喉、气管、主支气管）的通风作用配合，进行散热。

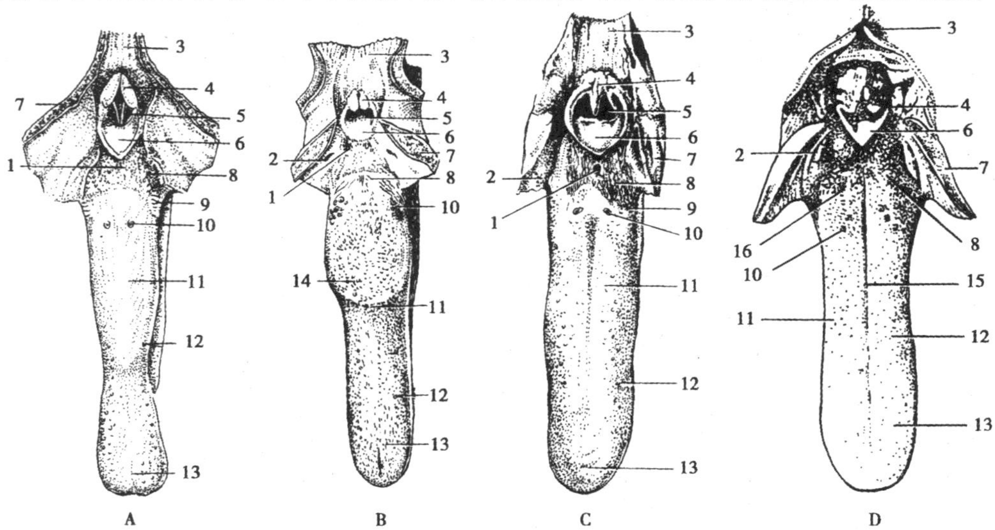

A. 马　B. 牛　C. 猪　D. 犬

1. 舌扁桃体　2. 腭扁桃体及窦（牛、猪、犬）　3. 食管　4. 勺状软骨　5. 喉口　6. 会厌　7. 软腭　8. 舌根　9. 叶状乳头（马、猪）　10. 轮廓乳头　11. 舌体　12. 菌状乳头　13. 舌尖　14. 舌圆枕　15. 舌正中沟　16. 圆锥乳头（犬）

图 5-5　舌

舌可分为舌尖、舌体和舌根三部分。舌尖为舌前端游离的部分，向后延续为舌体。在舌尖和舌体交界处的腹侧，有一条（马）或两条（牛、猪）黏膜褶，与口腔底相连，称为舌系带。舌体为介于舌系带与舌腭弓及两侧臼齿之间、附着于口腔底的部分。舌根为舌腭弓之后附着于舌骨的部分。在舌根背侧正中，有一纵行的黏膜褶，向后伸达会厌软骨的基部，称为舌会厌褶。舌黏膜的上皮为复层扁平上皮，在舌黏膜的表面具有形状不同的舌乳头。在舌根背侧的黏膜内含有淋巴上皮器官，称为舌扁桃体。此外，在舌黏膜内还含有舌腺，分泌黏液，以许多小管开口于舌黏膜表面。

舌表面具有多种乳头，这是局部舌黏膜的变形。不同物种的舌乳头的分布、大小、数量和形状不同。根据其作用可以分为机械乳头和味觉乳头。机械乳头角质化，采食时保护深层结构免受损伤。机械乳头数量较味觉乳头多，包括丝状乳头、锥状乳头、边缘乳头。其中丝状乳头数量最多，体积最小；锥状乳头最大，但数量较少，散在分布于猫舌背面和牛舌基底部，形成粗锉样表面结构；边缘乳头存在于新生肉食动物和仔猪，有助于吸乳。

味觉乳头上含有味蕾，对味觉敏感。根据其形状可分为菌状乳头、轮廓乳头、叶状乳头。在这些乳头附近有许多唾液腺分布。唾液腺可使食物颗粒自乳头移开，进而允许新的食物进入口中。菌状乳头呈大头针帽状，分布在舌尖和舌的侧缘；轮廓乳头不突出于黏膜表面，周围有一环状的沟，分布在舌圆枕两旁，牛每侧有 8～17 个，山羊 12～18 个，绵羊 18～24 个。叶状乳头见于马和猪，左右各一个，在舌腭弓之前，位于舌背两侧，略呈长椭圆形，由若干小叶状黏膜褶组成。

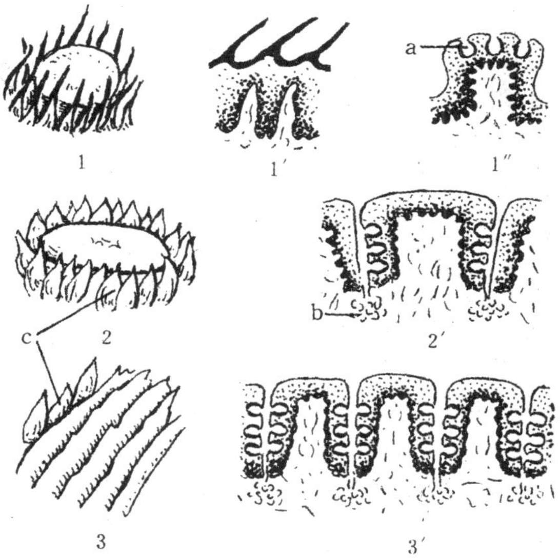

1. 丝状乳头和菌状乳头 1′. 丝状乳头 1″. 菌状乳头 2、2′. 轮廓乳头 3、3′. 叶状乳头 a. 味蕾 b. 味腺 c. 圆锥乳头

图 5-6 舌乳头及其切面构造

舌之所以如此灵活，能完成复杂的、精确的动作，是因为其具有特殊排列的肌组织。舌的肌肉可分固有肌和外来肌两组，均左右对称，舒缩时，可使舌灵活运动。舌固有肌由 3 种走向不同的横行肌、纵行肌和垂直肌交错组成，起止点均在舌内，收缩时改变舌的形状。舌外来肌有 3 对，起于舌周围各骨，止于舌内，并与固有肌交错，有茎突舌肌、舌骨舌肌和颏舌肌等，收缩时可改变舌的位置。

舌的血液主要靠成对的舌动脉供应，成对的舌下动脉辅助供血，二者均由舌面干发出。它们分出许多分支到舌背面，再分出一些细小的分支到黏膜。舌下静脉具有重要的临床意义，因为其在舌腹侧清晰可见，临床上可用来做静脉穿刺。

舌的神经分布很复杂，涉及 5 对脑神经：下颌神经的舌支（三叉神经的一个分支）、面神经的鼓索神经、舌咽神经、迷走神经和舌下神经。

舌神经为三叉神经的分支，负责舌前 2/3 部的触觉、痛觉和温觉。鼓索神经为面神经的分支，由来自整个舌的机械和化学感受器纤维以及一些味觉纤维组成，后者的副交感神经纤维在下颌神经节内形成突触。舌的后 1/3 部味觉纤维组成舌咽神经的舌支。舌根还受到迷走神经分支的支配。舌下神经含有一般躯体运动纤维，支配舌肌。该神经损伤会造成舌麻痹，见于头部损伤或者马咽喉囊疾病。

1. 马舌　较长，舌尖扁平，舌体较大，舌乳头有四种。

(1)丝状乳头：呈丝状突起，密布于舌背和舌尖的两侧。乳头的上皮有很厚的角质层，上皮中无味蕾，仅起机械保护作用。

(2)菌状乳头：呈大头针帽状突起，数量较少，散布于舌背和舌体的两侧。上皮中有味蕾。

(3)轮廓乳头：一般有两个，位于舌背后部中线两侧，有时在两乳头之间的稍后方，还有一个较小的。轮廓乳头不突出于黏膜表面，周围有一环状沟，沟内的上皮中有味蕾。

(4)叶状乳头：左右各一个，在舌腭弓之前，位于舌背两侧，略呈长椭圆形，由若干小叶状黏膜褶组成。上皮中有味蕾。

2. 牛舌　圆而厚，表面粗糙，舌尖灵活，是采食的主要器官。舌背后部有一椭圆形的隆起，称为舌圆枕。舌乳头有三种。

(1)锥状乳头：在舌圆枕前方的舌背上，有无数尖端向后的角质锥状乳头，为丝状乳头高度角质化而成；在舌圆枕上分布有圆锥状和扁平豆状乳头；舌圆枕后方的乳头长而柔软。这些角质锥状乳头使舌面极为粗糙，起机械作用。

(2)菌状乳头：数量较多，散布于舌尖和舌背的边缘。

(3)轮廓乳头：较多，每侧有 8～17 个，排列于舌圆枕后部的两侧。

3. 猪舌　窄而长，舌尖薄。舌乳头与马相似，除有丝状乳头、菌状乳头、轮廓乳头和叶状乳头外，在舌根处还有长而较软的锥状乳头。

4. 犬舌　舌宽而薄且灵活，呈淡红色。舌背中央有一纵沟，舌背密布丝状乳头和锥状乳头(舌后部)；菌状乳头散布于舌背面和侧缘；轮廓乳头有 4～6 个；叶状乳头较小。

5. 猫舌　舌长而扁平，舌背中央有一纵沟，有丝状乳头、菌状乳头和轮廓乳头三种舌乳头。丝状乳头数目很多，它们被一层很硬的角膜层覆盖着，呈倒钩状，尖端向后。轮廓乳头靠近舌根，呈 V 字形排列成两行，每行 2～3 个。在舌边缘对着轮廓乳头有一对特别大的菌状乳头。

(七)齿

齿(图 5-7～图 5-10)是体内最坚硬的器官，嵌于颌前骨和上、下颌骨的齿槽内。上、下颌齿均排列成弓状，称为齿弓。在上、下颌宽度基本相等的动物，上、下齿弓相互对合，称为等颌，如杂食兽；在上颌宽而下颌窄的动物，仅上齿弓的内侧半与下齿弓的外侧半对合，称为不等颌，如草食兽。每一齿弓的各齿由于功能不同，在动物进化过程中分化为不同的形态，这些特征称为异型齿，有别于较原始的同型齿。异型齿可分切齿、犬齿和颊齿(包括前臼齿和臼齿)。切齿每侧有 3 个，并列于唇的后方，由齿弓的正中向外顺次称为门齿、中间齿和边齿(又隅齿)。犬齿又称为尖齿，每侧只有一个，位于切齿与前臼齿之间的齿间隙中。前臼齿每侧 4 个，第一个常缺失。臼齿每侧 2～4 个，一般 3 个。

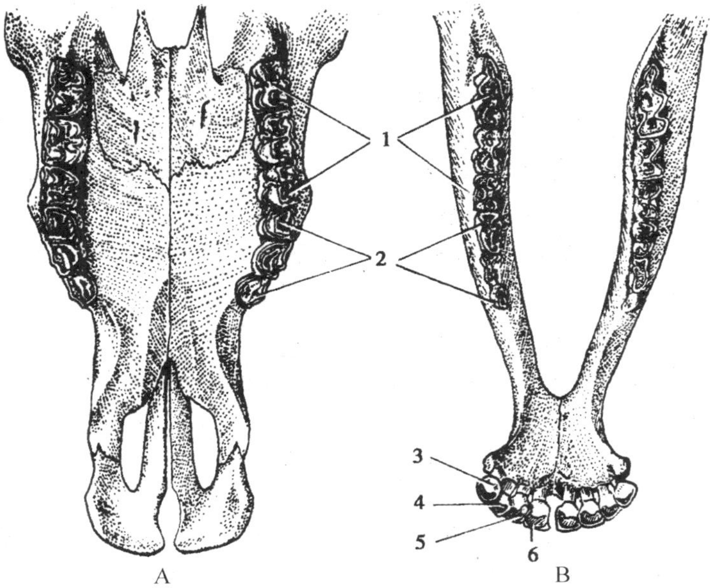

A. 上颌　B. 下颌

1. 臼齿　2. 前臼齿　3. 隅齿　4. 外中间齿　5. 内中间齿　6. 门齿

图 5-7　牛的齿

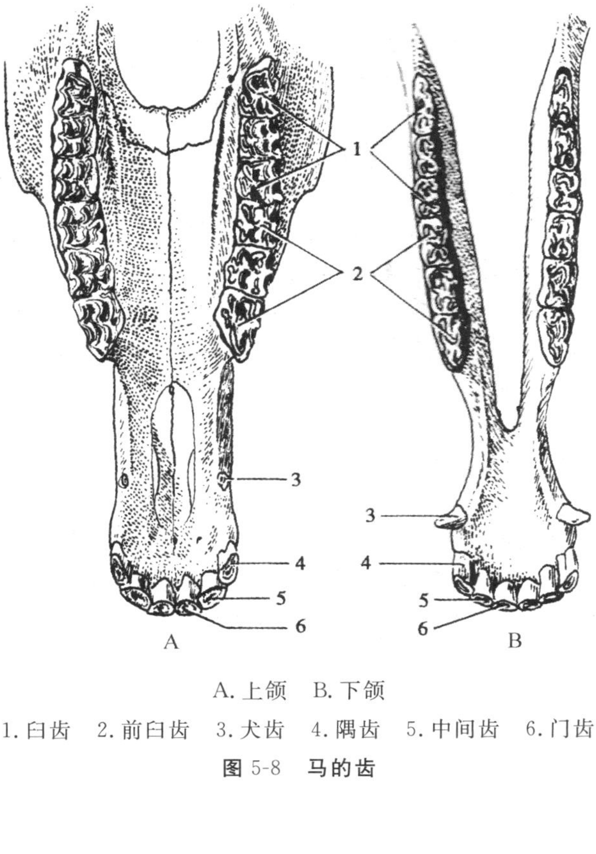

A. 上颌　B. 下颌

1. 臼齿　2. 前臼齿　3. 犬齿　4. 隅齿　5. 中间齿　6. 门齿

图 5-8　马的齿

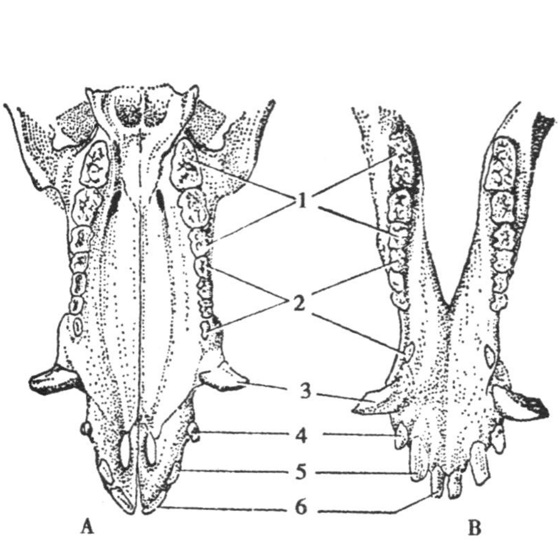

A. 上颌　B. 下颌

1. 臼齿　2. 前臼齿　3. 犬齿　4. 隅齿

5. 中间齿　6. 门齿

图 5-9　猪的齿

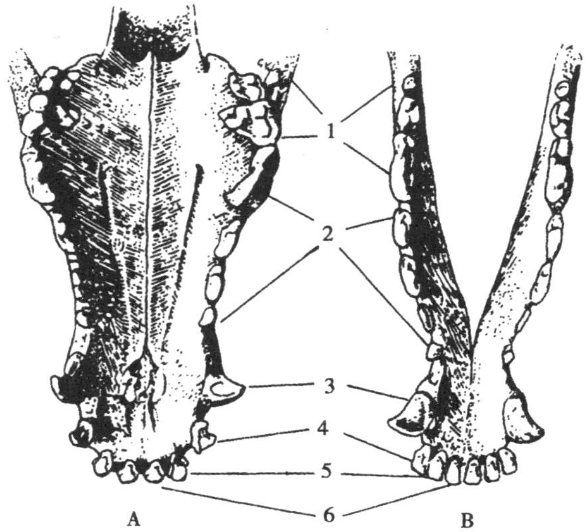

A. 上颌　B. 下颌

1. 臼齿　2. 前臼齿　3. 犬齿　4. 隅齿

5. 中间齿　6. 门齿

图 5-10　犬的齿

在家畜是两期齿，除臼齿和第一前臼齿外，其余各齿在动物一生中要脱换一次，即先长出的齿随着年龄增长被后长出的齿代替，称为换齿。先长出的齿为脱落性乳齿，存在于出生时或者出生后不久，这些齿将被次生齿（永久齿或恒齿）替换，以适应增大的颌骨和成年动物更强劲的咀嚼。乳齿一般较小，颜色较白，磨损较快。齿的生长和脱换有一定时间及次序，在畜牧业实践上常用来估测家畜的年龄，但也要考虑个体因素，因品种、饲养习惯和医疗史等会有所不同。其他脊椎动物一生中可多次换齿，为多期齿。齿有切断、撕裂、磨碎食物和防卫等作用。

1. 齿式　齿的数量和分类可通过动物的齿式来描述，常以一侧上、下齿弓的各齿，顺次写出其数目，称为齿式。用缩写字母分别代表不同的齿（I：切齿，C：犬齿，P：前臼齿，M：臼齿，D：乳齿）。

$$\text{恒齿式}=2\left(\frac{1/2\ \text{上颌线弓}}{1/2\ \text{下颌线弓}}\right)=\left(\frac{\text{切齿数}\quad\text{犬齿数}\quad\text{前臼齿数}\quad\text{后臼齿数}}{\text{切齿数}\quad\text{犬齿数}\quad\text{前臼齿数}\quad\text{后臼齿数}}\right)$$

各种家畜的齿式不同，同一种家畜乳齿与恒齿的齿式也不相同，乳齿无第一前臼齿和臼齿。

牛的恒齿式　$2\left[\frac{0\quad 0\quad 3\quad 3}{4\quad 0\quad 3\quad 3}\right]=32$

公马的恒齿式　$2\left[\frac{3\quad 1\quad 3\sim4\quad 3}{3\quad 1\quad 3(4)\quad 3}\right]=40\sim42(44)$

母马的恒齿式　$2\left[\frac{3\quad 0\quad 3\quad 3}{3\quad 0\quad 3\quad 3}\right]=36$　　牛的乳齿式　$2\left(\frac{0\quad 0\quad 3\quad 0}{4\quad 0\quad 3\quad 0}\right)=20$

猪的恒齿式　$2\left[\frac{3\quad 1\quad 4\quad 3}{3\quad 1\quad 4\quad 3}\right]=44$　　马的乳齿式　$2\left(\frac{3\quad 1\quad 3\quad 0}{3\quad 1\quad 3\quad 0}\right)=28$

犬的恒齿式　$2\left[\frac{3\quad 1\quad 4\quad 2}{3\quad 1\quad 4\quad 3}\right]=42$　　猪的乳齿式　$2\left(\frac{3\quad 1\quad 3\quad 0}{3\quad 1\quad 3\quad 0}\right)=28$

骆驼的恒齿式 $2\left[\frac{1\quad 1\quad 3\quad 3}{3\quad 1\quad 2\quad 3}\right]=34$　　犬的乳齿式 $2\left(\frac{3\quad 1\quad 4\quad 0}{3\quad 1\quad 4\quad 0}\right)=32$

猫的恒齿式 $2\left[\frac{3\quad 1\quad 3\quad 1}{3\quad 1\quad 2\quad 1}\right]=30$　　猫的乳齿式 $2\left(\frac{3\quad 1\quad 3\quad 0}{3\quad 1\quad 2\quad 0}\right)=26$

兔的恒齿式 $2\left[\frac{2\quad 0\quad 3\quad 3}{1\quad 0\quad 2\quad 3}\right]=28$　　犬的乳齿式 $2\left(\frac{2\quad 0\quad 3\quad 0}{1\quad 0\quad 2\quad 0}\right)=16$

2. 齿的一般形态和构造　每个齿可分齿冠、齿颈和齿根三部分(图 5-11～图 5-14)。齿根以齿周膜埋植于齿槽中,颊齿可有 2～ 6 个齿根。齿颈略细,被齿龈包裹。齿冠突出于口腔内,具有 4～5 个面:前庭面、舌面、1～2 个接触面、嚼面。前庭面分为唇面和颊面。接触面分为近中面和远中面。嚼面又称磨面、咬合面,为上、下齿弓互相咬合和进行咀嚼的面,其形态不仅因齿的种类而异,也因动物种类而有不同,并可随磨灭程度发生改变。

齿由三种高度钙化的组织构成:齿质,构成齿的大部分,略带黄色,含钙盐 70%～80%;釉质,包被于齿冠之外,白色,极坚硬,含钙盐达 97%;黏合质,亦称齿骨质,包被于齿根或整个齿之外,结构与骨组织相似,含钙盐 60%～70%。在齿内部有齿腔,开口于齿根末端的齿根尖孔,内藏胚胎性结缔组织构成的齿髓,含血管和神经,与齿的新陈代谢有关。齿髓在与齿质交接处有成齿质细胞,可继续形成新的齿质,因而齿腔随年龄不断减小。

3. 齿的类型　齿可依据齿冠的长短分为短冠齿和长冠齿(图 5-11、图 5-12)。肉食兽和猪的齿属于短冠齿,其颊齿依据嚼面的形态分为切型齿和丘型齿。马的切齿和颊齿、反刍兽的颊齿属于长冠齿。长冠齿的齿颈不明显,齿冠很长,部分埋于齿槽中,在一定年龄内随嚼面被磨损而不断生长推出;齿根本身较短,形成也较晚。长冠齿有的在嚼面上形成 1 个或 2 个至 4～ 5 个被覆有釉质的齿漏斗,又称齿坎或齿窝,因而嚼面在磨损后出现外、内两圈釉质褶;有的则沿齿冠长轴向内折曲而形成一些纵褶,嚼面在磨损后出现连续的釉质褶。长冠齿的齿骨质从齿根包于整个齿冠之外,并深入齿漏斗或釉质纵褶内。长冠齿不断磨损时,嚼面上出现填塞于齿腔的次生齿质,色较暗,称为齿星。猪的犬齿也属于长冠齿,但无真正的齿根,齿冠也不形成齿漏斗或纵褶。

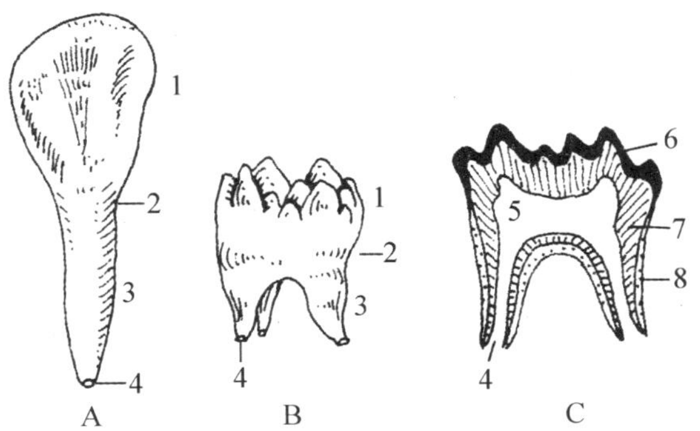

A. 牛的切齿　B、C. 猪的臼齿及其纵剖面

1. 齿冠　2. 齿颈　3. 齿根　4. 齿根尖孔　5. 齿腔　6. 釉质　7. 齿质　8. 黏合质

图 5-11　短冠齿的形态构造

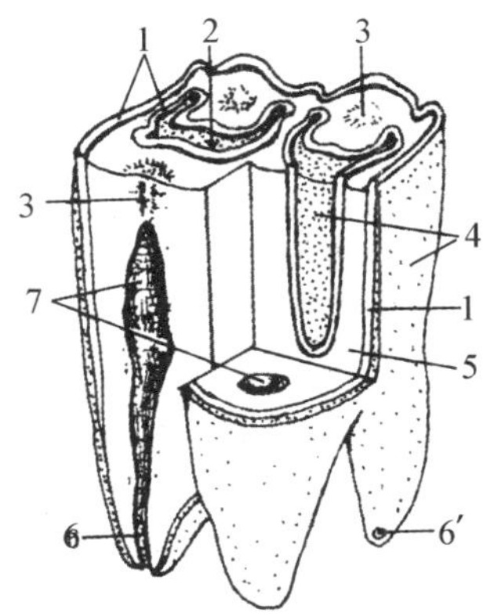

1. 釉质　2. 齿坎　3. 齿星　4. 黏合质　5. 齿质　6. 齿根管　6′. 齿根尖孔　7. 齿腔

图 5-12　长冠齿的构造模式图

4. 牛齿　牛的上切齿和犬齿被齿垫取代，下犬齿同化为切齿。切齿属于短冠齿，从内向外依次为中央齿(I1)、第一中间齿(I2)、第二中间齿(I3)和隅齿(I4)。齿在齿槽中排列疏松，老龄牛很容易拔出，仅齿根保留在颌骨中。切齿和颊齿间有很宽的齿槽间隙，便于口腔检查时取出舌。乳切齿和前臼齿于出生时或者出生后 2 周内长出。牛恒齿的出齿大致时间为：I1：1.5 岁，I2：2.25 岁，I3：3 岁，I4：3.75 岁(见表 5-1)。

表 5-1　牛、羊乳齿和恒齿的出齿时间

名称	乳齿		恒齿	
门齿	出生前(牛)，出生后 2 周(羊)		牛：1.5～2 岁	羊：1～1.5 岁
内中间齿	出生前(牛)，出生后 2 周(羊)		牛：2～2.5 岁	羊：1.5～2 岁
外中间齿	牛：出生前或出生后 2 周	羊：出生后 3 周	牛：3 岁左右	羊：2.5～3 岁
隅齿	牛：出生前或出生后 2 周	羊：出生后 4 周	牛：3.5～4 岁	羊：3～3.5 岁
第 1 前臼齿	牛：出生后数日	羊：出生后 2～6 周	牛：2～2.5 岁	羊：1.5～2 岁
第 2 前臼齿	牛：出生后数日	羊：出生后 2～6 周	牛：1.5～2.5 岁	羊：1.5～2 岁
第 3 前臼齿	牛：出生后数日	羊：出生后 2～6 周	牛：2.5～3 岁	羊：1.5～2 岁
第 1 臼齿			牛：5～6 岁	羊：3～5 岁
第 2 臼齿			牛：12～18 个月	羊：9～12 个月
第 3 臼齿			牛：2～2.5 岁	羊：1.5～2.5 岁

颊齿的大小从前到后逐渐增大，为长冠齿，可以持续生长以补充磨损的齿冠。当生长停止时，齿根形成，通过埋植部分的逐渐伸出，维持暴露的齿冠(临床冠)高度，一直到老龄时齿根最终耗尽。

牛乳切齿出齿于初生时或生后数天，其形状、位置和磨损与恒齿相似。上颌的第 1 个乳前臼齿有一个齿漏斗，其余各有两个；前两齿有两个齿根，最后一齿有 3 个齿根。下颌的前两个乳前臼齿无齿漏斗，有两个齿根；最后一个齿则有 3 个齿漏斗和 3 个齿根。

(1)牛恒切齿　上切齿和犬齿缺少，其原基虽可见于胚胎时期，但出生前均已消失。下切齿每侧有 4 个，从第 1 至第 4 顺次称为门齿、第 1 中间齿、第 2 中间齿和边齿(又隅齿)。边齿实际是下犬齿移位而来。切齿属短冠齿。齿冠呈不对称的铲形，唇面隆凸，舌面平或略凹。唇面与舌面形成锐利的游离缘，向齿根方向逐渐增厚。齿颈明显。齿根较细而呈圆锥形或角锥形，在齿完全长出时约为齿冠长的一倍半。青年时切齿排列成半环形，齿冠的侧缘略相覆盖；老年时因下颌骨的切齿部发育增大，齿冠彼此相接排列成较平的切齿弓。切齿齿根埋于齿槽不深。切齿磨损时，开始沿游离缘形成嚼面，并逐渐向舌面扩展。到 5 岁时，所有切齿均已出现磨损。磨损后的嚼面，在外周形成一圈釉质，中央为齿质。当磨损达齿腔时又出现颜色较深的次生齿质，称为齿星，初为圆形，逐渐成为方形(图 5-13)。

(2)牛恒颊齿　属于长冠齿。6 个上颊齿由前向后逐渐增大。其中 3 个上前臼齿较小，所占位置只有 3 个臼齿的 1/2 左右。嚼面上有一个呈半月形的齿漏斗，凸缘朝向齿的舌面。因此又叫月形齿。3 个上臼齿的齿冠较高，各有两个齿漏斗。上颊齿各有 3 个齿根，两个在颊侧，1 个在舌侧。下颊齿较扁而不规整,也由前向后逐渐增大,其中 3 个下前臼齿仅形成釉质褶,无真正的齿漏斗。3 个下臼齿齿冠较狭,各形成两个齿漏斗,但其凸缘朝向齿的颊面,与上臼齿相反。下颊齿各有两个齿根,一前一后。反刍兽上、下齿弓的宽度不等,属于不等颌。闭口时,上颊齿嚼面的内侧半与下颊齿嚼面的外侧半相咬合。除第一下前臼齿和最后上臼齿外,每一上颊齿或下颊齿均与下或上两相邻颊齿相接触。

5. 羊齿　羊的齿与牛基本相似。主要特点是切齿较长较狭。排列成的齿弓曲度较大;颊齿的嵴和沟更明显。

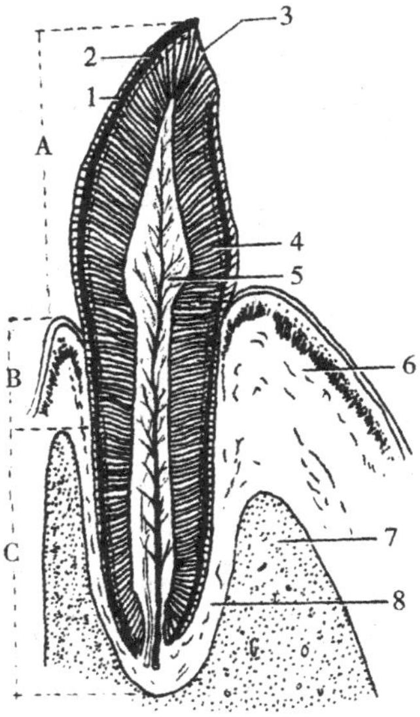

A. 齿冠　B. 齿颈　C. 齿根
1. 齿骨质　2. 釉质　3. 咀嚼面　4. 齿质
5. 齿腔　6. 齿龈　7. 下颌骨　8. 齿周膜
图 5-13　牛切齿的构造

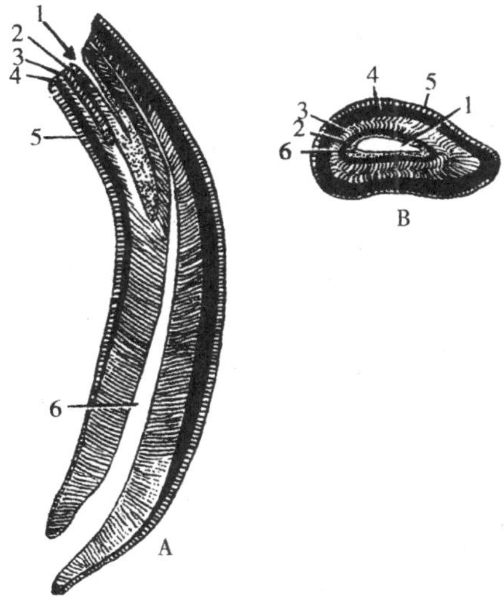

A. 纵剖面　B. 咀嚼面(磨面)
1. 齿坎　2. 中央釉质　3. 齿质　4. 外周釉质
5. 齿骨质　6. 齿腔
图 5-14　马下切齿的构造

6. 马齿

(1)恒齿　上、下切齿(图 5-14)分别嵌于切齿骨和下颌骨切齿部的齿槽内,从第 1 至第 3 顺次称为门齿、中间齿和边齿。犬齿位于切齿与颊齿间的齿间隙中,靠近边齿,特别是下犬齿。母马的犬齿一般埋在齿槽和齿龈内,将齿龈黏膜顶起,有时也稍露出,多见于下颌。上、下颊齿分别嵌于上、下颌骨的齿槽内,前 3 个为第 2、3、4 前臼齿;后 3 个为第 1、2、3 臼齿。有时在上颌第 2 前臼齿之前,尚有不发达的第 1 前臼齿,称狼齿。下颌第 1 前臼齿极少见,即使有也埋于齿槽内而不长出。

(2)乳齿　比恒齿小而洁白。乳切齿和乳前臼齿具有明显的齿颈。乳犬齿小,在齿槽内不长出。

(3)恒切齿的形态及年龄变化　马的切齿为长冠齿,齿冠大部分嵌埋于齿龈和齿槽内,仅小部分露于齿龈之外,随着露出部分不断磨损,嵌埋部分不断长出,以保持露出部分的一定长度。齿颈不存在。齿根短,尖端有齿根管的开口,供血管神经进入齿腔。切齿呈弯曲的楔形,长约

7 cm。上切齿稍阔且较弯曲。唇面纵凸而横平，由磨面向齿根渐次变窄。下切齿的唇面有一条纵沟，上切齿常有两条。舌面纵凹而横凸，较唇面窄，接近齿根的一段更窄而成纵嵴。两接触面的中段宽向两端渐次变窄。所以切齿横断面的形状，从磨面到齿根，由横椭圆形顺次成为圆形、三角形和纵椭圆形，正与幼龄马到老龄马切齿嚼面的形状变化相符合。在未磨损的切齿(如三岁马的门齿)，嚼面有一凹陷的齿漏斗，又称齿坎或黑窝，上切齿深约 14 mm，下切齿深约 7 mm。在已磨损的嚼面，可见构成齿的各组织围绕齿坎成层排列，顺次为：内黏合质、内釉质、齿质、外釉质和外黏合质。随着齿冠不断磨损，齿坎愈来愈浅，同时在其前方出现褐色的齿星，此为填塞齿腔的次生齿质。当齿坎被磨损而完全消失时，则嚼面中央只留一圆形齿星。也就是说，幼龄马具有可见的漏斗，老龄马漏斗消失，出现齿星。由于门齿最先长出(约两岁半时)，其余切齿相隔 1～2 年才陆续长出，而上、下切齿齿坎深度也不一样，所以各切齿齿坎消失和齿星出现的时间，也有一定顺序，可作为年龄鉴别的依据。此外，当上、下切齿咬合时，其唇面所构成的角度也随年龄增长而变化，幼驹为弧形，以后逐渐出现角度，先为钝角，到老龄马成为锐角。

(4)犬齿　属短冠齿；呈弯曲的纺锤形，凹面向后，齿腔大。由于下犬齿的位置偏前，当上、下颌咬合时，上下犬齿不相接触。

(5)颊齿　属于长冠齿的多褶形齿。未磨损的颊齿长约 8 cm，齿冠大部分埋于齿龈和齿槽内，露出部分仅 1.5～2 cm。齿根短，上颊齿有 3 个，2 个在外侧，1 个在内侧，内侧齿根有分成两支的趋向；下颊齿只有两个齿根，一前一后。颊齿呈方柱形。上颊齿较宽(宽约 2.5 cm)，横断面近似正方形；下颊齿较窄(宽约 1.8 cm)，横断面为长方形。最前和最后颊齿(即第 2 前臼齿和第 3 臼齿)呈三棱形，横断面为三角形。上颊齿的颊面被纵嵴分为较宽的浅沟。舌面的中部隆凸成一纵柱。下颊齿的颊面有一居中的浅纵沟；舌面有一较宽的浅沟。上颊齿的嚼面有两个齿坎，一前一后，深度纵贯齿冠全长；有 5 个齿星，代表齿腔的 5 个分支。下颊齿的嚼面共有 2 大 5 小的 7 个齿星，代表齿腔的两大支和五个二级分支；下颊齿不形成齿坎。

7. 猪齿　猪齿最显著的特征是具有大而弯曲的长犬齿，并终生不断生长。颊齿咬合面由于具有大量的突起结节而变得不整齐，有利于挤压弄碎食物。许多养猪户将出生后的猪的乳切齿和犬齿切去一部分，使其变短，这经常造成医学问题。

猪齿除犬齿是长冠齿外，其他均为短冠齿，齿冠、齿颈和齿根三部分区别明显。恒切齿呈圆锥形，上、下切齿各有 3 对，即门齿、中间齿和边齿。上切齿较小，排列分离，相邻两齿间有间隙。下切齿呈水平位，边齿和中间齿紧密相邻。乳犬齿小，公猪的恒犬齿发达，呈弯曲的三棱形。上犬齿向外向上弯曲；下犬齿特别长，露出于口裂外，向外向上向后弯曲。母猪的恒犬齿不发达。犬齿与切齿和前臼齿之间均形成较宽的齿间隙。颊齿每侧有 7 个，由前向后逐渐增大。前臼齿 4 个，属于切型齿；第一前臼齿又称狼齿，无乳齿，结构简单。臼齿 3 个，属于丘型齿，后部臼齿的齿结节数较多。

8. 狗齿　小的恒切齿疏松地埋植于齿槽窝，主要用来啃咬，上切齿中央具有一个结节，两侧各有一个小结节。下切齿与上切齿相似，但无近中齿突。这些特征随着磨损将消失，切齿将变为简单的菱形楔状。犬的这个进程很快，因为犬有咬石头的习惯。犬齿是犬的齿中最长的齿，具有比齿冠长的齿根。4 个前臼齿从第一个到最后一个逐渐增大，结构逐渐复杂。第 4 上前臼齿是上颌中最大的切碎食物的齿，叫作肉食齿或扇形齿，有时候称作剪齿。每个都有 3 个强壮的、分散的圆锥形齿根。第 4 上前臼齿最易患齿根脓肿，通常造成与眼相通的前腹侧排泄窦道形成。彻底治疗的方法是将感染齿拔除。后臼齿没有乳齿，齿的大小是递减的。第 1 下臼齿是下颌齿中最大的，也叫作下颌弓的裂齿或食肉齿，适于切碎食物，有两个齿根。

犬齿长出时间分别为：乳犬齿，4～6 周龄；乳切齿 3～5 周龄；乳前臼齿 5～6 周龄。这样 6 周龄犬的乳齿完全长齐。恒切齿长出时间为 3～5 月龄，恒犬齿 5～7 月龄，臼齿 4～7 月龄。由于个体差异以及饲喂、咀嚼习惯的不同，根据齿长出的时间判断犬的年龄不是一个可靠的方法。

【案例】 犬的第四前臼齿齿根紧靠近上颌骨隐窝，因此齿根的感染能够侵蚀到上颌骨隐窝。如果感染未及时处理，可能在眼下部形成排脓瘘管。

9. 猫齿　家猫只有 30 个齿，缺乏上颌齿 P1、M2 和 M3 以及下颌齿 P1、P2、M2 和 M3。因此猫不能像其他动物那样用扁平齿冠切割食物，而是持有独特的剪咬能力。与犬相似，上 P4 和下 M1 是最大齿，且尖锐，有撕裂肉食的作用，故称为食肉齿、裂齿或者剪齿。由于这个特征，犬和猫具有切割齿。乳切齿于产后第 15 天长出，犬齿于第 18 天长出，前臼齿在出生后第 24～32 天长出。3.5 月龄时恒齿将代替乳齿，7 月龄替换完全。

猫的切齿较小，两侧切齿较中央的切齿稍大，下切齿比上切齿大。每个切齿有一个齿根，齿冠缘尖锐，有缺口，形成 3 个片状齿尖。犬齿较长，强大而尖锐，在上颌骨和下颌骨埋藏很深。犬齿有一个齿根和一个齿尖，当口腔关闭时，上犬齿位于下犬齿的后外侧。犬齿的后面有一空隙，向后是前臼齿。下颌的后臼齿较大，有两个齿尖和 2 个齿根。

（八）齿龈

齿龈是包裹在齿周围和邻近骨上的黏膜，无黏膜下层，因此与齿骨膜紧密相连，呈淡红色，神经分布较少。齿龈随齿深入齿槽内，移行为齿槽骨膜，后者属致密结缔组织，将齿牢固地嵌于齿槽内。

【案例】 牙齿检查可以帮助兽医师了解家畜的年龄（在家畜展览会上经常需要鉴定家畜年龄，特别是乳齿和恒齿的检查）。氟中毒可以通过检查牙齿来诊断，因为齿的磨损程度与氟中毒对动物机体的影响有关。

（九）唾液腺

唾液腺（图 5-15）是分泌唾液的腺体，分大、小两类。小唾液腺包括唇腺、颊腺、腭腺和舌腺等；大唾液腺有腮腺、颌下腺和舌下腺。唾液具有润湿食料以便于咀嚼、吞咽，清洁口腔和参与消化等作用。

(1) 腮腺　腮腺位于下颌支与寰椎翼之间，呈狭长倒三角形，颜色为淡红褐色。上端厚，达颞下颌关节部，包绕耳廓基部，前缘覆盖于咬肌后部。下端狭小，弯向前下方，位于舌面静脉与上颌静脉的夹角内。腮腺管起于腮腺下部的深面。随舌面静脉一起沿咬肌的腹侧缘经下颌骨血管切迹折转到咬肌前缘，开口于颊黏膜的腮腺乳头上。

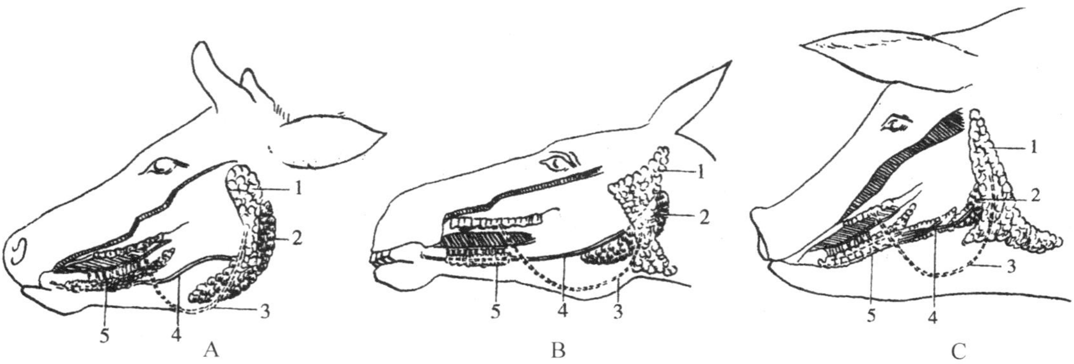

A. 牛　B. 马　C. 猪

1. 腮腺　2. 颌下腺　3. 腮腺管　4. 颌下腺管　5. 舌下腺

图 5-15　唾液腺模式图

(2)颌下腺　颌下腺比腮腺大，呈淡黄色，分叶明显，呈新月形。从寰椎窝沿下颌角向前下方延伸至舌骨体，几乎与对侧颌下腺相接。其中部被腮腺覆盖，腺的下端膨大，活体可触摸到。颌下腺管在腺体前缘中部由一些小管汇合形成，向前延伸，横过二腹肌前肌腹的表面，沿舌下腺的下缘，开口于舌小肉阜。

(3)舌下腺　舌下腺较小，位于舌体和下颌骨之间的黏膜下，可分上、下两部分，上部为多口舌下腺，又称为短管舌下腺，狭长而薄，从软腭向前延伸达颏角，以许多小管开口于舌体两侧的口腔黏膜上。下部为单口舌下腺，又称为长管舌下腺，短而厚，位于多口舌下腺前下方，以一条总导管与颌下腺管伴行共同开口于舌下肉阜。

> **【案例】**　腮腺的位置和外耳道软骨位置很接近，在外科做外耳垂直部切除时，腮腺是最容易受到损伤的。下颌淋巴结是在活犬体表可触及的淋巴结，通常被作为临床常规检查部位。注意区分它和舌面神经的位置关系以及不要混淆比它大的在其背侧的颌下腺。

二、咽

(一)咽的形态结构

咽位于口腔和鼻腔的后方、喉的前上方，可分三部分(图 5-16)。在喉口背侧的部分称为喉咽部或气管部。在喉口以前的部分被软腭分为背侧部和腹侧部：背侧部为鼻咽部；腹侧部为口咽部或咽峡。咽的前端经两鼻后孔和舌腭弓分别与鼻腔及口腔相通；后端经食管口和喉口分别与食管及喉腔相通；两侧壁各有一咽鼓管咽口，经咽鼓管与中耳相通。马的咽鼓管在颅底和咽后壁之间，形成一对膨大的咽鼓管囊。

咽是呼吸道中联系鼻腔和喉腔之间的要道，也是消化管从口腔到食管之间的必经之路。因此，咽是呼吸道和消化管相交叉的部分。吞咽时，食物由口腔经咽入食管；呼吸时，空气经咽往返于鼻腔和喉腔之间。咽峡和食管经常关闭，只在吞咽时开放；鼻后孔和喉口则经常开放，只在吞咽时关闭。

咽壁由黏膜、肌层和外膜三层构成。咽黏膜衬于咽腔内面，分呼吸部和消化部两部分。在咽腭弓以上为呼吸部，与鼻腔黏膜相似；在咽腭弓以下为消化部，与口腔黏膜相似。咽黏膜内含有咽腺和淋巴组织。猪的咽黏膜在后壁正中、食管口的上方形成一盲囊，称为咽后隐窝。咽的肌肉为横纹肌，包括三对缩肌和一对开张肌，有缩小和开张咽腔的作用。外膜为颊咽筋膜的延续，是包围在咽肌外面的一层纤维膜。

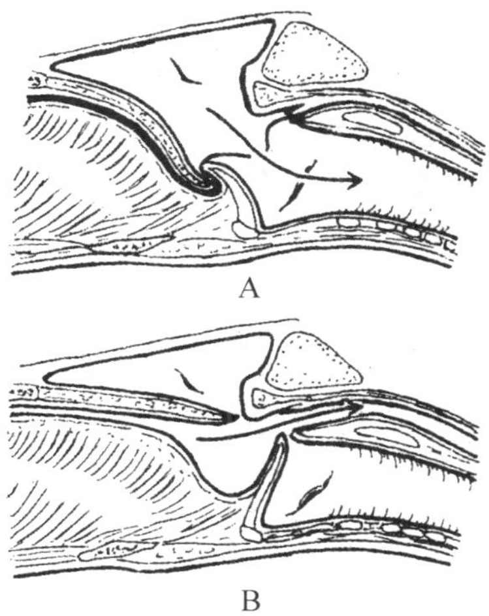

A. 呼吸时，软腭下垂，喉口开放　B. 吞咽时，软腭上提，喉口关闭，食管口开放

图 5-16　马咽部的正中剖面示呼吸时和吞咽时的状态

（二）吞咽

吞咽是指食团经过口腔、咽进入食管，并最终到达胃的过程（图 5-16）。吞咽可以分为 2 个阶段。第一个阶段是咀嚼和推送食物到咽。这一活动涉及一个舌对腭的波浪形动作，当闭口时由下颌舌骨肌、舌骨舌肌和茎突舌肌的收缩引发。第二个阶段是食团抵达咽黏膜，启动吞咽反射。软腭向鼻咽部顶部提起，咽腭弓内的肌束收缩，关闭咽内口。舌提起，压住软腭，防止食物返回口腔。同时，舌骨器和喉前拉，会厌后移，挡住喉口。在该阶段，呼吸被抑制，食团通过会厌软骨，或者液体自其两侧流过。摄入的食物通过咽部的 3 种缩肌连续性收缩被推送入食管。

（三）咽的淋巴组织（扁桃体）

咽壁包含大量的淋巴网状组织，聚集形成淋巴小结，又称扁桃体。扁桃体由大量的上皮下淋巴小结组成，外覆软组织被膜，仅有输出淋巴管。它们环绕咽部形成一个淋巴组织环，提供免疫屏障，保护呼吸系统和消化系统。根据存在的位置，咽部扁桃体可分为腭扁桃体、咽扁桃体、舌扁桃体、鼻后孔扁桃体和咽鼓管扁桃体。

舌扁桃体位于舌根的两侧，马和牛的尤其发达。腭扁桃体位于口咽部外侧壁。肉食动物的腭扁桃体位于扁桃体窝内，内侧壁由软腭的镰状褶（扁桃体褶）形成。某些动物的腭扁桃体可外科摘除（扁桃体切除术）。猪没有腭扁桃体。另一个扁桃体位于软腭腹侧壁的黏膜内，马和猪的尤其发达。咽扁桃体位于鼻咽部顶壁。反刍动物和猪的咽鼓管扁桃体位于近咽鼓管口处。

第二节 食管

食管为食物通过的管道，连接于咽和胃之间，可分颈、胸、腹三段。颈段始于喉与气管的背侧，至颈中部渐渐偏至气管的左侧，经胸前口进入胸腔。食管胸段位于纵隔内，又转至气管背侧继续向后延伸，然后穿过膈的食管裂孔（在马约第 13 肋骨，牛约第 9 肋骨处）进入腹腔。食管腹段很短，与胃的贲门相接。反刍动物和马的食管管腔在胸廓入口和膈的食管裂孔处变得狭窄，这类动物易在此处发生梗阻。肉食动物则相反，在进入腹部前食管变得粗大。

食管由黏膜、黏膜下层、肌层和外膜构成（图 5-17）。未进食时，黏膜集拢成若干纵褶，几乎将管腔闭塞；利用放射线造影术和内窥镜检查，可以观察到这些褶。当食物通过时，管腔扩大，纵褶展平，其上皮为复层扁平上皮。黏膜下层很发达，内含食管腺，能分泌黏液，润滑食管，便于食团通过。犬的黏膜下层全部含黏液腺，猪仅在食管前半部，其他家畜仅在食管起始处含黏液腺。食管肌层因家畜而不同，犬和反刍动物全由横纹肌构成；猪在距胃不远处转为平滑肌；马和猫则在气管分叉之后转为平滑肌。在食管连接胃处，肌层形成贲门括约肌。肌层的连续收缩形成蠕动波，推送食物从食管进入胃。逆蠕动收缩对于反刍动物的嗳气和其他家畜的呕吐是非常重要的。食管外膜在颈段为疏松结缔组织，在胸、腹段为浆膜。

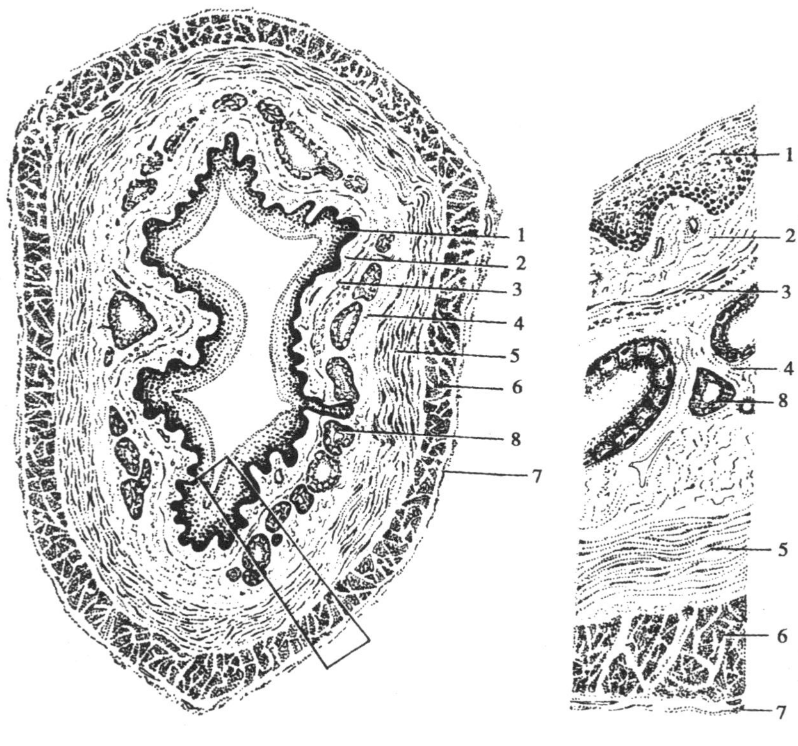

1. 黏膜上皮 2. 固有层 3. 黏膜肌层 4. 黏膜下层 5. 内环形肌 6. 外纵行肌 7. 外膜 8. 食管腺

图 5-17 食管横切面

【案例】 案例 1：主动脉和食管位于心脏的基底水平面，主动脉位于纵隔食管的左侧。如果实施胸廓切开对食管进行一些外科手术，最好选择右侧以避开主动脉。纵隔后部食管位于左侧，主动脉到达背侧，因此手术通路选择左侧。

案例 2：食管梗阻最常发生的三个部位是——喉部、胸腔入口处（第 1 肋骨水平）和胸部食管。梗阻造成唾液无法排除，会进一步导致家畜头部和颈部前伸，以致过多的唾液从口角流出。饲喂块根类农作物常会引起食管梗阻，也会导致流涎和胃鼓气。在大多数情况下，如给予一定的抗痉挛药，则可使食管肌肉充分松弛，以便于堵塞物通过食管。如果颈部食管梗阻，则可用手先触摸颈部，然后按摩该部位并将食物反推回鼻咽部。如果是胸部食管梗阻，则需要借助咽喉探针将食物推入瘤胃，但如果是胸部食管完全梗阻，则需要做瘤胃切开术将堵塞物取出。如果堵塞的食物被浸软，则可放置瘤胃插管。

案例 3：食管是颈部最容易发生问题的器官，偶尔可能会发生溃疡（黏膜病和恶性卡他热）和牛白喉扩散。母牛很少发生呕吐现象，呕吐可能与食物中毒或误食有毒植物（如月桂和杜鹃花）有关。当动物患有急性瘤胃鼓气和酸中毒、瘤胃放线杆菌病或创伤性网胃炎时会发生假呕。当食管肌肉收缩无力、大量的食物聚积在胃憩室时，颈下部的食管会发生膨胀和憩室瘤。如果咽喉探针或胃管使用不当，或在这之后喂食丸药，可能会出现食管创伤性损伤。食管狭窄是淋巴结肿大压迫食管所致，如肺结核。在蕨菜生长较旺盛的地方，动物消化道上部的食管鳞状上皮细胞癌更易发生。

要始终牢记，若当地正在流行狂犬病，如你用手戳奶牛的咽喉部，则该地区的牛也会表现出与食管梗阻和与狂犬病相似的临床症状。

第三节　胃

胃位于食管和小肠之间，家畜胃的组成和不同类型胃黏膜的分布有很大差异。根据胃的组成，可将其分为只有一室的单室胃和有多个室的多室胃（图 5-18、图 5-19）。腺胃的黏膜层有腺体，黏膜上皮为单层柱状上皮。多室胃的黏膜层有的有腺体，有的没有腺体，衬有复层扁平上皮。猫和犬为单室腺胃。马和猪为单室混合胃，胃黏膜大部分有腺体，少部分没有腺体。反刍动物为多室混合型胃，包括 4 个室，其中的 3 个（瘤胃、网胃、瓣胃）没有腺体，1 个（皱胃）有腺体。

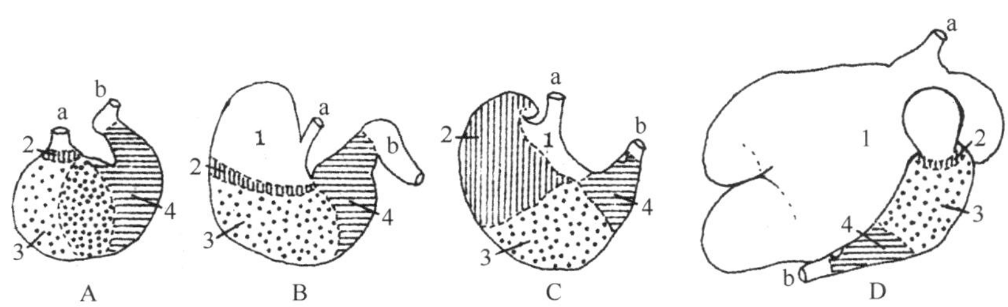

A. 犬　B. 马　C. 猪　D. 反刍兽　a. 食管　b. 十二指肠

1. 无腺部（或前胃部）　2. 贲门腺区　3. 固有胃腺区　4. 幽门腺区

图 5-18　家畜胃的黏膜分区

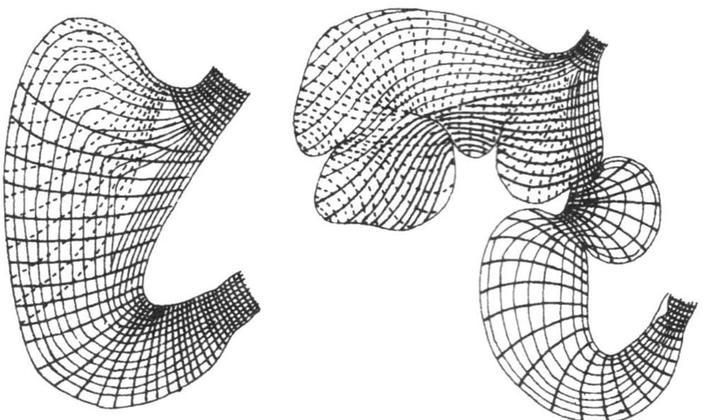

细实线代表外纵肌层和由其形成的外斜肌层；粗实线代表内环肌层；虚线代表内斜肌层

图 5-19 单室胃(A)和反刍胃(B)的肌膜模式图

一、单室胃

(一)形态位置

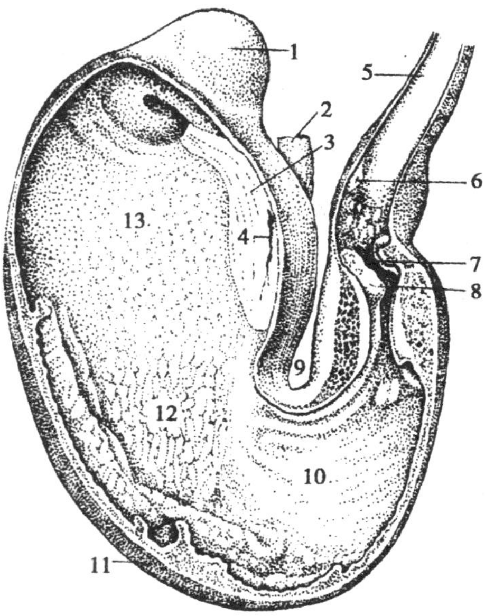

1. 胃憩室 2. 食管 3. 无腺区 4. 贲门 5. 十二指肠 6. 十二指肠憩室 7. 幽门 8. 幽门圆枕 9. 胃小弯 10. 幽门腺区 11. 胃大弯 12. 胃底腺区 13. 贲门腺区

图 5-20 猪胃

单室胃是消化道的囊状膨大，位于腹前部，胃可以分为：贲门、胃底、胃体、幽门、脏面、壁面、胃大弯和胃小弯等。胃的入口称为贲门，出口称为幽门，都受括约肌的控制。贲门连接食管和胃，位于腹部正中面的右侧；幽门连接十二指肠，位置更偏左些。胃的形状和位置依赖于胃的充盈程度。胃体位于胃的中部，是胃最大的部分，从左侧的胃底延伸到右侧的幽门。幽门可分为膨大的幽门窦和连向十二指肠的幽门管。胃底是胃体和贲门上的大盲囊。马有较大的胃盲囊，猪的则形成胃憩室(图 5-20)。胃的壁面与膈和肝相对，而脏面与后面的腹腔器官相邻。胃大弯是凸的胃腹侧缘，从贲门伸展到幽门，大网膜附着在其上。胃小弯是凹的胃背侧缘，也是从贲门伸展到幽门，通过小网膜与肝脏相连。胃小弯不是平缓的凹弯，而是有明显的角切迹。一些动物，特别是猫，角切迹相当明显，做胃窥镜时会增加难度。

(二)胃壁结构

胃壁从内到外可以分为以下几层：黏膜、黏膜下层、肌层和腹膜(浆膜脏层)。

黏膜在食管与胃连接的部位为无腺部，反之，胃的其他部分为腺部。无腺部的黏膜呈白色，常轻微皱褶。上皮为角质化的复层扁平上皮。马的无腺部和腺部交汇处有一个明显的嵴，称褶缘。腺部黏膜形成皱襞和大量的沟和凹，后者只有在显微镜下才能观察到(胃小凹)。

根据不同类型胃腺的分布，可将胃分为3个不同的区域：贲门腺区、胃固有腺区或胃底腺区和幽门腺区。大多数动物的贲门腺区是围绕贲门的窄区，而猪的贲门腺区却是十分宽广的。幽门腺区位于胃的幽门部黏膜。固有胃腺或胃底腺则位于胃体和胃底。各种胃腺的本质区别在于所分泌的分泌液不同。贲门腺和幽门腺的主要作用是产生黏液，衬于黏膜内表面，为胃黏膜提供保护性屏障，并能缓冲酸性胃液。固有腺区(胃底腺区)有3种不同类型的细胞。颈黏液细胞存在于腺体的颈部，分泌黏液，并可作为储存细胞替代表面的上皮细胞。主细胞分泌胃蛋白酶原，是胃蛋白酶的前体。壁细胞是氢离子、氯离子和对回肠再吸收维生素 B_{12} 起重要作用的内因子的产生场所。

黏膜下层为薄而结实的蜂窝组织。丛状黏膜肌层将其与黏膜固有层分离。黏膜下层分布有胃动脉、胃静脉、神经、脂肪、淋巴组织、胶原纤维和弹性纤维。空腹时弹性纤维促使黏膜下层形成皱襞。这些皱襞大多是纵襞，胃扩张时皱襞消失。

胃的肌层在胃酸与食物的混合以及推动食物进入小肠的过程中发挥着重要作用，其结构随胃的部位不同而变化。肌层实质上包含两层平滑肌：内环肌层(形成贲门括约肌和幽门括约肌)和外纵肌层(形成纵行纤维、外斜行纤维、内斜行纤维)。外纵肌层是食管和十二指肠的外纵肌层的延续，集中在胃大弯处。内环肌层比外纵肌层完整，在贲门口处逐渐变厚形成贲门括约肌。环肌层在包围着幽门管处较发达，特别是猪，凸入管腔形成幽门圆枕。幽门附近也由环肌层包围，形成幽门括约肌。最内层的斜行纤维虽然没有形成一个完整的层，但可作为对缺乏环肌层的补充。特别是马的贲门由结实的弓形束围绕，这也是马不易呕吐的原因之一。

浆膜脏层覆盖整个胃，附着在除胃弯以外的肌层，胃弯处的浆膜延续至网膜。大、小网膜为特化的连接性浆膜，由从胃延伸到浆膜壁层的双层浆膜褶组成。

(三)胃的固定

胃的位置较为固定，是由于各器官的互相挤压、食管的系吊和胃膈韧带的牵连所致。如在马，连系胃的韧带有以下几种：(1)胃膈韧带。为连系胃大弯(从贲门至胃左端)与膈之间的韧带。(2)大网膜。不甚发达，呈网状，折叠于胃和右上结肠之间，附着于胃大弯、十二指肠起始部、大结肠末端和小结肠起始部，形成不大的网膜囊。网膜囊经肝右叶下面的网膜孔通腹膜腔。(3)胃脾韧带。连系于胃大弯与脾门之间，实为大网膜的一部分。(4)小网膜。连系于胃小弯、十二指肠起始部与肝门之间，可分两部：连系胃的部分称肝胃韧带；连系十二指肠的部分称肝十二指肠韧带。

(5)胃胰皱褶。连系于胃盲囊与胰及十二指肠之间。其他单胃动物的胃的固定与马胃相似。

(四)不同种属动物的单胃的特点

犬：胃排空后或部分填充时的形状像一个“C”，凸面朝后腹侧和左侧(图 5-21)。漏斗状贲门口很宽，这与犬易呕吐有关。胃扭转的发病率较高，特别是大个体的犬更多。无腺部和贲门腺局限在食管入口处的环形区域。

猫：猫胃也是“C”状的，但与犬相比，胃腔更窄，角切迹更深。胃腺的分布与犬相似。

猪：猪胃的特征是底部上有胃憩室。黏膜无腺部围绕贲门口，扩展到胃憩室内一小部分，胃憩室黏膜的大部分有腺体分布。贲门腺区部相对较大。幽门有肉状隆起，称为幽门圆枕。(图 5-20)

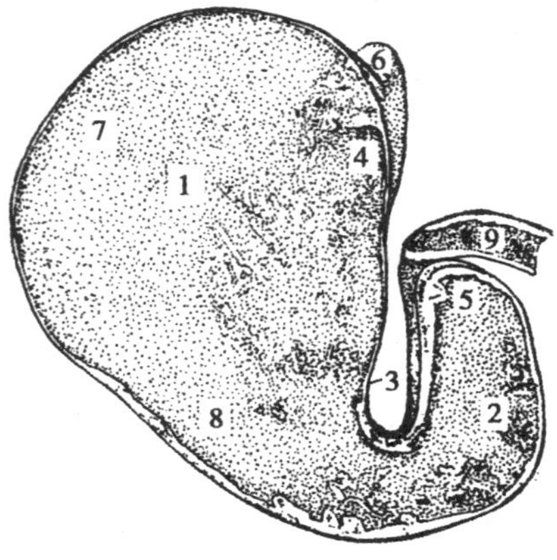

1. 胃底腺　2. 幽门部　3. 胃小弯
4. 贲门　5. 幽门　6. 食管　7. 胃底
8. 胃体　9. 十二指肠

图 5-21　犬的胃(额切面)

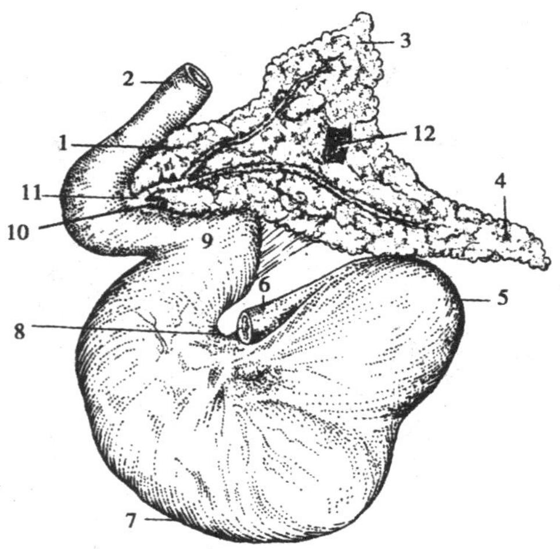

1. 胰头　2. 十二指肠　3. 胰左叶　4. 胰右叶(胰尾)
5. 胃盲囊　6. 食管　7. 胃大弯　8. 胃小弯　9. 幽门
10. 肝管　11. 胰管　12. 门静脉

图 5-22　马的胃和胰

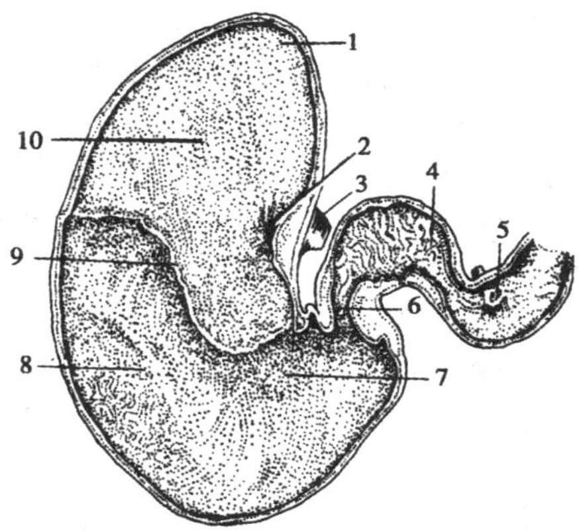

1. 胃盲囊　2. 贲门　3. 食管　4. 十二指肠
5. 十二指肠憩室　6. 幽门　7. 幽门腺区　8. 胃底腺区
9. 褶缘　10. 食管部(无腺部)

图 5-23　马胃黏膜

马：与其他动物相比，马的胃较小(图 5-22、图 5-23)，容量为 5～15 L，经鼻胃管灌药时必须考虑药液的量，避免胃过度扩张。胃底扩展成胃盲囊。黏膜面由明显的褶缘将胃分成较大的无腺部和有腺部，无腺部占据胃底和胃体的一部分。有些马的无腺部明显有肠胃蝇的幼虫寄生形成的瘢痕。人们认为发育好的贲门括约肌和斜行的食管入口是马不会呕吐的原因。然而，虽然马呕吐和反胃非常少见，但也有发生的可能。

二、复胃

反刍动物的胃(图 5-24)有 4 个室：瘤胃、网胃、瓣胃、皱胃。瘤胃、网胃和瓣胃合称前胃，黏膜无腺体。在微生物的作用下，能酶解复合糖，特别是反刍动物正常日粮中含量很高的纤维素，产生短链的脂肪酸(丙酸盐、丁酸盐和乙酸盐)。第四室是皱胃，与其他家畜的单胃一样，有黏膜腺，机能同一般单胃，所以又称真胃。

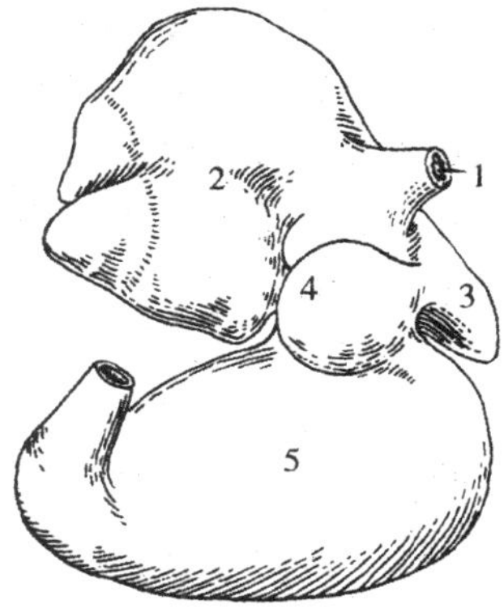

1. 食管 2. 瘤胃 3. 网胃 4. 瓣胃 5. 皱胃

图 5-24 犊牛的胃(右侧)

四个胃室在胚胎发育中以不同的速度增大。出生时皱胃是最大的胃，可不通过前胃直接采食和消化乳。虽然犊牛皱胃的形状和结构与成年的相似，容量已经达到成年皱胃的 60%，但达到黏膜的成熟和功能正常仍需要数天时间。在这段时间一定要保证出生后 24 h 之内摄入初乳中的抗体。第 3 周之后，小牛开始吃固体食物，瘤胃和网胃开始快速生长，第 8 周时几乎与皱胃同等大小，第 12 周后是皱胃的两倍。同时胃的内面发生变化：网胃的网格与瘤胃肉柱出现。在 3～12 月龄，各个胃的比例关系确定，具体时间取决于饲料配方。

胃的体积较大，几乎占据了腹腔左半的全部和右半大部。瘤胃在腹部的左半部分，网胃在腹前部，瓣胃在腹部右半部。根据动物的大小，成年牛胃的总容量为 60～100 L，其中瘤胃占 80%。瘤胃和网胃在结构和功能上关系非常密切，二者又合称瘤网胃。这两个胃的分界标志是胃内面的瘤网褶。

(一)瘤胃

瘤胃(图 5-25)像一个左右压扁的大囊，几乎占据整个腹腔左侧，其后腹侧部越过正中平面突入腹腔右侧。前段伸至膈(与第 7～8 肋间隙相对)，后端到盆腔前口。瘤胃有壁面和脏面，壁面与膈、左腹侧壁和底壁相邻，脏面与肝、肠、瓣胃和皱胃接触。壁面和脏面在背弯和腹弯处汇合，分别与腹腔顶壁和底壁相对。

根据瘤胃壁内面的肉柱(瘤胃柱)在胃表面的投射，瘤胃可以分为以下几个部分：背囊、腹囊及瘤胃隐窝、前囊(瘤胃房)、后背盲囊、后腹盲囊以及贲门和瘤网口。

这些部分在外表面能够看见，是因为这些肉柱与外表面相对处形成沟。瘤胃主肉柱(左右纵柱)环绕整个瘤胃，将其分为背囊和腹囊，二者间以外表面明显的左纵沟和右纵沟为界。右纵柱(和相应的沟)分成两个分支(右副柱)，在瘤胃右壁围成的区域称瘤胃岛。左、右纵沟在前后分别通过深的前沟和后沟连在一起。较小的冠状柱(背侧和腹侧冠状柱)围成两个后盲囊，冠状柱在瘤胃外表面对应处为可见的沟(背侧和腹侧冠状沟)。

背囊最前部形成瘤胃前囊，又称瘤胃前庭，有与网胃相通的宽大通道，食物由此从瘤胃进入网胃，也可返回瘤胃，在反刍中起重要作用。

瘤胃与网胃以瘤网褶为界，与瘤网褶相对处的胃壁外表面也有相应的沟。瘤胃腹囊向前伸展形成瘤胃隐窝。

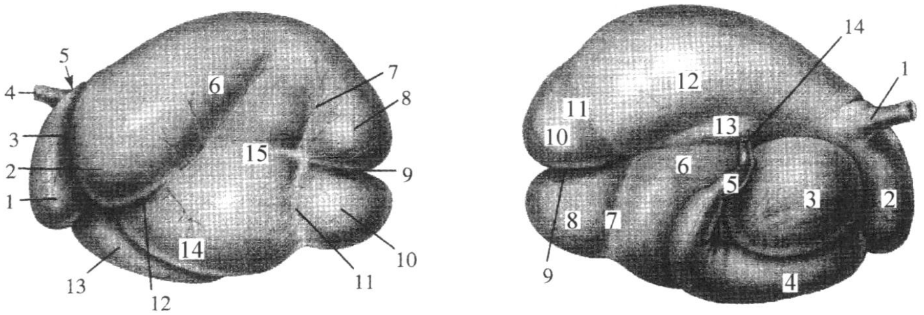

A. 左侧面：1. 网胃　2. 瘤胃房　3. 瘤网胃沟　4. 食管　5. 贲门　6. 瘤胃背囊　7. 背侧冠状沟　8. 后背盲囊　9. 后沟　10. 后腹盲囊　11. 腹侧冠状沟　12. 前沟　13. 皱胃　14. 瘤胃隐窝　15. 左纵沟

B. 右侧面：1. 食管　2. 网胃　3. 瓣胃　4. 皱胃　5. 幽门　6. 瘤胃腹囊　7. 腹侧冠状沟　8. 后腹盲囊　9. 后沟　10. 后背盲囊　11. 背侧冠状沟　12. 瘤胃背囊　13. 右纵沟　14. 十二指肠

图 5-25　牛胃

背囊与腹囊的相对比例在不同动物种类间有变化。山羊和绵羊的背囊小于腹囊，后腹盲囊很大。

瘤胃壁由黏膜、黏膜下层、肌层和浆膜四层构成。黏膜呈棕黑色或棕黄色，表面有无数密集的乳头。乳头长约 1 cm（在羊约 0.5 cm），在肉柱和瘤胃前庭的黏膜上无乳头。黏膜上皮为复层扁平上皮，黏膜内无腺体。肌层很发达，内层为环形肌，外层为纵行肌或斜行肌。浆膜无特殊构造，只在背囊顶部和脾附着处无浆膜。

瘤胃的无腺部黏膜的浅层为复层扁平上皮，并形成瘤胃黏膜的特征性结构——乳头。瘤胃乳头是黏膜固有层和黏膜下层形成的软组织，一般认为它能使上皮表面积增加 7 倍之多。这对于通过微生物发酵产生的挥发性脂肪酸的吸收，以及水、维生素 K 和维生素 B 的吸收是非常重要的。上皮下丰富的血管丛有利于这些功能的实现。

瘤胃肉柱的顶端或游离缘没有乳头。瘤胃乳头的形状和大小有很大的不同：有扁圆柱、圆柱、指状和叶状。乳头的高度、形状和密度的不同很大程度上与动物的饲料配方有关。在奶牛的泌乳期，增加饲料中粗饲料的量，导致乳头变短。反之，增加饲料的能量值，乳头变长。在野生反刍动物中也观察到相似的现象，乳头的增生和退化与季节变化有关（冬天与夏天，雨季与旱季）。

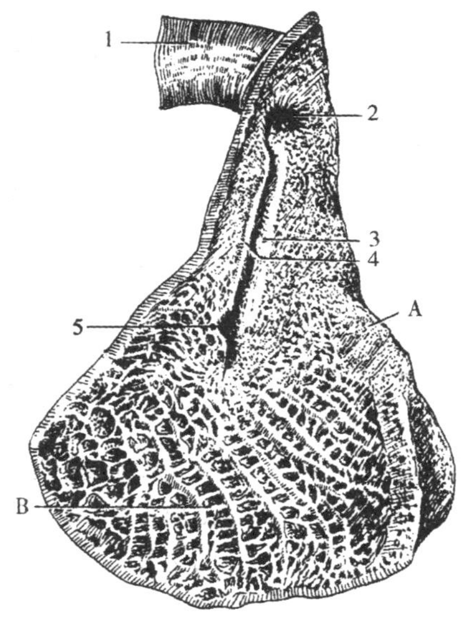

A. 瘤胃褶　B. 网胃黏膜
1. 食管　2. 贲门　3. 食管沟右唇
4. 食管沟左唇　5. 网瓣口

图 5-26　牛的网胃

（二）网胃

网胃的结构和功能与瘤胃密切相关，二者合称为瘤网胃。略呈梨形的网胃在四个胃中最小，位于季肋区正中矢状面上、瘤胃的前下方，与膈的后面相接触，网胃正好位于食管与胃接合处的腹侧，胸骨剑突的上方，约与第6～8肋骨相对。由于这种位置关系，当网胃患病时可以应用外部触诊(图5-26)。

【案例】 牛是非选择性采食动物，经常会吃进异物，如掺杂入饲料中的钉子和金属丝。由于重力作用，这些异物易在网胃中沉积，并且可能会由于网胃的收缩而穿入网胃壁(创伤性网胃炎或铁器损伤疾病)。这通常又转归为异物穿透膈后的化脓性心包炎或引起肝脏或其他邻近组织脓肿。当发生创伤性网胃炎时，带有细菌的穿透性异物刺伤肝脏，常并发引起血栓性心包炎。

网胃黏膜无腺体，衬有与瘤胃黏膜相似的复层上皮。该黏膜由许多嵴(网胃嵴)围成明显的蜂房状结构，呈四边形、五边形和六边形的小室(网胃房)。这些嵴和网胃底壁长有短的乳头。瘤网胃壁的平滑肌分成两层：外厚层和内薄层，两层的纤维或多或少互相垂直排列。瘤网胃的收缩对内容物的混合和再分布，以及在食物的反刍和再咀嚼中起重要作用。

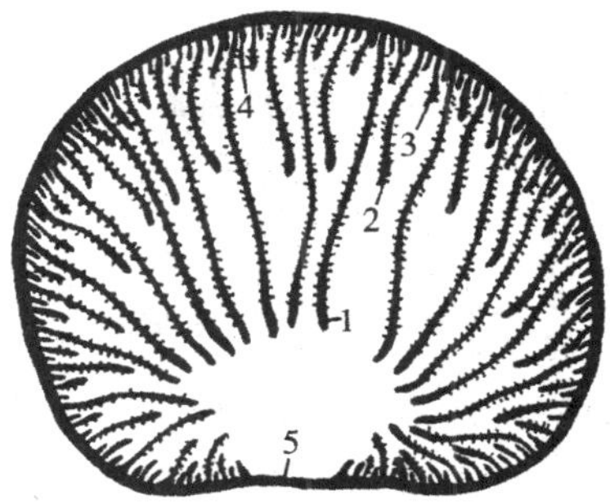

1. 大瓣叶　2. 中瓣叶　3. 小瓣叶
4. 最小瓣叶　5. 瓣胃沟

图5-27　牛瓣胃的黏膜

(三)瓣胃

瓣胃(图5-27)位于腹腔的胸内部(季肋区)，在瘤网胃的右侧，约与第7～11(12)肋骨相对。牛的瓣胃呈两侧扁平的球状，山羊和绵羊的呈豆状。瓣胃通过网瓣胃口与网胃相通。通过椭圆形的瓣皱口与皱胃相通。瓣皱口两侧的黏膜褶(皱胃帆)的关闭，能够防止食物从皱胃逆流到瓣胃。网瓣口和瓣皱口通过瓣胃沟相连。瓣胃的黏膜形成百余片瓣叶，从纵剖面上看，很像一叠“百叶”，所以俗称为“百叶肚”。瓣叶呈新月形，凸缘附着于胃壁；凹缘游离，对着瓣胃小弯。瓣叶按宽窄可分为大、中、小和最小四级，有规律地相间排列。长度和大小不同的半月形瓣叶，将瓣胃内腔分成许多叶间间隙。瓣叶由薄的肌层覆盖无腺体的黏膜组成，瓣叶上有许多乳头。

瓣胃的收缩有两方面的作用，一方面将瓣胃沟的食物推入叶间间隙，进行水分的再吸收；另一方面将干的内容物从叶间间隙挤入皱胃。

不均衡的饲料配方会导致瓣胃阻塞，多数情况下这种病是致命的。尸体剖检的特征性病变是瓣胃很硬，充满了干燥内容物。

(四)皱胃

皱胃(图5-28)相当于其他家畜的单胃，也可以分为胃底、胃体和幽门部。皱胃前端粗大，称胃底，与瓣胃相连；后端狭窄，称幽门部，与十二指肠相接。胃小弯凹而向上，与瓣胃接触，大弯凸而向下，与腹腔底壁接触。它的黏膜光滑、柔软，形成12～14片螺旋形大皱褶，使黏膜表面积增大，当胃扩张时也不消失。黏膜内有腺体，包括贲门腺、胃底腺和幽门腺。在吮乳期皱胃黏膜产生凝乳酶，对于乳的消化是非常重要的。肌层由外纵层和内环层组成。

皱胃位于右季肋区和剑突区，在网胃和瘤胃腹囊的右侧、瓣胃的腹侧和后方，大部分与腹腔底壁紧贴，约与第8～12肋骨相对。皱胃的位置和相互关系变化很大，取决于前胃的充盈程度和功能活动。年龄和妊娠是影响位置状况的另一因素。虽然皱胃的位置变化有一个正常范围，但超过这个范围后会导致消化系统紊乱，并会危及生命。皱胃向左或右变位是一种常见病，特别是对奶牛来说。

图 5-28　皱胃黏膜(示皱胃旋褶)

(五)胃沟

胃沟包括瘤网胃的网胃沟、瓣胃的瓣胃沟和皱胃的皱胃沟。网胃沟从瘤胃和网胃结合部的食管到瓣胃，再延续为瓣胃沟到皱胃。胃沟两侧有螺旋状肌唇。对于吮奶期的动物，吸吮乳头的刺激使肌唇反射性收缩，胃沟闭合成管，将乳直接导入皱胃。随着机体不断地生长和日粮的变化，这一通道便较少使用了。一些化学药物，如硫酸铜，可刺激胃沟闭合成管，这对皱胃用药可能有益。沿皱胃小弯分布的无褶区被认为是胃沟的第三组成部分。

(六)胃的血液供应和神经支配

反刍动物的胃由数条腹腔动脉分支供血，即脾动脉、胃左动脉和肝动脉及瘤胃左、右动脉。

胃分布有交感神经和副交感神经。交感神经纤维来自腹丛，形成胃丛和左右瘤胃丛。瘤胃丛也发出分支到网胃和脾。副交感神经起自迷走神经。迷走神经背干不仅与腹丛广泛联系，并且有瘤胃左右支直接到达瘤胃。其他的分支分布于网胃、瘤胃前庭、瓣胃、皱胃和胃沟。迷走神经腹干分布于瘤胃前庭、网胃、胃沟、皱胃小弯和幽门。其他的分支分布于肝和十二指肠。

(七)胃的淋巴结

反刍动物胃的淋巴回流由许多小的淋巴结完成。淋巴结散在分布于各胃，特别是瘤胃沟，瓣胃和皱胃的胃弯，属于腹腔淋巴结群(淋巴中心)。通过这些淋巴结后，淋巴进入脾和贲门之间的大的前庭(脾)淋巴结，沿胃弯分布的淋巴结的输出淋巴管直接汇入肝淋巴结。

【案例】 牛腹部疾患还有皱胃凝乳功能失常、食管沟机能障碍、食管沟感染放线菌、食管沟闭合不全引发的瘤胃胀气和饲喂高价精饲料引发的酸中毒等。皱胃易发生突发性溃疡，且皱胃胃壁易受损伤。

(八)胃的功能

瘤胃内主要对粗纤维进行微生物消化，瘤胃如一个巨大的发酵罐(每克内容物含微生物数为$1\times10^{9}\sim1\times10^{11}$)，对粗纤维的消化率达50%，通过发酵作用，使碳水化合物生成低级脂肪酸(VFA)、CO_2和CH_4，气体通过嗳气排出，VFA则被上皮吸收入血液。蛋白质和尿素经脱氨作用生成NH_3、CO_2和VFA，NH_3则被微生物吸收用来合成菌体蛋白。网胃一方面与瘤胃运动有关，一方面作为滤器将瘤胃中的粗细颗粒分开，粗颗粒送回瘤胃，继续进行消化，细颗粒则送入下一个胃室。瓣胃的瓣胃叶增大了继续吸收水分和 VFA 的面积。皱胃的作用与单室胃相似。

第四节　肠

肠(图 5-29～图 5-31)从胃的幽门开始一直持续到肛门。肠分为小肠和大肠两部分。小肠从幽门开始到回盲口，大肠从回盲口到肛门。大、小肠直径并不总是如其名称所示的大小。小肠由十二指肠、空肠和回肠三部分组成，大肠由盲肠、结肠和直肠组成。

不同物种、不同品系甚至不同个体之间肠管的总长度不同。活体动物的肠管长度很难估计。当动物死亡、肠管蠕动性收缩停止之后，肠管的长度增加。由于胃肠对不同的日粮和饲喂习惯的适应，与草食动物相比，肉食动物的肠管相当短。一般来说，肉食动物的肠管长度是其体长的 5 倍，马的是 10 倍，反刍动物的是 20～25 倍。

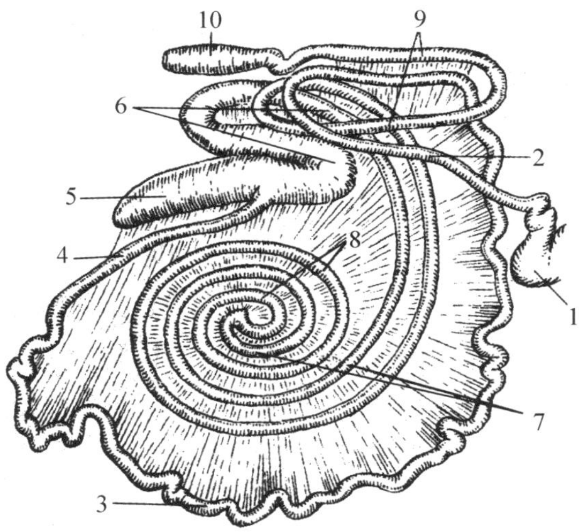

1. 皱胃　2. 十二指肠　3. 空肠　4. 回肠　5. 盲肠　6. 结肠初袢　7. 结肠旋袢向心回　8. 结肠旋袢离心回　9. 结肠终袢　10. 直肠

图 5-29　牛肠袢模式图

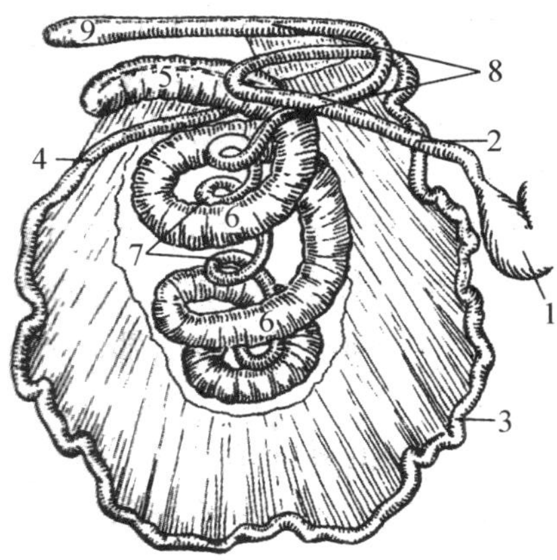

1. 胃　2. 十二指肠　3. 空肠　4. 回肠　5. 盲肠　6. 结肠圆锥向心回　7. 结肠圆锥离心回　8. 结肠终袢　9. 直肠

图 5-30　猪的肠

一、小肠的形态和位置

小肠全段均由背侧肠系膜连接到腹腔背侧壁。大部分肠系膜相对较长，使小肠具有一定程度的活动性。而马和反刍动物的十二指肠则由短的十二指肠系膜固定位置。牛小肠平均长 40 m，直径 5～6 cm；羊小肠平均长 25 m，直径 2～3 cm；马小肠约 22 m(驴 13～14 m)，直径 7～10 cm(驴 5～8 cm)；猪小肠 15～21 m，小肠容积 40～50 L(驴 20 L)。

(一)十二指肠

十二指肠在牛长约 1 m，在羊为 0.5 m，位于右季肋区和胁腹区，从胃的幽门部延伸至空肠，因在人其长度相当于十二个手指的宽度而得名(或根据十二指肠腺的存在来界定);悬于十二指肠系膜下(马和反刍动物的较短,肉食动物和猪的较长),由于有长的十二指肠系膜和宽阔的小网膜,胃的活动范围很大。这也使得犬的胃扭转的发病率较高,这种病在大型犬中会危及生命。

十二指肠形成一个长的U形长袢,绕过肠系膜根和肠系膜前动脉后方,分为3部:前部位于肝的脏面,除肉食动物外均形成乙状袢;降部从前部转而向后行至右肾;在右肾后方转而向左成为升部,沿左肾向前行并移行至空肠,此处有十二指肠结肠韧带连接于降结肠,常作为十二指肠与空肠的分界。

十二指肠前部通过肝十二指肠韧带与肝相连,在肝十二指肠韧带中有胆总管穿行,并从肝直至十二指肠。十二指肠升部系膜内含胰右叶。胰管和胆管均开口于十二指肠。

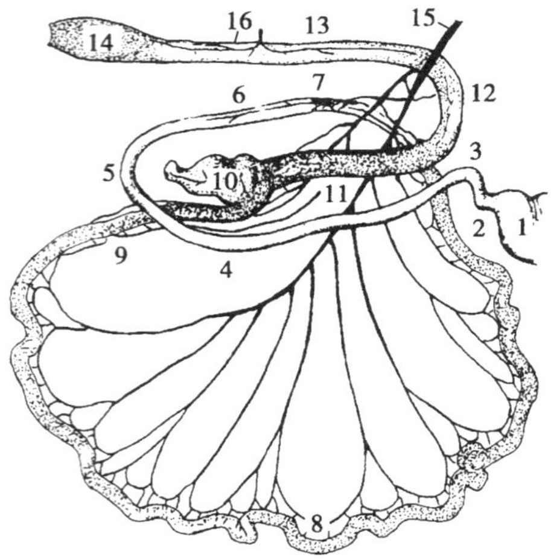

1. 胃的幽门部 2. 十二指肠前部 3. 十二指肠前曲 4. 十二指肠降部 5. 十二指肠后曲 6. 十二指肠升部 7. 十二指肠空肠曲 8. 空肠 9. 回肠 10. 盲肠 11. 升结肠 12. 横结肠 13. 降结肠 14. 直肠 15. 肠系膜前动脉 16. 肠系膜后动脉

图 5-31 犬的肠

(二)空肠

空肠是小肠最长的一段,因其内容物通常为较稀薄的食糜而得名。前端始于十二指肠,由于在腹腔顶壁悬吊空肠和回肠的空肠系膜很长,所以它也是消化管中活动性最大的游离部位。空肠系膜向后延续为回肠系膜,呈大的扇形悬吊于腹腔顶壁,卷曲的空肠和回肠位于其游离缘。附于主动脉上短的束状部位称为肠系膜根,包括肠系膜前动脉、包围在动脉周围的大肠系膜神经丛和肠淋巴管。由于肠管会发生折叠,所以肠系膜游离缘很长并带有皱褶。

空肠和回肠相当容易区分,回肠是小肠末段,回盲褶附着在其上。肉食动物的空肠袢位于腹腔的腹侧部,在胃和膀胱之间、大网膜深层之上。空肠系膜宽松,允许肠管随着呼吸自由活动,或做其他运动。

猪的空肠也由长的系膜悬吊,空肠袢与升结肠大部共同占据腹腔后腹侧部。因为升结肠基本上全位于腹腔左侧,所以空肠的位置偏右侧。

反刍动物由于大的瘤胃占据了腹腔左侧,肠管被挤压至腹腔右侧。空肠的位置取决于瘤胃的充盈程度和子宫的大小。通常,其与升结肠一同位于网膜上隐窝,一部分肠袢可能位于瘤胃的后部,对着左侧腹壁。反刍动物和猪的一部分升结肠附着在空肠系膜右表面。淋巴组织一般遍布空肠系膜,有孤立淋巴结和集合淋巴结。集合淋巴结形成大的(可长达25 cm)Peyer氏结,可据其不规则的表面予以识别。通常这些淋巴结通过回肠延伸进入大肠。

马的空肠大部分位于腹腔左背侧部,由于肠系膜较长而使其具有相当大的可移动性。这使马的肠变位发病率较高,通常是肠管穿过网膜孔进入网膜囊或其他病例,如肠套叠和肠扭转,导致马疝痛。

(三)回肠

回肠很短,是小肠的末段。空肠和回肠的区分标志是回肠上连有回盲襞。回肠终止于回盲结连接处,以回肠孔开口在回肠乳头处,其确切位置在不同家畜间略有不同。

由于回肠肌层较厚,因此比空肠更坚实。回肠黏膜富含淋巴组织,后者聚集成 Peyer 氏结。其发育良好的肌层使食物能单向传送到直肠。

马回肠神经机能障碍导致肌层持久地收缩,这会引起肠梗阻而发生疝痛。直肠触诊可见从左腹侧向右背侧行走的坚实回肠。

二、大肠的形态和位置

家畜的大肠可分为盲肠、结肠(可进一步分为升结肠、横结肠、降结肠)和直肠。猪大肠长 4～4.5 m,马的约 8 m,牛的约 10 m,羊的约 5 m。

(一)盲肠

盲肠是大肠的第一段,呈盲管状,在回肠入口处与结肠相区分。盲肠通过回肠口和回肠相通,通过盲结口和结肠相通。人盲肠的蚓突在家畜中不存在。肉食动物、反刍类动物和马属类动物的盲肠位于腹腔右侧;猪盲肠位于腹腔左侧。犬的盲肠很短,呈螺旋形。与其他家畜不同,犬的盲肠与回肠没有直接连通,但与结肠直接相通,结肠与回肠也相通。猫的盲肠更短,呈逗点状,它不像犬盲肠那样弯曲。

1. 马的盲肠　马的盲肠外形似逗点,有大约 30 L 的巨大容积(驴约 12 L),平均约 1 m 长(驴不到 1 m)。其由背侧的盲肠底、弯曲渐细的盲肠体和前腹侧有盲端的盲肠尖构成。

盲肠底位于腹腔右背侧,与腰部腹腔顶壁接触,形成腹膜外附着。盲结口是升结肠收缩形成的横向裂隙,在死体标本中只能容纳两个手指,而在活体标本中能够容纳一只手。

回肠开口于回肠乳头,为一锥状突起,包括回肠括约肌和静脉丛,控制回肠口。从胚胎发育来看,盲肠底实际上是升结肠的起始部分。因此,在马使用回肠口这一术语时,尽管叵肠直接进入盲肠,但是并没有像其他家畜(犬除外)那样在升结肠的起始缘开口。盲肠与结肠连接处以盲结口为标志。

盲肠体最初与右腹壁相对,但是随着其向前腹侧延伸,盲肠体向内侧行于升结肠腹侧部之间,以盲肠尖终止于腹底壁,靠近胸骨剑状软骨。

纵肌层聚集成外表可见的纵肌带,在纵肌带之间盲肠壁皱缩成 4 列肠袋。大部分盲肠都有 4 条纵肌带,即内侧、外侧、背侧和腹侧纵肌带,向盲肠尖部纵肌带数量逐渐减少。

盲肠的血管和淋巴结沿着内、外纵肌带分布,背侧纵肌带附着于回肠和盲肠之间的回盲襞,外侧纵肌带附着于盲肠和升结肠之间的盲肠襞。腹侧纵肌带保持游离态。每个条带的不同特征提供了重要的解剖学界标,如外科手术可通过纵肌带的数量来区别结肠各段。内面以数目众多的褶皱(与外面的肠袋对应)为标志。

马的盲肠主要负责多糖(如纤维素)的消化,继而食物被运送到结肠,通过回肠乳头防止其逆流到回肠。这种从盲肠到结肠规则的食物转运可以在后腹部右背侧区听诊中听到,可应用于疝气诊断。盲肠功能紊乱可能导致盲肠阻塞或胀气,这是马疝痛的常见原因。

2. 猪和反刍动物的盲肠　猪的盲肠长 20～30 cm,直径 8～10 cm,呈圆柱状盲囊,位于腹腔左侧,尖端指向后腹侧。它有 3 条纵肌带和 3 列肠袋。腹侧纵肌带有回盲褶附着,外侧和内侧纵肌带保持游离。反刍动物的盲肠,在牛长约 75 cm,直径 12 cm,容积约 8 L;在羊长约 30 cm,直径约 8 cm,容积约 5 L。反刍动物的盲肠无纵肌带和肠袋,位于腹腔右侧网膜上隐窝中,盲端向后。

(二)结肠

根据人体解剖学命名法,结肠可分为 3 部分:升结肠、横结肠和降结肠。与此命名法分类依据一致的解剖结构只见于犬和猫。这些动物短的升结肠在腹腔右侧向前延伸,横结肠在肠系膜根部的前面从右向左延伸,长的降结肠在肠系膜根部的左侧向后延伸。在骨盆腔入口处延续为直肠。其他家畜结肠的形状和位置更加复杂,其中升结肠变化最大。

1. 马的结肠　马的结肠由大的升结肠、短的横结肠和长的降结肠 3 部分组成。升结肠排列成双层马蹄铁形肠袢。由于各肠段直径不同,前两部分由于体积庞大通常称大结肠,第三部分又称小结肠。

(1)升结肠　升结肠由 3 个曲连接的 4 个平行部分构成,由近及远分别是:右下结肠、胸骨曲(下膈曲)、左下结肠、骨盆曲、左上结肠、膈曲(上膈曲)、右上结肠。长约 3～3.5 m(驴 2.5 m),直径 20～25 cm,容积为盲肠的 2 倍。

升结肠从右下结肠开始,起始于盲结口。右下结肠几乎与右侧肋角相平行并向前腹侧延伸,至胸骨剑突后穿过中线向左折转形成胸骨曲,之后形成左下结肠,沿腹底壁向后伸延,在骨盆入口前约呈 360°向背侧折转,形成骨盆曲,然后形成左上结肠,在左下结肠背侧向前延伸,在膈后面形成膈曲与右上结肠相连。右上结肠是结肠中最短但最粗大的部分,向后部延伸一段后向内折转形成横结肠。

升结肠的各部分不仅从位置上很容易区分,而且具有其他的形态特征,这在进行剖腹术时对不同肠段进行鉴别具有重要作用。左、右下结肠分布有 4 条纵肌带和 4 列肠袋,位于背侧表面的外侧和内侧纵肌带,有结肠系膜附着。

在内侧纵肌带中也包含有血管、神经、淋巴管和数目众多的淋巴结。在右下结肠后部的内侧纵肌带中有盲结韧带附着。在腹侧表面有另外两条纵肌带,主要由富含弹性纤维的软组织构成。有假说认为腹侧纵肌带主要起支撑功能,而背侧纵肌带由于富含肌纤维和神经组织,主要具有收缩功能。

在左下结肠与骨盆曲连接处,4 个纵肌带中有 3 个消失,结果在骨盆曲和其后的左上结肠只有 1 个纵肌带——结肠系膜纵肌带。骨盆曲还可通过其直径显著减小这一特征来辨别,它也是结肠两个功能单位的分界。

许多重要的消化和吸收活动在下结肠进行。上结肠只有很小的消化作用,其主要功能是进行食物的运输。在骨盆曲，直径的减小、行走方向的陡然改变以及食物流动性的减小使这个部位最易发生肠梗阻。左上结肠起初很狭窄，后部逐渐变宽，在临近膈曲处，其背侧面增加了两条纵肌带。因此，膈曲和右上结肠有 3 条纵肌带，两条在背侧面，一条在腹侧面，纵肌带之间有相对不明显的肠袋。这些纵肌带的收缩可将食物输送到横结肠。

右上结肠是结肠中最粗大的部位，因此又称为结肠壶腹。它是肠结石的常发部位，结石可达足球大小，导致横结肠梗阻，引起疝痛。

升结肠的背侧只有右上结肠附着于腹腔顶壁、盲肠底、肠系膜根部和胰。这些解剖关系会使左侧升结肠沿着自身长轴发生扭转，导致严重的疝痛症状，这时必须立即进行手术矫治。

下结肠与上结肠之间通过结肠系膜相互连接，系膜间包含血管、神经和结肠淋巴结。

(2)横结肠　短的横结肠在肠系膜根部前面从腹腔右侧延伸至左侧。横结肠有 2 条纵肌带，管径从宽大结肠壶腹迅速缩细到降结肠的直径，形成漏斗结构。横结肠在左肾处延续为降结肠，横结肠与右上结肠背侧的附着部混在一起。

(3)降结肠　降结肠的直径与空肠相似，长度约 2～4 m(驴约 2 m)，直径 7.5～10 cm(驴 5～6 cm)。降结肠由长的降结肠系膜悬吊起来，降结肠系膜较空肠系膜有更丰富的脂肪，可将二者区分开。降结肠有 2 条纵肌带：对肠系膜纵肌带和肠系膜纵肌带。在肠系膜纵肌带上有肠系膜附着。这 2 条纵肌带的收缩使降结肠形成 2 列明显的肠袋，其内有马属动物特有的球形粪便。

马的结肠不同部位可以由纵肌带的数量鉴别：

4 条纵肌带：左、右下结肠和胸骨曲

3 条纵肌带：膈曲和右上结肠

2 条纵肌带：降结肠

1 条纵肌带：骨盆曲和左上结肠。

2. 猪的结肠　猪的结肠长 3～4 m，也分 3 个部分，其横结肠与降结肠与犬的排列相似。升结肠很长，盘曲形成锥形结构。锥底与左侧腹腔顶壁相连，锥尖指向腹侧，其确切位置取决于胃的充盈程度。

升结肠在左肾腹侧起于盲肠后，顺时针方向(从上面看)盘曲形成向心回至锥体尖端，而后反转形成中心曲，再逆时针方向紧密旋转回基底部。向心回位于锥体的外侧，而离心回被向心回覆盖位于锥体内侧。向心回肠段有 2 条纵肌带和 2 列肠袋，离心回则无纵肌带和肠袋。

3. 反刍动物的结肠　结肠在牛长约 10 m，羊 4～5 m，通常也分为升结肠、横结肠、降结肠三部分。升结肠呈螺旋状排列，是结肠的最长部分。

离开盲肠后，升结肠形成乙状弯曲(结肠近袢)，肠管起初凸向前，继而凸向后。然后肠管变窄，转向腹侧形成双螺旋肠袢(旋袢)，与肠系膜左侧相接触。牛结肠 2 圈向心回在螺旋中心曲处反转，延续形成 2 圈离心回。绵羊有 3 圈向心回，山羊有 4 圈，其后形成相同数量的离心回。小反刍动物由于其内粪便分开排列的特点，离心回外观呈现串珠状。小反刍动物离心回的后部离开螺旋袢接近空肠，环绕空肠淋巴结。牛的整个螺旋肠袢形成扁平的盘状，小反刍动物形成低矮的锥状结构。

离心回出旋袢后，升结肠延续至终袢(结肠远袢)，先向后到骨盆腔入口处，而后折转向前转为横结肠。短的横结肠从肠系膜根的前部跨过正中线，向后延续为降结肠。这部分结肠通常被埋于脂肪内，并且与相邻肠段混在一起。结肠在骨盆入口转为直肠之前形成乙状弯曲，这种松散的结构使得在直肠检查时有较大的活动范围。

(三)直肠

直肠由骨盆前口向后伸达肛门，长约 30～40 cm(在驴约 25 cm)，前段管径小，由直肠系膜联系于骨盆腔背侧壁，其腹侧面与膀胱(在公畜)或子宫(在母畜)相邻。后段膨大，称为直肠壶腹，位于腹腔膜之后，其腹侧面与膀胱、输精管末端、副性腺及尿生殖道(在公畜)相邻，或与子宫、阴道及阴门(在母畜)相邻。

(四)肛门

肛门为消化管的末端，呈圆锥状突出于尾根之下。肛门皮肤薄而无毛，有色素，皮脂腺及汗腺发达。黏膜形成若干纵褶，填塞于肛管中。

在肛门的皮肤和黏膜之间有肌层。肛门内括约肌为直肠环形肌层所形成；肛门外括约肌为内括约肌周围的环形横纹肌。在肛门两侧有肛提肌，起于坐骨，止于肛门外括约肌两侧的深面。肛悬韧带为平滑肌带，自第 1～2 尾椎腹侧面，左右两侧韧带沿肛门两侧向下延伸，在肛门腹侧汇合后混入肛门括约肌内(在母畜)或延续成阴茎缩肌(在公畜)。

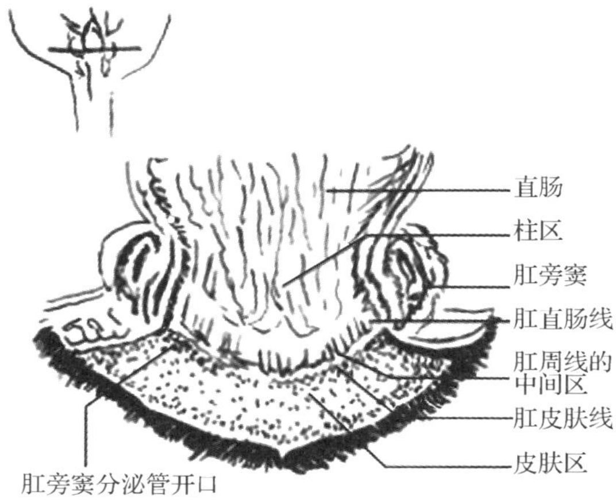

图 5-32　犬的肛管

肛管是直肠壶腹后端变细所形成的管，在马长约 5 cm，在牛羊 1～10 cm。在肉食动物中，肛管的黏膜可以分为 3 个相连的环形区，从前向后分别为：柱区、中间区和皮肤区。

柱区是直肠之后的第一区带，二者由不明显的肛直肠线区分。黏膜有复层扁平上皮，富含淋巴组织。排列有许多纵褶(肛柱)，肛柱之间为沟(肛窦)。(图 5-32)

中间区形成边缘清晰的扇形褶，分为四个弧。中间带止于肛皮肤线。肛腺是管泡状腺，产生油脂性分泌物，开口在柱区和中间区的外面。

皮肤区环绕肛门，它的范围随其下的肛周腺大小而变化，肛周腺终生生长。肛囊的腺体导管开口在皮肤区的表面。

肛囊(肛旁窦)位于肛门内平滑肌和外横纹肌之间，大小不等。其壁层包含肛囊的腺体(肛旁囊腺)，由大的卷曲的顶浆分泌小管构成。这些腺向肛囊中排出恶臭的、浆液的或浑浊的分泌物，其目的是对地盘进行气味标记。犬的肛囊经常患病，这在临床上相当重要。由于分泌物的蓄积，肛囊经常肿大，还会发生脓肿，引发疼痛，导致排便困难。

【案例】 肛门囊位于肛门内外括约肌之间，肛门囊内分泌物来自囊内壁腺体和开口于肛门外周的导管。腺管阻塞可导致犬不适甚至导致会阴部的脓肿形成。这种阻塞可以通过手指施加压力于肛门腺两外侧，把这种含有特殊臭味的分泌物挤出。分泌物的气味被看作犬的标记性气味。

三、肠壁的结构和功能

肠管壁(图 5-33)从内到外分别为黏膜、黏膜下层、肌层和浆膜。单层的黏膜上皮由柱状细胞与散在其间的杯状细胞共同构成，柱状细胞具有吸收功能，杯状细胞分泌黏液。自始至终，在消化管的固有层中都存在直的管状肠腺。小肠黏膜表面存在难以计数的肠绒毛，致使其表面积显著增加。这种浓密的指状突起使小肠的腔面形成天鹅绒样外观。这种表面积的增加对于胃肠道的吸收功能是必要的。在显微镜下观察可见，肠腺(隐窝)开口于肠绒毛基底部之间。每根肠绒毛都有其自身的微动脉，有利于吸收。这些微动脉在肠绒毛游离端形成毛细血管网，毛细血管又在绒毛基部汇聚成微静脉。负责引流脂肪消化产物的毛细淋巴管对这种微系统进行补充。大肠黏膜与小肠黏膜不同，无肠绒毛。大肠的肠腺更长、更直，杯状细胞更多。杯状细胞分泌的黏液对保证肠道光滑是必要的。大肠的重要功能是重吸收水分，使粪便脱水。马大肠存在多重吸收机制。与胃相似，大肠毛细血管排列形成上皮下蜂窝样网状结构。肠壁内淋巴组织是防御微生物由肠道侵入有机体的第一道屏障。肠道黏膜中存在着散在分布的淋巴细胞，这些淋巴细胞形成孤立淋巴滤泡或聚集形成 Peyer 氏结。在黏膜表面可见 Peyer 氏结呈不规则的斑块状或带状隆起，其长度从数毫米至 25 cm(牛)不等。这些结构在马和反刍动物的回肠中发育良好，并且伸入大肠。猪的 Peyer 氏结见于空肠和回肠。猫的盲肠尖，淋巴滤泡特别多。黏膜下层由疏松结缔组织构成，内含小血管、淋巴管、淋巴滤泡和神经丛。除黏膜内有肠腺外，在小肠近端黏膜下层可见管状十二指肠腺。黏膜下神经丛聚集成黏膜下神经丛(Meissner 氏丛)，分布于壁内腺、平滑肌纤维和血管壁。肌层由相对较薄的外纵肌层和内部较厚的内环肌层组成。环形肌层在肛门处形成肛门内括约肌。马和猪的外纵肌层集中形成许多纵肌带，纵肌带收缩形成肠袋。肠的浆膜层由腹膜的脏层形成，肠系膜从背侧体壁向下延伸形成双层褶，双层腹膜分开后覆盖肠管。肠系膜为血管、神经的通路，内含淋巴结。

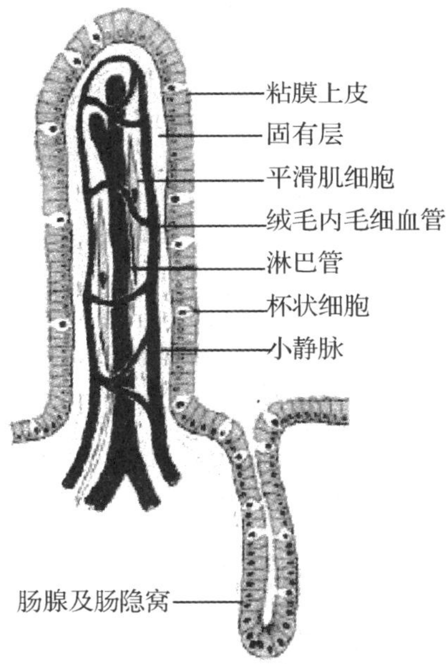

图 5-33　肠绒毛和肠隐窝

小肠是消化、吸收的主要部位，如果切去其长度的 70%，动物就不能维系生命。由于小肠长而接触食糜的内表面积大，消化腺丰富，可分泌多种消化液（如肠液、胰液、胆汁），消化液中含有多种消化酶，加上随食糜带进的许多消化酶，因此能把食糜中大分子的营养物质（包括微生物本身的营养物质）分解成可吸收的小分子物质（如葡萄糖、半乳糖、氨基酸、脂肪酸、单酰甘油、无机盐、维生素、水等）。而这些物质通过滤过、扩散、渗透和主动转运等不同的形式被小肠吸收，进入血液和淋巴液。同时，小肠通过肠蠕动把食糜中未被吸收的部分输送到大肠。大肠可消化、吸收食糜中未被小肠消化、吸收的一些营养物质，但主要功能是吸收盐类和水分，形成粪便。

四、肠的淋巴结

肠道淋巴管汇入以下淋巴结：肝门淋巴结、胰十二指肠淋巴结、肠系膜前淋巴结、盲肠淋巴结、空肠淋巴结、结肠淋巴结和肛门直肠淋巴结。

五、肠的神经支配

肠接受交感神经和副交感神经支配。肠神经系统是由壁内神经节构成的复杂系统，在肠壁各层中形成神经丛，包括黏膜下神经丛（Meissner 氏丛）和位于两肌层之间的肌间神经丛（Auerbach 氏丛）。这两个神经丛都通过精细的浆膜下神经纤维网连接到腹腔的椎下神经节。这些神经丛受交感神经和副交感神经的支配，但其功能是独立的，负责肠道肌自主性收缩和分泌活动。

六、肠的血液供给

肠管除了十二指肠近段和直肠末段外，其血液均由肠系膜前、后动脉供给。十二指肠血液供给来自腹腔动脉肝支，直肠末段血液供给来自阴部内动脉直肠支。尽管在不同物种甚至不同个体间有细微差异，肠系膜前动脉均分为 3 条主支：空肠动脉、回结肠动脉和结肠中动脉。

空肠动脉干走向左侧，分成许多空肠动脉进入肠系膜并向空肠延伸。在将要到达空肠处，这些动脉互相吻合，形成动脉弓。动脉弓发出分支到空肠壁。这些丰富的吻合确保当某一空肠动脉完全闭塞时肠管能正常工作。第一条空肠动脉分出胰十二指肠后动脉，最后一条空肠动脉与回结肠动脉的肠系膜回肠支吻合。

从肠系膜前动脉分出之后，回结肠动脉走向右侧发出分支供应回肠、盲肠和升结肠的血液。

马的右结肠动脉供应背部结肠，称为结肠背侧动脉；供应腹侧结肠的动脉称为结肠腹侧动脉。这两条动脉在结肠骨盆曲处形成一个吻合。

结肠中动脉是肠系膜前动脉的第 3 分支，为横结肠提供血液供给。结肠中动脉通过结肠右动脉与回结肠动脉吻合，通过结肠左动脉与肠系膜后动脉吻合。

肠系膜前动脉不仅为大部分肠管提供血液供给，而且对肠道具有重要的支撑作用。主动脉的软组织通过外膜与脊柱相连，以此在背侧体壁和肠系膜前动脉间形成吊带。与此同时，肠动脉血压致使这种吊带如充气胶管一样不易弯曲，加强了腹腔内器官的固定。这种机制对于马十分重要，因为马的肠系膜相对较长，肠管活动性大。有人认为肠道血压的改变，如动脉管壁的寄生感染，可以导致肠变位，引起马疝痛。

较小的肠系膜后动脉在距主动脉终末分支不远处起于腹主动脉，分布于降结肠和直肠前部。肠系膜后动脉可以分为结肠左动脉和直肠前动脉。结肠左动脉在降结肠的肠系膜中穿行，分出小分支到降结肠肠系膜的表面。直肠前动脉主要供应直肠前段血液。

静脉主要与动脉并行，汇合形成肠系膜前静脉和肠系膜后静脉。肠系膜前、后静脉是门静脉的两条主要属支，第 3 条属支是脾静脉。直肠后部及肛门区的静脉汇入后腔静脉。门静脉接受源于腹腔动脉、肠系膜前后动脉供应区的静脉血液，因此，它汇聚了除直肠末段外所有非成对腹腔器官的静脉血液。

第五节 肝

肝(图 5-34)是动物体内最大的腺体，一般为红褐色，但因动物种类、年龄、营养状况而有差异。质坚实而脆，略有弹性；一般呈中央厚、四周薄的扁平形。肝脏的功能复杂，有外分泌和内分泌的双重功能。能分解、合成、贮存营养物质，解毒，分泌胆汁，参与体内防卫体系，以及形成纤维蛋白原、凝血酶原等。胃肠道静脉系统的解剖学配布，保证了吸收入血液的消化产物在进入大循环之前先经过肝。外分泌产物胆汁的功能是在吸收之前乳化脂肪族化合物，它也包含血红蛋白代谢的最终产物和药物代谢的副产物；蛋白质代谢后产生的氨也在肝内被合成尿素和尿酸，再由肾排出。肝的内分泌物质被释放入血流，对于脂肪、碳水化合物和蛋白质的代谢具有重要的作用。肝是糖原的储存场所，又是重要的血库之一，可储存体内约达 20%的血液。在幼龄动物中，肝还是造血器官。

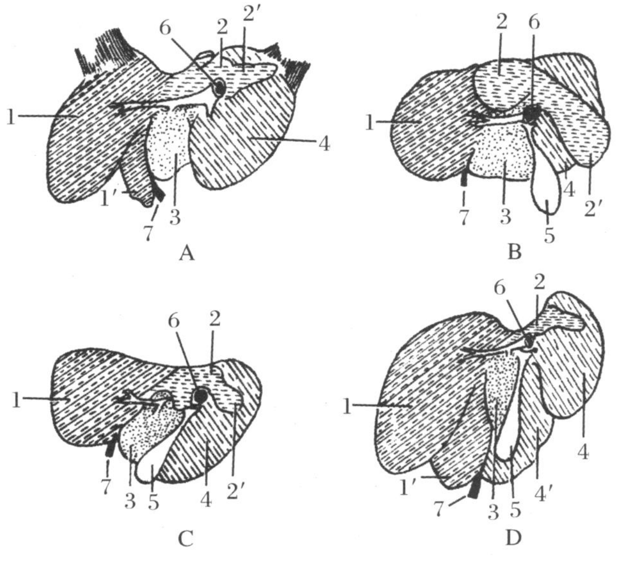

A. 马　B. 牛　C. 羊　D. 猪

1. 左叶　1′. 左内叶　2. 尾叶　2′. 尾状突　3. 方叶　4. 右叶　4′. 右内叶　5. 胆囊　6. 门静脉　7. 肝圆韧带

图 5-34　家畜肝的分叶模式图

(一)重量

不同动物之间甚至同种动物不同个体之间,肝大小变化很大(图 5-35～图 5-38),主要取决于年龄和体重。肝占体重百分比的平均值为:猫 2%,犬 3%～4%,猪 2%～3%,食草动物 1%～1.5%。动物胚胎期肝质量比例更大,占据腹腔大部。幼龄动物肝由于其具有造血功能而较成年动物的大;老龄动物肝常出现明显萎缩。

(二)形态、位置和种属差异

肝位于季肋部,紧贴膈的后方。肝大部分位于正中矢状面右侧,反刍动物由于瘤胃的发育挤压,肝完全位于腹腔的右侧。活体动物肝适应邻近器官的形状,原位固定时保持与这些邻近器官的形态一致,并形成压迹。

肝具有朝向膈的凸面(膈面)和朝向其他腹腔脏器的凹面(脏面)。这两个面汇合成的腹外侧锐缘和背侧的钝缘。脏面的特征是有肝门。门静脉、胆管和肝动脉通过肝门进出肝。肝与胆囊紧密联系。

在大多数物种中,肝由腹侧缘的裂隙分为 4 个叶:肝左叶、肝右叶、肝尾状叶和肝方叶。

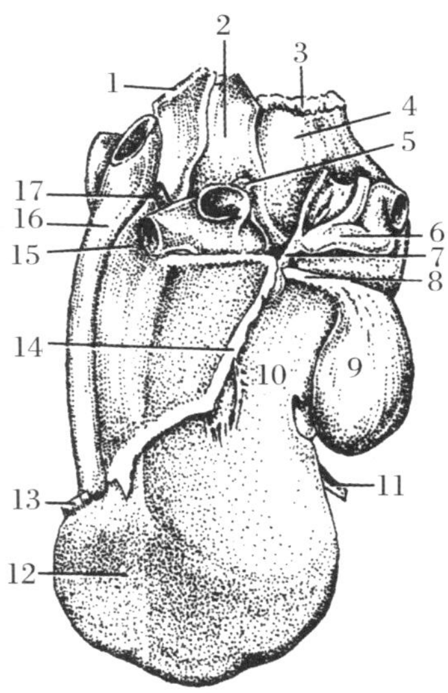

1. 肝肾韧带　2. 尾状突　3. 右三角韧带　4. 肝右叶　5. 肝门淋巴结　6. 十二指肠　7. 胆管　8. 胆囊管　9. 胆囊　10. 方叶　11. 肝圆韧带　12. 肝左叶　13. 左三角韧带　14. 小网膜　15. 门静脉　16. 后腔静脉　17. 肝动脉

图 5-35　牛肝(脏面)

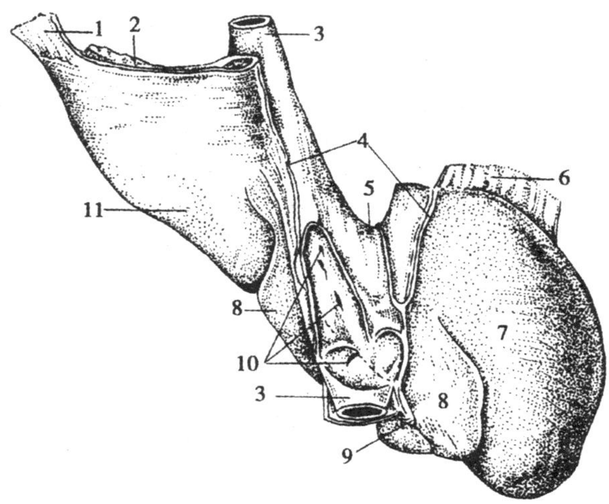

1. 右三角韧带　2. 肝肾韧带　3. 后腔静脉　4. 冠状韧带　5. 食管切迹　6. 左三角韧带　7. 肝左叶　8. 肝中叶　9. 肝镰状韧带　10. 肝静脉　11. 肝右叶

图 5-36　马肝(壁面)

不同物种间肝的分叶模式有很大差别。犬猫等脊柱活动性大的动物的肝比活动性小的草食动物等有更多的分叶。有假说认为,当脊柱最大限度地屈曲或伸展时,肝叶间很容易滑动。那些没有明显裂隙存在的动物,理论上的分叶还在应用,即由某些界标假想的延伸线将肝分为上述 4 个主要叶。

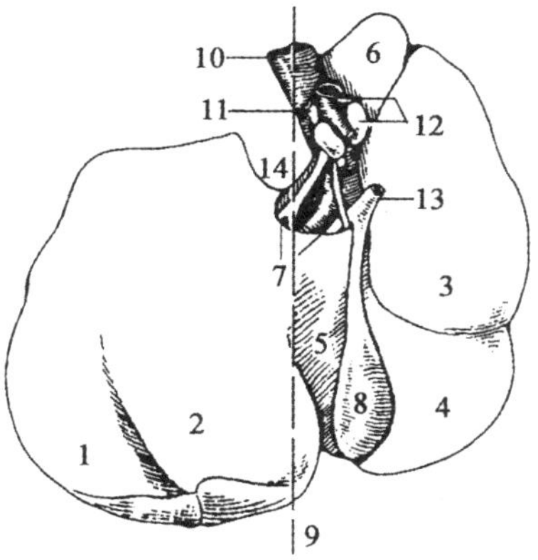

1.左外叶　2.左内叶　3.右外叶　4.右内叶　5.方叶
6.尾叶　7.小网膜附着线　8.胆囊　9.腹正中线
10.后腔静脉　11.肝静脉　12.门静脉及肝门淋巴结
13.胆管　14.食管切迹

图 5-37　猪肝(脏面)

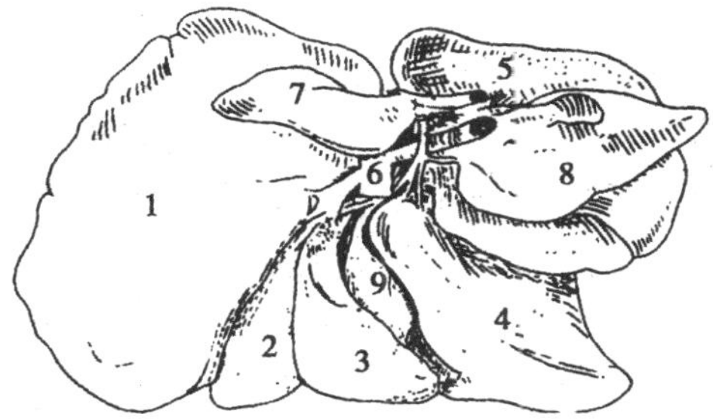

1.左外侧叶　2.左内侧叶　3.方叶　4.右内侧叶
5.右外侧叶　6.肝门　7.尾叶的乳头突
8.尾叶的尾状突　9.胆囊

图 5-38　犬的肝

肉食动物肝分为 4 个叶和 4 个亚叶以及两个突。左、右肝叶又可分为内侧叶和外侧叶(左、右内侧叶和左、右外侧叶),肝尾状叶分为尾状突和乳头突。猪肝与犬肝相似,但缺乏乳头突。马只在肝左叶分为内、外侧叶,而肝右叶不发生分叶;尾状叶具有尾状突,但是缺乏乳头突。反刍动物的肝没有裂隙,由左叶、右叶、1 个方叶和 1 个尾状叶组成,叶的界限由相应的解剖假想延伸线确定。

在原位固定的肝标本中,可见一些压迹和切迹。脏面有胃、十二指肠、胰、右肾(猪除外,其肾的位置十分靠后)和各段肠的压迹,不同动物有差异。

背侧缘的左侧有食管压迹,右侧有右肾压迹,内侧有后腔静脉通过的沟。

(三)结构

肝游离面几乎完全被腹膜覆盖,形成浆膜,与下面的纤维囊融合包围整个肝。血管经小叶间结缔组织进入肝内。肝实质上被小梁分为无数小单位——肝小叶(图 5-39、图 5-40)。

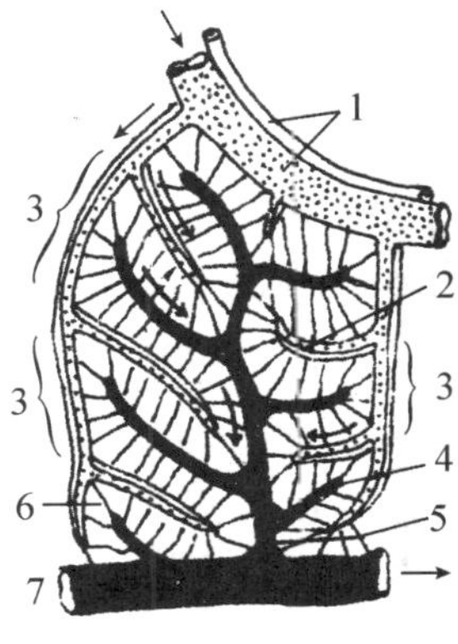

1.肝动脉和门静脉　2.小叶间动脉和静脉
3.肝小叶　4.中央静脉　5.小叶下静脉
6.肝窦　7.肝静脉(箭头示血流方向)

图 5-39　肝的结构模式图

猪的肝小叶界限特别明显,在肉食动物中也大致可见,外观近似为直径 1 mm 的六角形区域。肝小叶是肝中肉眼可见的最小功能单位,由弯曲的肝细胞板和肝板间充满血液的腔隙——肝窦状隙构成。根据血管构筑,肝小叶可以分为如下群组:多边形肝小叶,中心只有 1 条中央静脉;肝门周肝小叶,中心有肝动脉、肝静脉和胆管。

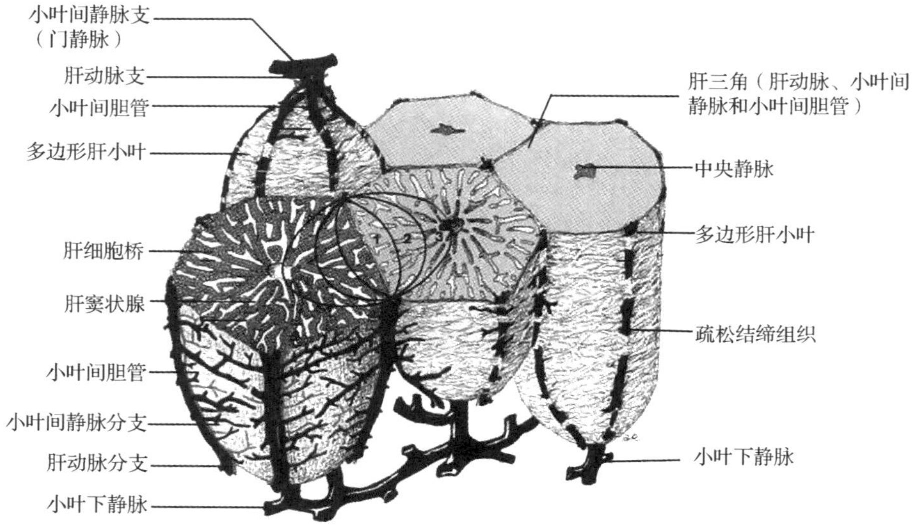

图 5-40　肝小叶与输入和输出血管的关系(示意图,三维)

(四)血液供给

肝接受通过肝动脉和门静脉的丰富血液供给。肝动脉为腹腔动脉的分支,供应肝营养。肝动脉与门静脉一起从脏面的肝门进入肝。这两个血管沿着纤维性隔膜和肝管属支一起发出分支。在与门静脉分支一起引血入肝血窦之前,肝动脉供应血液到肝框架结构、被膜、肝内胆管系、血管壁和神经。因此,肝实质细胞被浸没在来自肝动脉和门静脉的混合血液中,并从这两条血管汲取营养。

门静脉有 3 个属支:脾静脉、肠系膜前静脉和肠系膜后静脉。它们汇聚腹腔中所有非成对器官(胃、胰、肠和脾)的血液,向肝运输功能血。

门静脉的属支和贲门—食管区静脉以及直肠肛门区静脉有侧支相连,当肝内循环发生阻塞时,如肝硬化,这些器官的血管会改变路线,经这些侧支回流。

胎儿的静脉导管是脐静脉干的直接连续,穿过肝并绕过肝循环汇入后腔静脉。一些个体(特别是犬和猫)出生后仍然存在门静脉—腔静脉旁路,需要进行外科手术矫治。

肝静脉回流始于肝小叶中央的中央静脉。这些静脉汇聚肝动脉和门静脉的血液,这些血液在肝窦状隙中发生混合并且与肝细胞相接触。邻近的中央静脉融合形成小叶下静脉,小叶下静脉彼此融合形成肝静脉。肝静脉在膈面离开肝汇入后腔静脉。肝内血管分支的详细知识在人医肝外科学中是必不可少的,但在兽医学中没有那么重要。

肝的血液循环和胆汁排出途径如下所示:

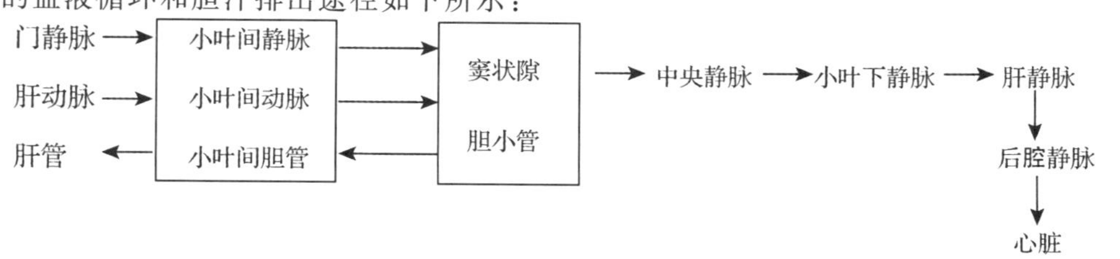

(五)神经分布

肝受到交感神经和副交感神经双重支配。它接受来自迷走神经腹侧干的传入纤维和传出纤维支配,也接受源于腹腔神经节的交感纤维支配。

(六)淋巴管

肝淋巴管注入肝门淋巴结,该淋巴结位于肝门附近的小网膜内。

(七)韧带

肝与胚胎发育中存在的腹侧系膜有密切联系。它没有支持功能,只是运送血管、神经和淋巴管。它有三个不同的部分:肝镰状韧带、肝十二指肠韧带和肝胃韧带。

肝镰状韧带是腹侧系膜的遗迹,在肝、膈和腹侧体壁之间延伸。胎儿时期,其游离端包含有脐静脉,出生后消失,形成圆韧带(肝圆韧带)。

肝十二指肠韧带和肝胃韧带起于肝门,分别延伸到十二指肠和胃。它们组成小网膜,并将胆管运送至十二指肠,将肝动脉和门静脉运送至肝。在小网膜附着于胃小弯处,含有胃左动脉和胃右动脉。肝由入肝的血管以及来自膈的纤维性膜和浆膜性膜固定。为肝提供机械性支持的韧带有 3 个:左三角韧带、右三角韧带和冠状韧带。

冠状韧带为环绕后腔静脉并从肝至膈的短韧带,具有不规则的外表轮廓,边缘形成三角韧带。左、右三角韧带在每侧肝的背部和膈之间延伸。

【案例】 高产奶牛过多采食高能量日粮会导致脂肪肝。导致牛和羊肝病最严重的致病因素是肝吸虫,该病易在暖冬和潮湿的环境中传播。严重的肝脏疾病还会引起肝性脑病。

(八)胆管

胆汁由肝细胞板产生,被排入胆小管。胆小管又称胆毛细管,位于肝细胞之间,无自身管壁。胆小管合并成小叶间胆管,与肝动脉和门静脉的分支一起位于小叶间间质组织中。小叶间胆管汇合形成叶胆管。(图 5-41)

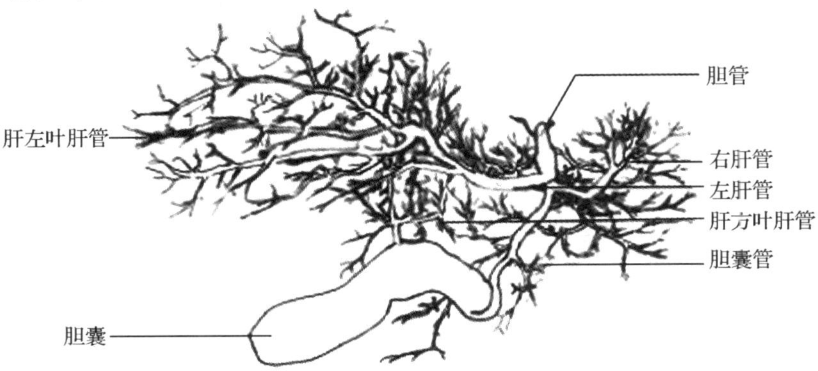

图 5-41 绵羊胆汁引流系统

肝外胆管包括源于肝的肝管，至胆囊的胆囊管和至十二指肠的胆管。

马和反刍动物的叶胆管汇合形成左、右肝管，肝管进一步汇合形成肝总管。猪肝左叶的叶胆管汇合形成一条左肝管，而肝右叶的叶胆管分别汇入肝总管。

在肉食动物，每个肝叶有其自身的叶胆管汇入胆囊管中，没有左、右肝管或总肝管。胆管的起始处以总肝管或最后叶胆管与胆囊管连接处为标志。胆管开口于十二指肠近段的十二指肠大乳头。

（九）胆囊

囊状的胆囊位于肝的脏面，接近于肝门的凹窝中。猫的膈面也可见到胆囊。胆囊在需要时，向十二指肠中排入储存的胆汁。它也可以通过褶皱黏膜的吸收作用浓缩胆汁。马属动物没有胆囊。

第六节　胰

胰（图 5-42、图 5-43）是具有内分泌和外分泌双重功能的腺体。其外分泌产物（胰液）通过一个或多个（以动物种属而定）导管运送到十二指肠中。胰液中包含 3 种酶，一种是能分解蛋白质的胰蛋白酶和糜蛋白酶，一种是能分解碳水化合物的胰淀粉酶，另一种是能分解脂类的胰脂肪酶。胰的内分泌部产生胰岛素、胰高血糖素和生长抑素。

胰位于腹腔背部靠近十二指肠近段，可以分为 3 个部分：胰体（或称胰头、中叶）、胰右叶和胰左叶。

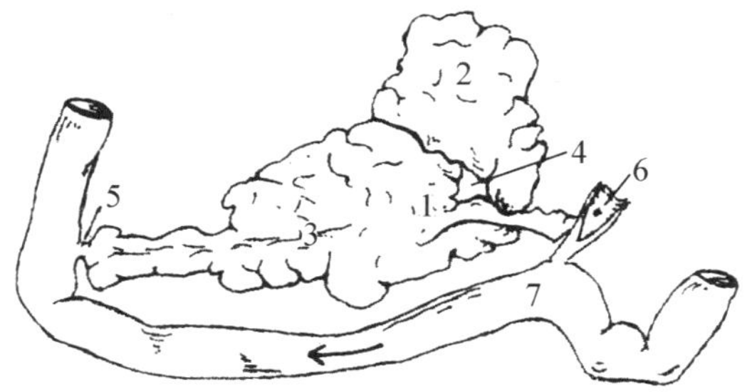

1. 胰体　2. 胰左叶　3. 胰右叶　4. 胰环　5. 胰管（副胰管）
6. 剖开的胆总管，内有主胰管开口　7. 十二指肠

图 5-42　水牛的胰腺

原位固定后胰呈背部开口的"V"字形，肉食动物和反刍动物的胰脏具有门静脉切迹（胰切迹），马和猪的胰脏有门静脉穿过（胰环）。肉食动物细长的胰呈典型的"V"字形，由从胰体发出的两臂组成。左臂较短，但较右侧臂厚，在腹腔背侧壁大网膜起始部延伸。较长的右叶伴随十二指肠降部在十二指肠系膜内延伸。猪的胰由大的胰体、左叶和小的右叶组成，右叶包围着门静脉。马的胰呈三角形，由大的致密胰体及与其相连的短的右叶和较长的左叶构成。胰环处有门静脉穿过。反刍动物的胰由短的胰体及左、右胰叶构成。右叶较大，沿着十二指肠降部的肠系膜延伸。门静脉从胰背侧缘胰切迹通过。

胰的导管有两个：主胰管（简称胰管）和副胰管。胰管通常与胆管一同或相近开口于十二指肠大乳头；副胰管开口于十二指肠对侧部的十二指肠小乳头。这种解剖学排列通常见于犬和马。其他家畜的胰管缩减为一条。通常猫和小反刍动物只存在胰管，而猪和牛只存在副胰管。因为这两部分在腺体内相通，一个导管的缺失不影响其功能。不同种属动物的胰管系统：猫胰管大，部分个体存在小的副胰管；犬胰管很小，部分个体胰管消失，副胰管很大；猪仅存在副胰管；牛胰管非常少见，存在副胰管；小反刍动物存在胰管，少数绵羊存在副胰管；马胰管大，副胰管很小。

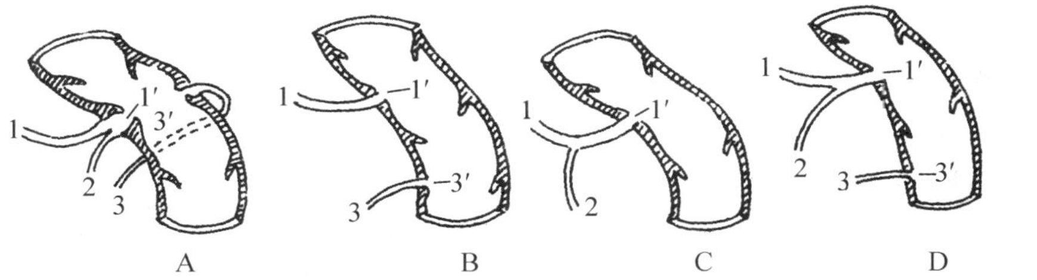

A. 马　B. 牛、猪　C. 羊、骆驼　D. 狗

1. 胆总管或肝总管　1′. 十二指肠大乳头　2. 主胰管　3. 副胰管　3′. 十二指肠小乳头

图 5-43　家畜胆管和胰管在十二指肠的开口模式图

胰由许多小叶构成，小叶间由少量小叶间结缔组织疏松相连，产生不规则锯齿状边缘的结节状表面。

胰的内分泌部比外分泌部小很多，由许多胰岛构成，为分散在外分泌腺泡间的内分泌细胞团。

胰的血液供给来自腹腔动脉和肠系膜前动脉。胰的右叶接受来自前胰十二指肠动脉的血液供给，这条动脉是肝动脉的分支。胰体和胰左叶有脾动脉和后胰十二指肠动脉供应。胰静脉与动脉伴行，最后汇入门静脉。

胰接受副交感神经和交感神经共同支配，副交感纤维源于迷走神经背侧干，交感纤维源于腹腔神经丛。

胰的淋巴引流入胰十二指肠淋巴结，后者是腹腔淋巴结群的一部分。

第七节　腹膜形成的结构

腹膜(图 5-44)从腹壁折转到器官，或从某一器官折转到另一器官，其间往往形成不同形式的皱褶。腹膜所形成的这些结构，分别称为网膜、系膜、韧带和皱褶(或皱襞)。

一、网膜

网膜为连接胃的腹膜结构，可分大网膜和小网膜(单胃动物的网膜结构见胃的固定)。

(一)牛的大网膜

牛的大网膜很发达，覆盖着肠管右侧面的大部分和瘤胃腹囊的表面，可分浅、深两层。浅层起自瘤胃左纵沟，向下绕过腹囊，经腹腔底壁到腹腔右侧，继续沿腹右侧壁向上伸延，止于十二指肠第二段和皱胃大弯。浅层由瘤胃后沟折转到右纵沟转为深层。深层向下绕过肠管到肠管右侧面，沿浅层向上，也止于十二指肠(有时浅深两层先行合并再止于十二指肠)。浅、深两层网膜形成一个大的网膜囊，瘤胃腹囊就被包在其中。在两层网膜与瘤胃右侧壁之间，形成一个兜带，兜着大部分肠管，其腔称网膜上隐窝，开口向后，口的游离缘就是浅、深两层折转处。网膜常沉积有大量的脂肪，营养良好的个体更显著。由于大网膜内含有大量巨噬细胞，所以它是腹腔中重要的防卫器官。

(二)牛的小网膜

牛的小网膜较小,起自肝的脏面,主要止于皱胃和十二指肠第一段,将瓣胃包在里面,其腔隙是网膜囊的一部分。在肝脏与十二指肠间,形成一个网膜孔,可容纳一或两个指头通过。腹膜腔经此孔与网膜囊相通。皱胃的大弯和小弯分别与大、小网膜相连。所以皱胃的脏面位于网膜囊内,而壁面直接与腹壁相接触。

(三)猪的大网膜

猪的大网膜很发达,连接胃大弯于结肠、脾和胰,形成的网膜囊向后几乎覆盖整个肠管直到骨盆前口。网膜具有丰富的脂肪,俗称网油。

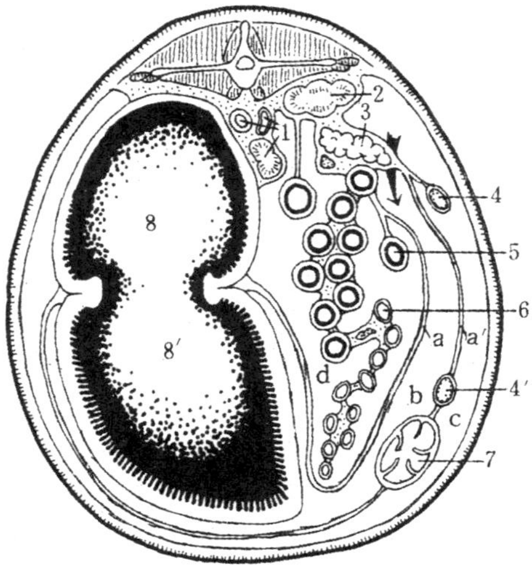

a. a′. 大网膜的深层和浅层　b. 网膜囊后隐窝
c. 腹膜腔　d. 网膜上隐窝
1. 主动脉、后腔静脉和左肾　2. 右肾　3. 胰
4,4′. 十二指肠　5. 结肠　6. 空肠　7. 皱胃
8,8′. 瘤胃背囊和腹囊

图 5-44　牛腹腔横切面模式图
(示大小网膜的形成,箭头通过网膜孔)

二、系膜

系膜为肠管联系于腹腔背侧壁的双层腹膜结构,有悬吊和固定肠管的作用,又是血管、淋巴管和神经的路径,含有淋巴结。

1. 空肠系膜　或称前肠系膜。阔而长,系膜根部较窄,附着于第 1、2 腰椎腹侧、肠系膜前动脉周围,腹侧呈扇形伸至空肠和部分回肠。

2. 小结肠系膜　或称后肠系膜。与空肠系膜相似,附着于腰椎腹侧,前端与空肠系膜延续,向后延续为直肠系膜。腹侧呈扇形伸至小结肠。

3. 直肠系膜　较短,从骨盆腔背侧壁连系直肠前段。可视为小结肠系膜的延续。

4. 总肠系膜　牛、羊的大肠和小肠以一总肠系膜悬挂于腹腔背侧壁。总肠系膜的两层浆膜由脊柱向下左右分开,将结肠初袢、终袢和盲肠的一部分以及旋袢的肠盘包在中间,在旋袢的周围,两层浆膜合并形成短的空肠系膜,将空肠悬挂于结肠袢的周围。

5. 猪的空肠系膜　较长,系膜内脂肪也很丰富,俗称花油。

三、韧带和皱褶

韧带和皱褶为器官与器官之间或器官与腹壁之间短的腹膜结构。

1. 胃的韧带和皱褶　有胃膈韧带、胃脾韧带和胃胰皱褶(见胃的固定)。

2. 十二指肠韧带或十二指肠系膜　很短,将十二指肠第一段固定于肝的脏面(肝十二指肠韧带);第二段联系于右上大结肠;第三段联系于盲肠底(盲肠十二指肠韧带),右肾(肾十二指肠韧带)、腰肌及大小结肠交界处(结肠十二指肠韧带)。

3. 盲肠韧带　盲肠体沿外侧纵肌带以盲结韧带与右下大结肠相连;沿背侧纵肌带以回盲韧带与回肠相连。

4. 大结肠韧带　在上大结肠与下大结肠之间有短的结肠韧带相连;右上大结肠以腹膜和结

缔组织附着于腰部；右下大结肠以上述盲结韧带与盲肠相连。

5. 肝韧带　左、右冠状韧带，镰状韧带，左、右三角韧带和肝、肾韧带等（见肝的固定）。

第八节　几种家畜内脏的体表投影

家畜内脏的位置及其体表投影在诊断学、外科手术以及生产实践中具有广泛的应用，现摘录部分模式图（图 5-45～图 5-51）如下。

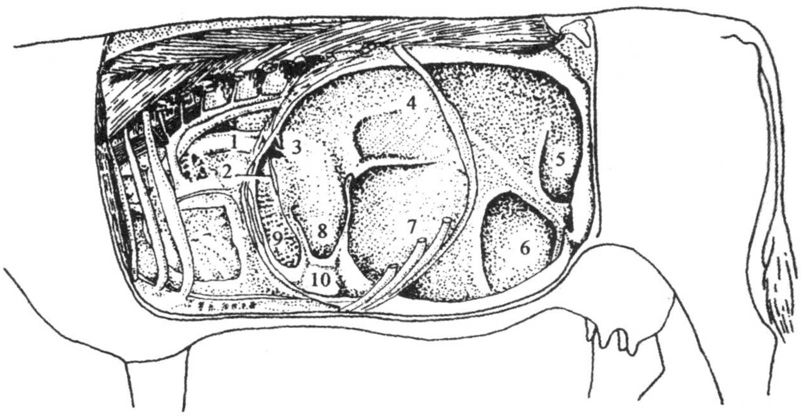

1. 食管　2. 食管沟　3. 瘤胃前庭　4. 瘤胃背囊　5. 后背盲囊
6. 后腹盲囊　7. 瘤胃腹囊　8. 前腹盲囊　9. 网胃　10. 皱胃

图 5-45　牛左侧内脏器官（瘤胃、网胃已切开）

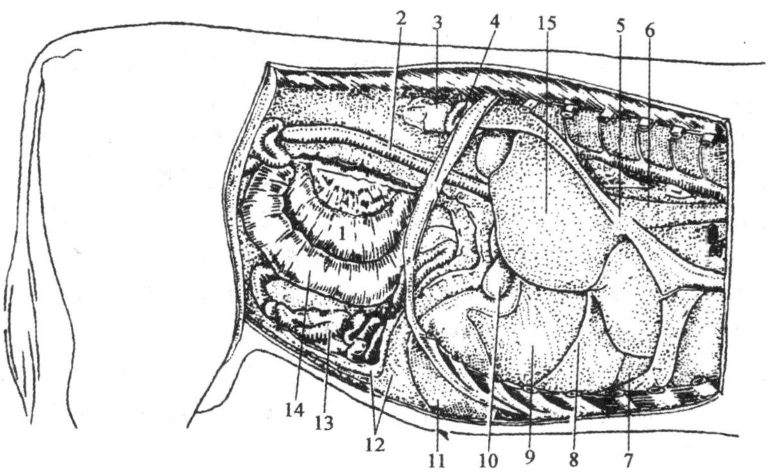

1. 结肠　2. 十二指肠　3. 右肾　4. 第十三肋骨　5. 膈　6. 食管　7. 网胃
8. 镰状韧带及肝圆韧带　9. 小网膜　10. 胆囊　11. 皱胃　12. 大网膜　13. 空肠　14. 盲肠　15. 肝

图 5-46　牛右侧内脏器官

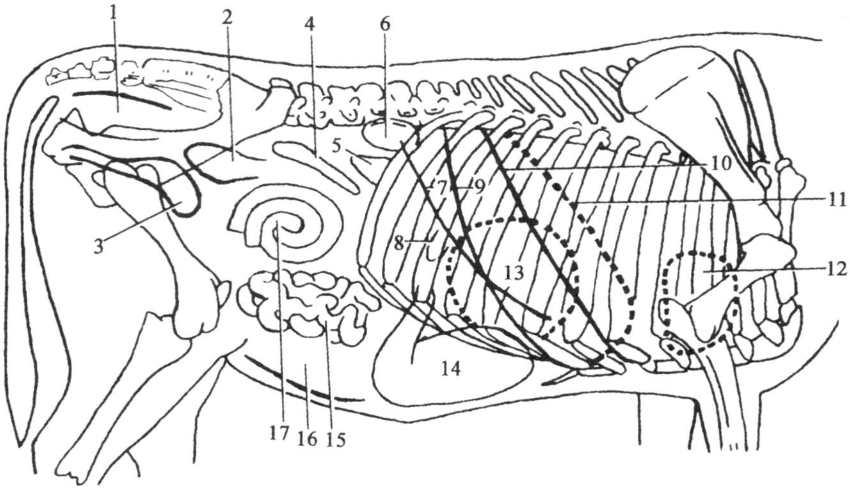

1.直肠　2.盲肠　3.膀胱　4.十二指肠　5.胰　6.右肾　7.肝的右缘　8.胆囊　9.膈附着线　10.右肺后缘　11.膈的顶　12.心　13.瓣胃　14.皱胃　15.小肠　16.瘤胃　17.结肠

图 5-47　牛内脏体表投影(右侧)

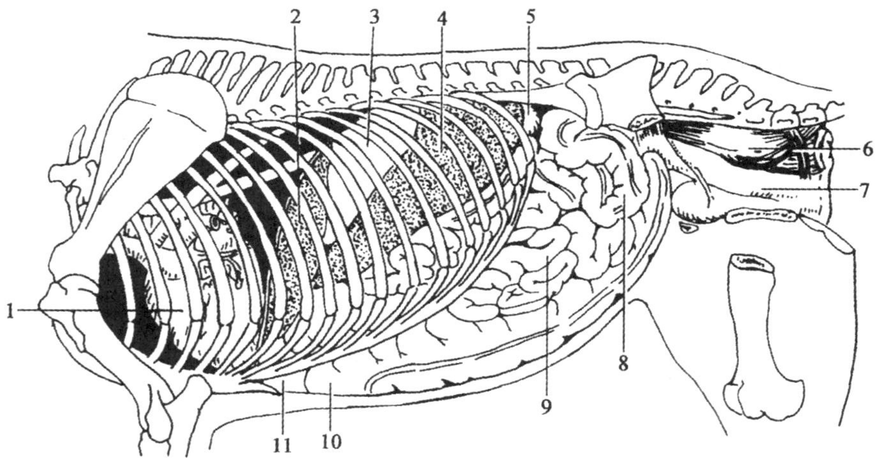

1.心　2.肝　3.胃　4.脾　5.左肾　6.直肠　7.阴道　8.小结肠　9.空肠　10.胸骨曲　11.膈曲

图 5-48　马左侧内脏器官(雌性)

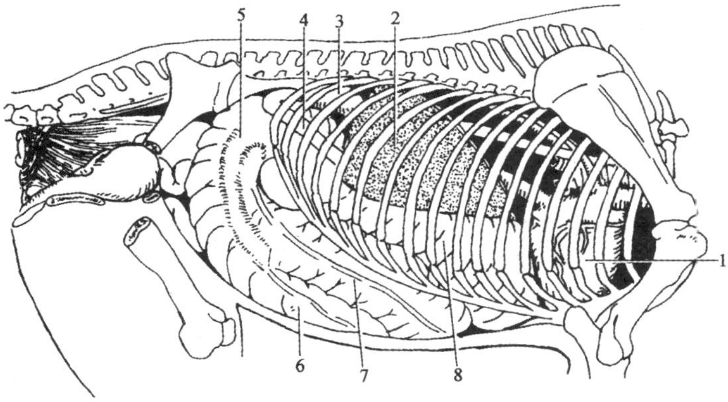

1.心 2.肝 3.右肾 4.十二指肠 5.盲肠底 6.盲肠尖 7.右下大结肠 8.右上大结肠

图 5-49 马的腹腔内脏(右侧观,雄性)

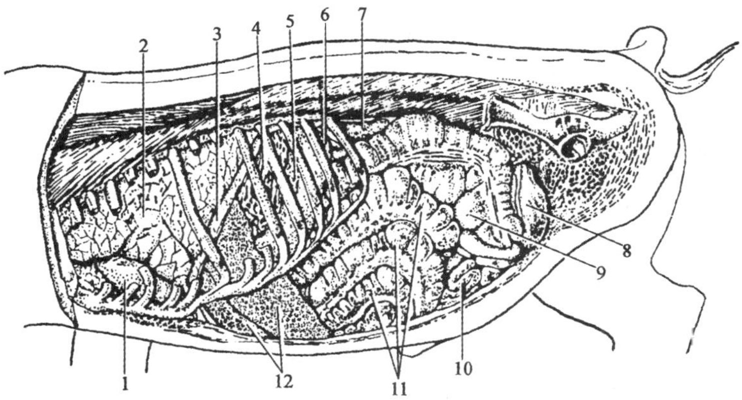

1.心 2.肺 3.膈 4.大网膜 5.脾 6.胰 7.左肾 8.膀胱 9.盲肠 10.空肠 11.结肠 12.肝

图 5-50 猪内脏(左侧)

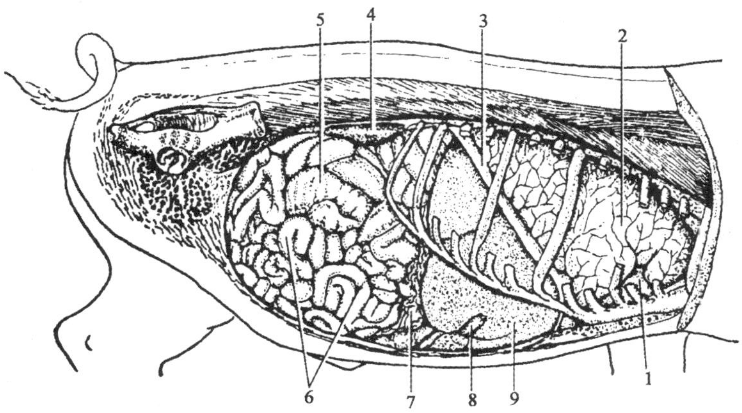

1.心 2.肺 3.膈 4.右肾 5.结肠 6.空肠 7.大网膜 8.胆囊 9.肝

图 5-51 猪内脏(右侧)

第六章 呼吸系统

有机体与外界环境之间进行气体交换的过程，称为呼吸。执行呼吸的所有器官构成呼吸系统。家畜的呼吸系统包括鼻、咽、喉、气管、支气管和肺等器官以及胸膜和胸膜腔等辅助装置(图6-1)。它可分为呼吸道和气体交换场所两部分。头部的呼吸器官称为上呼吸道(鼻、鼻旁窦、鼻咽部)，下呼吸道包括喉、气管和肺。肺内的气体交换场所包括呼吸性支气管、肺泡管、肺泡囊和肺泡。呼吸道是空气进、出肺的通道，具有滤除吸入空气中的细小尘埃和温暖、湿润空气的作用。在肺部，氧气由吸入的空气扩散至血液，二氧化碳由血液扩散至空气。吸入的空气中含有20.9%的氧气、0.03%的二氧化碳和79.4%的氮气。呼出的气体中则含有16%的氧气、4%的二氧化碳和80%的氮气。呼吸器官大部被覆呼吸道黏膜，即具黏液性假复层柱状纤毛上皮。有些区域，如鼻孔、喉和会厌等处由于需要更强的抵抗力，则被覆复层扁平上皮。鼻腔后部的嗅区被覆嗅黏膜。气体交换部位被覆单层扁平上皮。

呼吸系统执行多种功能。鼻内含嗅觉感受器，可以依据环境信息辨别方向，保护机体免受有害物质损伤。鼻腔和鼻甲可温暖、湿润空气，过滤异物。喉支撑着气管的入口，调节空气的进出，还与其他器官如舌等协同，在发声过程中发挥重要的作用。呼吸道各段均可促进水和热量的交换，这对于犬来说尤为重要。气管分支的主干为支气管，支气管进一步分支直至分支末端，即肺泡，肺泡是气体交换的主要场所。

呼吸系统是空气和血液之间进行气体交换的主要场所。呼吸包括气体进入细胞的过程和氧在细胞内的氧化过程。整个呼吸过程包括外呼吸、气体运输和内呼吸三个环节。呼吸(又称肺呼吸)是指肺泡与血液进行气体交换的过程。气体运输是指气体在血液中的运输。氧气由肺泡进入血液后，借血液循环运到全身，供各组织、细胞的需要；而组织、细胞生成的二氧化碳，进入血液后，也借血液循环运至肺而呼出体外。内呼吸(又称组织呼吸)是指血液和组织、细胞进行气体交换的过程。所以气体交换与血液及血液循环有着密切的关系。

第一节 鼻

鼻包括外鼻孔及相关鼻软骨、鼻腔(含鼻泪管和鼻甲)和鼻旁窦。

一、鼻腔

鼻腔呈长圆筒状，位于面部的上半部，由鼻骨、额骨、颌前骨、上颌骨、颚骨、犁骨、上下鼻甲骨

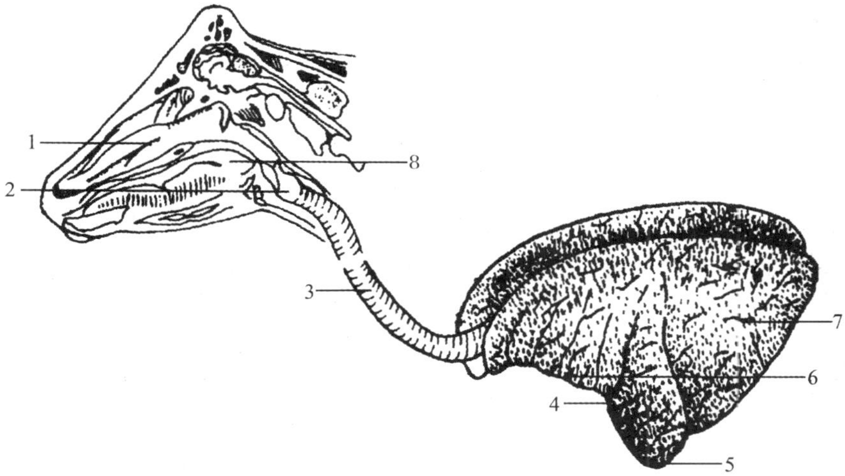

1.鼻腔 2.喉 3.气管 4.心切迹 5.左肺中叶 6.左肺前叶前部 7.左肺后叶 8.咽

图 6-1 牛呼吸系统模式图

及鼻软骨等构成支架，内面衬有黏膜(图 6-2)。前经鼻孔与外界相通，后经鼻后孔与咽相通。鼻腔正中有鼻中隔(包括鼻隔软骨、筛骨垂直板、犁骨和黏膜)，将鼻腔等分为左、右互不相通的两半。由于黄牛的犁骨不达鼻腔底壁，故左、右鼻腔在后部彼此相通，形成总的鼻咽道。随着年龄的增长，鼻中隔软骨的后段会发生骨化。鼻腔包括鼻孔、鼻腔前庭和固有鼻腔三部分。

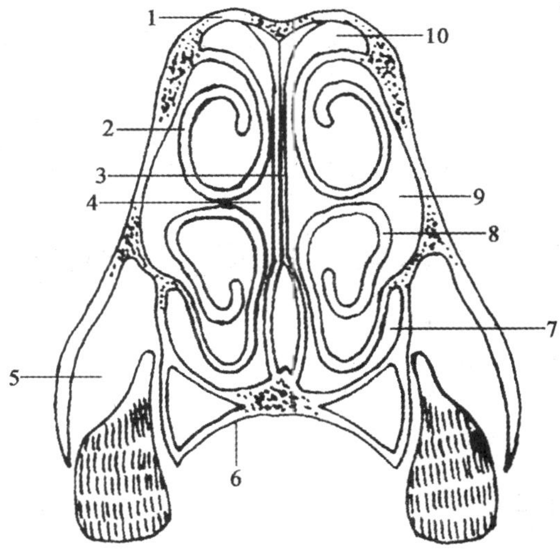

1.鼻骨 2.上鼻甲 3.鼻中隔 4.总鼻道 5.上颌窦 6.硬腭 7.下鼻道 8.下鼻甲 9.中鼻道 10.上鼻道

图 6-2 马鼻腔横断面

(一)鼻孔

鼻孔为鼻腔的入口，由内侧鼻翼和外侧鼻翼围成。鼻翼为含鼻翼软骨的皮肤皱褶，有一定的弹性和活动性。

马的鼻孔大，呈逗点状，鼻翼灵活。牛的鼻孔小，呈不规则的椭圆形，位于鼻唇镜的两侧，鼻翼厚而不灵活。猪的鼻孔也小，呈卵圆形，位于吻突前端的平面上。

鼻孔的形状、大小及被皮特征具有种属差异性。家畜鼻孔表面皮肤无毛，与周围有毛的皮肤界线清晰，但马除外，因为其鼻孔周围的皮肤常有触须。牛的鼻孔前部皮肤特化形成平滑无毛的鼻唇镜，其黏膜面由复层角化上皮构成，内含大量确保黏膜湿润的浆液腺。小型反刍动物、犬和猫的鼻孔周围的皮肤亦无毛。鼻镜的中间有正中沟，即人中，向腹侧将上唇分成两部分。肉食动物的鼻镜表面被位于上颌隐窝内的鼻外侧腺和黏膜内的一些小腺体所湿润。猪鼻孔处呈圆盘状，可活动，称吻突或吻。吻突内有吻骨支撑，表面皮肤特化，形成吻镜。吻镜表面具有触毛和确保吻镜湿润的黏液腺。

鼻镜的表面有大量细沟，每个个体均不同，可作为个体识别的标志，类似于人类的指纹。

外鼻由鼻软骨支撑，鼻软骨的形状、大小、数量因动物种属不同而存在差异(图 6-3)。鼻外侧软骨附着在鼻中隔的前端，并从该处向腹侧和背侧延伸形成鼻背外侧软骨和鼻腹外侧软骨，二者决定鼻孔开口形状。除马以外，所有家畜的鼻背侧和腹侧软骨相互连接，有些家畜的鼻外侧软骨还分出一个鼻外侧副软骨。

马的鼻背侧软骨向前延伸得不远，鼻腹侧软骨不明显或缺失，鼻孔内的宽大空间受鼻翼软骨支撑。鼻翼软骨可划分为背侧的板和腹侧的角两部分。由于鼻背侧壁无软骨支撑，可自由活动，因此必要时可使鼻孔向背侧扩张。鼻翼软骨呈逗点状，将鼻孔分为腹侧的真鼻孔和背侧的伪鼻孔。真鼻孔通向鼻腔；伪鼻孔通向鼻切齿骨切迹内，表面覆有皮肤的鼻憩室。该结构特征决定了胃管导饲时鼻胃管必须由鼻孔腹侧穿行。在古代，小马驹的伪鼻孔常被切开，因为古人认为这更有利于其性能的发挥，尤其是军马。该方法在东南亚地区(巴基斯坦、伊朗、印度北部)至今仍被使用。西方国家采用鼻部整形手术和粘附鼻翼支板的方法来维持竞技类马匹鼻翼软骨的充分开张。

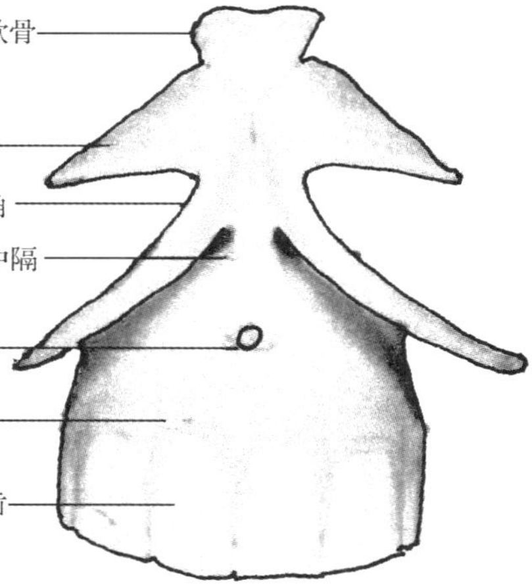

图 6-3　马的鼻软骨(额面观)

(二)鼻腔前庭

鼻腔前庭为鼻腔前部衬着皮肤的部分，相当于鼻翼所围成的空间。

马鼻腔前庭背侧的皮下有一盲囊，向后伸达鼻颌切迹，称为鼻盲囊或鼻憩室。囊内皮肤呈黑色，生有细毛，富有皮脂腺。在鼻腔前庭外侧的下部距黏膜约 0.5 cm(马)或上壁距鼻孔上连合约 1.0～1.5 cm(驴、骡)处有一小孔，称为鼻泪管口。

牛无鼻盲囊，鼻泪管口位于鼻前庭的侧壁，但被下鼻甲的延长部所覆盖，因而不易见到。猪无鼻盲囊，鼻泪管口在下鼻道的后部。

(三)固有鼻腔

固有鼻腔位于鼻腔前庭之后，由骨性鼻腔覆以黏膜构成。鼻腔的外侧壁各有一上鼻甲和一下鼻甲，将鼻腔又分为上、中、下三个鼻道。上鼻道是指鼻腔上壁和上鼻甲之间的裂隙，通嗅区。中鼻道是指上鼻甲与下鼻甲之间的裂隙，通鼻旁窦。下鼻道是指下鼻甲和鼻腔下壁之间的裂隙，此鼻道最宽，通鼻后孔，为气体的主要通道。此外，还有总鼻道，是指上、下鼻甲和鼻中隔之间的裂隙，与上、中、下鼻道相通。下鼻道与总鼻道连接处最宽，鼻胃管和内窥镜皆可经该处进入咽。

鼻甲是表面覆有鼻黏膜的软骨性或骨性的卷曲状鼻甲骨，占据鼻腔大部。鼻甲的排列方式复杂，具有种属特异性。鼻甲突入鼻腔的内部，以增加呼吸表面积。嗅觉高度发达的动物(如犬)

的鼻甲发育得更加完好，进一步增加了嗅觉表面积。嗅觉表面积以及嗅觉感受细胞数量的增加使得犬比人的嗅觉更为敏锐。

鼻黏膜为衬于固有鼻腔内表面及被覆于鼻甲表面的黏膜，因其结构和机能不同，可分为呼吸区和嗅区两部分。呼吸区位于鼻前庭和嗅区之间，占鼻黏膜的大部分，富有血管和腺体，呈粉红色，有温暖和湿润所吸入空气的作用。腺体分泌黏液和浆液，有黏着灰尘和异物的作用。黏膜上皮为假复层柱状纤毛上皮，纤毛的摆动，能将黏液排出。嗅区位于呼吸区之后、鼻后孔附近。黏膜颜色因家畜种类不同而异：马、牛呈浅黄色，绵羊呈黄色，山羊呈黑色，猪呈棕色。上皮内有一种嗅觉神经细胞，为双极感觉神经元，有嗅觉作用。鼻黏膜下存在由多重吻合静脉构成的血管丛，以腹侧最为发达，可温暖吸入的空气，也易于出血。

二、鼻旁窦

鼻旁窦又称副鼻窦，是鼻腔的憩室，由颅骨内、外骨板之间的含气空腔构成。家畜出生后鼻旁窦显著增大，且大小随着年龄而增加。牛和马的副鼻窦尤为发达，这主要与其头骨结构有关。一般认为，副鼻窦有助于维持眼眶、鼻腔和颅腔的温度，增强对其内部器官的机械防护。同时该结构还显著增加了肌肉的附着面积。副鼻窦内衬呼吸道黏膜，该黏膜薄且血管分布稀疏，这被认为是该部位愈合不良的主要原因。炎性反应会引发呼吸道黏膜增厚，这将导致开口本就狭窄的副鼻窦近似关闭，使得治疗过程更加复杂。

家畜副鼻窦主要有：上颌窦、额窦、蝶窦、腭窦、筛窦（猪和反刍动物）、泪窦（猪和反刍动物）和上鼻甲窦及下鼻甲窦（猪、反刍动物和马）。它们均直接或间接与鼻腔相通，所以鼻腔黏膜发炎时可波及副鼻窦，引起副鼻窦炎。副鼻窦有减轻头骨重量、温暖和湿润吸入的空气以及对发声起共鸣的作用。

上颌窦的底部以最后 3 颗臼齿的齿槽为界，呈锯齿状。由于该鼻旁窦和齿根之间仅由一薄的骨板相隔，牙周感染时病菌极易穿过骨板引发鼻窦炎。反之，治疗齿病时亦可通过上颌窦给药的方法进行。马的上颌窦分上颌前、后窦，后窦直接或间接与其他副鼻窦相通。该解剖结构是马副鼻窦内感染迅速蔓延的主要原因。肉食动物的上颌窦称为上颌隐窝更为准确，因为它是鼻腔内位于中鼻甲处的一个憩室，而非头骨内、外骨板间的含气空腔。反刍动物的额窦可延伸至额骨角突，这是断角后极易诱发额窦炎的主要原因。腭窦与蝶窦相通称为蝶腭窦，蝶腭窦与上颌后窦相通。其视交叉位于蝶窦的背侧，两者间仅由一薄的骨板相隔。因此发生副鼻窦炎时，病菌极易感染视神经，导致视觉损伤。

第二节 咽

（见消化系统）

第三节 喉

喉位于下颌间隙的后方、头颈交界的腹侧，悬于舌骨两大角之间，前端与咽相通，后端与气管相接。喉由喉肌、喉软骨和喉黏膜构成(图 6-4)。

一、喉软骨

喉软骨有四种五块,即不成对的会厌软骨、甲状软骨、环状软骨和成对的杓状软骨。

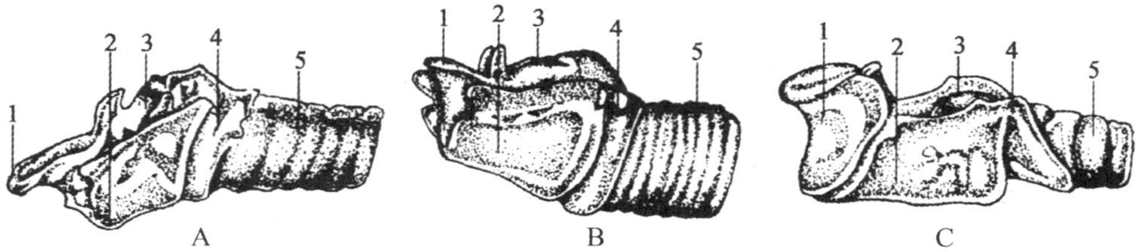

A　　　B　　　C

A. 马　B. 牛　C. 猪

1. 会厌软骨　2. 甲状软骨　3. 杓状软骨　4. 环状软骨　5. 气管软骨

图 6-4　喉软骨

(一)会厌软骨

会厌软骨位于喉的前部,呈叶片状,基部较厚,借弹性纤维与甲状软骨体相连;尖端向舌根翻转。会厌软骨表面被覆有黏膜,合称会厌。会厌在吞咽时可关闭喉口,防止食物入喉。

(二)甲状软骨

甲状软骨最大,呈弯曲的板状,可分为一体和两侧板。体连于两侧板之间,构成喉腔的底壁,其腹侧面有一突起,称为喉结节。两侧板自体的两侧伸出,构成喉腔两侧壁的大部。侧板呈菱形(马)或四边形(牛)。在体后端和两侧板下缘间的裂隙,称为甲状切迹。甲状软骨为透明软骨,可随着年龄的增加而骨化。

(三)环状软骨

环状软骨位于甲状软骨之后,呈环状,背侧部宽,称为板;其余部分窄,称为弓。环状软骨的前缘借一弹性膜与甲状软骨相连,后缘借一弹性膜与气管相连。环状软骨亦由透明软骨组成,且随着年龄的增加而骨化。

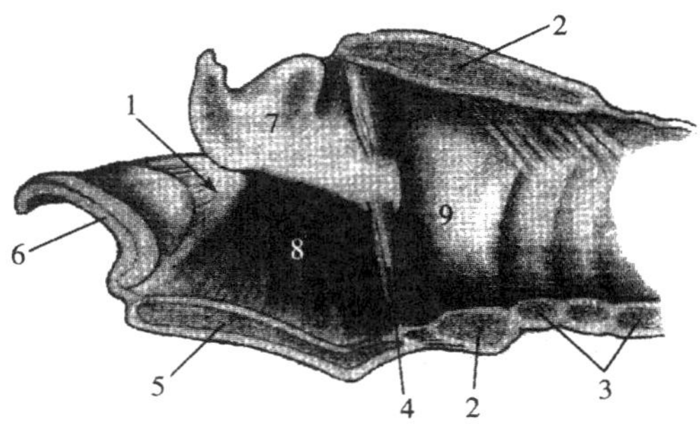

1. 喉口　2. 环状软骨　3. 气管软骨　4. 声襞及声门裂
5. 甲状软骨　6. 会厌软骨　7. 杓状软骨　8. 喉前庭
9. 声门下腔

图 6-5　牛喉腔

(四)杓状软骨

杓状软骨一对,位于环状软骨的前上方、甲状软骨侧板的内侧,呈角锥状。其尖端或小角状软骨弯向后上方,表面包有黏膜。杓状软骨上部较厚,下部变薄形成声带突,供声带附着。杓状软骨由透明软骨构成。

喉软骨彼此借关节、韧带连接围成喉腔。喉腔内面衬有黏膜,外面有喉肌附着。

二、喉肌

喉肌属于横纹肌，可分为外来肌和固有肌两群。外来肌有胸骨甲状肌和舌骨甲状肌等，它们作用于整个喉，可牵引喉前后移动；固有肌均起止于喉软骨，可使喉腔扩大或缩小，紧张和松弛声带。喉肌受喉前神经和喉返神经支配。

三、喉腔

喉腔借喉口与咽相通。喉口由会厌软骨、杓状软骨以及杓状会厌褶共同围成(图 6-5～图 6-7)。在喉腔中部的侧壁上，有一对黏膜褶，称为声带。连于杓状软骨声带突与甲状软骨体之间，是发声器官。两声带之间的裂隙，称为声门裂。喉腔在声门裂以前的部分称为喉前庭。其外侧壁凹陷，称为喉侧室。在喉侧室前缘有喉室褶。在喉室褶的后方有一孔，喉黏膜由此外褶形成喉小囊。牛、羊无喉小囊。覆盖于喉前庭的黏膜上皮为复层扁平上皮。喉腔在声带以后的部分，称为喉后腔。向后与气管相接，其黏膜上皮为假复层柱状纤毛上皮。牛的喉较短，会厌和声带也短，声门裂宽大。

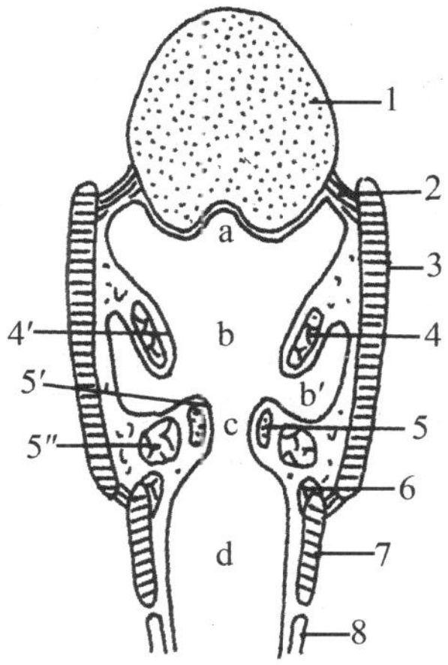

a. 喉中隐窝　b. 喉前庭　b′. 喉室　c. 声门裂　d. 声门下腔　1. 会厌软骨　2. 杓状会厌襞　3. 甲状软骨　4、4′. 前庭襞及前庭肌　5、5′. 声襞及声带肌　5″. 环甲肌　6. 环杓侧肌　7. 环状软骨　8. 气管软骨

图 6-6　喉腔和喉黏膜襞模式图

猪的喉较长，声门裂较窄。

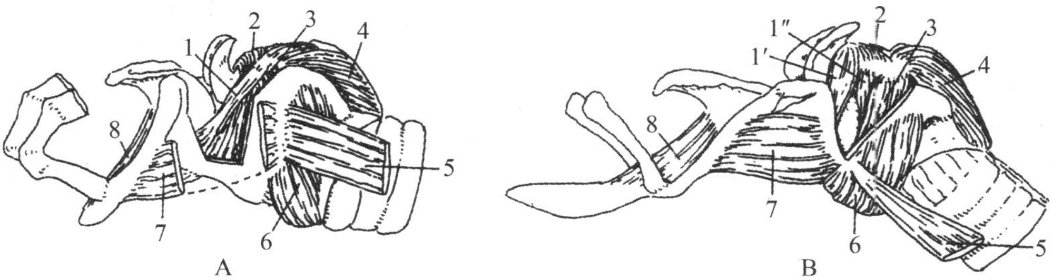

1. 甲杓肌　1′. 前庭肌　1″. 声带肌　2. 杓横肌　3. 环杓侧肌　4. 环杓背侧肌　5. 胸骨甲状肌　6. 环甲肌　7. 甲状舌骨肌　8. 舌骨会厌肌

图 6-7　牛(A)和马(B)的喉肌

四、喉的血液供应和神经支配

喉部的血液供应来自甲状腺前动脉的喉支，后者(甲状腺前动脉)起于颈总动脉的前端。甲状腺前动脉的喉支分出肌支到喉部肌肉，同时该支还穿过甲状软骨切迹，到声带肌、前庭肌和喉黏膜。

喉接受迷走神经分支的支配。喉前神经于迷走神经咽支后侧由迷走神经远神经节(以前称结状神经节)处发出。该神经节在大体解剖中不可见，但在组织学中可以观察到。

喉前神经分为外侧支和内侧支。外侧支支配咽收缩肌和环甲肌。某些动物的外侧支与喉后神经相交通。内侧支穿过甲状腺切迹进入喉腔内壁,分布于喉黏膜。内侧支与喉后神经间常有交通支。

喉后神经为除环甲肌以外的所有喉固有肌提供运动神经支配。它起于胸腔内迷走神经的分支。在心脏的胚胎发育时期,左、右喉后神经分别经左侧的主动脉弓和右侧的肋颈动脉干向后折转,然后向头侧的喉部延伸,称为喉返神经。马左侧喉返神经麻痹往往与其周围动脉受到机械性损伤有关。

马的喉后(返)神经在临床上十分重要。左侧喉返神经麻痹时,患病动物吸气时会发出异常声响,称为"喘鸣",患马的症状称为"喘鸣症"。这种声音是由于气流波动性引发松弛、内收的声带振动而引起的,其主要原因是环杓背侧肌麻痹,杓状软骨和声带外展,病情的进一步发展还可诱发更多肌肉病变。对于该病的发病机理人们已经提出多种假设。例如,不对称理论将其归因于左、右喉返神经移行路线的不对称关系。左侧喉返神经绕过主动脉弓,极易因主动脉的压迫而造成机械损伤。其与支气管淋巴结相距较近也可能是诱发该病的直接原因,感染易导致远端性轴索病。(图 6-8)

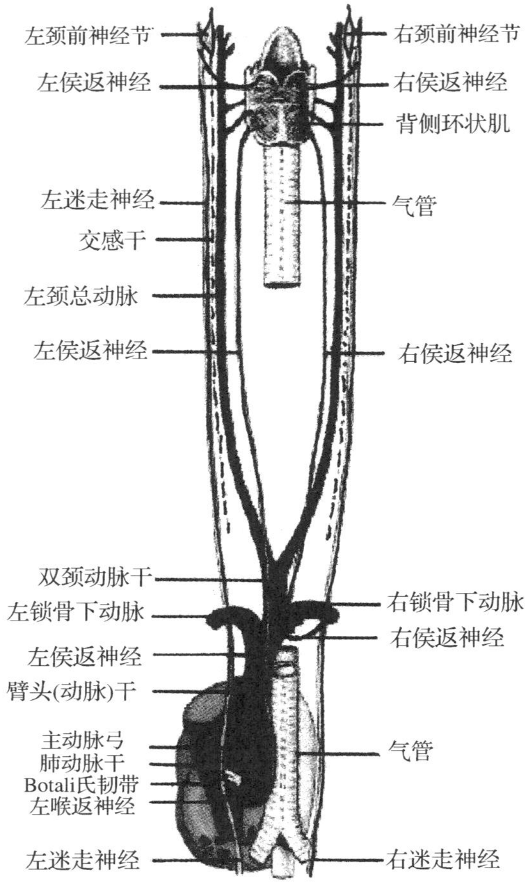

图 6-8 马喉后(返)神经示意图

喉部淋巴导管汇入咽后内侧淋巴结和颈深淋巴结。

五、喉的功能

(1)会厌能防止外物在吞咽的过程中被吸入下呼吸道。

(2)调节空气流量。呼吸的过程中声门有节律地关(呼气)和开(吸气)。声门的开张主要是环杓背侧肌收缩的结果;声门的缩小则由环杓侧肌的收缩完成。二者均接受喉后(返)神经支配。通过喉镜检查,可观察到上述运动。马左侧喉返神经麻痹时,左侧肌肉外展幅度减小。咳嗽和打喷嚏时,声门也会关闭:空气释放时,声门后的压力使其迅速排出。排便、排尿及分娩时,声门则持续关闭以提升胸压。

(3)喉是一个重要的发声器官。猫的咕噜声是由声带肌的迅速收缩(20～30 次/s)伴随膈的快速颤动而产生的,该过程引发声带在呼吸过程中发生振动。

(4)协助呕吐和反刍动物逆呕。

第四节 气管和支气管

一、形态、位置和构造

气管(图 6-9)为一条圆筒状的长管。气管起于喉,经颈棘肌和最长肌腹侧的颈内脏间隙到达胸前口,于第 5 肋间隙水平处的心基背侧分支。猪和反刍动物在气管杈前端分出一支独立的气管支气管,通向右肺前叶。相对于食管位置而言,颈段气管位于颈部正中位置。其腹侧与舌骨长肌相连,两侧有颈总动脉和迷走交感神经干通过。

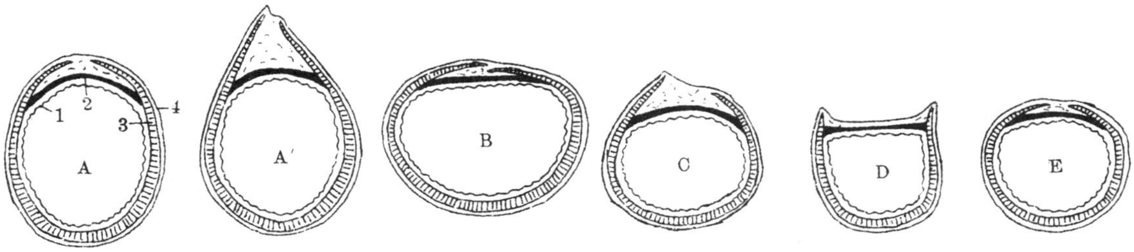

A. 牛(A′为死后形状) B. 马 C. 绵羊 D. 山羊 E. 猪

1. 黏膜 2. 气管肌 3. 气管软骨 4. 外膜

图 6-9 家畜气管横切面模式图

气管从喉的环状软骨开始直至其分支,是一系列由韧带连接的 C 形透明软骨。不同动物气管软骨的数量不同:马 48～60 个,牛 48～60 个,绵羊 48～60 个,山羊 48～60 个,猪 29～36 个,犬 42～46 个,猫 38～43 个。气管环开口于背侧,形状随家畜种属而变化。C 形软骨两端由横向的气管肌和结缔组织相连,这使得气管环全部被一纵向纤维带连接起来。

气管内表面被覆呼吸道黏膜,黏膜由假复层纤毛上皮构成,整段气管均有黏液腺分布。颈段气管的外层覆有外膜,胸段覆有浆膜。外膜为疏松结缔组织,将气管固定于毗邻器官。喉后神经从气管外膜内穿过。

二、马、牛、羊、猪气管的特点

马的气管长,软骨环背侧两端游离,不相接触,为膜壁所封闭。气管横径大于上下径。

牛、羊的气管较短,上下径大于横径。软骨环游离的两端重叠,形成背侧突出的气管嵴。气管在分左、右支气管之前,还分出一支较小的右前叶支气管,进入右肺前叶。

猪的气管呈圆柱状,软骨环游离的两端重叠或互相接触。支气管有三支,与牛、羊相似。

第五节　肺

肺是吸入的空气直接与血液中的气体进行交换的场所，是呼吸系统的主要器官（图 6-10～图 6-12）。

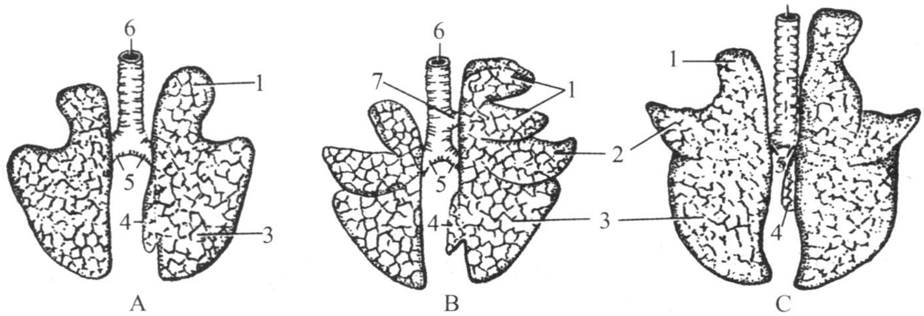

A. 牛　B. 马　C. 猪

1. 前叶　2. 中叶　3. 后叶　4. 副叶　5. 支气管　6. 气管　7. 气管支气管

图 6-10　家畜肺的分叶模式图

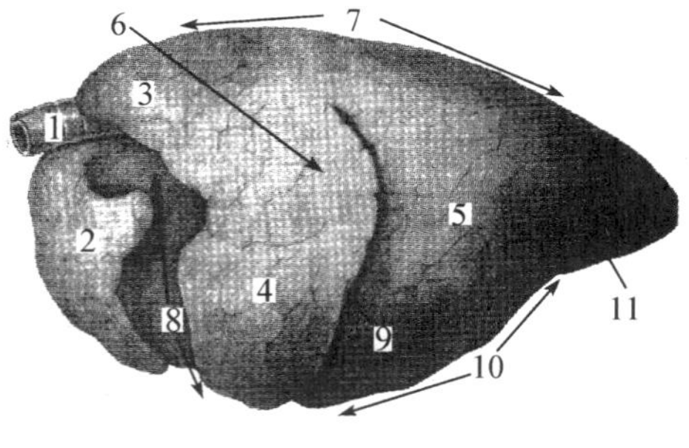

1. 气管　2. 右肺前叶前部　3. 左肺前叶前部　4. 左肺前叶后部　5. 左肺后叶　6. 肋面　7. 背侧缘　8. 腹侧缘　9. 心切迹　10. 底缘　11. 膈面（底面）

图 6-11　牛肺（左侧观）

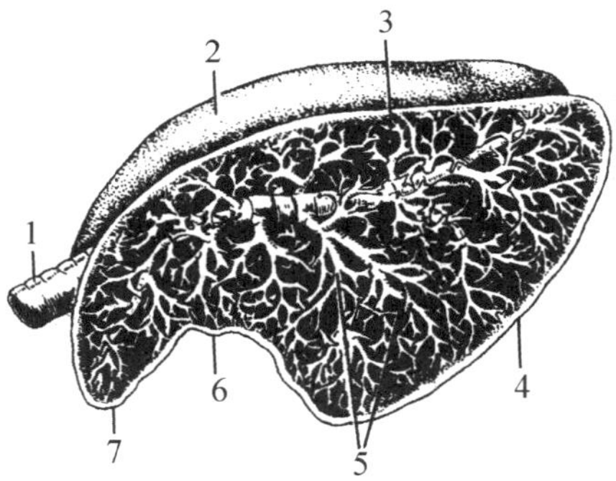

1. 气管　2. 右肺　3. 左肺　4. 心膈叶　5. 各级支气管树　6. 心切迹　7. 尖叶

图 6-12　马肺半模式图

一、肺的形态和位置

健康家畜的肺呈粉红色，海绵状，质地柔软，富有弹性，因含空气，入水不沉。其颜色取决于肺中血液的含量：放血后的动物肺呈苍白色或橘红色，血液充盈时呈深红色。左、右肺大体相似，二者在气管杈处相连。右肺通常比左肺大。肺占据胸腔大部，其双侧表面均由相应的胸膜囊所包裹。脏胸膜（肺胸膜）和壁胸膜之间有一个狭小的充液间隙，可以减轻呼吸时的摩擦。每个肺都有一个肋面，隆凸，与胸侧壁相对；一个纵隔面，与胸腔纵隔相对；一个膈面，与膈相对。纵隔面和肋面在背侧以厚而圆的背侧缘(钝缘)相连。在腹侧以薄的腹侧缘(锐缘)相连。背侧缘位于肋骨和椎骨之间的凹槽内。腹侧缘于心脏处向内凹陷,形成心切迹,该结构使心包与胸腔侧壁相接。膈面和肋面在底缘处相连,与纵隔面在纵隔缘处相连。肺的顶端向前延伸,同胸膜一起穿过胸前口进入颈内脏部。

主支气管及肺部管道(肺动脉、肺静脉,支气管动、静脉,淋巴管等)和神经出入肺的地方称为肺根。肺通过与气管、血管、纵隔和胸膜的连接将其(肺)固定于原位,这些分支于肺韧带的结构在背内侧将肺与纵隔和膈相连。

二、肺的结构

肺由实质和间质构成。肺的实质是吸入气体中的氧气和血液中的二氧化碳进行交换的场所,它由支气管及其分支和末端的肺泡组成。间质由柔软的弹性胶原组织构成,间质中还包含混合腺、平滑肌纤维、神经纤维、血管和淋巴管。肺的表面覆盖有肺胸膜。胸膜下有包裹于肺的纤维囊。纤维囊在肺叶间形成中隔,其数量有多(牛)有少(马),与动物种属有关。间质组织的弹性决定肺在吸气和呼气时的扩张和塌陷程度。由于年龄的增长或发生病理性变化,其弹性会逐渐丧失,从而影响呼吸效率。如马的慢性阻塞性肺病(chronic obstructive pulmonary disease,COPD)可导致肺气肿,间质纤维会被胀破。重病动物呼气时十分吃力(沉重),不得不借助腹部肌肉的收缩加以协助。病晚期在腹外斜肌腱膜部和肉质部之间可见明显的息痨沟。

支气管由肺门进入肺后,反复分支形成支气管树,分支管径依次减小。根据功能,支气管树可分成两部分:肺导气部和肺呼吸部。肺导气部:主支气管、肺叶支气管、肺段支气管、亚肺段支气管、真细支气管和终末细支气管。肺的呼吸部:呼吸性细支气管、肺泡管、肺泡囊、肺泡。

支气管树起自气管杈,气管于该处分出左、右主支气管。主支气管分支为肺叶支气管,供应相应肺叶,并以该肺叶命名。肺叶支气管于肺叶内分出肺段支气管。肺段支气管及其相通的肺组织通称支气管肺段。肺段呈圆锥形,顶端朝向肺根,基部朝向肺的游离面。支气管内表面排布呼吸黏膜,壁内含混合腺、平滑肌纤维和透明软骨。反之,肺段支气管以下各级细支气管壁内无腺体,亦无透明软骨支撑,但壁内含肌纤维,表面排布呼吸黏膜。管壁内无肺泡细胞的支气管分支称为真细支气管,其分支形成终末细支气管。终末细支气管分支为呼吸性细支气管,其管壁内含有少量肺泡细胞。呼吸性细支气管分出二、三级呼吸性细支气管后与肺泡管相连。肺泡管完全被肺泡包围,其末端为肺泡囊。呼吸性细支气管、肺泡管、肺泡囊和肺泡为气体交换提供了气一血界面。随着不断分支,呼吸上皮变得越来越薄,最终由单层扁平的肺泡细胞所取代。肺泡表面排布单层肺细胞(Ⅰ型和Ⅱ型),其下为基底膜,外面包裹有密集的毛细血管网。肺泡和周围的毛细血管形成气一血屏障。

肺叶,肺叶是依据支气管树的分支来定义的。每一肺叶支气管仅供应相应肺叶,该肺叶也因此得名,如前支气管一前叶,副支气管一副叶。根据该方法左肺被划分为前叶和后叶。除前叶和后叶外,右肺还有一个中叶和一个副叶。某些家畜的前叶又可进一步分为前部和后部。副叶位于纵隔隐窝内。该隐窝位于纵隔、后腔静脉及其腔静脉襞之间，前端为心包膜，后端为膈。犬和猫的副叶位于纵隔隐窝外。反刍动物和猪的肺右前叶由气管支气管供应空气，该分支于气管杈前由气管独自分出。

鉴别各种动物肺的最简单方法就是根据肺叶和肺小叶的分叶程度来区分。反刍动物和猪的肺分叶和肺小叶明显；马的肺几乎不分叶，肺小叶的轮廓也极不清晰；肉食动物的肺有深的裂缝，分叶明显，但肺小叶轮廓不清。

三、肺的血管和神经

肺内有两套血管系统：一类为功能血管，是完成气体交换的血管。其组成是肺动脉及其分支、肺泡毛细血管和肺静脉，属于小循环；另一类是营养肺的营养血管，其组成是支气管动脉、毛细血管和支气管静脉，属于大循环。

肺动脉将来自右心室的静脉血输送到肺部进行气体交换，肺静脉将动脉血运回左心房。肺动脉干及其分支——肺动脉是体内唯一运送静脉血的动脉。肺动脉分支与支气管树伴行进入肺，在肺泡周围形成密集的毛细血管网。每个肺泡大约都被十条毛细血管袢包裹。这些毛细血管仅有一部分处于充盈状态，其余的则只在耗氧增加时才充血。肺静脉的分支并不总是与支气管树伴行，有时也会独自移行。

支气管动脉由主动脉分出，进入肺后，沿支气管伸延，沿途分支形成毛细血管网，营养各级支气管，最后汇集为支气管静脉，出肺门注入奇静脉(仅在猪和狗)。

肺的两套血管之间具有吻合支。有的动物无支气管静脉，如反刍动物和马。

肺淋巴引流入气管杈处的气管支气管淋巴结。依据其位置，气管支气管淋巴结可以分为气管支气管左、中、右淋巴结。具有气管支气管分支的动物还有气管支气管前淋巴结。牛的主支气管上还有肺附属淋巴结。上述位置的淋巴经纵隔淋巴结引流入胸导管。

肺接受来自纵隔内肺神经丛的副交感神经和交感神经支配。由颈中和颈后神经节发出的交感神经纤维分布至纵隔，与来自迷走神经的副交感神经纤维汇合，在心基部形成心神经丛；心神经丛发出纤维至肺神经丛。肺内传出纤维分布于支气管腺、肌肉和血管，传入纤维来自黏膜和张力感受器。

第六节　胸膜

胸膜分脏层和壁层。脏层覆盖于肺的表面，又称肺胸膜。壁层按部位又分贴于胸壁内面的肋胸膜、贴于膈胸腔面的膈胸膜和参与构成纵隔的纵隔胸膜。壁层和脏层在肺根处互相移行，共同围成两个胸膜腔。左右胸膜腔被纵隔分开。胸膜腔内含有少量浆液，称为胸膜液，有润滑胸膜、减少胸膜脏层和壁层之间摩擦的作用。纵隔位于左右胸膜腔之间，两侧面为纵隔胸膜，其中含有心脏、食管、气管、大血管(除后腔静脉外)和神经(除右膈神经外)。其中包在心包外面的纵隔胸膜，又称心包胸膜。纵隔在心脏所在的部位，称为心纵隔；在心脏以前和以后的部分，分别称为心前纵隔和心后纵隔。

【案例】 呼吸系统疾病的临床症状理解起来相对简单。打喷嚏是影响鼻腔状况的因素。咳嗽是由于气管或主支气管的阻塞或刺激所引起的，呼吸困难则是由细支气管或肺泡的病理变化引起的。位于前肢前方的肺容积小，而位于第 9 或第 10 肋骨处的肺后叶非常薄。注意右肺与右侧胸壁是紧密贴附的。损伤的肺组织会产生细胞因子，这些细胞因子集中作用使动物的食欲降低，并引起发育畸形和出现全身性疾病的临床症状（发热、不适、虚脱）。然而，并非所有呼吸困难的病例都与疾病有关系，有些是生理性的，比如天气过热、过度潮湿，或者动物受到惊吓或紧张不安。呼吸困难在很大程度上是与病理变化有关的。如发热、疼痛、毒血症或代谢病，如低镁血症或代谢性酸中毒。当腹部满胀（如发生胀气、瘤胃阻塞）或胸腔充满液体（胸腔积液）或上呼吸道阻塞时容易引起浅呼吸，如恶性卡他性炎症、牛传染性鼻气管炎或咽炎。破伤风和巴贝虫病或出血引起重度贫血时可出现极浅呼吸。

第七章 泌尿系统

畜体在新陈代谢过程中，不断地产生各种代谢最终产物和多余的水分。这些物质必须通过一定的途径排出体外，才能维持畜体正常的生命活动。各种代谢最终产物和多余的水分，一部分是通过肺(呼气)、皮肤(汗液)和肠道(粪便)排出体外；而其中绝大部分(如尿素、尿酸、无机盐和水分等)是形成尿液经泌尿系统排出体外的。所以，泌尿系统是家畜有机体在新陈代谢过程中重要的排泄系统。泌尿系统包括生成尿液的器官(肾)和尿液排出的通路(输尿管、膀胱和尿道)(图 7-1)。

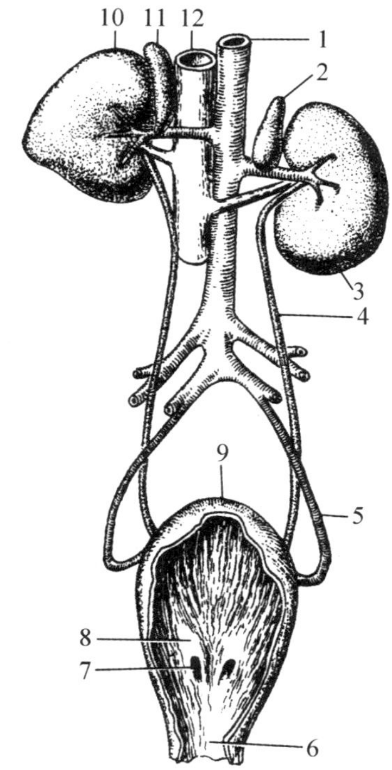

1. 腹主动脉 2. 左肾上腺 3. 左肾 4. 输尿管 5. 膀胱圆韧带 6. 膀胱颈 7. 输尿管开口 8. 输尿管柱 9. 膀胱顶 10. 右肾 11. 右肾上腺 12. 后腔静脉

图 7-1 马的泌尿系统(腹侧面观)

第一节 肾

一、肾的一般构造

肾是成对的实质性器官，左右各一，略呈豆形，红褐色，在腰下部，位于腹主动脉和后腔静脉两侧。肾的表面有一层白色薄而坚韧的纤维膜形成纤维囊，又称肾被膜。在正常情况下，此膜容易剥离。在纤维膜的外面包有一脂肪囊称肾脂肪囊。肾脂肪囊的外面是肾筋膜，它由腹膜外结缔组织发育而来，包被肾上腺和肾周围，由它发出一些结缔组织穿过脂肪囊与纤维囊相连，有固定肾位置的作用。

肾的内侧缘有一凹陷，称为肾门，是肾动脉、肾静脉、输尿管、神经和淋巴管出入之处(图 7-1)。肾门的里面是一个空隙，称为肾窦，内含输尿管的起始部、肾盂、肾盏和血管、淋巴管、神经、脂肪等。

肾由若干个肾叶组成，每个肾叶分皮质和髓质两部分。皮质呈棕红色；髓质色淡，呈圆锥形，小的一端形似乳头不包被皮质，对向肾窦称肾乳头。肾叶常连在一起，连合的程度随家畜种类而不同。牛肾各叶虽连在一起，肾乳头尚互相分离(少数乳头连在一起)；肾表面亦现有沟，位于肾叶之间。猪肾各叶皮质连在一起，在肾表面、肾叶之间已无沟存在，但尚现有若干肾乳头没有连合。马肾和羊肾各叶完全连在一起，肾乳头连成一片；肾表面肾叶之间亦无沟存在。

哺乳动物的肾按融合程度分为如下四种类型：复肾（如河马、大象、熊、海豹、巨鲸、海豚、水獭）、有沟多乳头肾（牛）、光滑多乳头肾（猪、人）和光滑单乳头肾（马、羊、犬、猫、兔）（图 7-2、图 7-3）。

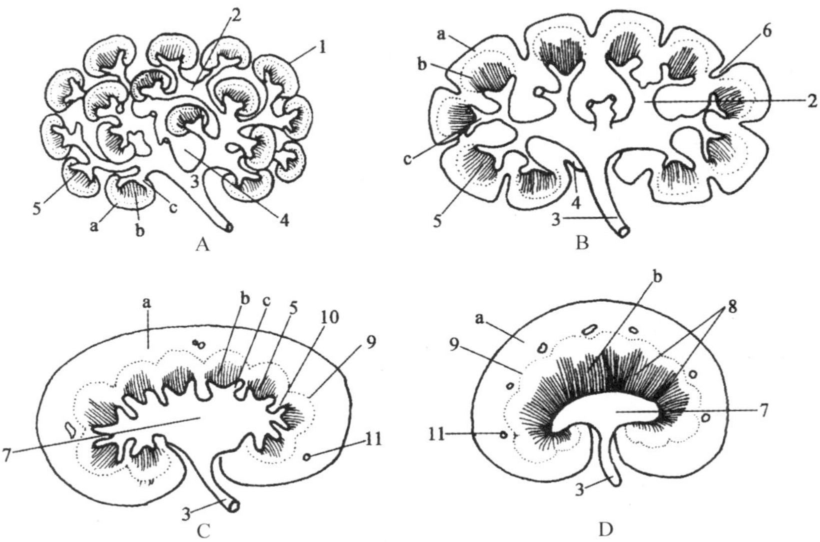

A. 复肾　B. 有沟多乳头肾　C. 光滑多乳头肾　D. 光滑单乳头肾　a. 泌尿区　b. 导管区　c. 肾盏
1. 小肾（肾小叶）　2. 肾盏管　3. 输尿管　4. 肾窦　5. 肾乳头　6. 肾沟　7. 肾盂　8. 肾总乳头
9. 交界线　10. 肾柱　11. 弓状血管

图 7-2　哺乳动物肾类型模式图

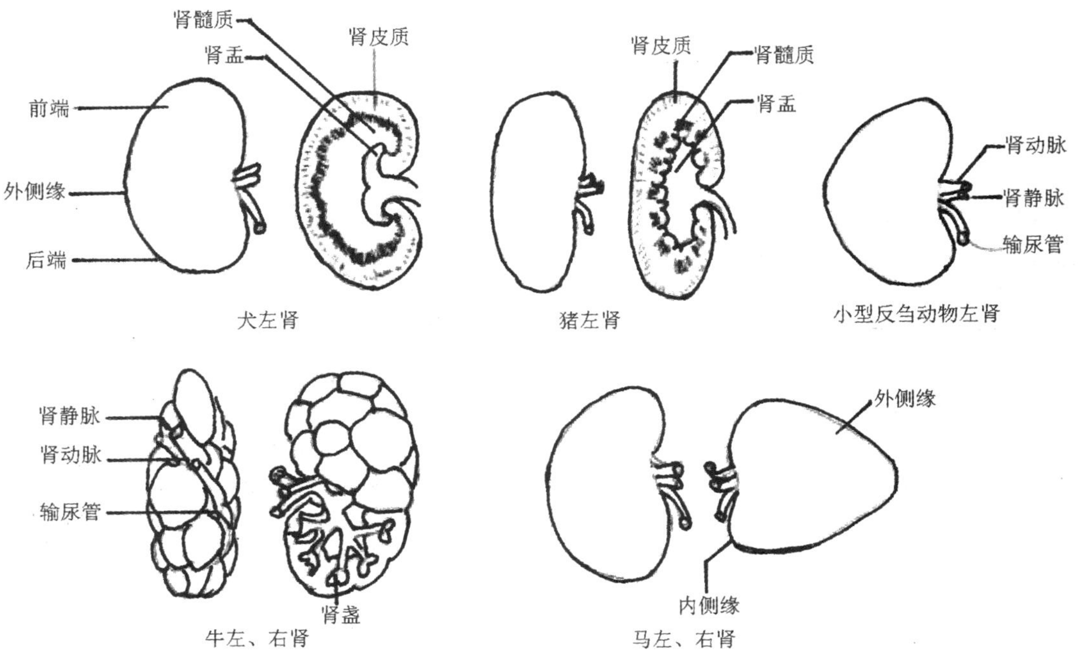

图 7-3　家畜的肾（示肾盂、输尿管、肾动脉和肾静脉）

肾叶由肾小体、肾小管、集合管和血管所构成。肾小体分散存在于皮质内，由肾球囊和血管球组成。肾球囊由肾小管起始部膨大内陷而成，内含有血管球。肾小管分近曲小管、肾小管襻和远曲小管。近曲小管和远曲小管弯曲，分布于皮质中；肾小管襻直，在髓质中由皮质近曲小管向肾乳头，再返回皮质，连远曲小管，最后连集合管和乳头管。

在肾的纵切面上观察，皮质呈现麻麻点点的小点，为肾小体、近曲小管和远曲小管的断面聚在一起所致；髓质呈现条纹，由肾乳头向皮质伸展，为直而长的肾小管襻和集合管排列整齐所致。部分髓质由肾锥体基部呈放射状伸入皮质，称为髓放线。

肾的血液供给极为丰富。由左心室泵出的血液有20%以上流经肾脏。肾动脉由腹主动脉分出，经肾门进入肾后，即分成数支在肾叶之间伸延，称为叶间动脉。叶间动脉折入皮质和髓质之间形成弓状动脉。由弓状动脉发出小叶间动脉，贯穿皮质，直达肾表面。小叶间动脉在皮质部沿途分出许多短而粗的入球动脉，进入肾小囊内，分支盘曲而成血管球，然后汇合成一条细长的出球动脉，离开肾小囊，再分支形成毛细血管网，围绕在肾小管周围。此外，还分出直小动脉进入髓质。静脉与动脉伴行，最后汇合成肾静脉，由肾门出肾。猫的肾脏外形特殊，具有独立的肾囊静脉系统，它不与肾脏的其他静脉相连，由3～5支静脉构成，它们穿过肾表面的浅沟在肾门与肾静脉相连。

肾接受来自太阳神经丛的交感神经和副交感神经纤维支配，上述神经沿肾动脉分布到肾。

淋巴管呈卫星状环绕于血管，最终汇入腰淋巴结。位于肾脏附近的淋巴结为肾淋巴结。

二、牛肾

牛的右肾位于第12肋间隙至第2或第3腰椎横突的腹侧，呈上下面稍扁平的椭圆形。背侧面较为隆起，与腰下肌接触；腹侧面较平，与肝、胰、十二指肠和结肠接触；前端位于肝的肾压迹内；肾门位于肾腹侧面的前部，接近内侧缘。

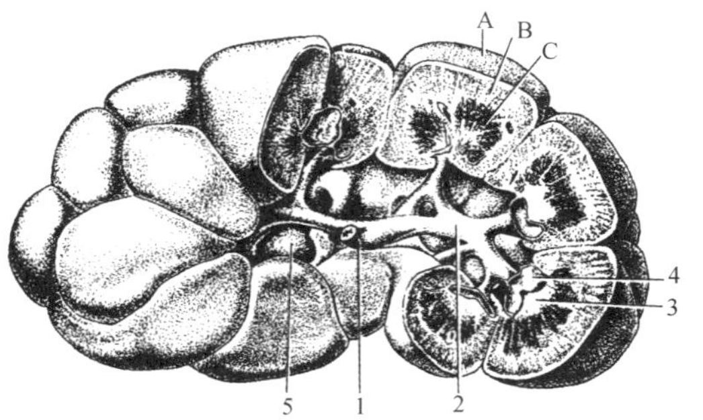

1. 输尿管 2. 集收管 3. 肾乳头 4. 肾小盏 5. 肾窦
A. 纤维膜 B. 皮质 C. 髓质

图7-4 牛肾(部分剖开)

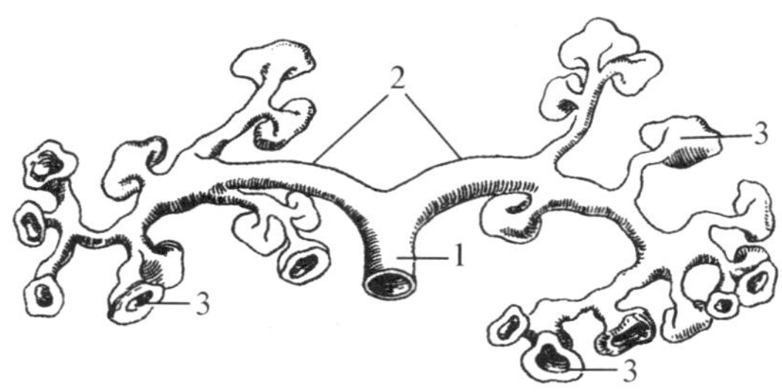

1. 输尿管 2. 集收管 3. 肾小盏

图7-5 牛的输尿管起始部集收管和肾小盏的铸型

左肾位置和形态都比较特殊。初生犊牛，因瘤胃还不发达，左、右肾位置近于对称，以后随着瘤胃逐渐增大而把左肾挤到右后方。左肾的位置不固定，一般位于第2(3)至第5腰椎横突腹侧。当瘤胃充盈时，被向后挤到正中矢状面的右侧；瘤胃空虚时，则大部分回复到正中矢状面左侧。左肾较右肾厚而狭窄，呈三菱形，前端小、后端大，有一背侧面与腹顶壁接触，一腹侧面与肠接触，还有一个小而平直的面与瘤胃接触。肾门位于背侧面的前外侧部。

牛肾(图 7-4、7-5)为有沟多乳头肾,分叶明显,每个肾由 16~22 个大小不一的肾叶构成。肾表面有沟,位于肾叶之间。肾叶的外部为皮质,内部为髓质。髓质呈锥状,为肾锥体。肾锥体的尖端不为皮质所包围,形似乳头,对向肾窦的为肾乳头,个别乳头较大,为两个乳头连合而成。肾乳头上有乳头管的开口,肾锥体的纵切面上有明显的髓放线。输尿管的起端在肾窦中不膨大成肾盂,却分为两条集收管,集收管分成若干漏斗形的肾盏。每个肾盏套在一肾乳头的外面。

三、马肾

马的右肾位于最后 2~3 个肋骨椎骨端及第 1 腰椎横突的腹侧,呈圆角等边三角形(图 7-1、7-2)。背侧面凸,与膈及腰肌接触;腹侧面稍凹,与肝、胰及盲肠底接触;内侧缘略凸圆,与右肾上腺等接触,肾门位于内侧缘中部;前端与肝相接,并在肝上形成明显的肾压迹。

马的左肾位置偏后,位于最后肋骨椎骨端和第 1~2(3)腰椎横突的腹侧。呈长椭圆形、豆状。背侧面凸,与膈左脚及腰下肌接触;腹侧面亦凸,与小结肠起端、十二指肠末端、左肾上腺及胰的左端等接触;外侧缘与脾的基部接触;内侧缘近前端与左肾上腺接触。

马肾为平滑单乳头肾,各肾叶完全连合在一起,肾表面、肾叶之间已无沟存在,全部肾乳头合成一片。在皮质与髓质之间,有深红色的中间区。肾乳头合并成嵴状突入肾盂中,称为肾嵴。乳头管或在肾嵴开口于肾盂或在肾的两端开口于终隐窝。输尿管在肾窦呈漏斗状膨大,形成肾盂。肾盂自肾窦向肾的两端伸延形成一狭长的盲管,位于肾中,称为终隐窝。

四、猪肾

猪的左、右肾均为上下面扁平的长椭圆形,位置几乎对称,位于前四个腰椎横突的腹侧(图 7-2)。肾门位于肾内缘的中部。猪肾为平滑多乳头肾,肾叶已经合并在一起,肾表面肾叶之间已无沟存在,肾乳头还是分开的。有的肾乳头呈圆锥形,为一个肾锥体的乳头;有的肾乳头宽而扁,为两个或多个肾锥体的乳头合并而成的。肾窦中含有肾盂,为输尿管的起端膨大部,肾盂发出漏斗形的肾盏,套于每个肾乳头的外面。(图 7-6)

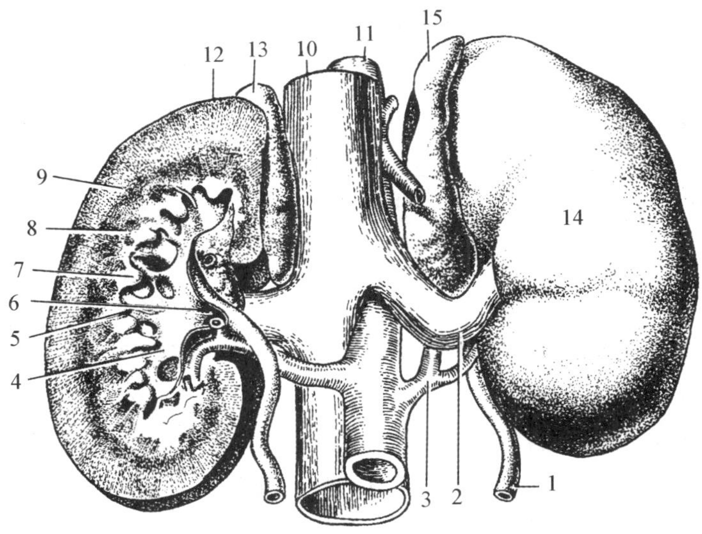

1. 左输尿管 2. 肾静脉 3. 肾动脉 4. 肾大盏 5. 肾小盏 6. 肾盂 7. 肾乳头 8. 髓质 9. 皮质 10. 后腔静脉 11. 腹主动脉 12. 右肾 13. 右肾上腺 14. 左肾 15. 左肾上腺

图 7-6 猪肾(腹侧面,右肾剖开)

五、羊肾

羊肾(图 7-2)为平滑单乳头肾,呈豆状,无叶间沟,具有肾嵴。位置与牛的相似,唯右肾稍靠后,位于前三个腰椎横突的腹侧。

第二节　输尿管、膀胱和尿道

一、输尿管

输尿管(图 7-1)是把肾脏生成的尿液输送到膀胱的细长管道,左右各一。它起始于肾盂(马、猪、羊)或集收管(牛),出肾门后,沿腹顶壁向后伸延,横过髂外动脉和髂内动脉进入骨盆腔,在尿生殖褶中(公畜)或沿子宫阔韧带背侧缘(母畜)继续伸延,最后斜穿过膀胱背侧壁而开口于膀胱。其在膀胱壁内有一段,长约 2～3 cm,这种结构有利于防止尿液逆流。牛、羊左侧的输尿管由于左肾位置常变动而有变化。开始位于正中矢状面的右侧,并在右输尿管之下,其后段逐渐移向左侧,到膀胱颈背侧面斜穿过膀胱背侧壁,进入膀胱。家畜输尿管管壁由黏膜、肌层和外膜三层构成。

二、膀胱

膀胱(图 7-7)是暂时贮存尿液的器官。略呈梨形,前端圆而钝称膀胱顶,后端较细小称膀胱颈,其形状和位置随所含尿液的多少而有所不同,含尿液少时,一般位于骨盆腔前部。公畜膀胱在直肠、尿生殖褶和精囊腺的腹侧。母畜膀胱在子宫和阴道的腹侧。充满尿液时则伸入腹腔,唯膀胱颈的位置较为固定。

胎儿时期或初生幼畜,膀胱主要位于腹腔,呈长而窄的囊状,其顶端达脐孔,并经此与胎外尿囊相通,以后逐渐缩入骨盆腔内。

膀胱由黏膜、黏膜下层、肌层和浆膜四层构成。黏膜上皮为移行上皮。当膀胱收缩时,黏膜形成许多皱褶。近膀胱颈部背侧,有一三角区,称为膀胱三角。肌层由内纵、中环、外纵三层平滑肌组成。中环行肌很厚,在膀胱颈部形成膀胱内括约肌。膀胱顶和膀胱体覆以浆膜,颈部仅覆以结缔组织外膜。

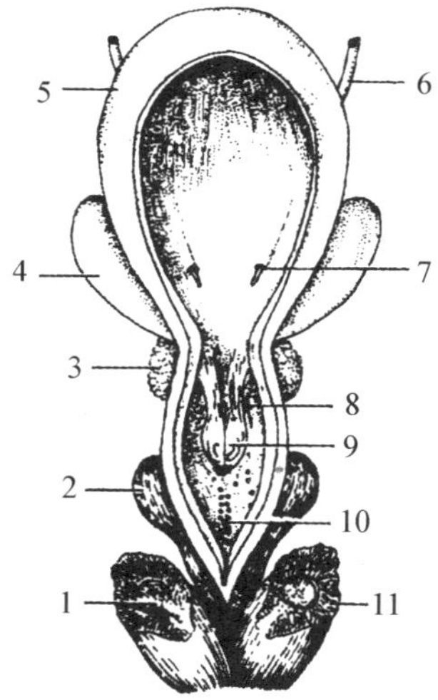

1. 阴茎海绵体　2. 尿道球腺　3. 前列腺　4. 精囊腺　5. 膀胱　6. 输尿管　7. 输尿管口　8. 前列腺管口　9. 精阜　10. 尿道球腺导管开口　11. 坐骨海绵体肌断面

图 7-7　马膀胱及尿生殖道骨盆部腹侧剖面

浆膜从膀胱体折转到邻近的器官或骨盆腔壁上,形成起固定膀胱作用的浆膜褶。膀胱背侧的浆膜,在母畜折转到子宫上,在公畜折转到尿生殖褶上。膀胱腹侧的浆膜沿正中矢状面形成膀胱中韧带,连于骨盆底壁。膀胱两侧壁的浆膜形成膀胱侧韧带,连于骨盆外侧壁。在膀胱侧韧带的游离缘有一索状物，称膀胱圆韧带，是胎儿时期脐动脉的遗迹。

三、尿道

尿道是膀胱中尿液向外排出的通道，以尿道内口接膀胱颈，以尿道外口通外界。公畜的尿道很长，兼作排精，故称尿生殖道。一部分位于骨盆腔内，称为尿道骨盆部；另一部分经坐骨弓转到阴茎的腹侧，终止于阴茎头，称为尿生殖道阴茎部。母畜的尿道很短，起自尿道内口，向后开口于尿生殖前庭的腹侧面、阴瓣的后方（详见生殖系统）（图 7-7）。

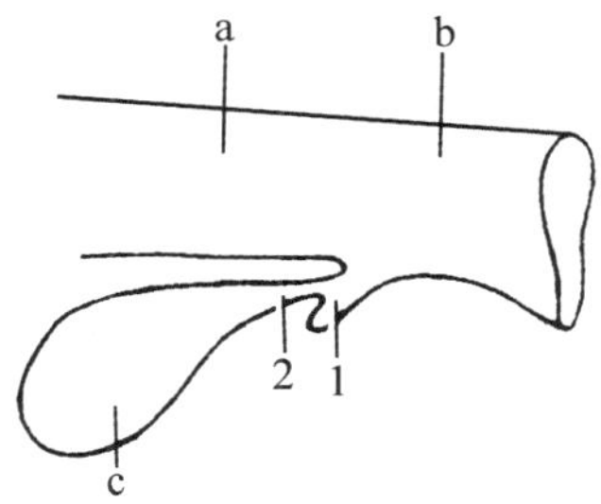

1. 尿道下憩室　2. 尿道

a. 阴道　b. 阴道前庭　c. 膀胱

图 7-7　母牛的尿道下憩室模式图

第八章　雄性生殖系统

雄性生殖系统(图 8-1～图 8-3)包括参与精子发育、成熟、转运、排出的相关器官。该系统由成对的睾丸、附睾、输精管、尿生殖道及副性腺等器官组成。睾丸是产生精子和雄性激素的器官，精子产生后，进入附睾贮存并成熟，然后进入输精管和尿生殖道。副性腺的分泌物也排到尿生殖道以增加精液量，尿生殖道远端为尿液和精液的共同通路。阴茎是雄性交配器官，将精液射入雌性生殖道。

第一节　睾丸和附睾

睾丸和附睾均位于阴囊中，左、右各一。睾丸是产生精子和分泌雄性激素的器官，可促进第二性征出现和其他性器官的发育。睾丸一般呈椭圆形，一侧有附睾附着，称为附睾缘；另一侧为游离缘。血管和神经进入的一端为睾丸头，接附睾头；另一端为睾丸尾，与附睾尾相连(图 8-2)。

在胚胎时期，睾丸位于腹腔中，在两肾附近。随着胎儿的发育，睾丸和附睾一起经腹股沟下降到阴囊中，这一过程，称为睾丸下降。睾丸迁移过程是腹内压增大和睾丸引带牵拉作用的结果，将睾丸拉向腹股沟区。公马和公猪睾丸引带的纤维伸延入阴囊深层(肉膜)，这点在临床上很重要，通过牵拉阴囊可以经腹股沟管看到未下降的睾丸。睾丸下降对于家畜的精子发生至关重要，因为阴囊的温度比体温低。家畜出生后，如果一侧或两侧睾丸仍留在腹腔内，称为隐睾，这种家畜没有生殖能力，不宜作种用，此病有一定遗传性。但是也有例外，如大象的睾丸始终位于腹腔，能够在腹腔内的温度下产生精子。很多小型哺乳动物，如啮齿类，呈现周期性改变，在繁殖季节睾丸下降到阴囊，而后睾丸又返回到腹腔。

马的睾丸呈椭圆形，长轴与地面平行，睾丸头向前，附睾位于睾丸的背侧。睾丸实质呈淡棕色。

牛、羊的睾丸较大，长椭圆形，呈上下向的垂直位。睾丸头位于上方，附睾位于睾丸的后面。牛的睾丸实质呈黄色，羊的呈白色。

猪的睾丸很大，长轴斜向后上方。睾丸头位于前下方。附睾尾很发达，位于睾丸的后上方。睾丸实质呈淡灰色，但因品种不同，也有深浅之分。

各种家畜的睾丸结构基本一样(图 8-3)。贴附于睾丸和附睾上的腹膜称为固有鞘膜；衬于阴囊内面的腹膜壁层称为总鞘膜，由总鞘膜折转到固有鞘膜的腹膜褶，称为睾丸系膜。固有鞘膜下为一层由致密结缔组织构成的白膜。白膜向内分出许多结缔组织间隔，将睾丸分隔成许多锥体

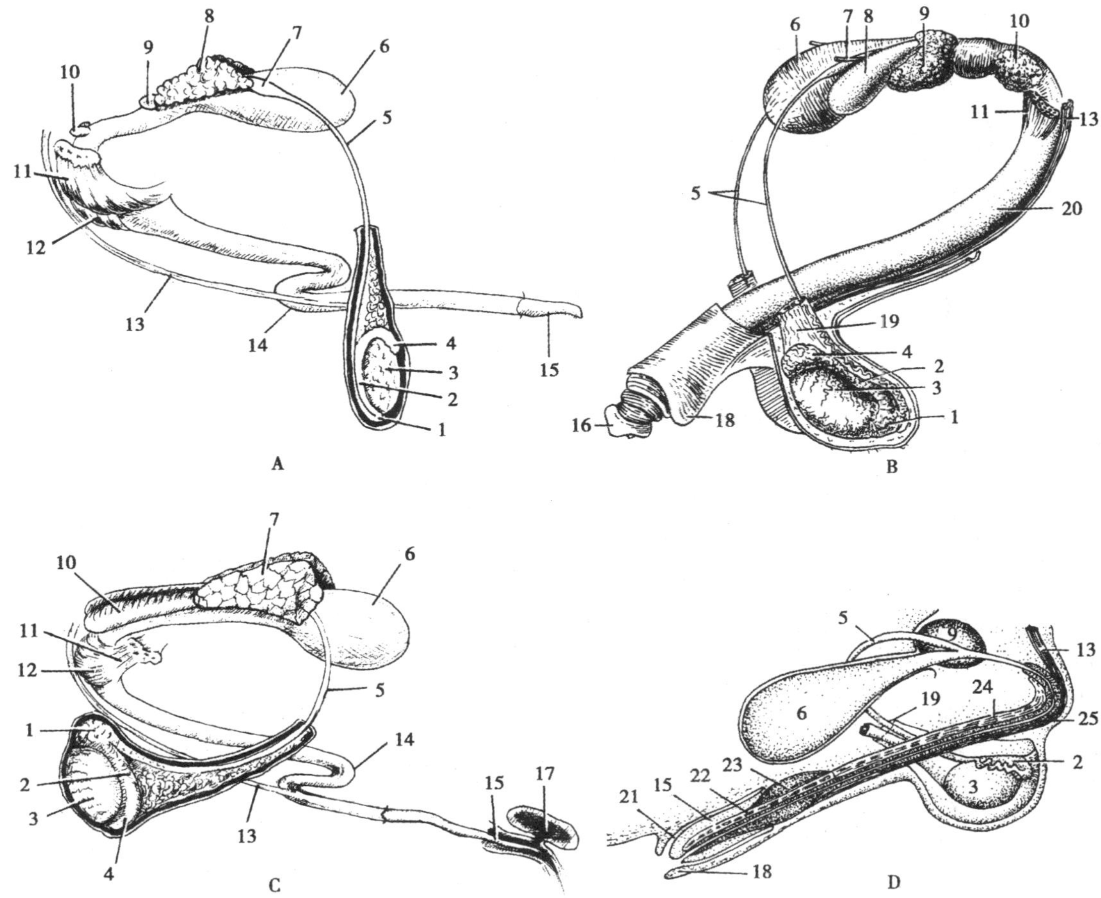

A.牛 B.马 C.猪 D.犬

1.附睾尾 2.附睾体 3.睾丸 4.附睾头 5.输精管 6.膀胱 7.输精管壶腹 8.精囊腺 9.前列腺 10.尿道球腺 11.坐骨海绵体肌 12.球海绵体肌 13.阴茎缩肌 14.乙状弯曲 15.阴茎头 16.龟头 17.包皮盲囊 18.包皮 19.精索 20.阴茎 21.包皮腔 22.阴茎骨 23.阴茎头球 24.阴茎海绵体 25.尿道海绵体

图 8-1 公畜生殖器官比较模式图

形的小叶。这些间隔在睾丸纵轴处集中成网状,称为睾丸纵隔。每个小叶是由 2 条或 3 条长而蜷曲的曲细精管构成的,曲细精管之间为间质,内有间质细胞。曲细精管的生殖上皮产生精子,间质细胞和支持细胞产生雄性甾体类激素如睾酮,是体内雄性激素的主要来源。曲细精管伸向纵隔,在近纵隔处变直,成为直细精管。直细精管在纵隔中相互吻合,形成睾丸网。此后汇合成 6～12 条较粗的输出管。输出管穿出睾丸头的白膜,进入附睾头。白膜由胶原纤维组成,并含有较大的血管(睾丸动脉、睾丸静脉),睾丸表面可见到血管分布,其分布特征与动物种属有关。睾丸实质内压较大,任何明显的膨胀都会引起睾丸剧烈疼痛,如睾丸炎。

附睾可分附睾头、附睾体、附睾尾三部分。膨大部为附睾头,由睾丸输出管构成。输出管汇合而成一条较粗而长的附睾管,盘曲而成附睾体和附睾尾,在附睾尾处管径增大,最后延续为输

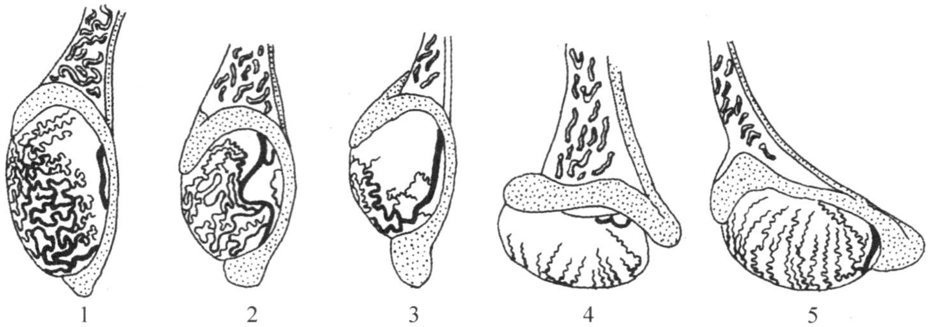

1. 牛　2. 绵羊　3. 山羊　4. 马　5. 猪

图 8-2　各种家畜睾丸和附睾形态及睾丸血管分支形式(外侧面)

精管。附睾尾借附睾韧带(或睾丸固有韧带,是睾丸系膜变厚的部分)与睾丸尾相连。附睾韧带由附睾尾延续到阴囊(总鞘膜)的部分,称为阴囊韧带。去势时切开阴囊后,必须切断阴囊韧带和睾丸系膜,方能摘除睾丸和附睾。在附睾管处,精子成熟,来自睾丸的液体被吸收,细胞碎片被吞噬,同时分泌精子所需要的营养物质。精子在附睾尾内贮存直至射精。家畜附睾管的长度:马 72～81 m,牛 40～50 m,羊 47～52 m,猪 17～18 m,犬 5～8 m,猫 4～6 m。

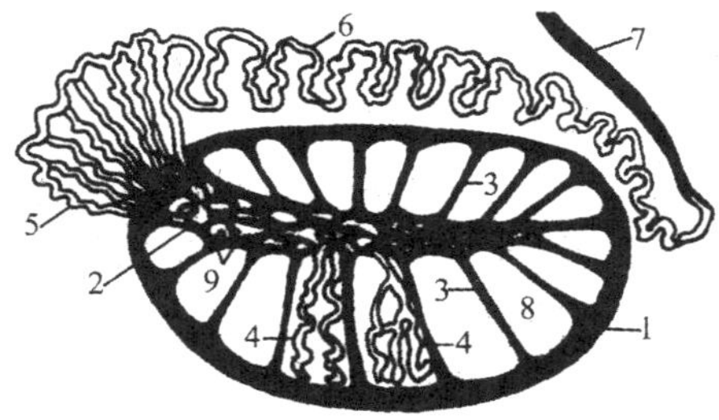

1. 白膜　2. 睾丸纵隔　3. 睾丸小隔
4. 精曲小管　5. 睾丸输出小管　6. 附睾管
7. 输精管　8. 睾丸小叶　9. 睾丸网

图 8-3　睾丸和附睾结构模式图

第二节　输精管和精索

一、输精管

输精管是运送精子的管道。起始于附睾管,由附睾尾进入精索后缘内侧的输精管褶中,经腹股沟管上行进入腹腔,随即向后进入骨盆腔,在膀胱背侧的尿生殖褶内继续向后延伸,开口于尿生殖道起始部背侧壁的精阜两侧(图 8-1)。在膀胱的背侧,输精管膨大形成输精管壶腹。马的输精管可与精囊腺排出管合并而开口。牛、羊、猪的输精管与精囊腺排出管一同开口于精阜两侧。马、羊输精管壶腹的黏膜内分布有腺体(壶腹腺),因此较粗;猪的输精管壶腹不明显,没有腺体。

二、精索

精索呈扁平的圆锥形索状,其基部附着于睾丸和附睾上,顶端达腹股沟管内口(腹环),由精索系膜固定。精索系膜继续向下段延伸为睾丸系膜。精索内含睾丸动脉、静脉、神经、淋巴管、睾内提肌和输精管,外面包以固有鞘膜,并借睾丸系膜固定在总鞘膜的后壁。

三、鞘突与鞘膜腔

鞘突是由横筋膜和腹膜形成的，是腹膜腔通过腹股沟管向外翻出的部分，向下延伸至左、右两个阴囊内。它围成鞘膜腔，在胚胎期睾丸下降前形成。鞘膜腔的外形像个上端狭窄的瓶子，其长度与阴囊的位置有关，下端部分较宽，包绕内部的器官。鞘膜腔与腹腔通过腹股沟管内口的鞘膜孔相通。通常腔内有少量的浆液，有助于减轻腔壁与内部器官的摩擦。若肠管或部分网膜进入鞘膜腔则形成疝气（腹股沟疝），须进行手术整复。鞘环大的动物易患疝气，如马和猪。公猪的疝气有遗传倾向，因此有疝气的猪不应作种用。

第三节　睾丸的血液供应、淋巴引流和神经支配

睾丸动脉直接由腹主动脉分出，沿腹壁伸延，与睾丸静脉共同悬吊于脉管皱襞内。精索内的睾丸动脉极端卷曲，公牛近 7 m 的睾丸动脉蜷缩在 10 cm 的精索内。睾丸动脉分出侧支供应附睾（附睾支）及其输精管的起始部分（输精管支）。睾丸静脉围绕着卷曲的动脉形成一个非常精致的蔓状丛。精索内的睾丸动脉和周围的静脉间形成动静脉吻合。蔓状丛最后减至一条静脉（睾丸静脉），汇入后腔静脉。精索内血管间的广泛接触使进入睾丸的动脉内血液的温度下降（图 8-4）。

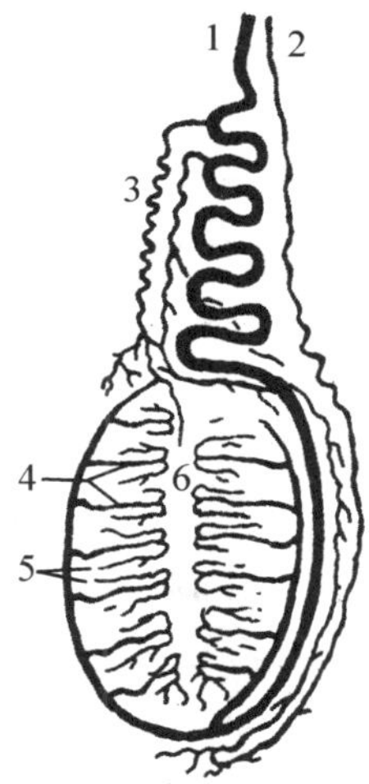

1. 睾丸动脉　2. 输精管支　3. 附睾支
4. 向心支　5. 离心支　6. 睾丸纵隔

图 8-4　公牛睾丸动脉的分支

睾丸的淋巴管汇入腰主动脉淋巴结和髂内淋巴结，淋巴液输送睾丸分泌的部分激素。在发生睾丸癌时，必须尽早切除感染的睾丸，因为引流淋巴结位于腹部和骨盆的背侧壁，无法触及。

睾丸接受植物性神经系统的支配，副交感神经的纤维来源于迷走神经和盆神经丛，交感神经的神经纤维来自肠系膜后神经丛和盆神经丛。

阴囊的血管为阴部外动脉及其静脉，淋巴汇入腹股沟浅淋巴结，神经支配来源于腰神经的腹侧支，有髂下腹神经、髂腹股沟神经和生殖股神经。

第四节　阴囊

阴囊是呈袋状的腹壁囊，内藏睾丸、附睾和部分精索。马和犬的阴囊位于腹股沟区，反刍动物的阴囊位于腹股沟下方，猪的在会阴部，猫的在肛门下方。反刍动物的睾丸与身体长轴垂直，因此形成深而下垂的阴囊。阴囊壁的结构与腹壁相似（图 8-5），由外向内依次是皮肤、皮下纤维肌层（肉膜）、由腹壁筋膜分出的双层精索外筋膜、由腹内斜肌分出的睾提肌及其筋膜。肉膜形成

阴囊中隔，隔开两个睾丸，在外表面的对应结构为阴囊缝。除了猫和某些品种绵羊的阴囊皮肤上有毛外，其他动物阴囊皮肤通常无毛。皮肤上分布大量的汗腺和皮脂腺，与下层肉膜紧密连接。肉膜的内面是一薄层软组织（肉膜下筋膜）。肉膜内有平滑肌纤维分布，收缩时紧缩阴囊，从而调节睾丸的温度。公牛的肉膜非常发达，可达到 1 cm 厚。精索外筋膜在阴囊处自腹部深筋膜和浅筋膜分出，形成深、浅两层。这两层精索外筋膜和精索内筋膜及其睾丸鞘膜被疏松结缔组织连接在一起，这层疏松结缔组织使鞘突在睾丸内自由移动。临床上利用这一特点，将睾丸鞘膜与血管和输精管结扎，达到阉割的目的。睾提肌由腹内斜肌在腹股沟管深环水平处分出。它覆盖部分鞘突，同时覆有一薄层疏松结缔组织（睾提肌筋膜）。当睾提肌收缩时，阴囊连同内部器官朝腹股沟方向收缩。啮齿动物的睾提肌像勺状环绕鞘突，睾提肌的收缩可使睾丸经过大的腹股沟管缩入腹腔内。

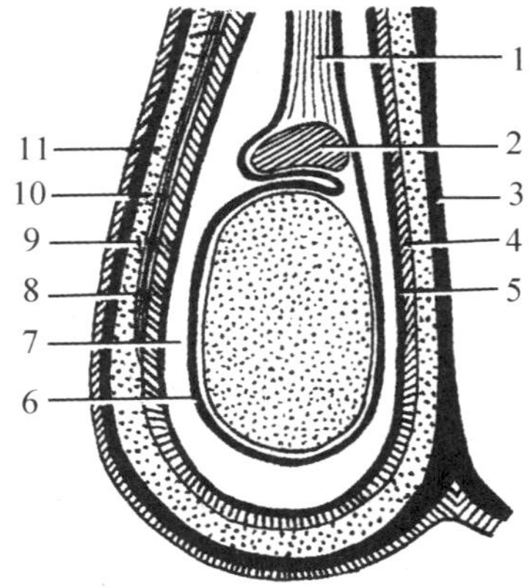

1. 精索　2. 附睾　3. 阴囊中隔　4. 总鞘膜纤维层　5. 总鞘膜　6. 固有鞘膜　7. 鞘膜腔　8. 睾提肌　9. 筋膜　10. 肉膜　11. 皮肤

图 8-5　阴囊结构模式图

第五节　尿生殖道

尿生殖道是尿液和精液排出的共同通道。它起于膀胱颈的输精管口，沿骨盆腔底壁向后延伸，绕过坐骨弓，再沿阴茎的腹侧向前延伸，至阴茎头开口于外界。

尿生殖道管壁从内向外由黏膜层、海绵层和肌层构成。黏膜层集拢成褶，马、猪有一些小腺体；海绵层主要是由毛细血管膨大而形成的海绵腔；肌层由深层的平滑肌纤维和浅层的横纹肌组成。浅层横纹肌称为尿生殖道肌，其收缩在交配时对射精起重要作用，还可帮助余尿排出。

尿生殖道可分为骨盆部和阴茎部，两部之间以坐骨弓为界。在交界处，尿生殖道的管腔稍变窄，形成尿道峡；而海绵层的背侧稍变厚，形成尿生殖道球或称尿道球。

尿生殖道骨盆部为位于骨盆腔内的部分，在直肠和骨盆底壁之间。在骨盆部起始处的背侧黏膜上有一圆形隆起，称为精阜，输精管和精囊腺排出管开口于此。此外，在骨盆部黏膜上还有其他副性腺的开口。家畜中以公猪的尿生殖道骨盆部为最长，牛、羊次之，马较短。

尿生殖道阴茎部起自坐骨弓，经左、右阴茎脚之间，沿阴茎海绵体的腹侧尿道沟向前伸至阴茎头（或龟头）而开口于外界。

阴茎部的海绵层比骨盆部稍发达，而尿生殖道肌在各种家畜有所不同，称为球海绵体肌。马的球海绵体肌分布较长，可延伸至龟头，分布于尿生殖道的腹侧。牛、羊的球海绵体肌仅盖在尿道球和尿道球腺的表面，不到阴茎部。猪的球海绵体肌发达，但也只能延伸很短的距离。

第六节 副性腺

家畜的副性腺有精囊腺、前列腺和尿道球腺(图 8-6、图 8-7)。

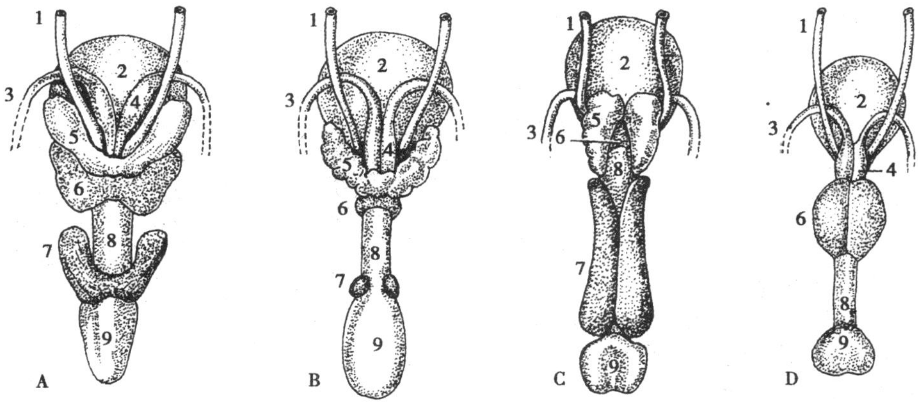

A. 马 B. 牛 C. 猪 D. 犬

1. 输尿管 2. 膀胱 3. 输精管 4. 壶腹腺 5. 精囊腺 6. 前列腺 7. 尿道球腺 8. 尿生殖道骨盆部 9. 阴茎球

图 8-6 各种动物副性腺比较

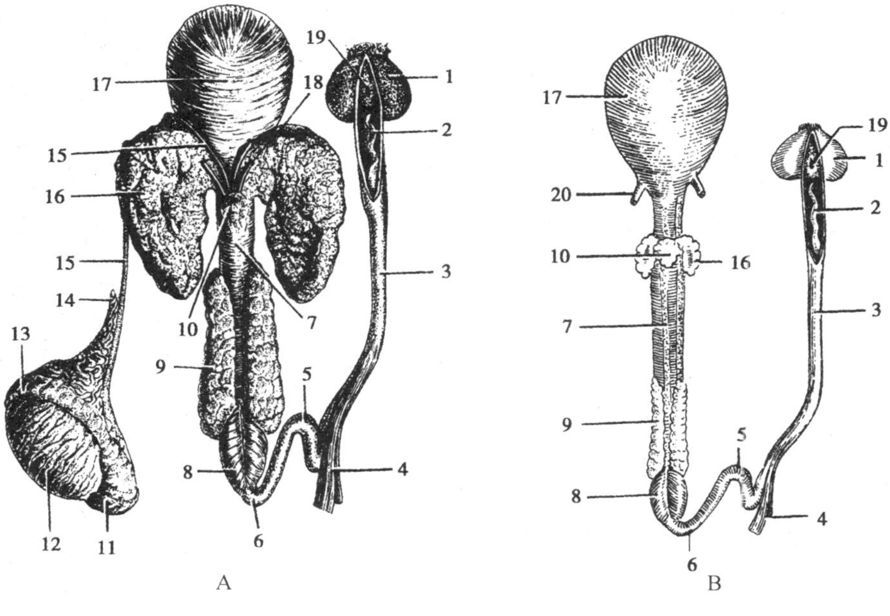

A. 成年猪 B. 去势猪

1. 包皮盲囊 2. 剥开包皮盲囊中的阴茎头 3. 阴茎 4. 阴茎缩肌 5. 阴茎"乙"状弯曲 6. 阴茎根 7. 尿生殖道骨盆部 8. 球海绵体肌 9. 尿道球腺 10. 前列腺 11. 附睾尾 12. 睾丸 13. 附睾头 14. 精索的血管 15. 输精管 16. 精囊腺 17. 膀胱 18. 精囊腺的排出管 19. 包皮盲囊入口 20. 输尿管

图 8-7 公猪生殖器官

一、精囊腺

除犬和猫以外，所有家畜都有成对的精囊腺。公马和反刍动物的精囊腺排泄管末端与输精管汇合，形成短的射精管；公猪的精囊腺在精阜后单独开口于尿道。

公马的精囊腺相对较大，为一中空的器官，有一厚的肌性壁和平滑的表面。公牛和公猪的精囊腺表面不规则，公猪的精囊腺相当发达，呈锥体形。公牛的精囊腺经直肠检查可以触摸到。

二、前列腺

所有家畜都有前列腺。有些家畜前列腺包括两部分，一部分为扩散部，位于尿道骨盆部壁内；另一部分为体部，位于尿道外侧。

公马只有前列腺体部，小型反刍动物只有扩散部。公牛两部分都有，但前列腺体部很小且平坦。犬和猫的扩散部退化，而体部大，呈球状。犬和猫的前列腺相当发达，犬的完全包围尿道，猫的包围尿道绝大部分。

前列腺因年龄而有变化，幼龄时较小，到性成熟期增长较大，老龄时又逐渐退化。

很多老龄犬的前列腺出现肥大现象。由于肥大的前列腺会增大对直肠的压力，因此常引起顽固性便秘。

三、尿道球腺

除犬以外，其他家畜都有成对的尿道球腺。尿道球腺位于尿道骨盆部的背侧接近骨盆出口处。公马的尿道球腺如核桃大小；公牛的如樱桃大小；猫的为球形，腺体很小；公猪的很发达，呈圆柱形沿整个尿道骨盆部伸展。去势后公猪的尿道球腺变得非常小，因此尿道球腺的大小可表明猪的去势情况。

所有副性腺都有发育完善的软组织囊和富含平滑肌纤维的内隔膜，这些肌纤维由自主神经支配，负责腺体分泌物的排出，睾酮对腺体的分泌有促进作用。腺体分泌液中含有果糖、柠檬酸盐，对精子起到营养、转运和保护作用。分泌液还能增加精子的运动能力，同时对阴道的酸性环境起到生理性缓冲作用。

第七节　阴茎

一、形态和位置

阴茎(图 8-8～图 8-10)起于坐骨弓的两个阴茎脚，两脚合并形成阴茎根，继续延伸成为阴茎体和阴茎头。阴茎被悬吊于躯干腹侧面的两股间，除猫以外，其他哺乳动物的阴茎头均指向脐部。而猫的阴茎朝向后方。

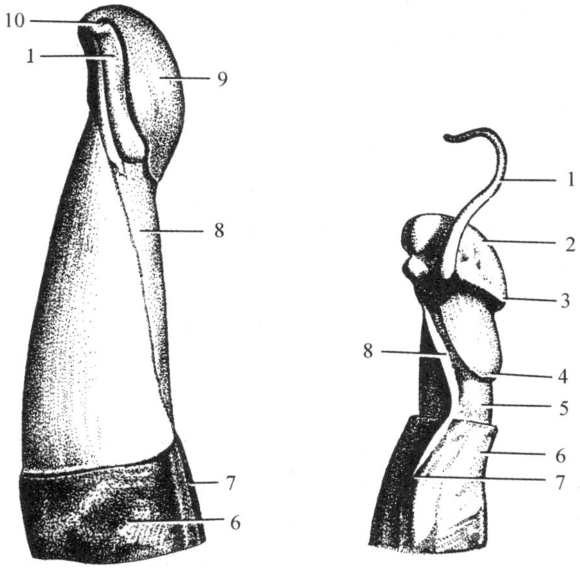

A B

A. 牛阴茎 B. 绵羊阴茎
1. 尿道突 2. 龟头帽 3. 龟头冠 4. 结节
5. 龟头颈 6. 包皮 7. 包皮缝 8. 龟头缝
9. 阴茎帽 10. 尿道外口

图 8-8 牛、羊的阴茎前端

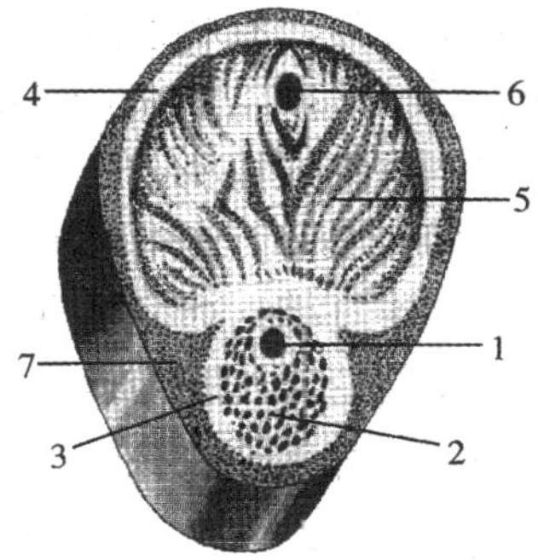

1. 尿生殖道 2. 尿道海绵体 3. 尿道白膜
4. 阴茎白膜 5. 阴茎海绵体
6. 阴茎海绵体血管 7. 阴茎筋膜

图 8-9 公牛阴茎的横断面

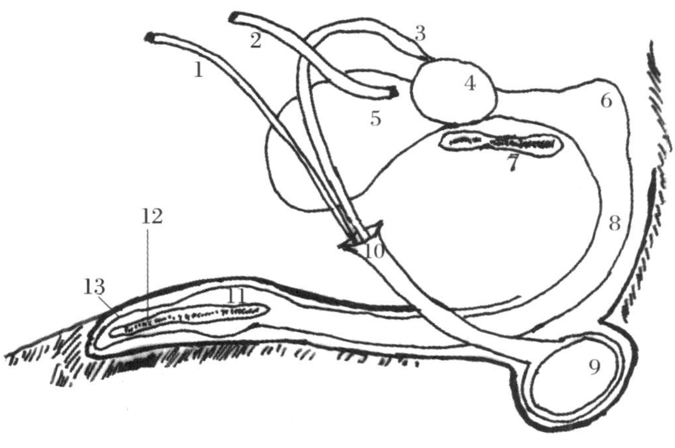

1. 睾丸动脉 2. 输尿管 3. 具有输精管壶腹的输精管 4. 前列腺 5. 膀胱 6. 阴茎球
7. 坐骨 8. 阴茎 9. 睾丸 10. 鞘突 11. 阴茎头球 12. 阴茎骨 13. 阴茎头长部

图 8-10 公犬的生殖器官和副性腺示意图

二、阴茎的构造

阴茎由白膜、阴茎海绵体、尿生殖道阴茎部、尿道海绵体和肌肉构成。

白膜为致密结缔组织，包围在阴茎海绵体和尿道海绵体的外面，伸进海绵体内形成小梁，并分支互相连接成网。小梁及其分支之间有许多空隙，称为阴茎海绵体腔，衬以内皮，与血管相通，当充血时，海绵体膨胀，阴茎变粗变硬而勃起，故海绵体又称勃起组织。牛阴茎海绵体腔不发达，而致密结缔组织丰富，所以阴茎较坚实，勃起时变硬，但增粗不多。尿生殖道阴茎部在阴茎海绵体腹侧的尿道沟内，其周围的尿道海绵体有较发达的海绵体腔。

尿道海绵体起源于骨盆出口，由尿道骨盆部周围的疏松海绵组织突然增大而成，这一膨大形成阴茎球(旧称尿道球)，为一双叶、海绵状、充满血液的囊，位于近坐骨弓处的阴茎脚之间。阴茎球延续为阴茎的尿道海绵体，环绕尿道阴茎部。尿道海绵体越过阴茎海绵体的远端形成阴茎头，成为阴茎的最顶端。除小型反刍动物外，其他家畜的阴茎头上均有尿道外口，而小型反刍动物有一游离的尿道突，使尿道长度大于阴茎头。

阴茎的肌肉包括球海绵体肌、成对的坐骨海绵体肌和成对的阴茎缩肌(主要是平滑肌纤维)。球海绵体肌起于坐骨弓，伸至阴茎根背侧，覆盖尿道球腺，肌纤维呈横向。坐骨海绵体肌较发达，呈纺锤形，包于阴茎脚外面，起于坐骨结节，止于阴茎根与阴茎体交界处。收缩时阴茎向上牵拉，压迫阴茎海绵体和阴茎背侧静脉，阻止血液回流，使海绵腔充血阴茎勃起，故又称阴茎勃起肌。阴茎缩肌的两条长带状肌，由尾椎经肛门两侧(此段又称肛门悬韧带)至阴茎体腹侧并附着于其前部，此肌收缩时，使阴茎退缩，将阴茎头隐藏于包皮内。

三、阴茎的类型

根据阴茎海绵体中结缔组织和海绵腔隙的不同发达程度，可将阴茎分为三种：海绵型(马)；纤维型(牛、羊、猪)，阴茎体在平时折成“乙”状曲；中间型(狗)，含阴茎骨。动物种属不同，其阴茎头的形状有很大的差别。

马的阴茎粗大，呈左、右稍扁的圆柱状，阴茎头因海绵体发达而膨大为龟头，呈圆锥状，基部微隆起，形成龟头冠。在龟头前端的腹侧面，有一凹入的龟头窝，窝内有一短的尿道突，尿生殖道外口开口于其上。阴茎头窝易沉积包皮垢，引起不适。

犬的海绵体末端变形为阴茎骨，尿道海绵体的腹侧沟有尿道通过。若尿道有结石，阴茎骨沟处尿道的部分闭合阻碍了尿道结石的排出，使结石存留在阴茎骨近端。阴茎头很坚实，分为长的远侧部(阴茎头长部)和膨大的近侧部，即阴茎球。这两部分的形状与雌犬前庭球的形状相匹配。将正在交配的犬粗暴地分开可导致雄犬和雌犬生殖道的严重损害。

猫的阴茎很特别，静止状态下朝向后方。猫的阴茎骨有 5～8 mm 长，没有腹侧沟。阴茎头有角质化乳头，未勃起时朝向近端，而勃起后呈放射状指向所有方向，去势后乳头退化变小。勃起时，在阴茎头韧带的作用下阴茎的方向发生反转，朝向前方。猫常见因结石导致的尿道阻塞。

公猪阴茎的游离端围绕其纵轴扭曲成螺旋状，顶端阴茎头很小。尿生殖道外口呈裂隙状，位于阴茎头前端腹侧外。大体解剖学一般将猪的阴茎类型划分为纤维型，但有组织学证据支持一些学者的观点，认为猪的阴茎属于海绵型。

牛、羊的阴茎呈圆柱状，较细而长。阴茎体在阴囊的后方折成“乙”状弯曲，勃起时则伸直。

阴茎头自左向右扭转，尿生殖道外口位于阴茎头前端的尿道突上。

小型反刍动物的阴茎头部有明显的特点，尿道突出在阴茎头外面(绵羊约 4 cm，山羊约 2.5 cm)，尿道突包含勃起组织。

【案例】 案例 1:犬腹侧沟被尿道包裹着，尿道阻塞通常发生于腹侧沟的近端(头端)。

案例 2:脐部大量的组织积聚压迫阴茎会使阴茎的勃起受到抑制。在牧区，这可能会影响公牛配种的成功率。当公牛阴茎勃起时，阴茎海绵体(CCP)内的坐骨海绵体肌将产生巨大的压力(1867 kPa)，阴茎退缩肌舒张使阴茎显著伸长，并使乙状弯曲消失，但更容易使阴囊前部的阴茎乙状曲的远曲阴茎海绵体破裂，偶尔会造成阴囊后部阴茎远曲至阴茎根的阴茎海绵体破裂。公牛勃起失败(性无力或阳痿)是由于阴茎海绵体向阴茎背侧静脉异常引流引起的。性无力还可能是由血液从阴茎脚泵入阴茎体的阴茎海绵体，造成尿生殖道发生纤维性闭锁引起的。在射精过程中，牛的阴茎插入阴道内部通常呈螺旋状。首先在右腹外侧呈逆时针旋转，这是由于阴茎插入阴道时，白膜和阴茎包皮的纤维结构造成的。过早的旋转会阻碍阴茎插入。偏离发生时阴茎仍位于包皮中或妨碍阴茎从包皮口伸出。

第八节 包皮

包皮又叫阴茎外鞘，是阴茎在回缩状态下覆盖在阴茎游离端的皮肤褶。包皮包括内、外两层，在包皮口处相延续。马的包皮与其他动物不同，它有两个包皮褶，保证阴茎勃起时有相当的长度。

包皮外层为皮肤，伸延至包皮环处转折为内层，最后形成脏层，直至阴茎顶端。包皮内层有大量的淋巴组织和分泌包皮垢的特化皮脂腺，便于阴茎插入雌性阴道。外层有数量不一的特征性嵴，为阴囊嵴的延续。

包皮的回缩和伸展由数条横纹肌完成，横纹肌可看作躯干皮肌的分支。除马以外，其他动物都有包皮后肌，用来收缩包皮暴露阴茎头。只有反刍动物具有伸展包皮的包皮前肌。牛和猪的包皮入口周围皮肤有长的被毛。猪的包皮背侧鼓起形成包皮憩室，中隔将包皮憩室分为两部分，可以贮存 135 mL 液体，内有污浊的细胞碎片和尿液，具有特殊的臭味，可刺激母猪使其兴奋的作用。

第九节 尿道和阴茎的血液供应、淋巴引流及神经支配

尿道、副性腺和阴茎的血液由阴部内动脉的分支供给。分支之一是前列腺动脉，供应骨盆腔内的生殖器官。在坐骨弓处，阴部内动脉分为供给尿道海绵体的阴茎球动脉、供给阴茎海绵体的阴茎深动脉和穿越整个阴茎供应阴茎头的阴茎背动脉。

阴部内动脉由于阴部外动脉分支的汇入而得到加强，使阴茎顶端血管化，同时与阴茎背动脉吻合也使包皮发生血管化。马的阴茎背动脉与闭孔动脉间也形成吻合。

骨盆腔内生殖器官的淋巴管汇入髂内淋巴结和荐淋巴结，阴茎和包皮的淋巴管汇入腹股沟浅（阴囊）淋巴结。

支配阴茎的神经来自成对的阴部神经中的副交感神经纤维。阴茎头和包皮内层有大量的神经末梢分布。

第十节　勃起和射精

勃起开始阶段，由于供应血液的动脉管壁松弛使流向阴茎的血量增加。同时静脉被挤压向坐骨弓，阴茎根处静脉血的流出受阻。这种变化在阴茎海绵体中比尿道海绵体明显，血液充满阴茎海绵体后再流入尿道海绵体。阴茎插入阴道后充血过程继续加强，勃起组织内血压不断增加。射精后阴茎海绵体内血液排出，然后排出尿道海绵体内血液，压力迅速下降。

对于纤维弹性型阴茎动物，海绵体窦的扩展需要较少的血液，因此充分勃起更加快速，勃起后阴茎的大小增加不多，阴茎长度的增加主要靠乙状弯曲的伸展。海绵型阴茎动物的海绵体窦很大，充分勃起需要的血液较多，因此勃起需要时间较长，阴茎的长度和直径的增加较大。

勃起发生在射精之前，管壁平滑肌细胞的收缩所引起的附睾管和输精管蠕动将精液不断转运至输精管壶腹处。雄激素调节附睾管的分泌活动，其分泌液有提高精子活力的作用。

第九章 雌性生殖系统

雌性生殖系统(图 9-1)的器官包括卵巢、输卵管、子宫、阴道、尿生殖前庭和阴门。卵巢可以产生卵子和分泌雌激素,以促进其他生殖器官及乳腺的发育;输卵管能捕获由卵巢排出的卵细胞并将其运送至子宫,受精卵在子宫内继续发育;阴道作为交配器官,与其延续部分即生殖前庭一起,共同作为产道和排尿的通道。

第一节 卵巢

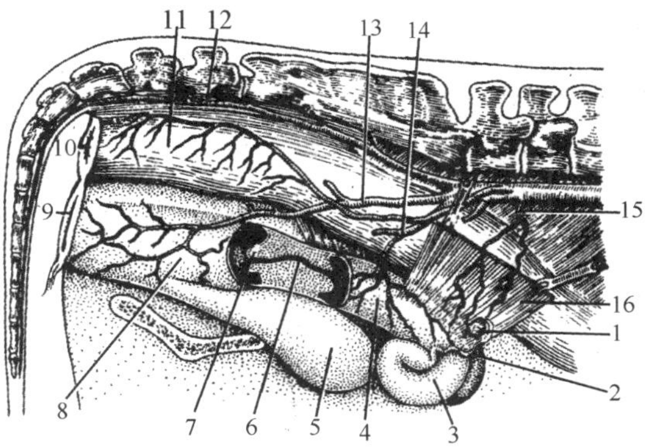

1.卵巢 2.输卵管 3.子宫角 4.子宫体 5.膀胱 6.子宫颈管 7.子宫颈阴道部 8.阴道 9.阴门 10.肛门 11.直肠 12.荐中动脉 13.尿生殖动脉 14.子宫动脉 15.卵巢动脉 16.子宫阔韧带

图 9-1 母牛生殖器官位置关系(右侧观)

一、位置、形态和大小

卵巢,有一对,由卵巢系膜悬吊在腹腔腰下部,在肾的后方或骨盆前口两侧。血管、神经沿卵巢系膜出入于卵巢附着缘的地方,称卵巢门。卵巢固有韧带是位于卵巢后端与子宫角之间的浆膜褶,在输卵管的内侧。在卵巢附近,输卵管系膜与卵巢固有韧带之间形成阔而腹侧有口的卵巢囊。卵巢囊是保证卵巢排出的卵细胞进入输卵管的有利条件。卵巢还通过卵巢悬韧带连接在最后一根肋骨上。卵巢囊的大小不一,马的卵巢囊不能完全包含卵巢,而肉食动物的卵巢囊可将整个卵巢包裹。

卵巢没有专门的排卵管道,成熟的卵泡破裂时,卵细胞从卵巢表面排出(马除外)。犬和猫的卵巢位于肾后方的腹腔背侧部，其位置不会随着发育而改变。其他家畜卵巢的位置在个体发育过程中会有不同程度的下行迁移(卵巢下降)。反刍动物的卵巢下降程度最大，几乎接近腹底壁，前缘位于盆腔入口。猪的卵巢可下降至腹腔的中部，马的卵巢位于距腹腔侧壁 8～10 cm 处。除了马以外，家畜的卵巢基本上都是椭圆形，并且在卵巢的表面有大的卵泡和黄体。母马的卵巢呈肾形，且表面相对光滑。动物在繁殖活动时期卵巢的大小分别为：牛的卵巢长 4～6 cm，小反刍动物长 1.5～2 cm，马 8～12 cm，犬 1～1.5 cm，猫 1～1.8 cm。

二、卵巢的结构

从成年动物卵巢(母马除外)切面上可见，卵巢由中心疏松并且富含血管的髓质区和周围致密的实质区组成(图 9-2、图 9-3)。实质区外有白膜包裹，紧贴于腹膜下。母马的卵巢结构与其他家畜相反，含有卵泡的实质位于卵巢中心，其外围是致密而富含血管的结缔组织，相当于其他家畜卵巢的髓质。马卵巢的实质部分在排卵窝处延伸至卵巢表面。排卵窝为卵巢游离缘上一个深凹陷，成熟的卵泡由此排出。髓质含有血管、神经、淋巴管、平滑肌纤维和结缔组织。实质区包括大量处于各个发育和退化时期的滤泡和黄体。

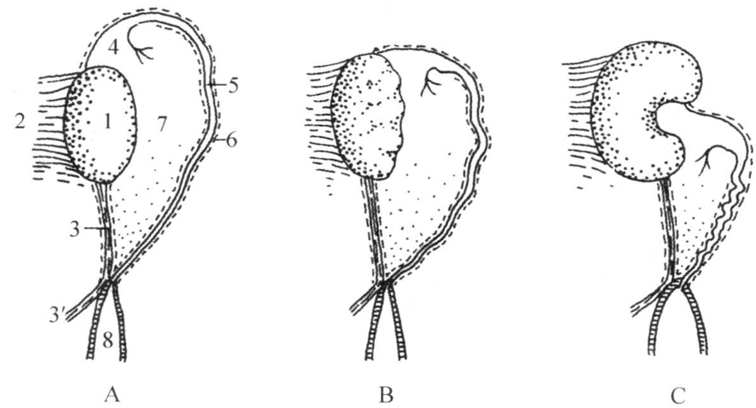

A. 宽而不深的卵巢囊(牛、羊)　B. 宽而深的卵巢囊(猪)　C. 狭而深的卵巢囊(马)

1. 卵巢　2. 卵巢系膜　3. 卵巢固有韧带　3′. 圆韧带　4. 输卵管漏斗

5. 输卵管　6. 输卵管系膜　7. 卵巢囊　8. 子宫角

图 9-2　家畜卵巢囊的类型(从下面看)

(一)卵泡

成年动物的卵泡在实质区内发育，每个卵泡内都含有一个卵子。根据卵母细胞的大小和分化的程度可以识别出以下不同发育阶段的卵泡：原始卵泡、初级卵泡、次级卵泡、三级卵泡、格拉夫卵泡(成熟卵泡)。原始卵泡由单层卵泡上皮细胞构成，这些卵泡上皮细胞又称为颗粒细胞，呈扁平状，后期分化为内膜细胞，它们包围卵母细胞。当扁平状的颗粒细胞转化为立方形细胞时，此时卵泡成为初级卵泡。进一步发育成熟(次级卵泡)时，在卵母细胞的周围形成数层颗粒细胞，且在颗粒细胞的间隙内有液体填充。最终这些间隙汇合形成卵泡腔，腔内含有卵泡液。这一阶段的卵泡称为三级卵泡。在卵泡腔的一侧有一小丘，称为卵丘，其内含有发育成熟的卵母细胞。

与卵母细胞直接接触的是一层透明的膜，称为透明带，在透明带的周围是一层呈放射状排列的颗粒细胞，称为放射冠。三级卵泡进一步发育成熟，称为 Graafian 卵泡，最后破裂释放出卵母细胞。牛的 Graafian 卵泡直径约 2 cm，马的 3～6 cm。在排卵之前经一系列复杂的血管和内分泌的变化导致卵巢表面形成排卵位点(卵泡小斑)，在脑垂体分泌的激素——黄体生成激素(LH)的影响下卵泡破裂。随着卵泡的破裂，卵母细胞与其周围的细胞一起排入输卵管的漏斗部。大多数家畜的排卵可以自然发生，而猫的排卵需要通过交配诱导才能完成。只有很少数的卵泡和卵母细胞能够发育到最后阶段(Graafian 卵泡)，绝大多数逐渐退化并最终完全闭锁。随着卵泡的成熟，其内的卵母细胞通过减数分裂达到成熟。减数分裂的第一次分裂发生在排卵之前，而犬和马的此过程发生在排卵之后。第二次成熟分裂发生在输卵管中，并且需要精子对卵细胞的授精作用。

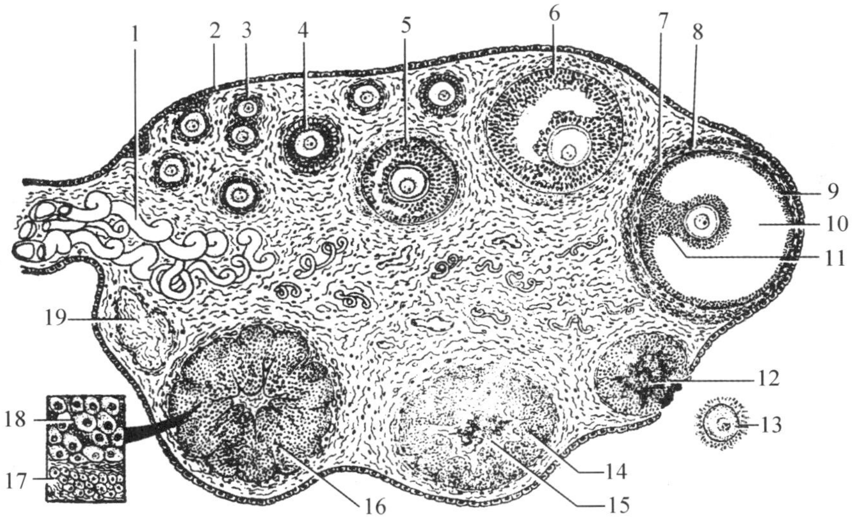

1. 血管 2. 生殖上皮 3. 原始卵泡 4. 早期生长卵泡(初级卵泡) 5、6. 晚期生长卵泡(次级卵泡) 7. 卵泡外膜 8. 卵泡内膜 9. 颗粒膜 10. 卵泡腔 11. 卵丘 12. 血体 13. 排出的卵 14. 正在形成中的黄体 15. 黄体中残留的凝血 16. 黄体 17. 膜黄体细胞 18. 颗粒黄体细胞 19. 白体

图 9-3 卵巢结构模式图

(二)黄体

排卵后破裂的卵泡腔壁皱缩，并在排卵的位置发生轻微的出血，排卵后的卵泡腔被血液填充，称之为红体。随着血液的重吸收，颗粒细胞、内膜细胞以及血管增生，形成黄体。未妊娠动物体内的黄体为过渡型结构，称为周期黄体。该黄体在排卵后直接经历增殖期和血管化，进入成熟期。黄体最终退化成结缔组织斑痕，即白体。黄体在整个发情周期中都接受垂体激素的调节，如果这种调节发生紊乱，可导致黄体持久存在或形成囊肿(黄体囊肿)。如果卵细胞受精，此时的黄体称为妊娠黄体。妊娠黄体继续发育成熟，并且在整个妊娠期或部分妊娠期都具有活性。黄体产生黄体酮，而雌二醇则来自成熟卵泡壁的细胞。检测黄体酮和雌二醇水平的变化可以判定动物的性行为以及生殖道的结构和功能变化。由 Graafian 卵泡产生的高水平雌二醇可使动物表现出发情行为，发出准备交配的信号。黄体酮的产生则为受精卵植入子宫做准备并维持受精卵的发育。未妊娠动物的子宫能产生前列腺素(PGF_2)，它能导致黄体退化。在牛体内，前列腺素可通

过血管壁直接从卵巢静脉运送到相邻的卵巢动脉。在大动物，直肠检查常用于判定发情周期的阶段，这可以为确定配种时间提供重要信息。牛的卵泡和黄体可突出于卵巢表面的任何部位，这在直肠触诊中很容易被辨别。而马由于卵巢构造的不同，很难判定。马的卵泡可以通过触摸识别，但是黄体不能被触摸到，只有借助超声波检查法来确定。

第二节 输卵管

输卵管接收卵母细胞并将其运送到子宫(图 9-1)。输卵管是精子运输、卵子受精的场所。输卵管有两条，每条输卵管都被输卵管系膜悬吊固定，输卵管腔连接着腹膜腔和子宫腔，因此与外界环境相通。输卵管的卵巢端呈漏斗状，称为输卵管漏斗，在排卵时接收卵母细胞。输卵管漏斗的游离缘有许多突起，称为输卵管伞，输卵管伞与卵巢表面相接触并常常附着在卵巢表面，漏斗的内侧面形成明显的皱褶，这些皱褶在漏斗的深部汇集形成一个小的开口，即输卵管腹腔口。输卵管腹腔口通向输卵管壶腹，卵母细胞通常在此处受精。卵母细胞在输卵管壶腹部停留数天，之后通过输卵管远端的狭窄、弯曲部被运送到子宫角的顶部，此段称为输卵管峡。输卵管通过输卵管子宫口开口于子宫角，此口标示了子宫与输卵管的接合部位。反刍动物和猪的输卵管与子宫结合处无明显界限，而马和肉食动物的输卵管与子宫结合处则界限明显，其输卵管子宫口位于一个乳头状突起顶部，形成一道屏障，防止上行性感染的发生。

卵巢系膜、输卵管系膜和卵巢固有韧带共同围成一个小的腹膜腔隙，即卵巢囊，卵巢囊内包裹着卵巢。马的卵巢大，不能被卵巢囊完全包裹。反刍动物和猪的卵巢囊就像一个大的外套覆盖着整个卵巢。猫的卵巢囊包裹着卵巢，但有一宽大的通腹腔的口。犬的卵巢囊完全包裹着卵巢，其内含有大量的脂肪，只有一个狭窄的裂隙与腹膜腔相通。

第三节 子宫

子宫是中空的肌质性器官，富有伸展性，是胚胎发育和胎儿娩出的器官。妊娠时增大，构造也发生变化(已孕子宫为未孕子宫重量的倍数，马 15 倍，牛 12 倍，羊 10 倍，狗 20 倍，人 30 倍)；分娩后通过回缩过程恢复至原先状态(图 9-4)。

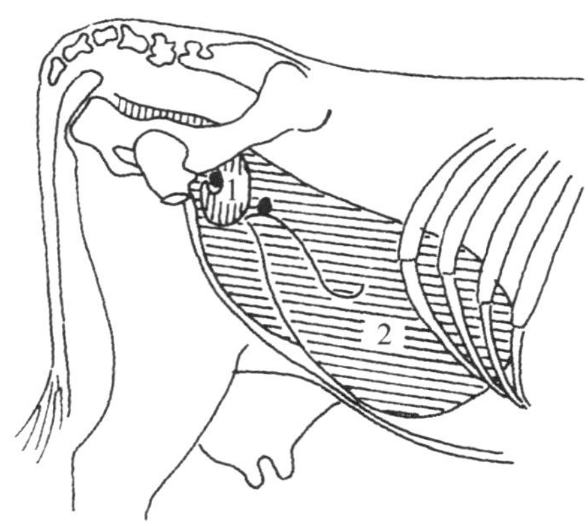

图 9-4　母牛妊娠 3 个月(1)和 6 个月(2)时子宫大小和位置的变化(子宫角末端为卵巢)

一、形态和位置

子宫借子宫系膜悬于腰下，大部分位于腹腔内，小部分位于骨盆腔内。背侧为直肠，腹侧为膀胱，前接输卵管，后接阴道，两侧为骨盆腔侧壁。家畜的子宫可分为子宫角、子宫体和子宫颈 3 部分。

二、子宫的类型

子宫同输卵管和阴道一样，也是由胚胎时期的副中肾管发育而来。不同种类动物的副中肾管的后部融合程度不同，因此在成年动物体内形成了不同类型的子宫(图 9-5)。

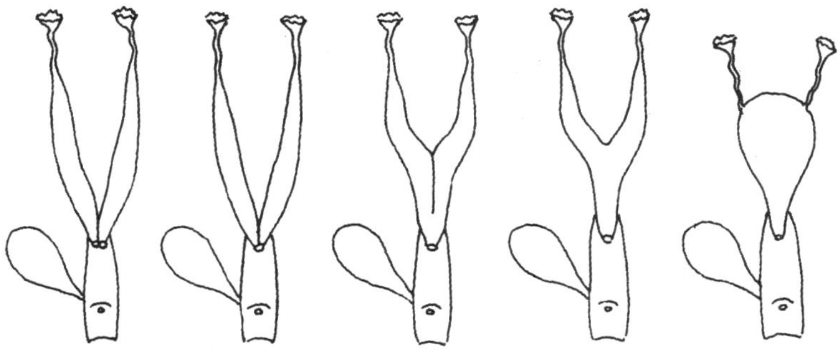

1. 双子宫 2. 双子宫-子宫外口 3. 双分子宫 4. 双角子宫 5. 单子宫

图 9-5 子宫的几种主要类型

(1)双子宫，见于食蚁兽、兔(子宫分别开口于阴道)和啮齿类(二子宫共同开口于阴道)。

(2)双分子宫，见于反刍兽。子宫分为子宫角、子宫体和子宫颈三部分，子宫体的前部因有中隔，分为两个腔，后部则合并为一个腔。从外表上看，子宫体似乎很长，但事实上大部分所谓的子宫体却是子宫角的后部，在其外表面被一层共同的浆膜和肌层所包裹。子宫颈的后端突入阴道内，称为子宫阴道部。

(3)双角子宫，见于大多数家畜，如马、猪和肉食兽。

(4)单子宫，见于灵长类。只有子宫体和子宫颈；子宫体呈梨形。

三、子宫壁的结构

切面显示子宫壁由 3 层组成，由内向外依次为：黏膜层(子宫内膜)、肌层(子宫肌层)、浆膜层(子宫外膜)。子宫内膜衬于子宫腔内面，它的厚度随发情周期的不同阶段而变化，许多管状腺(子宫腺)开口于内膜的表面。反刍动物子宫内膜表面的特征是具有许多永久性的隆凸(牛有 80～120 个)，称为子宫阜。子宫阜是怀孕期胎膜(绒毛叶)的附着点。在未妊娠的母牛体内，子宫阜较低并且表面光滑，而怀孕期子宫阜变成大的表面有凹痕的无柄隆凸。每个子宫阜和它的胎儿绒毛叶构成一个独立单位，即胎盘。在子宫内膜的深层为两层结构的子宫肌层，包括薄的外纵层和较厚的内环层，两层之间由富含脉管的结缔组织分开。子宫表面被覆浆膜(子宫外膜)，这些浆膜沿子宫阔韧带延续。大量的血管和神经分布于子宫旁组织，在这里双层的阔韧带分开包绕子宫。子宫壁组织尤其是外部肌层，在子宫旁组织外延伸为韧带。

子宫颈部的厚壁经直肠可以触摸得到，环行肌发达形成子宫颈括约肌，控制子宫内外的联系。子宫颈腔内是由黏膜褶围成的子宫颈管，几乎是闭塞的。马、猫和犬子宫颈内的这些黏膜褶呈纵向排列；牛的子宫颈管黏膜褶为环形(环形褶)；猪的子宫颈黏膜形成许多半球形隆起(宫颈瓣),交错相嵌,伸入子宫颈管。

子宫颈管向前以子宫内口开口于子宫体,向后以子宫外口开口于阴道。牛和马的子宫颈末端(阴道部)常突入阴道,其周围形成环形空隙(阴道穹窿);猪和犬的子宫颈管仅变宽延续为阴道;猫的子宫颈管开口在突出于阴道的小丘上。子宫颈黏膜能分泌黏液,黏液形成宫颈黏液栓,有助于关闭子宫颈管,但在发情期和分娩时很容易排出。

四、各种家畜子宫形态结构特征

(一)马的子宫

马的两子宫角与一子宫体长度相等,因此呈Y形(图9-6);子宫角通常向前伸向腹腔的顶壁并位于肠管的背侧。子宫颈相对较小,经直肠很容易触摸到。

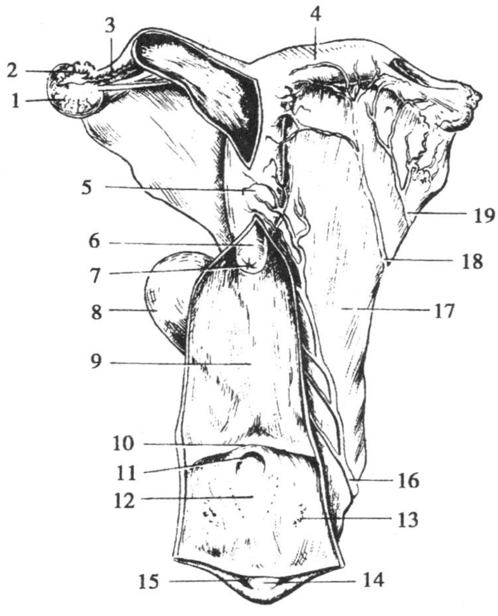

1.卵巢 2.输卵管伞 3.输卵管 4.子宫角 5.子宫体 6.子宫颈阴道部 7.子宫颈外口 8.膀胱 9.阴道 10.阴瓣 11.尿道外口 12.尿生殖前庭 13.前庭大腺开口 14.阴蒂 15.阴蒂窝 16.子宫后动脉 17.子宫阔韧带 18.子宫中动脉 19.子宫卵巢动脉

图9-6 母马的生殖器官(背侧面)

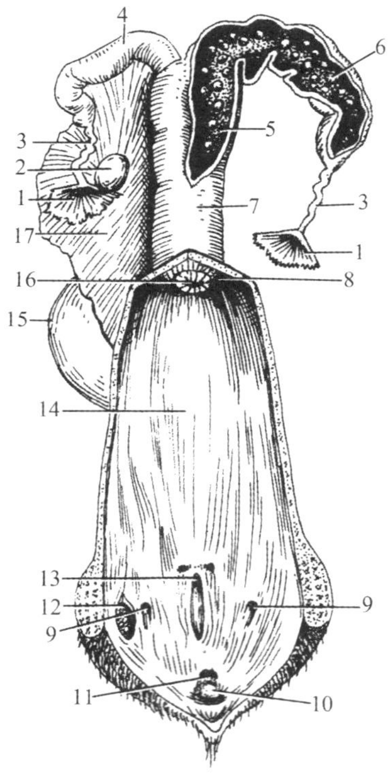

1.输卵管伞 2.卵巢 3.输卵管 4.子宫角 5.剖开的子宫角 6.子宫阜 7.子宫体 8.阴道穹 9.前庭大腺开口 10.阴蒂 11.前庭小腺开口 12.剥开的前庭大腺 13.尿道外口 14.阴道 15.膀胱 16.子宫外口 17.子宫阔韧带

图9-7 母牛的生殖器官(背侧面)

(二)反刍动物的子宫

两子宫角卷曲成绵羊角状(图9-7);末端逐渐变细,呈S形,与输卵管无明显分界。在两子宫角分叉处，两角之间被浅层的组织连在一起，形成角间韧带。牛的背侧角间韧带和腹侧角间韧带共同构成一个小囊袋，袋口向前，在直肠检查时用于确定子宫的位置。

(三)猪的子宫

猪的子宫角特长(150～200 cm)，卷曲如肠(图 9-8)；子宫体很短：子宫颈长，但不形成子宫阴道部。它们都被子宫阔韧带悬吊固定，但是两个子宫角和两侧卵巢的位置相对不固定，以至于很难确定它们在腹腔内的准确位置。

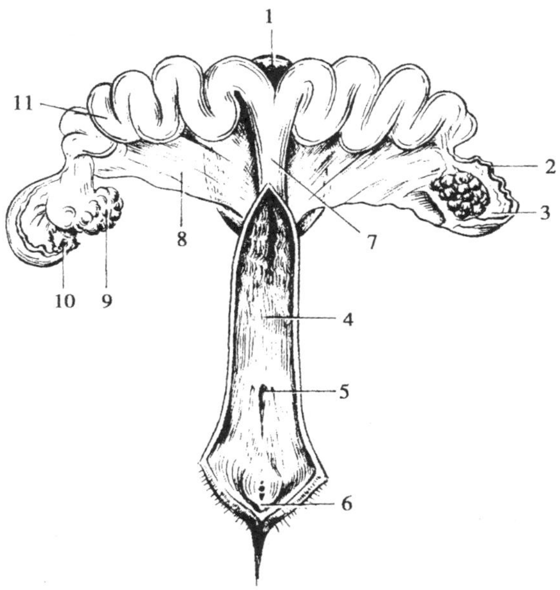

1. 膀胱　2. 输卵管　3. 卵巢囊　4. 阴道黏膜
5. 尿道外口　6. 阴蒂　7. 子宫体　8. 子宫阔韧带
9. 卵巢　10. 输卵管腹腔口　11. 子宫角

图 9-8　母猪的生殖器官(背侧面)

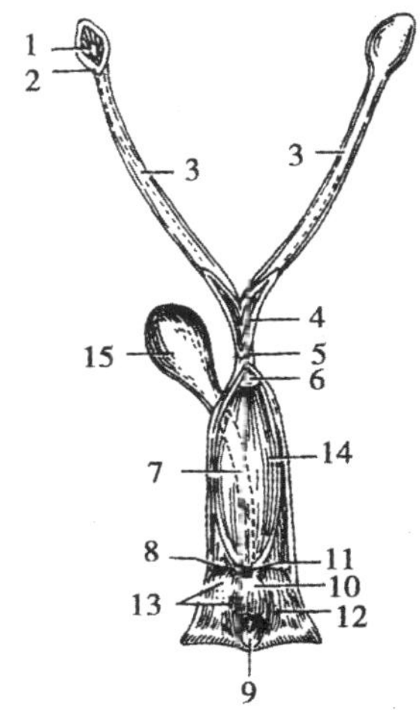

1. 卵巢　2. 卵巢囊　3. 子宫角　4. 子宫体
5. 子宫颈　6. 子宫颈阴道部　7. 尿道
8. 阴瓣　9. 阴蒂　10. 尿生殖前庭　11. 尿道外口
12、13. 前庭小腺开口　14. 阴道　15. 膀胱

图 9-9　母狗生殖器官

(四)肉食动物的子宫

肉食兽的子宫角长而直(图 9-9)。主要位于小肠的背侧，它包括一个短的子宫颈和子宫体，以及由子宫体发出的两条细长的子宫角，两子宫角分别在两侧肾的后方抵达卵巢。两条分开的子宫角向后方延伸至子宫体，从外面看不出是两条，但在内部是分开的。猪的子宫也有类似的构造，子宫内的这种间隔仅限于子宫体前部，而在牛的子宫内这种间隔几乎延伸到子宫颈。

【案例】 产后子宫回缩到骨盆，子宫角恢复到正常的大小和粗细，这个过程大约需要 40～50 d 才能完成。它包括子宫上皮再生、清除分娩时可能感染的细菌和卵巢周期的重新开始。如果正常的生殖道复旧失败，如感染或卵巢功能异常，将导致生殖力降低，最终造成严重的经济损失。其病因包括胎衣不下、子宫内膜炎和囊性卵巢疾病。

第四节 阴道

阴道是交配器官，同时也是产道。阴道位于骨盆腔内。背侧为直肠，腹侧为膀胱和尿道，前接子宫，后接尿生殖前庭。在尿道外口前方有一个横向的黏膜褶（阴瓣）相当于人类的处女膜，交配过和经产的母畜不明显。这一黏膜褶在各种家畜中有所差别，马和猪比其他的家畜更为明显。阴道壁的外层，在前部被覆有腹膜，后部为结缔组织的外膜；中层为肌层，由平滑肌和弹性纤维构成；内层为黏膜。大动物的阴道背侧壁的切口提供了通往腹膜腔的捷径，这一途径可用于母马的卵巢摘除；腹侧壁由于分布有丰富的静脉丛而不可以切开。在牛和马，向后突出的子宫颈在阴道前部形成了一个环形腔隙，称为阴道穹窿。相对于其他家畜，犬的阴道上皮组织对激素水平变化的反应更为显著，因此通过阴道上皮的涂片可以判定犬在发情周期中所处的阶段。阴道黏膜呈粉红色，较厚，并形成许多纵褶，没有腺体。马的阴道长约 15～20 cm，有阴道穹窿。牛的阴道较长，约为 20～25 cm，妊娠牛可增至 30 cm 以上；在阴道前端，子宫颈阴道部腹侧直接与阴道壁融合，所以阴道穹窿呈半环状，位于子宫颈阴道部背侧和阴道壁之间。猪的阴道长约 10～12 cm，径小，肌层厚，黏膜有皱褶；不形成阴道穹窿。（图 9-6～图 9-8）

第五节 尿生殖前庭与阴门

一、尿生殖前庭

尿生殖前庭又称阴道前庭，它是一略左右压扁的短管，从尿道外口至外阴部。是交配器官和产道，也是排尿必经之路，因此称为尿生殖前庭。尿生殖前庭的黏膜呈粉红色。阴道前庭比阴道短，大部分位于坐骨弓后方，并向后下方斜向开口于阴门。在使用阴道窥镜或其他器械时要充分考虑到生殖道的这种曲轴特点。在前庭的腹侧壁上，在阴瓣的紧后方有尿道外口。母牛和母猪的尿道腹侧有一个盲突，称为尿道下憩室，与尿道共同开口于阴道。这种构造使得导尿时膀胱插管更加困难。犬的尿道开口于一小隆起，两侧各有一个凹沟，在进行膀胱导管插入术时不要将其误认为是阴蒂窝。在牛的尿道外口的每一侧都可以观察到退化的中肾管的开口。阴道前庭壁含有前庭腺，前庭腺的分泌物能够保证阴道前庭湿润，有助于交配和分娩。在发情期，雌性家畜的分泌物的气味对雄性家畜有刺激效应。犬的前庭壁内腺体很小，但是数量很多，并且排列成行。猪、羊、牛和马的前庭壁内也分布有前庭小腺。在牛和羊的前庭壁内分布有大的集合腺，但是它们通过单一导管引流，在生殖前庭的两侧各有一条。马的阴唇前方的前庭上，有发达的前庭球，长 6～8 cm，相当于公马的阴茎海绵体，其内分布有大量的静脉形成勃起组织，被认为是阴茎球的同源器官。

二、阴门

阴门是尿生殖前庭的外口，也是泌尿和生殖系统与外界相通的天然孔，位于肛门下方，以短的会阴部与肛门隔开。阴门由两片阴唇构成，在背侧和腹侧汇合形成背侧联合和腹侧联合，围成垂直的阴门孔。阴唇背侧联合为圆形，阴唇腹侧联合呈锐角，这种构造在马恰好相反。阴蒂相当于雄性的阴茎，位于腹侧联合内。与阴茎相似，阴蒂可被分为两部分，阴蒂体和阴蒂头。阴蒂位于阴蒂窝内，大部分被黏膜褶覆盖，相当于雄性包皮。发情期母马的阴蒂由于阴唇快速的张合运动而明显外露。母马阴蒂体内的部分阴蒂窦延伸入阴蒂头，这可能成为一些与马传染性子宫炎(CEM)相关的微生物的生存地。前庭和阴门部的肌肉构成下列横纹肌：前庭缩肌、阴门缩肌和坐骨海绵体肌。尾根的腹侧和阴门之间的部分称为会阴(或者阴囊)。在阴门和肛门间相互交错的肌肉和筋膜称为会阴体，而实践中会阴体常被称为“会阴”。在难产时，会阴部容易撕裂。

第六节 韧带

雌性生殖器官主要附着于成对的双层腹膜褶即左、右子宫阔韧带上。子宫阔韧带从两侧将卵巢、输卵管和子宫悬吊在腹腔顶壁和盆腔壁上。根据子宫阔韧带所悬吊的器官，可将其分为 3 部分：卵巢系膜、输卵管系膜、子宫系膜。

此外，子宫系膜侧面分出一条肌纤维索在腹膜褶的游离缘内向后延伸至腹股沟管，称子宫圆韧带。犬的子宫圆韧带并不终止于腹股沟内环，而是穿过腹股沟管，在止于近阴门处之前被鞘突环绕。母犬是唯一具有鞘突的家畜，易造成腹股沟疝，从而限制其与雄性动物的交配。在正常情况下，老龄母犬的鞘突内常有大量的脂肪堆积，使之很容易触及，不应错误地判定为病理组织。

与大多数腹膜褶不同，子宫阔韧带的浆膜内含有卵巢和子宫的血管和神经，此外还含有来自子宫肌层的纵行平滑肌纤维，妊娠时增生，除支持作用外，分娩时可将子宫向上提，便于胎儿进入盆腔，这对于大动物体尤为重要。

卵巢和子宫的血管行于阔韧带内；阴道血管行于阴道两侧。三部分的血管间具有吻合，特别是静脉，卵巢动脉系细长而卷曲，与较粗并形成丛状的卵巢静脉紧密相伴，由未妊娠子宫分泌的溶黄体素(前列腺素的一种)，经静脉渗透入动脉而进入卵巢，引起未妊娠黄体退化。子宫动脉则较伴行的静脉粗，其血液主要由卵巢静脉和阴道静脉引流。

第七节 血液供应、淋巴引流和神经分布

雌性生殖器官的血液由4对动脉供给：卵巢动脉、子宫动脉、阴道动脉、阴部内动脉。

卵巢动脉从主动脉分支以后，呈卷曲状进入卵巢。卵巢动脉分支进入卵巢(卵巢支)，并分支(子宫支)到达输卵管和子宫角顶部，其子宫分支在阔韧带中与子宫动脉形成吻合。

雌性生殖道的其他部分由子宫动脉及阴道动脉供应血液，它们均为髂内动脉的分支，由髂内动脉延续为阴部内动脉，阴道动脉由阴部内动脉分出。子宫动脉通过子宫阔韧带分布于子宫，它分出一系列分支分布于子宫体和子宫角。其中大部分向前的分支与卵巢动脉的子宫支相吻合，大部分向后的分支与阴道动脉相吻合。

犬和猫的子宫动脉属于阴道动脉的分支。子宫的血液供应主要来自卵巢动脉的子宫分支。猫的卵巢动脉另外分出一个分支，向前与肾上腺动脉吻合。牛的子宫动脉经直肠检查可以在髂骨体附近触摸到，在怀孕5个月的牛体内能感觉到特征性的动脉搏动(颤动或震颤)。马的子宫动脉属于髂外动脉的一个分支。雌性生殖道的后部血液供应来自阴部内动脉和阴道动脉，分支的形式在不同动物中有所差别。

静脉通常与动脉伴行，但在相对重要性上两者之间并不一致。卵巢静脉和子宫静脉同与其伴行的动脉相比较，卵巢静脉更粗大，而子宫静脉则较细小。子宫的大部分静脉汇集到卵巢静脉，并与卵巢静脉共同位于一个软组织鞘中。牛的相邻血管壁与其他动物相比更薄，前列腺素 $PGF_{2\alpha}$ 很容易穿透管壁从静脉转运到动脉。前列腺素 $PGF_{2\alpha}$ 产生于未妊娠的子宫，它可以导致黄体溶解。阴道静脉在阴道及前庭壁内形成血管丛。

雌性动物生殖道的淋巴系最初回流至髂内淋巴结，然后到腹主动脉淋巴结。马的子宫阔韧带内可存在子宫淋巴结。

雌性动物生殖器官的神经分布来自植物性神经系统。卵巢的交感神经纤维来自肠系膜前和肠系膜后神经丛，副交感神经纤维来自迷走神经。雌性动物生殖道其他部分的交感神经和副交感神经均来自盆神经丛。

第三篇 脉管系

第十章 心血管系统

心血管系统是一个封闭的管道系统，由心脏、血管（动脉、毛细血管和静脉）和充盈其中的血液组成。动脉是将血液导出心的血管，静脉是将血液引流回心的血管。毛细血管是动脉和静脉之间的微细血管。动脉在行程中不断分支为管径较小的微动脉，移行为毛细血管。毛细血管管壁最薄，有利于营养物质进入组织。毛细血管逐渐汇集成小、中、大静脉，最后将血液引流回心。在心脏的动力作用下，血液在血管和心脏中按一定方向循环流动。通过血液循环，将消化系统和呼吸系统摄取的营养物质和氧输送到机体各器官，并将各器官的代谢产物输送到肺和肾而排出体外，以保证新陈代谢的正常进行。除此之外，血液循环还有运送激素，以调节各器官的正常生理活动，以及调节体温和保护机体等作用。

在家畜中，血液量大概占体重的 6%～8%，而猫的只占其体重的 4%。一个血细胞从一侧颈静脉开始，在体内循环一周所用的时间的长短称循环时间，它主要取决于动物体型的大小，但与神经内分泌系统介导的个体因素也有一定关系。大型动物完成一次循环大约需要 30 s，而猫只需 7 s 就可完成。

血管形成两条血液循环回路，以心脏为中心呈“8”字形（图 10-1）。大循环又称体循环，将动脉血由心脏运送至各个组织器官，并将静脉血运回心脏。小循环即肺循环，将静脉血由心脏运送至肺的交换组织中，静脉血转变为动脉血引流回心脏。虽然在动物的整个生命过程中血液一直循环流动，但是考虑单个红细胞的路径有助于理解血液循环通路。左心房中的动脉血在心房收缩时流入左心室，当左心室收缩时，将其排入主动脉，再经主动脉的各级分支流向全身毛细血管网。毛细血管网中的静脉血流入小静脉，再经各级静脉，最后由前、后腔静脉，头、前肢和躯干前部的静脉汇集到前腔静脉。腹腔内不成对脏器的静脉血先流入门静脉，再经后腔静脉流入右心房。当右心房收缩时，血液从右心房流入右心室（被动的），右心室收缩，静脉血从右心室流入肺动脉，再经各级分支到达肺毛细血管网进行气体的交换，静脉血转为动脉血，经肺静脉流回左心房。

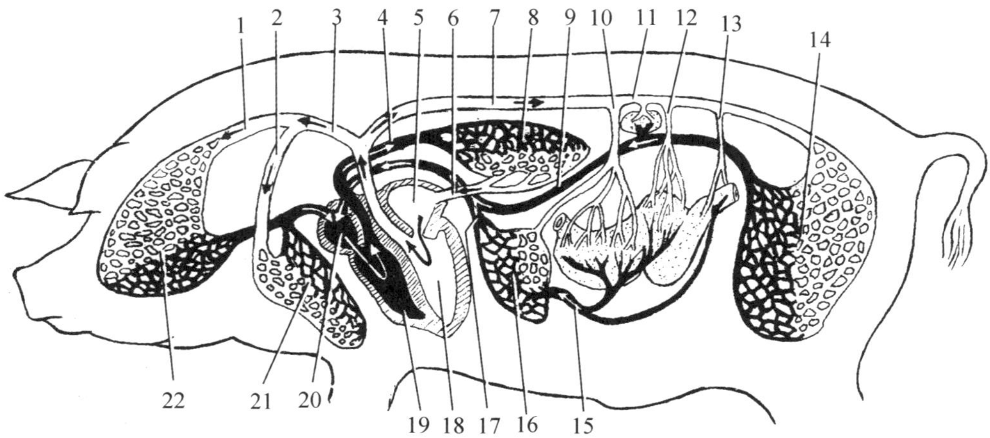

1. 颈总动脉 2. 腋动脉 3. 臂头动脉总干 4. 肺动脉 5. 左心房 6. 肺静脉 7. 胸主动脉 8. 肺毛细血管 9. 后腔静脉 10. 腹腔动脉 11. 腹主动脉 12. 肠系膜前动脉 13. 肠系膜后动脉 14. 骨盆部和后肢的毛细血管 15. 门静脉 16. 肝毛细血管 17. 肝静脉 18. 左心室 19. 右心室 20. 右心房 21. 前肢毛细血管 22. 头颈部毛细血管

图 10-1 成年家畜血液循环模式图

第一节 心脏

一、心的形态和位置

心呈倒立圆锥形，为中空的肌质器官(图 10-2～图 10-5)，外面有心包包裹。上部大称心基，有进出心的大血管，位置较固定；下部小且游离，称为心尖。心的前缘凸，后缘直而短。心表面有一环行的冠状沟和两条纵沟，在牛心的后面还有一条副纵沟。冠状沟靠近心基，是心房和心室的外表分界，上部为心房，下部为心室。左纵沟(又称锥旁室间沟)位于心的左前方，由冠状沟向下伸延，几乎与心的后缘平行。右纵沟(又称窦下室间沟)位于心的右后方，由冠状沟向下伸延至心尖。两纵沟是左右心室的外表分界，前部为右心室，后部为左心室。在冠状沟和室间沟内有营养心脏的血管和脂肪。

心位于胸腔纵隔内，约在第 3～6 肋骨之间(犬和猫是在第 3～7 肋间)，夹于左、右两肺之间，略偏左(马、猪心的 3/5，牛心的 5/7 位于正中矢状面的左侧)。牛的心基大致位于肩关节的水平线上，心尖距膈 2～5 cm。马的心基大致位于胸高(鬐甲最高点到胸骨的腹侧缘)中点之下 3～4 cm，心尖距膈 6～8 cm。距胸骨约 1 cm。猪的心位于第 2～5 肋骨之间，心尖与第 7 肋软骨和胸骨结合处相对，距膈较近。

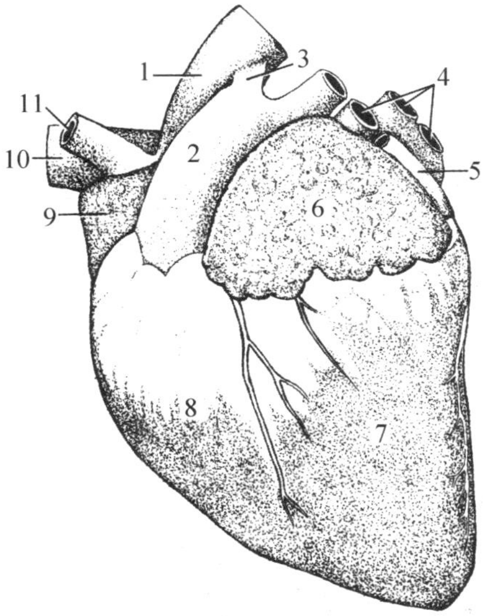

1. 主动脉 2. 肺动脉 3. 动脉韧带 4. 肺静脉
5. 左奇静脉 6. 左心房 7. 左心室 8. 右心室
9. 右心房 10. 前腔静脉 11. 臂头动脉总干

图 10-2 牛心脏左侧面

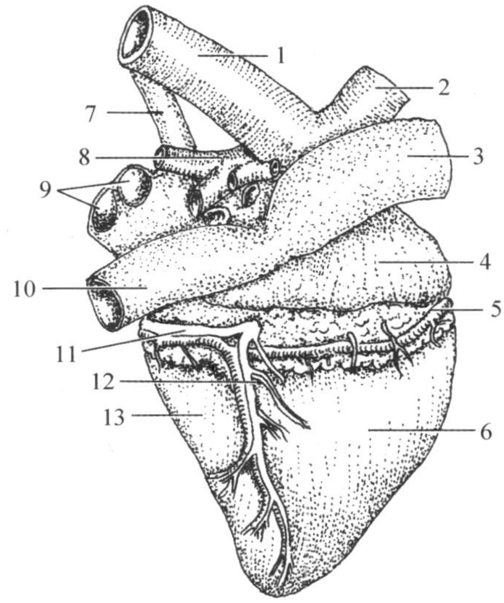

1. 主动脉 2. 臂头动脉总干 3. 前腔静脉
4. 右心房 5. 右冠状动脉 6. 右心室 7. 左奇静脉
8. 肺动脉 9. 肺静脉 10. 后腔静脉 11. 心大静脉
12. 心中静脉 13. 左心室

图 10-3 牛心脏右侧面

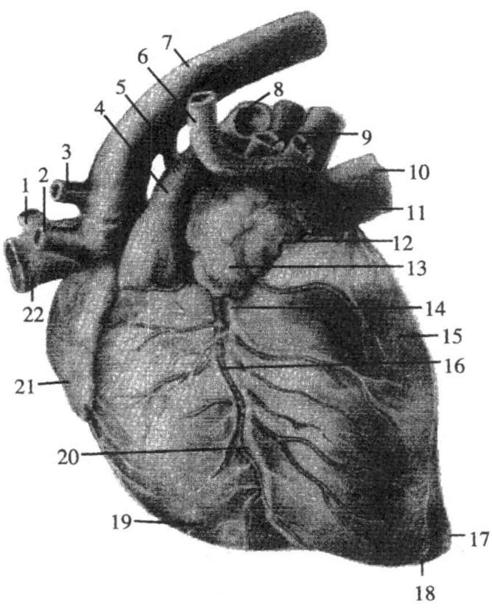

1. 肋颈静脉 2. 臂头干 3. 左锁骨下动脉 4. 肺干
5. 动脉韧带 6. 左奇静脉 7. 主动脉弓 8. 左肺动脉
9. 肺静脉 10. 后腔静脉 11. 左心房 12. 左冠状沟
13. 左心耳 14. 心大静脉 15. 左心室 16. 锥旁室间支
(降支) 17. 心尖 18. 心尖切迹 19. 右心室
20. 锥旁室间沟 21. 右心耳 22. 前腔静脉

图 10-4 猪心脏(后面)

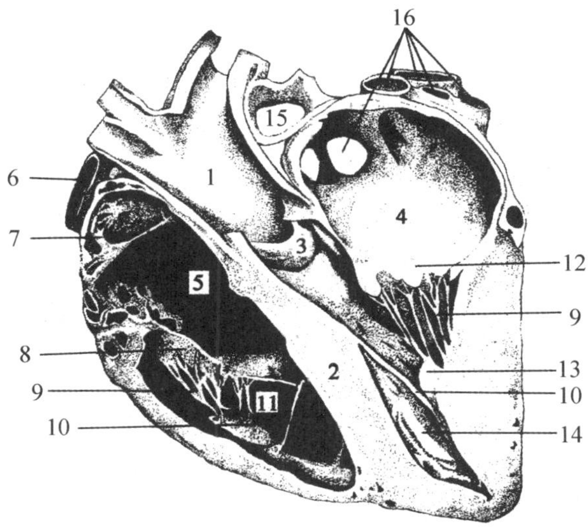

1. 主动脉 2. 室中隔 3. 主动脉瓣 4. 左心房
5. 右心房 6. 前腔静脉 7. 梳状肌 8. 三尖瓣
9. 腱索 10. 隔缘肉柱 11. 右心室 12. 二尖瓣
13. 乳头肌 14. 左心室 15. 肺动脉 16. 肺静脉

图 10-5 马心脏的纵剖面

【案例】 心脏的可触及位置是在第3、第4、第5肋间隙。在肺的边缘有心脏切迹，是临床听诊和超声检查的一个非常有意义的“窗口”。该处可以直接获取心脏的信息而没有肺覆盖在上面。在机体右侧有一个同样心脏切迹。

二、心腔的构造

心腔以纵向的房中隔和室中隔分为左、右两半，每半又分为上部的心房和下部的心室。所以心腔共有右心房、右心室、左心房、左心室四个腔。同侧的心房和心室各以房室口相通。房中隔由心房肌、结缔组织和心内膜组成。房中隔有一个最薄的区域，从右心房侧可以看见一个压迹，称卵圆窝。室中隔由心室肌、结缔组织和心内膜构成。

（一）右心房

右心房构成心基的右前背侧部，接纳来自前、后腔静脉和冠状窦的血液，其中位于后腔静脉口腹侧的冠状窦收集大部分来自心脏本身的静脉血。右心房分为腔静脉窦和盲端的右心耳两部分；右心耳呈圆锥形盲囊，尖端向左向后，至肺动脉前方，内壁有许多方向不同的肉嵴，称梳状肌。腔静脉窦是右心房的主要部分。房间隔将右心房和左心房分开。前、后腔静脉的开口之间有一横嵴组织，即静脉间嵴，它向右心房内部突出，引导血液流向右房室口。在后腔静脉入口附近的房中隔上有一个凹陷，称为卵圆窝，是胎儿时期卵圆孔的遗迹。成年的牛、羊、猪约有20%的卵圆孔闭锁不全。马的右奇静脉开口于右心房背侧或前腔静脉根部，牛和猪的为左奇静脉，开口于冠状窦。右心房内壁上交错排列的肌束（梳状肌）形成内表面的不规则嵴。右心房通过右房室口与右心室相通。

（二）右心室

右心室位于心的右前部，顶端向下，不达心尖。其入口为右房室口，出口为肺动脉口。右房室口以致密结缔组织构成的纤维环为支架，环上附着有3个三角形瓣膜，称三尖瓣或右房室瓣。其游离缘向下，通过腱索连于心室的乳头肌。狗的右房室口有2个大瓣和3或4个小瓣。乳头肌为突出于心室壁的圆锥形肌肉。当心房收缩时，房室口打开，血液由心房流入心室；当心室收缩时，心室内压升高，血液将瓣膜向上推使其相互合拢，关闭房室口。由于腱索的牵引，瓣膜不能翻向心房，从而可防止血液倒流。肺动脉口位于右心室的左上方，也有一纤维环支持，环上附着3个半月形的瓣膜，称半月瓣。每片瓣膜均呈袋状，袋口向着肺动脉。当心室收缩时，瓣膜开放，血液进入肺动脉；当心室舒张时，室内压降低，肺动脉内的血液倒流入半月瓣的袋口，使其相互靠拢从而关闭肺动脉口，防止血液倒流入右心室。右心室里面，在室中隔上有横过室腔走向室侧壁的心横肌，有防止心室过度扩张的作用。

（三）左心房

左心房构成心基的左后背侧部，接受来自肺静脉的动脉血。其形状和结构与右心房相似，有多个肺静脉入口通向左心房，并通过左房室口与左心室相通。左心耳也呈圆锥状盲囊，向左向前突出，内壁也有梳状肌。

（四）左心室

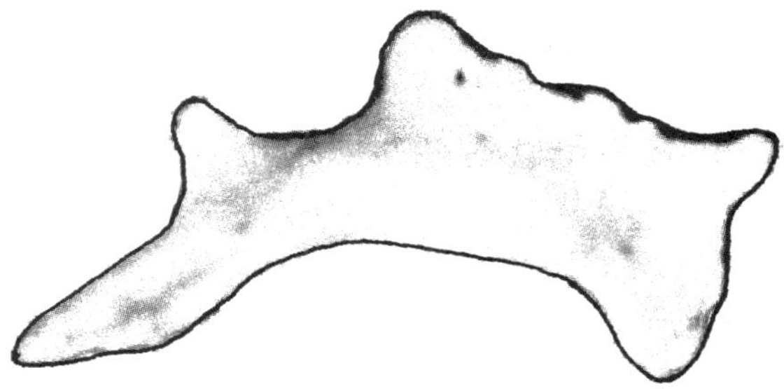

图 10-6 水牛主动脉口之心小骨

左心室呈圆锥形，顶端伸达心尖。它通过肺静脉和左心房接受来自肺的动脉血，并通过主动脉把血液运送至身体的绝大部分。左心室壁比右心室壁厚，但左、右心室的容量是相同的。猫有两条从心室外壁连至室间隔的肌束（隔缘肉柱）。

左房室口处有左房室瓣或称二尖瓣。它的结构与三尖瓣相似，但是只由两个瓣膜组成。相应地，左心室也只有两个乳头肌。

主动脉口是从左心室到升主动脉的入口。在舒张期，主动脉瓣闭合把主动脉口关闭。主动脉瓣与肺动脉瓣相似，但其半月瓣小结节比肺动脉瓣的更明显。每一主动脉瓣周围的主动脉壁膨大形成主动脉窦。此处的升主动脉基部变粗形成主动脉球。左、右冠状动脉自左、右主动脉窦发出。在牛的主动脉口还有左右 2 块心小骨，马的为心软骨（图 10-6）。

三、心壁的结构

心壁由 3 层组成，分别为：心内膜、心肌、心外膜。心内膜是被覆于心腔内面的一层光滑的薄膜，与血管内膜相延续。心外膜是心包的一部分。心肌构成心壁的主体，它由改进的横纹肌纤维组成，其特征是核位于中央。肌纤维末端相互吻合（端—端吻合），形成交织排列的纹理（闰盘）。闰盘是细胞间连接的标志。不同于一般的横纹肌，心肌细胞不会疲劳，由自主神经系统控制。心房肌薄，排列成弓形，环绕前、后腔静脉口和肺静脉口形成心肌纤维袢，心房肌附着于心脏的纤维性心基上。与其他中空器官一样，心室肌分为深层纵行肌、中间环形肌和浅纵行肌三层。所有的肌纤维都起源于纤维性心基。浅层的肌束按顺时针方向扭转，伸向心尖。这些肌纤维在心尖折转，以垂直于下行表面纤维的方向伸向心基。一些浅层纤维伸向心基，止于乳头肌。一些纤维并入中间层肌纤维。心肌中间层构成心肌的大部。它们是螺旋状或环状肌，在两心室之间相互交错排列。心壁的厚度和结构反映了心脏每个具体部位所承受的负荷。心房接收血液，其收缩功能很小，壁薄。心室泵出血液，其壁较厚，右心室壁（肺循环）比左心室壁（体循环）薄。在一系列疾病状态下，包括瓣膜狭窄或闭锁不全以及扩张性心肌病，心肌将发生肥大和/或扩张。心室扩大可通过 X 线摄影或超声检查观察到。

四、心的血管和淋巴管

心脏也具有营养其本身的血管，动脉为冠状动脉，静脉为心静脉（图 10-3、图 10-4）。心脏富含血管，人类心脏的血管接收左心室输出血量的 5%，动物接收的更多，且取决于动物自身的条件。

心脏的血液由左、右冠状动脉及其分支供应，它们起自位于主动脉根部半月瓣上方的 3 个主动脉窦中的 2 个，它们是左冠状动脉和右冠状动脉。

左冠状动脉一般较粗，起始于主动脉的左窦。左冠状动脉通过左心耳与肺动脉干之间，伸入冠状沟后分为圆锥旁室间支和旋支。圆锥旁室间支沿着圆锥旁室间沟下行至心尖，为左心室壁和大部分室间隔运输血液。旋支沿冠状沟行至心脏后面，止于接近右室间沟处（马和猪）或一直延续进入心尖（肉食动物和反刍动物）。

右冠状动脉起于主动脉右窦，通过右心耳与肺动脉干之间，伸入冠状沟后绕至心基的前面，或者逐渐变细伸向右室间沟起始处或进入右室间沟（肉食动物和反刍动物）。对于左冠状动脉不分布到心尖的动物（马和猪），其右冠状动脉伸延至心尖。

冠状动脉的类型变化很大，因个体而异，但在兽医临床上这并不重要。相比较而言，考虑到外科上的梗死，人类的这种差异具有很大的临床意义。冠状动脉即所谓的终末动脉，因其不形成吻合支，所以任意一个分支的血管闭塞都将导致局部的心肌梗死。最常见的急性心肌梗死致死病例在任何家畜动物中都不会发生。

多数冠状静脉汇入与左冠状静脉平行的大冠状静脉（心大静脉）。它经短而粗的冠状窦注入右心房。在流入冠状窦之前，它先与右室间沟中的中冠状静脉（心中静脉）汇合。许多小静脉（心小静脉）直接开口于右心房。

心脏中的一部分组织液进入毛细淋巴管，在心外膜下汇集形成小淋巴管。小淋巴管向心基延伸，在冠状沟和左室间沟汇合处形成大淋巴管。最后注入前、后纵隔淋巴结和气管支气管淋巴结。

五、心传导系统

心传导系统由窦房结、房室结、房室束和浦肯野氏纤维或心内膜下支等部分组成（图 10-7）。

窦房结位于前腔静脉和右心耳之间的沟内心外膜下，它除发出纤维与心房肌联系外，还分出数支结间支至房室结，它是正常心脏的起搏点。

房室结位于右心房冠状窦口附近、房中隔的内心膜下。房室结的传导纤维组成房室束，此束在室中隔下行，反复分支形成浦肯野氏纤维与心室肌相连，在心内膜下肉眼可见。

心传导系统由特殊分化的心肌细胞构成。与普通的心肌细胞相比，这些细胞直径较大，含有较多的细胞内液，糖原含量也较高，但纤维含量少。该心肌细胞能够产生、传导兴奋，从而调节心脏节律性的收缩和舒张。

心传导系统最大的特征是它的自发生物电活性，它可使邻近的细胞去极化和收缩，但是，心脏的自律性也接受自主神经系统的影响。

虽然构成心传导系统的各部分都具有产生自动节律性兴奋的能力，但窦房结具有最大去极化静息电位，因此窦房结有自律性，成为支配整个心脏活动的节律起点，即心脏的起搏点。

心动周期按照窦房结的自动节律性进行，而其他自律细胞的自律性处于窦房结控制之下且不表现自身的节律性。这种结构保证了心脏的完全收缩，这对于心脏的泵血是相当重要的。只有在窦房结功能发生障碍时，其他起搏点才会取而代之，相应地由房室结或浦肯野氏纤维支配心脏活动的节律性。

起搏冲动在窦房结发出，通过结间支使心房开始收缩；房室结接受神经冲动，通过房室束和浦肯野氏纤维引起心室肌收缩，所以整个心脏的运动靠心传导系统来调节。

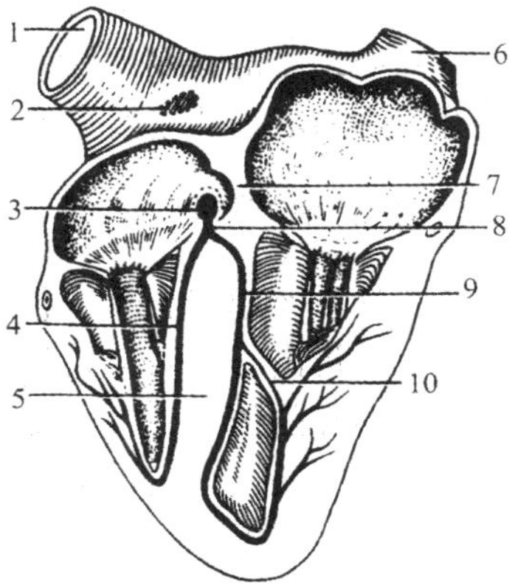

1.前腔静脉 2.窦房结 3.房室结 4.右脚 5.室中隔 6.后腔静脉 7.房中隔 8.房室束 9.左脚 10.隔缘肉柱

图 10-7 心传导系统示意图

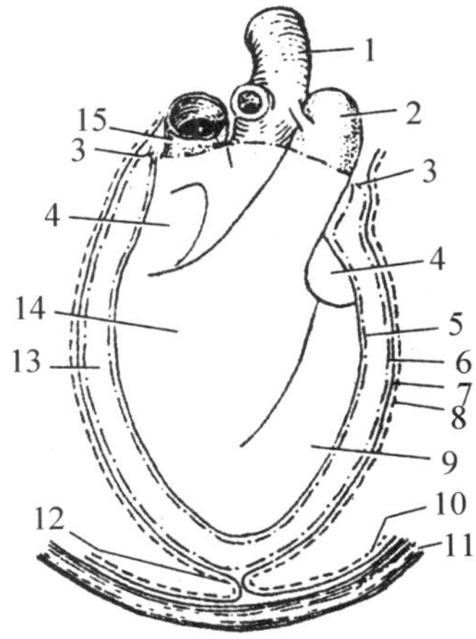

1.主动脉 2.肺动脉 3.心包脏层转到壁层的地方 4.心房肌 5.心外膜 6.心包壁层 7.纤维膜 8.心包胸膜 9.心 10.肋胸膜 11.胸壁 12.胸骨心包韧带 13.心包腔 14.心室肌 15.前腔静脉

图 10-8 心包结构模式图

六、心包

心包是包裹心脏的纤维浆膜性被膜(图 10-8)。它实质上是一个深陷的囊,其所含腔隙称为心包腔,呈裂隙状,内含少量浆液,可减少心脏搏动时产生的摩擦。心包发炎可导致心包液增多和心包增厚,通过超声检查,可检查到无回声区域,为心包积液。

心包可分为中央的纤维层和内、外浆膜层。心包脏层与心壁紧密相连,形成心外膜。它覆盖心肌层、冠状动脉和心脏表面的脂肪。心包壁层和脏层相互延续,在通过心房和大血管根部时形成复杂的结构。大血管根部也包有心外膜,作为心包腔的一部分,形成弯曲横穿心基。这部分心包腔称为心包横窦,为左右侧心包腔之间的"U"形裂隙。心包斜窦是在大静脉间两层心包浆膜内陷形成的腔隙。心包浆膜壁层与心包纤维层紧密地融合在一起,心包纤维层由胶原纤维交织而成。胶原纤维层基部与进出心脏的大血管相延续。其腹侧与以下两种韧带相延续:胸骨心包韧带、膈心包韧带。

胸骨心包韧带将心包纤维层固定在胸骨上。只有犬有膈心包韧带,它将心包纤维层固定在膈上。大部分心包纤维层的外面覆盖有纵隔胸膜。膈神经从纵隔胸膜和心包之间穿过。

心包只能适应心动周期节律性心搏动引起的小幅度扩张。急性心包积液可压迫心脏,损伤心脏功能(急性心包填塞)。心包能适应由于训练或疾病造成的心脏大小改变或慢性心包积液等长期性改变,但可能造成心包扩大。

七、心的神经分布

心脏接受自主神经系统支配。交感神经纤维由颈心神经和胸后神经发出(根据功能,又称为心加强神经),这两根神经起源于星状神经节和颈中神经节。这些神经的数量在不同种属甚至相同种属不同个体之间存在差异。副交感神经纤维有的直接由迷走神经分支而来,有的起源于喉返神经。这些神经纤维属于抑制神经。所有的神经纤维在纵隔前部形成心神经丛。大部分交感神经是节后纤维,而副交感神经是节前纤维,在位于心室壁心外膜下靠近大血管处的小神经节中形成突触。许多神经支配心传导组织,尤其是窦房结和房室结。交感和副交感神经的传入纤维离开心脏。交感神经传入纤维负责痛觉受体,而副交感神经传入纤维感受膨胀的增强。心脏功能不依赖于传入神经,但传入神经可通过调节心脏收缩的速度和强度使心输出量与身体需氧量相匹配。刺激交感神经可加速起搏频率,增强心收缩性,而副交感神经可使心率减慢。心脏不仅对肾上腺素等循环激素有应答反应,还可以分泌激素,例如心房细胞可产生心房钠肽,这种钠肽激素能够调节血压。

八、心脏活动的体液调节

心肌的特性也受体液中化学物质的影响,血中的离子对调节心脏的活动具有一定的作用,例如钠离子是维持心脏兴奋性和收缩性所不可缺少的成分。钙离子可使心肌收缩加强,但若其舒张不完全,钙离子过多,则心肌最后停止于收缩状态而不舒张(痉挛状态),钾离子与钙离子的作用相反,可抑制心肌的兴奋性,有利于舒张,而不利于收缩。若钾离子过多,则心肌的兴奋性大为降低,而处于舒张状态,所以在血浆中,钠、钾、钙三种离子必须维持适当的比例,才能保证心脏的正常活动。

九、血液在心腔内的通路

心房肌和心室肌是完全独立的两个肌系,在心传导系统和神经的作用下,心房和心室能进行有节律的交替收缩和舒张。心房收缩时心室舒张,心室收缩时心房舒张,从而不断将血液引入和压出。心房收缩时,心房内的血液推开三尖瓣和二尖瓣,经房室口进入舒张的两心室;当心室舒张时,室腔扩大,心房的血液进入,而肺动脉和主动脉内的压力大于心室,则将半月瓣关闭,使肺动脉和主动脉的血液不致逆流入心室。心室收缩时,心室内血液压迫三尖瓣和二尖瓣,关闭房室口,使心室内的血液不致逆流入心房,此时心室内的压力大于动脉,将半月瓣推开,于是左、右心室内的血液分别进入主动脉和肺动脉;在同时,心房舒张,房腔扩大,压力下降,前、后腔静脉的血液流入右心房,肺静脉的血液流入左心房。由于心房和心室这种交替的收缩和舒张,使血液在心血管系统中按一定方向循环。

十、心脏的功能

心脏有节律地收缩和舒张,像泵一样产生动力,推动血液在体内定向流动。心脏收缩的阶段称为收缩期,舒张的阶段称为舒张期。在收缩期,首先是心房收缩,然后是心室收缩,心室收缩持续的时间大约是心房的2倍。在这种心房收缩结束后才开始心室收缩的机制中,房室结起了重要作用,保证了心室的完全充盈。心室壁和乳头肌几乎同时收缩,以防止瓣叶翻入心房。纵肌层收缩使心室缩短,将心尖向心基方向牵拉。左心室的环形肌纤维和室中隔收缩起括约肌样作用。在右侧,只有右心室游离壁的收缩对血流起作用。收缩期心脏的泵血量称为每搏输出量。体重

20 kg 犬的每搏输出量大约是 11 mL,总计每天有 1.5 t 血液从心脏泵出。心输出量由每搏输出量和心率决定,它的计量单位是 L/min。心脏指数是对体重的心输出量。在心舒张期,心肌舒张,心室被动地充满血液,诸多因素,如气体交换和隔膜收缩,辅助血液回流至心脏。在心舒张期,房室瓣开放,半月瓣关闭。冠状窦的血液回流对保证冠状动脉血流十分重要。血流依赖的压力是不同的,冠状动脉血流量受到舒张压和右房压的影响。

心脏的功能可以通过测定心率、触诊脉搏压力、测量血压和中心静脉压以及听诊心脏进行临床评价。瓣膜的关闭可产生清晰的声音,利用听诊器可以听到。共有 4 种心音,记为 S4(心房音)、S1、S2 和 S3。一般情况下,只有在一些马体内可以听到全部的 4 种心音,而 S1、S2 在所有家畜体内都可听到。第 1 心音(S1)是由心收缩期开始时房室瓣的关闭产生的。第 2 心音(S2)是由心舒张期开始时主动脉瓣和肺动脉瓣的关闭产生的。第 3 心音(S3)是由心室的被动充盈引起的,而第 4 心音或称心房音(S4)是由心房收缩引起的。可以最清楚地听到心音的区域称为最大强度点。马的最大强度点为:左胸,在肩关节水平线处,第 3 肋间隙:肺动脉瓣音;第 4 肋间隙:主动脉瓣音;第 5 肋间隙,二尖瓣音;右胸第 4 肋间隙,三尖瓣音。

第二节 血管

血管学是研究血管的形状、结构、分布以及功能的一门学科(图 10-9)。

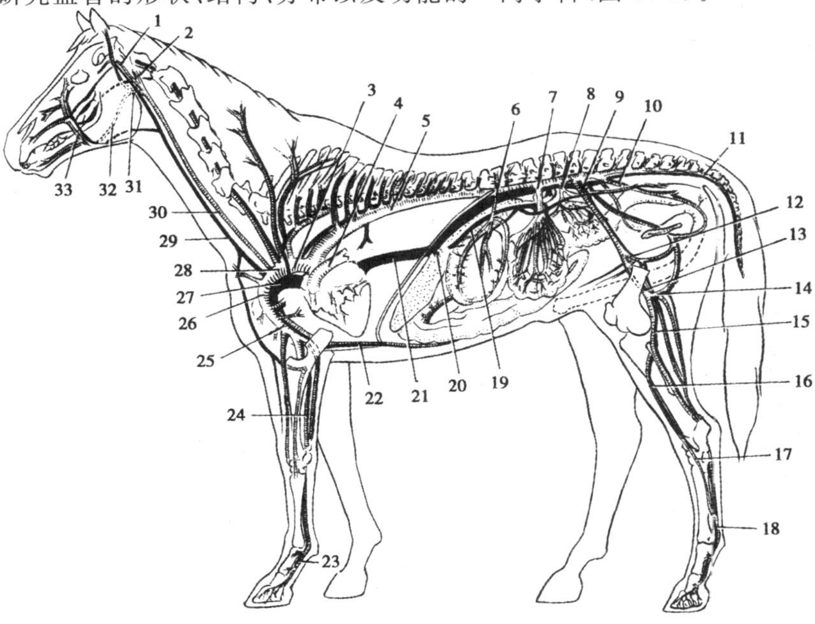

1. 颈内动脉 2. 枕动脉 3. 臂头动脉总干 4. 肺动脉 5. 胸主动脉 6. 腹腔动脉 7. 肠系膜前动脉 8. 肠系膜后动脉 9. 髂外动脉 10. 阴部内动脉 11. 尾中动脉 12. 股深动脉 13. 股动脉 14. 股后动脉 15. 腘动脉 16. 胫前动脉 17. 跖背外侧动脉 18. 趾总动脉 19. 门静脉 20. 肝静脉 21. 后腔静脉 22. 胸内动脉 23. 指总动脉 24. 正中动脉 25. 臂动脉 26. 腋动脉 27. 前腔静脉 28. 左锁骨下动脉 29. 颈静脉 30. 颈总动脉 31. 颈外动脉 32. 颌外动脉 33. 面动脉

图 10-9 马全身血管模式图

一、血管的种类

根据血管的结构和机能的不同,可分为动脉、毛细血管和静脉三种。

1. 动脉　为将血液由心引出,流向畜体各部和各器官的血管,一端接心室,逐步分支而变细,接毛细血管。动脉管壁厚而有弹性,离心愈近则管腔愈粗,管壁愈厚,弹性愈大,血压愈高;离心愈远,则相反。动脉管壁一般可分为内膜、中膜和外膜三层。内膜衬有内皮,光滑而有利于血液通过。中膜厚,由平滑肌(小动脉)、弹性组织(大动脉)或平滑肌和弹性组织混合(中型动脉)构成。外膜较薄,有时也有弹性组织。动脉被切断后,断端常缩入创口并保持开张状态,喷出血液,临床上应予注意。

2. 毛细血管　为动脉和静脉间的微细血管,短而密,互相吻合成网,管壁很薄,仅由一层内皮细胞构成,借助于渗透和扩散作用,在血液和组织间交换物质,是心血管系统执行机能的重要部位,而心不过是血液循环的动力器官,动脉和静脉是输送血液的管道。除软骨、上皮组织及其衍生物和角膜等处外,其他组织均有毛细血管。其数目决定于该器官新陈代谢的强度,如肺、肝、肾、腺体和黏膜的毛细血管最密,而平滑肌、腱和浆膜的毛细血管则较少。在静息状态下,大量的毛细血管处于收缩和封闭状态,在加强工作时,才大部分或全部开放。

3. 静脉　为一端接毛细血管,陆续汇集合成大静脉,将畜体各部和各器官的血液运回心脏右心房的血管。肺循环的静脉运送肺部的动脉血到达心脏的左心房。

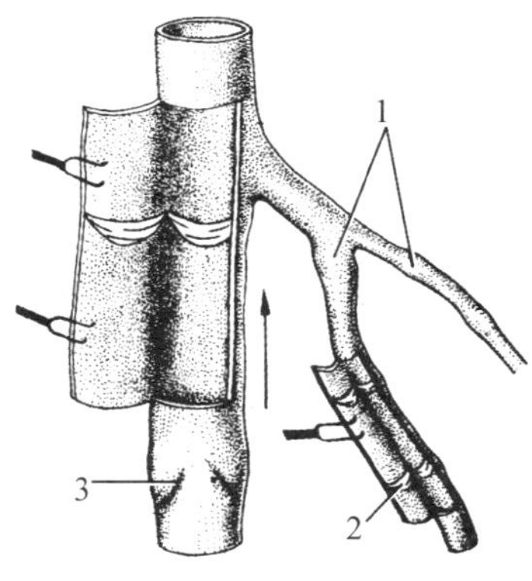

1. 瓣膜处外形　2. 静脉瓣　3. 瓣膜投影

图 10-10　静脉瓣膜

静脉的功能虽可简化为组织液回流,但一些器官如肝和脑垂体,它们接受来自静脉的血液供应。因此,静脉血不仅可带走组织中的代谢产物,而且也将代谢产物和激素带到一些器官。

静脉血的成分依赖于其分支所在的范围,从肠道而来的静脉血富含各种营养分子,从脾脏而来的静脉血含有大量白细胞,从内分泌腺来的血液含有高浓度的激素,而从肾脏来的静脉血含有较少的代谢产物。静脉血在体温调节方面也具有很重要的作用,比如由肝和肌肉而来的静脉血温度较高。

静脉与动脉的结构相似,也可分为三层,但中膜较薄,所以管腔大,无血液时常瘪塌。静脉内膜常褶皱形成成对的静脉瓣,呈袋状,游离缘向着心的方向,以四肢的静脉多,大静脉和内脏的静脉则很少,有防止血液逆流、保证血液方向流入心脏等功能(图 10-10)。

颅腔和椎管的静脉不含有瓣膜,这些静脉被称为静脉窦。颅腔的一部分静脉没有血管壁,由硬膜形成的憩室取代,憩室衬有一层内皮。

四肢的静脉通常与动脉一起通过软组织鞘,因此,动脉的搏动加强了静脉血向心脏的回流,远端静脉血管中膜增厚也起到了辅助作用。

大部分静脉与相应的动脉相伴行，被称作同名动脉的伴行静脉。

二、血管分支的一般规律

(1)血管的主干。多沿脊柱的下面、四肢的内侧面或关节的屈面伸延，位置较深，可避免损伤和过分紧张，有利于血液的流通。

(2)侧支和侧副支。主干分出侧支到附近的器官，其大小与器官的机能相适应。在机能活动旺盛的器官，如心、肾和甲状腺等的动脉侧支大。与主干平行的侧支，称为侧副支。侧副支与侧支相吻合，形成侧副循环，即主干的血液可通过侧副支再流回到主干。当主干的血液发生障碍时，侧副支能代替主干供应相应区域的血液。

(3)吻合。相邻血管之间借助于分支相通，称为吻合，该分支称为吻合支。吻合有平衡血压、调节和转变血流方向、保证该器官血液供应的作用，与侧副支的作用相似。吻合有血管丛、动脉弓和动脉网等数种形式。由许多血管细分支吻合形成网状者，称为血管丛，如眼球的脉络膜。分布于同一器官相邻动脉的分支彼此吻合，称为动脉弓。由动脉弓的隆凸面发出的分支，在一个平面上交织形成的稠密网状丛，称为动脉网，如空肠动脉在空肠系膜内形成动脉弓，由动脉弓发出稠密的网状丛形成动脉网。

(4)由小叶构成的器官如肝和肾，动脉常由器官门进入，按小叶的结构分布。在肌肉、韧带和神经，动脉由树处进入，按纤维的行程分布。

(5)动脉、静脉和神经常伴行，同包在结缔组织鞘中，形成血管神经束。当做血管结扎时，应考虑分离神经。

(6)静脉常较动脉粗，数目多，可分浅静脉和深静脉。浅静脉位于皮下，也叫皮下静脉，在体表可见，可用于采血、放血和静脉注射。深静脉多与动脉伴行，一条中等动脉或小动脉常伴有两条静脉，而大动脉常伴随一条静脉。静脉的名称常与伴行的动脉相同。静脉的外面包有一层致密的膜，且常在骨沟中行走的静脉，称为静脉窦，如脑硬膜内的静脉窦。

第三节　肺循环的血管

肺循环的血管包括肺动脉、毛细血管和肺静脉。肺动脉将含二氧化碳的静脉血由心脏送到肺，在肺内伴随支气管反复分支，在肺泡上形成毛细血管网，并借助于扩散作用，将血液的二氧化碳转到肺泡，肺泡中的氧转到血液，变成含氧较多的动脉血，汇集成肺静脉，由肺回心。

一、肺动脉

肺动脉是体内唯一输送静脉血的动脉。它由肺动脉干分支形成。肺动脉干起于右心室，被肺动脉瓣的半月瓣与右心室分开，通过左、右心耳之间，继续向后延伸至主动脉左侧。接近于分叉处与主动脉之间连接有动脉韧带，动脉韧带是动脉导管的结缔组织残留物，胎儿循环血液可以不经过肺部直接经动脉导管输入主动脉。在气管分叉处的腹侧，肺动脉干分为左、右肺动脉，分别进入左肺和右肺。它们的分支沿支气管最后形成包围肺泡的毛细血管网，在此进行气体交换。

牛、羊和猪的右肺动脉在右肺门处还分出一支到右肺的尖叶。

二、肺静脉

肺静脉是由肺泡的毛细血管网陆续汇集而成的血管。由肺门出肺，有6～8条，注入左心房。

第四节 体循环的血管

体循环的血管也包括动脉、毛细血管和静脉。体循环起源于主动脉，主动脉与左心室被主动脉瓣隔开。体循环的动脉将含营养物质和氧较多的动脉血，由心运送到畜体各部和各器官，通过反复分支最后形成毛细血管网，借助于渗透和扩散作用，将血液中的营养物质和氧转到各器官，将器官中的代谢产物和二氧化碳转到血液，变成静脉血，由小静脉汇入大静脉，最后经腔静脉回心。

主动脉为体循环的动脉主干，起始于左心室的主动脉口，向上向后呈弓状伸延至第6胸椎的下面，这一段称为主动脉弓。继续向后伸延，称为胸主动脉。胸主动脉穿过膈的主动脉裂孔至腹腔，称为腹主动脉。腹主动脉在腹腔内分出一些壁支（到腰腹部的肌肉和皮肤）和脏支（到腹腔内脏器官）后，在第5～6腰椎处，分为左、右髂外动脉和左、右髂内动脉。髂外动脉主要分布于两后肢；髂内动脉分布于骨盆部。

主动脉弓根部膨大称主动脉球，除发出左、右冠状动脉分布于心外，还分出一条大的臂头动脉总干。臂头动脉总干短而粗，在气管和前腔静脉之间向前向上伸延，在离胸前口不远处，分出左锁骨下动脉后，主干延续为臂头动脉。臂头动脉短而粗，在气管的下面向前伸延，在第1肋骨处分出双颈动脉干，其主干延续为右锁骨下动脉。双颈动脉干沿气管的下面向前伸延，在胸前口分为左、右颈总动脉，分布于头颈部。左、右锁骨下动脉的主干延续为左、右腋动脉，分布于左、右两前肢。

主动脉弓与肺动脉干间靠动脉韧带连接，后者是胎儿动脉导管的残留物。出生之后，新生动物开始呼吸，动脉导管中膜收缩，内膜开始变形。通常在产后的第一周该血管内腔闭塞。

永久性动脉导管导致在左侧和右侧胸廓听诊可以听到特征性连续杂音。由于动脉血和静脉血在外周动脉血液内混合，这种情况会导致低氧血症。

在患畜中，其动脉韧带穿过食管的背面，引起部分性梗阻且易形成憩室。患畜断奶后采食固体食物时会发生食物反流，实施韧带手术切除可以适当矫正这种缺陷，但大多数动物不需要进行手术处理。

体循环的静脉除心静脉外，均集合成前腔静脉、后腔静脉和奇静脉，注入右心房。前腔静脉在胸前口处，由左、右颈静脉和左、右锁骨下静脉汇合而成，接受头颈部、前肢和部分胸背部的血液。后腔静脉在骨盆入口处，由左、右髂总静脉汇合而成，沿腹主动脉的右侧向前伸延，穿过膈的腔静脉裂孔至胸腔，在右肺的心膈叶和副叶之间通过，注入右心房，它接受骨盆部、后肢和腰腹部的血液。奇静脉接受一部分胸壁和食管及气管的血液。

体循环的血管在种属间有差异。

一、头颈部的动脉

(一)左、右冠状动脉

左、右冠状动脉在主动脉球处发出左、右冠状动脉分布到心脏，还分出少量小分支到大血管的起始部。

(二)臂头动脉总干

臂头动脉总干为输送血液到头、颈、前肢和胸壁前部的总动脉干(图 10-11)。由主动脉弓在第 2 肋相对处分出，在牛、羊、马臂头动脉总干出心包后沿气管腹侧、前腔静脉的左上方、稍偏中线右侧向前延伸，在第 1 对肋骨处分出左锁骨下动脉后，主干移行为臂头动脉。臂头动脉在胸前口附近分出短而粗的双颈动脉干后，主干移行为右锁骨下动脉。猪、猫和犬的左锁骨下动脉独立，直接起自主动脉弓的较远侧部。

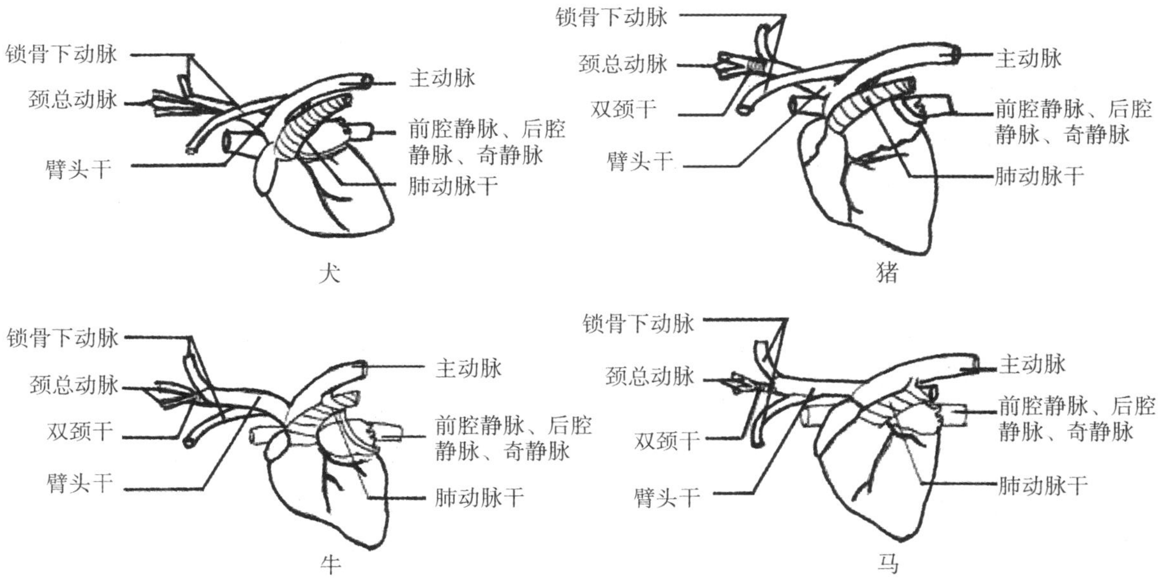

图 10-11　家畜心基部血管的比较

(三)锁骨下动脉

左、右锁骨下动脉的主干延续为左、右腋动脉。在胸腔内左锁骨下动脉发出分支，主要分布于胸背部和颈后部的肌肉及皮肤。马的左锁骨下动脉主要分为以下几支。

1. 肋颈动脉　在气管和食管的左侧向上延伸，分出第 2、3、4 肋间背侧动脉，分布于气管、胸膜和前部胸壁，主干由第 2 肋间隙出胸腔，沿下锯肌的内侧面走向鬐甲，分布于该部的肌肉和皮肤。

2. 颈深动脉　大动物的颈深动脉直接起于锁骨下动脉，经第1肋间隙出胸腔，主干沿头半棘肌的内侧面向上伸延，分布于颈背侧部和侧部的肌肉和皮肤。犬的颈深动脉是肋颈动脉向前背侧伸延的终末分支。

3. 椎动脉　从第1肋骨的椎骨端出胸腔，穿行于颈椎的横突管内，分布于颈背侧部和侧部的肌肉和皮肤，也分支到脊髓。牛的椎动脉还分布于脑后部，这一点对于宗教屠宰仪式中颈总动脉放血使动物致死很重要。这些动物的脑电图(EEG)显示，采取这种方法致死的动物比采取人道技术致死的动物具有更长时间的脑活动。

颈深动脉与椎动脉形成数个吻合支，枕动脉和椎动脉之间也形成若干吻合支。

以上三条动脉，在马是彼此分离的。在牛起始于一条总干。

4. 颈浅动脉　为供应颈基部的腹侧部的血管。

5. 胸廓内动脉　在胸骨背侧向后延伸，分出肋间支。它的末端分为肌膈动脉和腹壁前动脉。前者止于膈，供给膈血液；后者经过胃与腹壁后动脉吻合。

6. 胸外动脉　在胸骨的外面向后伸延，分布于胸肌、皮肤和肌肉。

右锁骨下动脉的分支及其分布，与左锁骨下动脉的分支基本相似。锁骨下动脉发出上述分支后，沿第1肋前缘进入前肢，延伸为腋动脉。

(四)双颈动脉干

双颈动脉干为一短的动脉总干，起源于臂头动脉干，向前延伸，在胸前口处、气管的腹侧分为左、右颈总动脉，为分布于头、颈和脑的动脉主干。犬和猫的颈总动脉分别起源于臂头动脉干，且右颈总动脉的起点位置更靠前，因此猫和犬没有双颈动脉干。

1. 颈总动脉　颈总动脉与迷走交感干和喉后(返)神经伴行，沿颈部前行到达气管两侧。除了一些小的分支到达食管、气管和邻近的肌肉外，唯一重要的分支在近终点处分出，分成甲状腺后动脉和甲状腺前动脉，为甲状腺提供血液。

马的颈总动脉末端分支为颈外动脉、颈内动脉和枕动脉，在分叉处有一颈动脉体(或颈动脉球)，是感受血压变化的化学感受器。枕动脉在与椎动脉形成吻合而参与脑部的血液供应之前，提供血液给颈后部肌肉、脑膜后部、中耳和内耳。

马和犬的颈内动脉在颅骨基部形成特征性"S"形弯曲后进入颅腔。马的颈内动脉经过喉囊，后者为马特有的咽鼓管的膨大。如果马喉囊真菌感染波及血管壁，则会导致出血，引起死亡。马和犬的颈内动脉对于脑的血管供应具有重要作用。

其他家畜的脑部血液由上颌动脉的分支供给，在脑底部形成异网，这些异网连合起来形成脑颈动脉。脑部的动脉血液供给与海绵窦密切相关，海绵窦提供颅腔的静脉引流。

颈外动脉是颈总动脉的最大终末分支，也是颈总动脉的直接延续。它又延伸为上颌动脉，分支提供血液给除脑以外的头部肌肉、骨骼和其他器官。

颈总动脉的分支及其所分布的器官：(1)甲状腺后动脉：分布于甲状腺。(2)甲状腺前动脉：

分布于甲状腺。喉部的喉前动脉和咽部的咽升动脉均起于甲状腺前动脉。(3)枕动脉:分布于颈背部的肌肉组织。(4)颈内动脉:分布于脑。(5)颈外动脉:分布于除脑以外的头部。

2. 上颌动脉 上颌动脉发出分支和分布的器官:(1)下齿槽动脉,分布到下颌齿和颏角。(2)颞深后动脉:分布于颞肌。(3)颞深前动脉:分布于颞肌。(4)脑膜中动脉:分布于脑膜。(5)颊动脉:分布于眼眶。(6)蝶腭动脉:分布于鼻腔。(7)腭大动脉:分布于硬腭。(8)腭小动脉:分布于软腭。(9)眶下动脉:分布于齿、上颌骨和鼻。(10)眼外动脉:分布于额部、筛骨和眼眶、泪腺、视网膜和脑膜。

绵羊头部动脉分出众多小分支,面横动脉和眶下动脉供给面部血液,上颌动脉的分支在颅骨基部形成大的异网位于颅腔底部脑硬膜外,是一个由大量细小血管紧密缠绕,相互连通吻合的立体血管网络。

临床上的重要界标:(1)马的脉搏触诊点:面动脉,位于下颌骨体腹侧缘的面切迹处。(2)动脉采血点:舌面动脉,位于下颌骨体腹侧缘的面切迹处;颈总动脉,位于颈基部;面横动脉,位于颞下颌关节的腹侧。

二、前肢的动脉

左右腋动脉是前肢动脉的主干,分布于左右前肢,腋动脉是左右锁骨下动脉的延续(图 10-12)。依据位置的不同,前肢动脉可分为以下几段:在肩关节上方的一段为腋动脉;在臂部的为臂动脉;在前臂部的为正中动脉;在掌部的为指总动脉。在系关节上方分为数支,分布于指部。

腋动脉的起始部与腋丛密切联系。它分出肩胛上动脉、肩胛下动脉和胸背动脉后,在腋淋巴结处更名为臂动脉。臂动脉延伸入前肢,成为供给前肢血液的主要血管,与相应的静脉以及正中神经、尺侧神经和肌皮神经伴行。猫的臂动脉和正中神经穿过桡骨近端的髁上孔,而静脉环绕肱骨干延伸,发出数条分支到周围的肌肉。犬的臂浅动脉在肱骨末端 1/3 处由臂动脉分出,于桡骨、腕骨和掌骨的前面向远端延伸,到达指部,分支形成指背侧动脉。

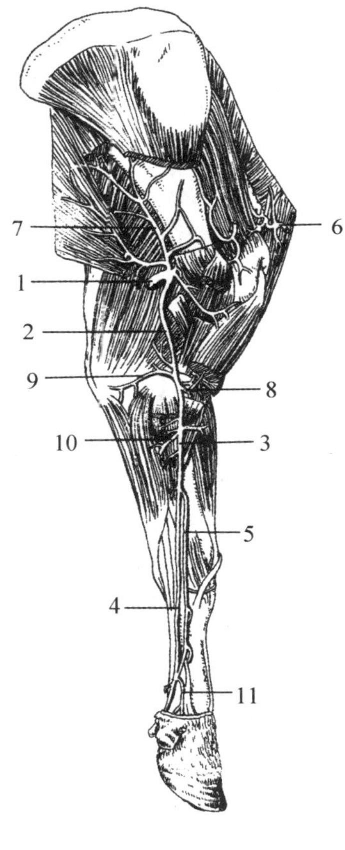

1. 腋动脉 2. 臂动脉 3. 正中动脉 4. 指总动脉 5. 正中桡动脉 6. 肩胛上动脉 7. 肩胛下动脉 8. 桡侧副动脉 9. 尺侧副动脉 10. 骨间总动脉 11. 第三指动脉

图 10-12 牛的前肢动脉

臂动脉分出骨间总动脉后,于前臂近端延伸为正中动脉。正中动脉在腕桡侧屈肌下方与正中神经伴行,沿前臂后内侧面向下伸延,与指屈肌腱一起经过腕管,在腕部分出腕网。该动脉继续延伸至第 3 掌骨，成为掌内侧动脉（指掌侧第 2 总动脉），即指和蹄的主要动脉，在掌指关节上方进一步分支为指掌内侧动脉和指掌外侧动脉。指动脉经过近籽骨的远轴面，此处可触到它的脉搏跳动。指动脉的分支在掌指关节远端是对称的，两条动脉在第 3 指骨处形成终动脉弓。有数条动静脉吻合支存在，且动脉搏动促进了静脉回流。

腋动脉的主要分支彼此形成数条吻合，小动脉就起源于这些吻合支。

临床上的重要界标：(1)动脉血采样点：环绕第 1 肋前缘，可进行腋动脉注射。(2)脉搏触诊：在肘关节的内侧面可以明显触及臂动脉的脉搏，在近端籽骨远轴面可以触到指动脉的脉搏跳动。

三、胸背部和腰腹部的动脉

胸主动脉供给胸背部的血液，腹主动脉供给腰腹部的血液。胸主动脉沿脊柱腹侧向后伸延，经过膈的主动脉裂孔进入腹部继续向后延续为腹主动脉。胸主动脉和腹主动脉又各自分出节段性动脉，形成胸腔的肋间背侧动脉和腹腔的腰动脉。这些动脉供给胸壁和腹壁血液并且继续分支到脊髓，脊髓支由相应的椎间孔进入椎管。它们分布于脊神经节和脊膜，终止于在脊髓腹正中裂伸延的脊髓腹侧动脉。在颈部，脊髓腹侧动脉与椎动脉、枕动脉形成吻合支。在荐部和尾部，脊髓的血液由荐中动脉和尾动脉供给。

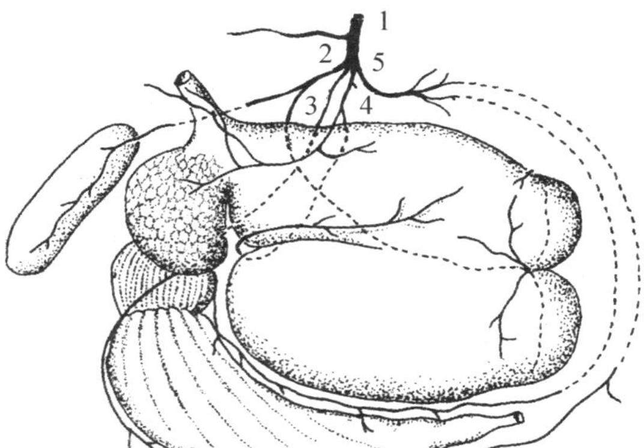

1. 腹腔动脉　2. 脾动脉　3. 胃左动脉
4. 瘤胃左动脉　5. 肝动脉

图 10-13　**牛腹腔动脉**

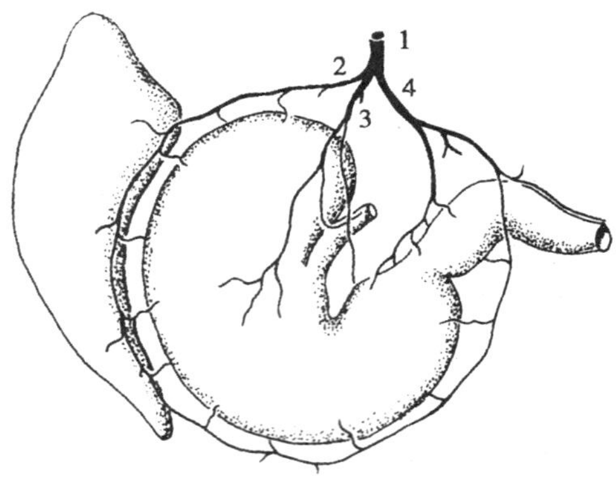

1. 腹腔动脉　2. 脾动脉　3. 胃左动脉　4. 肝动脉

图 10-14　**马腹腔动脉**

胸主动脉的分支及分布（图 10-9）：(1)肋间背侧动脉：分布于胸壁、腹壁和脊髓。(2)支气管食管动脉：分出支气管支到支气管树；分出食管支到食管。(3)肋腹动脉：分布于腹壁。(4)膈前动脉：马特有，分布于膈。

腹主动脉的分支及分布（图 10-13～图 10-16）：(1)膈后动脉：除马以外，存在于所有家畜，分布于膈。(2)腰动脉：分布于腰部。(3)腹腔动脉：分出胃左动脉、肝动脉（再分出胃右动脉、胃十二指肠动脉、胃网膜右动脉、胰十二指肠前动脉）和脾动脉（再分出胃网膜左动脉）。(4)肠系膜前动脉：分出胰十二指肠后动脉、空肠动脉、回结肠动脉（再分出盲肠动脉、回肠动脉、结肠支、结肠右动脉）和结肠中动脉。(5)肾动脉。(6)睾丸/卵巢动脉。(7)肠系膜后动脉：分出结肠左动脉和直肠前动脉。

腹主动脉的终端：(1)左、右髂外动脉。(2)左、右髂内动脉。(3)荐中动脉。

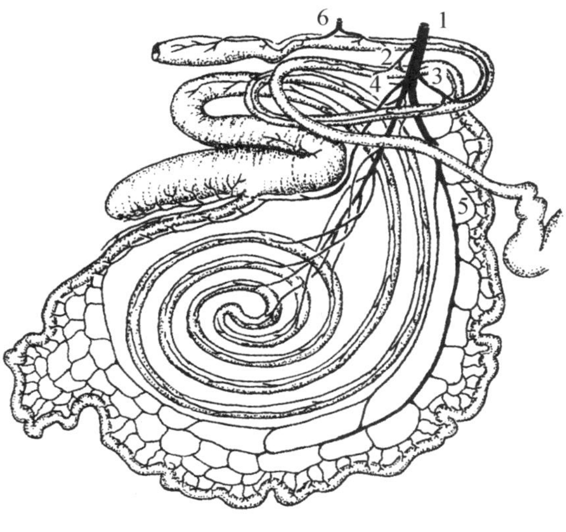

1.肠系膜前动脉　2.胰十二指肠动脉　3.结肠中动脉　4.回盲结肠动脉　5.空肠动脉　6.肠系膜后动脉

图 10-15　牛肠系膜前、后动脉分布图

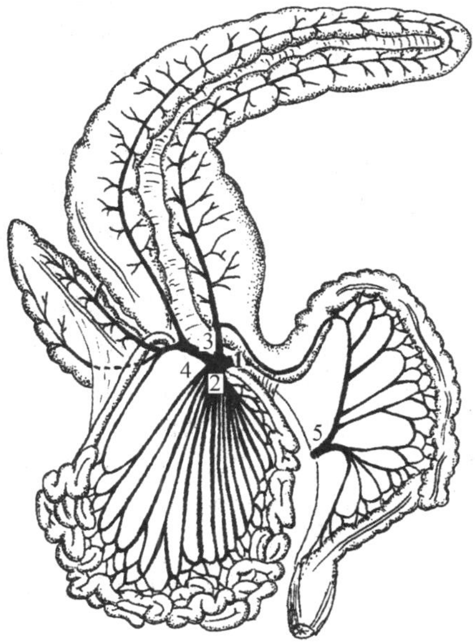

1.肠系膜前动脉　2.空肠动脉　3.上结肠动脉　4.回盲结肠动脉　5.肠系膜后动脉

图 10-16　马肠系膜前、后动脉分布图

四、后肢的动脉

髂外动脉是后肢动脉的主干，沿髂骨前缘和后肢的内侧面向下伸延到趾端。在腹腔内的一段为髂外动脉，在股部的为股动脉，在膝关节后方的为腘动脉，在胫骨前面的为胫前动脉，在跖骨前面的为跖背外侧动脉（马）或跖背侧动脉（牛）（图 10-17）。

髂外动脉沿着髂骨体行走，与同名静脉和生殖股神经相伴行，在大动物中分出旋髂深动脉。母马髂外动脉的第一个分支是子宫动脉。肉食动物的旋髂深动脉直接起源于主动脉，在进入股管之前发出分支到达股部肌群并分出股深动脉，后者是阴部腹壁干的总起源。

髂外动脉离开腹部后继续延伸为股动脉。股动脉与股静脉和隐神经相伴行通过股管。股管的前界是缝匠肌，后界是股薄肌和耻骨肌。然后，股动脉从股内侧面的内收肌之间通过，到达膝关节后面延伸为腘动脉。股动脉有许多分支到达股部肌群。

腘动脉在骨间隙近端分支为胫前动脉和胫后动脉。胫前动脉较粗大，经由胫骨远端前外侧面到达跗关节背面，延伸为足底背侧动脉。后者沿第 3 与第 4 跖骨之间行走延伸为跖背侧第 3 动脉，是足部的主要血管。它继续分支为趾内侧动脉和趾外侧动脉，终止于球节近端。

髂外动脉的分支及分布：(1)子宫动脉：只存在于母马。(2)旋髂深动脉。(3)睾提肌动脉。(4)股深动脉：分布于股部肌肉。(5)阴部腹壁动脉干：分出阴部外动脉到阴囊、乳腺，分出腹壁后动脉到腹壁肌肉，分出旋股内侧动脉。

股动脉的分支及分布：(1)旋股外侧动脉：分布于股部肌。(2)隐动脉：分布于皮肤和股部、胫部、趾部的肌肉。(3)股后动脉：分布于股部肌。

腘动脉的分支及分布：(1)膝动脉：分布于膝关节后部。(2)膝中动脉：分布于膝关节内侧。(3)胫后动脉：分布于胫后部。

胫前动脉：分布于胫后外侧。

足底背侧动脉：分布于跗关节。

跖背侧第 3 动脉：再分出趾跖外侧动脉和趾跖内侧动脉，分布于趾部。

后肢腹壁后动脉与腹壁前动脉相吻合；股深动脉与股后远动脉相吻合；旋股外侧动脉与旋股内侧动脉相吻合；膝降动脉与膝中动脉相吻合。

临床上的重要界标：(1)脉搏：猫和犬的脉搏可以在股动脉的第一段进行检测，位于股内侧浅层。(2)动脉血样采点：可以从跖背侧动脉取得，位于第 3 跖骨与第 4 跖骨之间。

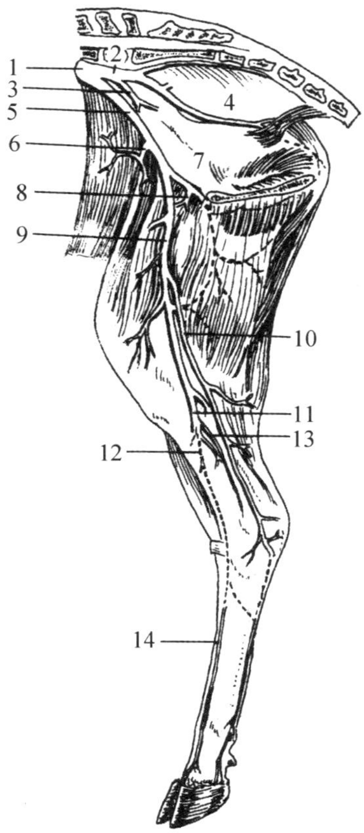

1. 腹主动脉　2. 髂内动脉　3. 脐动脉　4. 阴部内动脉　5. 髂外动脉　6. 旋髂深动脉　7. 股深动脉　8. 腹壁阴部动脉干　9. 股动脉　10. 隐动脉　11. 腘动脉　12. 胫前动脉　13. 胫后动脉　14. 跖背侧动脉

图 10-17　牛的后肢动脉

【案例】 股三角的位置是临床兽医用手指，从股动脉获得动物脉搏的地方，也是动物麻醉时需要大量血液进行静脉穿刺的位置。

五、骨盆部的动脉

髂内动脉供给骨盆腔脏器、骨盆腔壁、腰部肌肉和臀部肌肉血液，是主动脉的终末分支之一(图 10-18、图 10-19)。马的荐中动脉起于左或右髂内动脉。荐中动脉发出节段性分支。髂内动脉延续为阴部内动脉，供给骨盆脏器血液，它的分支名称在不同性别中有差异。该动脉供给膀胱、输尿管、尿道以及雄性、雌性生殖器官血液。

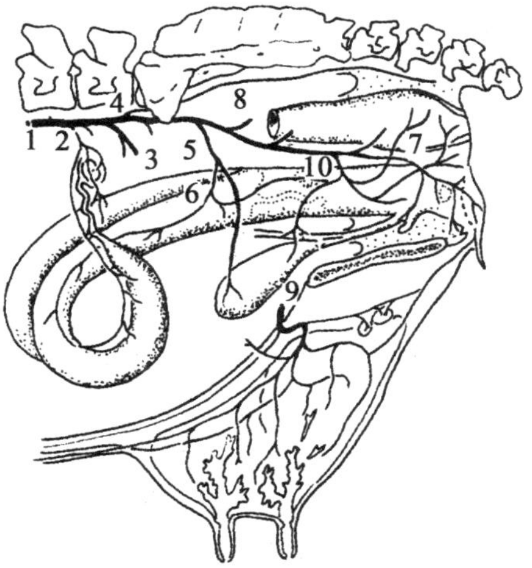

1. 腹主动脉 2. 卵巢动脉 3. 髂外动脉 4. 髂内动脉 5. 脐动脉 6. 子宫动脉 7. 阴部内动脉 8. 荐中动脉 9. 阴部外动脉 10. 尿生殖动脉

图 10-18 母牛骨盆动脉分布图

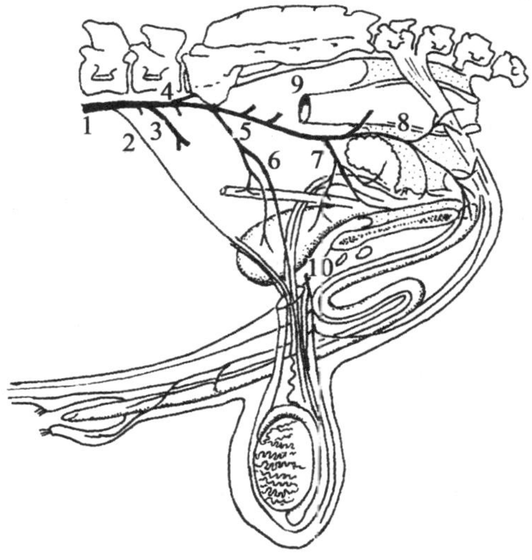

1. 腹主动脉 2. 睾丸动脉 3. 髂外动脉 4. 髂内动脉 5. 脐动脉 6. 输精管动脉 7. 尿生殖动脉 8. 阴部内动脉 9. 荐中动脉 10. 阴部外动脉

图 10-19 公牛骨盆动脉分布图

马的髂内动脉有两支主要侧支：

1. 阴部内动脉　由髂内动脉起始处分出，向后向下伸延至坐骨弓（初在荐坐韧带的内面，后走到它的外面，又进入骨盆腔），分支分布于直肠、膀胱、公畜的副性腺和阴茎、母畜的子宫（子宫后动脉）、阴道和会阴部等。

2. 闭孔动脉　沿闭孔内肌髂骨部的下缘向后向下伸延，经闭孔穿出骨盆腔，分支分布于股后和股内侧肌群。此外还分出一支到阴茎（公马）或阴蒂（母马），并与阴部外动脉及阴部内动脉相吻合。

牛的髂内动脉有三支主要侧支：

1. 脐动脉　分布于膀胱、公畜的输精管，在母畜还分出很大的子宫中动脉，在子宫阔韧带内沿子宫角的凹缘伸延，分布于子宫角和子宫体，并与子宫前动脉、子宫后动脉相吻合。妊娠时，子宫中动脉特别发达。

2. 尿生殖道动脉　是阴部内动脉的重要分支。在公畜分布于膀胱和副性腺；母畜分出很大的子宫后动脉，分布于阴道和子宫。

3. 尾中动脉　是荐中动脉向后的延续，沿尾的腹侧面向后伸延。分布于尾的肌肉和皮肤，因其位于皮下，常在尾根部利用这一动脉进行诊脉。

六、体循环的静脉

体循环的静脉（图 10-9）可分为头颈部静脉、奇静脉、前肢静脉、后肢静脉、前腔静脉、后腔静脉、骨盆腔静脉、乳房静脉、门静脉、指（趾）静脉和心静脉等。

(一)头颈部静脉

头部的静脉可分为位于颅腔内和位于颅腔外的静脉。无瓣静脉位于颅腔内部。位于颅腔外部的静脉常与相应动脉伴行。

1. 面静脉　面部的静脉、眼眶部静脉、硬腭和鼻腔的静脉汇合而成面静脉,与同名动脉一起绕过下颌骨血管切迹,转为颌外静脉。马面静脉的属支局部扩大形成3个静脉窦,沿面嵴和咀嚼肌下面行走。在咀嚼时促进血液流向心脏。血样可以从这些静脉窦中采集,由内眼角到面嵴画一条虚线,在面嵴腹侧缘向内侧方向进针。

2. 颌外静脉　较小,在下颌骨血管切迹处继承面静脉,在下颌间隙中,接受来自舌下腺、齿龈、下颌间隙的肌肉和皮肤的血液。

3. 颌内静脉　较大,起于下颌骨和翼肌之间的颊肌静脉,在伸延途中,接受舌、齿、齿龈和鼻腔的静脉以及颞浅静脉和颅枕静脉(脑脊髓和枕部的血液),经腮腺的表面向下伸延,在腮腺的后端与颌外静脉汇合成颈静脉。

4. 颈静脉　牛有颈内和颈外两条静脉。颈内静脉较小,与颈总动脉伴行,在胸前口附近注入颈外静脉,有时缺如。颈外静脉相当于马的颈静脉。颈外静脉在下颌角处由舌面静脉和上颌静脉汇合而成,沿颈部行走,位于背侧的臂头肌和腹侧的胸头肌之间的颈静脉沟内。该静脉在颈前半部位于皮下,它和颈总动脉之间隔有肩胛舌骨肌,因此,颈外静脉是大多数动物采血和静脉注射的首选位点。在颈的后半部,两者之间仅隔有疏松结缔组织。

犬的左右颈外静脉由一舌静脉弓连通。舌静脉弓在舌骨体的腹侧面连接左右舌静脉。

除马和山羊以外,其他家畜都有两对颈静脉。除颈外静脉,还有(深)颈内静脉,后者行走于颈总动脉和气管之间,在颈基部与颈外静脉汇合。

【案例】　颈部静脉通过颈腹外侧的位置,是最容易进行活体穿刺和收集大量血样的地方。用手紧压血管处,阻碍回流到胸腔的血液,血管内升高的血压和充盈的血液有利于针头插入采血。颈静脉对于皮下静脉采血、药物注射、麻醉以及静脉内扶持性疗法具有重要作用。若只取少量血液,尾静脉则更为实用。大多数牛均有静脉脉搏现象。脉搏增强可帮助我们诊断心血管疾病,尤其是心包炎。当动物的纵隔前部出现占位性病变时,如纵隔脓肿、肺结核或淋巴肉瘤,颈静脉可能会发生血流停滞。

(二)奇静脉

奇静脉由前两对腰静脉汇合而成,经由主动脉裂孔到达胸腔,接受来自胸中后部肋间静脉的血液。虽然在胚胎时期左、右奇静脉均已经形成,但其后结构简单化:马、犬和猫只有右奇静脉存在;猪只存在左奇静脉,偶尔两条奇静脉同时存在;反刍类动物通常两条静脉都存在。右奇静脉开口于前腔静脉的终末端,左奇静脉直接注入冠状窦。奇静脉系统对引流椎管内血管丛的血液具有重要作用。

(三)前肢静脉

前肢的静脉分为浅静脉干和深静脉干,两者之间有吻合支,浅静脉干最后注入深静脉干。

深、浅静脉都起于指、真皮和蹄软骨的终静脉网(终静脉弓),这些静脉网相互汇合,按照由远到近的顺序形成如下静脉:指掌内、外侧静脉,掌静脉,正中静脉(副头静脉、头静脉),臂静脉,肘正中静脉,腋静脉,锁骨下静脉,颈外静脉,前腔静脉。

前肢静脉多与同名动脉相伴行,远肢静脉管壁中膜变厚可以提高静脉压。这些静脉与动脉紧密联系促进血液向心流动。

腋静脉的属支形成前肢的深静脉系统,而头静脉是唯一一个大的浅静脉。头静脉由腕内侧面的掌深静脉形成,起于前臂中部腕背侧静脉网的副头静脉加入其中,在皮下继续延伸汇入颈下部的颈外静脉。

在肘关节和肩关节水平处,头静脉与肘正中静脉吻合。犬和猫的头静脉是静脉注射的最佳位点。头静脉沿前臂的前缘行走,在肘部施压使其隆起即可以触到。

【案例】 臂皮下静脉是犬猫进行常规静脉穿刺的位置,紧靠桡神经浅内外侧支。静脉和神经平行的通道容易引起的问题是:如果刺激性药物漏出血管,经常在动物静脉注射的皮肤区域发生深部溃疡。

(四)前腔静脉

前腔静脉是汇集头、颈、前肢和部分胸壁血液的静脉干。在胸前口处由左、右锁骨下静脉和左、右颈内、外静脉(牛、猪)或左、右颈静脉(马)汇合成一条前腔静脉,位于气管和臂头动脉总干的腹侧,在心前纵隔内向后延伸,注入右心房。在伸延途中,接受胸内静脉、椎静脉、颈深静脉和肋间静脉等。

牛的胸内静脉接受很大的腹皮下静脉,后者于乳房前外侧皮下,接受乳房的血液,也称为乳静脉,它在剑状软骨附近,穿过腹皮肌和腹直肌而注入胸内静脉。乳牛的腹皮下静脉很发达。

马、犬和猫的前腔静脉终末端还有右奇静脉汇入。

前腔静脉的基部还接受来自胸导管的淋巴,并将淋巴由肌体组织输送至血液循环。

(五)后肢静脉

后肢的静脉也分为浅静脉干和深静脉干,两者之间有吻合支。浅静脉干最后注入深静脉干。与前肢相对应,后肢静脉起于趾部末端的终静脉网(终静脉弓)。这些静脉网汇合,由远及近形成如下静脉:趾跖内、外侧静脉,跖静脉,足底背侧静脉,胫前静脉(内侧隐静脉、外侧隐静脉),腘静脉,股静脉,髂外静脉,髂内静脉,髂总静脉,后腔静脉。大多数深静脉与动脉伴行。

与前肢一样,包括外侧隐静脉在内的一些浅静脉单独伴行。每条隐静脉都起于跗部,分为前支和后支,两者在胫中部汇合。在跗部它们与跗深静脉相通。在胫部,隐静脉行走于跟腱和后部肌肉间的内侧和外侧。内侧静脉在除犬以外的其他家畜中较粗,行走于股内侧面,开口于股静脉。外侧静脉在膝关节处汇入股深静脉。

猫的内侧隐静脉可以用来静脉注射,尤其是在麻醉时。犬跗骨上方的外侧隐静脉可以进行静脉穿刺。

【案例】 外侧隐静脉位于小腿外侧，在犬通常被用于静脉穿刺，在猫内侧隐静脉也是被经常使用。

(六)骨盆腔静脉

髂内静脉为骨盆部静脉的主干，与髂内动脉伴行，由伴随动脉分支的同名静脉汇合而成。

(七)后腔静脉

后腔静脉起于最后腰椎相对处的腹腔顶壁，由荐中静脉和髂总静脉汇合而成，髂总静脉由髂外静脉和髂内静脉汇合形成。髂外静脉及其属支与同名动脉伴行引流后肢的血液。髂内静脉引流骨盆壁和大多数骨盆脏器的血液，它们通过荐中静脉与椎丛和肠静脉系统相通。后腔静脉沿腹顶壁向前行走到达主动脉右侧，在到达肝叶之前有肾静脉和部分腰静脉汇入，在肝背侧有肝静脉和膈静脉汇入。后腔静脉继续向前穿过膈的腔静脉孔进入胸腔，行走于位于纵隔后部右侧面的特殊胸膜褶(腔静脉褶)的游离缘，与膈神经伴行，最后开口于右心房。来自生殖器官和肾上腺的静脉通入后腔静脉，从而直接运送激素至全身，而不是先经过肝。

肿瘤等占位性损伤会导致静脉系统梗阻，引起血液淤塞滞留。系统通过改变血液途径来进行代偿。改变的途径之一是由脊柱的无瓣膜静脉系统提供的。在前端，脊柱静脉系统与头颈部的静脉相通，间接与前腔静脉相通，后端通过脊柱节段性静脉与后腔静脉相通。另外的静脉侧支通路是由沿肠管行走的静脉提供的。后腔静脉引流直肠血液的后部属支与门静脉的属支形成吻合，后者的属支与食管静脉相吻合，因而在前腔静脉与后腔静脉之间形成间接联系。当肝内循环受到损伤时，如肝硬化，可为门静脉引流区提供一个替代出口。腹壁前、后静脉间吻合，腹侧形成第 3 个静脉环。

(八)乳房静脉

乳房的大部分静脉血液经阴部外静脉注入髂外静脉，一部分静脉血液经腹皮下静脉注入胸内静脉。尽管会阴静脉与乳房基底后静脉相连，但因静脉瓣膜开向乳房，所以乳房静脉血液不能经此静脉流向阴部内静脉。乳房两侧的阴部外静脉、腹皮下静脉和会阴静脉在乳房基部互相吻合，形成一个大的乳房基部静脉环。所以当任何一支静脉血液受阻时，其他静脉可以起代偿作用(图 10-20)。

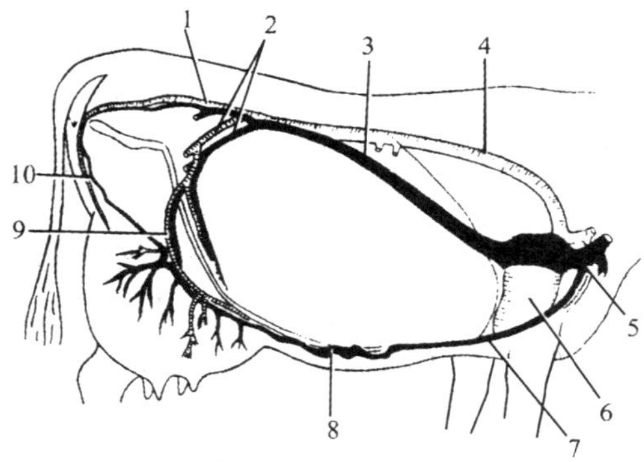

1. 髂内动、静脉　2. 髂外动、静脉　3. 后腔静脉　4. 胸主动脉　5. 前腔静脉　6. 心脏　7. 胸廓内静脉　8. 腹皮下静脉　9. 阴部外动、静脉　10. 会阴动、静脉

图 10-20　母牛乳房血液循环模式图

(九)门静脉

门静脉收集腹腔所有不成对器官的血液，并把血液转运至肝。门静脉及其属支形成门脉系统，起于内脏的毛细血管，这些毛细血管汇合形成肠系膜前、后静脉和脾静脉(马)或胃脾静脉、总肠系膜静脉和较小的胃十二指肠静脉

（牛）。这几条静脉在肝门汇成门静脉入肝。门静脉在肝内分支最终形成肝血窦（肝窦状隙），窦的周围为肝细胞板。窦状隙的血液汇集成每个肝小叶的中央静脉，形成肝输出静脉系统的开端，中央静脉汇合形成小叶间静脉，最后汇合形成肝静脉注入后腔静脉。肝的营养由肝动脉供给，肝细胞浸于来自门静脉和肝动脉的混合血液中，收集来自两者的营养。门静脉接受来自肠道的营养分子和胰脏的激素，将机能血液带到肝。门静脉和肝静脉的分支可以用超声图像记录仪或X线造影照相术进行鉴定。

在胎儿，来自胎盘的脐静脉进入肝，也通过静脉导管分流入后腔静脉，出生后不久静脉导管就会闭合。但有些动物，比如犬，其静脉导管会持续存在，形成门静脉和后腔静脉的直接联系，需要用外科手术矫治。

（十）指（趾）的动脉和静脉

指（趾）的大部分血管位于掌（跖）侧面，掌（跖）动脉按照指（趾）的数量分为数支指（趾）动脉。犬和猫的爪另外接收来自指（趾）背动脉的血液。在指（趾）远端，指掌（跖）动脉相互吻合，形成终末弓。在指（趾）的中段，动脉发出分支环绕指（趾）。指（趾）的静脉大致与动脉伴行，在指（趾）的背面也有静脉。

（十一）心静脉

心静脉为心的静脉总称，包括冠状窦（属支有心大静脉、心中静脉）、心右静脉及心最小静脉。

第五节 胎儿血液循环

胎儿在母体的子宫内发育，所需全部营养物质和氧均由母体供应，代谢产物也由母体带走。所以胎儿的血液循环（图10-21）具有与此相适应的一些特点。

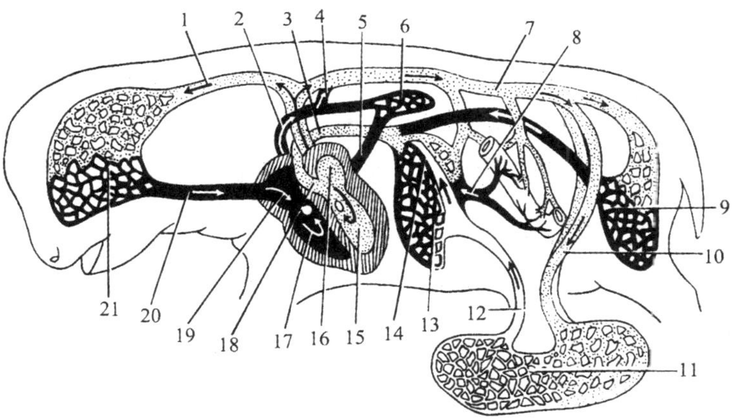

1.臂头干 2.肺干 3.后腔静脉 4.动脉导管 5.肺静脉 6.肺毛细血管 7.腹主动脉 8.门静脉 9.骨盆部和后肢毛细血管 10.脐动脉 11.胎盘毛细血管 12.脐静脉 13.肝毛细血管 14.静脉导管 15.左心室 16.左心房 17.右心室 18.卵圆孔 19.右心房 20.前腔静脉 21.头、颈部毛细血管

图10-21 胎儿血液循环模式图

一、心和血管的结构特点

(1)心的房中隔上有一卵圆孔，沟通左右心房。卵圆孔上具有一袖套状(牛)或膜状瓣膜，使血液只能由右心房流向左心房。

(2)在肺动脉和主动脉之间，以一条短的动脉导管连通，使肺动脉的大部分血液直接流入主动脉。

(3)脐动脉和脐静脉。胎盘是胎儿和母体交换物质的特有器官，借助于脐带和胎儿连接起来。脐带内有两条脐动脉和一支(马、猪)或两支脐静脉。脐动脉由髂内动脉(牛)或阴部内动脉(马)分出，沿膀胱侧韧带到膀胱顶，再沿腹腔底壁向前向下伸至脐孔，进入脐带，经脐带而至胎盘。脐动脉在胎盘上分支形成毛细血管网，借渗透和扩散作用，与母体子宫上的毛细血管交换物质。胎盘上的毛细血管汇集成脐静脉，经脐带由脐孔进入胎儿腹腔。如为两支脐静脉则合为一支，走向肝门，与门静脉连接。牛的脐静脉还分出一支静脉导管，与后腔静脉直接相连。

二、血液循环的途径

胎儿的肺和胃肠几乎没有机能活动，主要通过脐带在胎盘与母体进行物质交换。但胎儿和母体的血液并不直接沟通。

脐静脉将胎盘内富有营养物质和含氧较多的动脉血输入胎儿体内，经肝门入肝，通过肝内的毛细血管(肝窦)后，再经肝静脉入后腔静脉(在牛还有一部分血液经静脉导管直接到后腔静脉)，与来自胎儿身体后半部的静脉血相混合，入右心房，大部分血液又经卵圆孔到左心房，再经左心室到主动脉及其分支，大部分到头颈部。即后腔静脉→右心房→卵圆孔→左心房→左心室。

来自身体前半部的静脉血经前腔静脉入右心房，由于静脉间嵴的分流作用，大部分到右心室，再到肺动脉，因肺没有机能活动，大部分血液经动脉导管到主动脉，主要到身体的后半部，并经脐动脉到胎盘，再进行物质交换。即前腔静脉→右心房→右心室→肺动脉→动脉导管→肺→主动脉。

胎盘循环是为了胎儿与母体进行物质交换，血液循环路径是：(1)髂内动脉→脐动脉→胎盘毛细血管→脐静脉；(2)脐静脉→肝窦→肝静脉→后腔静脉；(3)脐静脉→静脉导管→后腔静脉。

由上可看出，由主动脉运送到胎儿全身的血液是来自胎儿大循环静脉的血液和来自胎盘脐静脉的血液，所含氧气和营养物质的成分比成年动物的少。即胎儿血液循环中的血液，大部分是混合血，但混合的程度不同。到肝、头颈和前肢的血液，含氧和营养物质较多，以供肝行使机能和头部的急剧生长；而到肺、躯干和后肢的血液，含氧和营养物质较少。

三、出生后心血管的变化

幼畜出生后，脐带中断，脐动脉和脐静脉闭塞而萎缩。在胎儿体内的脐动脉，也大部分萎缩，仅保留从阴部内动脉或骼内动脉到膀胱的一段，变成壁厚而管腔小的膀胱圆韧带。脐静脉也闭塞萎缩，遗迹成为肝圆韧带，静脉导管则成为静脉导管索。动脉导管收缩而封闭（正常情况下，闭合在 1 日龄末，也不排除延至 5 日龄闭合的情况），成为动脉导管索（又名 Botalli 氏韧带）。由于从肺经肺静脉回左心房的血液增多，内压增高，将卵圆孔封闭（正常情况下，7～10 日龄闭合），成为卵圆窝。此后，心的左半部与右半部完全分开，左半部完全为动脉血，右半部完全为静脉血。

为了便于学习和记忆，将全身血管以表的形式总结如下（图 10-22、图 10-23）。

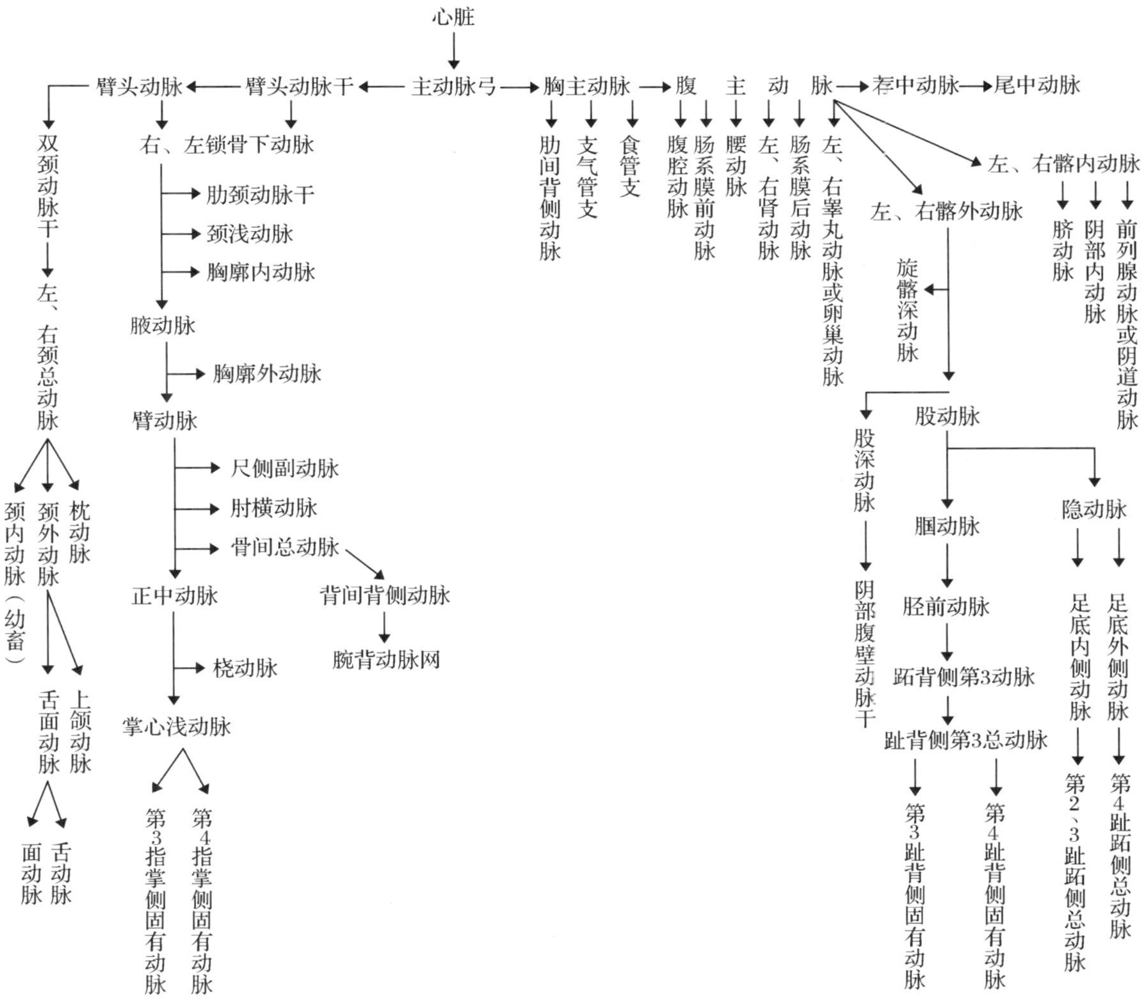

图 10-22 牛的体循环主要动脉回流图

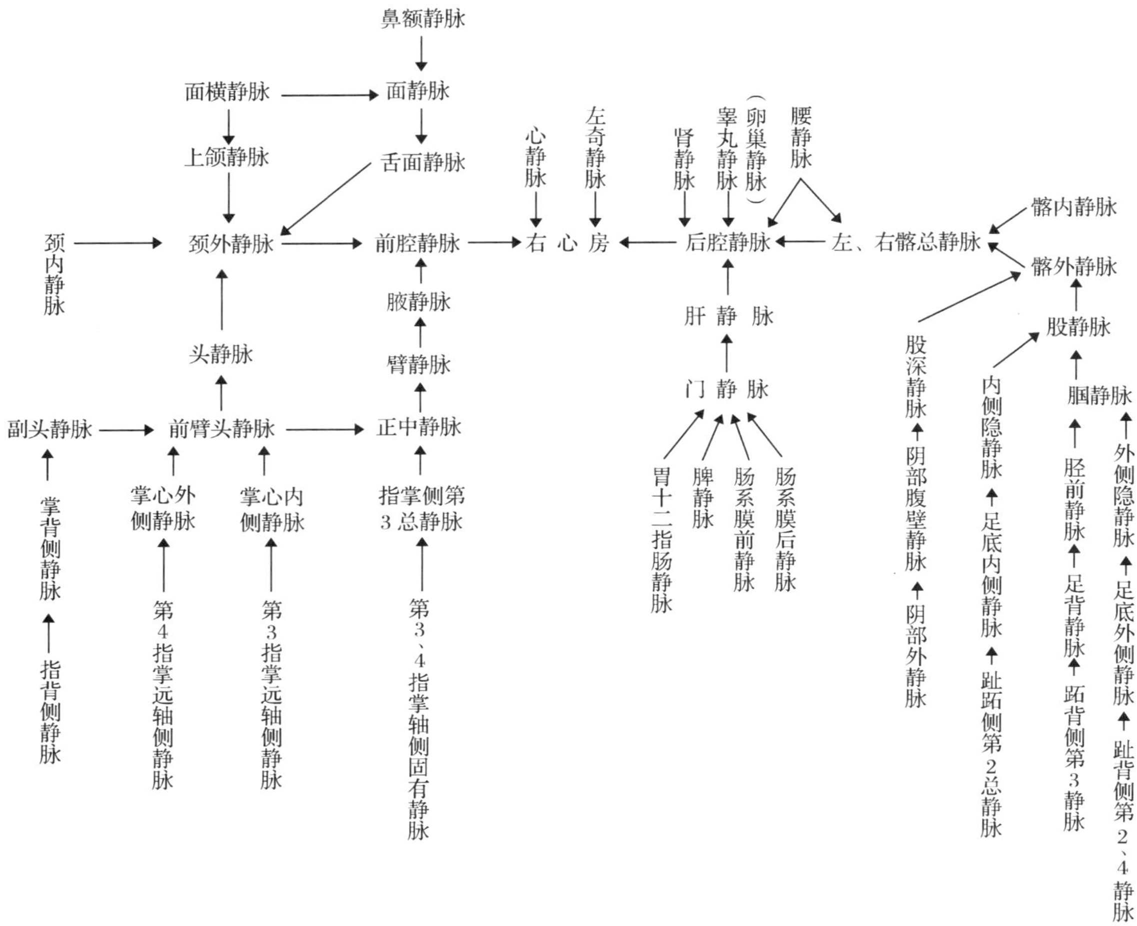

图 10-23　牛的体循环主要静脉回流图

第十一章 淋巴系统

第一节 概述

淋巴系统由淋巴组织、淋巴管道和淋巴器官三部分组成。它运输淋巴而不是血液，所以叫淋巴系统。淋巴系统将物质运输到附近的淋巴结中，淋巴结可以在淋巴进入血液前过滤这些物质中的颗粒，尤其是尘埃（肺部）和细菌（皮肤、肠道、呼吸系统），淋巴也负责运输小肠中吸收的脂肪。淋巴系统是静脉血液回流的辅助路径，具有特异和非特异免疫功能。

一、淋巴生成和淋巴回流

血液经动脉输送到毛细血管时，其中一部分液体经毛细血管动脉端滤出，进入组织间隙形成组织液。组织液与周围组织和细胞进行物质交换后，大部分渗入毛细血管静脉端，少部分（大分子物质）则渗入毛细淋巴管，成为淋巴液。淋巴液在淋巴管内向心流动，最后注入静脉。淋巴管周围的动脉搏动、肌肉收缩、呼吸时胸腔压力变化可促进淋巴的生成和淋巴管内的淋巴流动，最后经淋巴导管进入前腔静脉，以协助体液回流（图 11-1、图 11-2）。由此可见，淋巴回流是血液循环的辅助部分。

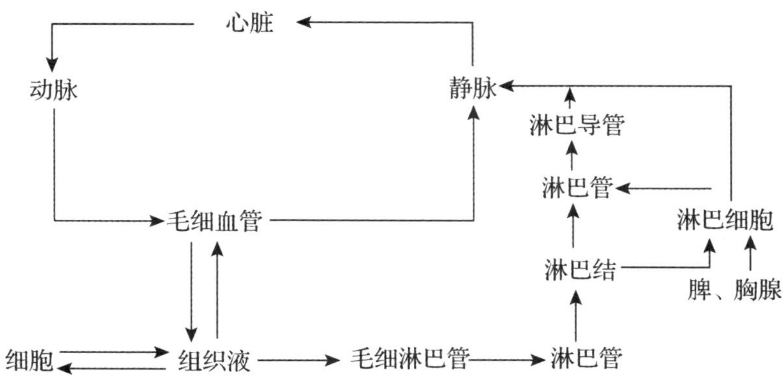

图 11-1 淋巴循环路径及其与心血管系统的关系简图

淋巴是无色或微黄色的液体，主要由蛋白质组成，成分与血浆相似，淋巴中含有淋巴细胞，是从淋巴结中被淋巴带出的。起源于小肠的淋巴由于含有高含量的脂肪，所以呈乳白色（小肠淋巴或乳糜）。如果身体内的一些液体不能由血管运输，就由淋巴回流系统运输；淋巴回流系统具有高度适应性，它能够快速地适应体液量的增加，即使体液量增加至原来的10倍，它也能够承受。淋巴回流系统的阻塞会造成淋巴水肿。

二、淋巴组织

机体中淋巴组织分布很广，存在的形式多种多样。其中一部分没有特定的结构，淋巴细胞弥散性分布，与周围组织无明显界限，称为弥散淋巴组织；有的密集呈球形或卵圆形，轮廓清楚，称为淋巴小结。单独存在的淋巴小结称为淋巴孤结，成群存在时称为淋巴集结，如回肠黏膜内的淋巴孤结和淋巴集结。弥散淋巴组织、淋巴孤结和淋巴集结常分布在消化道、呼吸道和泌尿生殖道的黏膜中。淋巴小结(非淋巴结)的集合，如在肠壁中的肠相关淋巴组织(gut-associated lymphoid tissue,GALT)。与GALT相似的肺的反应中心(支气管相关淋巴组织，bronchial-associated lymphoid tissue,BALT)。

当淋巴组织由被膜包裹，则形成独立的器官，即淋巴器官。

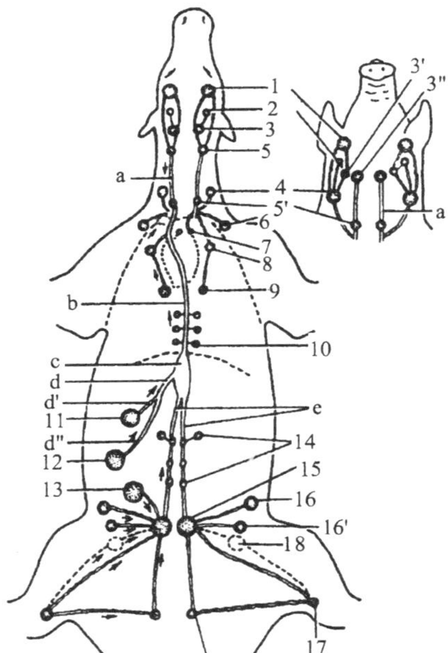

a. 气管干　b. 胸导管　c. 乳糜池　d. 内脏淋巴干　d′. 腹腔淋巴干　d″. 肠淋巴干　e. 腰淋巴干　1. 下颌淋巴中心　2. 腮腺淋巴中心　3. 咽后淋巴中心　3′. 咽后外侧淋巴结　3″. 咽后内侧淋巴结　4. 颈浅淋巴中心　5. 颈深淋巴中心的颈深前淋巴结　5′. 颈深后淋巴结　6. 腋淋巴中心　7. 胸腹侧淋巴中心　8. 纵隔淋巴中心　9. 支气管淋巴中心　10. 胸背侧淋巴中心　11. 腹腔淋巴中心　12. 肠系膜前淋巴中心　13. 肠系膜后淋巴中心　14. 腰淋巴中心　15. 髂荐淋巴中心的髂内侧淋巴结　16. 腹股沟淋巴中心的髂下淋巴结　16′. 腹股沟浅淋巴结　17. 腘淋巴中心　18. 马的髂股淋巴中心的髂股淋巴结

图11-2　家畜全身淋巴中心、淋巴干和淋巴导管示意图

淋巴组织由网状组织和大量淋巴细胞构成。在淋巴组织中有两类细胞，固定细胞是网状组织的网状细胞，形成支架；在支架中含有游离细胞，其中除了大量淋巴细胞外，还有浆细胞、巨噬细胞（又称组织细胞和单核细胞）以及有粒白细胞和肥大细胞。

三、淋巴管

淋巴管为淋巴液通过的路径，根据汇集顺序、口径大小及管壁厚薄，可顺次将其分为四级：毛细淋巴管、淋巴管、淋巴干和淋巴导管（图 11-2）。

1. 毛细淋巴管　似毛细血管，其盲端起始于组织间隙，在组织内形成毛细淋巴管，管径较毛细血管略粗而不规整，管壁仅由一层内皮细胞围成，基膜无或不连续，因此通透性很大。毛细淋巴管存在于全身各处，也有一些部位无毛细淋巴管分布，如中枢神经系、眼球的角膜和晶状体、胎盘、齿髓、骨骼、软骨等处。

2. 淋巴管　淋巴管由毛细淋巴管汇集而成，其形态结构与静脉相似，但管壁较薄，管径较细且粗细不均，常呈串珠状，瓣膜较多。在其行程中，通过一个或多个淋巴结。

按所在位置，淋巴管可分为浅层淋巴管和深层淋巴管。前者常呈辐射状，收集皮肤及皮下组织的淋巴液，多与浅静脉伴行；后者汇集肌肉、骨和内脏的淋巴液，多伴随深层血管和神经。此外根据淋巴液对淋巴结的流向，淋巴管还可分成输入淋巴管和输出淋巴管。所谓淋巴外渗，就是浅淋巴管因钝性外伤而破裂，淋巴流出聚于皮下或筋膜下。

3. 淋巴干　淋巴干为身体一个区域内大的淋巴集合管，由淋巴管汇集而成，多与大血管伴行。畜体共有 5 条淋巴干：左、右气管淋巴干（颈干），左、右腰淋巴干（腰干）和单一内脏淋巴干。

气管淋巴干左、右侧各 1 条，由咽后淋巴结的输出淋巴管汇合而成，伴随颈总动脉，分别收集左、右侧头颈、肩胛和前肢的淋巴，左气管淋巴干最后注入胸导管，右气管淋巴干注入右淋巴导管或前腔静脉或颈静脉（右）。

腰淋巴干左、右侧各 1 条，由髂内淋巴结的输出淋巴管形成，伴随腹主动脉和后腔静脉前行，收集骨盆壁、后肢、骨盆内器官及结肠末端的淋巴，注入乳糜池。

内脏淋巴干由肠淋巴干和腹腔淋巴干形成，分别汇集空肠、回肠、盲肠、大部分结肠和胃、肝、脾、胰、十二指肠的淋巴，最后注入乳糜池。有时，肠干和腹腔干分别注入乳糜池，而不形成内脏干。

4. 淋巴导管　淋巴导管由淋巴干汇集而成，包括胸导管（左淋巴导管）和右淋巴导管两条。

胸导管为全身最大的淋巴导管，接收了全身大部分（3/4）的淋巴，起始于乳糜池，穿过膈上的主动脉裂孔进入胸腔，沿胸主动脉的右上方、右奇静脉的右下方前行，然后越过食管和气管的左侧向下行，在胸腔前口处注入前腔静脉。胸导管收集除右淋巴导管以外的全身淋巴，胸导管里面的淋巴也叫乳糜。

乳糜池是胸导管的起始部，呈长梭形膨大，位于最后胸椎和前 1～3 节腰椎腹侧，在腹主动脉和右膈脚之间，因接受来自肠淋巴管中的乳糜而得名。中国水牛的乳糜池长达 10～20 cm，直径为 1.5～2.0 cm。乳糜池内腔有成对瓣膜。

右淋巴导管短而粗（1 cm），为右侧气管干的延续，收集右侧头颈、右前肢、右肺、心脏右半部及右侧胸下壁的淋巴，末端注入前腔静脉。

四、淋巴器官

淋巴器官包括胸腺、脾脏、淋巴结、扁桃体、血淋巴结和鸟类的腔上囊等。

胸腺和鸟类的腔上囊，在胚胎发育过程中出现较早，称为中枢淋巴器官或初级淋巴器官。胸腺由初级淋巴组织组成，其原始淋巴细胞来源于骨髓的干细胞，在胸腺素的影响下，分化成T淋巴细胞，初级淋巴组织对于细胞免疫十分重要，胸腺参与主动免疫，也参与次级淋巴器官（淋巴结、扁桃体）的生长发育。

淋巴结、脾、扁桃体和血淋巴结，发育迟缓，其淋巴细胞由中枢淋巴器官迁移而来，定居在特定区域内，就地繁殖，再进入血液循环，参与机体免疫，称它们为外周淋巴器官或次级淋巴器官。

淋巴器官具有很多功能，这些功能大部分靠淋巴系统的细胞执行。淋巴系统内有两类细胞：特异性免疫细胞和非特异性免疫细胞。

淋巴细胞（T细胞和B细胞）是最重要的特异性免疫细胞，它们产生于骨髓和淋巴器官内，在淋巴管中和淋巴一起运输，最后进入血液。淋巴细胞有表面标志，使它们在身体内能识别外来物质（抗原），通过激活特异的连锁反应，引起免疫应答。

巨噬细胞支持免疫应答，但是它们的功能是非特异性的，它们具有结合（吞噬）抗原和呈递抗原的功能。组织巨噬细胞、肝脏窦状隙的枯否氏细胞、肺内的肺泡巨噬细胞、皮肤的朗汉氏细胞以及神经系统的小胶质细胞等属于广泛的单核吞噬细胞系统（mononuclear phagocyte system，MPS），以前叫网状内皮系统（reticuloendothelial system，RES），它们均是非特异性免疫细胞。

第二节　胸腺

胸腺是调控免疫的淋巴器官，在幼龄动物中它的重要性尤其突出。犬在出生后3周、猪出生后9个月、马出生后1年其胸腺就长到最大，此后胸腺开始逐渐退化，至性成熟时消失。退化从头部和颈部的胸腺开始，这导致胸部胸腺存在的时间最长。当胸腺的体积减小、失去其淋巴样结构时，就会被脂肪替代（图11-3）。

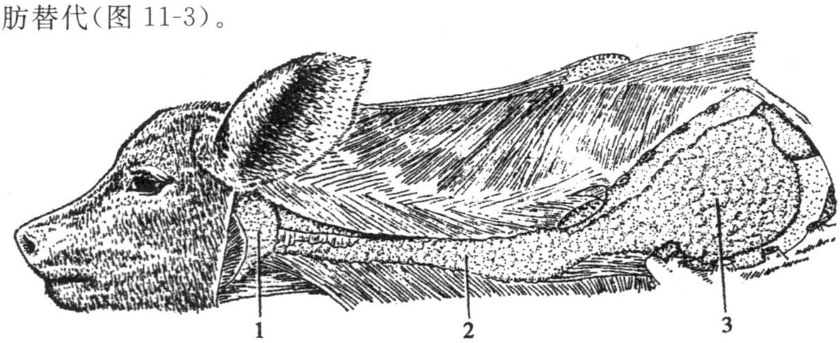

1. 腮腺　2. 颈部胸腺　3. 胸部胸腺

图 11-3　**犊牛胸腺**

但在大多数动物中，不论其年龄大小都能看到胸腺存在的证据。反刍动物的胸腺分为不成对的胸部胸腺和左、右颈部胸腺。胸部胸腺和颈部胸腺由胸腔入口处的中间部连接在一起。犬和马的颈部胸腺过早退化，仅有胸部胸腺存在。

肉眼观察到的胸腺呈灰白色，新鲜组织的胸腺可以很清楚地看到粉红色的胸腺小叶。胸腺小叶可分为外部的皮质和内部的髓质。在骨髓里生成的淋巴细胞迁移到皮质部，然后它们分化为成熟的T淋巴细胞。皮质内的T淋巴细胞表面具有能够识别自身蛋白的受体。

如果T淋巴细胞不能识别自身蛋白，免疫系统就会对这些蛋白发动攻击，导致机体自身免疫疾病，如多发性硬化症或类风湿性关节炎。尽管髓质也含有淋巴细胞，但数量很少。间质组织细胞形成的团块即胸腺小体，其功能至今还不完全清楚。很多动物刚出生时其胸腺小体数量很多，在幼龄动物中可达到约一亿个。胸腺除了具有生成淋巴细胞的功能外，还可能有内分泌功能。胸腺因子刺激外周淋巴器官的生长和分化。新生鼠摘除胸腺后会导致生长严重受阻，淋巴器官发育迟缓，两周后就会死亡。

第三节　脾

脾是动物体内最大的淋巴器官，质脆、易破裂，其外形因动物的种类不同差别很大，马的呈镰刀状，猪的呈舌形，肉食动物的呈靴状，小型反刍动物的呈叶形，牛的呈宽带状(图11-4)。

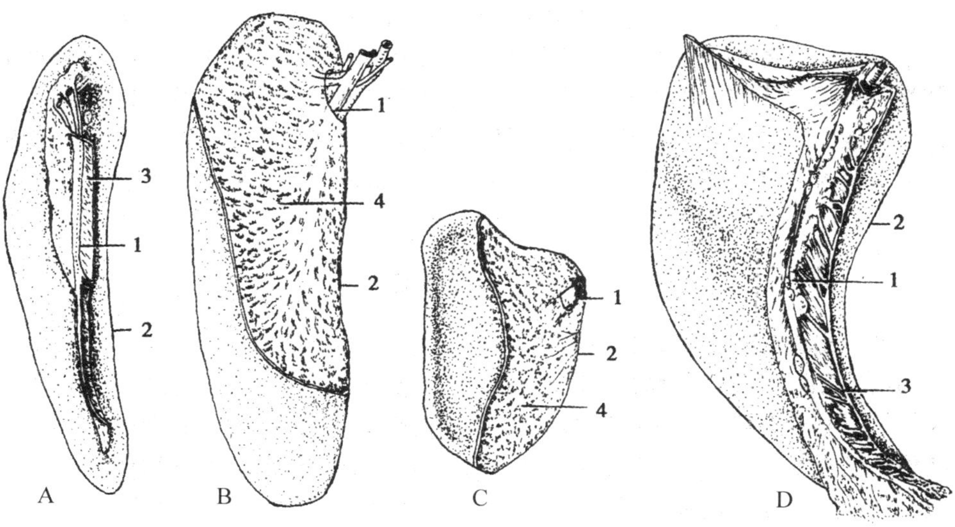

A. 猪脾　B. 牛脾　C. 羊脾　D. 马脾

1. 脾门　2. 前缘　3. 胃脾韧带　4. 脾和瘤胃粘连处

图11-4　脾的形状

各种家畜的脾都位于腹前部、胃的左侧。

脾的壁面略凸，与膈和左侧腹壁相适应；脏面较平，有一个长嵴为脾门所在处，供脾动脉、脾静脉和神经、淋巴管进出。该长嵴几乎把脾脏的脏面分为前方的胃区和后方的肠区,分别与胃和肠相邻。

脾靠 2 个韧带固定位置:脾胃韧带(网膜的一部分)和脾肾韧带(马)。

脾的表面有一层疏松结缔组织被膜,里面富含平滑肌纤维;被膜伸入实质形成脾小梁。脾实质分为白髓和红髓。红髓由内皮组织排列成的静脉窦组成。白髓占到整个脾体积的 1/5,由散在的滤泡样淋巴组织组成。

脾具有许多不同的功能,如造血、灭血、滤血、贮血及参与免疫等。

脾储存和聚集红细胞,当机体需要红细胞时将其释放出来;脾过滤血液,并从外周血中清除掉坏死的红细胞;脾从血红蛋白中摄取铁,并释放出来供机体再次使用;脾产生淋巴细胞和单核细胞,对于抗体的产生也起到重要的作用。但是,脾脏对于维持生命并不是必不可少的,当机体没有脾脏时,脾脏的大多数功能都能够被其他器官代替。犬和猫切除脾脏后,身体的健康状况并不会受到影响,但是经常运动的动物切除脾脏后,身体的体能状况将无法恢复到切除前的水平。

(一) 猪脾

猪脾狭而长,上宽下窄,呈紫红色,质地较软,位于胃大弯左侧,以宽松的胃脾韧带与胃大弯相连。脏面有一个纵嵴,脾门即位于纵嵴上。

(二) 牛脾

成年牛的脾长约 50 cm,宽约 13～14 cm,呈长而扁的椭圆形,蓝紫色,质地较硬。斜位于左季肋区,瘤胃背囊左前方。上部以腹膜和结缔组织与左膈脚及瘤胃背囊壁相连,下端游离。脾门位于脏面 1/3 处。

(三) 羊脾

羊脾扁平,略呈钝三角形,红紫色,质地较软,位于瘤胃左侧。

(四) 马脾

马脾呈扁平镰刀形,上宽下窄,蓝红或铁青色,位于左季肋区,沿胃大弯左侧附着。前缘凹,其内侧有一纵沟,为脾门所在处。后缘凸,其上端可达最后肋骨后方。马脾肾之间存在间隙,一部分小肠会在此相互缠绕,导致疝痛。

(五) 犬脾

犬脾长而狭窄,位于最后肋骨和第 1 腰椎横突的腹侧,在胃的左端和左肾之间。当胃充满时,脾的长轴方向与最后肋骨一致,较松弛地附着于大网膜上。

第四节　扁桃体

扁桃体位于舌、软腭和咽的黏膜下组织内,形状和大小因动物种类不同而异,仅有输出淋巴管注入附近的淋巴结。扁桃体有多种类型,第 1 类称为腭扁桃体,位于口咽部两侧,是由淋巴组织聚合而成;第 2 类称为舌扁桃体,位于舌根部;第 3 类位于鼻咽部,称为腺样体,位于咽喉的最上部和鼻腔最后端的交界处。

扁桃体在身体免疫系统中扮演的角色目前正在研究中。研究表明,扁桃体内含有直接杀死病原的自然杀伤细胞。而且,扁桃体组织能分泌一种免疫球蛋白称为 IgA,同时扁桃体内的白细胞也能分化为分泌抗体的细胞。

第五节 淋巴结与淋巴中心

淋巴结是机体淋巴回流途径中的次级淋巴器官,由结缔组织被膜包裹淋巴组织而形成,是产生免疫应答的器官之一。淋巴结大小不一,直径从 1mm 到数厘米不等,呈球形、卵圆形、豆形、肾形、扁平状等,一侧凹陷为淋巴结门,是输出淋巴管、血管及神经出入处,另一侧隆凸,有多条输入淋巴管进入(图 11-5～图 11-8)。

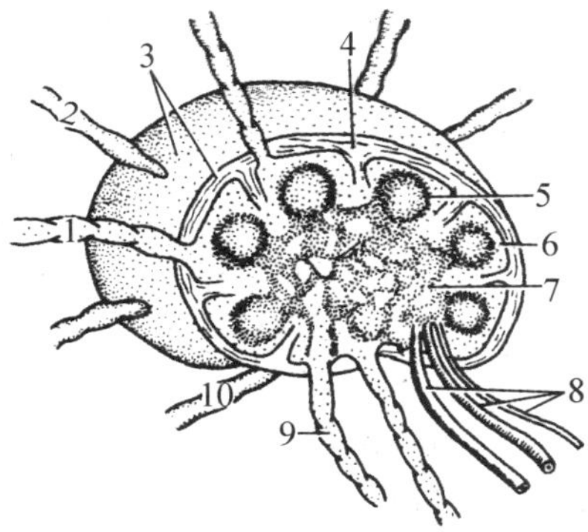

1. 淋巴输入管(剖开、示瓣膜) 2. 淋巴输入管
3. 被膜 4. 小梁 5. 淋巴小结 6. 淋巴窦 7. 髓索
8. 血管、神经 9. 淋巴输出管(剖开、示瓣膜)
10. 淋巴输出管

图 11-5 淋巴结构造模式图

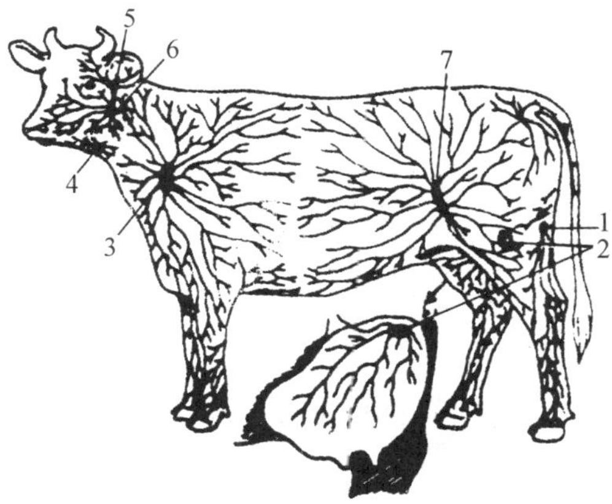

1. 腘淋巴结 2. 腹股沟浅淋巴结 3. 颈浅淋巴结
4. 下颌淋巴结 5. 腮腺浅淋巴结 6. 咽背外侧淋巴结
7. 髂下淋巴结

图 11-6 牛浅部主要淋巴结

淋巴结表面有结缔组织被膜包裹,被膜伸入实质内形成小梁,构成淋巴结的支架。实质分为外周的皮质部和中央的髓质部。皮质包括生发中心,是淋巴细胞持续产生的地方;髓质包括淋巴细胞相互吻合的索。淋巴结的结构经常处于动态变化之中,受抗原刺激时可增大,当抗原被清除后,又萎缩甚至消失。

机体淋巴结呈单个或成群分布,多位于凹窝或隐蔽处,如腋窝、关节屈侧、内脏器官门部及大血管附近。各大器官或局部均有一个主要的淋巴结群。每一个淋巴结均负责某一区域的淋巴引流,该区域称为淋巴引流区域。相邻的淋巴结群组成淋巴中心。淋巴中心具有种属间差异:肉食动物和反刍动物的淋巴中心的淋巴结数量较少,但其淋巴结较大;猪和马的淋巴中心具有数量较多且相对较小的淋巴结。

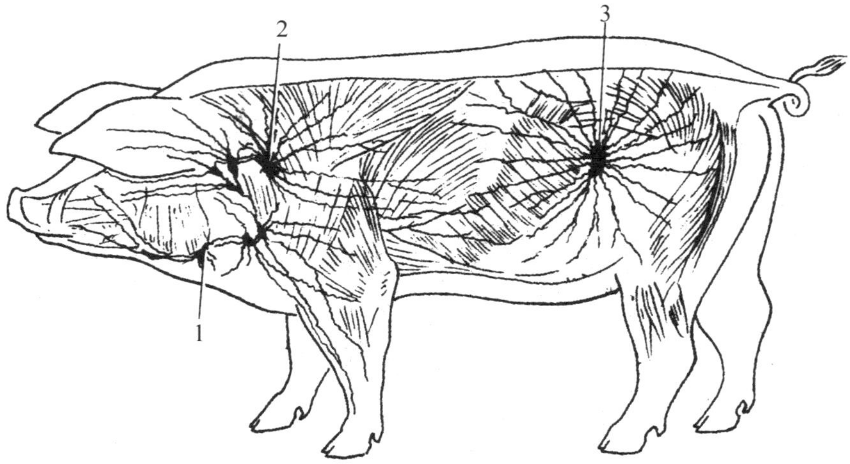

1.下颌淋巴中心　2.颈浅淋巴中心　3.腹股沟淋巴中心的髂下淋巴结

图 11-7　猪浅部淋巴结

牛和马全身有19个淋巴中心，猪、羊有18个。全身淋巴中心分布于头部(3个)、颈部(2个)、前肢(1个)、胸腔(4个)、腹腔(3个)、腹壁和骨盆壁(4个)和后肢(马、牛2个，猪、羊1个)7个部位。

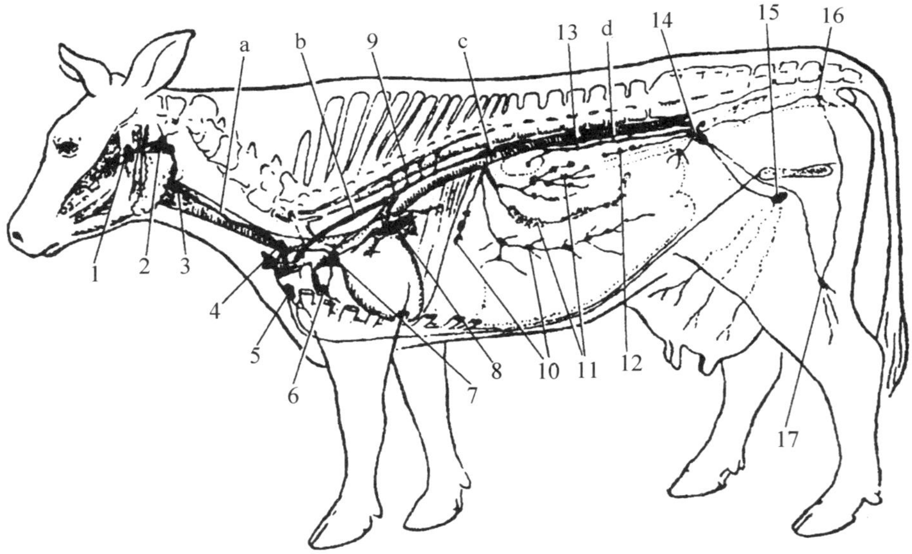

a.气管淋巴干　b.胸导管　c.乳糜池　d.腰淋巴干

1.咽后淋巴中心的咽后内侧淋巴结　2.咽后外侧淋巴结　3.颈深淋巴中心的颈深前淋巴结　4.颈深后淋巴结　5.腋淋巴中心　6.胸腹侧淋巴中心　7.纵隔淋巴中心　8.支气管淋巴中心　9.胸背侧淋巴中心　10.腹腔淋巴中心　11.肠系膜前淋巴中心　12.肠系膜后淋巴中心　13.腰淋巴中心　14.髂荐淋巴中心的髂内淋巴结　15.腹股沟淋巴中心的腹股沟浅淋巴结　16.坐骨淋巴中心　17.腘淋巴中心

图 11-8　牛深部淋巴结

淋巴结的主要功能是产生淋巴细胞，滤过淋巴，清除侵入体内的细菌和异物以及产生抗体，此外还具有造血功能等。

淋巴结内大多数颗粒物质，包括微生物和肿瘤细胞，都能够被清除和消灭掉。因此淋巴结起到了一个屏障作用，防止传染病和肿瘤的蔓延。淋巴结肿大通常表明在它的引流区域发生了疾病。

熟悉淋巴结的位置、流向和引流区域，对于任何一个兽医，尤其是从事外科、病理学以及肉食品卫生检验的人员都是非常重要的。

一、头部淋巴中心和淋巴结

头部有 3 个淋巴中心，即腮腺淋巴中心、下颌淋巴中心和咽后淋巴中心。

(1)腮腺淋巴中心：仅有腮腺淋巴结。

腮腺淋巴结：位于颞下颌关节后下方，部分或全部被腮腺覆盖。牛、马通常有 1～4 个淋巴结，较大(长 6～9 cm)；猪通常有 2～8 个淋巴结，形成长 2.5～5.5 cm 的淋巴结团块。输入管引流头部皮肤、肌肉、鼻腔下半部、唇、颊、外耳、眼部的淋巴，注入咽后外侧淋巴结。

(2)下颌淋巴中心：牛有下颌淋巴结、翼肌淋巴结。马的呈"V"形片状结构。猪有下颌淋巴结和下颌副淋巴结。

①下颌淋巴结：牛有 1～3 个，位于下颌间隙内，血管切迹的后方，被胸下颌肌前部覆盖。该淋巴结是兽医卫生检验和兽医临床诊断的重要淋巴结。输入管收集面部、鼻前部、口腔、唾液腺的淋巴，输出管汇入咽后外侧淋巴结。

猪的下颌淋巴结位于下颌骨的后腹侧缘、舌面静脉的腹内侧、胸骨舌骨肌的外侧和下颌腺的前方，有 2～6 个淋巴结，常形成直径 2～3cm 的淋巴结团块。

②翼肌淋巴结：一般有 1 个，位于翼肌的外侧、上颌结节后方。收集硬腭、齿龈的淋巴，汇入下颌淋巴结。

猪的下颌淋巴结有 2～4 个，在舌面静脉与上颌静脉汇合处腹侧，位于下颌腺后方胸骨乳突肌表面，完全被腮腺所覆盖。收集来自下颌淋巴结、颈腹侧部和胸前部的淋巴，注入颈浅淋巴结。

(3)咽后淋巴中心：牛有咽后内侧淋巴结、咽后外侧淋巴结、舌骨前淋巴结和舌骨后淋巴结。猪有咽后内侧淋巴结和咽后外侧淋巴结。马的内、外两组淋巴结位置较深，分别位于咽的侧壁和背侧。

①咽后内侧淋巴结：牛咽后内侧淋巴结左右并列于咽背外侧，直径 3～6 cm。收集咽、喉、唾液腺、鼻后部、鼻旁窦等处的淋巴，汇入咽后外侧淋巴结。猪咽后内侧淋巴结在颈总动脉、颈内静脉和迷走交感干的背侧，被脂肪、胸锁乳突肌腱和胸腺(存在时)所覆盖。淋巴结常有数个，形成长 2～3 cm、宽 1.5 cm 的卵圆形团块。

②咽后外侧淋巴结：牛咽后外侧淋巴结直径 4～5 cm，位于寰椎翼腹侧，腮腺和下颌腺的深

层。收集口腔、下颌、外耳、唾液腺及头部淋巴结(翼肌淋巴结除外)的淋巴,形成左、右器官淋巴干(颈淋巴干)。猪咽后外侧淋巴结常有 2 个,位于耳静脉后方,部分或完全被腮腺后缘所覆盖,很难与颈浅腹侧淋巴结前后分开。

③舌骨前淋巴结:位于甲状舌骨的外侧。收集舌的淋巴,汇入咽后外侧淋巴结。

④舌骨后淋巴结:位于茎突舌骨肌的外侧。收集舌的淋巴,汇入咽后外侧淋巴结。

【案例】 腮淋巴结和下颌淋巴结是头部所谓的皮下淋巴结(理论上可触及),但在正常动物上并不易触及。当动物患有传染病时,如局部感染或淋巴肉瘤(流行性牛白血病),腮淋巴结和下颌淋巴结即可触及。在屠宰场,它们与咽内侧淋巴结和咽外侧淋巴结对诊断牛肺结核病都具有重要意义。同时,放线菌病和淋巴肉瘤也有相似症状。

二、颈部淋巴中心和淋巴结

颈部有 2 个淋巴中心,即颈浅淋巴中心和颈深淋巴中心。

(1)颈浅淋巴中心:牛有颈浅淋巴结、颈浅副淋巴结两群。猪有颈浅背侧淋巴结、颈浅中淋巴结和颈浅腹侧淋巴结。

①颈浅淋巴结:牛的通常为一个大淋巴结,长 7～9 cm,位于肩关节前方、肩胛横突肌的深面,因此又称肩前淋巴。收集颈部、前肢、胸壁的淋巴结,注入右气管淋巴干和胸导管。猪颈浅背侧淋巴结位于肩关节前上方的腹侧锯肌表面,被颈斜方肌和肩胛横突肌所覆盖,通常为一卵圆形的浅淋巴团块,长 1～4 cm;颈浅中淋巴结有不恒定的两群,位于臂头肌深面的颈外静脉表面;颈浅腹侧淋巴结位于腮腺后缘和臂头肌之间,有 3～5 个,形成长的淋巴结链,沿臂头肌前缘从咽后外侧淋巴结伸向后下方。马的颈浅淋巴结大部分被臂头肌覆盖,下端可显露于颈静脉沟内,长达 10 cm。

② 颈浅副淋巴结:通常 5～10 个小淋巴结,位于斜方肌深面、冈上肌前方。常一部分或全部为血淋巴结。收集颈部肌肉、皮肤的淋巴,汇入颈浅淋巴结。

(2)颈深淋巴中心:牛有颈深前、中、后淋巴结,肋颈淋巴结和菱形肌下淋巴结 5 群淋巴结,而猪、马只有颈深前、中、后淋巴结。

① 颈深前淋巴结:牛有 4～6 个淋巴结,猪有 1～5 个,常缺如,位于甲状腺附近的气管两侧。输入管收集颈部肌肉、甲状腺、气管、食管、胸腺等处的淋巴,输出管汇入颈深中淋巴结。

② 颈深中淋巴结:有 1～7 个,位于颈中部的气管两侧,收集范围与颈深前淋巴结相似,汇入颈深后淋巴结。

③ 颈深后淋巴结:牛常有 2～4 个淋巴结,最后一组位于胸前口处的肋颈淋巴结附近,猪有 1～14 个,不成对,位于甲状腺后方、气管腹侧,被胸腺所覆盖,且将该淋巴结与第 1 肋腋淋巴结分

开。输入管收集颈部肌肉、气管、食管、胸腺以及肩臂部的淋巴，注入气管淋巴干、胸导管或颈外静脉。

④肋颈淋巴结：一般 1 个，直径 1.5～3.0 cm，位于第 1 肋骨前内侧、气管和食管两侧，肋颈淋巴干附近。收集颈后部、肩带部、肋胸膜、气管和纵隔前淋巴结输出管的淋巴，注入右气管干（右）或胸导管（左）。

⑤菱形肌下淋巴结：位于菱形肌深面近肩胛骨后角处，收集肩胛部淋巴，汇入纵隔前淋巴结。

【案例】 颈浅淋巴结在临床检查时通常能够摸到。前肢的淋巴管回流都通过这个淋巴结。这个淋巴结的单独性增大，表明同侧的前肢出现感染。颈部主要的淋巴结是颈浅淋巴结（以前也被称为肩前淋巴结），它在引流整个前肢的淋巴液中发挥着重要的作用，其中包括指部、颈后部、鬐甲以及肩部区域。它沿冈上肌前缘单独出现或成串出现。

三、前肢淋巴中心和淋巴结

前肢淋巴中心仅有 1 个腋淋巴中心。腋淋巴中心有腋淋巴结和冈下肌淋巴结。

(1)腋淋巴结：是肩关节与胸壁间一群淋巴结的总体。根据其位置不同，牛的可分为固有淋巴结、第 1 肋腋淋巴结和腋副淋巴结 3 个。猪无固有淋巴结和肘淋巴结。

① 固有淋巴结：每侧 1～2 个，长 2～3.5 cm，位于肩关节后方，大圆肌远端内侧面。收集前肢、胸肌等处的淋巴，汇入第 1 肋腋淋巴结或颈深淋巴结或气管淋巴干。

②第 1 肋腋淋巴结：每侧 1～2 个，长 1.5 cm，位于肩关节的前内侧，第 1 肋或第 1 肋间的胸骨端，胸深肌深面。收集胸肌、腹侧锯肌、斜角肌、肩臂部肌等处的淋巴，输出管左侧注入气管干或胸导管，还可能汇入颈深淋巴结。

③腋副淋巴结：1 个，位于胸深肌与背阔肌交叉处，收集胸肌、背阔肌等处的淋巴，汇入固有腋淋巴结。

(2)冈下肌淋巴结：冈下肌后缘与臂三头肌长头间的小淋巴结。收集冈下肌、臂三头肌等的淋巴，汇入固有腋淋巴结。

【案例】 颈浅淋巴结（可能单个存在或成串存在）接受绝大部分胸壁和前肢的引流淋巴液，较小的腋淋巴结则接受来自胸壁和前肢内侧面的引流淋巴液。在肉检中，这两个淋巴结都被作为判断肺结核或脓疮的重要依据之一。

四、胸部淋巴中心和淋巴结

胸部有 4 个淋巴中心，即胸背侧淋巴中心、胸腹侧淋巴中心、纵隔淋巴中心和气管支气管淋巴中心。猪胸腔无肋间淋巴结、胸骨后淋巴结和纵隔中淋巴结。

(1)胸背侧淋巴中心：有胸主动脉淋巴结和肋间淋巴结。

①胸主动脉淋巴结：成串分布于胸主动脉背侧与胸椎椎体之间的脂肪内。收集胸壁、胸膜、纵隔等处的淋巴，输出管直接注入胸导管或汇入纵隔淋巴结。

② 肋间淋巴结：各肋间隙近端的胸膜下、交感干背侧的一系列淋巴结。收集胸背部肌肉、胸椎、肋间肌及胸膜等处的淋巴，汇入胸主动脉淋巴结或纵隔淋巴结。

(2)胸腹侧淋巴中心：有胸骨淋巴结和膈淋巴结。

① 胸骨淋巴结：位于胸骨背侧胸廓内动、静脉沿途，牛分为胸骨前淋巴结和胸骨后淋巴结。胸骨前淋巴结 1 个，1.5～2.5 cm，位于胸骨柄背侧，左右胸廓内动、静脉之间。收集胸底壁前部、纵隔、胸膜等处的淋巴，注入右气管干和胸导管。胸骨后淋巴结位于胸骨中部背侧，胸横肌深面，沿胸廓内动、静脉分布。收集胸底壁、腹底壁、胸骨、肋骨、胸膜、纵隔、心包等处的淋巴，汇入胸骨前淋巴结。

② 膈淋巴结：较小，位于膈的胸腔面，后腔静脉裂孔附近。收集膈和纵隔的淋巴，汇入纵隔后淋巴结。

(3)纵隔淋巴中心

① 纵隔前淋巴结：心前纵隔内，主动脉弓前方的数个淋巴结。收集胸部食管、气管、胸腺、肺、心包、纵隔等处的淋巴，注入胸导管、右气管干或右淋巴导管。

② 纵隔中淋巴结：主动脉弓的右侧，食管背侧的数个淋巴结，收集食管、气管、肺、纵隔等处的淋巴，注入胸导管。

③ 纵隔后淋巴结：主动脉弓后方的纵隔内的数个淋巴结，沿胸主动脉与食管间分布。其中一个很大，直径达 5～10 cm 以上。收集膈、纵隔、食管、肺和心包等处的淋巴，注入胸导管或胸主动脉淋巴结。

(4)气管支气管淋巴中心：有 5 个淋巴结群。

① 气管支气管前淋巴结：气管支气管背侧与气管夹角处的 1～2 个淋巴结。

② 气管支气管右淋巴结：位于气管叉右侧的淋巴结。

③ 气管支气管左淋巴结：位于气管叉左侧的淋巴结。

④ 气管支气管中淋巴结：位于气管叉之间的淋巴结。

以上 4 种淋巴结的输入管收集食管、支气管、心、肺的淋巴，注入胸导管或汇入纵隔前淋巴结。

⑤ 肺淋巴结：有数个，沿肺内支气管分布。收集肺的淋巴，汇入气管支气管淋巴结或纵隔后淋巴结。

【案例】 胸部淋巴结在常规临床实践中并不重要，但在动物死后剖检和屠宰肉品检验时却需要仔细检查。它在败血症和肺结核病中病变明显，但这并不会在每只动物中体现出来。通常情况下，胸部淋巴结很小，嵌入脂肪中很难找到，但当动物感染病原菌后，淋巴结肿大，该现象是重要的病理学依据；纵隔后淋巴结具有重要的临床意义，当该淋巴结肿大时，它会压迫迷走神经，引起迷走神经性消化不良。

五、腹壁和骨盆壁的淋巴中心和淋巴结

腹壁及盆腔壁有 4 个淋巴中心，即腰淋巴中心、髂荐淋巴中心、腹股沟浅淋巴中心和坐骨淋巴中心。

(1)腰淋巴中心：有主动脉腰淋巴结、固有腰淋巴结、肾淋巴结 3 群淋巴结。

①主动脉腰淋巴结：腹主动脉和后腔静脉沿途的数个淋巴结，在肾至旋髂深动脉分支之间的腹膜下。收集腰部肌肉等处的淋巴，注入腰淋巴干或乳糜池。

②固有腰淋巴结：腰椎横突之间，椎间孔附近的小淋巴结。收集腰部肌肉等处的淋巴，汇入主动脉腰淋巴结。

③肾淋巴结：位于肾门附近，在肾动、静脉周围的一群淋巴结。收集肾、肾上腺、输尿管等处的淋巴，注入乳糜池。

(2)髂荐淋巴中心：有髂内侧淋巴结、髂外侧淋巴结、腹下淋巴结和肛门直肠淋巴结 4 群。

①髂内侧淋巴结：左右髂外动脉起始处附近的一大群淋巴结，其中在左、右髂内动脉夹角内的淋巴结又称为荐淋巴结。髂内侧淋巴结是兽医卫生检验的重要淋巴结之一。输入管收集腰荐部、尾部、腹壁后部、后肢等处的淋巴，输出管形成左、右腰干。

②髂外侧淋巴结：旋髂深动脉的前、后支处的一群淋巴结，但牛常为 1 个，水牛有 2～5 个。收集腰荐部、后腹部等处的淋巴，汇入髂内侧淋巴结。

③腹下淋巴结：在荐结节阔韧带内侧，髂内动、静脉各分支处的淋巴结，每侧有 1～3 个。输入管收集骨盆壁及盆腔内脏等处的淋巴，输出管汇入髂内侧淋巴结。

④肛门直肠淋巴结：直肠后部(腹膜外部)背侧的数个淋巴结，收集肛门、会阴、尾肌、直肠等处的淋巴，汇入髂内侧淋巴结。

(3)腹股沟浅淋巴中心：有腹股沟浅淋巴结、髂下淋巴结、髋淋巴结、髋副淋巴结、腰旁窝淋巴结 5 群。

①腹股沟浅淋巴结：腹底壁后部、腹股沟管外环附近的一群淋巴结。因性别差异而有不同名称。

阴囊淋巴结：在公畜精索后上方、阴茎背侧。

乳房淋巴结：在母畜乳房基底部后上方两侧。

腹股沟浅淋巴结收集腹底壁的肌肉、皮肤、股内侧、阴囊、乳房、外生殖器等处的淋巴，汇入髂内侧淋巴结。

②髂下淋巴结：常为一大而长的淋巴结，位于膝关节的前上方、阔筋膜张肌前缘膝褶中，活体易触摸。输入管收集腹侧壁、骨盆、股部、小腿部等处的淋巴，输出管汇入髂外侧淋巴结和髂内侧淋巴结。

③髋淋巴结：长约 2 cm，位置不定，常位于髋结节的腹侧、股四头肌前方、阔筋膜张肌中部内侧，旋股外侧动、静脉沿途。

④髋副淋巴结：位置不定，常位于阔筋膜张肌的外侧，以上两淋巴结的输入管收集股四头肌等处的淋巴，输出管汇入髂内、外淋巴结。

⑤腰旁窝淋巴结：腰旁窝皮下的 1～2 个淋巴结，收集腹壁的淋巴，汇入髂下淋巴结。

(4)坐骨淋巴中心：有 3 群淋巴结，即坐骨淋巴结、臀淋巴结和结节淋巴结。

①坐骨淋巴结：常有 1～2 个小淋巴结。位于荐结节阔韧带外侧，坐骨大孔附近，臀中肌深层。收集臀部肌等处的淋巴，汇入髂内侧淋巴结。

②臀淋巴结：位于荐结节阔韧带后缘外侧，坐骨小切迹背侧，臀骨二头肌深面。收集臀后、肛门等处肌肉、皮肤的淋巴，汇入髂内侧淋巴结或坐骨淋巴结。

③结节淋巴结：位于荐结节阔韧带后缘、坐骨结节内侧皮下。收集骨盆、尾部、股部等处的淋巴，汇入臀淋巴结、荐淋巴结。

六、腹腔内脏的淋巴中心和淋巴结

腹腔内脏的淋巴中心有 3 个，即腹腔淋巴中心、肠系膜前淋巴中心和肠系膜后淋巴中心。各中心的淋巴结除分布在动脉起始处外，还分布在实质性器官门部，肠管沿途的肠系膜内，以及胃血管的沿途。淋巴结的命名常按位置和器官命名。

(1)腹腔淋巴中心：收集胃、肝、脾、胰、十二指肠、网膜、肠系膜等处的淋巴，输入管与肠淋巴干汇合成内脏干，注入乳糜池。所属淋巴结有腹腔淋巴结、胃淋巴结、肝淋巴结、肝副淋巴结和胰十二指肠淋巴结。

①腹腔淋巴结：腹腔动脉起始处附近的 3～4 个淋巴结。收集脾和肝的淋巴，输出管形成腹腔干，注入内脏淋巴干。

②肝淋巴结：一般有 1～3 个，有时多达 10 个，沿门静脉分布。收集肝、胰、十二指肠、皱胃的淋巴，输出管汇合形成肝干，与胃干汇合形成内脏干。

③肝副淋巴结：分布于肝的背侧缘、后腔静脉沿途，收集肝等处的淋巴，汇合成肝淋巴干。

④胃淋巴结，直径 0.5～4.0 cm，数目多。分布于胃的血管沿途。牛因有四个胃，淋巴结位置各异，所以名称不同。可分为以下 8 种。

瘤胃右淋巴结：常有 4～5 个，位于瘤胃右纵沟内，瘤胃右动脉沿途。

瘤胃左淋巴结:4～5 个,位于瘤胃左纵沟内,瘤胃左动脉沿途。

瘤胃前淋巴结:深陷瘤胃前沟内的 1～2 个淋巴结。

网胃淋巴结:5～7 个,位于网胃与瓣胃连接部附近,沿胃左动脉腹侧支分布。

瓣胃淋巴结:瓣胃表面,胃左动脉背侧支沿途的数个淋巴结。

皱胃背、腹侧淋巴结:皱胃小弯和大弯内,沿胃左动脉的背侧支和腹侧支分布。

瘤皱胃淋巴结:瘤胃隐窝与皱胃之间的数个淋巴结。

网皱胃淋巴结:皱胃前部与网胃之间的数个淋巴结。

猪和马的胃淋巴结位于贲门附近。胃淋巴结的输入管收集相应部位的淋巴,汇合成胃淋巴干,汇入腹腔淋巴干。

⑤胰十二指肠淋巴结:有数个,位于十二指肠系膜内、胰右叶与十二指肠降部之间,收集胰、十二指肠及附近部分结肠等处的淋巴,汇入肠淋巴干。

(2)肠系膜前淋巴中心:有 4 群淋巴结,即肠系膜前淋巴结、空肠淋巴结、盲肠淋巴结、结肠淋巴结。

①肠系膜前淋巴结:2～3 个,位于肠系膜前动脉起始处附近。

②空肠淋巴结数目很多、大小不一,牛有 30～50 个,最长达 10 cm 以上。分布在空肠系膜内,沿结肠旋袢与空肠间呈长条形念珠状分布,总长度 0.5～1.2 cm。

③盲肠淋巴结:1～3 个,分布于回盲襞内、回肠与盲肠之间。

④结肠淋巴结:5～16 个,因位置不同可分为浅层和深层。浅层的结肠淋巴结较大,位于结肠旋袢右侧的总肠系膜上;深层的结肠淋巴结分散在结肠旋袢的系膜内。

肠系膜前淋巴中心收集胰、空肠、回肠、盲肠、大部分结肠等处的淋巴,输出管汇合成肠淋巴干,与胃淋巴干结合形成内脏淋巴干,注入乳糜池。

(3)肠系膜后淋巴中心仅有一群肠系膜后淋巴结。

肠系膜后淋巴结 2～5 个。分布于肠系膜后动脉起始处至分出结肠左动脉和直肠前动脉之间的系膜内。收集降结肠、直肠前部等处的淋巴,汇入髂内淋巴结或直接注入腰淋巴干。

七、后肢的淋巴中心和淋巴结

牛马后肢的淋巴中心有 2 个,即腘淋巴中心和腹股沟深淋巴中心。猪、羊一般只有腘淋巴中心。

(1)腘淋巴中心:仅一群,即腘深淋巴结。

腘深淋巴结位于膝关节后方,臀股二头肌与半腱肌之间,腓肠肌外侧头近端的表面。收集膝关节以下的淋巴,汇入髂内侧淋巴结、坐骨淋巴结或腰主动脉淋巴结等。

【案例】 在做临床检查时,在普通犬上是能够摸到腘深淋巴结的。如果该淋巴结肿大,表明同侧后肢出现感染。

(2)腹股沟深淋巴中心:有两群淋巴结,即腹股沟深淋巴结和腹壁淋巴结。

①腹股沟深(髂股)淋巴结:1～3 个,位于髂骨体前方,分出旋髂深动脉处之后的髂外动脉沿途。收集膀胱、子宫角、雄性尿道盆部、副性腺及后肢、腹壁等处的淋巴,汇入髂内侧淋巴结。

②腹壁淋巴结:位于近耻骨处的腹直肌内面,收集腹壁、乳房等处的淋巴,输出管汇入髂内侧淋巴结。

【案例】 当检查乳腺感染的发展和肿瘤的发生时,需了解乳腺淋巴管的流向,这一点是非常重要的。前、后腹部乳腺淋巴管流向胸骨淋巴结和腋淋巴结,后腹部乳腺和腹股沟部乳腺淋巴管流向腹股沟淋巴结,因此后腹部乳腺淋巴管的流向既可以向前,也可以向后。

第六节　血淋巴结

血淋巴结过去被认为是牛、羊等反刍动物所特有的一种淋巴器官,但后来在灵长类和马属动物上也发现有少量血淋巴结。血淋巴结一般呈圆形或卵圆形,紫红色,直径 5～12 mm,结构似淋巴结,但无输入淋巴管和输出淋巴管,其中充盈血液而无淋巴。主要分布于主动脉附近,胸腹腔脏器的表面和血液循环的通路上,有滤血的作用。此外,还能产生淋巴细胞和浆细胞,参与机体的免疫功能。

第四篇　神经系统、内分泌系统、感觉器官和被皮系统

第十二章　神经系统

神经系统是由脑、脊髓和与它们相连系的周围神经所组成的庞大系统，它具有高度的整合能力，由数以亿万计的神经细胞所构成。在家畜的所有系统中，神经系统占有主导的地位，它保证家畜体所有生理活动的正常进行。神经系统分布广泛，遍布全身各系统、器官，把全身各系统、器官联系起来，接受来自体内、外各种刺激并发生反应来调节体内各系统和器官间、畜体与外界环境间的平衡和统一，从而维持畜体的生命活动。例如在生理情况下，跑步引起的心跳加快是由于在神经系统的作用下，加快呼吸，抑制泌尿、生殖、消化系统，配合心血管系统完成跑步，与此同时，神经系统作用于肾上腺，分泌肾上腺素，进入血液循环，进而作用于心脏，使心跳加快。环境的改变提供一个刺激，这个刺激由相应的感受器识别，并通过效应器产生反应。简单生物体的感受器细胞和效应器细胞直接相连，高等动物的感受器与效应器通过数个神经元连接起来，这些神经元将信息从一个细胞传递到另外一个细胞。由此可见，神经系统有三个主要的功能：(1)协调身体各器官系统的功能活动；(2)使机体适应内外环境的变化；(3)人类的大脑皮质高度进化，不仅能够认识客观世界，而且能够改变、创造客观世界。换句话说，神经系统具有感觉功能和协调运动功能。感觉功能包括外感受、本体感受、内感受和内脏感受。外感受器接受来自环境的刺激(如听觉、视觉、味觉、冷、热、压力、痛等刺激)；本体感受与肌肉、关节的姿势和位置有关；内感受器接受管状器官的刺激，如血压(压力感受器)或血液 pH(化学感受器)的变化；内脏感受是将刺激从血管、内脏传到植物性中枢神经系统。神经系统的协调运动功能是负责协调运动的。躯体运动神经系统负责意识支配下横纹肌的所有运动，这些运动通常是环境刺激的结果；内脏运动神经系统负责自主控制的平滑肌的所有运动。

第一节 概述

一、神经系统的分类

畜体所有的器官都有神经网络覆盖，尽管神经系统是一个整体，但为了便于描述和教学使用方便而将其分为几个部分。

(一)按所在位置不同分类

按所在位置不同，神经系统可分为中枢神经和周围神经。中枢神经是指位于颅腔内的脑和位于椎管内的脊髓，脊髓是低级中枢，脑是高级中枢，脊髓要受脑的调节控制。周围神经是指脑神经和脊神经，脑神经一端与脑相连，另一端遍布全身；脊神经一端和脊髓相连，另一端遍布全身。

- 神经系统
  - 中枢神经系
    - 脑——位于颅腔内
    - 脊髓——位于椎管内
  - 周围神经系
    - 脑神经——从脑出入，主要分布于头部
    - 脊神经——从脊髓出入，分布于躯干和四肢
    - 自主神经
      - 交感神经——从胸腰段脊髓发生
      - 副交感神经——从脑干和荐段脊髓发出

(二)按分布范围分类

按分布范围，神经系统可分为躯体神经和内脏神经。躯体神经是指分布到体表、骨骼、关节等处的神经；内脏神经（即内脏运动神经）是指分布到心血管、平滑肌、腺体、内脏器官等处的神经。

(三)按功能不同分类

按功能不同，神经系统可分为传入（感觉）神经、传出（运动）神经和内脏神经（又名植物性神经、自主神经）。传入神经是指把内、外环境的变化和刺激由末梢向中枢方向传导的神经。传出（运动）神经是指把信号加工分析后的信息由中枢向周围传导的神经。所谓植物性神经是指它的功能好比树、花、草等植物，有新陈代谢、生长、发育、繁殖等功能；所谓自主神经是指它不受大脑意识直接控制，而是自己管理自己，就好比人和动物的意识不能控制其幽门括约肌的开与关一样。内脏运动神经纤维还划分为两种纤维成分：交感神经和副交感神经，如果两种纤维到达同一器官，其作用相反，功能相互拮抗。

二、神经系统的组成

神经系统由神经组织构成，神经组织包括两种细胞成分，即神经元和神经胶质细胞。

(一)神经元

神经元是神经系统的基本结构和功能单位，能够感受刺激和传导冲动，从功能上讲(不是数量上)，它是神经系统的主要成分。人类的脑约有一千亿个神经元。

1. 神经元的构造　神经元由两部分组成，一部分是胞体，一部分是突起。胞体包括细胞膜、细胞质、细胞核、尼氏体等。短的、数量多的突起叫树突，它的功能是把神经冲动向胞体方向传导。长的突起叫轴突，最长可达 1 m，它的功能是把神经冲动从胞体传出(图 12-1、图 12-2)。

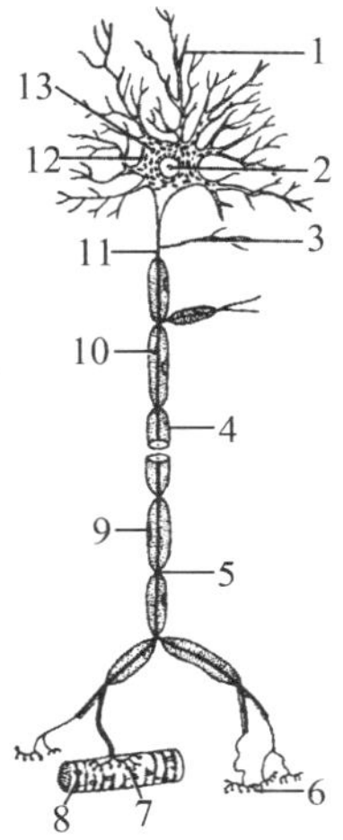

1. 树突　2. 神经细胞核　3. 侧支　4. 雪旺氏鞘　5. 郎飞氏结　6. 神经末梢　7. 运动终板　8. 肌纤维　9. 雪旺氏细胞核　10. 髓鞘　11. 轴突　12. 神经细胞体　13. 尼氏体

图 12-1　神经元构造模式图

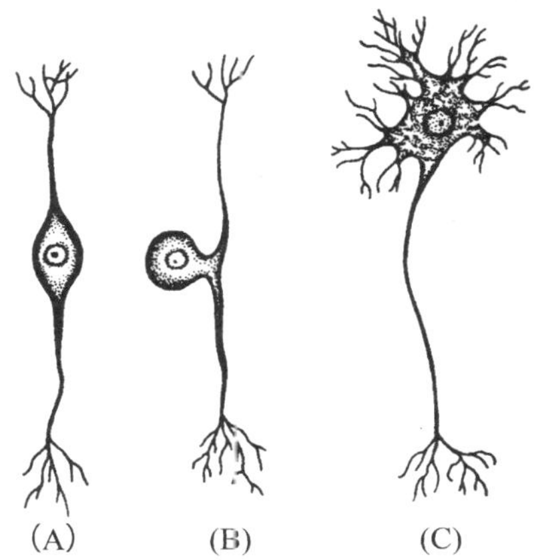

(A)双极神经元 (B)假单极神经元 (C)多极神经元

图 12-2　神经元类型模式图

2. 神经元的分类　根据神经元突起的数目可把神经元分为：(1)假单极神经元(外形像字母 T，向中枢方向走行的叫中枢突，向周围走行的叫周围突，在脊神经节和脑神经节内存在，属于感觉性神经元)；(2)双极神经元(分为一个中枢突和一个周围突，属于感觉性神经元，存在于与听觉相关的蜗神经节、与平衡觉相关的前庭神经节、嗅黏膜、视网膜内)；(3)多极神经元(胞体发出无数个突起，位于中枢神经系统内，属于运动性神经元)。

根据功能，神经元可划分为：(1)传入(感觉)神经元；(2)传出(运动)神经元；(3)中间(联络)神经元(数量占 99%)。

(二)神经胶质细胞

神经胶质细胞是不具备感受刺激和传导冲动功能的细胞成分，它是神经系统的辅助成分，它对神经元起支持、营养、保护、修复等作用，它的数量是神经元的 5～10 倍(图 12-3)。神经胶质细胞一生都有分裂能力，所以它们形成肿瘤的可能性比较大。星形胶质细胞由于有许多细丝状分支的突起，外表看起来像星星，它们形成神经元和毛细血管之间的胞质连丝，给神经元运输代谢物质，另外，它们储存递质前体并控制外渗离子聚集，还参与构成皮质的外层(神经胶质界膜)。

小胶质细胞能够吞噬外源物质，因此提供了一个非特异性细胞免疫的防御机制来保护神经元。

（三）突触

一个神经元与另外一个神经元之间的任何部分的功能接触点称为突触（图 12-4）。典型的突触包括三部分，即突触前部、突触后部和突触间隙。前部有突触小泡、线粒体、微丝等，泡内含有神经递质，后部有神经递质的受体等结构。

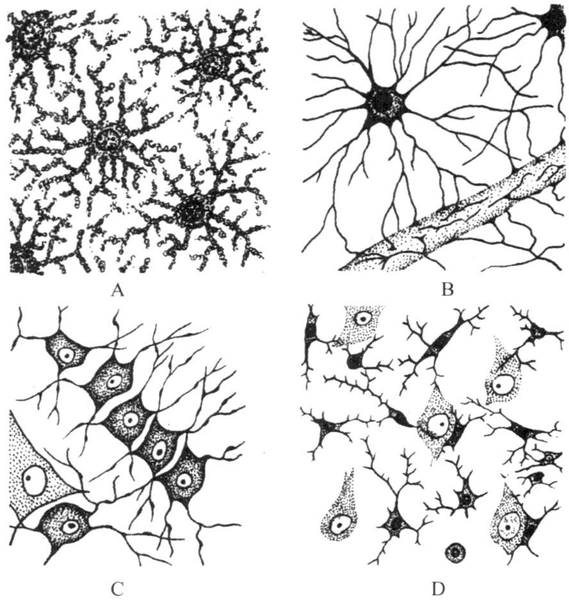

A、B. 星形胶质细胞　C. 少突胶质细胞　D. 小胶质细胞

图 12-3　胶质细胞的类型

（四）神经的末梢装置

神经纤维的末梢分支称为神经末梢。神经元通过神经末梢进行内外环境的联系，根据神经末梢的机能分为两大类，即感觉神经末梢和运动神经末梢。前者感受痛、温、触、压觉和本体觉等刺激；运动神经末梢分为运动终板和植物性神经末梢，它们将神经冲动传递至效应器，如骨骼肌、心肌、平滑肌和腺体等。

畜体内所有骨骼肌的活动都是由神经冲动引起的，当运动神经冲动传到神经末梢时，引起突触小泡释放出化学介质（或递质）——乙酰胆碱，并扩散通过突触间隙作用于突触后膜的乙酰胆碱受体，使突触后膜首先对钠离子的通透性发生瞬间增高，引起钠离子大量进入膜内，发生去极化，接着又使突触后膜对钾离子的通透性发生瞬间增高，使钾离子大量透出膜外，由于钠离子和钾离子在膜内外的迅速流动，使运动终板产生局部性的终板电位，可使终板邻近的肌纤维膜产生散布性兴奋，引起肌肉收缩。突触后膜存在胆碱酯酶，可使乙酰胆碱迅速分解为乙酸和胆碱而失去作用，于是肌肉又重新恢复到舒张状态，接着下一个神经冲动再引起神经末梢释放乙酰胆碱。这样，随着相继到达的神经冲动，乙酰胆碱的释放与分解反复地进行着，就不断地引起肌肉兴奋而发生收缩。在运动终板，兴奋的传递过程中任何一个环节发生障碍，均可影响运动终板兴奋的传递，如有机磷农药中毒时，由于抑制了胆碱酯酶的活性，造成乙酰胆碱在突触部位蓄积，使肌肉兴奋收缩，甚至引起肌痉挛等中毒症状。

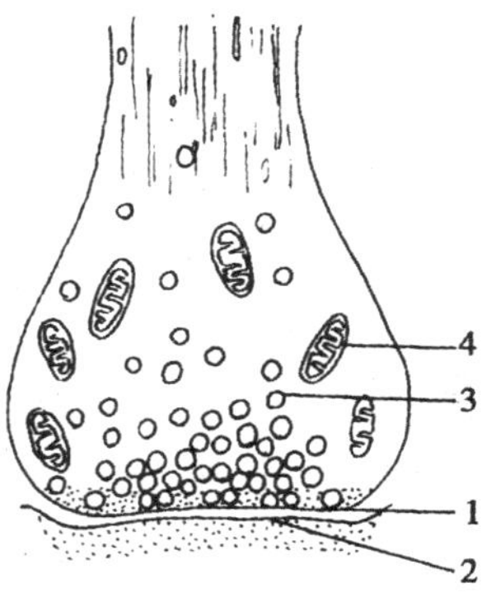

1. 突触前膜　2. 突触后膜
3. 突触小泡　4. 线粒体

图 12-4　突触超微结构模式图

交感神经和副交感神经通过释放不同的递质，使心肌和平滑肌兴奋或抑制。植物性神经全部节前纤维、副交感神经全部节后纤维和交感神经小部分节后纤维兴奋时，都释放乙酰胆碱，把

这些纤维统称为胆碱能纤维。乙酰胆碱起作用后，在数秒内就被存在于组织中的胆碱酯酶所分解而失去作用，这是副交感神经效应作用时间短的原因之一。绝大部分交感神经节后纤维兴奋时，神经末梢主要释放去甲肾上腺素（和少量肾上腺素），又称为肾上腺素能纤维。去甲肾上腺素起作用后，被组织中的单胺氧化酶或儿茶酚胺氧位甲基转移酶所破坏，或主要由神经末梢重新摄取，速度都较慢，所以交感神经的效应持续较长。由于效应器上的受体不同，因而同一递质在不同器官可引起不同的效应。

三、神经系统的活动方式

神经系统的基本活动方式是反射，反射是指机体对内外环境的刺激所做出的一种适宜的反应。完成反射活动的解剖学形态基础是反射弧。反射弧由 5 部分（或环节）组成，即感受器、传入神经、神经中枢、传出神经、效应器。

反射按感受器的浅和深分为浅反射和深反射，如刺激角膜出现眨眼就是浅反射。敲一下膝关节前方（下有膝直韧带）出现伸小腿反射，就是深反射，它的感受器在肌肉和肌腱，由于位置深故叫深反射。反射按参与器官的不同分为：躯体反射和内脏反射。反射按形成过程分为先天性反射和后天性反射，如新生儿四肢拥抱反射，刺激他的唇有吸吮反射，这些都是巴甫洛夫的先天性反射；又如三国演义中的望梅止渴，还有画饼充饥等，就是后天形成的反射，即条件反射。

四、神经系统常用术语

1. 神经　很多神经纤维束被神经外膜包裹就形成了神经。而神经纤维束是由许多神经纤维聚集在一起被神经外膜包裹形成的。周围神经系统的神经束就是神经，是神经元的突起或纤维。这些神经元的胞体存在于中枢神经（脑和脊髓）中或脊神经节中。神经纤维的直径、髓鞘的粗细、郎飞节的间距都不同，神经纤维束被包在结缔组织鞘内，鞘内有滋养血管。每根神经纤维都是单个神经元的突起，通过神经突起，一个神经元可以延伸到 2 m 远的地方，如马的左喉返神经。神经纤维总是只向一个方向传导冲动。

2. 神经核　存在于中枢神经系统内，形态、功能相似的神经元胞体聚集成团，称这种灰质核团为神经核。神经元胞体通过许多突触和传入树突连接。在新鲜的脑和脊髓的断面上可以看见这些胞体聚集簇，呈灰色一玫瑰红颜色的区域，所以这种神经组织叫灰质。神经核这个名词可以被其他的名词取代，如物质（例如黑质）、结构（例如网状结构）和体（例如乳头体）等。

3. 神经节　神经节与神经核相对应，结构类似，只是位置不同。神经节存在于周围神经系统内，形态、功能相似的神经元胞体聚集的部位称为神经节。神经节有两种——感觉神经节和植物性神经节。所有的脊神经节只包含感觉神经元，它们位于感觉背侧根上，这些感觉神经节存在于靠近椎间孔的脊髓两侧。部分脑神经（Ⅴ和Ⅶ-Ⅹ）和脊神经节一样，也包括感觉神经节。大部分的感觉神经元是假单极神经元，它们以少突胶质细胞作为髓鞘。植物性神经节包括交感干神经节、椎旁神经节和头部副交感神经节、消化管壁内的壁内神经节（黏膜下神经丛、肌间神经丛）。

4. 灰质　灰质存在于中枢神经系统内，是神经元的胞体和树突聚集形成的部位；大脑和小脑表面的灰质特称为皮质。

5. 白质　白质存在于中枢神经系统中，由神经纤维聚集形成。神经纤维表面包有髓鞘，髓鞘表面的类脂质是偏白色的，称这种神经组织为白质。白质内有神经束，神经束不仅将中枢神经和中枢核连接起来，还将一部分中枢神经和外周联系起来。它主要包含神经元的轴突和感觉神经。在白质内也能够找到星形胶质细胞，它不仅形成中枢神经的支持组织，也通过它们多重的、几乎不分支的突起连接神经元和毛细血管。在脊髓中，白质存在于灰质的周围，它由起源于脑部和延伸向脑部的神经束组成。大脑、小脑的白质也称为髓质。

6. 传出神经与运动神经元　冲动从中枢神经向外周神经传导的神经元叫运动神经元，因为它们把冲动传给效应器——肌肉。外周神经的运动神经元构成的神经核位于脊髓灰质腹角（脊神经）和脑干的灰质中（脑神经）。每根肌纤维（细胞）由单一运动神经元支配。

7. 传入神经元与感觉神经元　冲动从外周神经系统的神经末梢或感觉细胞向中枢神经系统传导，冲动被转换成一个有意识的感觉，接受冲动的神经元叫作感觉神经元。感觉起源于机体表面器官。

8. 上运动神经元与下运动神经元　是指运动传导通路里面的两级神经元，上运动神经元位于大脑皮层，下运动神经元位于脑干的运动核（如面神经核、舌下神经核）和脊髓灰质腹侧柱的神经元。

9. 混合神经　大部分的神经是混合神经，因为它们不仅包括运动神经纤维和感觉神经纤维，而且也是植物性自主神经系统（交感神经和副交感神经）的一部分。

10. 网状结构　是指在中枢神经系统内的某些部位，既有灰质又有白质，但不是灰质和白质，而是灰质、白质交织存在的地方。

11. 神经丛　神经纤维末端部既有分支又有相互吻合而形成的网眼状的结构。

12. 白交通支　由脊髓外侧角中间外侧核细胞发出的交感节前神经纤维组成，与交感神经干上的神经节形成突触，因节前纤维有髓鞘反光发亮，故呈白色。

13. 灰交通支　由交感干神经节细胞发出的节后纤维组成，连于交感神经干与脊神经腹侧支之间，多无髓鞘，色灰暗。

14. 传导束　功能相同的神经纤维聚集走行在中枢神经系统（脊髓和脑之间）的一个区域称为传导束。传导束分为两类：一类为运动传导束，另一类为感觉传导束。组成传导束的纤维常常是起始、终止、走行和机能相同，一般按起止点命名。脊髓至脑的主要上行传导束有锥体束构成的锥体，交叉的纤维下行束叫皮质脊髓侧束；不交叉的纤维下行束叫皮质脊髓腹侧束，主要管理躯干和四肢骨骼肌的运动。皮质脑干束主要管理头面部骨骼肌的运动，主要的上行传导束有脊髓丘脑侧束，传导痛觉、温觉；脊髓丘脑腹侧束，传导触觉；脊髓丘脑侧束和腹侧束在延髓内合并成为脊髓丘系，在锥体正上方交叉，由薄束核和楔束核发出的纤维传导肌肉、关节和肌腱深部的感觉（本体觉）；中线两侧有内侧丘系。

15. 突触　两个神经元之间或神经元与骨骼肌之间进行信息交换的接触点，高等动物的突触多是化学突触，低等动物的突触多是电突触。

16. 躯体(随意)神经系统　是将神经冲动从机体表面的感觉神经元或者从运动系统传给中枢神经系统。对这些刺激的反应有先天反射和后天反射。

17. 自主神经系统　调节机体内环境，负责内脏器官的活动，如消化、呼吸、血液循环和性功能等。另外，压力或温度的改变以及血液中氧含量的变化由内脏感觉神经节(颈动脉体、主动脉体)来感受。

18. 血脑屏障　控制脑内环境的机制靠血脑屏障。血脑屏障通过物理屏障(紧密连接)和代谢屏障(酶类)严格地限制运输到脑内的物质。这个屏障包含毛细血管内皮细胞，它只允许短链物质(如可溶性脂肪)进入。其他的物质通过受体介导的运输主动地穿越此屏障(如葡萄糖或氨基酸)。

19. 各种中枢神经纤维的形式

(1)束路：带有确切起点和止点的中枢神经纤维，如皮质脊髓束。

(2)索：多个束路聚集形成，如脊髓背侧索。

(3)束：小的神经束路，如薄束、楔束。

(4)联合：连接左右中枢神经系统的神经干。

(5)丘系：呈螺旋状的神经干，如内侧丘系、丘外系。

(6)交叉：交换到身体另一侧的神经干，如视交叉、锥体交叉。

(7)辐射：放射状扩展的神经干，如大脑深部的听辐射、视辐射。

20. 轴突在中枢神经系统聚集成的结构　白质(又叫髓质)；脊髓丘脑束、皮质脊髓束、前庭脊髓束、顶盖脊髓束；脊髓外侧索、背侧索、腹侧索；视辐射、听辐射；小脑的前脚、中脚、后脚；结合臂、脑桥臂；投射系、联合系、联络系。

21. 外周神经　是指与中枢神经相对应的神经，外周神经由联系中枢和外周各器官的神经纤维构成。按神经功能划分为感觉神经(传入神经)、运动神经(传出神经)和混合神经；按神经分布部位划分为躯体神经和内脏神经。躯体神经分为脑神经和脊神经。

22. 锥体系与锥体外系　是指神经冲动通路里面的下行传导通路。锥体路包括皮质脊髓束和皮质核束(又名皮质脑干束)。通路从大脑皮层的上运动神经元发出纤维到脑干或脊髓的下运动神经元交换神经元，然后发出纤维到效应器。与锥体系相比，锥体外系含有各种多突触传导通路，它们起始于纹状体、底丘脑核、黑质、红核及网状结构。与这些神经核相互连接的部位为一些运动中枢，如丘脑核、前庭核、网状结构和小脑等，锥体外系的所有核团投射到这些运动核。

第二节　脊髓

一、脊髓的位置和形态

脊髓是脑髓控制下的低级中枢；脊髓位于椎管内，前达枕骨大孔，后端终止于荐骨后部；脊髓和脑的分界位于最后一对脑神经和第一对颈神经之间。

脊髓白色，呈背腹方向略扁的长圆柱状。脊髓全长粗细不等，其形状和直径存在部位性变化:在向前肢、后肢发出神经分支的两个部位,脊髓的相对直径增大,分别叫颈膨大和腰膨大。颈膨大位于颈后部和胸前部,由其发出的脊神经形成臂神经丛,分布于前肢。在腰荐部分出脊神经到骨盆和后肢,故也较粗大,称腰膨大。腰膨大之后的脊髓逐渐变细形成圆锥状,称脊髓圆锥,最后形成终丝,终丝没有传导功能,只起固定作用。对应于脊柱的分段,脊髓可分为:颈段脊髓、胸段脊髓、腰段脊髓、荐段脊髓和尾段脊髓(图 12-5)。

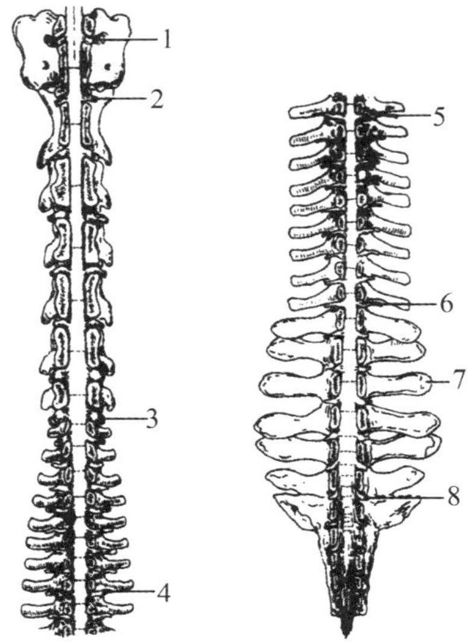

1. 第 1 颈神经　2. 第 2 颈神经
3. 第 8 颈神经　4. 第 8 胸神经
5. 第 10 胸神经　6. 第 18 胸神经
7. 第 3 腰椎横突　8. 第 6 腰神经

图 12-5　马脊髓的外形

脊髓和脊神经根的外面包被由柔软组织组成的 3 层脊膜,具有保护作用。脊髓富含毛细血管网,有丰富的血液供应。在椎管内大静脉也为脊髓提供血液,嵌于富含脂肪的软组织内,不被脊膜包裹。脊膜和脑脊液保护脊髓免受机械外力的损害。

脊髓表面有若干沟和裂,分别是背正中沟、背外侧沟(2 条)、腹正中裂、腹外侧沟(2 条)。脊髓外表面的 6 条浅沟,是脊髓背侧索、外侧索和腹侧索的外表分界。

由背外侧沟进入脊髓的、具有感觉性质的神经纤维组成脊神经背根,由腹外侧沟出脊髓的、具有运动性质的神经纤维组成脊神经腹侧根,背根和腹根在椎间孔处汇合成脊神经,在背根上有一个膨大是脊神经节,位于椎管内,节内有感觉神经元(假单极神经元)。但第一颈神经背根内没有脊神经节或仅有退化的神经节。

背根和腹根均由根丝组成,根丝是神经纤维束。

在胎儿时期,脊髓和脊柱等长,而且每一脊神经经其起始平面的椎间孔出椎管。在发育过程中,脊柱比脊髓的生长速度快,故脊柱尾端比脊髓的尾端位置靠后。脊神经并不从与其发出的部位对应的椎间孔出椎管,而是在椎管内向后行走一段才通过相应的椎间孔出椎管。荐神经和尾神经根在椎管内沿脊髓圆锥向后伸延一段,再由相应的椎间孔出椎管。这些脊神经根围绕在脊髓圆锥和终丝周围共同形成马尾或称马尾神经,因其形状与马的尾巴相似而得名。尽管脊髓本身并不分节,但可根据由其发出的脊神经而分成许多节段,每对脊神经支配相应的机体节段。

二、脊髓的节段

脊髓与脊神经根相连,两对脊神经根之间的部分就称为脊髓节段。畜、禽的脊神经和脊髓节段如表 12-1。

在胚胎早期,脊髓长度等于椎管长度,每一对脊神经呈水平方向从椎间孔穿出。随着胚胎的发育,由于骨发育快于脊髓,椎管长于脊髓,所以脊髓相对前移了,前部的脊神经还能水平地进出相应的椎间孔,后部的脊神经必须在椎管内走行一段距离才能进出相应的椎间孔,因此,就出现了脊髓节段与椎骨不对应的情况。例如在人，第 8 胸椎骨折，压迫脊髓的是 8+3=11 胸部的脊髓节段。

表 12-1　脊神经分类数目表

名称	牛	马	猪	狗	兔
颈神经(对)	8	8	8	8	8
胸神经(对)	13	18	14～15	13	12
腰神经(对)	6	6	7	7	7～8
荐神经(对)	5	5	4	3	4
尾神经(对)	5～6	5～6	5	5～6	6
合计(对)	37～38	42～43	38～39	36～37	37～38

三、脊髓内部结构

脊髓内部是“H”形（或蝴蝶形）的灰质，灰质外周是白质。灰质分为背侧角（柱）、腹侧角（柱）、外侧角（柱）以及中间带和中央管，白质分为上行（感觉）纤维束、下行（运动）纤维束和固有束。背侧角和腹侧角贯穿全部灰质节段，灰质中央管向前通第 4 脑室，向后达脊髓圆锥，形成膨大，称终室，其末端是盲端。中央管随年龄的增加逐渐闭锁。中央管内衬室管膜细胞（为神经胶质细胞的一个亚群），管内充满脑脊液。白质可以通过表面的 6 条浅沟划分为三个索：背侧索、外侧索和腹侧索（图 12-6）。

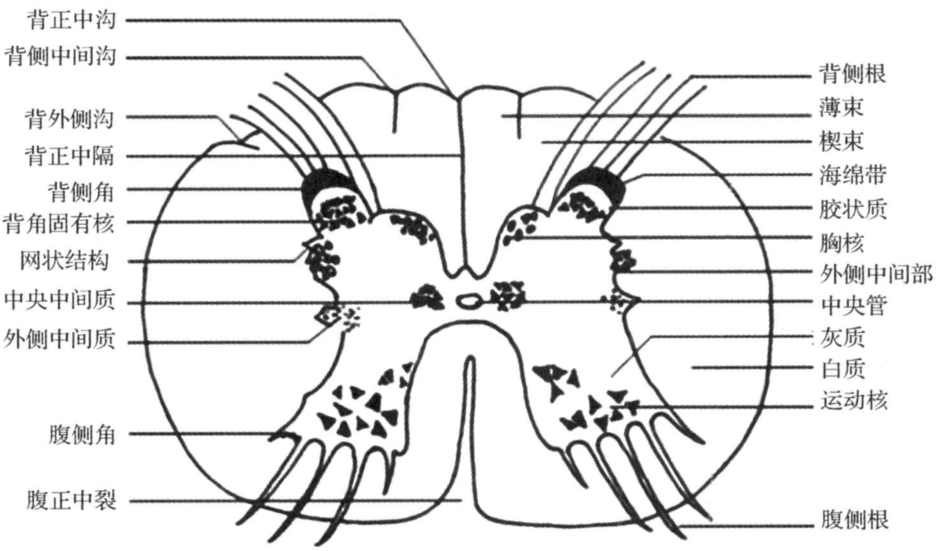

图 12-6　颈段脊髓横切面示意图

（一）脊髓的灰质

脊髓灰质由神经元的胞体及突起、神经胶质细胞构成。在横切面上灰质呈蝴蝶状或“H”形。这种形状是由脊髓背侧柱、腹侧柱、外侧柱在横切面的二维外观形成的。背侧柱、腹侧柱、外侧柱在横切面称背角、腹角、外侧角。

脊髓神经元可以分为中间神经元和传出神经元。脊髓的中间神经元介于脊髓的信息输入和输出之间。中间神经元可能由来自以下任一突触传入激活，这些突触传入包括传入神经元、脑的下行通路、其他中间神经元或者传出神经元的轴突分支。脊髓传出神经元的轴突一般进入白质，形成脑的上行通路。它们由感受内脏、肌肉、关节或皮肤刺激的传入神经元激活。脊髓传出神经元发出的轴突至脊神经腹根，以支配肌肉和腺体。它们归属于躯体神经和内脏神经。

腹侧柱主要由运动神经元组成，相关的骨骼肌运动神经元聚集成运动核。脊髓灰质腹侧角外形短而宽，内部的神经元排列成两群：小的细胞排列在腹侧柱的内侧，称内侧核团(群)，管理躯干肌；大的细胞排列在腹侧柱的外侧，称外侧核团(群)，在颈膨大处和腰膨大处明显，管理前、后肢肌肉。另外一种排列是：支配伸肌的神经元在腹侧柱外层周边排列，支配屈肌的神经元在腹侧柱的内层排列。例如，动物椎管内颈膨大处发生肿瘤，压迫脊髓，先是伸肌障碍，接着是屈肌出现障碍。又如，怎样鉴别诊断后肢脊神经受损致肌肉萎缩与脊髓灰质炎后遗症造成的肌肉萎缩？方法是针刺皮肤，看动物有没有感觉反射。因为脊神经是混合神经，既有感觉纤维，又有运动纤维。如果脊神经受损导致肌肉萎缩，针刺皮肤，反射消失，就证明是脊神经受损导致了肌肉萎缩。一般脊髓灰质炎受损，多在腰、荐部脊髓灰质腹侧角，它们的损伤，不影响感觉传导。

灰质腹侧角由运动神经元的胞体和树突构成，内有大型的 α 细胞和小型的 γ 细胞。α 细胞发出轴突组成腹侧根的 2/3 的神经纤维，随脊神经分布到骨骼肌，管理骨骼肌的随意运动。γ 细胞发出的轴突组成腹侧根 1/3 的神经纤维，也到达骨骼肌，管理骨骼肌的肌张力(紧张度)。

灰质背侧柱主要由躯体传入神经元和内脏传入神经元组成，其胞体聚集在一起。功能相似的胞体群称为核，如背角固有核。这些核可能延伸至整个脊髓或者只局限于某些节段。灰质背侧角外形细而长，从外侧的尖端向内排列的结构是：海绵带(蜂窝状结构)、胶状质(它们完成脊髓前、后节段间的联系，胶状质有分析加工传入的痛觉信息的功能)、固有核、背核。固有核接受同侧脊神经节发出的中央突，发出纤维向前走行 1～2 个节段，经过白质腹侧联合交叉到对侧，一部分纤维行走在脊髓白质腹侧索，组成脊髓丘脑腹侧束，传导粗略的触觉(一个东西碰你的感觉谓之触觉，压觉和触觉近似，如毛笔尖碰你的感觉就是压觉)，一部分纤维到达脊髓白质的外侧索，组成脊髓丘脑外侧束，传导痛觉(如针刺皮肤的感觉)、温觉(手摸凉的物体的感觉)。背核(又名胸核)位于 C8～L2 节段，发出纤维束在同侧的外侧索走行，称脊髓小脑束，传导非意识性本体感觉。

胸、腰段脊髓外侧柱内含有内脏运动神经元，中间外侧(交感)核位于外侧中间灰质内，含有交感神经元。荐部副交感神经(中间内侧)核见于荐段脊髓的外侧柱，而且与腹侧柱紧密相连。灰质外侧柱灰质侧角内的中间内侧核，接受脊神经节发出的纤维，发出纤维大部分越过中线到达对侧，组成外侧索行走的脊髓小脑束，传导非意识性本体感觉。

脊髓灰质侧角不是所有的脊髓节段都有，只在 T1～L2、S2～S4 节段才存在中间外侧核，T1～L2 是交感神经在脊髓内的中枢，S2～S4 是副交感神经在脊髓内的中枢。

(二)脊髓的白质

脊髓白质位于脊髓表面，包围着灰质，主要由上行和下行的有髓神经纤维组成。髓鞘由少突胶质细胞形成，使白质不着色而呈白色。每半脊髓的白质被分成若干柱或索，由起点、止点和功能相同的神经纤维束组成。它们是背侧索、腹外侧索。

背侧索位于背正中沟和脊神经背根起始处之间的所有白质。腹外侧索位于脊神经背根和腹根之间，延伸至腹正中裂。腹正中裂穿入白质，形成明显的白质联合。白质联合由交叉到对侧的有髓轴突组成，位于灰质的腹侧。背侧索几乎全部由上行脊髓纤维束组成，将浅感觉和深感觉信息传递至脑。腹外侧索由上行感觉神经纤维束和下行运动神经纤维束组成。

起止于脊髓的节间纤维见于靠近灰质处，一般称为脊髓固有束。

用解剖学和组织学方法不能区分上行和下行纤维束，但可以通过检测其对刺激应答反应的方法来进行辨别。临床上，背侧索的损坏会导致感觉丧失。腹外侧索的损伤可导致感觉和运动障碍以及某些肌肉麻痹，动物椎间盘突出症就有类似症状。由于脊髓有分节的特性，临床症状能够提供有关脊髓损伤部位的信息。

1．上行的纤维束(感觉传导束)

(1)薄束和楔束：位于背侧索，薄束在内侧，楔束在外侧；脊髓的两侧和脊髓神经相连，在 T5 节段以下的脊神经背根进入脊髓后，在背侧索内侧上升组成薄束，T4 以上的所有脊神经背根纤维进入脊髓后，在薄束的外侧上升，组成楔束，在脊髓断面上可以看见内侧的薄束和外侧的楔束。

薄束和楔束传导意识性本体感觉，本体感觉又称深部感觉，是指肌肉、肌腱、关节的位置觉、运动觉、震动觉(音叉震荡后接触皮肤的感觉)。

薄束和楔束还传导精细的触觉。如让患者闭眼摸一个物体表面，看能否区分粗糙或是光滑。辨别纹理粗细的感觉就是精细的触觉；能够辨别两点间距离的也是精细触觉。

意识性本体感觉传导至大脑的称意识性感觉，传导至小脑的称非意识性感觉，小脑不产生意识。浅感觉与深感觉相对应，痛、温、触、压觉即是浅感觉。

以下两个实验可以检查患者薄束和楔束是否受损：

①让患者站立，两手水平向前方伸直，两脚分开，此时，让患者闭眼，患者就晃动，站立不稳。睁开眼睛，就站稳了，代表薄束受损。因为闭眼，不知道下肢关节的位置了，所以就站不稳。

②指鼻实验：让患者握拳，伸食指，屈肘关节，可以准确地指鼻。然后令患者闭眼，再指鼻，患者就指不到鼻子了，代表楔束受损。因为闭眼就不知道上肢关节的位置了，也就指不到鼻子了。

(2)脊髓小脑背侧束、脊髓小脑腹侧束：分别位于背侧索和腹侧索，传导非意识性本体深感觉。

(3)脊髓丘脑侧束：位于外侧索，传导痛、温觉。

(4)脊髓丘脑腹侧束：位于腹侧索，传导粗略的触压觉。

2．下行的纤维束(运动传导束)

(1)皮质脊髓腹侧束：位于腹侧索；一侧的纤维束管理双侧躯干肌肉的随意运动。

(2)皮质脊髓外侧束：位于外侧索；管理同侧前、后肢肌肉的随意运动。

(3)网状脊髓束：位于灰质的周边，调节肌肉张力。

(4)红核脊髓束：调节屈肌的张力。

(5)前庭脊髓束：调节伸肌的张力。

(6)顶盖脊髓束：完成视觉、听觉的防御反射。

(7)内侧纵束：把头、眼的运动联系起来。

四、脊膜

脊髓外面被覆有三层结缔组织膜，总称为脊膜。由内向外依次为脊软膜、脊蛛网膜和脊硬膜。详见脑脊髓膜。

五、脊髓的功能

1. 传导功能　全身（头部除外）的深、浅部的感觉以及大部分内脏器官的感觉，都要通过脊髓的白质才能够传导至脑，产生感觉。而脑对躯干、四肢骨骼肌的运动以及部分内脏器官的支配管理，也要通过脊髓的白质传导，才能够实现。如果脊髓损伤，其上传下达的功能便发生阻滞，引起一定的感觉障碍和运动失调。

2. 反射功能　在正常情况下，脊髓反射活动都是在脑的控制下进行的，感觉传入纤维进入脊髓后，分为上行支和下行支，有的沿途分出侧支进入灰质背侧柱，与中间神经元联系。中间神经元再与同侧或对侧腹侧柱的神经元联系，因此，刺激一段脊髓的感觉纤维，能够引起本段或临近各段脊髓的反应。此外，在脊髓的灰质内，还有许多低级反射中枢存在，如肌肉的牵张反射中枢、排粪、排尿中枢、性功能活动的低级反射中枢等。

牵张反射也称肌肉牵张反射，当轻叩肌腱时，肌肉会陡然伸展和瞬间收缩。这种反射为单突触反射，因而这种反射速度最快且相对抗疲劳。退缩反射在临床中是通过对肢体的一部分进行有害刺激来观察整个肢体的收缩。躯干皮肤反射由刺痛皮肤引起，躯干皮肌收缩可以引起皮肤抽搐，由于许多节段都参与了传入和传出之间的过程，因此属于节段间反射。

第三节　脑

动物的脑位于颅腔内，颅腔有多大，脑就有多大，脑的发育跟颅腔的发育相一致。脑的轮廓与颅腔内表面的轮廓一致，即颅腔内表面的形态与脑的外表面形态相一致。颅腔由骨性小脑幕分为大的前腔和小的后腔，前腔容纳大脑，后腔容纳小脑。相对于头的大小，家畜的脑较小。家畜的脑位于通过眼眶后缘和外耳水平线所做的两个横断面之间，小脑位于枕骨鳞部腹侧。牛和猪的颅顶有宽大的额窦，内含气体。因此，大脑位于更深处且离头骨外骨板较远的位置。小型反刍动物、猫和短头犬的大脑半球在颅骨的额部和顶部，位置较浅。

脑分大脑、小脑、间脑、脑干 4 部分，其中脑干由中脑、脑桥、延髓 3 部分组成。人类的脑有别于动物的脑，主要表现为人类在语言、思维活动等方面具有独特的优势，在形态上也有差异。动物脑的研究成果应用于人类是有限制的。成年人的脑重 1400 g 左右，新生儿是成年人脑重的 1/3；8 岁左右儿童脑的重量是成人脑的 90%。20～40 岁脑是最重的，60 岁以后脑重就逐渐减轻。水牛脑重量约 526 g，牛脑重约 500 g，马脑重 650 g。人脊髓的重量是 30 g。动物进化水平越高，脊髓占脑的比重就越低。越接近人类的动物，脊髓占脑的比重就越小，如猫的脊髓占脑重量的 32%，兔的脊髓占脑重量的 45%，类人猿的脊髓占脑重量的 6%，人类脊髓占脑重量的 2%。

大脑皮质是动物和人类神经系统最高级神经中枢，它经过了几百万年漫长的演化过程，成为今天动物一切功能活动(包括人类思维、情感、记忆)的中枢。大脑皮层的特定部位叫中枢，即中枢是这种功能的最核心部位，在脑的其他部位也有类似的中枢。例如人脑中央前回主要管理骨骼肌运动，所以我们说骨骼肌的运动中枢在中央前回，但是脑的其他部位也有类似的功能，即也管理骨骼肌的运动。中央前回不只管理骨骼肌的运动，还有感觉的功能。因此，大脑皮质的功能定位是相对的，不是绝对的。人类的记忆、推理、思维功能与它的前景相比较，是微不足道的，大脑的资源仅仅开发了一小部分，它的潜力是巨大的。今天我们对脑的形态、外形有了一定的了解，但对内部某些结构及其功能至今仍不是很清楚，还有待于我们进一步的研究。

一、大脑

大脑又称端脑，是家畜神经系统的最高级中枢，位于小脑的前方，覆盖着间脑和中脑(图 12-7～图 12-12)。大脑为椭圆形，被大脑纵裂分为左、右大脑半球。纵裂底部为连接两半球的横行纤维板，称为胼胝体。每个大脑半球都分为外部形态和内部结构。

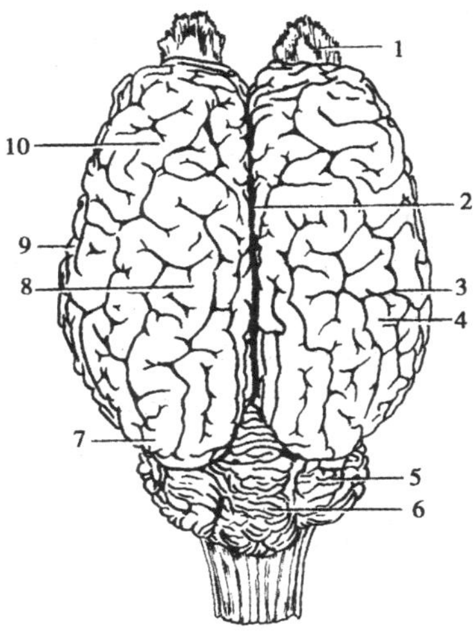

1.嗅球　2.大脑纵裂　3.脑沟　4.脑回　5.小脑半球　6.小脑蚓部　7.枕叶　8.顶叶　9.颞叶　10.额叶

图 12-7　**牛脑(背侧面)**

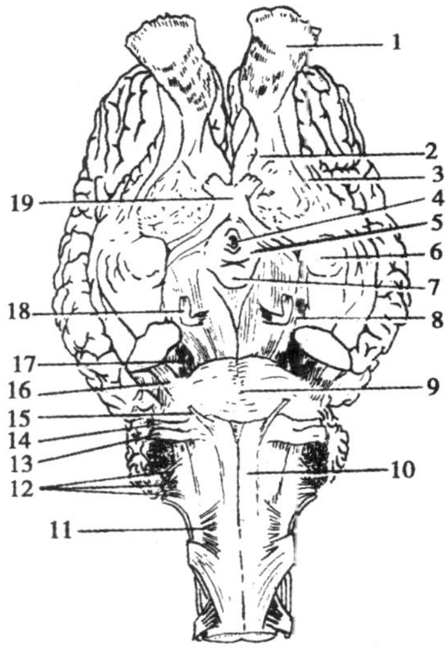

1.嗅球　2.内侧嗅回　3.外侧嗅回　4.漏斗　5.灰结节　6.梨状叶　7.乳头体　8.大脑脚　9.脑桥　10.延髓锥体　11.舌下神经根　12.舌咽、迷走和副神经根　13.前庭耳蜗神经根　14.面神经根　15.外展神经根　16.三叉神经根　17.滑车神经根　18.动眼神经根　19.视神经交叉

图 12-8　**牛脑(腹侧)**

(一)大脑外部形态

1. 背外侧面　背外侧面圆凸，表面被覆灰质，称大脑皮质。大脑皮质表面凹凸不平，形成许多沟和回，增加了表面积。如果不做任何解剖，我们看见脑表面的皮质，只能够看见皮质的 1/3，

另外 2/3 的皮质在沟裂的侧壁和底壁。大脑皮质上约有 100 亿个神经元胞体成层排列。大脑皮质可根据其进化史分为 3 部分:旧皮质、古皮质和新皮质。在系统发生上最早出现的是旧皮质,构成大脑半球的腹侧部,主要与嗅觉有关。接下来出现了古皮质,构成了半球的内侧部,从大脑纵裂伸入半球形成海马。新皮质是大脑最年轻的部分,而且是构成大脑的主要部分。脑表面的沟和回可作为解剖学界标。大脑根据功能分为 4 个叶:顶叶位于背侧,为感觉区;枕叶位于后部,为听觉区;额叶位于前部,为运动区;颞叶位于外侧,为听觉区。脑岛相当于人类脑的岛叶。

2. 内侧面　内侧面平坦,位于纵裂内,与对侧半球内侧面相对应。其位置在大脑和间脑交界的边缘,故称边缘叶。边缘叶与附近的皮质以及有关的皮质下结构(包括部分丘脑、丘脑下部和部分大脑脚等)在结构和功能上密切联系,构成一个边缘系统,主要功能与内脏活动、情绪和记忆等有关,是内脏活动的最高级中枢。

3. 底面　底面凹凸不平,底面为构成嗅脑的各组成部分,主要有嗅球、嗅回、嗅三角、梨状叶、海马和穹窿等。嗅球位于大脑半球最前端,呈扁的卵圆形,第一对脑神经(嗅神经)止于嗅球。嗅回为嗅球向后的延续部分,向后又分为内、外侧嗅回。嗅三角为内、外侧嗅回之间的部分。梨状叶为大脑脚外侧梨状核隆起部分。由梨状叶内侧向后、向内、向上方伸延再转向前内侧,形成海马形的部分,称为海马。海马构成侧脑室的后底壁。穹窿是由两侧的海马背侧端汇合向前伸延形成的三角形白质板,构成侧脑室底壁的内侧。

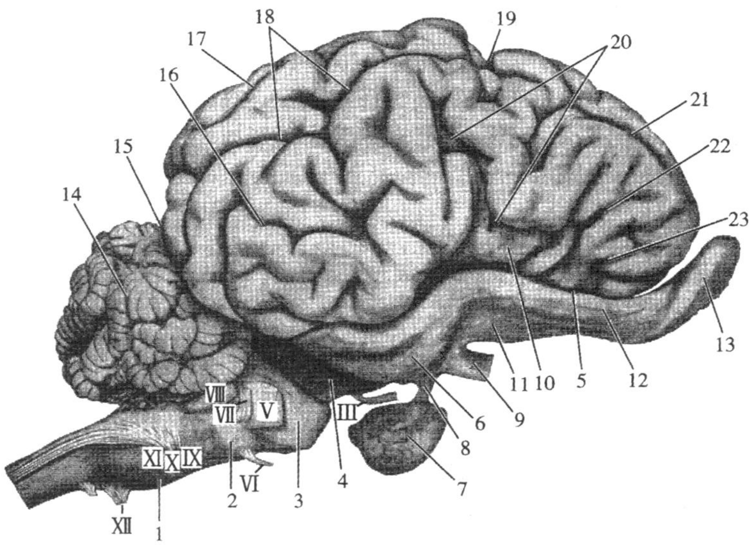

1.延髓　2.斜方体　3.脑桥　4.大脑脚　5.嗅沟　6.梨状叶　7.垂体　8.漏斗　9.视神经　10.脑岛　11.嗅三角　12.嗅回　13.嗅球　14.小脑　15.大脑横裂　16.外薛氏沟　17.外缘沟　18.上薛氏沟　19.横沟　20.大脑外侧沟　21.冠状沟　22.背角沟　23.前薛氏沟　Ⅲ.动眼神经根　Ⅴ.三叉神经根　Ⅵ.外展神经根　Ⅶ.面神经根　Ⅷ.前庭耳蜗神经根　Ⅸ.舌咽神经根　Ⅹ.迷走神经根　Ⅺ.副神经根　Ⅻ.舌下神经根

图 12-9　牛脑(外侧面)

(二)大脑表面的主要沟回

水牛大脑表面的沟有:薛氏沟、外薛氏沟、上薛氏沟、前薛氏沟、大脑外侧沟、缘沟、外缘沟、内缘沟、横沟、冠状沟、背角沟、嗅沟等；水牛大脑表面的回有：缘回、外缘回、薛氏回、外薛氏回、十字回、眶回等。

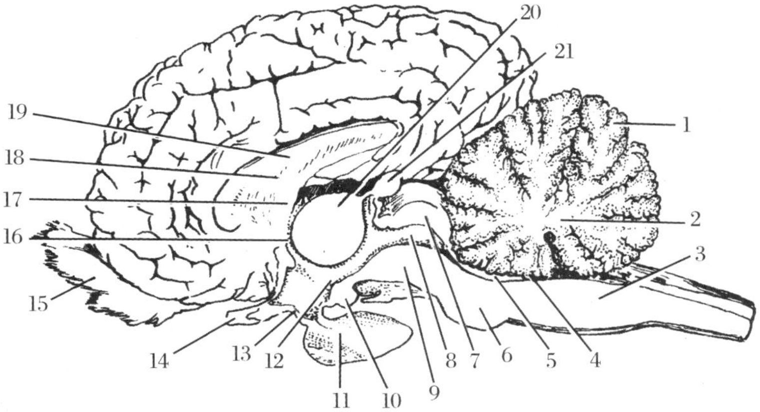

1. 小脑皮质 2. 小脑髓树 3. 延髓 4. 第四脑室 5. 前髓帆 6. 脑桥 7. 四叠体 8. 中脑导水管 9. 大脑脚 10. 乳头体 11. 脑垂体 12. 第三脑室 13. 灰结节 14. 视神经交叉 15. 嗅球 16. 室间孔 17. 穹隆 18. 透明隔 19. 胼胝体 20. 丘脑中间块 21. 松果体

图 12-10 马脑(正中切面)

(三)大脑内部结构

大脑内部结构(图 12-13～图 12-16)包括基底神经核、白质、侧脑室。

1. 白质 白质位于大脑半球的内部，由神经纤维构成。主要有三种纤维：连合纤维、联络纤维、投射纤维。

(1)连合纤维是连接左、右大脑半球皮质的横行纤维，形成胼胝体，将左、右大脑半球连接起来。连合纤维包括前连合、后连合、胼胝体。前连合将两鼻叶和杏仁体连接起来。后连合位于胼胝体后部的腹侧面。胼胝体使两个半球连贯地作为单一的认知中枢来发挥作用。从切面上来看，胼胝体由胼胝体干、后面的压部和前面的膝部组成。在胼胝体的腹侧和穹窿之间有一薄膜，即透明隔，分开两个侧脑室。

(2)联络纤维是连接同侧半球各脑回之间的弓状纤维。它既可连接相邻的脑

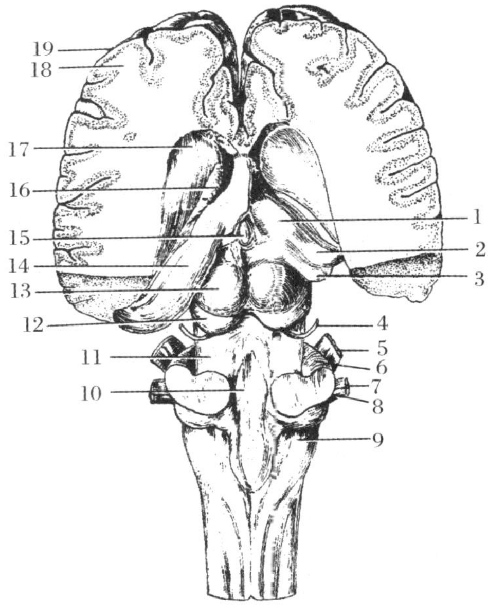

1. 丘脑 2. 外侧膝状体 3. 内侧膝状体 4. 滑车神经 5. 三叉神经 6. 小脑中脚 7. 面神经 8. 前庭耳蜗神经 9. 小脑后脚 10. 第四脑室底 11. 小脑前脚 12. 后丘 13. 前丘 14. 海马 15. 松果腺 16. 侧脑室脉络丛 17. 尾状核 18. 大脑白质 19. 大脑皮质

图 12-11 马脑(剥除一部分，示海马、基底核和脑干背侧面)

回,也可连接距离较远的脑回。

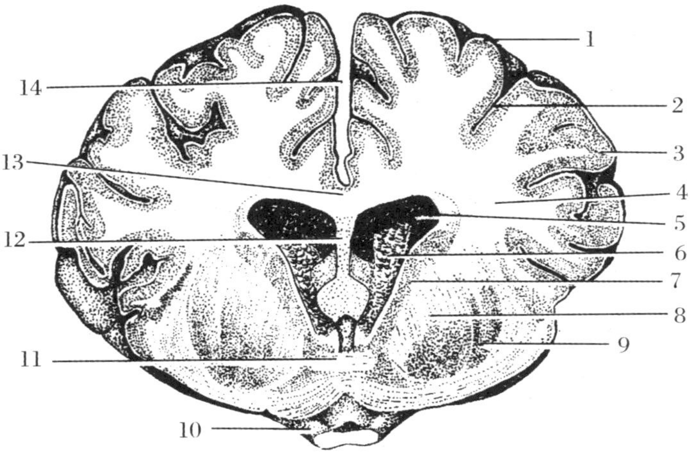

1.脑回　2.脑沟　3.大脑皮质　4.大脑白质　5.侧脑室　6.侧脑室脉络丛　7.尾状核　8.内囊　9.豆状核
10.视束　11.前联合　12.透明隔　13.胼胝体　14.大脑纵裂

图 12-12　大脑半球横切面

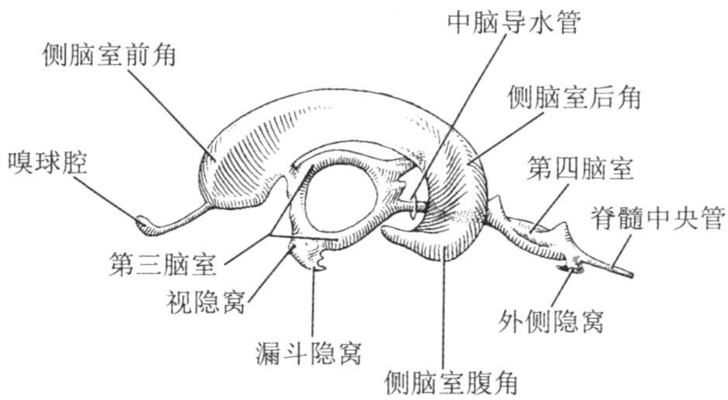

图 12-13　脑室(箭头方向代表脑脊髓液的流向)

(3)投射纤维是连接大脑皮质与脑的其他各部分及脊髓之间的上、下行纤维。

内囊是投射纤维绝大部分经过尾状核、背侧丘脑、豆状核之间的一个宽厚的白质带。内囊在水平断面上是呈横直的、尖对尖的“V”字形,是豆状核、背侧丘脑和尾状核之间的白质区;内囊在豆状核和尾状核的头之间的部分称前肢(脚),位于豆状核和背侧丘脑之间的部分称后肢(脚);前、后肢交汇处称膝。

在内囊前肢通过的是丘脑前辐射。在内囊膝部通过的是皮质核束,即大脑皮质发出纤维到脑干的脑神经运动核的纤维束。在内囊后肢靠近内侧通过的是丘脑中央辐射,即由丘脑腹后内侧核与外侧核发出纤维到大脑皮质感觉区的传导束,主要传导内侧丘系、三叉丘系和脊髓丘系传来的纤维。靠近内囊后肢外侧的是下降的皮质脊髓束,由大脑皮质运动中枢发出。在内囊后脚后端内侧通过的是视辐射,传导视觉冲动。在内囊后脚后端外侧通过的是听辐射,传导听觉冲动。

如果内囊后脚受损，则会影响下降的皮质脊髓束，造成对侧的上下肢体瘫痪。

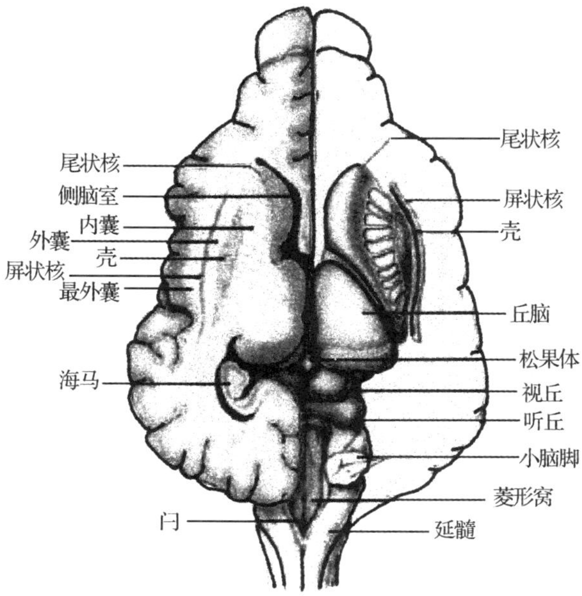

图 12-14　纹状体（左为水平切面，右为三维重建）

如果丘脑中央辐射受损，将造成对侧的感觉障碍。

如果视辐射受损，将造成双眼视野对侧同向性偏盲。

把内囊后脚受损出现“对侧肢体瘫痪、对侧偏身感觉障碍、双眼视野对侧同向性偏盲”合称为“三偏综合征”。

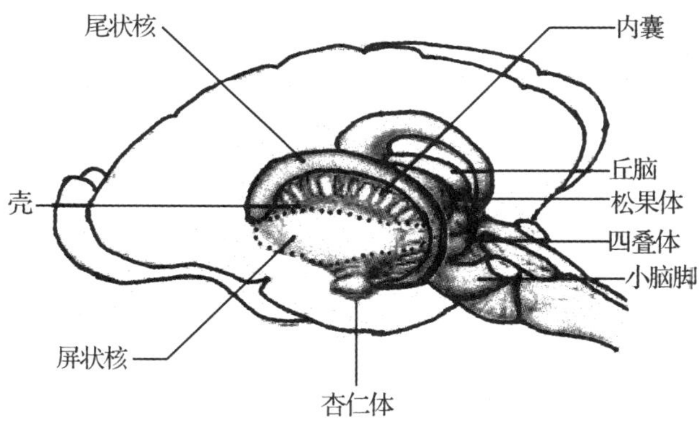

图 12-15　纹状体内部结构示意图

就眼球的视野（两眼平视所能够看见的空间范围）来说，眼球外侧半的视野由于眼球的折光作用，投射到鼻侧半的视网膜上。眼球鼻侧半的视野投射到外侧半的视网膜上；外侧半视网膜的节细胞发出的纤维不交叉，投射到同侧大脑半球；鼻侧半视网膜上的节细胞发出的纤维越过中线交叉到对侧，到达对侧大脑半球皮质的视觉中枢。也就是说，一侧眼看见的东西是传向双侧大脑半球的。

做一个实验说明之：取两只猫，如果把它们的视交叉切断，那么，一只眼看见的东西只能传向同侧的大脑半球。

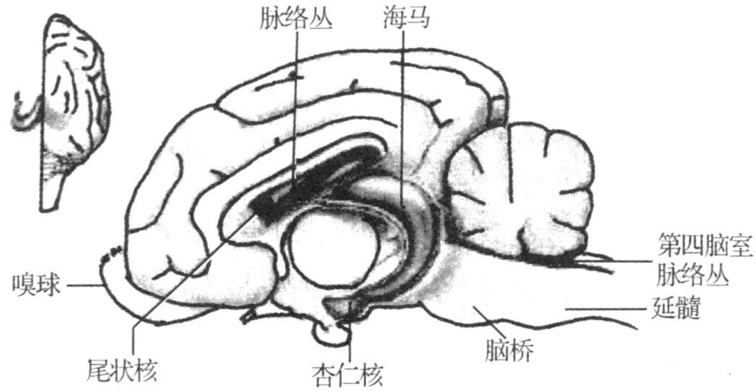

图 12-16　海马和杏仁体的内部结构(示意图)

A 猫的视交叉纤维断了，遮盖一只眼，训练 A 猫在一堆杂乱无章的积木中寻找红色三角形积木，找到红色三角形积木就给一片鱼吃，反复多次；再拿别的颜色的积木在它的眼前晃一晃，就不给鱼片吃。然后把另外一只眼遮盖，训练的眼去遮盖，让猫在一堆积木中找红色三角形积木，由于 A 猫把一侧眼看见的积木在训练中通过胼胝体传向了对侧大脑半球并产生了记忆，所以，A 猫仍然可以在积木中找到红色三角形积木。

B 猫的视交叉断了的同时，胼胝体也断了，然后给 B 猫做 A 猫的实验，一侧眼遮盖，训练找红色三角形积木，一段时间过后，换一只眼训练，利用另外一只眼就找不到指定颜色的积木了，因为胼胝体断了，一侧信息传递不到另外一侧的大脑半球。

在视交叉中，只有部分视神经纤维交叉(鱼类、两栖类、鸟类的全部交叉，马和兔的 90%交叉，猫、犬的 80%交叉，灵长类的 50%交叉)，即两眼视网膜鼻侧的纤维交叉，颞侧的纤维不交叉而走向同侧。故每侧的视神经束包含同侧视网膜颞侧和对侧视网膜鼻侧的纤维，视束的多数纤维到外侧膝状体(皮质下视觉中枢)，与外侧膝状体内的神经元发生突触。第三级神经元的轴突经过内囊到大脑皮质的枕叶，产生视觉。

2. 侧脑室　侧脑室是位于大脑半球白质内部的不规则的、深入各个叶、左右对称的腔隙，前部底壁为尾状核，后部底壁为海马，顶壁为胼胝体，左、右侧脑室被透明隔分开。侧脑室以室间孔与第 3 脑室相通。侧脑室内有脑脊髓液和脉络丛。把脑髓打一个孔，将铅注射进去，由于铅很重，瞬间就充盈了脑室所有的间隙。

侧脑室分为四个部分：向前突入额叶里面的部分叫侧脑室的前角，位于顶叶里面的叫侧脑室的中央部，在枕叶里面的叫后角，比较短。下角突入颞叶里面。在前角和中央部交汇处有室间孔，通入两侧背侧丘脑之间的狭窄的缝隙即第三脑室。

侧脑室的脉络丛主要在侧脑室的中央部和下角内，它们产生的脑脊液通过两侧的室间孔流入第三脑室，与第三室上壁脉络丛产生的脑脊液汇合，向后经中脑水管，到达位于脑桥、延髓、小脑之间的第四脑室，与第四脑室后髓帆上脉络组织产生的脑脊液汇合，很少一部分向后通往脊髓内部的中央管，中央管在脊髓末端有一个膨大叫终室。其余部分通过后髓帆上两个外侧孔和一个正中孔到达蛛网膜下腔，这就是脑脊液的循环。

3. 基底神经核　基底神经核位于大脑半球的基底部，故名基底神经核。是大脑半球白质内的灰质核团。它是由背侧丘脑、尾状核、豆状核、屏状核、杏仁体及其间的内囊构成。由于外观呈灰白相间的条纹，故又称纹状体。基底神经核是皮质下运动中枢。尾状核长而弯曲，卷伏在背侧丘脑的上面。根据形态和位置，尾状核分为头、体、尾，三部分之间没有明显界限。前方的头（大）和豆状核相连，尾状核的尾（小）连杏仁体，杏仁体位于侧脑室前角的前下方、海马前端旁回的深面的圆的核团。

豆状核位于背侧丘脑的外侧，前端和尾状核的头相连。豆状核被两个薄的白质板分为三部分：外侧 1/3 是壳，内侧 2/3 是苍白球。在豆状核的外侧有一薄的屏状核。

尾状核和豆状核合称纹状体。在种系发生上，豆状核的壳和尾状核是比较新的结构，叫新纹状体。苍白球在种系发生上是比较古老的、陈旧的部分，叫旧纹状体。

苍白球的病变表现为运动减少、肌肉张力亢进、随意运动减少、运动缓慢、面部表情呆板。如震颤麻痹的患者；如运动过多、肌肉张力低下、前肢和头面部不自主地运动，其病变在新纹状体，叫舞蹈病。

（四）边缘系统

边缘系统是内脏活动的最高级中枢，是脑结构中有关情绪活动的集合体，它包括皮质和皮质下成分（图 12-17）。皮质部分在半球内侧面和基底面构成相互联系的端脑结构，包括扣带回、梨状叶和海马回。皮质下结构包括间脑（缰核、下丘脑和丘脑）、中脑（脚间核和被盖核）和杏仁体中的一些组分。边缘系统接受从梨状叶传递来的嗅觉输入。梨状叶主司内脏运动，但也启动情绪活动，如恐惧、攻击、愉悦。边缘系统还接受口渴、饥饿和性行为方面的感觉输入，与网状结构密切相关。

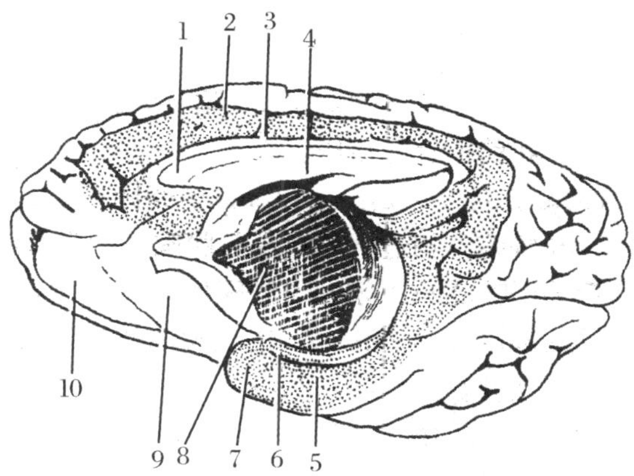

1. 透明隔　2. 扣带回　3. 胼胝体　4. 穹隆　5. 海马回　6. 齿状回　7. 梨状叶　8. 丘脑切面　9. 嗅三角　10. 嗅回

图 12-17　大脑半球内侧面示边缘系统

【案例】　钙、镁缺乏会影响中枢神经系统，出现头—眼反射和神经症状等；患大脑皮质坏死的牛和绵羊常表现出类似于铅中毒的失明、角弓反张、眼球震颤的症状。

二、嗅脑

嗅脑位于大脑半球底部，包括嗅球、嗅束、嗅三角、嗅结节、梨状叶和海马以及透明隔等部分。有的教材把嗅脑归属于大脑的组成部分。

嗅球呈卵圆形，形成了每个大脑半球的最前端部分，位于筛窝内。嗅球接受鼻腔嗅黏膜的无髓神经纤维，即嗅丝（嗅神经），嗅丝通过筛板终止于嗅球。嗅脑向后延续为嗅脚，嗅脚向后延伸并分叉为内侧嗅束和外侧嗅束。内、外嗅束围成嗅三角，位于视束的前方。嗅三角的前部稍隆凸称嗅结节。嗅三角的后部有大量小血管穿入的部位称为前穿质。它们的深部为基底核（纹状体）。

梨状叶的表层是灰质，称为梨状叶皮质。梨状叶内有腔，是侧脑室的后角。在梨状叶的前部、侧脑室的底面有杏仁核。杏仁核向前伸达豆状核的下方。

梨状叶向背侧折转，为海马回（海马旁回）。海马回转至侧脑室成为海马。海马回在折转处，借海马裂与内侧的齿状回相邻。海马呈双角状，亦称海马角。海马属古皮质。海马由后向前内侧伸延，在正中与对侧海马相接，形成侧脑室底壁的后部。海马的纤维向外侧集中形成海马伞。伞的纤维向前内侧伸延并与对侧的相连形成穹窿。穹窿的中部较短，为穹窿体，其背侧与胼胝体之间有透明隔。穹窿体的前方为穹窿柱，向前腹侧伸入间脑，连于乳头体。穹窿体的后方为两穹窿脚。两脚间的横纤维为海马连合。海马伞的边缘与侧脑室脉络丛相接。

三、脑干

（一）脑干的位置与毗邻

脑干由前向后依次为中脑、脑桥、延髓。脑干位于颅后窝、脑的后腹侧，前部连接间脑，前部背侧和外侧均被大脑覆盖，后部背侧为小脑，脑干后续脊髓。

（二）脑干腹侧的外形和结构

中脑腹侧的前界是视束，后界是脑桥前沟，中脑的腹侧有大脑脚、脚间窝和后穿质（进入脑干的小血管），与中脑相连的神经根有动眼神经根。

脑桥腹侧的前、后界分别是脑桥前、后沟；脑桥的腹侧横行的膨大称为基底部，两侧细的部分称为桥臂，基底部正中有一浅沟称为基底动脉沟；与脑桥相连的神经根有 4 对：外展神经根、面神经根、前庭耳蜗神经根和三叉神经根。外展神经根、面神经根、前庭耳蜗神经根，它们由内向外排列，均位于脑桥与延髓相连的沟内，在基底部和桥臂结合处有粗大的三叉神经根。脑桥后端接延髓。

延髓是脊髓向前的延续，二者的边界是第一颈神经前缘处的横切面；前端以桥延沟为界。腹侧正中有浅沟，两侧的隆起称锥体，锥体的下 1/3 处有发辫式的交叉痕，称锥体交叉；延髓腹侧面被脊髓延续来的腹正中裂分成左、右两半，裂两侧的隆起为锥体。锥体由有髓鞘的轴突组成，从大脑皮质的胞体延伸至延髓或脊髓。多数锥体纤维在脊髓延髓连接处越过中线交叉到对侧形成锥体交叉。锥体纤维和其他下行纤维束形成交叉，使脑的一侧能够控制对侧身体的随意运动。

在锥体的前端，有一横向纤维构成的扁平带，称为斜方体（一部分在脑桥内，在个体发生中属于脑桥)，是由耳蜗神经核发出并走向对侧的横行纤维构成。

与延髓相连的神经根有 4 对:3 对在外侧，从前向后分别是舌咽神经根、迷走神经根和副神经根;1 对偏内侧，即舌下神经根。

脑桥、延髓和小脑交界的三角区，称为桥小脑角，其中有许多的神经根，是脑神经最集中的部位，临床上出现的听神经瘤，随着肿瘤的扩大，逐渐波及周围的神经根，产生相应的临床症状。

(三)脑干背侧的外形与结构

脑干(图 12-18)由中脑、脑桥和延髓三部分组成。中脑背侧是由前丘和后丘组成的四叠体，前丘为视觉反射中枢，后丘为听觉反射中枢。脑桥和延髓背侧是菱形窝，菱形窝和背侧的髓帆和小脑构成第四脑室。髓帆包括前髓帆和后髓帆，它们是薄的髓膜，像帐篷一样在菱形窝和小脑间伸延。与后髓帆紧紧相连的是第四脑室脉络丛。切除小脑和髓帆就能看到菱形窝。菱形窝的前部属于后脑(即小脑和脑桥)，后部属于延髓。菱形窝有正中沟和两侧的界沟，界沟为第四脑室的底部和侧壁的转折处。界沟的前端终止于覆在三叉神经运动核上的蓝斑。每侧菱形窝壁上具有由前庭耳蜗核构成的隆起(前庭区)。在正中沟和界沟之间可看到另一个隆起(内侧隆起)，它标明了第Ⅸ、Ⅹ、Ⅻ对脑神经核的位置。正中沟的尾端称为闩。窝的后外侧的两个隆起分别是薄束结节和楔束结节。唯一从脑干背侧发出的脑神经根是滑车神经根，它绕到腹侧出脑。

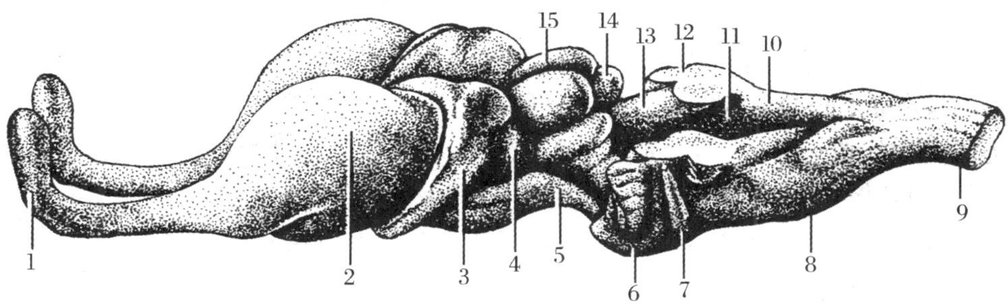

1.嗅球 2.纹状体 3.外侧膝状体 4.内侧膝状体 5.大脑脚 6.脑桥 7.斜方体 8.延髓 9.脊髓 10.小脑后脚 11.菱形窝 12.小脑中脚 13.小脑前脚 14.后丘 15.前丘

图 12-18 马脑干

(四)脑干内部结构

1.脑神经核和非脑神经核组成脑干的灰质

(1)脑神经核:按神经核的功能划分如下:①一般躯体运动核 4 对，即动眼神经核、滑车神经核、外展神经核调节眼肌;舌下神经核管理舌肌。②特殊的躯体运动核 4 对，即三叉神经运动核管理咀嚼肌;面神经核管理表情肌;疑核管理咽喉肌;副神经核管理斜方肌。③一般内脏运动核即动眼旁核、上泌涎核、下泌涎核、迷走神经背核。④一般躯体感觉核即三叉神经感觉核(中脑核、脑桥核、脊束核)管理头面部的浅感觉。⑤特殊的躯体感觉即前庭神经核、耳蜗神经核，管理平衡觉和听觉。⑥一般内脏感觉核即孤束核下半。⑦特殊内脏感觉核即孤束核上半，管理味觉。

中脑内的脑神经核(4 对):三叉神经中脑核支配面部肌肉(表情肌、眼外肌、舌肌、咀嚼肌)。动眼神经核支配所有的眼外肌肉(上斜肌、外斜肌除外)。动眼神经副核是副交感神经,属于一般内脏运动神经,支配瞳孔括约肌、睫状肌。滑车神经核支配眼的上斜肌。

脑桥内的脑神经核(7 对):外展神经核支配眼外直肌。面神经核支配面部表情运动。三叉神经运动核支配咀嚼肌。上泌涎核支配泪腺、颌下腺。三叉神经脑桥核(三叉神经主核)支配一侧面部触觉。耳蜗神经核管理听觉。前庭神经核管理平衡觉。

延髓内的脑神经核有运动核 5 对,感觉核 2 对:a. 迷走神经背核支配颈、胸、腹腔脏器,分布到平滑肌、心肌、腺体,属于一般内脏运动(神经)。b. 舌下神经核支配舌肌(内外肌肉)的运动,属于一般躯体运动(神经)。c. 疑核支配咽喉肌肉,属于特殊内脏运动(神经)。d. 副神经核支配咽喉肌,属于特殊内脏运动(神经)。e. 下泌涎核支配腮腺分泌,属于一般内脏运动(神经)。f. 三叉神经脊束核管理面部皮肤、黏膜浅感觉(痛、温、触、压觉),属于一般躯体感觉(神经)。g. 孤束核管理颈、胸、腹腔脏器与舌的味觉,属于一般内脏运动神经和特殊内脏感觉神经两种神经性质的核团。

延髓和大脑皮质的高级中枢一起调节呼吸和循环;一些与眼保护性反射(眼睑反射、泪腺分泌)、上呼吸道反射(喷嚏和咳嗽)和摄食反射(吮吸、吞咽)有关的核团位于延髓内。神经纤维在这些神经核间延伸,构成中枢反射弧的基础。延髓的损伤将导致脑神经功能低下,严重的病例会导致死亡。

(2)非脑神经核:中脑内的非脑神经核有红核、黑质、顶盖前区。顶盖前区位于前丘上方和间脑交界处,是瞳孔对光反射中枢,包括直接对光反射和间接对光反射。

脑桥内的非脑神经核有脑桥核,是大脑和小脑之间的中继核团;蓝斑核管理睡眠。

延髓内的非脑神经核有 3 对,是灰质团块,即不与 12 对脑神经联系的核,是第二级神经元胞体的位置。薄束核在延髓背侧靠近中线有一对隆起,叫薄束结节,其深面有薄束核,是躯体、四肢深感觉(意识性本体感觉)第二级神经元(接力跑的第二棒)的位置。楔束核在延髓背侧中线外侧有一对隆起,叫楔束结节,其深面有楔束核,楔束核是躯体、四肢深感觉(意识性本体感觉)第二级神经元的位置。下橄榄核位于橄榄深面,是大脑和小脑之间的中继神经核团。

2. 白质

白质主要由重要的上行传导束(感觉束)和下行传导束(运动束)组成。上行束有三叉丘系、脊髓丘系、内侧丘系和外侧丘系;下行束有皮质核束和皮质脊髓束。

(1)三叉丘系:由三叉神经脑桥核、三叉神经脊束核发出纤维越过中线到达对侧,上升,组成三叉丘系,传导一侧头面部的浅感觉,它们在延髓和脑桥都有纤维交叉。

(2)脊髓丘系:脊髓灰质背侧固有核发出的纤维,上升 1～2 个脊髓节段,然后交叉到达对侧,组成脊髓丘脑侧束和脊髓丘脑腹侧束,传导躯体、四肢的浅感觉。

(3)外侧丘系:蜗神经核发出纤维,横穿同侧内侧丘系,到达对侧,上升,组成外侧丘系。一侧的外侧丘系传导双侧的听觉。在脑桥横切面上，外宽内窄的结构叫斜方体，是横穿纤维构成的。蜗神经核发出一小部分纤维，沿同侧的外侧丘系上升，所以，一侧的外侧丘系传导双侧的听觉。

(4)内侧丘系(传导躯干、四肢的深部感觉和精细触觉)：内侧丘系交叉位于延髓锥体交叉的前方，由薄束核和楔束核发出的纤维构成，走在延髓中央管的腹侧，向上走行，在延髓背侧中线交叉，越过中线，到达对侧，此交叉叫内侧丘系交叉。交叉后的纤维沿中线两侧上升，称内侧丘系，它是传导躯干、四肢深感觉(意识性本体感觉)的第二级神经元发出的上升的传入纤维。

(5)皮质核束：是大脑皮层到脑干所有的运动核的联系束。

(6)皮质脊髓束：是大脑皮层到脊髓腹侧柱细胞的联系束。延髓锥体是大脑皮层的运动中枢发出的神经纤维束下行，经过大脑深面的内囊后脚，再经过大脑脚底到达脑桥，再到延髓，组成了延髓锥体，这种下降的纤维束称皮质脊髓束，其中 3/4 的纤维，越过中线，到达对侧，和对侧来的纤维在正中线构成交叉，称延髓锥体交叉。交叉后的纤维下降，走在脊髓外侧索，称皮质脊髓侧束。它支配前、后肢的运动，一侧前后肢归对侧大脑半球管理。从大脑下降的一小部分(约占10%)皮质脊髓束不交叉，直接下降到脊髓，组成皮质脊髓腹侧束，一侧的纤维越过中线，经过脊髓白质联合，到达对侧，止于对侧的脊髓灰质腹侧角，也可以止于同侧的腹侧角，再由腹侧角发出纤维到达躯干肌肉，所以一侧躯干肌肉受双侧大脑皮质控制。

(五)脑干网状结构

脑干的网状结构位于脑干中央部比较广泛的区域，是灰白质相间的结构，各种来源的神经纤维纵横交错形成网状，网眼内含有大小不一的神经元胞体。脑干网状结构前接间脑的网状核，后接脊髓的网状结构。网状结构一方面接受三叉神经、舌咽神经和迷走神经的感觉纤维及其他感觉核的纤维，接受脊髓的上行纤维与来自红核及小脑的下行纤维；另一方面发出纤维至脑神经的运动核、副交感核的节前神经元和脊髓的腹侧柱。网状结构十分复杂，其功能与运动姿势及内脏活动的调节、觉醒和睡眠的活动有关。

脑干网状结构的功能：(1)保持大脑皮层的觉醒状态，使上行的各种信号都能够接受，都能够做判断，做出相应的反应，就是清醒状态下，网状结构处于兴奋状态；(2)调节内脏的活动，因为其中含有呼吸中枢、心血管运动中枢；(3)调节躯体运动，调节肌张力，参与睡眠，抑制疼痛。网状结构抑制的时候可引起睡眠。安眠药阻断网状结构的兴奋性；止痛药使疼痛减轻，抑制了网状结构。

【案例】 与冬季青贮饲料有关的李斯特菌病由于损伤延髓可引起多个脑神经功能障碍，特别是三叉神经核引起的疾病，如颊肌麻痹、面部皮肤感觉低下、面神经麻痹舌瘫。相似的症状也见于第Ⅴ脑神经的面神经支(颊支)受到直接的外伤。

四、间脑

（一）位置

间脑位于左、右大脑半球之间，故名间脑，它连接两大脑半球和脑干，中间的狭窄间隙是第三脑室，即被第三脑室分隔成左、右两部分；从脑的水平切面看到间脑的丘脑，从脑的正中矢状面看到间脑的大致轮廓，从脑腹侧可看到间脑的一部分（下丘脑）从大脑脚之间突显出来。有些课本归类时将间脑看作脑干最前部。

（二）分部

按背腹侧顺序，间脑可被分为以下 5 部分：上丘脑、背侧丘脑、底丘脑、后丘脑（外、内侧膝状体）、下丘脑；背侧丘脑与底丘脑合称为丘脑，是间脑最大的部分；间脑的室腔是第三脑室，向后通中脑水管，向前借两侧的室间孔通左、右半球内的侧脑室。

1. 上丘脑　上丘脑包含松果体和缰及其相关纤维束。松果体是突出于背侧正中的一个小体，属于内分泌腺，它分泌褪黑素和其他能影响性行为的化学物质。缰由缰核组成，接受来自端脑的纤维，并向中脑发出纤维，是嗅觉通路的一个重要组成部分。缰连合把左右两边的缰连接起来。

2. 背侧丘脑　由大量的核团组成，并通过这些核团向大脑皮质传导信息，包括来自味觉、视觉、听觉和前庭器官（不包括嗅觉器官）传入纤维束的感觉信息，所以它是特定感觉传入的最后中转站。

从背侧观，背侧丘脑左、右都各有一个卵圆形灰质团块，形如鸡蛋大小，前端细小，称丘脑前结节，后端粗大称丘脑的枕。在枕的后外侧各有一对隆起，称外侧膝状体和内侧膝状体，内外侧膝状体组成间脑的后丘脑。

背侧丘脑的外侧面临近内囊。内囊是一个白质带，是大脑皮质和皮质下中枢之间的上、下行纤维束构成的投射纤维系。

在背侧丘脑的上面卷伏着尾状核，呈弓形，是大脑半球基底核的一个核。

3. 底丘脑　底丘脑是中脑被盖前端的延伸。它包含有底丘脑核，为锥体外系运动通路的中继站。

左、右丘脑由丘脑间黏合连接在一起。环状的第三脑室环绕着丘脑间黏合。

4. 后丘脑　后丘脑包括内侧膝状体和外侧膝状体。外侧膝状体和前丘联系，内侧膝状体和后丘联系。外侧膝状体和视觉有关，内侧膝状体和听觉有关。来自视束的纤维终止于外侧膝状体核，该核位于外侧膝状体内，并发出纤维至大脑皮质的视觉区。内侧膝状体核接受听觉纤维并将听觉信息传递到大脑皮质。内、外膝状体分别是视觉和听觉传导路上的第三级神经元胞体占据的部位。

5. 下丘脑　下丘脑位于背侧丘脑的前下方，下丘脑构成第三脑室的底和侧壁，在脑的底面可以看见属于下丘脑的视交叉、灰结节、乳头体、漏斗、垂体。灰结节发出漏斗悬挂垂体。垂体包括神经垂体、腺垂体和中间部。

6. 下丘脑与垂体的联系 在下丘脑内有3个核团:在视交叉上方的视上核,分泌加压素;在第三脑室侧壁上的室旁核,分泌催产素,促进平滑肌收缩,两个核团发出神经束(视上垂体束和室旁垂体束)至垂体神经部,由此激素进入毛细血管到全身。漏斗核发出结节垂体束至腺垂体,控制腺垂体的分泌(生长激素、促肾上腺皮质激素、促甲状腺激素、促性腺激素)。

7. 第三脑室 左、右背侧丘脑之间的正中矢状面的狭窄的缝隙称第三脑室。在第三脑室的底壁有一条沟,起于侧脑室,止于中脑水管,称下丘脑沟。

(三)丘脑核团

把丘脑切开可以看见有呈Y字形的白质,它把丘脑核团分为丘脑前核群、丘脑内侧核群与丘脑外侧核群。

丘脑前核群是边缘系统的中继站,管理内脏的活动。

丘脑内侧核群是将躯体感觉与内脏感觉整合在一起的整合中枢。

丘脑外侧核群又分为背侧核与腹侧核两部分,腹侧核再划分为腹前核、腹外侧核和腹后核。腹后核又分为腹后外侧核和腹后内侧核,腹后内侧核接受头面部的浅感觉、三叉丘系来的纤维,还接受舌的味觉纤维。腹后外侧核接受躯干、四肢的深感觉。

(四)间脑的功能

上丘脑的松果体是内分泌腺,它能调节性活动及其季节性变化。松果体也参与新陈代谢的睡眠—觉醒周期的调节。所有感觉器官的传入神经纤维束都终止于丘脑。丘脑将感觉器官(嗅觉除外)的传入信息传送至大脑。下丘脑通过控制垂体来调控内分泌系统,在动物行为(包括吃、喝)中起主要作用,并调节体温和自主神经系统。

五、小脑

(一)位置

小脑略呈球形,位于大脑后方,在延髓、脑桥及第四脑室的背侧。其特征是表面的裂、沟将灰质分成许多叶,较小的裂、沟将灰质进一步细分成小叶,小叶再被分为更小的单位,称为小脑叶片(图12-19)。

(二)外形和分叶

小脑被两条近平行的纵沟分为3部分,即两侧的小脑半球和中央的蚓部。从系统发生角度,蚓部可被进一步细分为前叶(旧小脑、脊髓小脑)、后叶(新小脑、大脑小脑)和后腹侧的小结,小结向两侧伸入小脑半球腹侧,与小脑半球的绒球合称绒球小结叶(原小脑、古小脑、延髓小脑),在种系发生上属于小脑最古老的部分,与延髓的前庭核相联系,所以古小脑又称前庭小脑,它的功能是维持平衡、调节肌紧张。

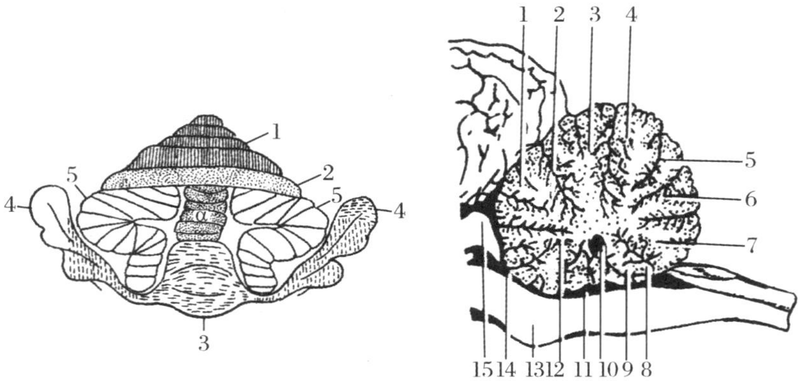

A　　　　B

A. 模式图：1. 前叶　2. a. 后叶（2. 后叶　a. 蚓部）　3、4. 绒球小结叶（3. 小结　4. 小脑绒球）　5. 小脑半球
B. 小脑的正中矢状面：1. 山顶　2. 原裂　3. 山坡　4. 蚓小叶　5. 蚓结节　6. 锥体　7. 蚓垂　8. 小结　9. 第四脑室脉络丛　10. 第四脑室顶隐窝　11. 小舌　12. 中央小叶　13. 脑桥　14. 前髓帆　15. 前丘

图 12-19　小脑分叶图

蚓部的其他部分属旧小脑，主要与脊髓相联系，它接受来自脊髓的本体感觉和皮肤感觉信息，主管平衡和调节肌紧张。

小脑半球是随大脑半球发展起来的，属新小脑，与大脑半球密切联系，参与调节随意运动。

小脑与脑其他部分的连接反映了小脑的功能。

小脑借 3 对小脑脚（小脑后脚、小脑中脚和小脑前脚）分别与延髓、脑桥和中脑相连。小脑后脚位于第四脑室后部两侧缘，为粗大的纤维束，主要由来自脊髓（脊髓小脑背侧束）和延髓橄榄核（橄榄小脑束）的纤维组成。小脑中脚由来自脑桥核发出的脑桥小脑纤维组成。小脑前脚位于第四脑室前部两侧，由来自脊髓的传入纤维（脊髓小脑腹侧束）和由齿状核投向中脑红核、网状结构、丘脑的传出纤维组成。

（三）结构

小脑的表面为灰质，称小脑皮质；深部为白质，称小脑髓质。髓质呈树枝状伸入小脑各叶，形成髓树或活树。在小脑中，大量灰质构成的皮质包裹着髓质。白质起于小脑脚，呈辐射状伸入各级小叶，类似于树的形状，因此，常称其为小脑活树。另一些灰质构成几个神经核，称为基底核，嵌于髓质内部。

髓质内有 3 对灰质核团：在外侧的称小脑外侧核或齿状核，它接受来自小脑皮质的纤维，发出纤维经小脑前脚至红核和丘脑。中部外侧的称为小脑中位核，内侧正中的为顶核。

（四）功能

小脑的主要功能是：维持平衡，调节肌紧张，协调骨骼肌的运动。小脑功能缺陷病会导致共济失调，临床表现为丧失平衡和肌肉共济能力。如果颅内压升高，挤压小脑扁桃体入枕骨大孔，将形成枕骨大孔疝，压迫延髓，影响心血管中枢和呼吸中枢，危及生命。

小脑损伤，患者将出现以下症状：(1)平衡觉障碍，像喝醉酒一样，站立不稳，扶墙行走；或让其向后仰，会出现向后倾斜。(2)出现肌肉张力失调，让患者闭眼指鼻尖，不能够准确指鼻尖；或让其写字，出现字大小不均。(3)出现精细运动失调，让患者接一个大头针，会张开手掌去接。

【案例】 脑部的解剖学知识对于尸体剖解时脑部疾病的鉴别以及随后的组织学检查是必要的。脑部疾病主要包括：脑积水、小脑发育不全、家族性小脑共济失调、渐进性共济失调、溶酶体贮积症、痉挛性轻瘫(运动问题)和甘露糖苷贮积症等。

六、脑脊髓的被膜

在脑和脊髓外周包有三层结缔组织被膜，称为脑脊膜。由内向外依次为软膜、蛛网膜和硬膜。软膜很薄而富有血管，紧贴脑和脊髓表面。蛛网膜很薄，包于软膜外面，与软膜之间形成周隙，称蛛网膜下腔，内含脑脊髓液。枕骨大孔穿刺就是刺入蛛网膜下腔内，抽取脑脊髓液或注射血清等。硬膜是一层较厚的结缔组织膜，包围在蛛网膜外周，硬膜与蛛网膜之间的腔隙很窄，称硬膜下腔，含有少量组织液。在脑部，硬膜与颅腔骨膜愈合。在脊髓部，硬膜与椎管骨膜之间形成硬膜外腔，较大，内含静脉和脂肪。临床上进行局部麻醉时，将麻醉药由腰荐间隙处注入硬膜外腔。脑蛛网膜有绒毛状突起伸入硬脑膜的静脉窦中，称蛛网膜粒。

七、脑脊髓的血管

脑的血液来自颈内动脉(马和犬)、上颌动脉(猫和反刍动物)和枕动脉、椎动脉，这些动脉在脑硬膜外、垂体周围的海绵窦内反复分支、相互吻合形成小动脉网，称为异网。进入异网的血管粗，出异网的血管细。异网血管外包有海绵窦的内皮层，血管内外两层为弹性层，中间是3～5层平滑肌细胞。整个异网在海绵窦内的静脉血中。这种结构上的特殊性使得异网血管之间热交换变得容易进行。这对动物体温调节也起了稳定作用。如在环境温度为25℃条件下，安静绵羊大脑血液的温度比颈总动脉血液的温度低0.5℃。异网能在某一血管血液阻断时，维持足够的脑血液供应；还能保护脑组织免受高压血流的冲击，容纳一定量的血液，协助静脉回流。

出异网的血管在脑底合成一动脉环，围绕脑垂体(图12-20)。从动脉环和基底动脉分出：大脑前动脉、大脑中动脉、大脑后动脉、小脑前动脉和小脑后动脉。大脑动脉的主干位于大脑的表面，分出小动脉和微动脉伸入神经组织，再分出更小的血管，灰质含有非常密集的毛细血管网，而白质的血液供给较少。

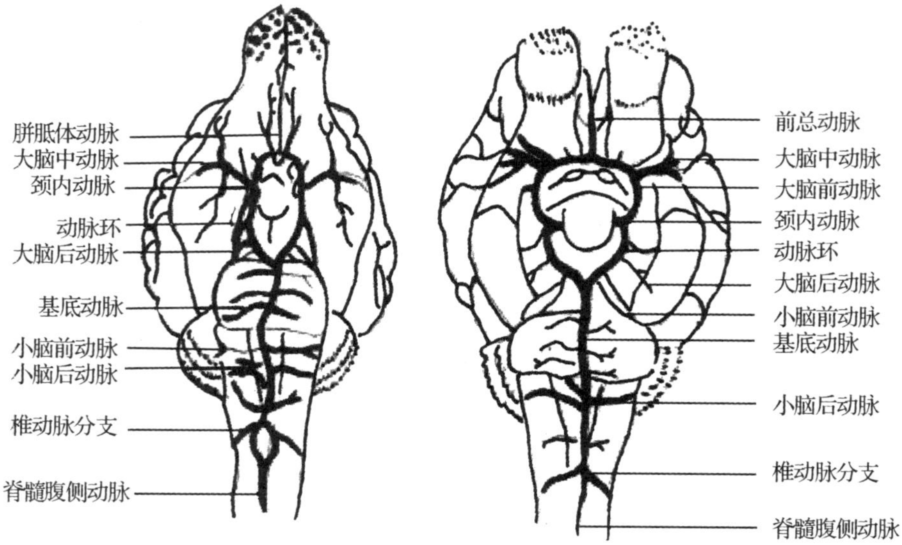

图 12-20　脑基底动脉腹侧观(左图犬、右图马)

由于血脑屏障的存在,神经组织中的毛细血管通透性较低;血脑屏障由毛细血管内皮和周围的神经胶质细胞形成。

大脑内动脉吻合很罕见,如果有的话,则很窄,并与功能性终动脉相连;这些终动脉之一闭塞,如血凝块栓塞、空气栓塞、脂肪栓塞,将会导致它所供血的神经组织坏死。人类大脑中动脉及其分支似乎容易发生栓塞。

脊髓的血液来自肋间背侧动脉及腰动脉等的脊髓支,在脊髓腹侧汇合成脊髓腹侧动脉,沿脊髓腹侧正中裂伸延。从脊髓腹侧动脉分出侧支,分布于脊髓。脑静脉汇入脑硬膜内的静脉窦;脊髓静脉汇注于椎管中的椎纵窦,这些静脉窦再注入颈静脉、椎静脉和肋间背侧静脉等。

大脑静脉的特点有:(1)不与动脉伴行,不与动脉同名;(2)没有静脉瓣,血液可以逆流;(3)静脉分浅、深两组,并有丰富的吻合。

八、脑脊液的循环

脑脊液是由各脑室脉络丛产生的无色透明液体,充满于脑室、脊髓中央管和蛛网膜下腔。各脑室中的脑脊液均汇集到第四脑室,经第四脑室脉络丛上的孔流入蛛网膜下腔后,流向大脑背侧,再经脑蛛网膜粒透入硬脑膜中的静脉窦,最后回到血液循环中,这个过程称为脑脊液循环。脑脊液有营养脑、脊髓和运走代谢产物的作用,还起缓冲和维持恒定的颅内压作用。若脑脊液循环障碍,可导致脑积水或颅内压升高。

第四节 脑神经

脑神经与脑相连，共 12 对，其神经根从脑的腹侧由前至后排列，依脑神经与脑连接的部位，用罗马数字排序，分别是Ⅰ嗅神经、Ⅱ视神经、Ⅲ动眼神经、Ⅳ滑车神经、Ⅴ三叉神经、Ⅵ外展神经、Ⅶ面神经、Ⅷ前庭耳蜗神经、Ⅸ舌咽神经、Ⅹ迷走神经、Ⅺ副神经、Ⅻ舌下神经。脑神经元胞体存在于中枢神经系的神经核内(如舌咽神经在延髓的疑核)或者存在于中枢神经系附近的神经节(如三叉神经节)内，其轴突直接将效应器连于中枢，而不形成突触(表 12-2、图 12-21～图 12-25)。

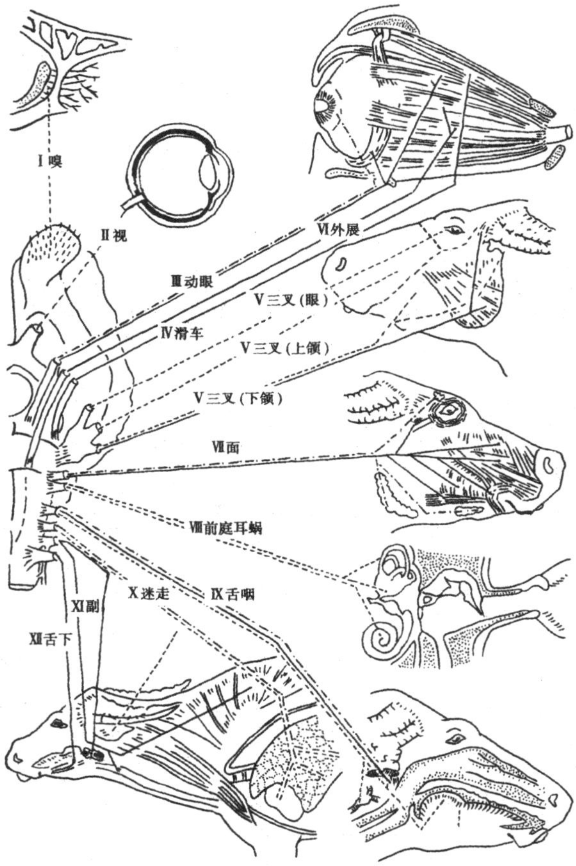

----感觉纤维 ——运动纤维 —·—·— 副交感纤维

图 12-21 **脑神经分布示意图**

按脑神经核的功能可把脑神经纤维分为 7 种纤维成分，即 4 种感觉神经核和 3 种运动神经核。

4 种感觉纤维是：(1)一般躯体感觉纤维，管理头面部皮肤、口腔黏膜、鼻腔黏膜；(2)特殊躯体感觉纤维，包括视觉、位置觉、听觉；(3)一般内脏感觉，是指头、胸、腹部大多数内脏的感觉；(4)特殊内脏感觉纤维，包括味觉、嗅觉。

3 种运动纤维是：(1)一般躯体运动纤维，舌肌、眼外肌；(2)一般内脏运动纤维，是指头部、胸部、腹部、盆腔的内脏(心肌、平滑肌和腺体)的感觉,即植物性神经里面的副交感神经纤维;(3)特殊内脏运动纤维,管理表情肌、咀嚼肌、咽喉肌的脑神经纤维。

每一种脑神经并不都含有上述全部纤维成分,有的是单一的,有的是混合的,所以把脑神经分为3类:感觉性脑神经、运动性脑神经和混合性脑神经,即含纯感觉纤维的脑神经(第Ⅰ、Ⅱ、Ⅷ对)、含纯运动纤维的脑神经(第Ⅲ、Ⅳ、Ⅵ、Ⅺ、Ⅻ对)和含混合纤维的脑神经(第Ⅴ、Ⅶ、Ⅸ、Ⅹ对)。

依据功能与胚胎发育,脑神经可以分成以下组群:第1组是所谓的感觉组,是指与感觉器官有关的神经,包括嗅神经、视神经和前庭耳蜗神经。第2组是支配眼肌的神经,包括动眼神经、滑车神经、外展神经。第3组是所谓的鳃神经组,分布于胚胎期起源于鳃弓的一些结构,包括三叉神经、面神经、舌咽神经、迷走神经、副神经。余下的舌下神经可以归属于颈神经的遗留部分。

脑神经具有与脊神经不同的一些特点:(1)没有胚胎早期机体的分节现象;(2)其神经根没有传入束和传出束之分,而是由单一的结合支发出;(3)不像脊神经既有感觉功能又有运动功能,脑神经可能是纯感觉神经、纯运动神经或混合神经。

学习脑神经要了解它的纤维成分、出颅腔的位置和分支及分布区。

表 12-2 脑神经简表

名称	与脑联系部位	纤维成分	分布部位
Ⅰ嗅神经	嗅球	感觉神经	鼻黏膜
Ⅱ视神经	间脑外侧膝状体	感觉神经	视网膜
Ⅲ动眼神经	中脑的大脑脚	运动神经	眼球肌
Ⅳ滑车神经	中脑四叠体后丘	运动神经	眼球肌
Ⅴ三叉神经	脑桥	混合神经	面部皮肤,口、鼻腔黏膜,咀嚼肌
Ⅵ外展神经	延髓	运动神经	眼球肌
Ⅶ面神经	延髓	混合神经	面、耳、睑肌和部分味蕾
Ⅷ前庭耳蜗神经	延髓	感觉神经	前庭、耳蜗和半规管
Ⅸ舌咽神经	延髓	混合神经	舌、咽和味蕾
Ⅹ迷走神经	延髓	混合神经	咽、喉、食管、气管和胸、腹腔内脏
Ⅺ副神经	延髓和颈部脊髓	运动神经	咽、喉、食管以及胸头肌和斜方肌
Ⅻ舌下神经	延髓	运动神经	舌肌和舌骨肌

一、嗅神经

嗅神经为传导嗅觉的感觉神经,起于鼻腔嗅区黏膜中的嗅细胞。嗅细胞为双极神经元,其周围突伸向嗅区黏膜;中枢突聚集成许多嗅丝,穿过筛板,入颅腔连接嗅球。

二、视神经

视神经为传导视觉的感觉神经，由眼球视网膜节细胞的轴突构成，经视神经孔入颅腔，两侧视神经部分纤维在脑底面互相交叉，形成视神经交叉及视束，至间脑的外侧膝状体，将视觉冲动传至大脑皮质或对光反射中枢。

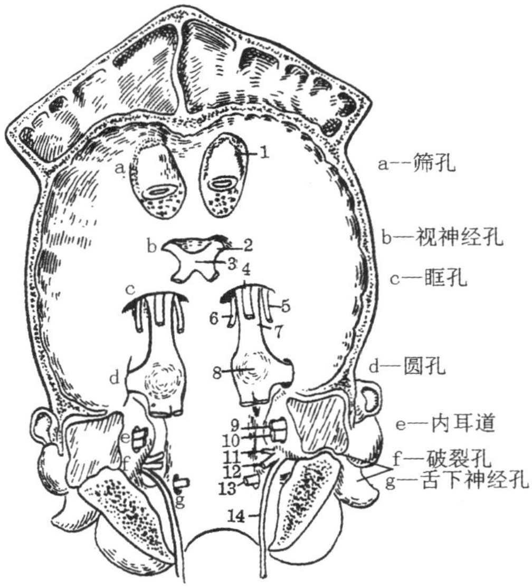

1. 嗅球和嗅神经 2. 视神经 3. 视交叉 4. 动眼神经 5. 滑车神经 6. 外展神经 7. 三叉神经 8. 三叉神经节 9. 面神经 10. 前庭耳蜗神经 11. 舌咽神经 12. 迷走神经 13. 舌下神经 14. 副神经

图 12-22 **马颅腔底的脑神经**

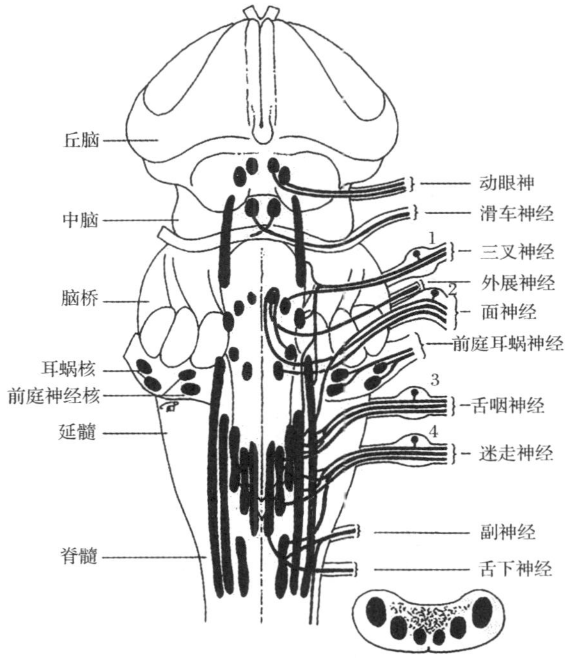

1. 三叉神经感觉核 2. 膝神经节 3. 岩神经节 4. 近神经节

图 12-23 **脑脊神经核、神经和神经节位置示意图**

三、动眼神经

动眼神经含有一般躯体运动神经纤维和一般内脏运动纤维（植物性神经的副交感纤维）成分。运动神经纤维起于中脑的动眼神经核，自脚间窝外缘出脑，分布于 5 个眼球肌，管理眼球和上眼睑的运动。副交感神经纤维起于中脑动眼神经副交感核或缩瞳核，支配瞳孔括约肌和睫状肌的活动。动眼神经损伤时，眼睑下垂，眼球斜向外下方，直接对光反射和间接对光反射均消失。

四、滑车神经

滑车神经含一般躯体运动纤维，在大脑脚的后部背侧，起于中脑的滑车神经核，出颅腔后，分布于眼球上斜肌，调节眼球的运动。

五、三叉神经

三叉神经为最粗大的脑神经，属混合神经，含有一般躯体运动纤维（头面部浅感觉）和特殊内脏运动纤维（咀嚼肌）。由大的感觉根和较小的运动根组成，连于脑桥的外侧部。感觉根上有一大的半月形三叉神经节，其感觉神经元的中枢突组成感觉根入脑桥，终止于三叉神经感觉核；周围突组成眼神经、上颌神经和下颌神经。运动根起自脑桥三叉神经运动核，参与组成下颌神经。眼神经、上颌神经和下颌神经是三叉神经的 3 大分支。

（一）眼神经

眼神经为感觉神经，较细，出颅腔分为 3 支，即泪腺神经、额神经（或眶上神经）和鼻睫神经，分布于鼻黏膜、泪腺、上睑和颞区以及额区的皮肤。牛的眼神经分出角神经，沿额嵴腹侧向后伸延，分布于角。

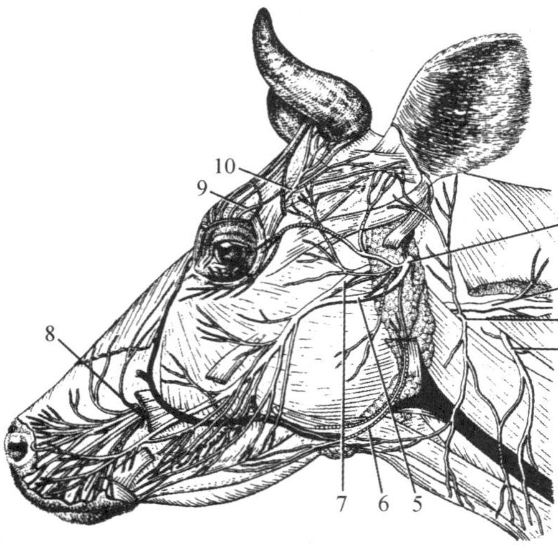

1. 面神经　2. 副神经　3. 第二颈神经　4. 第三颈神经
5. 颊背侧支　6. 颊腹侧支　7. 耳颞神经
8. 眶下神经　9. 额神经　10. 角神经

图 12-24　**牛头部浅层神经**

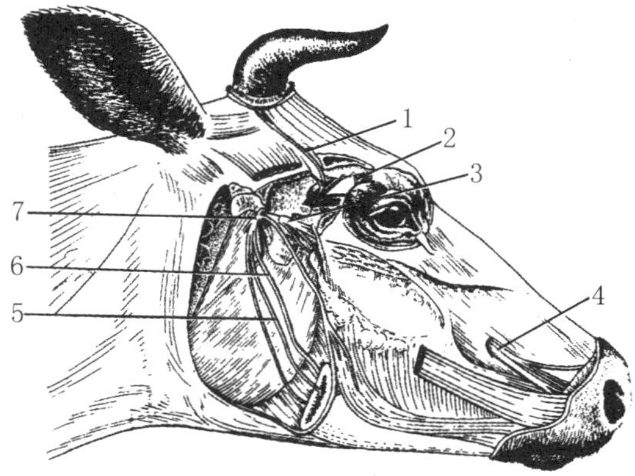

1. 角神经　2. 额神经　3. 上颌神经　4. 眶下神经
5. 下齿槽神经　6. 舌神经　7. 下颌神经

图 12-25　**牛头部深层神经**

（二）上颌神经

上颌神经为感觉神经，从圆孔出颅腔，分布于软腭、硬腭、鼻黏膜、下眼睑及其附近的皮肤。主支行经眶下管，出眶下孔，延伸到面部，称为眶下神经，分布于上颌牙齿、鼻背、鼻孔和上唇。

（三）下颌神经

下颌神经为混合神经，从卵圆孔出颅腔，运动神经形成肌支，如咬肌神经、颊肌神经、翼肌神经，它们分布于咀嚼肌，管理咀嚼运动。主支经下颌齿槽管，向前出孔，称下颌齿槽神经，分布于颌齿和颏部，还分布于颞耳区和面颊部的皮肤、颊黏膜、口腔底及舌黏膜等处。分布于舌黏膜前2/3和口腔底壁黏膜的神经支，称舌神经，自面神经分出的鼓索神经合并于舌神经支内。

六、外展神经

外展神经含一般躯体运动纤维，起于延髓内的外展神经核，自延髓的前端锥体的两侧发出，伸入眶窝，分布于眼球外直肌和眼球退缩肌，调节眼球的运动。

七、面神经

面神经由延髓斜方体的前外侧发出，属混合神经，含有特殊内脏纤维，管理表情肌运动：一般内脏运动纤维，管理腺体；一般躯体运动纤维，管理面部、耳部的本体感觉。其主要分支有：

（一）鼓索神经和岩大神经

两者均含感觉神经纤维和副交感神经纤维，由位于面神经管内的膝神经节分出，分布于颌下腺、舌下腺和泪腺等，司腺体的分泌。鼓索神经还分支合并于下颌神经的舌神经内，分布于舌的前2/3，司味觉。

（二）面神经主支

在下颌关节下方横过下颌骨支后缘到咬肌表面，分为颊背侧支和颊腹侧支，分布于上、下唇和面部肌肉。在腮腺深面还分出肌支，分布于二腹肌、枕下颌肌、耳肌、眼睑肌和颈皮肌等。

面神经损伤：管内4种纤维损伤，出现一侧面部瘫痪、流口水、一侧眼睑不能够关闭、口向一侧歪、角膜反射消失、患侧腺体分泌障碍、患侧味觉障碍；管外2种纤维损伤，出现面部瘫痪和角膜反射消失。

八、前庭耳蜗神经

前庭耳蜗神经属感觉神经，因有听觉和平衡觉，也称为听神经，分为前庭神经和耳蜗神经。自延髓斜方体的前外侧发出。

前庭神经传导平衡觉，感觉神经元的胞体位于内耳道底部的前庭神经节，其周围突分布于内耳前庭和半规管中的膜迷路中的位置感受器，中枢突构成前庭神经，至延髓的前庭神经核。

耳蜗神经传导听觉，感觉神经元位于内耳的螺旋神经节，周围突分布于内耳膜迷路听觉感觉器，其中枢突组成耳蜗神经，至延髓的耳蜗神经核。

九、舌咽神经

舌咽神经为混合神经，含有5种纤维：(1)一般内脏运动纤维，相连于下泌涎核，管理腮腺；

(2)特殊内脏运动纤维,相连于疑核,管理咽肌;(3)一般内脏感觉纤维,管理舌后 1/3、咽鼓管、鼓室的黏膜,相连于孤束核;(4)特殊内脏感觉纤维,管理舌后 1/3 的味觉,相连于孤束核;(5)一般躯体运动纤维,管理耳后皮肤。

舌咽神经根在延髓的外侧缘,在前庭耳蜗神经根后方与迷走神经根的前面。舌咽神经从颈静脉孔出颅腔后,在咽外侧沿舌骨大支向前下伸延,分为咽支和舌支。咽支分布于咽和软腭;舌支分布于舌根。

在此之前还分出一支窦神经,分布至颈动脉窦。感觉神经分布于舌后 1/3、软腭、咽、颈动脉窦,有味觉和一般感觉。运动神经分布于咽肌,司咽的运动。

十、迷走神经

迷走神经为混合神经,含有感觉传入纤维和躯体传出纤维与内脏传出纤维。其根丝附着于延髓的侧面,是脑神经中行程最远、分布区域最广的神经(详见植物性神经部分)。

十一、副神经

副神经为运动神经,由两根组成,颅根起自延髓,脊髓根起自前 6 节颈段脊髓,经枕骨大孔入颅腔,与颅根合并成副神经,分布于喉、咽肌、胸头肌、斜方肌和臂头肌。

十二、舌下神经

舌下神经为运动神经,起自延髓的舌下神经核,自延髓腹面的后部出脑,分布于舌肌和舌骨肌。

第五节　脊神经

脊神经与脊髓相连,在椎间孔附近由背侧根(感觉根)和腹侧根(运动根)聚集而成,它由椎间孔或椎外侧孔伸出,分为背侧支、腹侧支、脊膜支和交通支(白交通支和灰交通支)四支。脊膜支通过横突孔进入椎管内,分布到骨膜、脊髓膜、椎间盘和血管壁等;白交通支是由脊神经到交感干的纤维组成,是有髓纤维,颜色白;灰交通支由交感干返回到脊神经的纤维组成;背侧支细小,呈节段性配布,分布于脊柱背侧的肌肉和皮肤,每一个节段支配一段肌肉和皮肤;腹侧支粗大,除胸神经呈节段性配布外,其余都交织成神经丛,分布于脊柱腹侧、四肢的肌肉和皮肤。分布于肌肉的为肌支,分布于皮肤的为皮支。

脊神经的纤维成分是混合性的,即有运动纤维和感觉纤维。腹侧根完全是运动性的纤维,含有躯体运动纤维和内脏运动纤维;背侧根完全是感觉纤维,含有躯体感觉和内脏感觉。如果背侧根损伤,只出现感觉障碍,运动正常;如果腹侧根损伤,只出现运动障碍,感觉正常。

脊神经按部位分为颈神经、胸神经、腰神经、荐神经和尾神经(表 12-3、图 12-26～图 12-30)。

表 12-3　脊神经分类数目表

名　称	牛	马	猪	犬	兔
颈神经(对)	8	8	8	8	8
胸神经(对)	13	18	14～15	13	12
腰神经(对)	6	6	7	7	7～8
荐神经(对)	5	5	4	3	4
尾神经(对)	5～6	5～6	5	5～6	6
合　计(对)	37～38	42～43	38～39	36～37	37～38

一、颈神经

(一)背侧支

颈神经背侧支又分为内侧支和外侧支,分别穿行于头半棘肌的内侧面,或头最长肌、颈最长肌和夹肌之间,最终分布于颈部背、外侧的肌肉和皮肤。

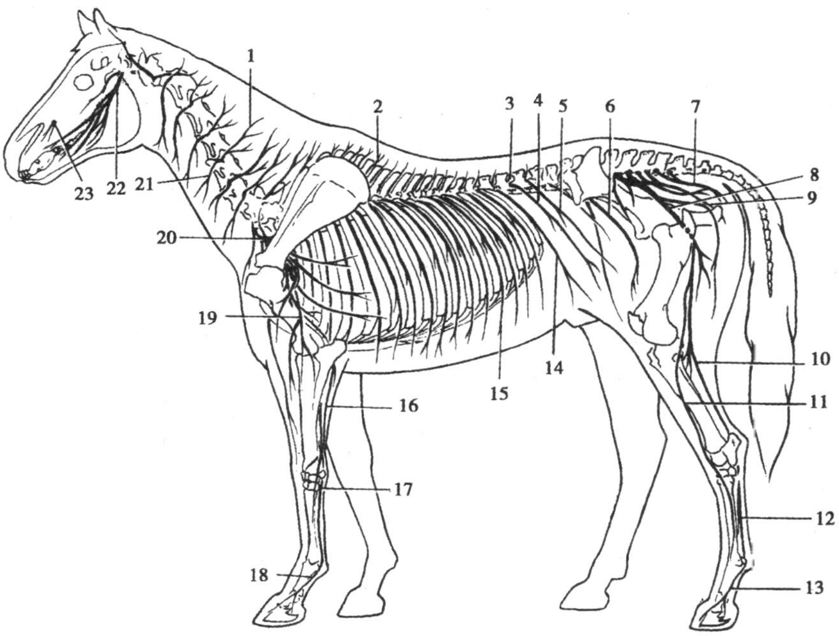

1. 颈神经的背侧支　2. 胸神经的背侧支　3. 腰神经的背侧支　4. 髂下腹神经　5. 髂腹股沟神经　6. 股神经　7. 直肠后神经　8. 坐骨神经　9. 阴部神经　10. 胫神经　11. 腓神经　12. 足底外侧神经　13. 趾外侧神经　14. 最后肋间神经　15. 肋间神经　16. 尺神经　17. 掌外侧神经　18. 指外侧神经　19. 桡神经　20. 臂神经丛　21. 颈神经的腹侧支　22. 面神经　23. 眶下神经

图 12-26　马的脊神经

(二)腹侧支

颈神经的腹侧支自前向后逐渐变粗。前四五对颈神经的腹侧支小，分布于颈部腹外侧的肌肉和皮肤。后3对颈神经的腹侧支较大，参与组成臂神经丛和膈神经。

1. 耳大神经　为第2对颈神经腹侧支的分支，在腮腺表面沿腮耳肌向上伸延，分布于耳廓凸面。

2. 颈横神经　为第2对颈神经腹侧支的分支，穿过臂头肌，沿颈静脉向后伸延，分出小支至腮腺部、喉部的皮肌和皮肤，并有一支向前至下颌间隙。

3. 膈神经　膈神经由来自第5、第6、第7颈神经的腹侧支组成。膈神经沿斜角肌的腹侧缘向后伸延，经胸前口入胸腔，沿纵隔向后伸延，分布于膈。膈神经是混合神经，运动纤维管理膈肌的运动；感觉纤维管理胸膜、心包膜、膈肌后方的腹膜，右支发出纤维管理肝脏、胆囊、肝外胆管及其附近的浆膜。

二、前肢的神经

前肢的神经由臂神经丛发出，臂神经丛由第6、第7、第8颈神经的腹侧支和第1、第2胸神经的腹侧支交织而成，经斜角肌背腹侧两部之间穿出，在肩关节的内侧，分出下列分支，主要分布于前肢。

1. 肩胛上神经　由臂丛的前部发出，纤维来自第6、第7、第8颈神经腹侧支，经肩胛下肌与冈上肌之间，绕经肩胛骨前缘，分布于冈上肌和冈下肌及肩胛骨。因位置关系，肩胛上神经常受损伤，发生肩胛上神经麻痹。

2. 肩胛下神经　在肩胛上神经的后方自臂神经丛发出，纤维来自第6、第7、第8颈神经腹侧支，有2～4支分布于肩胛下肌及肩关节。

3. 腋神经　由臂神经丛中部发出，纤维来自第7、第8颈神经的腹侧支；穿过肩胛下肌与大圆肌之间的缝隙，分支分布于肩胛下肌、大圆肌、三角肌、小圆肌、臂肌以及关节囊等，腋神经在三角肌的深面分出前臂前皮神经，分布于前臂近端背侧和前臂外侧的皮肤。

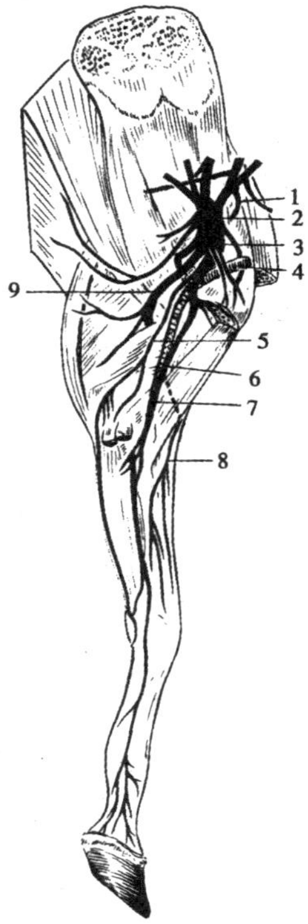

1. 肩胛上神经　2. 臂神经丛　3. 腋神经　4. 腋动脉　5. 尺神经　6. 正中神经和肌皮神经总干　7. 正中神经　8. 肌皮神经皮支　9. 桡神经

图 12-27　牛的前肢神经(内侧面)

4. 胸肌神经　分为胸肌前神经和胸肌后神经。

(1)胸肌前神经：2～4支，由臂神经丛麻痹的前部和腋襻发出，向腹侧伸延，分布于胸浅肌、胸深肌及肩关节囊。

(2)胸肌后神经：包括分布于胸腹侧锯肌的胸长神经，分布于背阔肌的胸背神经，分布于胸腹皮肌和皮肤的胸外侧神经。

5. 肌皮神经　在肩胛下神经的后方自臂神经丛的中部分出，经腋动脉的外侧，以一粗交通支，在腋动脉的腹侧与正中神经相连，形成腋襻。在肩关节附近分出肌支至喙臂肌和臂二头肌近端，本干与正中神经合并沿臂动脉前缘向下伸延，至臂中部与正中神经分开，并分出肌支到臂二头肌、臂肌和肘关节囊，主干在臂二头肌与臂肌之间到达前臂部背内侧面的皮下，为前臂内侧皮神经，分布于前臂、腕、掌内侧面的皮肤。

6. 桡神经　纤维来自第 8 颈神经和第 1 胸神经的腹侧支，自臂神经丛的后部分出，与尺神经一起沿臂动脉的后缘向下伸延，在臂内侧中部，经臂三头肌长头与内侧头之间，进入肌旋沟，沿臂肌后缘向下伸延，分出肌支分布于臂三头肌之后，在臂三头肌外侧头的深面分为深、浅两支。深支分布于腕和指的伸肌。浅支在马分布于前臂外侧的皮肤。此浅支在牛较粗，可继续下行，分布于指部。桡神经易受压迫，在临床上常见桡神经麻痹。

【案例】 来自腋窝的臂神经丛，它来源于 C5—8 和 T1 脊神经腹侧支。臂神经丛麻痹的严重损伤将导致所有支配区域的肌肉运动功能障碍，除了斜方肌、肩胛横突肌和菱形肌的运动靠脊神经背侧支和脊髓副神经(脑神经 XI)来控制。臂神经丛麻痹使肩部区域皮肤感觉丧失，包括整个前肢皮肤到远端肘关节，这是鉴别诊断桡神经麻痹和臂神经丛麻痹的关键。前者只是前臂头侧和尾侧后缘出现感觉丧失。桡神经一般不容易受外伤，但桡神经麻痹将造成肘的伸肌功能丧失，腕和指将产生严重的功能障碍，肘关节及其以下部位站立不稳。前臂头侧和尾侧缘将丧失感觉功能。桡神经螺旋穿过臂肌沟(螺旋肌沟)，这个地方在肱骨骨折时或骨折的手术修补时容易出现损伤。测试桡神经的功能可以通过刺激前臂头侧和尾侧的知觉反应。桡神经麻痹将丧失腕和指的伸肌运动功能，臂三头肌的功能良好能使肘关节保持伸展状态。这样，犬不动时能够保持基本正常的姿势，但当前进时不能伸展腕和指关节，拖动前肢，以爪背侧着地。有时，外伤会引起外周神经损伤。前肢过度外展会伤及臂神经丛，而肩带部的损伤则有可能会影响到肩胛上神经。前肢的任何一个浅层神经都会因为浅表的外伤而受到损害，如桡神经和尺神经。

7. 尺神经　纤维来自第 1、第 2 胸神经的腹侧支，与正中神经同起于臂神经丛的后部，向后下方伸延，经肱骨内侧髁与肘突之间，进入前臂，沿腕外侧屈肌与腕尺侧屈肌之间继续向下伸延到腕部。尺神经在臂中部分出皮支，分布于前臂后面皮肤。在臂部远端分出肌支分布于腕屈肌和指屈肌。在马，尺神经最后在腕关节上方分为一背侧支(浅支)和一掌侧支(深支)。浅支分布于腕、掌部的背外侧和掌侧的皮肤。深支合并掌外侧神经。牛的尺神经在腕关节上方分为一背侧支和一掌侧支：背侧支沿掌部的背外侧面向下伸延，分布于第 4 指背外侧面；掌侧支在掌近端分出一深支分布于悬韧带后，沿指浅屈肌腱的外侧缘向下伸延，分布于悬蹄和第 4 指掌外侧面。

8. 正中神经　由第 8 颈神经和第 1、第 2 胸神经的腹侧支构成。牛和马的正中神经在臂内侧与肌皮神经合成一总干，随同臂动脉、静脉向下伸延。正中神经在臂中部分出肌皮支后，沿肘关节内侧进入前臂骨和腕桡侧屈肌之间的肌沟中。它在前臂近端分出肌支，分布于腕桡侧屈肌和指深屈肌；在正中沟内还分出骨间神经，进入前臂骨间隙，分布于骨膜。马的正中神经的主干在前臂远端掌侧，分为一掌内侧神经和一掌外侧神经。掌内侧神经即指掌侧第 2 总神经，和掌心浅动脉一起沿指深屈肌腱的内侧缘向下伸延，在掌中部分出交通支，绕过指屈腱掌侧面合并于掌外侧神经，在掌远端分为背侧支(指背侧神经)和掌侧支(指掌侧神经)分布于指内侧的皮肤和关节。掌外侧神经即指掌侧第 3 总神经，与尺神经的深支合并后，沿指深屈肌腱外侧缘向下伸延，在掌部下 1/3 处接受来自掌内侧神经的交通支，其在指部的分支和分布情况，与掌内侧神经相同，但分布于指外侧。牛的正中神经分出肌支分布于腕、指屈肌之后，沿指浅屈肌向下伸延，通过腕管，在掌部下 1/3 处分为一内侧支和一外侧支。内侧支分为两支，分布于悬蹄和第 3 指掌内侧。外侧支也分为两支，一支合并于尺神经的掌侧支，分布于第 4 指掌外侧；一支在指间隙分布于第 3、第 4 指。

三、胸神经

(一)背侧支

胸神经背侧支又分为内侧支和外侧支。内侧支分布于背多裂肌和棘肌等背部深层肌肉。外侧支分布于肋提肌、背最长肌和背髂肋肌以及胸壁上 1/3 部的皮肤。

(二)腹侧支

胸神经腹侧支较大，称肋间神经。第 1 和第 2 胸神经的腹侧支主要参与形成臂神经丛。肋间神经位于肋间隙，沿肋骨后缘向下伸延，与同名血管并行，分布于肋间肌、腹肌和皮肤。最后胸神经的腹侧支沿最后肋骨后缘向下伸延，进入腹直肌，有浅支穿过腹斜肌形成皮神经，分布于腹部的皮肤。

四、腰神经

(一)背侧支

腰神经背侧支又分为内侧支和外侧支。内侧支在背腰最长肌深面分布于多裂肌等。外侧支有肌支至背腰最长肌，主干穿出背腰最长肌和臀中肌分布于腰臀部的皮肤。

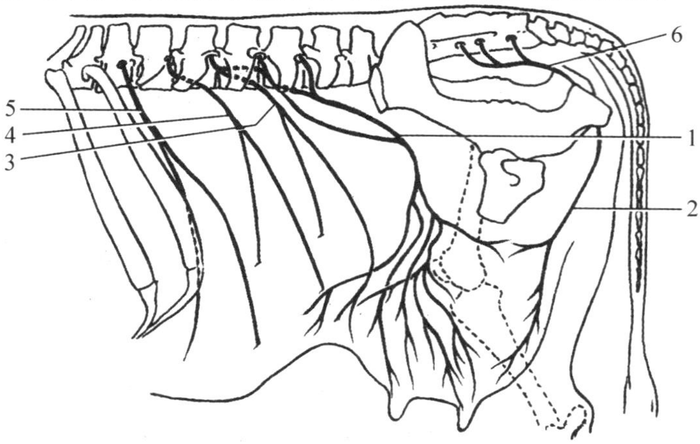

1. 精索外神经　2. 会阴神经的乳房支　3. 髂腹股沟神经　4. 髂下腹神经　5. 最后肋间神经　6. 阴部神经

图 12-28　母牛腹壁神经

(二)腹侧支

第 1～4 腰神经的腹侧支形成髂腹下神经、髂腹股沟神经、生殖股神经和股外侧皮神经。第 4～6 腰神经的腹侧支参与构成腰荐神经丛。

1. 髂腹下神经　来自第 1 腰神经的腹侧支。在腰大肌与腰方肌之间穿出，马的向后向外，行经第 2 腰椎横突末端腹侧，牛的行经第 2 腰椎横突腹侧及末端的外侧缘，分为浅深两支。浅支最初沿腹横肌外侧面向后下方伸延，之后穿过腹内、外斜肌，分布于腹下壁及膝关节外侧的皮肤，且有分支分布于腹内、外斜肌；深支先后在腹膜与腹横肌之间以及腹横肌和腹内斜肌之间，向下伸延，进入腹直肌，且有分支分布于腹横肌和腹内斜肌。

2. 髂腹股沟神经　来自第 2 腰神经的腹侧支。在腰大肌与腰小肌之间向外侧伸延，马的行经第 3 腰椎横突末端，牛的行经第 4 腰椎横突末端外侧缘，分为浅深两支。浅支分布到膝外侧及以下的皮肤；深支的分布情况与髂腹下神经的相似，分布区域略靠后方。

3. 生殖股神经　来自第 2、第 3、第 4 腰神经的腹侧支，沿腰肌间下行，分为前、后两支，向下伸延穿过腹股沟管，公畜分布于睾外提肌、阴囊和包皮；母畜分布于乳房。

4. 股外侧皮神经　纤维来自第 3 和第 4 腰神经的腹侧支，经腰大肌与腰小肌间向后外侧伸延，与旋髂深动脉的后支伴行，在髋结节的后方穿出腹壁，分布于膝关节以上股前和外侧部的皮肤。

> **【案例】** 兽医临床上腹腔手术腰旁麻醉三条神经：最后肋间神经、髂腹下神经、髂腹股沟神经，注射点分别是：第一腰椎横突末端前缘、第二腰椎横突末端后缘、第四腰椎横突末端后缘。编成的记忆口诀是：124 前后前。

五、荐神经

(一)背侧支

荐神经背侧支经荐背侧孔出椎管，分布于臀部的皮肤以及尾基部的肌肉、皮肤。

(二)腹侧支

第 1、第 2 荐神经的腹侧支参与构成腰荐神经丛。第 3～4 对荐神经的腹侧支形成阴部神经与直肠后神经。最后 1 对荐神经的腹侧支分布于尾的腹侧。

1. 阴部神经　来自第 2～4 荐神经的腹侧支，开始沿荐结节阔韧带的内侧面向后下方伸延，分出侧支分布于尿道、肛门、会阴及股内侧皮肤以后，在公畜，绕过坐骨弓成为阴茎背神经，沿阴茎背侧缘向前延伸分布于阴茎和包皮；在母畜，则为阴蒂背神经，分布于阴唇和阴蒂。

2. 直肠后神经　来自第 4、第 5(牛)或第 3、第 4(马)荐神经的腹侧支，有一两支，在阴部神经背侧，沿荐结节阔韧带内侧面向后向下伸延，分布于直肠和肛门。母畜还分布于阴唇。

六、后肢的神经

后肢的神经由腰荐神经丛发出，腰荐神经丛由第 4～6 腰神经和第 1～2 荐神经的腹侧支构成，位于腰荐部腹侧。其分支如下：

（一）股神经

股神经由腰荐神经丛前部发出，其纤维主要来自第4、第5腰神经的腹侧支，经腰大肌与腰小肌之间向后向外向下伸延，穿出腹腔，股神经在缝匠肌的深面分出至髂腰肌的肌支及隐神经后，本干与股前动脉一起进入股直肌与股内肌之间，分数支分布于股四头肌。隐神经在缝匠肌覆盖下由股神经分出，沿股动脉的前缘向下伸延，分布于膝关节、小腿和跖内侧面的皮肤。

（二）坐骨神经

坐骨神经为全身最粗大的神经，纤维主要来自第6腰神经和第1荐神经的腹侧支。自坐骨大孔出盆腔，沿荐结节阔韧带的外侧向后下方伸延，经大转子与坐骨结节之间绕过髋关节后方下行至股后部，向下伸延至股二头肌、半膜肌和半腱肌之间，沿途分支分布于半膜肌、股二头肌和半腱肌。约在股骨中部分为腓总神经和胫神经。

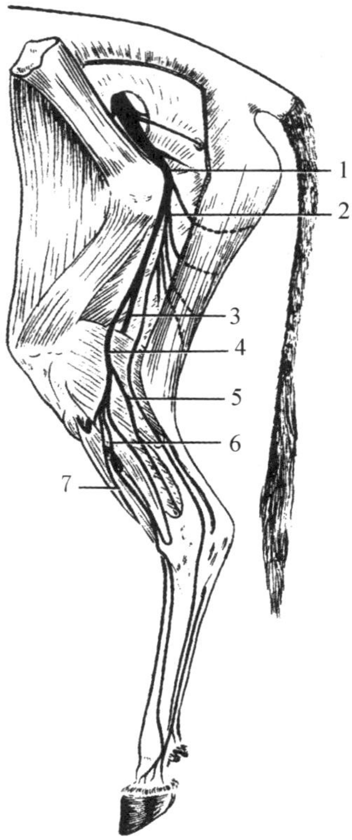

1.坐骨神经　2.肌支　3.胫神经
4.腓总神经　5.小腿外侧皮神经
6.腓浅神经　7.腓深神经

图12-29　牛的后肢神经
（外侧面切去股二头肌）

1. 胫神经　沿股二头肌深面进入腓肠肌内、外侧头之间，沿趾浅屈肌的内侧缘向下伸延至小腿远端，在跟腱背侧，分为足底内侧神经和足底外侧神经，继续向下伸延。胫神经在小腿近端分出肌支分布于跗关节的伸肌和趾关节的屈肌，并在股远端分出皮支，分布于小腿后面和跗跖外侧面的皮肤。马的足底内侧神经沿趾屈肌腱的内侧缘向下伸延，分支分布于趾内侧的皮肤及趾关节。在跖部分出一交通支，绕过趾屈肌腱的表面，合并于足底外侧神经。足底外侧神经沿趾屈肌腱的外侧缘向下伸延，分支分布于趾外侧的皮肤及趾关节。牛的足底内侧神经沿趾屈肌腱的内侧缘向下伸延，在系关节上方分为内侧支和外侧支：内侧支分布于第3趾的跖的内侧面，外侧支在趾间隙分布于第3、第4趾。足底外侧神经沿趾屈肌腱的外侧缘向下伸延，分布于第4趾外侧面。

2. 腓总神经　较胫神经略细，在股二头肌的深面沿腓肠肌外面向前向下伸延，到腓骨近端外侧分为腓浅神经和腓深神经。腓总神经在股部远端分出小腿外侧皮神经，穿过股二头肌的远端分布于小腿外侧皮肤。马的腓浅神经较小，沿趾长伸肌与趾外侧伸肌之间向下伸延，分布于趾外侧伸肌以及小腿和跖外侧皮肤。腓深神经进入趾外侧伸肌与趾长伸肌之间，除分布于小腿背外侧肌肉外，还分布于跗、跖及趾背内侧和趾背外侧的皮肤。牛的腓浅神经较粗，在跗、跖部的背侧沿趾长伸肌腱向下伸延，在趾间隙分支分布于第3、第4趾。在跖近端分出侧支向下伸延，分布于第3趾背内侧和第4趾背外侧。腓深神经沿胫骨的背侧腓肠肌和趾外侧的沟中向下伸延，至趾间隙合并于腓浅神经和足底内侧神经。

（三）闭孔神经

纤维主要来自第4～6腰神经的腹侧支，沿髂骨内侧面向后下方伸延，穿出闭孔，分支分布于闭孔外肌、耻骨肌、内收肌和股薄肌。

(四)臀前神经

纤维主要来自第6腰神经和第1荐神经的腹侧支,与臀前动、静脉一起出坐骨大孔,分数支分布于臀肌和股阔筋膜张肌。

(五)臀后神经

纤维来自第1、第2荐神经的腹侧支,沿荐结节阔韧带外侧面向后伸延,分支分布于股二头肌、臀浅肌、臀中肌和半腱肌。此外,还分出一皮支,分布于股后部的皮肤。

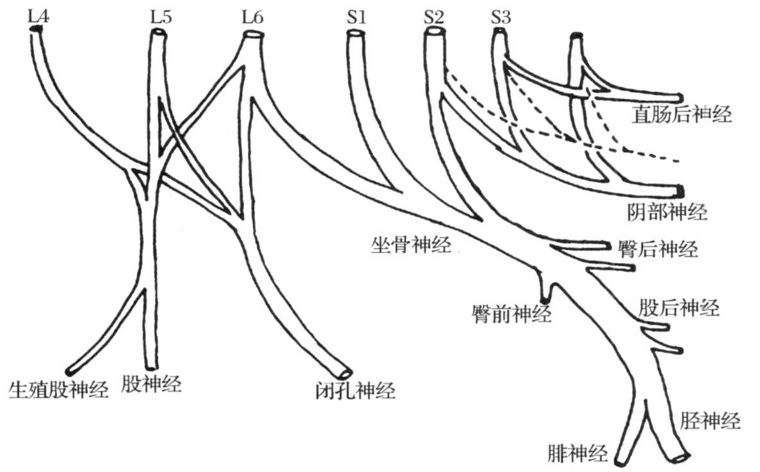

图12-30 腰荐神经丛示意图

七、尾神经

尾神经也包括背侧支和腹侧支,分别分布于尾背侧、腹侧肌肉和皮肤。

【案例】 外伤引起的后肢神经损伤也时有发生。股神经由第4～6腰神经根汇合而成,支配髂腰肌和股四头肌。在一些大型品种的牛犊出生时,常因受到骨盆挤压造成股神经损伤。在损伤部位的神经周围常出现出血和水肿。由于特大型胎儿或胎儿一母体比例不相称造成的难产也可能引起闭孔神经损伤。它可能是单侧性或双侧性的。胫神经损伤较少见,但有可能由肌肉感染梭菌引起损伤。腓神经来自第6腰神经至第2荐神经,位于膝关节外侧面,相对比较靠近皮肤表面,生产牛犊时易受到伤害。坐骨神经来自第6腰神经和第1、2荐神经,有时由于长时间的侧卧休息而受到损伤。损伤部位通常是靠近股骨大转子的内侧面。而股骨干和骨盆骨折,或细菌感染很少引起坐骨神经损伤。坐骨神经和荐结节韧带相对比较接近。在修复会阴疝的时候,韧带被用作盆膈肌肉的缝合固定点,例如尾骨肌、肛提肌,但包埋坐骨神经有一个潜在的危险。坐骨神经穿过髋关节后面,在髋关节手术时,坐骨神经必须认真区分并加以保护。

第六节　植物性神经

植物性神经又名自主神经、内脏神经，是指分布到内脏器官、血管和皮肤的平滑肌以及心肌、腺体等处的神经。

一、植物性神经的一般特征

植物性神经与躯体神经在功能与形态结构上有如下区别：

(1)植物性神经支配平滑肌、心肌和腺体，躯体神经则支配骨骼肌。植物性神经支配内脏正常有节律的活动，如呼吸、消化、循环、排泄等，以调节机体的新陈代谢；并在环境突变时，使机体能应对应急情况。而躯体神经则能使横纹肌产生迅速适宜的运动。

(2)植物性神经也分为传入(感觉)和传出(运动)纤维，其传入纤维传导来自内脏的冲动，它对机体内在环境的调节起重要作用。躯体传入纤维传导来自体表浅部感觉和躯体深部感觉的刺激，以调节机体的运动和平衡。

(3)从中枢到效应器的神经元数目不同。躯体神经由中枢到效应器只有一个神经元，而植物性神经则要经过两个神经元。植物性神经的第 1 个神经元称节前神经元，其胞体位于脑干和脊髓灰质内，由它发出的纤维称为节前神经纤维，伸延到中枢以外的植物性神经节中，与第 2 个神经元发生突触。第 2 个神经元称节后神经元，其胞体位于植物性神经节内，发出的纤维称为节后神经纤维，分布于平滑肌、心肌和腺体。节后神经元数目多，一个节前神经元能与许多节后神经元构成突触，可使许多效应器同时活动(图 12-31)。

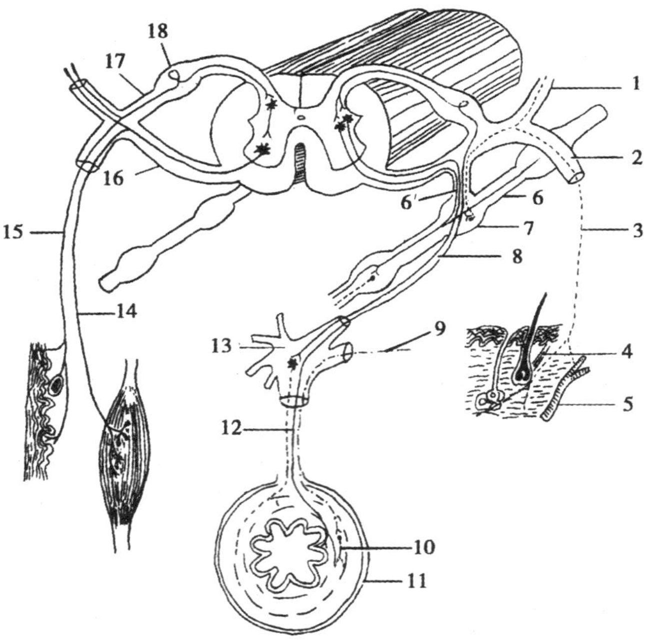

1.脊神经背侧支　2.脊神经腹侧支　3.交感节后神经纤维　4.竖毛肌　5.血管　6.交感神经干　6′.交通支　7.椎神经节　8.交感节前神经纤维　9.副交感节前神经纤维　10.副交感节后神经纤维　11.消化管　12.交感节后神经纤维　13.椎下神经节　14.脊神经运动神经纤维　15.感觉神经纤维　16.腹侧根　17.背侧根　18.脊神经节

图 12-31　脊神经和植物性神经反射路径模式图

植物性神经有 3 类：一类位于椎骨两侧，沿脊柱排列，称椎神经节或椎旁神经节，如交感神经干上的神经节；第 2 类在脊柱的下方，主动脉的腹侧，称椎下神经节，如腹腔肠系膜前神经节和肠系膜后神经节等；第3类位于内脏器官附近或器官壁内，称终末神经节，如副交感神经的盆神经节和壁内神经节。植物性神经的节前神经纤维，可能通过两个或两个以上的植物性神经节，但只在其中的一个神经节中交换神经元。

(4)躯体运动神经纤维一般是较粗的有髓纤维，以干的形式分布到效应器。而植物性神经的节前纤维是细的有髓纤维，节后纤维是细的无髓纤维，节后纤维常袢附在血管或脏器表面形成神经丛，由神经丛发出分支到效应器。

(5)躯体运动神经一般都受意识支配，而植物性神经在一定程度上不受意识的直接控制，有相对的自主性。

(6)植物性神经分为交感神经和副交感神经。分布于器官的植物性神经，一般来说是双重的，即既有交感神经，也有副交感神经(但也有一些器官只由一种植物性神经支配)。它们对同一种器官的作用是不相同的，在中枢的调节下，既相互对抗，又相互统一，如交感神经使心跳加速，血压升高；而副交感神经使心跳减慢，血压降低，以维持心脏的正常活动(表12-4、表12-5，图12-32～图12-33)。

表12-4　交感神经简表

<table>
<tr><th>节前神经元胞体位置</th><th>节前纤维</th><th>节后神经元胞体位置</th><th>节后纤维分布区域</th></tr>
<tr><td rowspan="10">胸部脊髓及腰部前段脊髓的灰质侧角</td><td rowspan="4">颈部交感神经干</td><td rowspan="2">颈前神经节</td><td>随颈内、外动脉分布</td></tr>
<tr><td>随脑神经及第1～3颈神经分布</td></tr>
<tr><td rowspan="2">颈胸神经节</td><td>随第2～8颈神经和第1(2)胸神经分布</td></tr>
<tr><td>分支到心、肺、主动脉</td></tr>
<tr><td>胸部交感神经干</td><td>胸神经节</td><td>随胸神经分布</td></tr>
<tr><td>内脏大神经、内脏小神经</td><td>腹腔肠系膜前神经节</td><td>分布于胃、肝、脾、胰、肾、肾上腺皮质、小肠、盲肠和结肠前段</td></tr>
<tr><td rowspan="2">腰部交感神经干</td><td>腰神经节</td><td>随腰神经分布</td></tr>
<tr><td>肠系膜后神经节</td><td>分布于结肠后段及盆腔器官、阴茎</td></tr>
<tr><td>荐部交感神经干</td><td>荐神经节</td><td>随荐神经分布</td></tr>
<tr><td>尾部交感神经干</td><td>尾神经节</td><td>随尾神经分布</td></tr>
</table>

二、交感神经

交感神经的节前神经元胞体位于脊髓胸段至第1～3腰节段的灰质外侧柱内。发出的节前神经纤维经脊髓腹侧根至脊神经，出椎间孔后经白交通支到相应部位的椎神经节，或经过椎神经节布至椎下神经节，与其中的节后神经元形成突触，另一些节前纤维通过椎神经节向前、后伸延，终止于前、后段的椎神经节，因而在脊柱两侧形成两条交感神经干。

节后神经元胞体位于椎神经节和椎下神经节内。椎神经节发出的节后神经纤维或经灰交通支返回脊神经，随脊神经分布于躯体的血管、汗腺和竖毛肌，或围绕动脉形成神经丛，攀附于动脉而行，并随动脉至其所分布的器官。椎下神经节的节后纤维形成神经丛分布于它支配的器官。

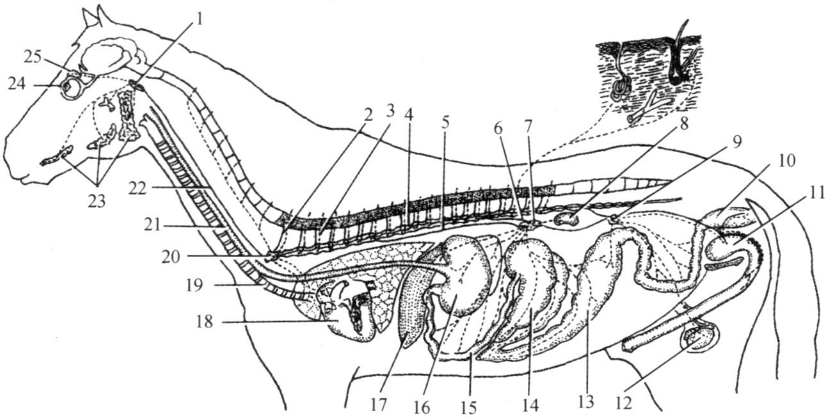

1.颈前神经节　2.白交通支　3.灰交通支　4.交感神经干　5.内脏大神经　6.内脏小神经　7.腹腔肠系膜前神经节　8.肾　9.肠系膜后神经节　10.直肠　11.膀胱　12.睾丸　13.大结肠　14.盲肠　15.小肠　16.胃　17.肝　18.心　19.气管　20.星状神经节　21.食管　22.颈部交感干　23.唾液腺　24.眼球　25.泪腺

图 12-32　交感神经分布模式图(实线示节前神经纤维,虚线示节后神经纤维)

交感神经干位于脊柱的腹外侧,左右成对,自寰椎向后伸至尾部,由一系列椎神经节和二神经节间的神经节间支组成。交感神经干可分为颈部、胸部、腰部和荐尾部。

(一)颈部交感神经干

颈部交感神经干由前部胸段脊髓发出的节前神经纤维构成,沿气管的背外侧向前伸延至颅腔底面,常与迷走神经并行,称迷走交感干,与颈总动脉包在一个鞘内。颈部交感干上有颈前、颈中和颈后 3 个椎神经节。

(1)颈前神经节呈梭形,位于颅底腹面。发出节后神经纤维围绕颈内,外动脉形成神经丛,分布于唾液腺、泪腺、虹膜的瞳孔开大肌和头部的血管、汗腺、竖毛肌。

(2)颈中神经节位于颈后部,有时与颈后神经节合并,其节后神经纤维分布于主动脉、心、气管和食管。

(3)颈后神经节与第 1 和第 2 胸神经节合并成星状神经节。星状神经节位于胸前口内,在第 1 肋骨椎骨端的内侧,呈星芒状,向四周发出节后神经纤维:向前上方发出椎神经,伴随椎动脉伸延,连第 2～8 颈神经;向背侧到臂神经丛;向后下方发出心支,参与构成心神经丛,分布于心和肺。

(二)胸部交感神经干

胸部交感神经干紧贴于胸椎的腹外侧,每一节有一个胸神经节。由神经节发出节后神经纤维,组成灰交通支返回胸神经,分布于胸壁的皮肤;另一些节后神经纤维形成小支,至主动脉、食管、气管和支气管,并参与心和肺神经丛。胸干还发出内脏大神经和内脏小神经。

(1)内脏大神经由胸部交感干中后段分出,并与其并行,分开后穿过膈脚的背侧入腹腔,连于腹腔肠系膜前神经节。

(2)内脏小神经由胸部交感干的后段分出,在内脏大神经的后方,也连腹腔肠系膜前神经节,并参与构成肾神经丛。

(三)腰部交感神经干

腰部交感神经干沿腰小肌内侧缘向后伸延，有2～5个腰神经节，发出节后神经纤维组成灰交通支返回腰神经。腰部交感干发出腰内脏神经，连于肠系膜后神经节。

腹腔内有两个主要神经节：腹腔肠系膜前神经节和肠系膜后神经节。

腹腔肠系膜前神经节由两个腹腔神经节和一个肠系膜前神经节构成，位于腹腔动脉根部的两侧和肠系膜前动脉根部的后方，由节间纤维连在一起，因其呈半月形，故也称为半月状神经节。此神经节接受内脏大神经和内脏小神经的纤维，迷走神经背侧干的纤维也经此通过。从此神经节发出的节后纤维，构成腹腔肠系膜前神经丛，沿动脉的分支分布到肝、胃、脾、胰、小肠、大肠和肾等器官，但支配肾上腺髓质的纤维属节前纤维。腹腔肠系膜前神经节与肠系膜后神经节之间有节间支，沿主动脉腹侧伸延。

肠系膜后神经节在肠系膜后动脉根部两侧，位于肠系膜后神经丛内，接受来自交感神经干的腰内脏神经和来自腹腔肠系膜前神经节的节间支。从肠系膜后神经节发出的节后神经纤维沿动脉分布到结肠后段、精索、睾丸、附睾或卵巢、输卵管和子宫角。还分出一对腹下神经，向后伸延到盆腔内，参与构成神经丛，分布于结肠后段、直肠、膀胱、前列腺和阴茎(公畜)或子宫和阴道(母畜)。

(四)荐尾部交感神经干

荐尾部交感神经干沿荐骨骨盆面向后伸延并逐渐变细。前部的神经节较大，后部的变小，节后神经纤维组成灰交通支连荐神经和尾神经。

三、副交感神经

副交感神经(表12-5)的节前神经元胞体，位于脑干和荐部脊髓，分为颅部和荐部副交感神经。节后神经元位于其支配的器官内或附近，故节后神经纤维较短。

表12-5　副交感神经简表

<table>
<tr><th>节前神经元胞体位置</th><th colspan="2">节前纤维依附的神经</th><th>节后神经元胞体位置</th><th>节后纤维分布区域</th></tr>
<tr><td>中脑</td><td colspan="2">动眼神经</td><td>睫状神经节</td><td>瞳孔括约肌、睫状肌</td></tr>
<tr><td rowspan="8">延髓</td><td colspan="2">面神经→岩大神经→面神经和翼腭神经</td><td>翼腭神经节</td><td>泪腺、鼻腺</td></tr>
<tr><td colspan="2">面神经→鼓索→舌神经</td><td>下颌神经节</td><td>舌下腺、下颌腺</td></tr>
<tr><td colspan="2">舌咽神经→鼓室神经</td><td>耳神经节</td><td>腮腺、颊腺</td></tr>
<tr><td rowspan="5">迷走神经</td><td>咽支</td><td></td><td>咽</td></tr>
<tr><td>喉前神经</td><td>器官壁上</td><td>喉黏膜及环甲肌</td></tr>
<tr><td>心支</td><td></td><td>心脏</td></tr>
<tr><td>喉返神经</td><td>器官壁上</td><td>喉肌、气管、食管</td></tr>
<tr><td>食管背侧干及食管腹侧干</td><td>器官壁上</td><td>肺、肝、脾、胰、肾、小肠、盲肠及结肠前段</td></tr>
<tr><td>荐部脊髓</td><td colspan="2">荐神经腹侧支→盆神经</td><td>盆神经节</td><td>结肠后段、盆腔器官、阴茎</td></tr>
</table>

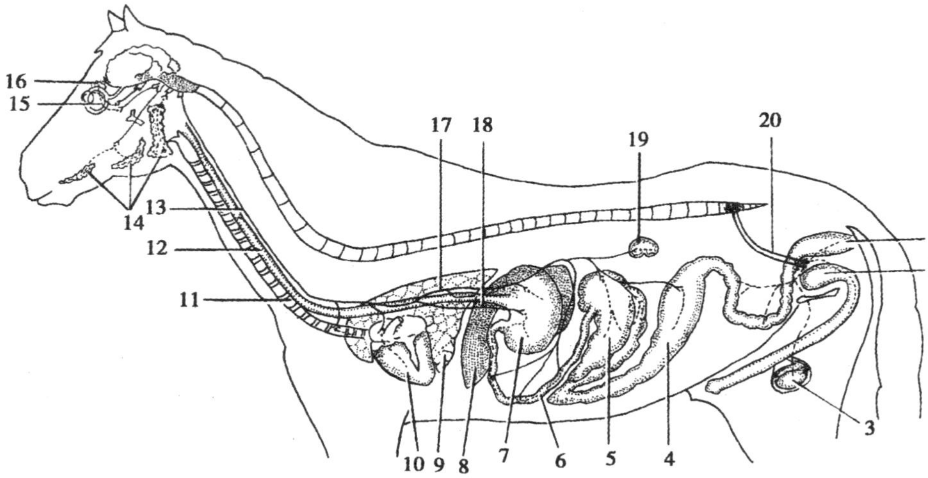

1. 直肠　2. 膀胱　3. 睾丸　4. 大结肠　5. 盲肠　6. 小肠　7. 胃　8. 肝　9. 肺　10. 心　11. 气管　12. 食管　13. 迷走神经　14. 唾液腺　15. 眼球　16. 泪腺　17. 迷走神经食管背侧干　18. 迷走神经食管腹侧干　19. 肾　20. 盆神经

图 12-33　副交感神经分布模式图(实线示节前神经,虚线示节后神经)

(一)颅部副交感神经

颅部副交感神经其节前神经纤维位于动眼神经、面神经、舌咽神经和迷走神经内。

动眼神经内的副交感神经节前纤维,起于中脑的动眼神经副交感核(缩瞳核),伴随动眼神经至眼眶内的神经节(睫状神经),交换神经元,其节后纤维分布于眼球的睫状肌和瞳孔括约肌。

面神经内的副交感神经节前纤维,起于脑桥的面神经副交感核(泌涎核),一部分至上颌神经上的翼腭神经节,节后纤维伴随上颌神经的分支分布于泪腺、腭腺、颊腺和鼻黏膜腺;另一部分通过鼓索神经至下颌神经节,节后纤维分布于舌下腺和颌下腺。

舌咽神经内的副感神经节前纤维,起于延髓的舌咽神经副交感核,至下颌神经内侧面的耳神经节,节后纤维分布于腮腺。

迷走神经内的副交感神经节前纤维,起于延髓的迷走神经背核,随迷走神经伸延至终末神经节,分布于咽、喉、食管、胃、肠、肝、胰、肺、心、肾等器官。所以迷走神经的分布广泛,除含有大量副交感神经节前纤维(内脏传出纤维,占 80%以上)外,迷走神经还含有内脏传入纤维,胞体位于结状神经节,周围突分布于内脏,中枢突入延髓止于孤束核;躯体传入纤维少,胞体位于颈静脉神经节,外周突分布于外耳皮肤,中枢突止于三叉神经脊束核;躯体运动纤维,起于延髓疑核,分布于咽、喉骨骼肌。

迷走神经经破裂孔出颅腔,与交感神经合并成迷走交感干,沿颈部动脉的背侧缘向后伸延,到颈后端离开交感干,经锁骨下动脉腹侧进入胸腔,在纵隔中继续向后伸延,约于支气管背侧,分为一食管背侧支和一食管腹侧支。左、右迷走神经的食管背侧支合成迷走背侧干;腹侧支合成迷走腹侧干,分别沿食管的背侧缘和腹侧缘向后伸延,穿过膈的食管裂孔进入腹腔。迷走腹侧干分布于胃、幽门、十二指肠、肝和胰;迷走背侧干除分布于胃外,还向后伸延,通过腹腔肠系膜前神经节参与构成腹腔肠系膜前神经丛,分布于胃、肠、肝、胰、脾、肾等器官。迷走神经分出的侧支有咽支、喉前神经、喉返神经、心支、支气管支及一些分布于外耳的小支。咽支在咽外侧分出，分布于咽和食管前端。喉前神经在咽支后分出，分布于咽、喉和食管前端。喉返神经在胸腔中分出，绕过主动脉弓(左侧)或右锁骨下动脉(右侧)，沿气管向前伸延，分布于喉肌，沿途还分出侧支分布于食管和气管。心支常有两三支，在胸腔内发出，参与构成心神经丛，分布于心和附近大血管。支气管支在胸腔中分出，参与构成肺神经丛，分布于肺。

(二)荐部副交感神经

荐部副交感神经其节前神经节胞体位于荐部脊髓第1～4节的外侧柱内，节前纤维随第2～4荐神经的腹侧支出椎管，形成一两条盆神经。盆神经沿骨盆侧壁向腹侧伸延到直肠或阴道外侧，与腹下神经一起构成盆神经丛，节前纤维在盆神经丛中的终末神经节(盆神经节)交换神经元，节后纤维分布于结肠末段、直肠、膀胱、前列腺和阴茎(公畜)或子宫和阴道(母畜)。

四、内脏感觉(传入)神经

内脏神经里也含有许多传入神经。传入神经元与躯体神经相似，属假单极神经元，胞体位于脑和脊神经节内，其外周突随交感和副交感神经而分布，中央突到脑干的有关感觉核和脊髓灰质背侧柱。在中枢内，这些中央突一部分借中间神经元直接与内脏神经的节前神经元或躯体运动神经元相联系，以完成内脏反射活动或内脏—躯体反射活动；另一部分可经过特定的传导路径，到内脏神经。一般来讲，在脑内内脏痛觉的传入纤维主要行于交感神经内，而内脏特殊感觉(如饥饿、鼓胀等)的传入纤维主要行于副交感神经内。

第七节　神经传导通路

在认识脑、脊髓的结构之后，还要通过了解它们之间的纤维联系来理解其功能，因此有必要简要地认识脑和脊髓的传导通路，以便学习生理学、药理学、病理学等课程，并为兽医临床治疗打下初步基础。

中枢神经系统的传导通路不能用解剖学的方法可视化，它是由上、下行轴突组成的功能单元，从一个部位到另一个部位传送信息，它们的功能和位置已经通过对中枢神经系统的特定部位进行诱导损伤的实验方法得以确定，下面只叙述基本的、个别的通路(图12-34～图12-42)。

上行传导通路叫感觉传导通路，它是指感受器受到内、外环境刺激后所产生的神经冲动，在传入中枢神经后，沿着不同的传入纤维束穿过脊髓和脑干，大部分集中到丘脑(嗅觉冲动的传导不经过丘脑)，丘脑对神经元发出纤维投射到大脑皮质的一定部位，产生各种不同感觉，如痛、温、触、压和本体感觉等的通路。在上行传导通路中，感觉冲动从感受器传到大脑皮质，一般都要经过三级神经元的传递。一级神经元的胞体位于脊神经节和脑神经节内，它们把感觉冲动从感受器传到脊髓或脑干内；二级神经元的胞体位于脊髓或脑干内，它们把传入冲动传到丘脑；三级神经元的胞体位于丘脑内，它们把传入冲动传到大脑皮质。到小脑皮质的上行传导通路只需通过二级神经元。

下行传导通路叫运动传导通路，它是指由大脑皮质运动区细胞(锥体细胞或上运动神经元)

发出的纤维，延伸至脑神经运动核或脊髓灰质腹侧柱，在这里直接或通过中间神经元与一个或数个下运动神经元相连，然后发出纤维经相应运动神经到骨骼肌并产生运动的通路。中间神经元有兴奋或抑制运动神经元的作用；下行传导通路包括锥体系和锥体外系（表 12-6）。

表 12-6　主要的传导束

名称	位置	起始	终止	方向	功能
薄束	脊髓背侧索	脊神经节细胞	延髓薄束核	上行	传导本体感觉和精细触觉
楔束	背侧索	脊神经节细胞	延髓楔束核	上行	传导本体感觉和精细触觉
脊髓小脑腹侧束	外侧索	脊髓背侧柱	小脑皮质	上行	传导反射性本体感觉
脊髓小脑背侧束	外侧索	脊髓背侧柱	小脑皮质	上行	传导反射性本体感觉
脊髓丘脑外侧束	外侧索	脊髓背侧柱	丘　脑	上行	传导痛温觉
脊髓丘脑腹侧束	腹侧索	脊髓背侧柱	丘　脑	上行	传导粗略触觉
皮质脊髓外侧束	外侧索	大脑皮质运动区	脊　髓	下行	运动
皮质脊髓腹侧束	腹侧索	大脑皮质运动区	脊　髓	下行	运动
红核脊髓束	外侧索	中脑红核	脊　髓	下行	调节肌紧张（屈肌）
前庭脊髓束	腹侧索	前庭核	脊　髓	下行	调节肌紧张（伸肌）
网状脊髓束	分散于外侧索及腹侧索	脑桥延髓的网状结构	脊　髓	下行	调节内脏肌、腺体

由此可见，所谓神经传导通路是指动物体内的感受器、效应器与大脑皮质、小脑皮质之间的神经纤维联络通路。根据传导方向分为感觉传导通路和运动传导通路。

一、感觉传导通路

感觉分为特殊感觉和一般感觉两类，特殊感觉是指光觉、声觉、味觉、嗅觉、内脏感觉、平衡感觉等。一般感觉包括浅感觉和深感觉。浅感觉的感受器位于皮肤和黏膜；深感觉的感受器位于肌肉、关节和肌腱。它们传导的感觉称为一般感觉，如温热觉、触觉、压觉、痛觉、实体觉、位置觉、运动觉和震颤觉等。

例如用热水杯刺激皮肤产生温热觉；用大头钉刺激皮肤产生痛觉；用毛刷接触皮肤产生痒的感觉叫粗略触觉（因为不清楚具体有多少根毛在刺激）；用圆规刺激正常人背部皮肤产生两点间距离辨别觉，称它为精细触觉；正常人触摸一个物体产生实体觉，也属于精细触觉；抬腿、举手，正常人闭眼时，另外一个人抬他的腿、举他的手，受试者都清楚腿、手的具体位置，它刺激的感受器在关节，产生的是位置觉和运动觉；把音叉敲打后放在机体任何部位产生的感觉称为震颤觉。

一般躯体感觉传导通路由皮肤和深部躯体组织的各种类型的感受器传递信息至脑。这些信息包括多种感觉形式，如触觉、压觉、温度觉、痛觉、震动觉及感知关节角度和肌肉张力的运动感觉。与这些感觉相关的初级神经元位于脊神经背根的脊神经节及头部三叉神经的相应神经节中；这类上行通路可分为内侧丘系和丘外系。

内侧丘系包含最重要的上行束（薄束、楔束），它可以再细分为接受躯体和四肢感觉信息的脊髓丘系和来自头面部感觉神经纤维的三叉丘系。

脊髓丘系的感觉神经元行走在脊髓的背侧索。起于腰荐神经丛及其躯干后部的脊髓丘系占据内侧位置（薄束），起于臂神经丛及其躯干前部的脊髓丘系占据外侧位置（楔束）。这两束均终止于延髓背侧与之同名的神经核（薄束核和楔束核）。在这里形成突触后，二级神经元的轴突交叉到对侧，前行至丘脑的腹后核复合体，并再次形成突触；三级轴突投射到大脑皮质的感觉区；内侧丘系在通过脑干的过程中，来自三叉神经感觉核的纤维在脑桥交叉后也加入其中。

丘外系形成第二个脊髓丘脑束，与内侧丘系相比，其传导冲动较慢，对刺激的感觉定位不精确；它的初级轴突终止于与该脊神经根相邻的脊髓背角神经元，在这里与中间神经元形成突触后，二级神经元进入白质，经白质腹外侧索向前延伸，在丘脑再次形成突触；三级神经元从丘脑投射到内侧丘系投射部位前方的皮质区。

来自腱和肌肉内感受器的本体感觉信息并不到达意识性感觉区；其初级轴突终止于脊髓背角细胞，通过脊髓小脑背侧束和腹侧束到达小脑。

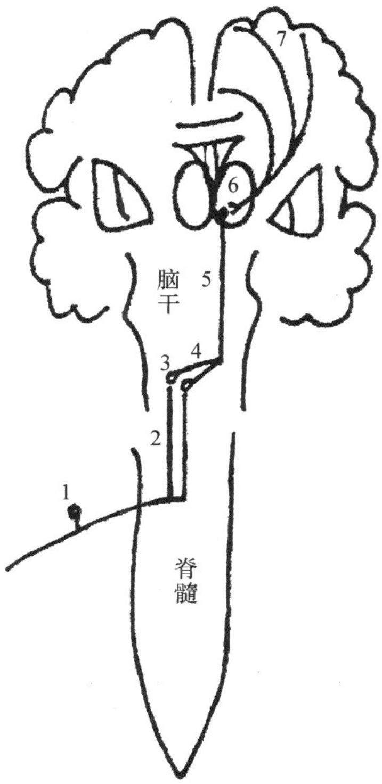

1. 脊神经节　2. 薄束和楔束　3. 薄束核和楔束核
4. 丘系交叉　5. 内侧丘系　6. 丘脑腹后外侧核
7. 大脑皮层感觉区

图 12-34　**躯干和四肢本体感觉及精细触觉传导通路**

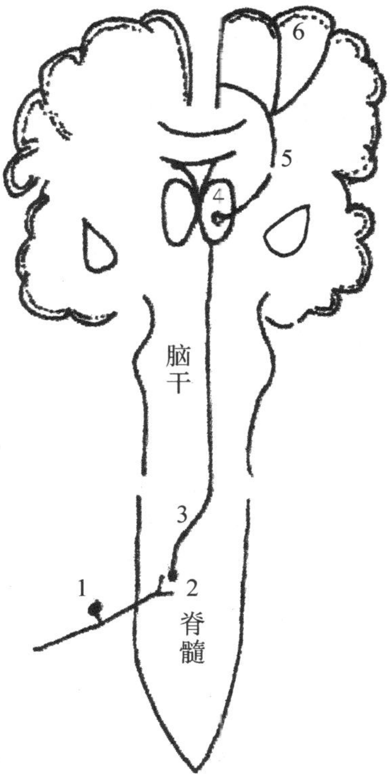

1. 脊神经节　2. 脊髓灰质背侧柱神经核
3. 纤维交叉到对侧　4. 丘脑腹后外侧核
5. 内囊　6. 大脑皮层感觉区

图 12-35　**躯干和四肢本体感觉及痛、温、压、粗触觉传导通路**

(一)躯体和四肢本体感觉和精细触觉传导通路

本体感觉属于深感觉，包括位置觉和运动觉；精细触觉属于浅感觉。它们的传导通路相同，分为到大脑和小脑的传导路，到大脑的称为意识性深感觉传导路；到小脑的称为反射性深感觉传导路。感觉的传导都经过三级神经元完成。

胞体位置：第一级神经元胞体的位置在脊神经节内，第二级神经元胞体在薄束核和楔束核，第三级神经元胞体在丘脑。

感觉传导途径：感觉纤维在脊髓背侧索上升，形成薄束和楔束上升，在延髓交叉称为丘系交叉，交叉后的上行束叫内侧丘系，到达丘脑，丘脑再发出纤维，经过内囊，投射到大脑皮质的感觉中枢。

传导要点：(1)神经纤维在脊髓背侧索上升，脊髓背侧索有病变，深感觉传导障碍，所以脊髓受损，将出现同侧深感觉障碍。(2)神经纤维的交叉点在延髓，延髓以上任何部位有病变，表现的是躯干对侧深感觉障碍，延髓以下(即脊髓)任何部位有病变，表现的是同侧深感觉障碍。(3)神经纤维经过内囊。如果内囊有病变，深感觉和精细触觉的障碍表现为躯干对侧感觉出问题；如果脊髓有病变，表现躯干同侧的感觉出问题。

(二)躯干和四肢本体感觉及痛、温、压、粗触觉传导通路

胞体位置：第一级神经元胞体在脊神经节，第二级神经元胞体在脊髓灰质背侧柱固有核，第三级神经元胞体在丘脑。

传导途径：(1)感觉纤维进入脊髓，交换神经元，然后交叉到对侧，通过脊髓丘脑腹侧索和脊髓丘脑外侧索上行。(2)感觉纤维进入脊髓，交换神经元，然后上行 1～2 个脊髓节段，立即交叉到对侧，再上行至丘脑，再由丘脑发出纤维，经过内囊，投射到大脑感觉区。

传导要点：(1)神经纤维进入脊髓后立即交叉到对侧。(2)神经纤维在脊髓的背侧索和外侧索上行，所以脊髓一半受损，表现为对侧浅感觉障碍。(3)神经纤维也经过内囊。所以内囊受损，躯干对侧除了深感觉障碍，还有浅感觉障碍。

(三)头面部浅感觉传导通路

胞体位置：触、压觉和痛、温觉的胞体均在三叉神经半月节内。

传导途径：(1)触、压感觉神经纤维从三叉神经半月节进入脑干，在脑干的三叉神经核(中脑)交换神经元后，立即交叉到对侧，上行至丘脑，交换神经元后，经过丘脑中央辐射到大脑皮质。(2)痛、温觉的感觉神经纤维从三叉神经半月节进入脑干，向下行，进入三叉神经脊束核，交换神经元后，立即交换到对侧，上升到丘脑，与前面的束合并称为三叉丘系(包括痛、温、触、压觉)，最后到达中枢。

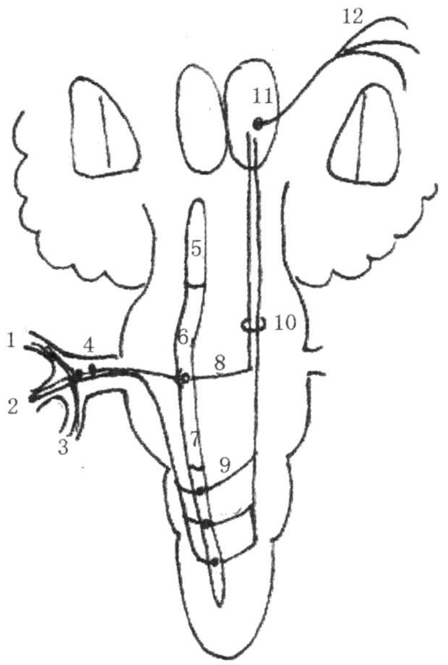

1.鼻背眼裂以上额部皮肤的感觉 2.口裂与眼裂之间的皮肤感觉 3.颞部下颌皮肤的感觉 4.三叉神经半月神经节 5.三叉神经中脑感觉核 6.三叉神经脑桥感觉核 7.三叉神经脊束感觉核 8.头面部触、压觉纤维交叉到对侧 9.头面部痛、温觉纤维交叉到对侧 10.触、压、痛、温觉纤维组成的三叉丘系 11.丘脑 12.大脑感觉中枢

图 12-36 头面部浅感觉传导通路

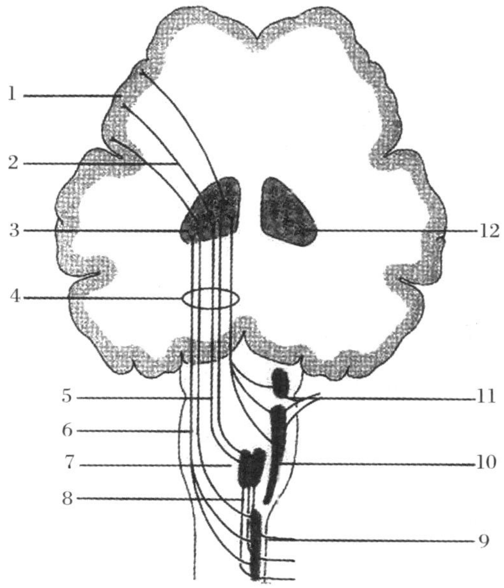

1.新皮质感觉区 2.内囊 3.丘脑 4.内侧丘系 5.延髓丘脑束 6.脊髓丘脑束 7.丘系交叉 8.脊髓延髓束 9.薄束核和楔束核 10.三叉神经脊束核 11.脑桥三叉神经感觉核 12.丘脑

图 12-37 内侧丘系(示意图)

传导要点:(1)神经纤维通过三叉神经传入;(2)神经纤维进入脑干立即交叉到对侧;(3)神经纤维经过内囊。

二、视觉传入通路

视网膜含有视觉信息感受器,这些信息由视神经传送至脑。每侧眼球的视神经在脑腹侧面汇聚形成视交叉(即纤维交叉的部分),在此处,一些纤维交叉到对侧,交叉到对侧的视神经纤维所占的比例与物种双眼的视觉程度有关:多数鸟类以单眼视觉为主,视神经全部交叉到对侧;犬和猫有较好的双眼视觉,大约75%的视神经交叉到对侧,在视交叉之后加入对侧视束;灵长类的双眼视觉发育得最好,大约50%的视神经纤维交叉到对侧。视交叉之后,纤维延续为视束,于外侧膝状体或丘脑内形成突触;二级神经元由丘脑经内囊的视辐射,投射到每个大脑半球的枕叶,形成有意识的视觉。一些纤维离开视束,终止于中脑前丘、网状结构和尾状核,参与视觉反射(如瞳孔的光反射和调节反射)(图 12-38)。

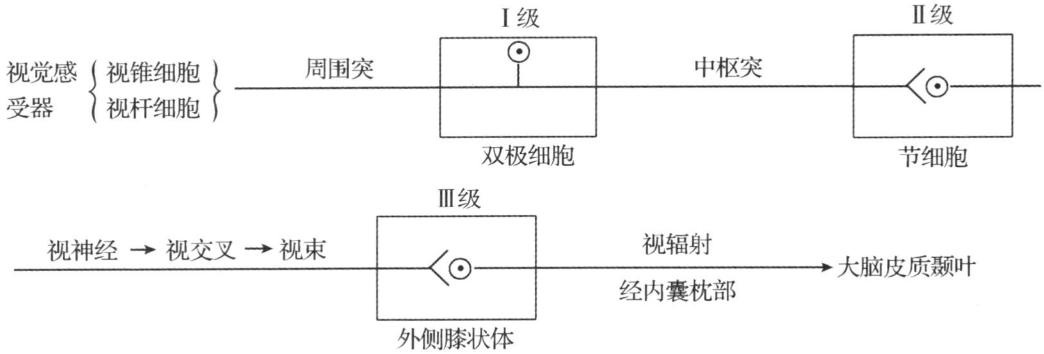

三、前庭和听觉传入通路

平衡觉和听觉感受器是内耳的螺旋器、半规管、椭圆囊和球囊。其初级神经元位于耳蜗的螺旋神经节和内耳道的前庭背、腹侧神经节(图 12-39)。平衡觉和听觉感受器官的神经纤维由前庭耳蜗神经穿入斜方体进入脑干。部分前庭神经纤维终止于前庭核,再由此核的二级神经元投射至小脑。一些前庭神经纤维绕过前庭核,直接经小脑后脚到达小脑;也有一些神经元从前庭核下行投射到脊髓腹角或第 3、4、6 对脑神经核,后者支配眼球外肌;接受前庭的刺激产生平衡觉的纤维通过丘脑投射到颞叶的大脑皮质。

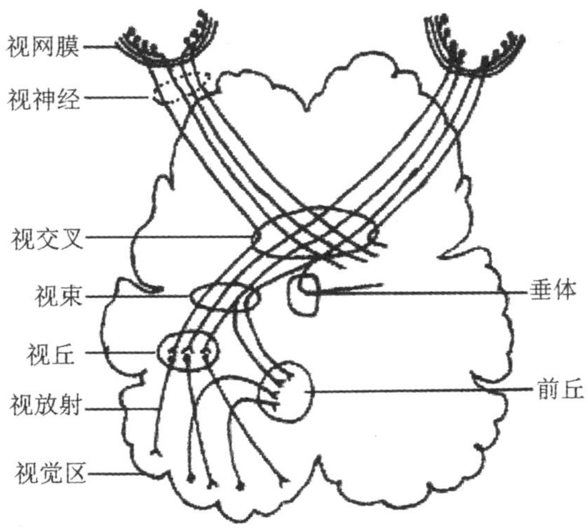

图 12-38 视觉通路示意图

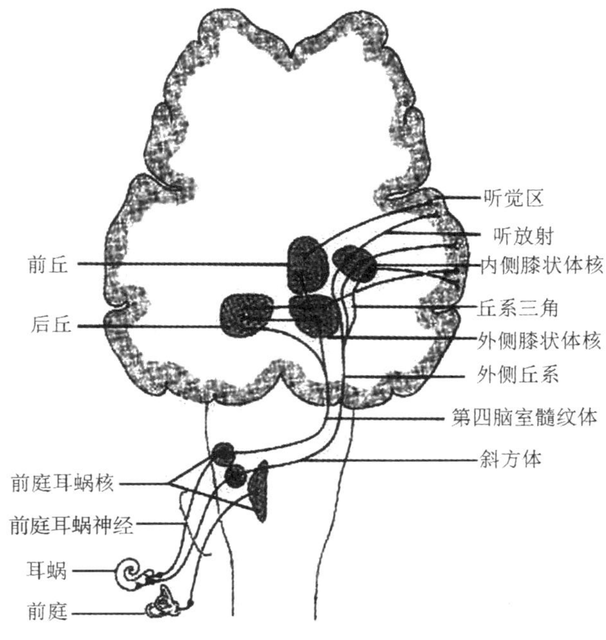

图 12-39 听觉和前庭通路示意图

耳蜗神经纤维于耳蜗神经背、腹侧核内形成突触之前,经斜方体进入脑干;来自斜方体核和耳蜗神经核的轴突，在外侧丘系内上行至中脑后丘；耳蜗神经核的轴突投射到双侧中脑，但交叉到对侧的纤维占大多数；一些有关听觉的神经纤维在到达大脑颞叶之前要在内侧膝状体形成突触。

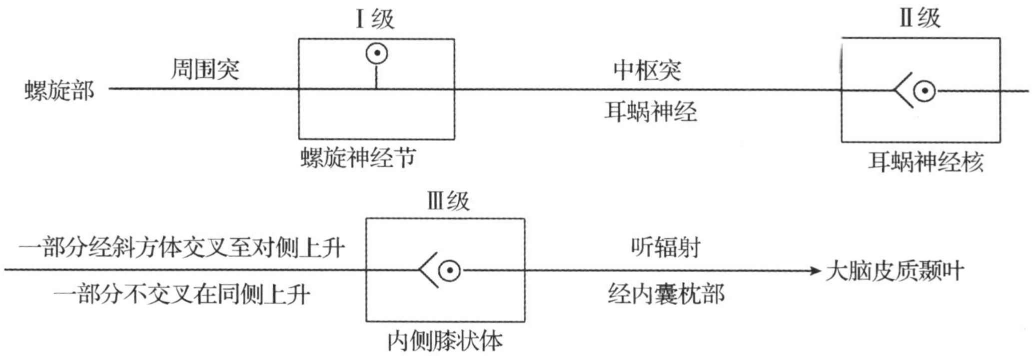

四、下行传导通路

躯体运动传导通路由锥体系和锥体外系组成。锥体系支配随意运动和四肢末端的精巧运动。锥体外系调节肌张力，协调随意运动，维持体态、姿势，进行习惯性、节律性活动。锥体系与运动的精细调节有关，而锥体外系调节粗放的、定型的或习惯性的运动，二者密切协作进行调节。

骨骼肌的收缩受位于中枢神经系统不同部位的两种神经元的调节，它们是：下位运动神经元和上位运动神经元。下位运动神经元位于脊髓灰质腹侧柱和脑神经运动核内，提供简单反射的传出部分，但主要受上位运动元的控制。它们的轴突经由脊神经和脑神经至效应器——肌肉。多数上位运动神经元位于新皮质，一些在中脑红核，一些在网状结构中。上位运动神经元并不直接投射到肌纤维，而是通过兴奋或抑制方式调节下位运动神经元的活动。上位运动神经元与下位运动神经元的联系被分为两个下行传导通路，分别是锥体系和锥体外系。

（一）锥体系

锥体系的发育与结构在动物品种间差异较大。灵长类的锥体系最为发达，其严重损伤会导致对侧骨骼肌永久性麻痹（图 12-40～图 12-42）。一般而言，家畜锥体系受到类似损伤后，起码能部分恢复功能。锥体系纤维起始于新皮质运动区的巨型锥体细胞（Betz 细胞），是位于丘脑外侧的内囊的一个重要组成部分，行经位于脑腹侧部的大脑脚和脑桥，至延髓的腹侧面为锥体。锥体系包含 3 类纤维：(1)皮质脊髓纤维，从大脑皮质伸到脊髓；(2)皮质延髓纤维，终止于对侧有关脑神经核；(3)皮质脑桥纤维，伸至脑桥核。一些皮质脊髓纤维在延髓处交叉到对侧，其他纤维则继续在同侧后行，在接近终点处交叉到对侧。不同物种的纤维与延髓的交叉程度不同。有蹄动物有 50％的纤维与延髓交叉，而犬和猫的纤维几乎全部与延髓交叉。肉食动物的锥体纤维能够到达脊髓的各级分支，而有蹄动物的锥体系统终止于器官的臂神经丛。

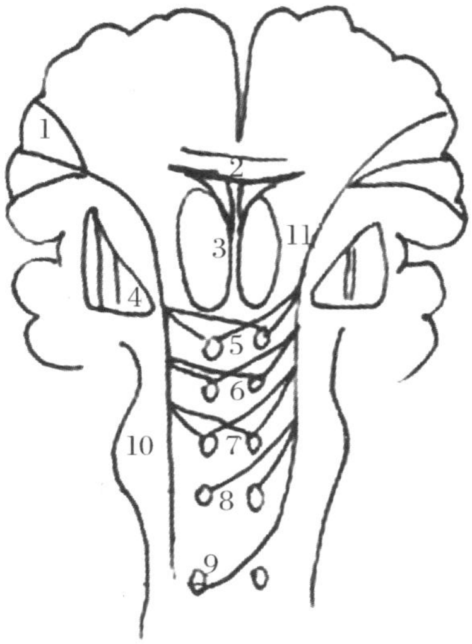

1.皮质　2.胼胝体　3.丘脑　4.豆状核
5.动眼神经核　6.滑车神经核　7.外展神经核
8.面神经核　9.舌下神经核　10.脑干
11.皮质脑干束

图 12-40　锥体路的皮质脑干束

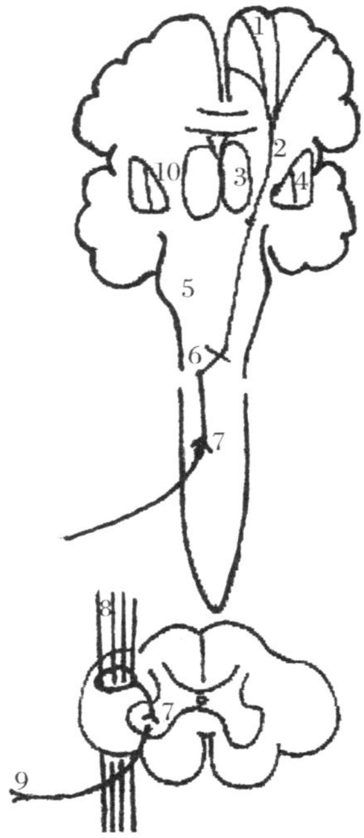

1.皮质　2.皮质脊髓束　3.丘脑　4.豆状核
5.脑干　6.锥体交叉　7.脊髓灰质腹侧核
8.脊髓白质外侧索　9.效应器　10.内囊

图 12-41　锥体路的皮质脊髓束

(二)锥体外系

与锥体系相比,锥体外系含有各种多突触传导通路,它们起始于纹状体、底丘脑核、黑质、红核及网状结构(图 12-42)。与这些神经核相互连接的部位为一些运动中枢,如丘脑核、前庭核、网状结构和小脑等,锥体外系的所有核团投射到这些运动核。

锥体外系通过确保肌肉协调活动,起到维持身体姿势、完成有目的的运动的作用。大量反馈环路维持着锥体外系的兴奋性与抑制性组分之间必要的平衡。小脑既控制锥体系又控制锥体外系。这种控制受着两系传入信息的影响,也受前庭器的调节。这些信息被用于控制红核、丘脑核、网状结构和前庭核。

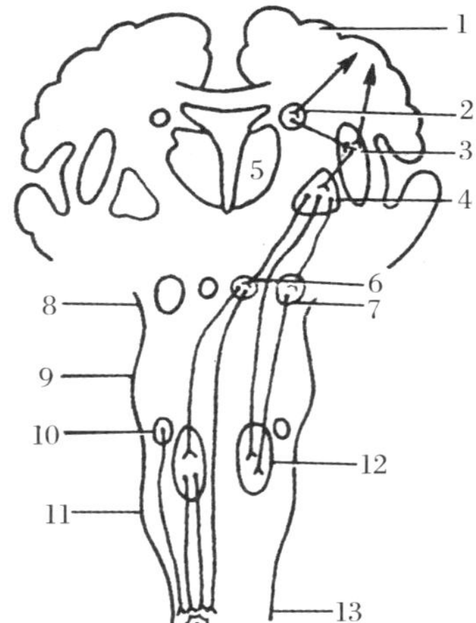

1.大脑皮质　2.尾状核　3.壳核　4.苍白球　5.丘脑
6.红核　7.黑质　8.中脑　9.脑桥　10.前庭核
11.延髓　12.网状结构　13.脊髓　14.脊髓运动神经元

图 12-42　锥体外系传导路模式图

第十三章　内分泌系统

内分泌系统是动物神经系统以外的另一个重要调节系统，由内分泌腺（器官）和内分泌组织构成。它们分泌激素，调节动物体新陈代谢、生长发育和性功能活动等；内分泌功能过盛或过低均可引起机体的功能紊乱。内分泌腺是产生激素物质的无管腺，其合成的激素释放到循环系统中并被转运至远处的靶器官，有些激素则通过组织液直接扩散到靶细胞（如胃肠胰系统）。大部分内分泌激素释放到毛细血管后静脉，但不直接汇入门静脉，而是在入肝脏之前循环全身。激素与靶器官上的特异性受体结合，增强或抑制靶器官、靶组织或靶细胞的活动。内分泌器官增强和补充了植物性神经系统的功能，因此同植物性神经系统一起被称为神经激素系统。激素是由实质性细胞生成的。这些实质性细胞有些单个存在，如分散于胃肠道的上皮内、支气管和尿道的壁内以及肾和心肌内；有些聚集成团，如胰腺郎格汉斯细胞、睾丸和黄体间质细胞；有些形成了专门的内分泌器官，如垂体、甲状腺、松果体、肾上腺等。有些器官如睾丸、卵巢、胰腺和胎盘同时具有内分泌和外分泌双重功能；有些器官如肾、肝、胸腺除了各自的主要功能外也有内分泌功能。机体通过简单或复杂的反馈机制来调节内分泌组织的功能，其中许多反馈调节与垂体有关。虽然血液中的激素含量不多，但对家畜的生长发育、新陈代谢和生殖机能有很大的调节作用，过多或过少均能影响正常的生理活动或发生疾病。内分泌腺因富有血管，所以多呈红褐色；体积很小，多位于身体的深部。

第一节　垂体

垂体为小的不成对的器官，悬垂于间脑的下方，位于视交叉和乳头体之间、由蝶骨形成的垂体窝内（图 13-1、图 13-2）。垂体窝前由鞍结节、后由背鞍所围成。脑硬膜围绕垂体柄形成鞍隔，并包裹着突出的海绵窦。垂体结构复杂，分泌的激素种类很多。垂体表面包有一层结缔组织被膜；垂体由神经垂体和腺垂体两部分组成。腺垂体包括远侧部、结节部（位于漏斗的背侧）和中间部。神经垂体包括神经部和漏斗。通常又将远侧部称为前叶，而把中间部和神经部称为后叶。腺垂体与神经垂体远侧部直接相连的部分称为垂体中叶，因为它正好位于腺垂体和神经垂体中间。垂体腔把前叶和中叶分开，马没有垂体腔。神经垂体是下丘脑的神经性衍生物，它由连接垂体与下丘

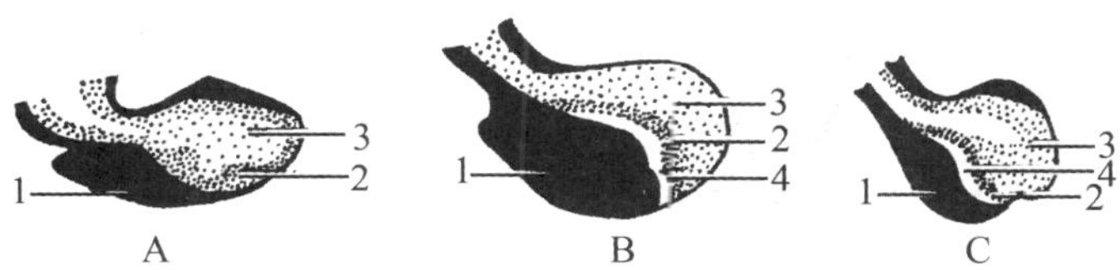

A. 马　B. 牛　C. 猪

1. 远侧部　2. 中间部　3. 神经部　4. 垂体腔

图 13-1　垂体构造模式图

脑灰结节(漏斗或近侧部)的垂体柄和垂体远侧部组成。远侧部是神经垂体的主要部分。第三脑室通过此圆柱形的垂体柄延伸到神经垂体,形成神经垂体隐窝。这些激素包括催产素、加压素和抗利尿素(ADH),由神经轴突运输、释放到神经垂体的毛细血管床。垂体具有自己特殊的门脉系统,负责将下丘脑神经核释放的激素(释放和抑制因子)运输到腺垂体。腺垂体前叶生成的激素包括生长激素(GH)、促性腺激素(促卵泡素和黄体生成素)、促肾上腺皮质激素(ACTH)、促甲状腺激素(TSH)和催乳素。垂体中叶生成促黑素和其他一些激素。由于下丘脑和垂体在解剖和功能上存在密切关系,因此将二者合称为下丘脑—垂体轴。

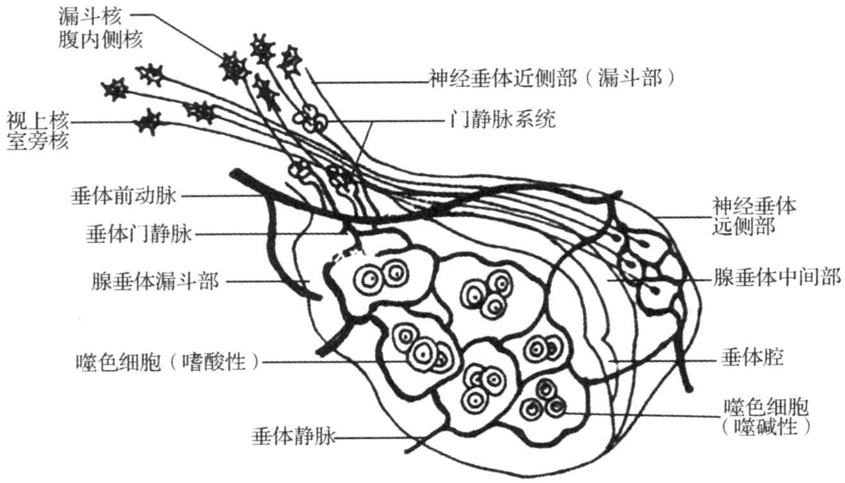

图 13-2 下丘脑—垂体系统

第二节 甲状腺

甲状腺位于气管前部的腹侧及两侧,有时覆盖着喉。除猪以外的哺乳类家畜中,甲状腺都由左、右两叶组成,后部由延伸至气管腹侧的结缔组织索(峡)相连(图 13-3、图 13-4)。

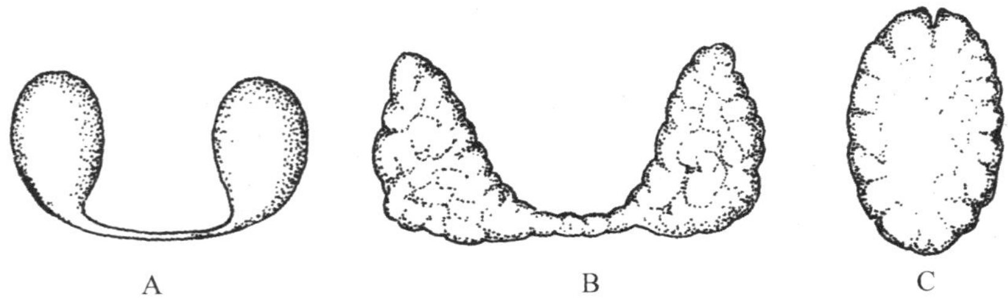

A. 马 B. 牛 C. 猪

图 13-3 甲状腺

牛甲状腺的侧叶较发达,色较浅,位于气管和食管前端的两侧,呈不规则的三角形,长 6~7 cm,宽 5~6 cm,厚约 1.5 cm。腺小叶明显,腺表面有起伏不平的小结节。腺峡较发达,由腺组织构成。猪甲状腺的侧叶和腺峡结合为一体,呈深红色,位于胸前处气管的下面,长 4~4.5 cm,宽 2~2.5 cm,厚 1~1.5 cm。马的甲状腺位于喉部的后部,在前 3~4 个气管环的两侧,可分为两个侧叶和连接两个侧叶的腺峡。侧叶呈红褐色，卵圆形，长 3.4～4 cm，宽约 2.5 cm，厚 1.5 cm。腺峡不发达，由结缔组织构成（驴和骡的腺峡较发达）。犬的甲状腺由两个长椭圆形腺叶组成，位于气管的背外侧面，第 5～8 气管环之间。大型品种犬的峡一般由甲状腺的实质组织形成。猫的甲状腺呈扁平的纺锤状腺叶，位于气管的背外侧，在第 7～10 气管环之间，后部由 1～2 mm 厚的峡相连。

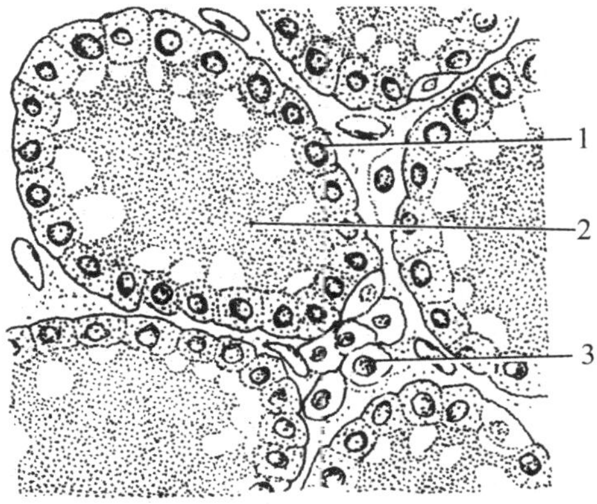

1. 滤泡上皮细胞　2. 胶体　3. 滤泡旁细胞

图 13-4　甲状腺滤泡

甲状腺是一个富于血管的实质性器官，由结缔组织支架和实质构成。甲状腺外有结缔组织构成的被膜。结缔组织向内伸入，将实质分为许多腺小叶；腺小叶内有大小不一的滤泡。滤泡的上皮细胞分泌甲状腺素；滤泡旁细胞或称 C 细胞能生成降钙素，降低血液中钙离子水平，是甲状旁腺素的拮抗物。甲状腺生成的激素可调节机体的代谢率、生长、体温、糖类代谢和血钙水平等。甲状腺的分泌活动受腺垂体分泌的促甲状腺激素（TSH）的调节。甲状腺素（T3）和四碘甲腺原氨酸（T4）由甲状腺的滤泡细胞生成并储存，随后释放到血液中。食物中碘的含量对甲状腺激素的生成非常重要，所以当食物中碘缺乏时会引起甲状腺肿大（甲状腺肿）。甲状腺功能亢进会导致新陈代谢增强，动物出现烦躁、紧张不安，有时具有攻击性。甲状腺机能减退会使机体新陈代谢、生长、运动减缓。先天性甲状腺机能减退会导致生长抑制、神经系统发育受阻。

第三节　甲状旁腺

甲状旁腺很小，呈圆形或椭圆形。马有两对甲状旁腺。前甲状旁腺的直径为 10 mm，大多数位于食管和甲状腺前半部之间，有些在甲状腺的背缘，少数在甲状腺的深面（图 13-5）。后甲状旁腺位于颈部后 1/3 的气管上，腺体不对称。牛有内外两对甲状旁腺。外甲状旁腺长 5～12 mm，通常位于甲状腺的前方，靠近颈总动脉。内甲状腺较小，通常位于甲状腺的内侧面、近甲状腺的背缘或后缘。猪只有一对前甲状旁腺，大小不定，长 1～5 mm，位于颈总动脉分为颈内动脉、枕动脉和颈外动脉的分叉附近，在头骨颈突的后方、肩胛舌骨肌的前外方；有胸腺时，则埋于胸腺内，色较胸腺深，质较硬（图 13-5）。

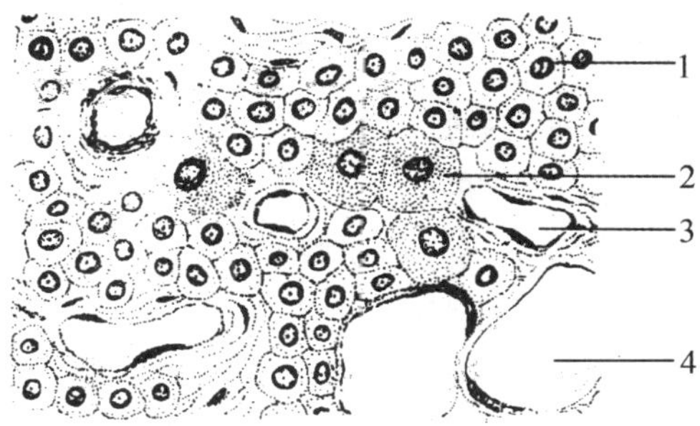

1. 主细胞　2. 嗜酸性细胞　3. 毛细血管　4. 脂肪细胞

图 13-5　甲状旁腺

甲状旁腺外被一层结缔组织被膜，实质细胞排列成团块状或索状。主要细胞是主细胞，数量最多，呈圆形或多边形，含糖原颗粒、脂滴和一些分泌颗粒。主细胞分泌甲状旁腺素，此激素通过调节骨骼的代谢、胃肠道的吸收和尿液排泄来调节血清中钙和磷的浓度。在切除猫的两侧甲状腺的同时切除甲状旁腺可导致致命的低钙血症，这是因为缺乏维持肌肉正常兴奋所必需的钙会引起肌肉痉挛直至死亡。嗜酸性细胞数量较少，体积较大，多边形，功能尚不清楚。

第四节　肾上腺

肾上腺有一对，位于肾的内前方，分为外周的皮质和深部的髓质。皮质和髓质的颜色、结构、功能和胚胎起源不同，皮质起源于中胚层的间质细胞，呈黄色，横切面上呈条纹状，很容易与其他组织包括淋巴结等区别开。髓质呈灰色或肉色，起源于外胚层，由交感神经组织发育而来，围绕中央静脉。髓质其实是变异的交感神经节，专门负责神经递质的释放，它接受来自内脏神经的交感神经节前神经纤维的支配，而皮质细胞则为变异的节后神经元（图 13-6、图 13-7）。

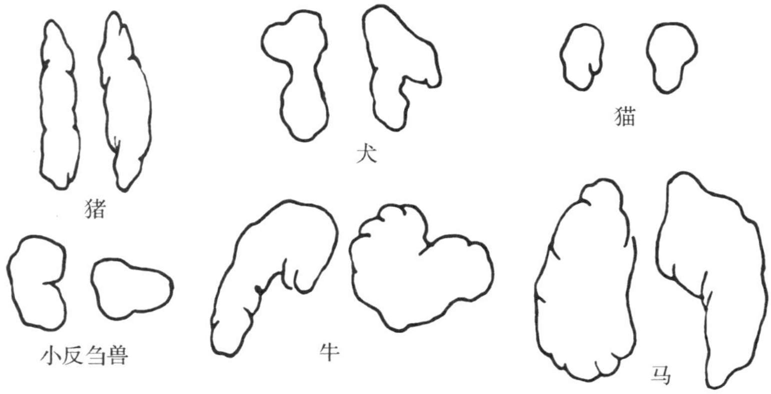

图 13-6　不同家畜的肾上腺

肾上腺一般不对称，形态不规则，不同种类和个体之间，肾上腺的形态、大小差异很大。马的肾上腺呈长扁圆形，红褐色，长 4～9 cm，宽 2～4 cm，位于肾内侧缘的前方。牛的两个肾上腺形状位置不同：右肾上腺呈心形，位于右肾的前端内侧；左肾上腺呈肾形，位于左肾的前方。猪的肾上腺长而狭，位于肾内侧缘的前方。肾上腺皮质分泌的激素称为皮质激素，有调节盐类平衡的盐皮质激素和调节糖类代谢的糖皮质激素；另外，皮质分泌的雄激素，在调节雄性生殖器官的发育方面起着重要作用。腺垂体分泌的促肾上腺皮质激素（ACTH）调节着肾上腺皮质的功能。肾上腺髓质生成的神经递质包括肾上腺素和去甲肾上腺素，肾上腺素兴奋交感神经系统，而去甲肾上腺素影响血压。肾上腺髓质和植物性神经系统共同调节着机体的应激反应。

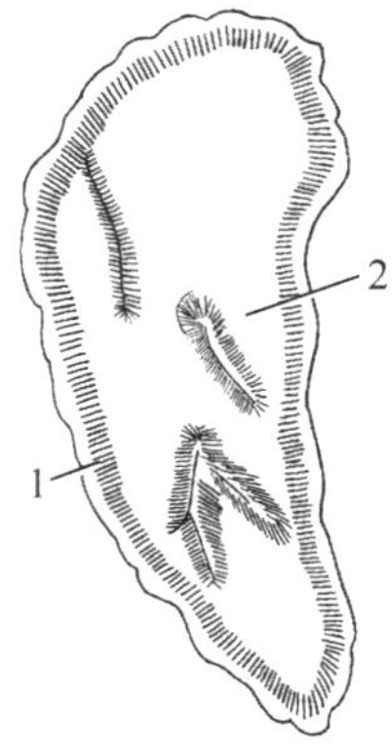

1. 皮质　2. 髓质

图 13-7　肾上腺横断面

第五节　松果体

松果体是一个红褐色稍坚实的豆状小体，位于间脑背侧中央，在大脑半球和小脑之间，以柄连于丘脑上部。松果体能分泌褪黑激素，其功能与垂体中间部分泌的促黑色素细胞激素相拮抗。此外，还有抑制促性腺激素释放、抑制性腺活动、防止性早熟等作用。

第六节 内分泌组织

一、胰岛

胰岛位于胰腺内，是胰腺的内分泌部，由不规则的细胞团索组成。主要分泌胰岛素（降低血糖）和胰高血糖素（升高血糖）。

二、睾丸内的内分泌组织

睾丸间质细胞分布在睾丸曲精小管之间的结缔组织中，能分泌雄激素（主要是睾酮），促进雄性生殖器官发育及第二性征的出现。此外，睾丸内的支持细胞可分泌少量雄激素。

三、卵巢内的内分泌组织

卵泡膜是包围卵泡的间质细胞层，分内、外两层，主要分泌雌激素。黄体由排卵后的卵泡细胞和内膜细胞演化而成，分泌孕酮和雌激素。黄体的发育程度和存在时间，决定于卵是否受精。若排出的卵受精并妊娠，黄体继续生长，可维持到妊娠后期，称妊娠黄体或真黄体；若排出的卵没有受精，则黄体仅维持两周左右便开始退化，称发情黄体或假黄体。

四、其他内分泌组织或细胞

（1）心房壁内的一些细胞可分泌心房肽，消化道内有些细胞可分泌消化道激素等。

（2）下丘脑虽不属于内分泌腺，但与内分泌腺有着密切的联系。一方面，下丘脑内视上核、室旁核等的轴突投射到神经垂体，其分泌物也在神经垂体内贮存；另一方面，下丘脑分泌的多种神经肽通过垂体门脉系统到达腺垂体，对腺垂体的分泌活动进行调节，从而组成下丘脑—垂体—性腺轴、下丘脑—垂体—肾上腺轴等，对整个内分泌系统产生影响。

（3）副神经节。副神经节是小的、结节状的上皮细胞的集合体。从胚胎学上讲，它们源于胚胎时期的神经嵴，含有肾上腺素和去甲肾上腺素。肾上腺髓质是体内最大的神经嵴细胞聚合体。体内其他的副神经节都有神经支配，一般分布于大动脉附近，作为调节呼吸的化学感受器。

①颈动脉体（颈动脉球）位于颈总动脉的分叉处，有时位于颈动脉壁内。其形状不规则，直径1～3 mm。颈动脉体受舌咽神经分支的支配，但也接受迷走神经和颈前神经节分支的支配。

②主动脉体（主动脉球）位于主动脉弓接近臂头动脉干的起始部，它比颈动脉体小，接受迷走神经的减压神经分支的支配。

③主动脉旁体由几个副神经节组成，沿着腹主动脉分布，但不同种类和个体之间其确切位置不同。大部分交感神经节也包含副神经节细胞群。

第十四章　感觉器官

感受器是感觉神经末梢的特殊装置，广泛分布于身体的所有器官和组织内，形态多种多样，结构有简有繁，能接受体内外的各种刺激，并将其转变为神经冲动，传达到中枢神经，并在大脑皮层形成视觉、听觉和其他感觉。感受器根据分布和所接受刺激的来源，分为外感受器、内感受器和本体感受器 3 大类。外感受器能接受外界环境的刺激，如皮肤的触觉、压觉、温觉和痛觉，舌的味觉，鼻的嗅觉，以及接受光波和声波的感觉器官（眼和耳）。内感受器分布于内脏以及心和血管，能感受体内各种物理的、化学的刺激，如压力、渗透压、温度、离子浓度等刺激。本体感受器分布于肌、腱、关节和内耳，能感受运动器官所处状况和身体位置的刺激。感觉器官是指机体内的特殊感受器，如视觉器官和听觉器官。

第一节　眼

一、眼的形状和大小

眼球的形状和大小在种属和个体之间有相当大的差异。肉食动物的眼球为球形（直径 2～2.4 cm），而马的眼球宽度（5 cm）超过其高度（4.2 cm）和长度（4.5 cm），牛的眼球比马的眼球小（4～4.3 cm）。相对于个体大小，猫的眼球最大，其次是犬、马、牛，猪的眼球最小。眼球外形不是正圆形，角膜位于眼球前方，眼球后极比眼球前极的弯曲程度大，两部分以巩膜沟为分界线（图 14-1）。

- 眼球
  - 眼球壁
    - 外层（纤维膜）
      - 角膜
      - 巩膜
    - 中层（血管膜）
      - 虹膜
      - 睫状体
      - 脉络膜
    - 内层（视网膜）
      - 视部
      - 盲部
  - 眼球内容物
    - 房　水
    - 晶状体
    - 玻璃体

二、眼球的方位

角膜顶为眼球前极，后者的对应面为眼球后极。眼球前极和眼球后极的连线称为眼外轴，也称为视轴，它穿过晶状体中心。从角膜后方到视网膜内表面为眼内轴。眼球的中纬线位于眼球前后极之间，其周长最长。眼球表面连接眼球前后极的连线称为子午线。为了便于描述，用垂直子午线和水平子午线将眼球分为 4 个部分。猫的视轴与正中矢状面的角度约为 20°，犬 30°～50°，牛 10°～40°，马为 90°。通常，捕食动物的眼位置较靠前，而狩猎动物的眼则偏向外侧。两眼分开的程度越高，双眼视野越大。马的左右眼视野几乎不重叠，因此它所能看到的周围视野范围较大，但其双眼视力较差。对于眼球，采用前、后、颞侧和鼻侧来描述其方位，相应取代嘴侧、尾侧、外侧和内侧。

三、眼球壁的结构

眼球壁由 3 层同心层（被膜）组成，它将眼球的内部结构和其他结构包围在内（图 14-1～图 14-3）。眼球内部被分为 3 个眼房：眼前房位于角膜和虹膜之间；眼后房位于虹膜、睫状体和晶状体之间；玻璃体腔位于晶状体后方，周围被视网膜包围。眼球壁分三层：外层即眼球纤维膜，包括巩膜和角膜；中层即眼球血管膜，包括脉络膜、睫状体和虹膜；内层即眼球内膜，包括视网膜盲部和视网膜视部。

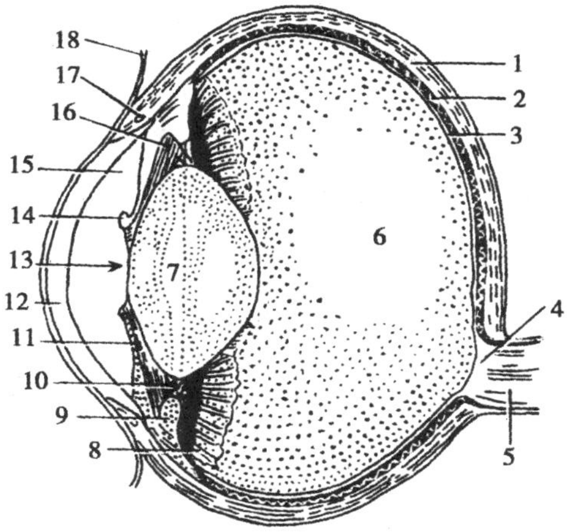

1. 巩膜　2. 脉络膜　3. 视网膜　4. 视乳头　5. 视神经　6. 玻璃体　7. 晶状体　8. 睫状突　9. 睫状肌　10. 晶状体悬韧带　11. 虹膜　12. 角膜　13. 瞳孔　14. 虹膜粒　15. 眼前房　16. 眼后房　17. 巩膜静脉窦　18. 球结膜

图 14-1　眼球纵切面模式图

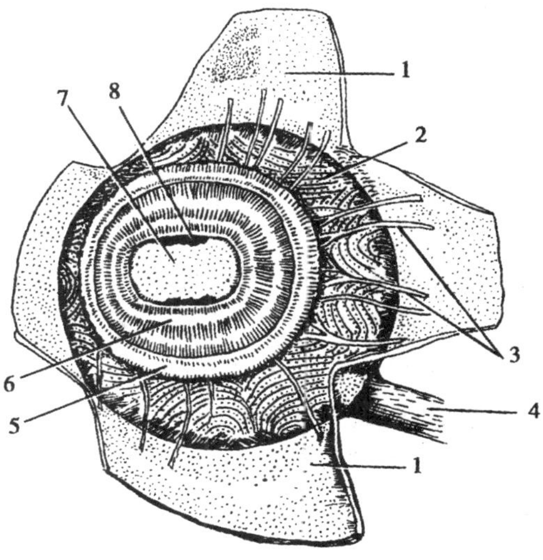

1. 巩膜　2. 脉络膜　3. 睫状静脉　4. 视神经　5. 睫状肌　6. 虹膜　7. 瞳孔　8. 虹膜粒

图 14-2　马眼球的血管膜前部（角膜切除，巩膜翻开）

(一)眼球的纤维膜

纤维膜为眼球的外壳,由致密结缔组织构成,厚而坚韧,有保护眼球内部结构和维持眼球外形等作用。纤维膜又分为前部透明的角膜和后部白色而不透明的巩膜,前后两部在角膜连接处相连,也称为角膜缘。

1. 角膜　角膜呈外凸内凹的球面,为眼球纤维膜的透明部分,位于眼球前部。角膜固有质由平行排列的胶原纤维组成,呈板层状。角膜的最高点称角膜顶,其外周为角膜缘。肉食动物的角膜为圆形,而有蹄类为卵圆形,鼻侧眦钝,颞侧眦尖。

角膜包括 5 层结构:前上皮、前界层、固有质、后界层、后上皮或前房内皮。

前上皮由数层扁平细胞组成,并延续为球结膜。其外表面由角膜前泪液膜覆盖,后者有润滑、保护上皮细胞的作用。角膜前泪液膜由浆液、类黏蛋白和脂肪等成分构成。前上皮形成屏障以减少水分侵入角膜固有质。角膜表面的再生能力很强,受伤后容易修复,但如损伤很深,则形成疤痕,或因炎症、溃疡而变为混浊,都可以严重影响视力。固有质由胶原纤维和角膜细胞组成,它们排列在不同的板层间,为扁平的、水样基质。无髓鞘的感觉和自主神经纤维的致密网延伸于胶原纤维之间。角膜感觉灵敏,轻触角膜可引起闭眼动作,称为角膜反射。

角膜常无血管,其营养供应来源于角巩膜连接处、角膜前泪液膜和房水的毛细血管袢的分子扩散。

后界层是后上皮的基底膜。

后上皮由单层扁平上皮构成,这些单层扁平上皮延续为眼前房的内皮。后上皮能够提高水分的选择性扩散以维持角膜的通透性,并分泌蛋白质参与角膜后界层的形成和更新。

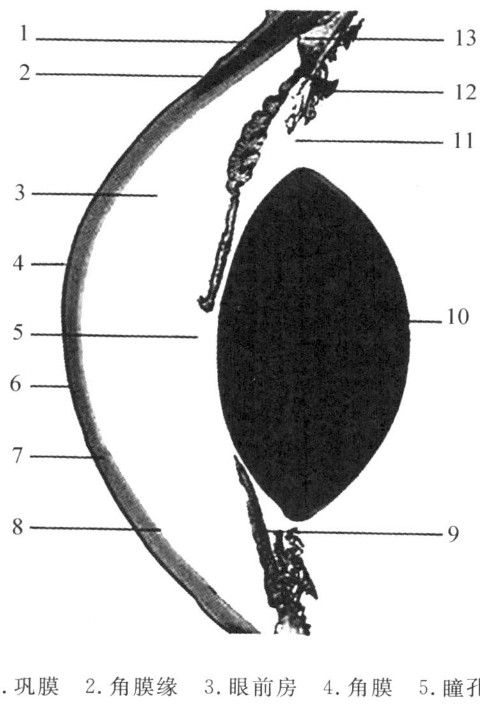

1. 巩膜　2. 角膜缘　3. 眼前房　4. 角膜　5. 瞳孔　6. 前上皮　7. 固有质　8. 后上皮　9. 虹膜　10. 晶状体　11. 眼后房　12. 睫状突　13. 虹膜角膜角

图 14-3　猫眼球前部组织学结构

2. 巩膜　巩膜是由相互交织的胶原纤维束构成的致密网,其中散在分布有少量的弹性纤维,这些弹性纤维具有抵抗眼内压和眼外肌牵拉力的作用。巩膜的薄厚不一,最薄的地方位于中纬线(小于 0.5 mm),由中纬线至眼球后极逐渐变厚(小于 2 mm)。腹颞侧巩膜有供视神经和血管穿过的许多小孔(巩膜筛区)。筛区小梁向后部延续为视神经的结缔组织中隔。在角巩膜连接处,巩膜内表面有一明显的小嵴(巩膜环),其上附着睫状肌。巩膜外表面为巩膜沟,肉食动物的巩膜沟比较明显。巩膜静脉窦是眼房水排出的地方,位于巩膜环和巩膜沟之间,它对调节眼压有重要作用。如果眼房水不能顺利流出,眼压就会增加,最后发展为青光眼。接近于角巩膜连接处的巩膜表面覆有结膜,反折到眼球表面为球结膜。

(二)眼球的血管膜

血管膜是眼球壁的中层，位于纤维层与视网膜之间，它由结缔组织构成，其间包括色素细胞、弹性纤维、神经丛和大量的血管网。血管膜具有若干功能：血液供应，悬挂与调节晶状体形状，调节瞳孔大小和产生眼房水，形成暗的环境，有利于视网膜对光色的感应。血管膜由后向前分为脉络膜、睫状体和虹膜 3 部分。

1. 脉络膜　脉络膜是有色的，有大量的血管，包裹在眼球后部，衬于巩膜的内面且与之疏松相连(但与视网膜连接较紧密)。脉络膜后部在视神经穿过的背侧，有一片呈青绿色带金属色彩的三角区域，叫照膜。猪没有照膜。肉食动物的照膜为细胞膜(细胞毯)。而草食动物的为纤维膜(纤维毯)。位于照膜下的视网膜通常具有游离色素。照膜细胞含有透明柱(含锌和半胱氨酸)，具有很强的反射光线的能力，能够刺激视网膜光感受细胞。因此，照膜有助于动物在昏暗光线下的视觉反应。动物的种属不同，其照膜的颜色则不同(猫为黄色，犬为绿色，牛和马为蓝绿色)，因此动物眼睛的虹彩亦不同。

2. 睫状体　睫状体位于脉络膜和虹膜之间，是血管膜中较厚的中间层，呈环状围于晶状体周围。睫状体内表面形成许多呈放射状排列的皱褶，称睫状突，晶状体悬挂固定在其游离端。犬的睫状突有 70～80 个，牛和马的超过 100 个。弹性纤维、色素细胞、血管和睫状肌纤维分布在睫状体的结缔组织中。睫状体上皮产生眼房水，分泌到眼后房，通过瞳孔流入眼前房，在虹膜角膜角排入巩膜静脉窦。睫状肌为平滑肌，在注视近或远距离的物体时，能调节晶状体的形状变化。马的这种调节能力相对较弱，而肉食动物较强。睫状肌接受交感神经和来源于睫状神经节的副交感神经的共同支配。副交感神经兴奋引起睫状肌收缩，晶状体变圆，眼睛聚焦在近距离的物体上。交感神经兴奋则引起睫状肌舒张，晶状体变扁，眼睛聚焦在远距离的物体上。

3. 虹膜　是血管膜最前部的环状膜。位于晶状体的前方，从眼球前面透过角膜可以看到。虹膜中央有一孔，称瞳孔。猪的瞳孔为圆形，其他家畜的为椭圆形。虹膜将角膜和晶状体之间的腔隙分为眼前房和眼后房，眼前房和眼后房通过瞳孔相通。虹膜前表面为一层不连续的上皮细胞，其内表面下的基质中含有胶原纤维束、血管、平滑肌纤维、色素细胞和神经纤维。胶原纤维能调节瞳孔的放大和缩小。基质内有丰富的血管网(虹膜动脉大环或虹膜动脉小环)提供营养。在瞳孔放大和缩小时，血管周围形成的胶原纤维网状结构维持血管微循环。基质内含有两种平滑肌，即瞳孔括约肌和瞳孔开大肌，具有调节瞳孔大小和控制到达视网膜光线数量的功能。瞳孔括约肌由接近虹膜瞳孔缘的环形平滑肌纤维构成。瞳孔为椭圆形的动物(如猫、绵羊、牛)，其瞳孔括约肌接受网络状的附加纤维牵拉，使瞳孔缩小，并呈一条水平或垂直的狭缝。副交感神经支配瞳孔括约肌。瞳孔开大肌由放射状的瞳孔开大肌纤维组成，形成的网状组织几乎完全充满虹膜后部。瞳孔开大肌由视网膜虹膜部的神经上皮衍生而来，它接受交感神经的支配。虹膜的色素细胞含有黑色素，保护视网膜免受强光刺激。色素细胞的数量和大小决定了眼睛的颜色，其遗传性由一些共显性基因决定。如果虹膜基质中有丰富的胶原纤维，而缺乏色素细胞，则眼睛呈蓝色或灰色(猪和山羊)。如果薄的胶原纤维网状结构中富含色素细胞，虹膜的颜色为暗褐色(牛、马)。如果色素细胞非常少，虹膜呈黄色(犬、猪、小型反刍动物)。白化病动物的眼球呈红色，这是由于在血液供应的虹膜区内完全缺乏色素细胞。虹膜的后表面衬有虹膜视网膜的色素内层和色素上皮。反刍动物和马的虹膜上下瞳孔缘不规则地向外生长，它含有卷曲的毛细血管，即虹膜颗粒（黑体）。小型反刍动物和马的虹膜颗粒包有囊状结构，据推测虹膜颗粒具有分泌眼房水的功能。

4. 虹膜和睫状体的神经支配　虹膜和睫状体的肌肉和血管接受来自睫状神经节的交感神经和副交感神经，即睫状短神经的支配。交感节后神经纤维支配瞳孔开大肌、虹膜血管和睫状突。来源于动眼神经的副交感神经纤维支配瞳孔括约肌和睫状肌，并形成反射弧。具有副交感神经作用和胆碱能作用的药物，如毛果云香碱或氯化氨甲酰胆碱，可刺激瞳孔和睫状肌的收缩。局部应用天然生物碱如阿托品和东莨菪碱，可阻断眼部副交感神经的支配，从而导致瞳孔被动放大和眼调节麻痹。苯肾上腺素和肾上腺素可诱导交感神经活性。

（三）眼球的视网膜

视网膜是眼球壁的最内层，是由间脑的视泡向外发育而成，二者由视神经连接。因此，视神经是视网膜通向中枢神经系统的纤维束。视网膜可分为视部和盲部。盲部和视部以锯齿缘为界。视部位于锯齿缘后部和眼球的后部。视部比盲部薄。视部能将光能转化为化学能，最后转化为电脉冲沿视神经传递至脑的视觉中枢。

视部衬于脉络膜的内面，且与其紧密相连，薄而柔软。生活时略呈淡红色，死后混浊，变为灰白色，易于从脉络膜上脱落。在视网膜后部有一视神经乳头，为一卵圆形白斑，表面略凹，是视神经纤维穿出视网膜处，没有感光能力，又称盲点。在视神经乳头处，视网膜中央动脉由此分支，呈放射状分布于视网膜，分支情况因各种家畜而不同。视神经乳头和动脉及其分支，在做临床检查时可以看到。在眼球后端的视网膜中央区是感光最敏锐部分，成一圆形小区称视网膜中心，相当于人眼的黄斑，具有最大的视觉解析力。人类的视网膜中央区为黄色，但动物并非黄色。该区域的感光细胞和神经细胞的数量增多，而人类视网膜中央区主要为视锥细胞。马、猪和反刍动物的这些区域富含视锥细胞和神经细胞，据推测它们对移动物体的识别起重要作用。

视部的外层是色素上皮层，内层是神经层。神经层由浅向深部由 3 级神经元构成。最浅层为感光细胞，有两种细胞，即视锥细胞和视杆细胞。视杆细胞有感弱光的能力，含有对黑和白（夜晚）敏感的光受体，含有充满视紫红质的膜盘，它可将光能转化为化学能。新的膜盘不断产生，并向光受体末端移动，在那里被色素细胞所吞噬。视锥细胞有感强光和辨别颜色的能力，与颜色视觉（白天）有关。视锥细胞不含视紫红质，而含有视青紫质。猫能够区分绿色和蓝色，但对其他颜色视觉很弱，反刍动物和马不能分辨红色和蓝色，而猪和人类的视觉色谱相似。犬具有二色觉，能够辨别短波长和长波长的光。

第 2 级神经元为双极神经元，是中间神经元。第 3 极为多极神经元，称为神经节细胞，其轴突向视网膜乳头集中，成为视神经。

视网膜脱落时通常是沿着动物胚胎期遗留的、位于色素上皮和视网膜神经层之间的视网膜内间隙分开，造成视锥和视杆细胞的营养供应消失，光感受细胞退化。

视网膜盲部，无感光能力，外层为色素上皮，内层无神经元，被盖在睫状体及虹膜的内面。

四、眼球内容物

眼球内容物是眼球内一些无色透明的结构，包括呈液态的眼房水、固态的晶状体和胶状半流动的玻璃体。它们与角膜一起组成眼的折光系统，光线通过角膜和这些结构发生曲折，才能在视网膜上成像。

(一)晶状体

晶状体为双凸透镜结构，借睫状小带固定于虹膜和玻璃体之间。晶状体分为前极、后极、中纬线和中央轴。其后表面比前表面的凸度大。在光线适应期，晶状体的凸度会发生改变。成年动物的晶状体无血管，其营养供应来自眼房水和玻璃体。

晶状体结构为：晶状体囊、晶状体上皮、晶状体纤维。

整个晶状体被晶状体囊包裹。晶状体囊由晶状体上皮细胞分泌的物质形成的半透性基底膜构成，具有很强的折光性和弹性。悬吊晶状体的小带纤维止于晶状体的表层。晶状体通过玻璃体液的作用，紧密黏附于晶状体后囊上。

晶状体起源于外胚层，位于视杯上的表面上皮内陷形成晶状体泡。来源于后壁的细胞移行至前部上皮，晶状体泡的腔隙消失。随后，这些细胞的核消失形成晶状体纤维。因此，成年动物只在晶状体前部存在透明的立方上皮细胞。这些上皮细胞自始至终不断增殖，位于晶状体中纬线的细胞沿子午线移行到达前、后极顶点。当连续的细胞层聚集后，深层细胞的细胞核则消失，但晶状体纤维仍然存在。这种生长方式使晶状体出现板层结构，类似于洋葱的横断面。

每一层晶状体纤维均从一极到另一极呈环状排列，但它们的顶点不会在每一极的单一点相互汇合。相反，其交接点形成明显的条状纹理，即晶状体辐射。在晶状体前表面，晶状体辐射形成直立的 Y 字形，而在后表面则为倒立的 Y 字形。晶状体的生长速率具有种属特异性，且晶状体干重与动物的年龄直接相关。

每一条晶状体纤维由若干个连续的六角形上皮细胞组成，这种细胞彼此连接、易变形，可保持晶状体的弹性。晶状体纤维的细胞外基质由水(70%)、膜蛋白和微丝(肌动蛋白、弹性蛋白、纤维结合蛋白)组成。晶状体皮质部、晶状体纤维相对较柔软，但韧性大，密集排列在晶状体的中央，并在那里形成晶状体核。随着动物年龄的增长，晶状体核进一步失水和浓缩，导致晶状体纤维韧性加大，弹性降低。晶状体板结构对透明度很重要。晶状体从不发炎，但常因外伤、中毒以及新陈代谢障碍等因素，造成晶状体变性而发生混浊，致使光线不能通过，临床上称为白内障。

(二)眼房和眼房水

眼球有 3 个眼房，即眼前房、眼后房和玻璃体房。眼前房位于角膜后面与虹膜和晶状体的前表面形成的间隙，它通过瞳孔直接与眼后房相通。眼后房前界为虹膜和睫状体，后界为晶状体囊和玻璃体。眼前房和眼后房充满眼房水，它是由睫状体上皮活化的分泌突产生的。眼房水为无色透明的液体，它含有电解质、葡萄糖、氨基酸和抗坏血酸。它们对于眼球的无血管结构(角膜和晶状体)的营养供应起重要作用。

眼房水由分泌处流入眼后房，然后通过瞳孔流入眼前房，最后由虹膜角膜角隙渗入虹膜静脉从。健康眼球眼房水的产生与排出处于动态平衡，具有维持眼内压的作用。如果眼房水排出受阻，则眼内压增高（青光眼），导致视网膜萎缩和失明。马丝虫的幼虫常寄生在眼房水内，俗称混眼虫，可采取手术刺破角膜随房水放出。

（三）玻璃体

玻璃体房是眼房中最大的一个，其前界为晶状体和睫状体，后界为视网膜。玻璃体房内为一软的、无色透明的胶状物质，即玻璃体，可随周围环境而改变其形状。玻璃体房内主要含有玻璃体液，是一种富含黏多糖的透明质酸（99%水，1%固体）。除了少许玻璃体细胞产生蛋白纤维外，玻璃体内几乎不含细胞。这些纤维增强了玻璃体结构的稳定性，且对于其胶状特性的维持有重要作用。大多数细胞朝向玻璃体表面，在那里聚集形成玻璃体膜。当玻璃体从眼球移出后，玻璃体膜的硬度不足以维持玻璃体形状。

眼由一些光学面组成，这些光学面可以精确地使物体在视网膜上成像。光线通过角膜、眼房水、晶状体和玻璃体等屈光装置后，到达视网膜。为了使视网膜成像清晰，这些屈光装置必须保持透明。

眼球屈光装置的折光力由折光指数、厚度和表面曲率决定。折光力大部分受屈光装置与周围介质的折光指数差的影响。这个差值在空气—角膜界面最大，因为角膜是眼球最有效的折光装置。当晶状体被相似折光指数的介质包围时，晶状体的折光指数最大。晶状体只是一个能够改变其折光指数的屈光装置。

五、眼球的附属器官

眼球的附属器官包括眼眶、眼睑、泪器、眼球肌和眶骨膜等，对眼球有保护、运动和支持作用（图 14-4、图 14-5）。

（一）眼眶

眼眶位于颅腔外侧面，是锥形的腔隙，其内含有眼球和大部分的眼球附属器官。它向后延续为颞窝和翼腭窝。在外表上眼眶以骨环为界，肉食动物和猪的骨环开口于外侧面，其开口处为眶韧带连接。眼眶内衬一层结缔组织——眶骨膜，它源于骨膜。眼眶脂肪垫易变形，有保护眼眶内容物、使眼球旋转和缩进的作用。眼眶脂肪垫内含有筋膜、肌肉、血管和神经。眼眶外脂肪垫充满颞窝。瘦弱的动物眼眶脂肪垫减少，眼球塌陷，面部表情痛苦。眼眶的位置具有种属特异性：犬、猫的眼眶朝向前方，草食动物大部分位于外侧面。

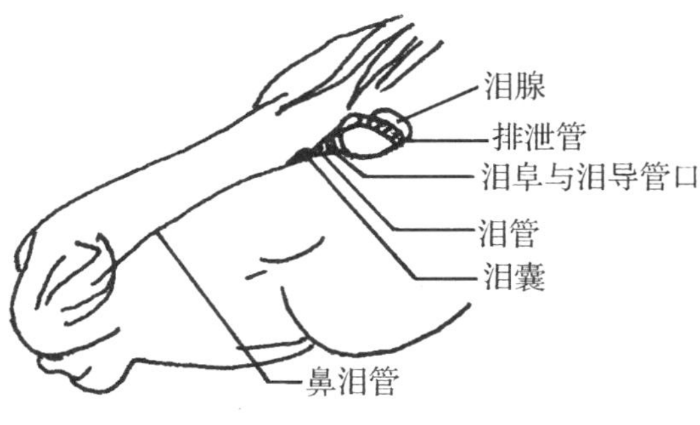

图 14-4　马的泪器

（二）眼睑

眼睑为肌肉纤维褶，当其覆盖于眼球前表面时，可遮蔽光线，保护角膜，并使角膜保持潮湿。

家畜有 3 个眼睑:上眼睑、下眼睑和第三眼睑(瞬膜)。上、下眼睑间的睑裂的大小可变,并接受眼睑肌的控制。上、下眼睑的游离缘在眼球的鼻侧角和颞侧角(眦)汇合。

泪阜位于眼球鼻侧角,为一黏膜突。由小阜上伸出小而细的毛,在犬,豌豆大的泪腺位于小阜的下方。泪点穿过泪液膜在近鼻侧角开口于眼睑缘。

眼睑由 3 层结构组成:皮肤、中间的肌肉纤维层和黏膜(睑结膜)。面部皮肤延续为眼睑前面,其结构稍有改变。眼睑皮肤上不仅长有毛,还有腺体结构。长的毛由上眼睑缘伸出。眼睑含有几种腺体:皮脂腺开口于毛囊;睫状腺为卷曲的管状汗腺,其分泌物分泌到毛囊,同时皮脂腺直接分泌到眼睑缘;皮脂腺调节睑板腺的分泌,睑板腺存在于上下眼睑,在泪液膜浅层分泌油脂。

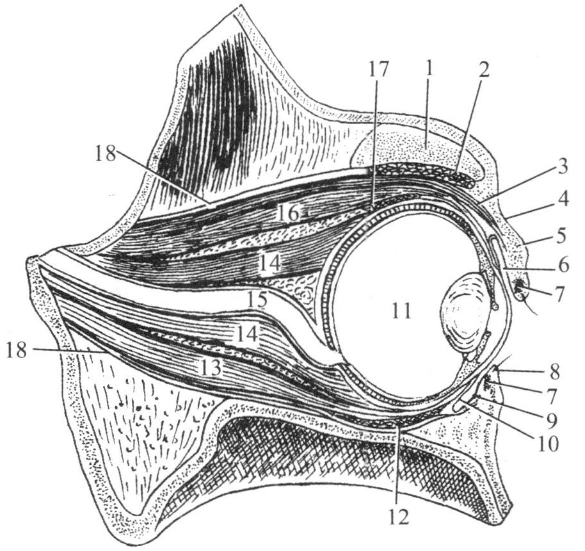

1. 额骨眶上突 2. 泪腺 3. 眼睑提肌 4. 上眼睑 5. 眼轮匝肌 6. 结膜囊 7. 睑板腺 8. 下眼睑 9. 睑结膜 10. 球结膜 11. 眼球 12. 眼球下斜肌 13. 眼球下直肌 14. 眼球退缩肌 15. 视神经 16. 眼球上直肌 17. 眼球上斜肌 18. 眶骨膜

图 14-5 眼的辅助器官

眼睑后表面为一层黏膜,即睑结膜。在眶缘水平,睑结膜折转于眼球表面形成球结膜。折转点为结膜穹隆。当眼睛睁开时,在结膜穹隆处形成很多小褶。结膜囊是下眼睑和眼球之间的间隙,正常的结膜囊内含有黏液和泪液。结膜在眼睑部为复层上皮,并有杯状细胞夹于其中。睑结膜位于富含淋巴组织的疏松结缔组织真皮之上。球结膜较薄,延续为角膜前上皮。正常情况下,睑结膜呈淡红色,在发绀、黄疸或贫血时极易显示不同的颜色,因此在临床上常作为诊断某些疾病的重要依据。牛的眼虫就寄生在此囊内。

第三眼睑(瞬膜)或结膜半月褶为背腹侧朝向的结膜褶,由位于泪阜和眼球之间的内眦延续而来。瞬膜内含有一 T 形软骨,马、猪和猫的为弹性软骨,犬和反刍动物的则为透明软骨。瞬膜内含有许多淋巴结(结膜淋巴小结),当眼球受到慢性感染时,淋巴结肿大。

软骨基部由第三眼睑浅腺包围。牛、山羊和犬为混合的浆液黏膜腺,猫和马为浆液腺,猪为黏液腺。第三眼睑浅腺由角膜前泪液膜产生。猪还有第二腺体,即深腺。

(三)泪器

泪器包括泪腺和泪道两部分。

1. 泪腺 位于眼球的背外侧,在眼球与眶上突之间。为扁平卵圆形。有 10 余条导管开口于上眼睑结膜。其分泌的泪液有湿润和清洗眼球的作用。

2. 泪道 为泪液的排泄管道,由泪小管、泪囊和鼻泪管组成。泪小管为两条短管,起始于眼内侧角处的两个小裂隙即泪点,汇注到泪囊。泪囊为膜性囊,位于泪骨的泪囊窝内,呈漏斗状,为鼻泪管的起端膨大部。鼻泪管位于骨性鼻泪管中,沿鼻腔侧壁向前向下延伸,开口于鼻腔前庭。

泪液在此随呼吸的空气蒸发。泪道受阻时，泪液就不能正常排泄，而从睑缘溢出，长期受阻可刺激眼睑发炎。

(四)眼球肌

眼球肌属横纹肌，为眼球的运动装置，在眶骨膜内，位于眼球的后部和视神经周围。一端附着在视神经周围的骨上，另一端附着在眼球巩膜上。包括四块眼球直肌、两块眼球斜肌和一块眼球退缩肌。眼球肌受动眼神经、滑车神经和外展神经支配。

1. 眼球退缩肌　位于最深部，围绕着视神经，收缩时使眼球向后移位。
2. 眼球直肌　有 4 条，上下各一；内外各一。收缩时使眼球做上、下、内、外转动。
3. 眼球斜肌　共两块，即眼上斜肌和眼下斜肌。收缩时可以旋转眼球。

(五)眶骨膜

眶骨膜又称眼鞘，为致密坚韧的纤维膜。呈锥状，包围着眼球和眼肌，其内外间隙中充填着大量脂肪。

六、血液供应和神经支配

(一)眼部的血管

眼球的主要血液供应来源于上颌动脉的分支，即眼外动脉。

眼外动脉于筛区进入眼球，在筛区可分出睫状后短动脉。这些血管形成视神经的血管环。人类有视网膜中央动脉，而动物无此动脉。它们也形成巩膜上血管和睫状后长动脉，睫状后长动脉穿过近中纬线的巩膜与相应的静脉连接形成脉络膜丛。眼球前部由睫状前动脉提供血液供应，睫状前动脉穿过巩膜前缘，为脉络膜前部——睫状体和虹膜提供营养。这些动脉相互吻合形成虹膜大血管环，在那里许多动脉的分支穿过眼球前部结构分布到眼睑，这些动脉包括结膜动脉后支和结膜动脉前支。

静脉通常与动脉并行。来自脉络膜的静脉回流由 4 条流向眼外静脉的涡静脉完成。巩膜静脉丛穿过眼房开口于睫状前静脉。小动脉和小静脉存在于视神经乳头，以不同的方式向四周分布，为视网膜提供营养。在临床上，了解每一种动物的眼底血管特征以及伴随年龄增长的个体眼底血管的变化是很重要的。

(二)眼及眼副器的神经支配

眼及其眼副器(包括眼眶及眶脂体、眶筋膜、眼球外肌、泪器、血管和神经)由第Ⅱ、Ⅲ、Ⅳ、Ⅴ、Ⅵ和Ⅶ对脑神经支配。

视神经或第Ⅱ对脑神经为感觉神经，与中枢神经系统相连，司视觉。

动眼神经(Ⅲ)、滑车神经(Ⅳ)和外展神经(Ⅵ)通过支配眼外肌调节眼球的运动。面神经(Ⅶ)支配眼轮匝肌，为岩大神经提供副交感神经纤维以支配泪腺。

眼球接受三叉神经(Ⅴ)分支的支配。眼神经为支配眼球和眼眶的主要感觉神经：额神经支配上眼睑；泪神经支配颞眦的皮肤与结膜；滑车下神经支配眼球的鼻眦；鼻睫神经支配角膜和脉络膜；上颌神经的颧支支配下眼睑；三叉神经的分支对角膜和眼睑反射的传入通路有重要作用。

副交感神经的节前神经纤维通过动眼神经支配睫状神经节。它们发生突触联系，其节后神经纤维形成睫状短神经。它们也接受交感神经纤维和感觉纤维的刺激，对瞳孔反射的自律调节和晶状体的调节具有重要作用。副交感神经使瞳孔括约肌收缩；交感神经使瞳孔扩大肌收缩。

【案例】 眼部疾病主要有：眼葡萄膜炎、视网膜病、眼外伤（特别是眼睑外伤）、莫拉氏杆菌引起的牛传染性角膜结膜炎、眼球震颤、斜视和眼癌（由于紫外线照射到皮肤，致缺乏色素引起的眼睑的一种鳞状上皮细胞癌）、晶状体疾病和先天性白内障等。牛可做的眼球外科手术之一就是在全身麻醉下摘除眼球。

第二节　位听器官

位听器官包括位觉器官和听觉器官两部分（图 14-6）。这两部分机能虽然不同，但结构上难以分开。位听器官由外耳、中耳和内耳 3 部分构成。外耳收集声波，中耳传导声波，内耳是听觉感受器和位置觉感受器所在地。

一、外耳

外耳包括耳廓、外耳道和鼓膜 3 部分。

（一）耳廓

耳廓以耳廓软骨为基础，内、外均覆有皮肤。耳廓里面的凹陷叫舟状窝。耳廓前、后缘向上汇合形成耳尖，耳廓下部叫耳根，在腮腺深部连于外耳道。耳廓软骨基部外面附着有许多耳肌，故耳廓转动灵活，便于收集声波。

（二）外耳道

外耳道是从耳廓基部到鼓膜的通道，由软骨性外耳道和骨性外耳道两部分构成。软骨性外耳道上部与耳廓软骨相连接，下部固着于骨性外耳道的外口。骨性外耳道即颞骨的外耳道，呈漏斗状，长 2.5～3.5 cm。外口大，内口小，内口朝向中耳。外耳道内面被覆皮肤，皮肤具有短毛、皮脂腺和特殊的耵聍腺以及丰富的神经末梢；耵聍腺分泌

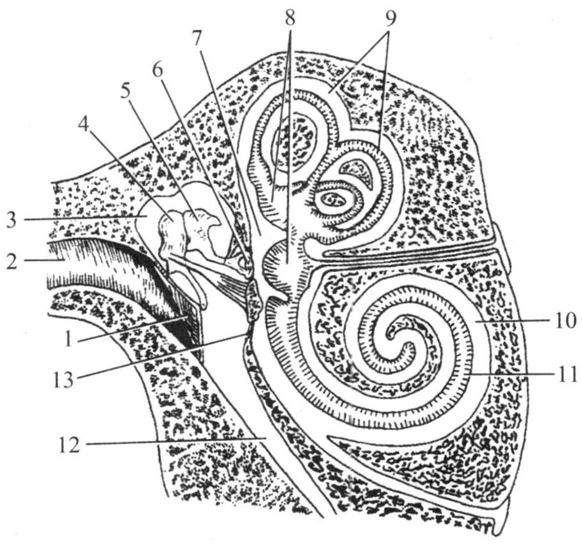

1. 鼓膜　2. 外耳道　3. 鼓室　4. 锤骨　5. 砧骨
6. 镫骨及前庭窗　7. 前庭　8. 椭圆囊和球囊　9. 半规管
10. 耳蜗　11. 耳蜗管　12. 咽鼓管　13. 耳蜗窗

图 14-6　耳的构造模式图

耳蜡，又称耵聍。

(三)鼓膜

鼓膜是一片椭圆形的纤维膜，坚韧而有弹性，位于外耳道底部，是外耳和中耳的分界。鼓膜厚约 0.2 mm，外表面呈浅凹面，内表面隆凸。

二、中耳

中耳由鼓室、听小骨和咽鼓管组成。

(一)鼓室

鼓室是颞骨岩部内一个含有空气的骨腔，内面被覆黏膜。鼓室的外侧壁是鼓膜，借鼓膜与外耳道为界；内侧壁为骨质壁或迷路壁(因内耳又叫迷路)，与内耳为界；在内侧壁上有一隆起称为岬，岬的前方有前庭窗，被镫骨底及环状韧带封闭，岬的后方有耳蜗窗，被第二鼓膜所封闭；第二鼓膜对声波起减震的作用。

鼓室 6 个壁的毗邻与交通：前壁为颈动脉壁，有裂隙样的咽鼓管鼓口通咽鼓管；顶壁为盖壁，其内侧部有面神经通过；后壁为乳突壁；底壁为颈静脉壁；内侧壁为迷路壁；外壁为骨膜。

中耳炎由咽鼓管进入感染，向几个壁的方向侵袭，导致颅内感染、鼓膜穿孔、面神经瘫痪或乳突炎。

(二)听小骨

听小骨位于鼓室内，共有 3 块，由外向内依次为锤骨、砧骨和镫骨。它们彼此以关节连成一个骨链，一端以锤骨柄附着于鼓膜，另一端以镫骨底的环状韧带附着于前庭窗。鼓膜接受声波而振动，再经过骨链将声波传递到内耳。

(三)咽鼓管

咽鼓管起自鼓室而开口于咽腔。空气从咽经此管到鼓室，以调节鼓室内压与外界气压的平衡，防止鼓膜被震破。

三、内耳

内耳又称迷路，因结构复杂而得名，分为骨迷路和膜迷路两部分。它们是盘曲于鼓室内侧骨质内的骨管，在骨管内套有膜管。骨管称骨迷路，膜管称膜迷路。膜迷路内充满内淋巴，在膜迷路与骨迷路之间充满外淋巴，它们起着传递声波刺激和动物体位置变动刺激的作用。

(一) 骨迷路

骨迷路位于鼓室内侧的骨质内，由前庭、骨半规管和耳蜗 3 部分构成。

1. 前庭　位于骨迷路中部较为扩大的空腔，向前下方与耳蜗相通，向后上方与骨半规管相通。前庭的外侧壁(即鼓室的内侧壁)上有前庭窗和蜗窗；前庭的内侧壁是构成内耳道底的部分，壁上有前庭嵴，嵴的前方有一球囊隐窝；后方有一椭圆囊隐窝；后下方有一前庭小管内口。

2. 骨半规管　位于前庭的后上方，为 3 个彼此相互垂直的半环形骨管，按其位置分别称为前半规管、后半规管和外半规管。每个半规管的一端膨大，称为骨壶腹；另一端称为骨脚。

3. 耳蜗　位于前庭的前下方，由一耳蜗螺旋管围绕蜗轴（由骨松质构成）盘旋数圈（牛 3.5 圈，马、羊 2.25 圈，猪 4 圈）而成，呈圆锥形，管的起端与前庭相通，盲端终止于蜗顶。蜗轴底即内耳道的一部分，该处凹陷，有许多小孔，供耳蜗神经通过。

（二）膜迷路

膜迷路为套于骨迷路内互相通连的膜性囊和管（由纤维组织构成，内面衬有单层上皮），形状与骨迷路相似，由椭圆囊、球囊、膜半规管和耳蜗管组成。椭圆囊和球囊位于前庭内；膜半规管套于骨迷路内；耳蜗管套于耳蜗内。

1. 椭圆囊　位于前庭的椭圆隐窝内，与半规管相通。

2. 球囊　位于前庭的球状隐窝内，一端与椭圆囊相通，另一端与耳蜗管相通。

3. 膜半规管　套于骨半规管内，与骨半规管的形状一致，膜壶腹和膜脚均开口于椭圆囊。

在椭圆囊、球囊和膜半规管壶腹的壁上，均有一增厚的部分，分别形成椭圆囊斑、球囊斑和壶腹嵴，它们为位置觉（平衡觉）感受器，调节动物的运动，以维持动物体平衡，并与小脑密切相连。

4. 耳蜗管　位于耳蜗螺旋管内，与耳蜗螺旋管的形状一致。一端与球囊相通连，另一端终止于蜗顶。在耳蜗管的基底膜上有感觉上皮的隆起，称为螺旋器，又称科尔蒂器，为听觉感受器，声波经一系列途径传到耳蜗后，由耳蜗管内的螺旋器将其转化为神经冲动，再经前庭耳蜗神经的耳蜗支传到脑，从而产生听觉。

【案例】　牛或羊的耳通常因为外伤而损伤；偶尔也会引起中耳炎（牛的中耳炎很难被诊断）或外耳炎。

第十五章　被皮系统

被皮系统包括皮肤和由皮肤演化而来的特殊器官。由皮肤演化而来的特殊器官如毛、蹄、角、皮肤腺和乳腺等，统称为皮肤衍生物。被皮形成身体的外部屏障以及与外界环境接触的界面，是所有哺乳动物最大的器官，可以行使多种功能：保护（保护身体抵抗来自外部环境的机械、化学、物理及生物因素的伤害），感觉（感受压力、疼痛、热和寒凉），调节体温（通过散热），分泌、排泄水分和电解质，贮藏脂肪和维生素，免疫和防御，通信等。如果失去25%的被皮，通常会对身体造成致命的伤害。此外，被皮可以反映动物的健康状况，并预示体内一些疾病的证候，如黄疸、发绀或水肿。被皮在皮革、毛皮、毛织品工业领域也具有一定的经济价值。

第一节　皮肤

皮肤覆盖在动物体表，在自然孔（口裂、鼻孔、肛门和尿生殖外口等）处与黏膜相接，可以通过毛发、皮脂腺和汗腺的出现与黏膜区别开来。皮肤表面具有细的沟和嵴构成的网络，这些网络在

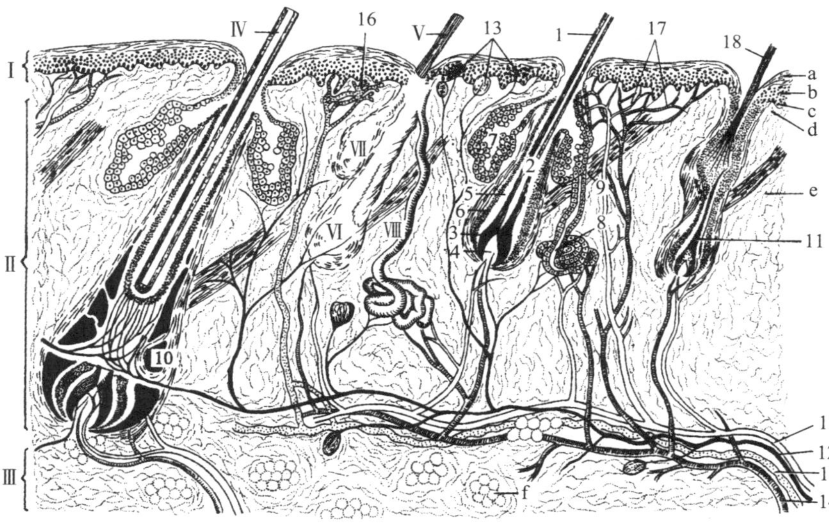

Ⅰ.表皮　Ⅱ.真皮　Ⅲ.皮下组织　Ⅳ.触毛　Ⅴ.被毛　Ⅵ.毛囊　Ⅶ.皮脂腺　Ⅷ.汗腺
1.毛干　2.毛根　3.毛球　4.毛乳头　5.毛囊　6.根鞘　7.皮脂腺断面　8.汗腺的断面　9.立毛肌　10.毛囊的血窦
11.新毛　12.神经　13.皮肤的各种感受器　14.动脉　15.静脉　16.淋巴管　17.血管丛　18.脱落的毛
a.表皮角质层　b.颗粒层　c.生发层　d.真皮乳头层　e.网状层　f.皮下组织内的脂肪组织

图15-1　皮肤结构的半模式图

无毛处表现得尤其明显，如鼻或鼻唇镜。这些网络具有永久性和个体特异性，可广泛应用于人类（指纹）身份鉴定。而犬和牛则不太普遍应用。另外，发现所有动物均有小的球状突出物，是一种触觉感受器。家畜皮肤的厚薄因家畜的种类、品种、年龄、性别以及身体的不同部位而有差异。尽管如此，其结构大同小异，一般可分为表皮、真皮和皮下组织三层（图 15-1）。

一、表皮

表皮位于皮肤的最表层，由复层扁平上皮构成，表皮由角化细胞（约占 85%）、黑色素细胞、郎格罕细胞（Langerhan cell）及梅克尔细胞（Merkel cell）等组成。表皮没有血管，但有丰富的神经末梢。表皮由浅入深分为四层：角质层、透明层、颗粒层和生发层。

（一）角质层

角质层是表皮最表层，由大量角化的扁平细胞构成，细胞核消失，细胞内充满角蛋白。在长期受摩擦和受压力的地方，角质层较厚。角质层的表面细胞死亡后，形成皮屑而脱落，以清除皮肤上的污物和寄生物，而由深层细胞（生发层）新生的角质层所代替。因此，应该经常刷洗畜体，保持皮肤清洁，否则皮屑就会黏在一起形成硬皮，甚至导致皮肤病。

（二）透明层

透明层是年轻的角化细胞残留物，由数层无核扁平细胞组成，细胞质内含有透明角质蛋白颗粒液化生成的角母素，故细胞界限不清，形成均质透明的一层。此层在鼻镜和乳头等无毛的皮肤最显著，而其他部位则无或不存在。

（三）颗粒层

颗粒层由 1～5 层菱形细胞组成，细胞质内充满透明角质蛋白颗粒，颗粒大小和数量向表层逐渐增加。

（四）生发层

生发层为表皮的最深层，由数层细胞组成，深层细胞直接与真皮相连。生发层细胞进行有丝分裂，接着迁移到表面，迁移过程中，细胞经历了连续的分化过程（角质化和角化），最终变成死亡的角质化细胞。

细胞的增生、迁移、角质化、角化和脱落的连续过程由反馈机制调控。如果调控机制遭到破坏，可引发皮肤的疾病。从新生细胞到脱落的一个完整周期常常需要 20～30 天。角质化和角化的性质在很大程度上取决于细胞的营养供应。角化分软角化和硬角化两种：软角化发生在与颗粒层相结合的部位，是皮肤角化的一种典型过程；硬角化是特殊的皮肤角化过程，如四肢远端表皮的角化，因为在蹄和爪没有颗粒层。

完全角质化的角质细胞由膜被物质紧紧地聚集在一起形成角质，即角质层（砖墙）由角质细胞（砖）通过膜被物质（灰泥）结合在一起。膜被物质含有脂质，如神经酰胺，与角质层的半透明有关，可抵抗水或水溶性分子的渗透，而脂溶性分子容易渗透表皮。角质层的防水性对陆生哺乳动物和鸟类是必要的，是动物由水生迁移到陆生的必不可少的基本要素。角质的坚固性取决于角蛋白、膜被物质的含量及成分。随着膜被物质功能的缺失，细胞团块开始崩解，随后角质开始脱落。

黑色素细胞与皮肤色素形成有关，它们产生微黄到黑色的色素颗粒，然后由临近的角质细胞携带，这些色素颗粒聚集在角质细胞核周围，防止紫外线照射引起的基因突变。黑色素细胞形成皮肤颜色，可提供伪装和特殊部位皮肤的颜色以对同伴和敌人表达信号。

郎格罕细胞是免疫系统细胞成分的一部分，属于单核吞噬细胞系统，该细胞对防止病毒感染、皮肤肿瘤和接触过敏原有重要的作用。

梅克尔细胞为触觉感受器，在触觉小球处分布特别多，该细胞是对机械刺激有反应的上皮神经内分泌细胞，可将收到的信息传送给表皮的游离末梢。

二、真皮

真皮由致密结缔组织构成，有大量平行于皮肤表面的胶原纤维束，这些交错成网的纤维用以增加被皮的张力。弹性纤维则构成另外的网状使得被皮柔韧。因此真皮坚实而富于弹性。日常生活上所用的皮革，就是由真皮鞣制而成的。胶原纤维和弹性纤维的方向随身体的区域而异，形成所谓的分割线，通过制作环形的切口可以展示这些分割线，在切口处会出现一条沿着纤维方向的裂缝，理解纤维的基本方向对于外科医生做与这些纤维平行的切口是十分必要的。这可以减少切口的张力。切口和创口垂直于纤维会产生一个宽而有缝隙的创口。

真皮可以进一步细分为乳头层和网状层。网状层富含纤维，细胞很少，直接与皮下组织相连。乳头层位于表皮下，有丰富的血管和细胞。乳头层和表皮之间的联系通过嵴和乳头的发育等增强，这些结构总称为乳头体。乳头体具体有两类功能：增加真皮和表皮之间的机械附着力，促进营养物质从血管丰富的真皮到血管缺乏的表皮的扩散。一般认为乳头体在无毛部位发育较好，即那些暴露在剧烈磨损的地方（如嘴唇和足垫）。缺乏或大量需要营养物质的表皮会引起乳头体分化的增加。真皮内还有汗腺和皮脂腺。

真皮的厚度在不同物种和身体的不同部位有差异，总而言之，牛的真皮最厚，猪和绵羊的真皮最薄。躯干从背部到腹部，四肢从近端到远端，真皮由厚变薄。真皮在伸侧比在屈侧发达。未被阉割的老公猪的颈部、肩臂和胸两侧区域的真皮尤其坚韧且厚。公畜的真皮较母畜的厚。马尾部和牛、猪头部的真皮特别厚。

三、皮下组织

皮下组织是位于皮肤深层而含有脂肪的疏松结缔组织，使皮肤有一定的活动性，致皮肤形成皱褶，如颈部的皮肤。猪的皮下组织和马的颈背部堆积有较多的脂肪。动物皮下脂肪的成分各有不同，马的为微黄的油状，牛的呈白色且干燥，猪的是灰白色且坚硬。褐色的脂肪仅暂时存在于围产期家畜，它们分布于颈部和肩部，使家畜在生产期可以产热而不会打冷战。家畜的丰满外形就是皮下组织内含有大量脂肪所致。蓄积的皮下脂肪对家畜度过冬春缺草季节有重大意义，同时有保温抵御寒冷、储藏能量和垫(如足垫)的作用。妊娠母畜的皮下脂肪较多，这与养育体内的胎儿有关。猪的皮下脂肪最丰富。皮下组织内有血管、神经和汗腺。皮下组织之下是浅筋膜。皮肌是柔软组织束，横穿皮下组织，并紧贴其下方的组织，位于两层浅筋膜之间，向皮下延伸为微细的肌腱，从而使皮肤能够移动自如。绵羊、犬和猫的皮下组织包含大量的疏松结缔组织，而马、牛和山羊的疏松结缔组织则更紧密地贴附于躯干。局部皮下组织不断地增厚使皮肤产生皱褶(皮褶)。大量皮下组织存在于牛的胸部，绵羊颈部、腿部的弯曲部和下颌间的颈垂。若干种山羊、一些猪和绵羊有一双圆锥体的颈垂，它们由周围的疏松结缔组织围绕软骨的中心杆构成。在一些不需要皮肤移动的部位，其皮下组织非常薄或缺乏，如嘴唇、脸颊、眼睑、外耳和肛周。在骨突起部的皮肤，皮下组织有时出现腔隙，形成黏液囊，内有少量黏液，可减少该部皮肤活动时的摩擦，防止对软组织或皮肤的损伤。

四、皮肤的血液供应

皮肤和皮下组织的血管来源于筋膜(下)动脉网。弓状动脉伸入真皮，在靠近皮下组织处这些血管形成真皮动脉网。其次，密集的乳头下动脉网位于真皮的乳头层和网状层之间，使毛细血管环延伸至毛乳头。

静脉回流由3个不同的静脉丛(乳头下浅静脉丛、乳头下深静脉丛、真皮深静脉丛)完成，它们的分布与皮肤表面平行。这些静脉丛分布广泛，对皮肤储血具有重要作用。通过自动的调节机制，血液可迂回于皮肤中不同的毛细血管床之间。

皮肤的血液流动可以让热量散发，对体温的调节有重要作用。血液流经皮肤使皮肤颜色发生改变，这是社会交互作用和通信系统的一部分(例如人的脸红、家禽肉垂和鸡冠的颜色改变)。

淋巴回流始于真皮的微细的窦状隙(淋巴起始窦)，然后流入毛细淋巴管，这些毛细淋巴管形成深层毛细淋巴管网。来自这些网络的毛细淋巴管流入皮下淋巴丛(皮下毛细淋巴网)，然后皮下淋巴丛的淋巴流回局部淋巴结，这些淋巴结大多数位于浅表，可以触摸到(如腋淋巴结、腹股沟浅淋巴结、腘淋巴结)。

五、皮肤的神经和感受器

真皮和皮下组织都有丰富的自主神经和感觉神经支配。自主神经纤维形成血管周丛，参与血管、皮肤腺、皮肤的平滑肌(立毛肌)的交感神经支配，皮肤无副交感神经支配。

感觉神经纤维在真皮和皮下组织形成神经丛(皮下、真皮和表皮下神经丛)，它们以游离神经末梢或终末小体终止。一部分游离神经末梢在失去胶质神经鞘后分布于表皮。根据不同功能，可以分为3种神经末梢：第1种是机械压力感觉末梢；第2种是温度感觉末梢；第3种是疼痛感觉末梢。散布于被皮的是毛囊感受器，对压力和触摸敏感。除了游离神经末梢，还有许多梅克尔细胞分布在真皮，触觉小体位于乳头层，环层小体分布于皮下组织。以下结构是与温度感知有关的感受器:乳头层的克劳泽终球(Krause's end bulbs)感受寒冷,而网状层的鲁氏小体(Ruffini Corpuscles)感受温暖。疼痛由卷绕的神经无胶质鞘的游离神经末梢支配。小的神经分支大体上以节段的模式分布到身体的各个部位。在头部,这些小神经由脑神经的皮支发出,躯干皮神经则是脊神经的分支。脊髓的不同节段发出的神经支配对应特定的内部器官和皮肤。特定内部器官的疾病可以引起相应皮肤区域(头带)的变化,这种现象被认为是内脏皮肤反射,典型的例子就是牛的创伤性网胃炎发病时对应的皮肤区域会非常敏感。

【案例】 皮肤的癣菌病(尤其是在背部)、虱子和螨虫病、疣(在头部经常出现)、荨麻疹、光过敏和"眼癌"(鳞状上皮细胞癌)以及非典型性分枝杆菌病、嗜皮菌病和"多瘤皮"病均有明显的皮肤病变。一些普通代谢性疾病,如钴缺乏(贫血、体况下降、肌肉消瘦),铜、碘维生素A和硒的缺乏也常引起皮肤的变化。

第二节 毛

毛是哺乳动物身上特有的一种特征,在大多数动物中,除了鼻、趾垫、乳头、爪子和蹄等一些地方,毛几乎覆盖了全身,即使在所谓的"裸体的"或无毛的犬的身上也仍然是有毛发的,尽管它们身上的毛在体积和数量上都有减少。毛在本质上是由表皮形成的角化的、有弹性的、长而细的丝状物,覆盖在皮肤表面,有保暖作用。

一、毛的结构

每一根毛可以划分为毛干、毛根、毛球三部分。毛突出于皮肤表面的部分称为毛干;在皮肤内的部分称为毛根;毛根基部膨大为毛球;穿入毛球内的真皮部分称为毛乳头;毛根周围的表皮陷入,由上皮组织和结缔组织构成的套称为毛囊,毛囊在真皮内斜向排列,在钝角处有一小束平滑肌,为立毛肌。立毛肌起于真皮乳头附近的附着点,止于毛囊近端,肌肉的收缩导致毛从它的正常的斜向位置直立起来,温度低的时候,这种情况能够改善身体的热量绝缘并且给动物一个吓人的外表。尽管从功能上说这对人类不重要,但它仍然像"小疙瘩"一样明显。立毛肌收缩时,除使毛竖立外,还可压迫皮脂腺,帮助分泌物排出。毛球可增生新毛,而富于血管神经的毛乳头,供应毛球的营养。当毛长到一定时期,毛乳头的血管衰退,血流停止,毛球的细胞也停止生长,逐渐角化,而失去活力,毛根即脱离毛囊。当毛球长出新毛时,即将旧毛退出而发生换毛现象。毛囊壁分为两层:外根鞘和内根鞘。皮脂腺和汗腺开口于毛囊。

毛由角质化表皮细胞构成。其中轴为髓质,细胞较大,多为立方形,排列较疏松。外周为皮质,细胞长梭形,排列紧密。最外层为毛小皮,是单层扁平上皮,呈覆瓦状排列,游离缘向上,呈锯齿状,尽管如此,不是所有类型的毛都具有相同的结构。例如在羊的毛中就不存在髓质。各种动物的毛,除毛的粗细和髓质与皮质的比例有不同外,毛小皮的形态常可作为主要鉴别指标。毛的颜色由角质细胞所含的色素颗粒的类型和数量决定。同时也由毛髓质所含的空气存留量来决定。

二、毛的类型

毛因粗细不同,分为被毛(粗毛)、绒毛(细毛)和触毛。被毛斜向被覆于体表,并成一定方向排列,形成所谓毛流。在畜体的不同部位,毛流排列的形式不相同。毛流的方向大概与外界的气流和雨水在体表流动的方向相适应,但在特定部位,规则的毛流形式在不同毛束集合、分离及汇合等处被阻断,并形成涡旋、集合型毛线、分离型毛线、毛交叉。马、牛的被毛是均匀分布的;绵羊是成组分布的;猪常是三根集合成一组,其中一根是主毛,比较长。被毛是温度的不良导体,有保暖作用。绒毛的特点是无髓质,改良绵羊品种多为此毛。触毛(又窦毛)粗而长,分布于唇和眼睑等处,这种毛的毛根鞘外具有血窦和丰富的神经末梢。马、牛、猪的被毛多为短而直的粗毛;绵羊多为细毛,短而粗的被毛多在头部和四肢。单根毛的长度和直径一般由背部至腹部逐渐减少,但是密度逐渐增加(图 15-2～图 15-4)。

图 15-2 雄山羊头部被皮衍生物:角、长胡须和流苏

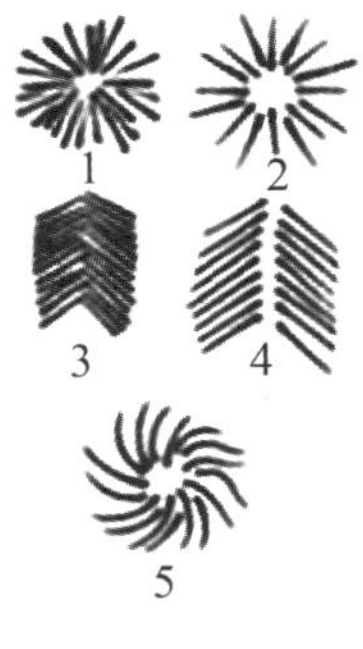

1.点状集合型毛流
2.点状分散型毛流
3.线状集合型毛流
4.线状分散型毛流
5.旋毛

图 15-3 毛流模式图

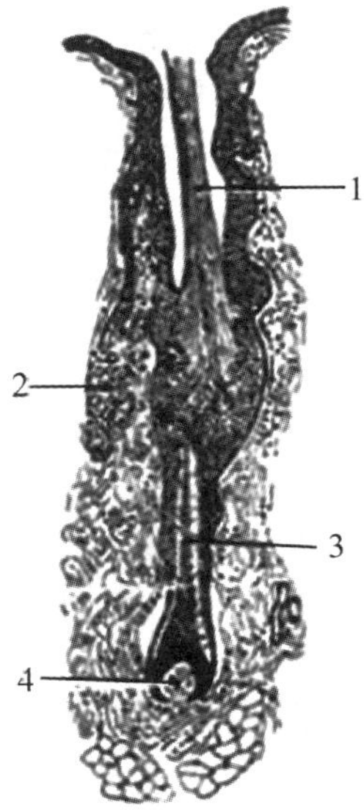

1.旧毛 2.皮脂腺
3.新毛 4.毛乳头

图 15-4 毛的更换

三、毛的衍生物

在结构和发育上局部变异的被毛包括马的鬃、鬣、尾毛和距毛,牛和猪的长尾毛以及一些山羊的胡须(髯毛),还有一些特殊的被毛衍生物如鼻前庭的鼻毛、耳屏周围的耳毛和眼睫毛。硬而稀疏地散布的猪鬃是被毛具有种的特异性的衍生物。触毛是被毛的一种衍生物,除了猫的腕触毛外,其他触毛均长在头部,它们都比较粗,并且向上突出超过相邻的被毛,它们的根部能够到达

皮下组织的深处，并有静脉窦围绕，而静脉窦壁有对触觉敏感的神经末梢分布。以下触毛的分布，它们的名字显示了它们的位置：眶上触毛、眶下触毛、颧触毛、颊触毛、颏触毛、上唇触毛（猫的鼻毛）和下唇触毛。

四、换毛

毛生长达一定期限即由新毛替换，称换毛。有的为持续性换毛，有的为季节性换毛。被毛和绒毛均有生命周期，它们有规律地周期性脱落，在春、秋季节会达到高峰，然而，一个季节同下一个季节的毛发的生长和脱落是混杂并衔接在一起的，所以正常情况下，动物总是有保护性的覆盖物。毛发周期性脱落受松果体的调节，而且主要受白昼的长度和温度调控。

第三节　皮肤腺

以腺上皮为主要成分的器官称为腺体。腺体外面被覆结缔组织被膜，被膜伸入腺上皮细胞团索之间，将腺体分隔成许多腺小叶，同时有血管、神经伴随结缔组织进入腺体内。根据腺细胞的结构，可以把家畜常见的多细胞腺分为管状腺、泡状腺和管泡状腺三类。管状腺有单管状腺（如子宫腺），单的卷曲管状腺（如汗腺），单分泌导管的分支腺（如胃腺）、多分泌导管的管状腺（如肠腺）。泡状腺像葡萄样腺体，有一个小的腔，如单分支泡状腺（如脂肪腺），多泡状腺（如胰腺、腮腺、唾液腺）。管泡状腺像圆的腺体，有一个大的腔，如多管泡状腺（如乳腺、副性腺）。（图 15-5）

根据分泌物的成分，皮肤腺可分为：(1)黏液腺，产生黏液物质（如口腔腺体）；(2)浆液腺，产生水样物质（如腮腺、唾液腺、泪腺）；(3)混合腺，包含浆液和黏液分泌部分（如舌下腺）。分泌物质通过静水压，依靠肌上皮细胞收缩和毗邻的平滑肌细胞及骨骼肌的机械力量（如唾液的转运依靠咀嚼肌）转运。

皮肤腺可以分为两种基本类型：皮脂腺和汗腺。每种基本类型又有不同的亚变种和特殊形式。

一、汗腺

汗腺为单管状腺，位于皮肤的真皮和皮下组织内，导管开口于皮肤的表面或毛囊。汗腺依其分泌过程分为两类：顶浆分泌型（大汗腺）和局部分泌型（小汗腺）。小汗腺分泌水样汗液；大汗腺的分泌部几乎膨大成囊状，分泌蛋白质性汗液进

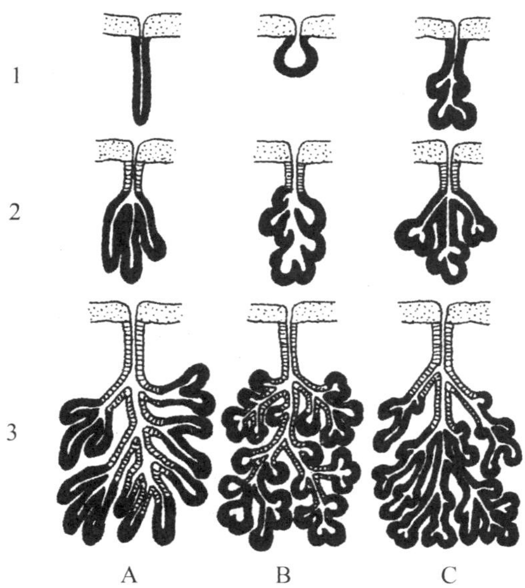

A. 管状腺　B. 泡状腺　C. 管泡状腺

1. 单腺　2. 分支腺　3. 复腺

图 15-5　各种多细胞腺模式图（黑色示分泌部，横线示导管部）

入毛囊。家畜的汗腺大多为大汗腺，小汗腺仅存在于皮肤的无毛区或接近无毛的区域，如犬的足垫。汗腺能分泌汗液，汗液中98%的成分是水，还有无机盐(主要是氯化钠)和蛋白质的代谢产物(尿素、尿酸、氨)等。汗腺在排泄废物、参与盐类代谢和调节体温方面起重要作用。汗腺分泌物被细菌分解而使动物身体具有特殊气味。家畜中，马和绵羊的汗腺较发达，分布广；马泌汗(出汗)较多，在马使役的时候，由于皮肤和被毛的移动，汗液会产生泡沫(汗沫)。牛的汗腺可见于面部和颈部，特别是鼻唇镜的汗腺；水牛汗腺较少，因此热天喜卧于水塘内。狗和猫的汗腺也较少。灵长类动物由于有酸性防护膜而使小汗腺(局部分泌型)占优势，灵长类动物的皮肤 pH 为 5，而家畜的 pH 为 7。

二、皮脂腺

皮脂腺为分支泡状腺，位于真皮内，导管开口于毛囊，无毛的皮肤开口于皮肤表面，属全浆分泌型，分泌皮脂，润泽被毛和表皮角质层。皮脂腺所含某些物质的气味有吸引异性等作用。绵羊的皮脂称羊毛脂，常用于医药和化妆品上。马的皮脂腺最发达，健康的马毛色光亮。绵羊的眶下窝、趾间窦、乳房窦等处都有发达的皮脂腺。

三、皮脂腺的特化形式

皮脂腺的特化形式多为皮脂腺的变形，属气味腺，在一些家畜中，主要是羊、猫和犬有特化的皮窦，在皮窦内，皮脂腺的分泌物和脱落的表面细胞一起组合形成刺激性的混合物，主要功能是作为一种性气味和领地识别标记。麝包皮腺和灵猫肛囊腺(肛旁窦腺)的分泌物是香料工业的重要原料之一。羊有眶下窦、腹股沟窦和指(趾)间窦。指(趾)间窦存在于所有四足动物。以下为家养品种中存在的腺体，它们的名字指明了它们的位置。

(1)肛旁窦腺：犬和猫肛窦壁上的皮脂腺和浆液腺。在通便或有意识地缩紧肛门外括约肌的过程中，猫和犬的肛旁窦释放其分泌物。

(2)肛周腺：犬肛门附近的皮脂腺。

(3)尾腺：猫尾部背侧皮脂腺和浆液腺，犬的已退化。

(4)口周腺：猫唇的皮脂腺。

(5)肉食动物足垫和马蹄叉的皮肤腺(枕腺)。

(6)颏腺和腕腺：猪的顶浆分泌汗腺。猪腕内侧的皮肤内有 6～7 个小开口。

(7)眶下窦腺：位于绵羊眼眶前下方眶下窦的皮肤内，含皮脂腺和管状腺(浆液腺)。

(8)指(趾)间窦腺：绵羊蹄间的趾间窦壁内，含皮脂腺和管状腺(浆液腺)。

(9)绵羊的腹股沟窦腺：含皮脂腺和管状腺(浆液腺)。

(10)山羊的角腺：含皮脂腺和管状腺(浆液腺)。

(11)耳道的腺体(耵聍腺)：顶浆分泌腺和皮脂腺生成耵聍(耳垢)，存在于所有家畜。

在家畜中，最大和最重要的特化皮肤腺是乳腺。

第四节 乳房

只有哺乳动物才有乳腺的存在和哺乳过程。乳腺属复管泡状腺。公母畜均有乳腺，但只有母畜能充分发育，并具有分泌乳汁的能力，形成发达的乳房。

一、乳房的形态和位置

动物品种不同，乳区、乳腺数量各异，乳区中乳腺数一般与乳头管数是一致的。常见的几种动物乳区数、乳腺数、乳头管数列表如下(表 15-1)。

表 15-1 几种动物乳腺分布情况

畜 别	母牛	母羊	母猪	母马	母犬	母猫
乳区数	4	2	8	2	10	8
乳区中乳腺数	1	1	2～3	1	8～12	5～20
乳头管数	1	1	2～3	1	8～12	5～20

乳房分布于躯干腹中线的两侧，对称排列。肉食动物和猪的乳房由胸部延伸至腹股沟区，而反刍动物(牛、羊)和马的乳房仅局限在腹股沟区。乳房的相对大小和长度有个体差异，在不同生长发育阶段(幼稚期、泌乳期、休乳期)也不同。乳房可分成紧贴腹壁的基部、中间的体部和游离的乳头部。乳头的皮肤少毛，而有的畜种乳房体部皮肤有些许毛。通常情况下，乳房的皮肤相对位于其下面的腺体组织是很容易移动的，只有在疾病发生时，皮肤才会与下面的组织紧紧地连接在一起。乳房与阴门间有绒状毛流的皮肤纵褶，称乳镜，可作为评估奶牛产乳能力的一个指标。

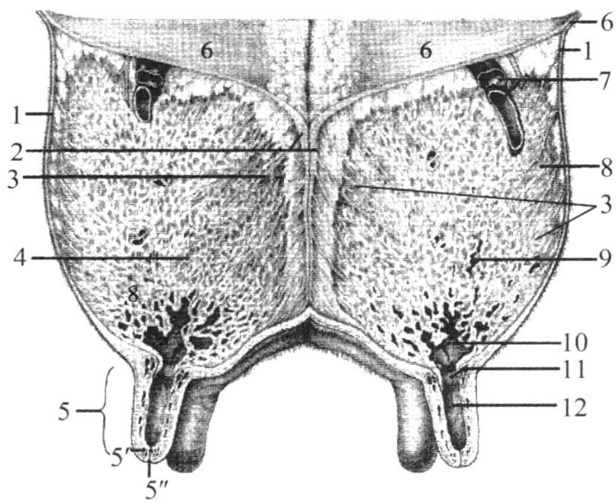

1. 左、右外侧板 2. 左、右内侧板 3. 悬板 4. 悬板的前部 5. 乳头 5′. 乳头管 5″. 乳头孔 6. 腹黄膜 7. 乳房前动、静脉和生殖股神经的前分叉 8. 乳腺小叶 9. 输卵管 10. 腺乳池 11. 乳头环形褶和静脉环 12. 乳头乳池

图 15-6 牛乳房结构

二、乳房的结构

乳房由实质和间质构成(图 15-6)。实质为乳腺组织。间质为筋膜、神经、血管和淋巴管等。乳房的皮肤薄而柔软，除乳头外均有一些稀疏的细毛，皮肤内有汗腺和皮脂腺。皮肤深层为浅筋膜(乳头部无浅筋膜)和深筋膜。浅筋膜为腹壁浅筋膜的延续，由疏松结缔组织构成，使乳房皮肤具有活动性。深筋膜富含弹性纤维，包在整个乳房的内外表面，形成乳房的悬吊装置，由内侧板和外侧板组成。两侧的内侧板形成乳房悬韧带，将乳房悬吊在腹底壁白线的两侧，并形成乳房的中隔，将乳房分为左、右两半；内侧板比外侧板含有较多的弹性纤维，故当充满乳汁的乳房沿中线下垂时，乳头会向外倾斜。内、外侧板在乳头基

部汇合，它们在向腹侧延伸的过程中，在乳房内、外侧面分出 7～10 个悬板进入乳房实质，将乳房分隔成许多腺小叶；每一腺小叶由分泌部和导管部组成。腺泡与小叶内导管相连，后者汇入小叶间导管，进而汇合成较大的输乳管，最后汇入输乳窦；输乳窦（又称乳池）为乳房下部和乳头基部内的不规则腔体，分别称为腺部和乳头部；输乳窦经乳头管向外开口；乳头管内衬黏膜，黏膜上有许多纵嵴，黏膜下有许多平滑肌和弹性纤维，平滑肌在管口处形成括约肌。

乳头不仅是获取乳汁的重要通道，而且在哺乳、挤奶时避免机械损伤防止上行感染起到了重要的作用。乳头和乳腺分泌物中含有抗菌物质，它们在输乳窦内建立了机械屏障，主要由淋巴细胞、免疫球蛋白及吞噬细胞组成庞大的防御机制，但乳房仍属于易感染部位。

三、乳房的血液供应和神经支配

乳房的血流供应十分充足，特别是穿过腹股沟管的阴部外动脉（图 15-7）。同时，腹壁浅动脉为乳房前部供给血液，而乳房后部的血液则由会阴动脉供给。乳房基部有很长的环状血管，它由 3 条血管引流：腹壁皮下血管、阴部外静脉和会阴静脉。腹壁皮下血管由于位置较浅容易受到损伤。腹部皮下静脉（又称乳静脉）在所通过的地方呈管状，其可触及的浅层小孔逐渐变大，被称为“乳井”。在腺部和乳头部的连接处有黏膜褶形成的界限，这里含有静脉丛，在实施乳头切除手术时为避免流血过多而应考虑静脉丛的存在。

支配乳房的神经是穿过腹股沟管的来自第 4 和第 5 的腰神经。而第 1 和第 2 腰神经的分支则支配乳房前部，第 1 和第 2 荐神经支配乳房后部。乳房皮肤可接受感觉传入，但深层组织没有感受器。

乳房除了接受神经支配外，乳腺的分泌还受到垂体和其他内分泌器官激素的调节。

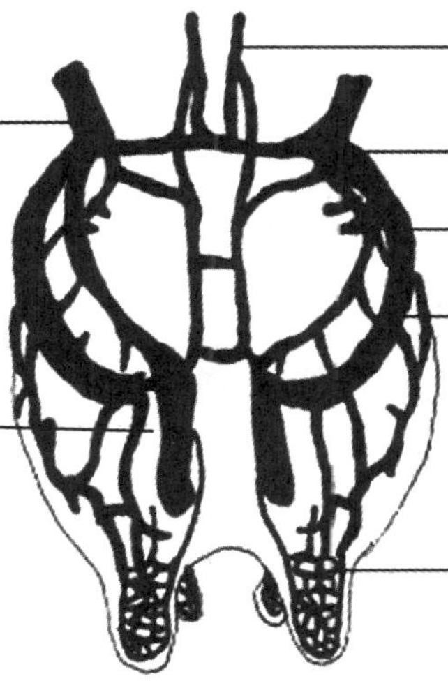

图 15-7　牛乳房静脉回流

四、乳房的淋巴系统

胸部和腹前部乳房的淋巴液流向腋淋巴结，而腹后部和腹股沟乳房的淋巴液流向腹股沟浅淋巴结（乳房淋巴结），后者位于腹股沟乳腺基底部的皮下。鉴于肿瘤向汇流区淋巴结的转移，当施行外科手术摘除乳房肿块时，应常规地摘除这些淋巴结（乳房切除术）。

五、乳房神经激素的反射弧

分布在乳头和乳房皮肤的感觉神经构成了神经反射弧的传入部分，它是启动和维持乳汁分泌的关键。当幼畜吮吸乳头或接触乳房皮肤时，乳房受到刺激，感觉神经纤维会将神经冲动传到中枢神经系统，神经冲动刺激下丘脑一些神经核释放催产素，催产素通过神经垂体进入血液。催产素可以使乳腺导管壁内肌上皮细胞收缩，从而促使乳汁分泌。在应激状况下，肾上腺素的释放会影响催产素发挥作用。

六、乳房的功能

乳汁是乳房的主要分泌物，为幼畜提供营养物质。刚分娩后的乳汁称为初乳，含有较高的抗体成分，可使新生动物产生被动免疫。反刍动物尤其是牛的乳汁的组成成分是人类食物的重要组分。

七、乳房疾病

乳房疾病在临床上是重要的。在奶牛中，乳腺炎是一种常见的疾病，可造成重大的经济损失。乳腺炎的其他症状是疼痛、体温升高和感染腺体肿胀。因犬的乳房肿瘤并不罕见，尤其是老年动物中，经常需要外科切除。

【案例】 在牛的临床医学里，分娩是最重要的生理活动，因为牛的泌乳期长达 305 天。因此，兽医要花大量时间研究如何更好地维持乳房的健康。在妊娠期间，乳房会快速生长，充满乳汁的乳房重约 50 kg。

八、母猪的乳房

母猪的乳房(图 15-8)一般由 14 个乳房复合体组成，在胸腹部排列成均匀对称的两排。大多数个体的左右乳房复合体并不是在同一横断面上，而是以交错的方式排列。这种排列方式适合小猪在母猪躺着的时候能够吮吸到乳头。每个乳房复合体都由 2 个或 3 个乳房单位组成。每个乳房单位在奶头较浅凹陷处都有一个独立的小孔。如果这种凹陷太深，那么仔猪的吮吸就会抑制小孔的打开，从而阻断奶水的流出。

图 15-8 母猪的乳房

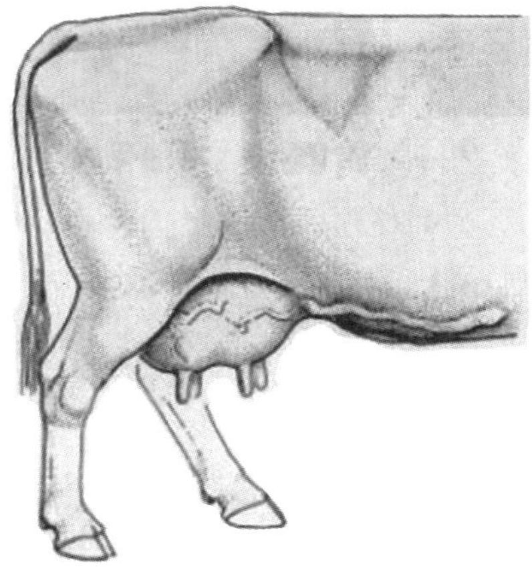

图 15-9 母牛的乳房

在泌乳高峰期，母猪的乳腺组织十分发达，一个半球状的乳房复合体就有拳头样大小，并且有单独的短乳头。没有小猪吮吸的乳房复合体比泌乳的乳房复合体小，这就使得它们明显不对称。

胸部乳房复合体接受胸廓外动脉的额外血液供应。在泌乳高峰期能够分泌足够的奶水对初生几周的仔猪的增重是非常必要的，这对于养猪业具有重要的经济价值。

九、母牛的乳房

母牛乳房(图 15-9)借乳房悬韧带、深浅筋膜和皮肤悬吊在腹后部的耻骨部。乳房悬韧带是由腹黄膜分出的两层结缔组织板，将乳房悬挂在腹底壁白线的两侧，并形成乳房中隔，将乳房分为左右两半。每半又以浅的横沟分为前后两部，共 4 个乳丘。每个乳丘有一个乳腺单位。每个单位只有一个开口的主乳头。其他附属乳头有时与功能性腺组织有联系，但不方便的是，当它们并在一起或者靠得太近的时候会使挤奶变得复杂。乳腺炎能够扩散到 4 个区域的大部分，而且会导致产奶量的降低。

4 个乳腺划分为独立的单位具有重要的临床意义，每个乳头必须分开使用抗生素。

根据品种、成熟度及功能状态的不同，乳房的形状会有很大区别。许多奶牛乳房特别大，乳头长而厚实。然而乳房的大小并不能衡量产奶量，但是某些结构上的特征与产奶量有关系。大小、形状、乳头的位置和乳头末端的形状是特别重要的因素。开放的乳头导管会引起该部分向上感染；而狭窄的乳头导管可导致堵塞并阻碍乳汁的流出。乳头导管黏膜的油脂和蛋白质成分构成了防止细菌感染的屏障。

为了满足现代奶品制造业的高产量需求，乳房必须得到足够的血液供应。据估计乳房分泌 1 L 乳汁就会有 600 L 血液流经乳房，这要求乳房的主血管具有非常大的直径。

乳房的主要动脉是阴部外动脉的直接延伸，其越过腹股沟管后进入后背侧面的乳房基部。在分成前、后乳房动脉之前，它最初形成一个 S 形弯曲。这两条乳房动脉与腹壁后浅动脉吻合，它从前面进入器官，并与腹壁前动脉相连。阴部内动脉也分出一个分支(阴唇背侧支及乳房支)由后方进入乳房。

乳房静脉回流有穿过腹股沟管的阴部外静脉和蜿蜒于腹底壁皮下的腹壁前浅静脉。对大型动物来说，腹壁前浅静脉也叫作腹皮下(乳)静脉，它具有明显的弯曲、静脉曲张和不完整的瓣膜。这一静脉在体壁的开口(乳井)很容易被触诊。乳房的静脉可以用来做静脉注射和采血样。在奶牛第一次妊娠期间，腹壁前和腹壁后浅静脉的吻合处扩张明显。当充盈的血液经过时，这些静脉及其血管支流开始充血，瓣膜也逐渐打开。

附属静脉管血液由阴唇背静脉(也称乳房后静脉，与腹壁后浅静脉相对应，后者也称乳房前静脉)流向阴部内静脉。

十、马属动物的乳房

马属动物的乳腺在腹股沟区组合为小型乳房(图 15-10)，由一条明显的乳丘间沟将其分成左、右两部分。每一半的乳房呈压缩的圆锥体，并有一个单独的乳头。每一半都包括一个单一的乳房复合体，每个复合体由两个乳房单位组成，两个导管系统在乳头顶端有各自的开口。乳房表面的皮肤很薄，着色较深，被毛稀疏，乳头短小，类似一个双边压缩的圆筒。

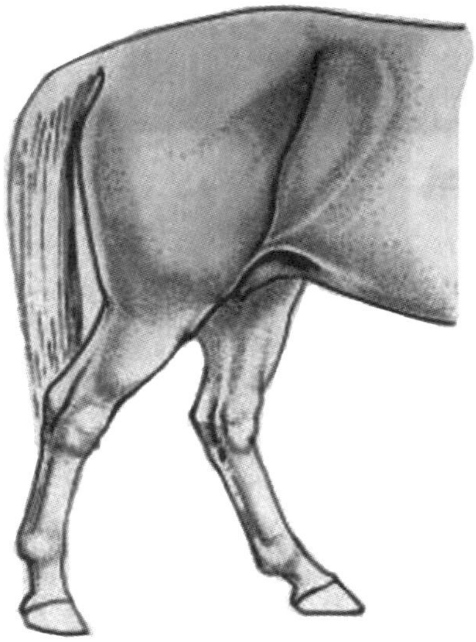

图 15-10　母马的乳房

图 15-11　母羊的乳房

每侧乳房都有各自的乳房单位，但其输乳管道系统是完全分开的。在妊娠期的最后阶段，脂肪、上皮残余物和初乳混合物使乳头末端具有蜡状的外观，是即将分娩的紧急提示。

十一、小型反刍动物的乳房

雌性羊和山羊的乳腺限于腹股沟区域腹中线的两侧(图 15-11)，由 2 个乳房复合体组成。每个复合体又由单个的乳房单位组成，在乳头的顶端仅有一个导管开口的小孔。雌性羊乳房淋巴液可直接引流入髂股淋巴结和髂内淋巴结。

十二、肉食动物的乳房

母犬的乳腺体由 10 个乳房复合体组成(图 15-12)，从胸腹侧一直延伸到腹股沟区域，分为均匀对称的两排。然而其乳腺的构成往往不一致，乳房复合体有 8～12 个不等。乳房复合体根据所处的位置可分为胸部乳房复合体、腹前乳房复合体、腹后乳房复合体以及腹股沟乳房复合体。

猫通常有 8 个乳房复合体，而且是相对称的两排，从胸腹侧一直延伸到腹部。每一个乳房复合体由 5～20 个乳房单位组成，它们的数量与乳头管的数量是相对应的，乳头管开口于乳头顶端的独立口(乳头孔)。

对于未成熟的动物，不分泌乳汁的乳房复合体带有不明显的短的乳头；而当单个乳房复合体分泌乳汁的时候，它的体积会变大，呈半球状。但因不同品种和个体的体积不同，乳房复合体大小也有差异。复合体之间的分界线是一系列浅沟，一条明显的乳丘间沟把它们分为左右两排。

当母犬没有妊娠的时候，母犬发情周期的变化特征包括每一周期乳腺的生长和增生。乳腺频繁的增生和复原被认为是造成母犬乳腺肿瘤高发生率的可能因素。

图 15-12　母犬的乳房

胸外侧动脉的乳房支为食肉动物的乳腺提供了血液。前胸乳房复合体的淋巴液并不仅仅流向腋淋巴结，也流向颈浅淋巴结；前腹乳房复合体的淋巴液流向腋淋巴结和腹股沟浅淋巴结；而后腹乳房复合体的淋巴液流向髂内淋巴结。左侧和右侧腹股沟淋巴结发生相互关系的实例已经有报道。熟悉掌握淋巴液流动的情况对于了解乳腺肿瘤的转移有重要的临床意义。

第五节　足垫或枕

足垫由普通皮肤经过极度特化衍生而成，位于前、后肢。它在运动中起减震作用，以保护前、后足骨骼免受机械压力。指(趾)枕形成足垫的底部，指(趾)枕由皮下脂肪组织及一些分布其中的网状纤维、胶原纤维和弹性纤维组成。支持带的纤维从真皮延伸至皮下组织，将前、后肢足垫固定于筋膜。掌(跖)枕由发育好的韧带固着于骨骼。枕的真皮乳头特别发达，以经受强大的机械力。表皮形成一层较厚、柔软且有弹性的角质层。

足垫或枕有 3 种类型：

(1)腕枕/跗枕：位于腕(跗)部的掌内侧/跖内侧。

(2)掌枕/跖枕：位于掌指(跖趾)关节的掌侧/跖侧面。其数目与指(趾)的数目相对应。

(3)指枕/趾枕：位于第 3 指(趾)节的掌侧/跖侧面。其数目与指(趾)的数目相对应。

在有蹄类动物，只有指(趾)枕有功能，能够与地面直接接触，合并于蹄，形成反刍动物和猪的角质球(即蹄球，没有蹄叉)，在马为蹄叉和蹄踵。反刍动物的指(趾)枕在第 3、第 4 指(趾)，猪的在第 2～5 指(趾)。牛、羊没有腕(跗)枕和掌(跖)枕。马与其他有蹄家畜不同，退化的掌(跖)枕埋在球节后方一丛毛内，即距，另有退化的腕(跗)枕，称为附蝉。

趾行动物犬和猫，只有指(趾)枕和掌(跖)枕直接接触地面。它们有完全发育的腕枕，但并无明显功能，没有跗枕。足的第 2～4 掌(跖)枕合并为一个。犬和猫的每个指(趾)都有指(趾)枕，但第 1 指(趾)枕没有和地面接触。犬和猫的足垫有外分泌汗腺，因此犬和猫出汗时会留下爪印。

第六节 指（趾）

指(趾)由特化的被皮将骨骼和肌性成分及远指(趾)节骨包裹在一起形成。由于要适应不同的环境和采食习惯,指(趾)在进化过程中形成了以下三种特殊结构:爪(存在于肉食动物)、甲(存在于灵长类)和蹄(存在于蹄行动物)。爪、指甲和蹄的主要作用是保护它们所覆盖的组织,此外还有其他的功能,例如:作为工具进行搔抓和挖掘,作为感觉器官,作为武器。

爪、指甲和蹄在运动中的作用因动物的种类不同而有差异。猫在运动中可以将爪缩回皮肤褶,以防止使用过度。马作为单蹄兽,其接触地面的部分相当于人类指甲的边缘。

第七节 犬爪

根据指(趾)的数目,犬的前肢有 5 个爪,后肢有 4 个爪(图 15-13)。前肢第 1 指已经退化,不接触地面。如果没有修剪,爪会呈弧形生长,直至接触到足底和足垫。后肢第 1 趾退化或有遗迹但不含骨骼成分,位于爪内侧的跗骨下面。幼犬的第 1 趾遗迹通常被摘除,但是对于一些特定的品种(如圣伯纳犬),如果是用来展览,必须将其保留。

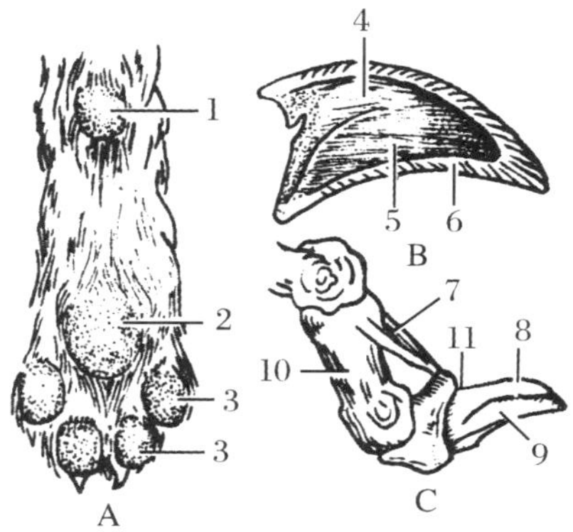

A. 狗枕 B. 狗爪角质囊(断面) C. 狗指
1. 腕枕 2. 掌枕 3. 指枕 4. 爪壁的角质冠
5. 爪的角质壁 6. 爪的角质底
7. 远指节骨韧带 8. 爪冠的真皮
9. 爪壁的真皮 10. 中指节骨 11. 轴形沟

图 15-13 狗的指、枕和爪

1. 爪的形状　爪呈弯曲状,和远指(趾)节骨的形状相适应,可以比作人类长而扁平的指甲;根据大体观察,它有一个底、两个壁和一个中央嵴。切面呈椭圆形至圆形,爪尖的锐利度取决于爪的磨损程度。

2. 爪的分部　犬爪由近端至远端可以分为缘部、冠部、壁部和底部。由这些部位形成的角质组成爪的底和壁。从表面看不到爪的缘部和冠部,其填充于远指(趾)节骨爪嵴的下面的空隙。

这一位置关系被爪褶皮肤所掩盖。在背侧,这些皮肤褶由有毛皮肤特化而成,另外一侧无毛并融入爪角质。缘部、冠部、壁部形成爪的壁和背侧缘,后者连接其下面的远指(趾)节骨的爪突。爪底覆盖于爪突的腹侧面,在爪壁缘间有白色、易碎物质样的角质。

3. 爪缘　为爪的最近端部,邻近爪嵴内,真皮表面乳头的轮廓不清楚,爪壁外面的表皮角质层为非管状的、柔软的角质。爪壁外层对应于马蹄缘的薄的平滑层。在爪远端处的爪壁外层常被磨损。

4. 冠部　爪冠部位于爪褶底上,冠真皮有清晰的乳头,后者长度可达 0.7 mm,可能由真皮小叶发育而来。冠真皮形成的角质在起点处排列成小管状,但在远端小管结构消失。角质形成爪壁的中层，其背侧比两侧的厚。

5.壁部　爪的壁部紧贴远指(趾)节骨的爪突，其真皮呈小叶状排列，高度不一，近端高为5 μm，到远端达0.3 mm。壁部的表皮与真皮层互相交错，内部不角化。因而，壁部形成的角质不具有层状结构，实际上是由终末乳头形成的管状结构，此部的角化属于柔软型，包含有颗粒层，如此形成的管状角质为橡皮状，比冠角质色淡，其远端分散为乳头层。

6.底部　狭窄的底部与爪突的触地面(底面)的掌侧或跖侧面相邻。该爪突由屈肌结节延伸至顶端。真皮乳头自近端向远端直指顶端。其长度和数量略有增加。与蹄底表皮不同，爪底表皮形成非管状、柔软、脆弱的角质属柔软角化。当爪移动时，这些角质碎裂，孤立出来的爪在爪壁间明显分开。

犬爪和指(趾)枕接受大量的血液供应，表明此处出现创伤将导致大出血。该部位血液由4条动脉供应，每指(趾)均有4条动脉分支行于背轴侧、背远轴侧、掌(跖)轴侧和掌(跖)远轴侧。根据所分布的部位，按相同的规则命名四肢指(趾)部的动脉。例如前肢第4指的动脉命名为：第4指背轴侧固有动脉、第4指背远轴侧固有动脉、第4指掌轴侧固有动脉、第4指掌远轴侧固有动脉。

掌(跖)动脉发出分支到指(趾)枕[指(趾)枕支]，发出一冠支到冠部，这些动脉通过第3指(趾)节骨的爪底孔吻合形成终弓。数个动脉支延伸到爪的真皮，较小的背支延伸到爪嵴。静脉与动脉相伴行，并与动脉同名。

7.淋巴流向　淋巴液从前肢的指部渗出并汇集于颈浅淋巴结，后肢淋巴液汇入腘淋巴结。

8.神经支配　前肢：第1指及第2～5指背侧的感觉神经束来自桡神经，第2～5指掌侧的神经束来自尺神经和正中神经。后肢：第1趾及第2趾内侧(远轴侧)由隐神经支配，第2～5趾的背侧由腓神经支配，而跖侧(包括跖枕)均由胫神经支配。痛觉感受器位于爪突的骨膜。在神经学检查时，常用锐器刺激此处，观察是否敏感。

第八节　猫爪

猫科动物爪的解剖特征与犬科动物相似，个别品种除外。猫爪两侧扁平、极度弯曲并且尖端前伸，状似镰刀，具有尖锐的内弧弯曲和凸而钝圆的表面。与犬不同的是猫爪常作为捕食利器。猫爪在攀援树木和家具的过程中变得更加锋利。猫的指(趾)枕腺体能分泌汗液，用于标记自己的领地。猫爪通过弹性韧带的收缩能够灵活并且完全地收入爪褶内，这使得猫行走时不发出任何声音，并且避免爪与地面接触变钝。

1.血液供给　猫爪的血液供给与犬爪基本一致。

2.淋巴引流　前肢的淋巴液回流到腋淋巴结，后肢的淋巴液回流到腘淋巴结。

3.神经支配　前肢：与犬相似，来自桡神经的感觉神经分布于第1指以及第2～4指的背侧面，也有分支到达指掌侧，甚至指枕。第2～4指掌侧面主要由正中神经分布，而第5指仅有尺神经分布。后肢：猫后肢的神经分布与犬一致。

第九节 蹄

蹄虽然是皮肤的衍生物，也分表皮、真皮和皮下组织三层，第一层蹄表皮，它又分为5部分：蹄外膜、蹄壁、蹄底、蹄白线和蹄球（牛）或蹄叉（马）；第二层蹄真皮，它是特化的真皮，富含神经和血管；第三层是骨骼及其相关结构。

位于蹄骨背侧面和两侧面的部分称为蹄壁；位于蹄骨底面前部的称为蹄底；位于蹄骨底面后部的称为蹄叉或蹄球（也就是指枕）。

蹄的各层作用不同，所以蹄各部的构造也不完全一样。蹄壁和蹄底要与蹄骨紧密结合为一整体，活动时不致松动，所以它们没有皮下组织，其真皮与蹄骨的骨膜紧密结合。蹄叉或蹄球位于蹄底面的后部，要有一定的弹性，以缓冲来自地面的冲击，所以蹄叉和蹄球的角质层较柔软，并具有发达的皮下组织。

蹄匣是蹄的角质层；肉蹄是蹄的真皮和皮下组织，只有蹄叉有皮下组织。远指（趾）节骨、远籽骨（舟骨）和远指（趾）间关节全部包含在蹄中。指（趾）深屈肌腱附着于远指（趾）节骨的屈肌结节上，并且在蹄球内被舟骨囊与远籽骨隔离。远指（趾）节骨的悬吊结构支撑骨的远端。一般的蹄，其承重的结构主要是蹄球、远轴侧蹄壁至蹄白线和邻近离蹄底10～20 mm处，以及从蹄尖向后轴侧间隙1/3的轴侧蹄壁。而蹄的其余轴面不承受重量。

蹄的过度生长主要发生在蹄尖处，结果使蹄骨后移，会增加蹄部背侧缘的压力，严重的将造成蹄底溃疡。蹄的过度生长有时也见于外侧蹄壁和蹄底。

修蹄是兽医很重要的工作，其最主要的目的是让蹄恢复到正常状态。两只蹄的大小通常会有所不同。后肢的外侧蹄一般较大，而前肢则为内侧蹄较大。修蹄时首先修整过度生长的蹄尖，然后是过度生长的蹄底和轴侧蹄壁，最后的修剪是使双蹄后部大小一致并使后肢的外侧蹄大4～5 mm。

一、马蹄

马属动物为单蹄兽，其指（趾）部骨骼简化成一个指（趾），即马蹄的第3指（趾）。一些马出生时可能会多出第2或第4指（趾）（多指畸形），但通常比主指短且不与地面接触。骨骼简化成一种承重结构，使第3趾承担了巨大的机械力。马必须具有完整良好的蹄（图15-14、图15-15）。

狭义的马蹄是指远指（趾）节骨的角质外壳。广义的还包括角质附属物以及如下所述的骨骼肌结构：(1)中指节骨（冠骨）的远端，(2)远指（趾）间关节，(3)远指节骨（蹄骨），(4)内、外侧蹄软骨，(5)与指（趾）深屈肌腱末端相连的远籽骨（舟骨），(6)舟骨囊。

刚出生小驹的蹄呈两侧对称，并且4个蹄的形状也完全一样。成年马蹄的形状则出现了明显的差异，这是由于运动时作用于蹄上的力量不同。小驹出生后，蹄的变化立刻有所体现。几个月后，在单独的标本上就很有可能区分前肢与后肢、左肢与右肢。

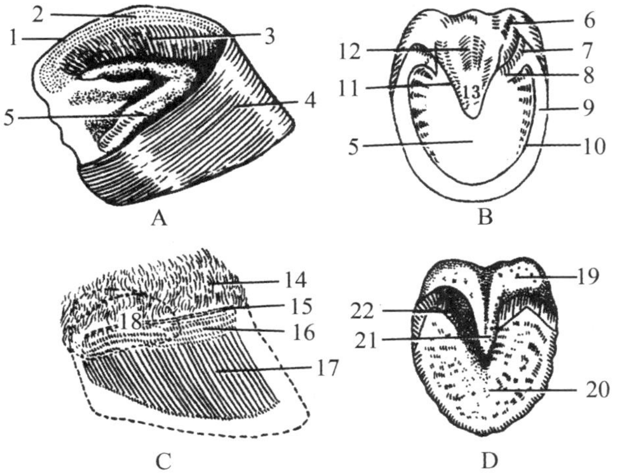

A. 蹄匣 B. 蹄匣底面 C. 肉蹄 D. 肉蹄底面

1. 蹄缘 2. 蹄冠沟 3. 蹄壁小叶层 4. 蹄壁 5. 蹄底 6. 蹄球 7. 蹄踵角 8. 蹄支 9. 底缘 10. 白线 11. 蹄叉侧沟 12. 蹄叉中沟 13. 蹄叉 14. 皮肤 15. 肉缘 16. 肉冠 17. 肉壁 18. 蹄软骨的位置 19. 肉球 20. 肉底 21. 肉枕 22. 肉支

图 15-14 马蹄

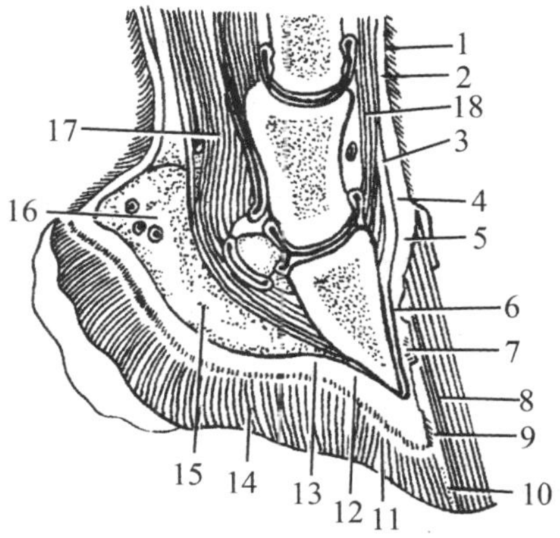

1. 表皮 2. 真皮 3. 皮下组织 4. 肉缘 5. 肉冠 6. 肉壁 7. 肉小叶 8. 蹄壁 9. 角小叶 10. 蹄白线 11. 蹄底 12. 肉底 13. 肉叉 14. 蹄叉 15. 肉叉皮下组织 16. 蹄球皮下组织 17. 屈肌腱 18. 伸肌腱

图 15-15 马蹄纵切面

限制青年马的运动通常会导致蹄的畸形。前肢与地面接触的倾斜角度是45°～50°,后肢稍微大一些(50°～55°)。两者相对比可知,前肢蹄壁的长度与踵部高度的比例为3∶1,后肢是2∶1。内侧蹄壁比外侧蹄壁距地面更加陡峭,可用于鉴别左右蹄。前肢和后肢蹄底外形的区别为:前肢的蹄底近乎圆形,后肢则呈椭圆形并且有蹄尖。

(一)蹄匣

蹄匣分蹄壁、蹄底和蹄叉三部分。

1. 蹄壁 构成蹄匣的背侧面和两侧面。其后部呈锐角折向蹄底。折转的部分称为蹄踵角;由蹄踵角沿蹄叉的两侧向前延伸,称为蹄支,到蹄底中部而消失。蹄壁由釉层、冠状层和小叶层三层构成。

釉层:位于蹄壁的最表面,由角质化的扁平细胞构成,幼畜明显,随着年龄的增长,常部分剥落而不完整。

冠状层:是蹄壁最厚的一层,由角质小管构成。角质小管是由蹄冠部的生发层增生的,由上向蹄底缘纵向伸延。小管中常有色素,所以蹄壁色暗,但最内层的角质缺色素且较柔软,直接和小叶层相结合。

小叶层:是蹄壁的最内层,由许多纵行的角质小叶构成。角质小叶没有色素且比较柔软。角小叶和肉壁上的肉小叶互相紧密嵌合。

蹄壁的底缘直接接触地面。在底缘和蹄底之间有环状的白线。白线为角小叶和冠状层的内层相结合之处,装蹄铁时根据白线确定下钉的部位。

蹄壁的近侧缘称为蹄冠，内面呈沟状，称为蹄冠沟。在沟内有许多小孔，为冠状层角质小管的开口。

蹄冠和皮肤相连接的部分，称为蹄缘。蹄缘柔软而有弹性，可减少蹄壁对皮肤的压力。

蹄壁的每半分为前、中、后三部。最前部为蹄尖壁，两侧部为蹄侧壁，后部靠近蹄踵角为蹄踵壁，经蹄踵角转至底面，沿蹄叉两侧的部分为蹄支壁。

蹄壁各部的厚度也不相同，蹄尖壁最厚，蹄侧壁次之，蹄踵壁最薄。

2. 蹄底　蹄底是蹄底面的角质板，表面微凹，位于蹄壁底缘和蹄叉之间。蹄底的角质较软，常呈片状脱落。蹄底的内面有许多小孔，以容纳肉蹄的肉底上的乳头。

3. 蹄叉　蹄叉位于蹄底的后方，夹于两蹄支之间，角质柔软。蹄叉的前部呈楔状，尖端向前；后部大而宽，在蹄踵部形成两个蹄球。蹄叉底面的中央有蹄叉中沟，两侧与蹄支之间各形成一条蹄叉中沟。

（二）肉蹄

肉蹄是蹄的真皮和皮下组织（仅蹄叉有），富有血管和神经，呈鲜红色。肉蹄也分肉壁、肉底和肉叉三部分。

1. 肉壁　肉壁是蹄的真皮，覆盖在蹄骨的背侧面和两侧面，与蹄骨的骨膜紧密结合。肉蹄的后部两侧转折到底面，形成肉支。

肉壁的表面有许多纵行的肉小叶，相当于真皮的乳头，与蹄壁上的角小叶相嵌合。

肉壁的上缘有一环隆起，称为肉冠，位于冠蹄沟内。肉冠由真皮和皮下组织构成，表面有长而密的乳头，经冠蹄沟内的小孔插入蹄壁冠状层的角小管内。肉冠有丰富的血管神经，感觉敏锐，当蹄着地时，可感觉底面的凹凸和软硬情况。

肉冠和皮肤接触的部分，称为肉缘。肉缘的表面有短、细而稀的乳头，向下插入蹄缘的陷凹内。肉缘由真皮和皮下组织构成，向上延续为皮肤的真皮和皮下组织。

2. 肉底　肉底是蹄的真皮，位于蹄底的上面，直接与蹄骨底面的骨膜结合在一起。肉底的乳头相当长，向下插入蹄底上面的小孔中。

3. 肉叉　肉叉为位于蹄叉的上面、指（趾）深屈肌腱浅面的楔形弹性垫子，前部薄而后部厚，由真皮和皮下组织形成。皮下组织发达，含有丰富的胶质纤维、弹性纤维和脂肪组织，有缓冲作用。

（三）蹄软骨

蹄软骨是肉叉皮下组织的变形，与肉叉共同构成指（趾）端的弹性结构。蹄软骨有内、外侧两块，位于指（趾）端的两侧。

蹄软骨呈前后轴较长的椭圆形软骨板，微弯曲成弧形。其背侧缘高出蹄缘，由皮肤覆盖，前缘达指（趾）伸肌腱，后部包在肉叉后部的两侧。软骨以韧带与蹄骨、远籽骨、冠骨和系骨相连接。

（四）马的距和附蝉

距为位于第一指（趾）关节后面毛丛中的角质块，一般认为是第二和第四指（趾）的遗迹。附蝉为位于前肢腕部内上方和后肢跗部内面的角质块，呈扁平的卵圆形，一般认为是第一指（趾）的遗迹。

二、牛(羊)蹄

牛(羊)为偶蹄动物,每指(趾)端有4个蹄,从内向外分别称第2、3、4、5指(趾)蹄,其中第3、4指(趾)端蹄发达,直接与地面接触,称主蹄。两指(趾)之间分开为指(趾)间隙。第2、5指(趾)端蹄很小,称悬蹄,仅由中指(趾)节骨和远指(趾)节骨组成,通过软组织连接到主蹄的近指(趾)节骨上,与地面不接触,因而不被磨损,需要定期修剪(图15-16～图15-18)。

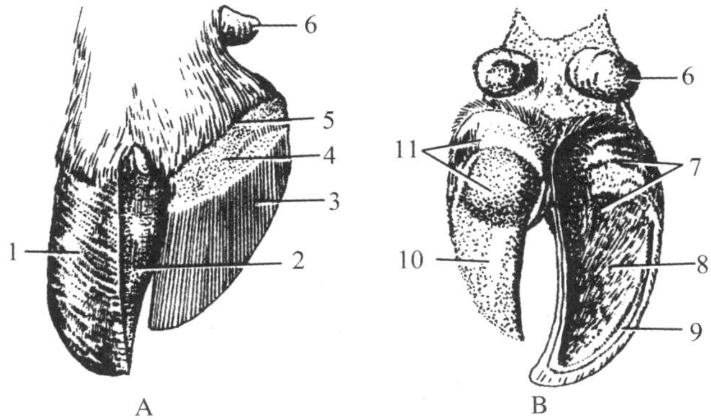

A. 背面 B. 底面

1. 蹄的远轴面 2. 蹄壁的轴面 3. 肉壁 4. 肉冠 5. 肉缘 6. 悬蹄 7. 蹄球 8. 蹄底 9. 白线 10. 肉底 11. 肉球

图15-16 牛蹄(一侧的蹄匣除去)

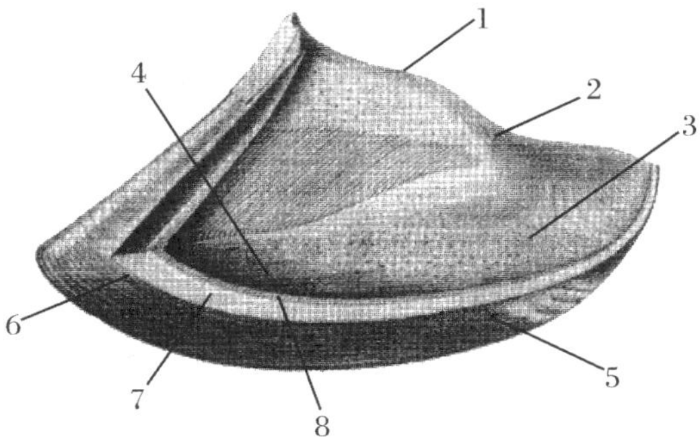

1. 蹄缘表皮 2. 蹄冠表皮 3. 蹄枕表皮 4. 蹄底表皮 5. 蹄壁表皮 6. 釉层 7. 冠状层 8. 小叶层

图15-17 蹄匣

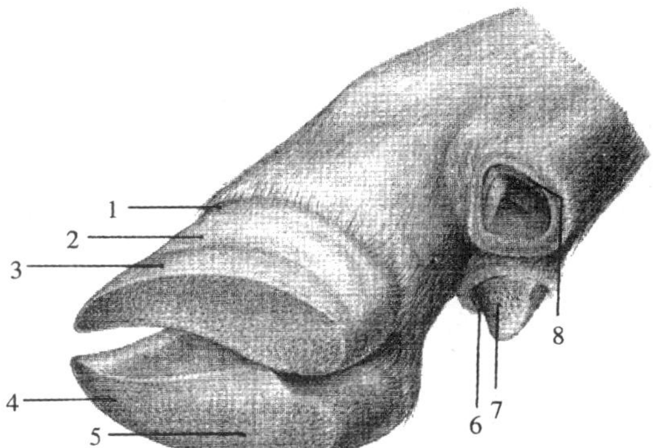

1. 蹄缘真皮 2. 蹄冠真皮 3. 蹄壁真皮 4. 蹄底真皮 5. 蹄枕真皮 6. 悬蹄蹄冠真皮 7. 悬蹄蹄壁真皮 8. 悬蹄蹄冠真皮

图15-18 肉蹄

(一)蹄的组成

蹄由以下几部分组成:(1)第2指(趾)节骨的远端,(2)远指(趾)间关节及其韧带,(3)远指(趾)节骨,(4)远籽骨(舟骨),(5)嵌入屈肌结节和伸肌腱或嵌入远指(趾)节骨伸肌突的指(趾)屈肌腱的远端，(6)在远籽骨和指(趾)深屈肌腱之间的舟骨囊。

(二) 蹄的形态

前肢蹄较后肢蹄圆，并有较宽的指间隙。前蹄的背侧面角为50°～55°，后蹄的背侧面角为45°～50°，通常前蹄的外侧比内侧承重大，后蹄则不一定。

(三)蹄的分部

相对于肉食动物的爪和马属动物的蹄，牛羊等偶蹄动物的蹄也可以分为几个部分。这种划分建立在普通被皮特征形成的各层的结构基础上，包括以下明显的五部分：蹄缘部、蹄冠部、蹄壁部、蹄底部、指(趾)枕或蹄球。分离蹄角质层后，通过仔细观察真皮表面便能分辨上述各部分。蹄缘是蹄与皮肤相连接的部分。蹄冠位于蹄缘的下方、蹄壁的上缘。蹄壁构成蹄的背侧壁、内侧壁和外侧壁。蹄底位于蹄的底面，在蹄壁底缘和蹄枕之间。

(四)蹄的结构

蹄是皮肤衍生而成的特殊器官，也由表皮、真皮和皮下组织构成。表皮因为角质化，称角质层。蹄壁和蹄底的真皮直接与远指(趾)节骨的骨膜结合，无皮下组织，但蹄缘和蹄冠仍有少量的皮下组织。在习惯上蹄包括蹄和指(趾)枕，它们的角质层构成坚硬的蹄匣，无血管和神经。真皮层有发达的乳头和血管、神经，呈鲜红色，感觉灵敏，通常称肉蹄。主蹄形状与蹄骨相似，由蹄匣、肉蹄和蹄的皮下组织构成。

(1)蹄匣，即蹄的角质层，由表皮衍生而成，是蹄的最外层，质地坚硬。包括角质壁、角质底和角质球三部分。角质壁：构成蹄匣的轴侧面和远轴侧面。轴侧面即指(趾)间面，凹，远轴侧面凸，呈弧形弯向轴侧面，一起形成角质壁。远轴侧面可分为三部分，前方为蹄尖壁，后方为蹄踵壁，二者之间为蹄侧壁。角质壁的表面有许多横行的角质轮，其内面有许多纵走的角质小叶。角质壁的近端与皮肤连接的部分形成一条柔软而有弹性的窄带，称蹄缘，可减轻蹄匣对皮肤的压迫。蹄缘下方有一条颜色稍淡的环带，称蹄冠，其内面凹陷成沟，称蹄冠沟。沟底有无数角质小管的开口，蹄冠真皮乳头伸入其中。角质壁的结构由外向内，分别为釉层、冠状层和小叶层。釉层位于表层，由角质化扁平细胞构成，有保持角质壁内水分的作用，幼畜明显，随着年龄增长，部分脱落而不完整。冠状层是最厚、最坚固的一层，富有弹性，由很多纵行排列的角质小管和管间角质构成，有保护蹄内组织和负重的作用。角质中常有色素沉着，故呈深灰色。小叶层为最内层，由许多纵行排列的角质小叶构成，叶间称小叶间隙。角质小叶较柔软而无色素沉着，并与肉小叶互相紧密嵌合在一起，加固蹄匣与肉蹄的连接。角质底：位于蹄底面的前部，呈略凹的三角形，与角质壁底缘连接处有淡色的白线为界。白线又称白带，由角质小叶向蹄底延伸形成，是装蹄时下钉的定位标志。角质球：位于角质壁的后方，呈球状隆起，由较柔韧的角质构成，在干燥环境下，常成层裂开，其缝隙可成为蹄病的感染途径。

(2)肉蹄，即蹄的真皮层，由真皮衍生形成，颜色鲜红，富含血管和神经。套于蹄匣内面，形状与蹄匣相似，包括肉壁、肉底和肉球。肉壁：位于角质壁与蹄骨之间，分肉缘、肉冠和肉叶三部分。肉缘即蹄缘真皮，上接皮肤真皮，向下延续为蹄冠真皮；内缘位于角质缘的深层，表面有细而短的真皮乳头，插入角质缘的小孔中，以滋养蹄缘。肉冠即蹄冠真皮，是肉蹄较厚的部分，位于蹄冠沟中，表面密生粗而长的乳头，伸入蹄冠沟内的角质小管中。肉冠富含血管和神经，感觉敏锐并有滋养角质壁的作用。肉叶即蹄壁真皮，表面有许多纵行的肉小叶，嵌入蹄壁角质小叶之间。肉底即蹄底真皮，位于角质底的深层，形状与角质底相似，表面有小而密的乳头，插入角质底的小孔中。肉底无皮下组织，与骨膜紧密相连。肉球即蹄球真皮，位于角质球的深层，皮下组织发达，富有弹性。

(3)蹄的皮下组织　蹄壁和蹄底无皮下组织；蹄缘和蹄冠部的皮下组织薄；蹄球的皮下组织发达，弹性纤维丰富，构成指(趾)端的弹性结构。无皮下组织处，肉蹄直接与蹄骨骨膜相接。悬蹄呈短圆锥状，位于主蹄的后上方，不与地面接触，是第 2、5 指(趾)的小蹄。结构与主蹄相似，也由蹄匣、肉蹄和皮下组织构成。

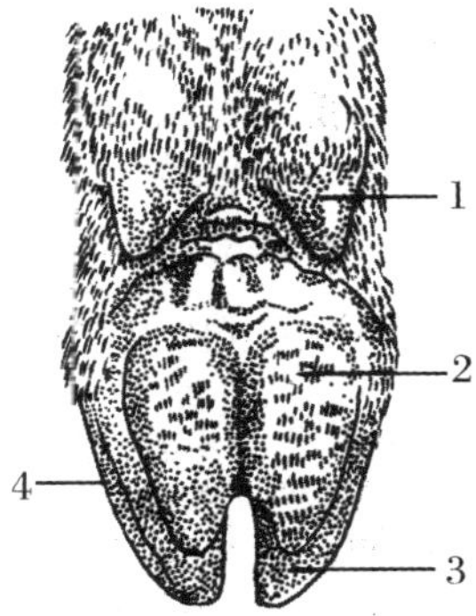

1. 副蹄　2. 蹄球
3. 蹄底　4. 蹄壁
图 15-19　猪蹄的底面

(五)蹄的功能

蹄的角质外壳有保护指(趾)部免受环境的机械、化学以及生物学因素的影响等功能。当动物被限制在小范围，蹄与粗糙地面不断接触时，蹄在抵抗化学和生物学的伤害方面起着尤为重要的作用。蹄在运动中具有减震作用，肢体所承受的力被蹄缓冲并转移。指(趾)枕与蹄结合在一起，同厚的皮下组织一起构成蹄球。蹄球在动物行走时起到缓冲压力的作用。蹄内衬有弹性表皮，与其他组织共同构成一个功能单位。另一缓冲装置可能是：当蹄着地时同肢两蹄可分开，从而缓冲外来压力。然而指间韧带对两指过度开张具有限制作用。第 3 指节骨上的表皮也能转移部分压力到骨骼上。这与马蹄相似，但不如马的明显。牛蹄底和蹄球的 40%～60%与地面接触，而马仅蹄底缘、蹄叉和蹄球接触地面。非家养动物还常用蹄来挖、抓以及作为武器。

三、猪蹄

猪蹄和牛蹄相似。每肢有两个主蹄和两个悬蹄。唯悬蹄内有完整的指(趾)节骨，即第 2 和第 5 指(趾)的指(趾)节骨(图 15-19)。

【案例】　大多数导致跛行的病因在于蹄，尤其是后蹄。蹄底溃疡和白线缺损是最常见的。其他蹄病还包括异物刺伤、水平裂和垂直裂、严重的皮肤病。主要包括指(趾)部皮炎(非常普遍)、指(趾)间坏死、指(趾)间异常增生、泥土热、泥浆踵、垂直裂、跟瘸病和蹄恶臭。远指(趾)节骨和舟骨的病症包括骨折、远指(趾)节骨顶端坏死和蹄深层感染。较严重的蹄部疾病之一是蹄叶炎(真皮炎)。这种情况与分娩、站立过度、畜舍设计不合理、营养不良、蹄部湿度大、糟糕的地面、管理粗糙和蹄磨损有关。它看起来是慢性或亚急性的疾病，却是造成蹄底溃疡和蹄白线疾病的部分原因。

第十节 角

一、角的一般特征

反刍动物的额骨两侧各有一个骨质角突(无角牛、羊除外),角突(多嵴、多孔)上覆盖由皮肤衍生的角(无毛、无腺体)(图 15-20)。

角由表皮和真皮构成。表皮高度角质化,形成角鞘。角鞘由密接的角质小管构成。真皮下没有皮下组织,直接与角突的骨膜紧密结合。角分角根、角体和角尖三部。角根与额部的皮肤相接,角质软而薄,有稀疏的毛。角体是角根向角尖的延续,角质逐渐变厚。角尖的角质最厚,甚至成一实体。

对于野生反刍动物来说,在繁殖季节,角被当作武器或用于建立和维护群体等级制度。在家养反刍动物中,雄性和雌性均可看到角。尽管雄性的角通常表现得更为坚实强大。

家养雄鹿特有的解剖特征为:在激素的影响下,鹿角每年都会脱落并被新的角代替,与此不同的是家养反刍动物的角是永久的,并且在角长出之后一直持续生长,角的大小和形状是品种的重要特征,并与年龄和性别有很大的关系。

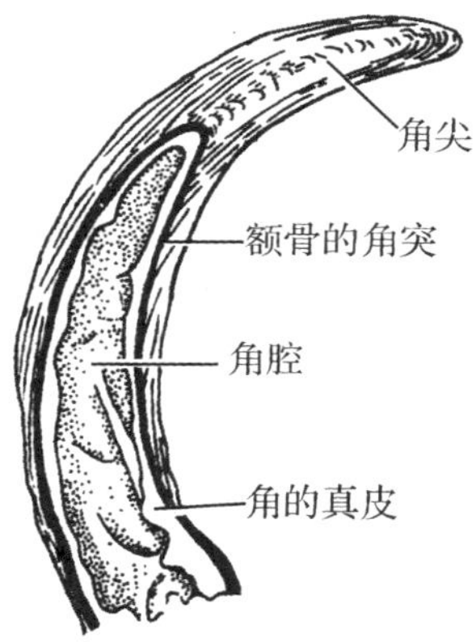

图 15-20 牛角(断面)

二、角的发育

牛胎儿 3 个月时,其头部出现表皮小隆起(牛角生长点,即成为新生牛犊头部的可见毛涡——中心无毛)。在分娩之后,额骨通过表皮隆起的诱导形成角突,至 5 个月时,形成实心角突。在幼年时期,常常通过烧烙角的萌芽状的表皮而阻止角的发育。出生后的 6 个月,由于额窦内黏膜的侵入,角突开始形成空腔。由于额窦与角突腔广泛相通,当成年动物的角被切除或受到损伤破裂时,额窦就会暴露。防止额窦感染至关重要。

角的生长主要发生在角根,新生的角层将老层向角尖部推移。角沿着真皮乳头方向生长。因此,角的生长主要是长度上的增长,而在直径上只有少量的增粗。角的生长速度主要取决于角表皮细胞获得的营养程度。当营养缺乏(野生反刍动物的季节性缺乏),或在妊娠期或哺乳期时,角的生长速度变慢。角的表面常有相间排列的隆起环和凹陷环,这些环称为角轮(环)或年轮。牛的角轮仅见于角根;羊的较明显,几乎遍及角的全部。凹陷的环代表生产活动较少的时期,母牛的角轮通常与妊娠表现相一致。一般在 2 岁时母牛第一次产犊,此后每隔一年就生产一次,这与角轮的出现一致。因此,母牛的年龄等于角轮数加 2。

角质鞘的较软外层由角根的表皮带产生,并逐渐转变成普通表皮,这与蹄缘处的变化相一致。角的形状一方面决定于骨质角突的形状,一方面决定于角质生长的情况,如一侧的角质生长快，而另一侧的角质生长慢，则形成螺旋形。

三、角的血液供应

角的血液供应是由颞浅动脉和颞浅静脉的终末支——角 A 和角 V 提供的。角 A 与额骨颞线平行分布至角根。在此处分出一较细的背侧支和一较粗的腹侧支，背侧支伸至角根的背侧为角真皮和角突提供血液供应。腹侧支伸至角根腹侧，发出分支至角真皮和角突，并在内侧与对侧角的相应动脉吻合。角 A 小的分支分布于角突的小管和沟内。当角受到损伤时，这些血管就会收缩。因此，用止血钳夹住这些血管来防止大量出血是不可能的。鉴于这一解剖结构特点，截角时应尽可能地接近额骨，在血管进入角突之前部位实施切除是非常重要的。角真皮有特别丰富的血管分布，当角受到损伤或分离骨与角质鞘时，一般会伴随大量出血。这就要求从角根进行切除，在角根部能成功地进行止血。

四、角的淋巴流向

角的淋巴流向腮淋巴结。

五、角的神经分布

角主要由三叉神经的颧颞神经的角支支配。由于颧颞神经接近上颌与眼，要确定它是来自三叉神经的上颌支还是眼支比较困难。此外，三叉神经的分支眶上神经和滑车下神经在通过额窦时也有分支为角提供神经支配。颧颞神经角支起自眼眶部位，向后行走到达额骨的颧突，继续后行，在颞线突起的嵴保护下，到达角根。在近眼眶处，颧颞神经角支被脂肪包裹，而向后伸延仅被皮肤和额肌覆盖。截角时通常需要麻醉角支神经。注射部位是在眼的颞侧角和角之间的中后部，接近颞线腹侧。麻醉并不总是成功，失败的原因可能是由于角支神经分布路径的差异或出现异常，或者是来自眶上神经或滑车下神经的神经支大量分布造成的。

六、小型反刍动物的角

小型反刍动物绵羊和山羊的角在形态上与牛角不同。但解剖结构基本一致。角在近眶后顶位由额骨发出，这与牛完全不同，牛角起于接近颞骨的位置。绵羊角呈螺旋状，而山羊角向头骨后方生长，角的形状和大小决定于动物的品种、性别和年龄。一般的山羊的角突横断面呈椭圆形，而绵羊则呈三角形。小型反刍动物角为间歇性生长，这就导致了角的外表面产生较多的角纹(嵴)，每年可形成 8～14 条嵴。羊角由颞浅 A 和 V 供应血液，角神经在颧突背侧直接上行。而与此相对应的，牛的颞浅 A 和静脉行走于额盾肌被表面，角神经行走在眼的颞侧角的血管和颧突之间。对角神经的局部麻醉可在颧突起点后端 1 cm 处的皮下进行。山羊角还接受滑车下神经分支的支配，可通过在眼眶背内侧部进行辅助注射达到局部麻醉的效果。

【案例】 在乳牛,断角术是一种十分常规的疗法。该方法需要封闭角神经(三叉神经上颌神经的颧额支,第1、2颈神经浅支支配角的后部)。然而,山羊的这种手术更加困难,因为羊的角还有其他神经支配,且因角窦小而比较接近大脑。在这种情况下,应对动物实施全麻,但由于角动脉与角神经并行,手术过程中可能会出血。

*附:中兽医望皮毛与皮肤　皮肤是动物体的外表,常为不同的致病因素侵袭而发生病变,临床上所观察到的皮肤病症有疮、黄、疔、毒及损伤等。皮毛的润泽光滑或焦枯无光,与体内的气血荣枯有密切关系。家畜健康时,体内气血中和平顺,血能源源不断地供养滋润皮毛,因此,皮毛呈现短细紧密、光滑润泽的状态;用手将皮肤拉起放下后,有即刻复原的弹性。《元亨疗马集》说:"马之无疾者,……皮毛光润也。"家畜的皮毛随着季节的变迁而褪换。家畜在秋季生长出长而密的御寒冬毛,春季则褪换为短而稀疏的夏毛,这是适应气候环境的正常生理现象。家畜瘦弱或生病时,气血不足或失调,不能正常供给皮毛所需要的精微,皮毛就出现枯灼焦躁或褪毛迟缓的现象。如家畜冬毛本应在春末开始褪换为夏毛,但由于气血失调,至夏至后,冬毛仍不褪换。猪、牛、马脱毛及皮变粗厚、结痂,羊及兔脱毛皮红者,多为疥癣。鸡时常松开全身的羽毛,头伸入羽毛中者,多为生虱。若劳役累伤或饲养不善,致使气血衰败,病畜则呈现皮毛焦枯。羊体内有寄生虫,则皮毛焦枯,槽间腹下兼有水肿。牛背皮肤有突起肿胀而不烂者,多为蝴虫病。病猪皮肤呈现红血块者,则为猪丹毒。猪腹部和四肢内侧皮肤出现豆大血点或血斑,用指压之,血色不褪,多见于猪瘟。此外观察汗液的排泄情况亦可帮助诊断疾病。健康的骡、马在一般劳役后或天气炎热时,出汗并不太多。若是身瘦气虚,则轻微劳役也会出汗,此为虚汗;若是在天热或剧烈劳役后大汗不止,乃系病态,见于黑汗。牛除了鼻唇镜经常汗珠不干外,身体其他各部是较少出汗的;若是劳役后畜体出汗太多,多是劳役过度的表现。骆驼在正常时很少出汗,若其胸前及四肢内侧出汗者,多为病态。

第五篇　畜禽比较解剖学

第十六章　兔的解剖学特征

第一节　骨骼

一、头骨

兔头骨的骨种类和数量与牛等家畜的相似(图 16-1)。枕骨构成颅腔的后壁和底壁的后部，包括 1 块上枕骨，1 块基枕骨和 2 块外枕骨，年幼时骨缝清楚，成年兔则 4 块骨愈合而界限不清；枕外侧结节明显，颈静脉突可见。顶骨与顶间骨构成颅腔的顶壁，内无压迹。额骨宽阔平直，构成头骨背侧中部，眶上突不与颧弓相接，形成嵴，分为眶前突和眶后突。筛骨构成颅腔的前壁，筛板有较深的筛窝。颞骨构成颅腔的侧壁，有发达的鼓泡。蝶骨构成颅腔底壁的前部，包括基蝶骨、翼蝶骨、前蝶骨和眶蝶骨。面部较长，鼻骨发达，前端稍窄，后端稍宽。切齿骨位于鼻骨的腹侧，稍突出于鼻骨的前方；每侧切齿骨有 2 个切齿槽；上颌骨呈多孔海绵状，与泪骨、颧骨呈直角。颧弓较大，其内面形成较大的眶窝。颞窝较小。下颌支向后向上倾斜，后腹侧有角状突。其他面骨无显著特点。

二、躯干骨

脊柱弯曲呈 S 形，脊柱式为 $C_7T_{12}L_7S_4CY_{16}$。颈椎 7 枚，第 3～7 颈椎形态相似，椎弓短而扁，横突为上下两支，均有发达的横突孔，棘突矮，第 7 颈椎的棘突稍高。胸椎通常 12 枚，偶有 13 枚，棘突发达，第 1～9 胸椎的棘突斜向后，第 10、11 胸椎的棘突垂直，第 12 胸椎的棘突斜向前，后 4 胸椎的横突有乳状突。腰椎一般 7 枚，偶有 6 枚，棘突宽，向前倾斜；横突长而大，斜向前腹外侧，横突基部的后方有小的乳状突(又称副突)；前关节突与棘突等高，并与前一椎骨的乳状突结合。4 枚荐椎愈合成荐骨，棘突矮而不愈合，荐股腹侧有 4 对较大的腹侧孔。尾椎常为 16

枚,偶见 15 枚。

肋骨通常 12 对,偶见 13 对,7 对真肋,5 或 6 对假肋(后 2 或 3 对为浮肋)。胸骨由 6 个胸骨节构成,胸骨柄明显,剑突附有上下压扁的剑状软骨。胸廓不大,呈截顶的圆锥形。

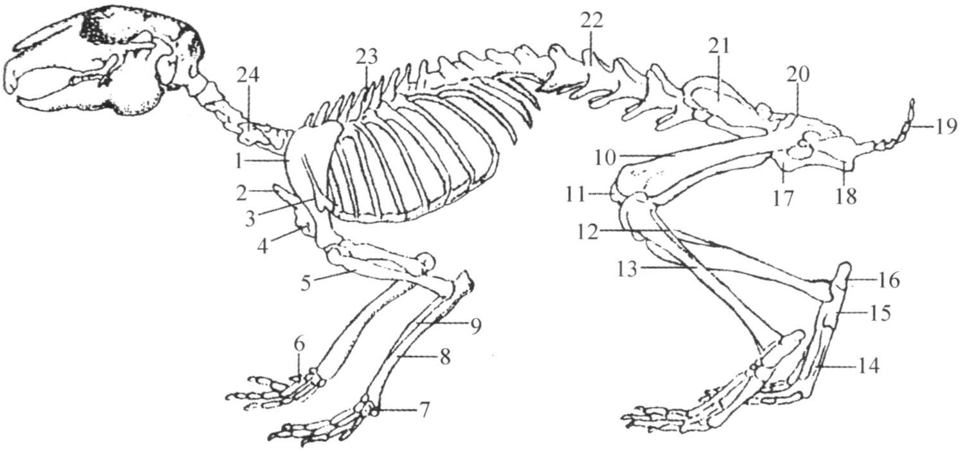

1.肩胛骨 2.胸骨 3.肩胛冈 4.乌喙骨 5.肱骨 6.掌骨 7.腕骨 8.尺骨 9.桡骨 10.股骨 11.髌骨 12.腓骨 13.胫骨 14.跖骨 15.距骨 16.跟骨 17.耻骨 18.坐骨 19.尾椎 20.荐椎 21.髂骨 22.腰椎 23.胸椎 24.颈椎

图 16-1 兔全身骨骼

三、前肢骨

肩带骨中的肩胛骨完整,肩胛冈较长,肩峰发达,与很长的后肩峰突成直角。乌喙骨退化成为肩胛骨的乌喙突。锁骨退化成为一细骨埋于臂头肌中,两端分别连于胸骨柄和肩胛骨。

肱骨细长而直,三角肌结节不发达,远端形成滑车关节面,滑车的内侧呈嵴状突起。

桡骨与尺骨不愈合,略呈 S 形。前者较短;后者较长,肘突明显。

腕骨有 3 列 9 枚,近列 4 枚(即桡腕骨、中间腕骨、尺腕骨和副腕骨);中列 1 枚,为中央腕骨;远列 4 枚,即第 1、第 2、第 3 和第 4 腕骨。

掌骨有 5 块,分别是第 1、第 2、第 3、第 4 和第 5 掌骨,其中第 1 掌骨很短。兔有 5 指,第 1 指由两个指节骨组成,其余各指有三个指节骨。除第 1 指外,其余各指有近籽骨 2 枚,远籽骨 1 枚。

四、后肢骨

左右髋骨前后等宽。髂骨较宽大,髂骨翼也较大。坐骨平直,坐骨结节较发达,坐骨弓较深。耻骨与髋骨之间可见 1 块长五角形的小骨,称髋臼骨。闭孔呈长椭圆形。

股骨长且直,大转子、小转子和第 3 转子均十分明显,转子窝清楚,远端内侧髁和外侧髁的后上方各有一枚小籽骨。

髌骨较小，呈契形。

胫骨较粗，近端呈三棱柱状，远端为圆柱状。腓骨较细，其近端与胫骨的外侧髁愈合，后者附有一枚小籽骨。腓骨远端与胫骨愈合，小腿间隙明显。

跗骨有 3 列 6 枚，近列 2 枚，即距骨和跟骨；中列 1 枚，为中央跗骨，远列 3 枚，分别是第 2，第 3 和第 4 跗骨。跖骨有第 2、第 3、第 4 和第 5 跖骨共 4 枚。兔有 4 趾，为第 2、3、4、5 趾，每趾有 3 个趾节骨，2 枚近籽骨和一枚远籽骨。

第二节　肌肉

兔全身共有 300 多块肌肉，总质量约占体重的 35%，可分为皮肌、头部肌、躯干肌、前肢肌和后肢肌（图 16-2、图 16-3）。躯干的脊柱肌（如背腰最长肌）和后肢的臀部肌与股部肌特别发达，以适应其跳跃，奔跑的生活习性。

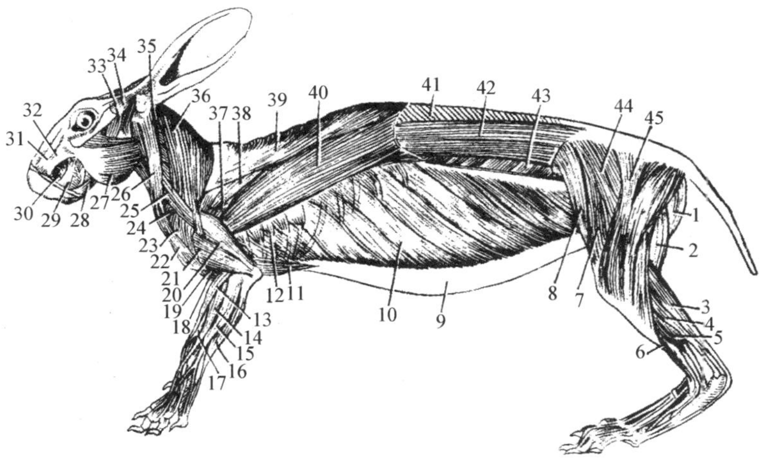

1. 半膜肌　2. 半腱肌　3. 腓肠肌　4. 比目鱼肌　5. 趾深屈肌　6. 腓骨长肌　7. 股四头肌　8. 缝匠肌　9. 腹直肌鞘　10. 腹外斜肌　11. 胸肌　12. 腹侧锯肌　13. 腕桡侧伸肌　14. 指总伸肌　15. 指外侧伸肌　16. 腕尺侧屈肌　17. 第 1 指伸肌　18. 臂二头肌　19. 臂肌　20、21. 臂三头肌　22. 三角肌　23. 肩展肌　24. 臂头肌　25. 臂提肌　26. 胸头肌　27. 咬肌　28. 下唇降肌　29. 颧肌　30. 颊肌　31. 鼻唇提肌　32. 上唇提肌　33. 颞肌　34. 颧耳肌　35. 夹肌　36. 斜方肌　37. 大圆肌　38. 冈下肌　39. 胸斜方肌　40. 背阔肌　41. 背棘肌　42. 背最长肌　43. 髂肋肌　44. 臂浅肌　45. 臂股二头肌

图 16-2　兔躯干浅层肌

一、皮肌

皮肌较薄，又可分为面皮肌、颈皮肌、肩臂皮肌和躯干皮肌四部分。

二、头部肌

头部肌包括面肌和咀嚼肌。

面肌主要有口轮匝肌、颊肌、颧肌、鼻唇提肌、上唇固有提肌、下唇降肌和颏肌等。

咀嚼肌主要有咬肌、翼肌、颞肌和二腹肌等。其中二腹肌只有前肌腹，后肌腹退化。

三、躯干肌

躯干肌包括脊柱肌、颈腹侧肌、胸壁肌和腹壁肌。

脊柱肌的背侧组主要有背腰最长肌、髂肋肌、背多裂肌、背半棘肌、颊肌、颈最长肌、头寰最长肌、头半棘肌、颈半棘肌等；腹侧组主要有腰大肌、髂肌、腰小肌、腰方肌、颈长肌和头长肌等。

颈腹侧肌有胸头肌和胸骨甲状舌骨肌。

胸壁肌主要有肋间外肌、肋间内肌、背侧锯肌、斜角肌和膈等。其中，斜角肌有前斜角肌、中斜角肌和后斜角肌 3 块；前斜角肌起于第 4～7 颈椎横突，止于第 1 肋骨前外侧；中斜角肌起于第 5 颈椎横突，止于第 3～5 肋骨外侧；后斜角肌起自第 4～6 颈椎横突，止于第 1 肋骨上端。

腹壁肌有腹外斜肌、腹内斜肌、腹直肌和腹横肌四层。

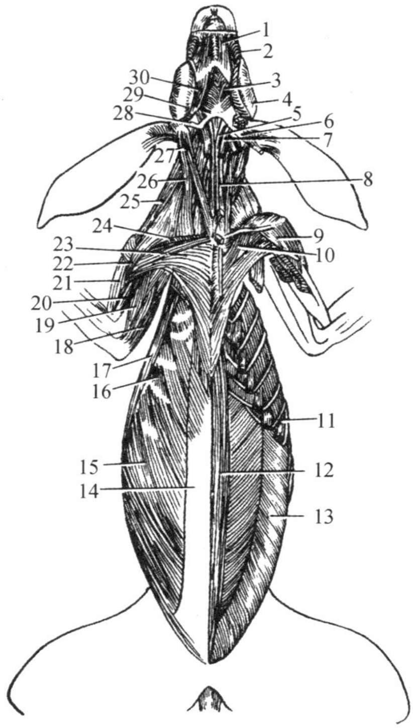

1. 下唇降肌　2. 颊肌　3. 颌舌骨肌　4. 咬肌　5. 胸骨舌骨肌　6. 头长肌　7. 甲状舌骨肌　8. 胸骨甲状肌　9. 三角肌　10. 胸肌　11. 腹外斜肌　12. 腹直肌　13. 腹内斜肌　14. 腹直肌鞘　15. 腹外斜肌　16. 腹侧锯肌　17. 背阔肌　18. 臂三头肌长头　19. 臂三头肌外头　20. 臂二头肌　21. 臂肌　22. 三角肌　23. 胸肌　24. 臂头肌锁骨部　25. 斜方肌　26. 臂头肌　27. 胸头肌　28. 茎舌骨肌　29. 翼肌　30. 二腹肌

图 16-3　**兔的头、颈、躯干肌肉(腹侧面)**

四、前肢肌

前肢肌包括肩带肌、肩部肌、臂部肌和前臂前脚部肌。

肩带肌主要有斜方肌、菱形肌、头菱形肌、背阔肌、臂头肌、肩胛横突肌、胸浅肌、胸深肌和腹侧锯肌等。其中，头菱形肌位于菱形肌的深面，在夹肌的外侧，呈细带状，起于颞骨鼓泡的上方，止于肩胛软骨的后部。肩部肌主要有冈上肌、冈下肌、三角肌、肩胛下肌、大圆肌、小圆肌和喙臂肌等。其中，三角肌有 3 块，第 1 三角肌又叫锁骨三角肌，起于锁骨，止于臂骨；第 2 三角肌也称肩峰三角肌，起于肩峰，止于臂骨三角肌结节；第 3 三角肌即肩胛三角肌，起自冈下肌肌腱，经后肩峰突的下面，止于臂骨三角肌结节。

臂部肌包括臂三头肌、前臂筋膜张肌、臂二头肌和臂肌等。

前臂前脚部肌主要有腕桡侧伸肌、腕尺侧伸肌、拇长展肌、腕尺侧屈肌、腕桡侧屈肌、旋前圆肌、掌肌、指总伸肌、第 1 指伸肌、第 2 指伸肌、第 4 指固有伸肌、第 5 指固有伸肌、指浅屈肌、指深屈肌、第 5 指屈肌、骨间肌和蚓状肌等。其中，腕桡侧伸肌有长、短两肌腹，腕长桡侧伸肌位于前臂骨最前方，起于臂骨外侧上髁，止于第二掌骨近端；腕短桡侧伸肌大部分与前肌愈合，也起于臂骨外上髁，但止于第三掌骨近端；掌肌位于前臂的后内侧、腕尺侧屈肌与指浅屈肌之间，细小，起于臂骨内侧上髁，止于掌筋膜；蚓状肌为三条细小的纺锤形肌，起于指深屈肌腱鞘，止于第 3、4、5 指近指节骨的内侧。

五、后肢肌

后肢肌包括臀部肌、股部肌和小腿后脚部肌。

臀部肌主要有臀浅肌、臀中肌和臀深肌。

臀部肌包括臀骨二头肌、半腱肌、半膜肌、股方肌、股四头肌、阔筋膜张肌、股薄肌、缝匠肌、耻骨肌和内收肌等。其中内收肌分为内收大肌、内收长肌和内收短肌三部分，分别起于坐骨联合及坐骨结节、耻骨联合后部和耻骨联合前部，止于股骨远端的内侧面及胫骨内侧髁、股骨后面和股骨小转子下方。

小腿后脚部肌主要有腓肠肌、比目鱼肌、腘肌、胫骨前肌、腓骨肌、趾长伸肌、拇长伸肌、趾浅屈肌、趾长屈肌（趾深屈肌）、骨间肌和蚓状肌等。其中，腓骨肌位于小腿的前外侧、胫骨前肌与趾长伸肌的深面，起于腓骨头和胫骨外侧髁，可分为腓骨长肌、腓骨短肌、腓骨第三肌和腓骨第四肌四条肌肉，分别止于第一跖骨、第五跖骨近端的结节，第五跖骨远端及趾骨近端和第四跖骨远端。

第三节　被皮

一、皮肤

兔的皮肤厚度 1.2～1.5 mm，全身皮肤总质量占体重的 8%～12%，通常冬季稍重，夏季稍轻；公兔比母兔的重。在耳根后部、股内侧等处的皮下组织特别发达而松弛，故常作为皮下注射部位。

二、皮肤衍生物

兔的皮肤衍生物包括毛、爪和皮肤腺等。

（一）毛

毛密布于全身（除爪、鼻端和阴囊等处以外）的体表，可分为绒毛、针毛和触毛 3 种。绒毛细而短，数量最多，被覆于皮肤表面，起保暖作用。针毛粗而长，突出于绒毛层，耐摩擦，有保护作用。触毛长在嘴上，为粗而硬的长毛，有触觉功能。毛有一定的寿命，故兔会周期性换毛。新生兔无毛，第 4 天开始长出绒毛，1 个月时所有被毛长齐；1～3 个月和 3～6 个月时各换毛 1 次。成年兔春、秋两季各换毛 1 次；夏季绒毛较少，而针毛较多，易于散热；冬季绒毛较多，而针毛较少，利于保暖。

（二）爪

兔每一指（趾）的末端指（趾）节骨上都附有爪。爪分为爪缘、爪冠、爪壁（爪体）和爪底 4 部分。爪的功能主要是挖土打洞和防御。

（三）皮肤腺

汗腺不发达，主要分布于唇边和腹股沟部的真皮内。因此，兔的散热能力差，夏季应该注意防热。

皮脂腺遍布全身真皮内近毛根处，其导管开口于毛囊，分泌的皮脂可滋润皮肤和被毛，防止皮肤干燥和水分浸入。

乳腺埋于乳房内。母兔的乳房有 3～6 对，位于胸部及腹部正中线的两侧。每个乳房有 1 个乳头，每个乳头有 5 条乳头管。在泌乳期，母兔每日的泌乳量为 50～220 mL。

特殊皮肤腺包括：由汗腺演变而来的位于外阴部皮下的褐色鼠鼷腺（又叫腹股沟腺，较大，呈卵圆形），直肠末端侧壁的直肠腺，下颌前端外侧浅下颌腺；皮脂腺衍变而来的白色鼠鼷腺（也称腹股沟腺）。后者在公兔位于阴茎体背侧皮下；在母兔位于阴茎背侧皮下，较小，近圆形，可分泌具有异臭味的黄色分泌物，通过导管输入腹股沟隙，并有吸引异性作用。

第四节　消化器官

一、口腔

上唇正中线上有纵裂，称唇裂，硬腭有 16～17 条腭褶，在最前腭褶的前方约 1 mm 处有鼻腭管口。兔舌短而厚，舌体背后部有稍硬而光滑的隆起，称舌隆起。舌黏膜上的乳头种类与马相似，丝状乳头呈绒毛状密布于舌背面，菌状乳头较少，散布于丝状乳头之间，轮廓乳头一对，位于舌隆起的后缘，叶状乳头两个，较大，呈椭圆形，长 5～6 mm，位于舌后部背外侧，在轮廓乳头的前外侧，兔齿具有食草兽的共性，切齿发达，无犬齿，臼齿的咀嚼面宽阔有横嵴，其咀嚼研磨能力很强，能以 100～200 次每分的速度将饲料研磨得很细。兔的上切齿有两对，分前后两排，形成兔特有的双切齿型，前排为大切齿，齿上有一条纵沟，后排为小切齿，呈钉子状。切齿与前臼齿之间有较宽大的齿槽间缘（图 16-4、图 16-5）。

二、咽和软腭

软腭较长，口咽部较宽大，扁桃体窦明显，腭扁桃体发达，鼻咽部后侧壁的咽鼓管咽口呈斜裂隙状。

三、食管

食管宽且粗，在颈部位于喉和气管的背侧，在胸腔位于纵隔内，穿过膈的食管裂孔至腹腔与胃相接。

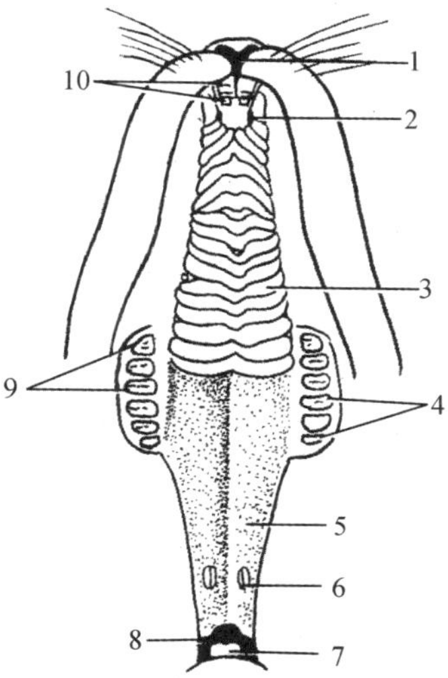

1. 唇裂　2. 鼻腭管孔　3. 硬腭　4. 臼齿
5. 软腭　6. 腭扁桃体　7. 会厌软骨
8. 鼻咽管开口　9. 前臼齿　10. 切齿

图 16-4　兔的口腔顶壁

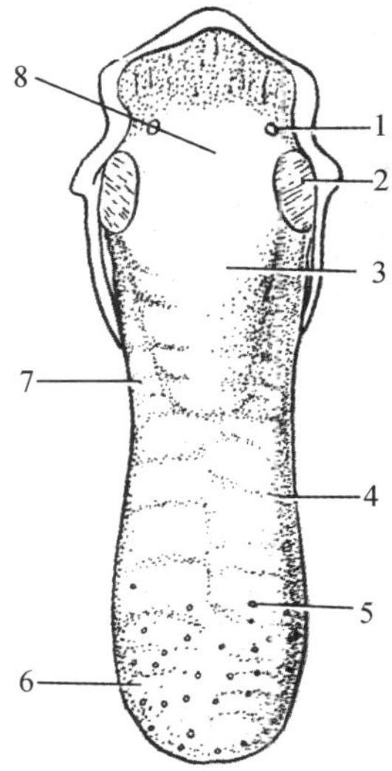

1. 轮廓乳头　2. 叶状乳头　3. 舌隆凸　4. 丝状乳头
5. 菌状乳头　6. 舌尖　7. 舌体　8. 舌根

图 16-5　兔的舌

四、胃

兔胃为单室胃，容积较大，约占消化管的 36%，呈上凹下凸的椭圆囊状，横位于腹腔前部膈和肝的后方。贲门与幽门很近，故胃大弯较长，胃小弯较短，大网膜不发达，胃黏膜的贲门腺区最小，其左侧形成盲囊，可防止内容物逆流，胃底腺区较大，幽门腺区稍小，胃壁较薄，肌肉少，收缩能力不强。

五、小肠

小肠长约 320 cm，与大肠的长度相当于体长的 10～20 倍，包括十二指肠、空肠和回肠（图 16-6）。十二指肠位于右腹腔背侧的腰下部，长约 50 cm，形成 U 形弯曲的肠襻，有胆总管和胰腺管的开口。空肠约 230 cm，呈粉红色，位于左腹腔前半部，形成许多肠襻，连于较长的空肠系膜，回肠短而直，长约 40 cm，以回肠系膜连于盲肠，开口于盲肠起始部的圆小囊。

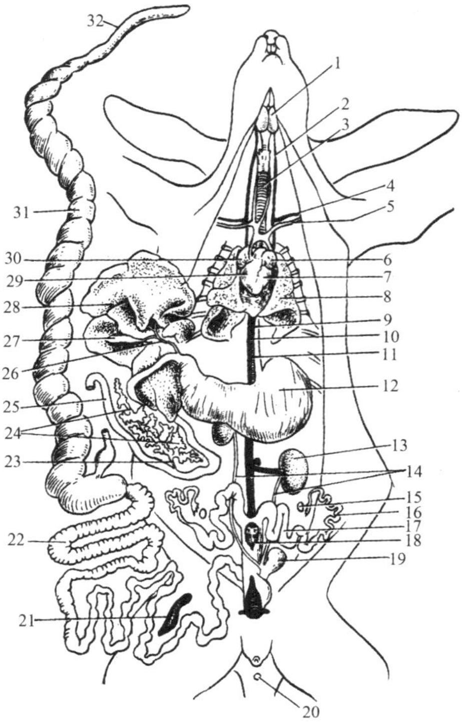

1. 下颌腺 2. 左颈静脉 3. 气管 4. 左锁骨下静脉 5. 左锁骨下动脉 6. 左心房 7. 左心室 8. 左肺 9. 食管 10. 后腔静脉 11. 主动脉 12. 胃 13. 左肾 14. 输尿管 15. 左卵巢 16. 左输卵管 17. 左子宫 18. 阴道 19. 膀胱 20. 肛门 21. 脾 22. 结肠 23. 胰管 24. 胰 25. 小肠 26. 胆管 27. 胆囊 28. 肝 29. 右心室 30. 右心房 31. 盲肠 32. 蚓突

图 16-6 兔的内脏

六、大肠

大肠长约 200 cm，包括盲肠、结肠和直肠，盲肠位于腹腔中后部，几乎占据腹腔的 2/3，通过肠系膜与回肠和结肠相连，形成一个椭圆形肠盘。盲肠非常发达，长约 50 cm，为卷曲的椎体状盲囊，是大肠中最粗的一段，占消化管总容积的 49%左右。盲肠起始部最粗，先从右腹中部向右前方走到右季肋部，再转向右后方，到达盆骨腔前方转向左侧而明显变细，向前伸至胃的后方再横向伸延移为长而细的蚓突（长约 10 cm，直径约 1 cm）。

盲肠管壁外表可见许多沟纹，内面有 25 条左右的螺旋状皱褶，称螺旋褶，有利于大量微生物的繁殖，故使盲肠成为体内一个发酵罐，其功能与牛、羊的瘤胃相似。在回肠、盲肠相接处形成一个壁厚而膨大的圆囊，称圆小囊（又叫淋巴球囊），为兔特有，约 3 cm×2 cm，呈灰白色，囊的内壁呈现六角形蜂窝状隐窝，其黏膜上皮下充满淋巴组织。圆小囊具有免疫防御、分泌碱性液体和吸收营养物质的功能。在回肠盲口周围的盲肠壁上含有大、小盲肠扁桃体。结肠长约 100 cm，可分为升结肠、横结肠和降结肠，升结肠位于腹腔右侧，粗大，直径约 2 cm，又叫大结肠，有三条纵肌带和三列肠袋。升结肠在胃幽门部上方变细后即从右向左横行延为横结肠。横结肠在腹腔左侧再折向后转为降结肠，横结肠和降结肠均较细，又称小节肠，较大结肠稍长，有一条很宽但不是很明显的纵肌带和一列肠袋。直肠位于骨盆腔，长 30～40 cm，与结肠无明显界限，二者之间有 S 状弯曲，直肠内含粪球，外呈串珠状，直肠末端背外侧壁内有一对呈暗灰色椭圆形的直肠腺，长 1.0～1.5 cm，为特殊皮肤腺，其脂样分泌物具有润肠通便作用，并有特异臭味，直肠末端以肛门开口于体外。

值得一提的是，兔排出的粪便有两种，一种是粒状硬粪，另一种是团状软粪，也称为“盲肠营养”，软粪一排出就被兔自己从肛门处吃掉，这就是兔的“食粪性”。

七、唾液腺

唾液腺主要包括腮腺、下颌腺、舌下腺和眶下腺 4 对，腮腺最大，呈不规则的三角形，粉红色，腺管开口于上颌第 2 前臼齿相对的颊黏膜上。下颌腺较硬实，呈椭圆形，大小约 2.5 cm×1.1 cm，浅灰色略带红色，腺管开口于口腔底舌系带附近，舌下腺较小，呈扁平长条形，有数条平行的腺管开口于舌下两侧口腔黏膜，眶下腺为兔特有的腺体，位于眶窝底部前下角，呈粉红色，其腺管开口于上颌第三前臼齿相对的颊黏膜上。

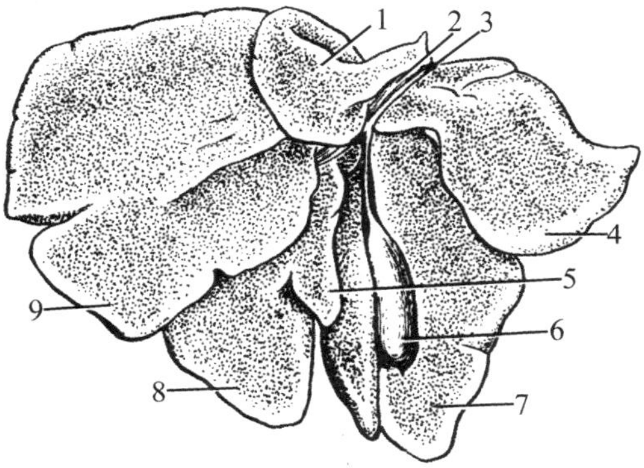

1. 尾叶　2. 肝门静脉　3. 胆管　4. 右外叶　5. 方叶
6. 胆囊　7. 右内叶　8. 左内叶　9. 左外叶

图 16-7　兔肝的脏面

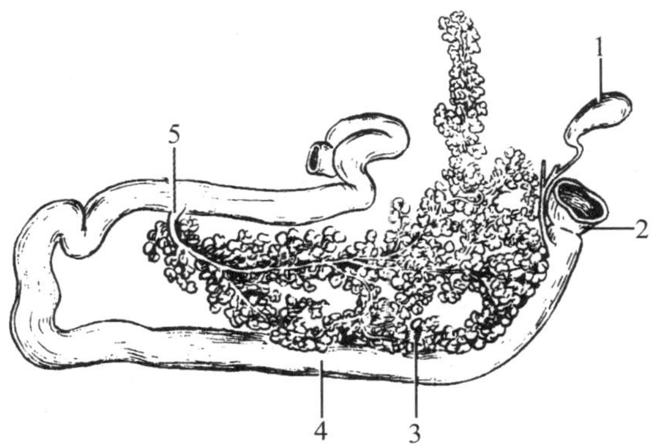

1. 胆囊　2. 幽门　3. 胰　4. 十二指肠　5. 胰管

图 16-8　兔的胰及胰管

八、肝脏

肝脏位于腹腔前部，在膈之后、胃之前，重约 60 g，占体重的 3%左右，呈红褐色，分为六叶，即左外叶、左内叶、右内叶、右外叶、方叶和尾叶，其中左外叶最大，尾叶最小，有明显的尾状突和乳突，方叶也较小，位于左内叶与右内叶之间，胆囊位于右内叶，胆囊管与各肝叶的肝管汇合成胆总管，开口于十二指肠距幽门约 1 cm 处(图 16-7)。

九、胰腺

胰腺较小，呈粉红色或淡黄色，可分为左叶和右叶，左叶沿胃小弯伸达脾，右叶位于十二指肠襻的肠系膜内，每叶由分散的小叶组成，只有一条胰管，开口于十二指肠距末端约 14 cm 处(图 16-8)。

第五节　呼吸器官

一、鼻腔

鼻孔为卵圆形和裂缝状，鼻翼发达，在嗅东西时可以频繁抽动鼻翼，快达 120 次每分，以使空气在鼻腔往返流动，更好地产生嗅觉。鼻腔被鼻中隔分为左右两半，每侧鼻腔有上鼻甲、中鼻甲和下鼻甲，鼻黏膜的呼吸区呈粉红色，含丰富的血管和黏液腺，有温暖、湿润和清洁空气的作用，此处是兔巴氏杆菌病等的易感部位。嗅区的嗅觉细胞发达，故兔分辨气味的能力很强，兔的上颌窦稍大，额窦和蝶窦较小。

二、咽

见消化系统部分内容。

三、喉

兔的喉较小，会厌软骨较大，甲状软骨腹侧较长，背侧较短，杓状软骨为一对三棱形软骨，声带不发达，因此兔发音很单调，有时在被捉拿时发出刺耳的尖叫声，环状软骨连接气管。

四、气管和支气管

气管由 48～50 个不闭合的软骨环组成，软骨环的缺口向上，由韧带等连接，相当于第 4、5 胸椎的腹侧处分为左、右支气管分别进入左、右肺。尖叶支气管由右支气管分出，进入右肺尖叶。

五、肺

兔肺不发达，左肺较小，可分为尖叶、心叶和膈叶，有时尖叶和心叶合并为前叶，右肺稍大，明显分为尖叶、心叶、膈叶和副叶。成年兔的呼吸频率在平静时为 30～60 次每分，但天气热时和运动后，可增至 282 次每分，以通过呼吸散发热量和排出水分(图 16-9、图 16-10)。

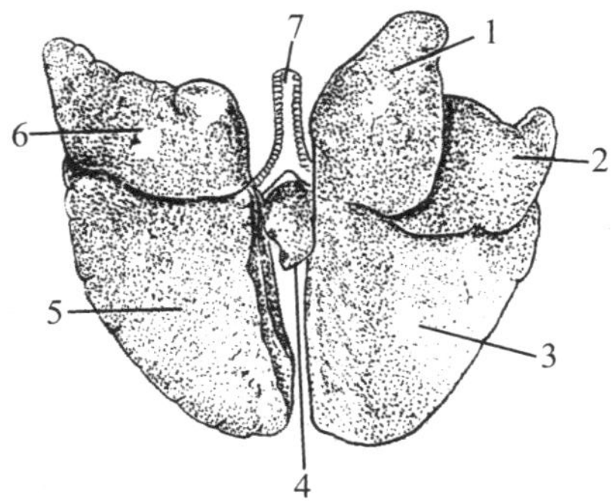

1. 右尖叶　2. 右心叶　3. 右膈叶　4. 右副叶
5. 左膈叶　6. 左尖叶和心叶　7. 气管

图 16-9　兔肺的背侧面

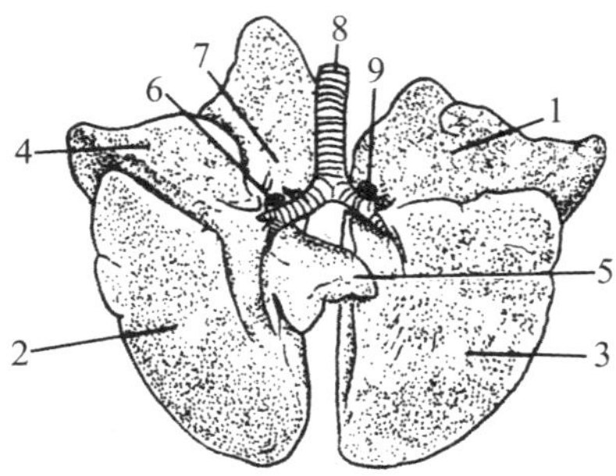

1. 左尖叶和心叶　2. 右膈叶　3. 左膈叶　4. 右心叶
5. 左副叶　6. 支气管　7. 右尖叶　8. 气管　9. 肺动脉

图 16-10　兔肺的腹侧面

第六节　泌尿器官

一、肾

兔肾为表面平滑的单乳头肾，左、右肾均呈卵圆形，大小约 3.5 cm×2.0 cm，色暗红而质脆，右肾在第 11 肋上端至第二腰椎横突的腹侧，左肾在第 2～4 腰椎横突的腹侧，在正常情况下肾被膜容易剥离，肾外常见肾脂囊，肾的皮质厚 0.2～0.3 cm，可见颗粒状的肾小体，髓质较厚，色淡，髓放线明显，只有一肾总乳头，有许多乳头管开口于肾盂(图 16-11、图 16-12)。

二、输尿管

输尿管左右各有一条，起于肾盂，离开肾后沿腹腔背侧延伸至骨盆腔，开口于膀胱颈的背侧壁。

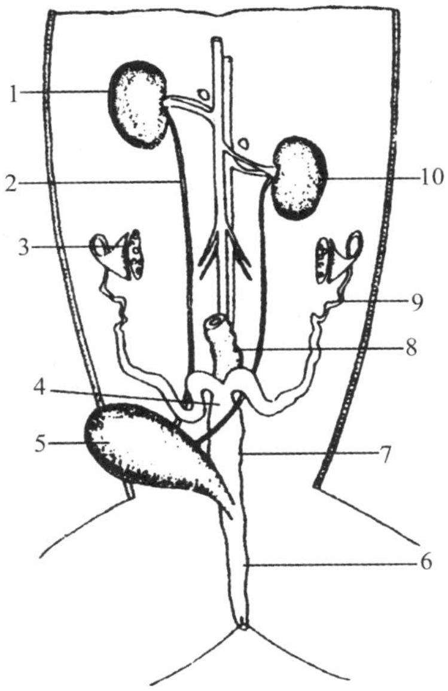

1. 右肾　2. 输尿管　3. 卵巢　4. 子宫　5. 膀胱　6. 阴道前庭　7. 阴道　8. 直肠　9. 输卵管　10. 左肾

图 16-11　母兔的泌尿、生殖系统

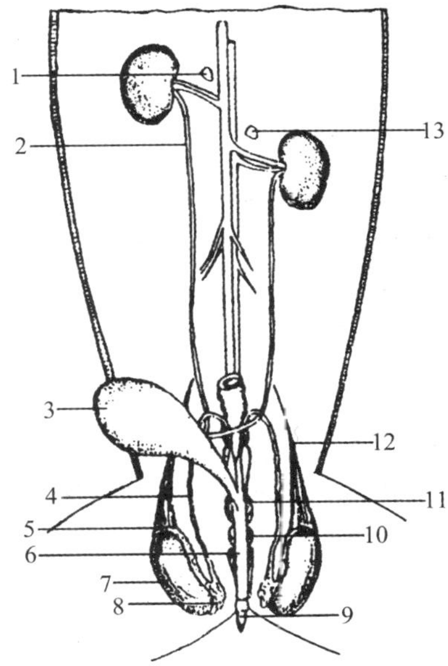

1. 右肾上腺　2. 输尿管　3. 膀胱　4. 输精管　5. 附睾头　6. 尿道　7. 睾丸　8. 附睾尾　9. 阴茎　10. 尿道球腺　11. 前列腺　12. 精索　13. 左肾上腺

图 16-12　公兔的泌尿、生殖系统

三、膀胱

膀胱呈梨形，通常大部分位于腹腔后部，仅膀胱颈在骨盆腔，但无尿时，膀胱大部分缩到骨盆腔，公兔的膀胱位于直肠的腹侧，母兔的膀胱则位于子宫的腹侧。

第七节　母兔生殖器官

一、卵巢

卵巢左右各一，呈长椭圆形，长 1.0～1.7 cm，宽 0.3～0.7 cm，重 0.3～0.5 g，呈浅粉红色，以卵巢系膜固定在腹腔背侧壁、肾的后方。其中，左侧卵巢位于第四腰椎横突端部的腹侧，右侧稍前，幼兔卵巢表面光滑，成年兔卵巢表面有凸出的透明圆形的成熟卵泡或暗色丘状的黄体。兔的排卵方式属诱发排卵，母兔卵泡发育成熟后并不马上排卵，当接受公兔交配或其他原因引起冲动时，方可诱发排卵，常在交配后十小时左右或肌内注射黄体酮十小时后引起排卵(图 16-11)。

二、输卵管

输卵管左右各有一条，全长 9～15 cm，前端有输卵管伞，腹腔口向着卵巢，壶腹部不甚膨大，输卵管峡部后端连接子宫，但两者无明显界限，输卵管的前 1/3 处为受精部位，受精时间一般是在排卵后一到两小时。

三、子宫

兔子宫属双子宫，左右子宫完全分离，无子宫角与子宫体之分，子宫全长约 7 cm，每侧子宫后端有内括约肌形成子宫颈，开口于阴道，兔为多胎动物，妊娠期短，仅为 30～31 天，两侧子宫可同时孕育胚胎，但胚胎数量不一定相同。

四、阴道和阴道前庭

兔阴道很长，达 7.5～8 cm，其腹侧有尿道开口，之后延为阴道前庭。

五、阴门

阴门位于肛门腹侧，阴门裂长约 1 cm，两侧隆起形成阴唇，阴唇背连合呈尖形，腹连合则呈圆形，阴蒂发达，长约 2 cm。

第八节　公兔生殖器官

一、睾丸

睾丸呈卵圆形，长 2.5～3 cm，宽 1.2～1.4 cm，重约 2 g，幼兔睾丸位于腹腔内，在性成熟后仅在生殖季节睾丸才下降到阴囊内，兔的腹股沟管短而宽，终生不封闭，与腹腔相通，睾丸可自由地下降到阴囊和缩回腹腔，兔每次射精 1～2 mL，约两亿个精子(图 16-12)。

二、附睾

附睾很发达，位于睾丸的背外侧面，附睾头由 15 条左右的睾丸输出管构成，附睾体和附睾尾由一条长而盘旋的附睾管构成，附睾管在附睾尾末端向前折转成一直管，移行为输精管。

三、输精管

输精管起于附睾尾，经腹股沟管进入腹腔，向后走至骨盆腔，与输尿管交叉后在膀胱背侧变粗形成输精管壶腹，之后管径又变细，与对侧并列共同开口于尿生殖道起始处背侧壁的精阜。

四、阴茎与包皮

阴茎呈圆柱状，阴茎头细而稍弯，不形成膨大的龟头，在平静时，阴茎长约 2.5 cm，向后伸至肛门的腹侧，但在勃起时，阴茎长达 4～5 cm，且因坐骨海绵体收缩，牵引阴茎游离端向前，阴茎头外面被覆包皮，包皮连于阴囊的皮肤，包皮开口处有包皮腺，在交配时可以分泌黏液。

五、副性腺

副性腺包括精囊、精囊腺、前列腺、旁前列腺和尿道球腺。精囊又叫雄性子宫，位于膀胱颈和输精管壶腹的背侧，呈扁平囊状，其前端分成两叶，向后开口于两输精管口之间的尿生殖道背侧壁。精囊腺一对，呈椭圆形，位于精囊的后方、前列腺的前方，腺管开口于精阜的两侧。前列腺呈半球形，位于精囊腺的后方，被结缔组织中隔分为左、右两部分，各有三、四条腺管开口于尿生殖道背侧壁。旁前列腺又称前尿道球腺，较小，长 3～6 cm，呈指状突起，每侧约有三个，位于精囊基部的两侧，腺管开口于尿生殖道。尿道球腺位于尿生殖道的背侧，前列腺的后方，色暗红，分为两叶，每叶呈长柱状，有四条导管开口于尿生殖道的背侧壁。腺的后端有薄的球海绵体肌覆盖。

六、阴囊

阴囊位于股部后方，肛门两侧，呈八字形，皮肤多毛。

第九节　心血管

一、心脏

心脏位于胸腔的纵隔内，略偏于左侧，在第 2～4 肋骨之间，呈前后稍扁的倒圆锥形，心基向前上方，心尖向后下方，距胸骨较远，故心包胸骨韧带发达(图 16-13、图 16-14)。右心房前上方接右前腔静脉，后方接后腔静脉、左前腔静脉和心静脉，右房室口只有二尖瓣，右心室的动脉圆锥明显，内有乳头肌，心室壁梳状肌发达，有两个小乳头肌，无调节索，肺动脉口有三个半月瓣，左心房连接约三条肺静脉。左房室口有二尖瓣，左心室在室中隔与心壁之间有前、后两个大的乳头肌，每个乳头肌又分三个小乳头肌，主动脉口也有三个半月瓣，在安静时，成年兔的心率为 80～100 次每分，幼兔为 100～160 次每分，在运动或受惊吓后兔的心率可增至 300 次每分。

二、动脉

肺动脉分为 2 支分别进入左肺和右肺。主动脉弓分出左、右冠状动脉到心脏后，依次分出左锁骨下动脉和臂头动脉。主动脉弓在胸腔内延续为胸主动脉，穿过膈再移行为腹主动脉。臂头动脉很短，先后分出左颈总动脉（有时左颈总动脉从主动脉弓分出）和右颈总动脉后延续为右锁骨下动脉。臂头延续为右锁骨下动脉。左、右锁骨下动脉分出肋颈动脉干、椎动脉、颈上动脉和胸内动脉后移行为腋动脉，走向前肢。左、右颈总动脉在下颌角处分出较细的颈内动脉后延为较粗的颈外动脉，分布于头部。腹主动脉末端分出粗大的左、右髂总动脉后移行为很细的荐中动脉，后者再延为尾中动脉走向尾。髂总动脉分出较小的髂内动脉（分布于盆腔）后移行为较粗的髂外动脉，走向后肢。

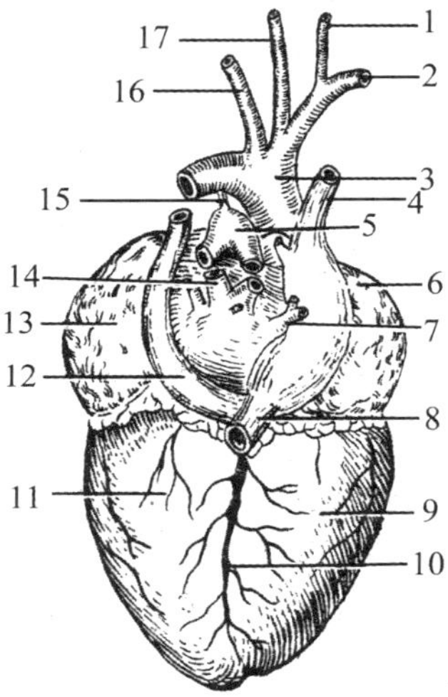

1. 右颈总动脉　2. 右锁骨下动脉　3. 主动脉　4. 右前腔静脉　5. 肺动脉　6. 右心房　7. 右肺静脉　8. 后腔静脉　9. 右心室　10. 后上纵沟　11. 左心室　12. 左前腔静脉　13. 左心房　14. 左肺静脉　15. 动脉韧带　16. 左锁骨下动脉　17. 左颈总动脉

图 16-13　兔心的后背侧观

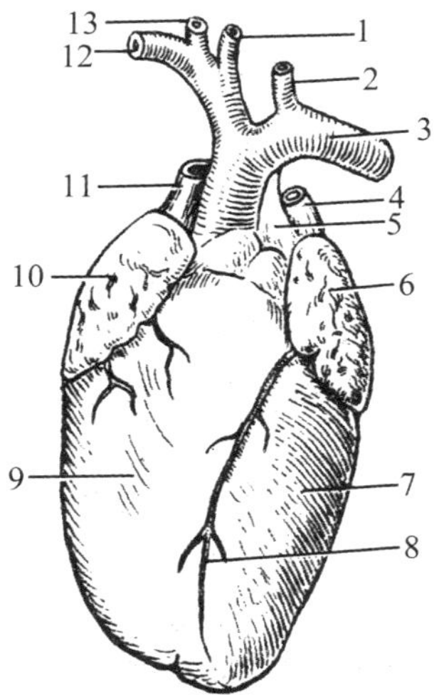

1. 左颈总动脉　2. 左锁骨下动脉　3. 主动脉弓　4. 左前腔静脉　5. 肺动脉　6. 左心房　7. 左心室　8. 前下纵沟　9. 右心室　10. 右心房　11. 右前腔静脉　12. 右锁骨下动脉　13. 右颈总动脉

图 16-14　兔心的前腹侧观

三、静脉

有 3 条肺静脉进入左心房，其中左前干收集左肺尖叶和心叶血液；右前干收集右肺尖叶和心叶血液；中干收集两侧膈叶和副叶的血液。左、右颈总静脉和左、右锁骨下静脉分别汇合成左、右前腔静脉进入右心房。颈总静脉汇集较细的颈内静脉和较粗的颈外静脉。前腔静脉汇集胸内静脉、椎静脉和肋间最前静脉。右奇静脉注入右前腔静脉。后腔静脉汇集肝静脉、腰静脉、肾静脉、生殖静脉、髂内静脉和髂外静脉。其中肝静脉有 4～6 条；髂内静脉除汇集骨盆壁和盆腔内器官静脉外，尚接受来自小腿的坐骨静脉。

第十节　淋巴系统

一、胸腺

胸腺位于胸腔内、心脏的前腹侧，相当于第 1～3 肋软骨处，呈浅粉红色，形态不固定。幼兔的胸腺较大，长约 2.5 cm，宽约 2 cm，厚约 4 cm，重约 5 g。成年兔的胸腺逐渐变小和退化。

二、脾

脾位于胃大弯的左侧，附于大网膜上，呈略弯的长条状，色深红，较小，长约 5.2 cm，宽 1.5～2 cm，重 1～1.5 g，占体重的 0.05％。

三、淋巴结

(1)头部淋巴结

头部淋巴结有下颌淋巴结 1～3 个，腮腺淋巴结 1 个。有的个体在颊肌上或咬肌前缘尚有面淋巴结。

(2)颈部淋巴结

颈部淋巴结包括颈浅淋巴结和颈深淋巴结。前者 1～3 个，位于颈外静脉起始部附近；后者 1 个，位于甲状软骨背侧、近颈总动脉处。

(3)前肢淋巴结

前肢淋巴结包括肩前淋巴结、肩后淋巴结、腋淋巴结和第 1 肋腋淋巴结。肩前淋巴结又叫腋浅前淋巴结，有 2～3 个，较小，位于胸肌的腹外侧、肩关节前的结缔组织中。肩后淋巴结又叫腋浅后淋巴结，只有 1 个，稍大，位于冈下肌与臂三头肌之间的结缔组织中。腋淋巴结或称腋深淋巴结，有 2 个，位于肩关节内侧、腋动脉和腋静脉的腹侧后方。第 1 肋腋淋巴结 1 个，位于第 1 肋骨下端的内侧面。

(4)胸腔淋巴结

胸腔淋巴结主要包括纵隔淋巴结 2～5 个和支气管淋巴结(肺门淋巴结)数个。

(5)腹腔淋巴结

腹腔淋巴结主要有胃淋巴结 2 个，十二指肠淋巴结 1～3 个，肝门的淋巴结数个，肠系膜前淋巴结 2～4 个，空肠淋巴结数个，肠系膜后淋巴结 2～4 个，等。

(6)腹壁骨盆壁淋巴结

腹壁骨盆壁淋巴结包括主动脉腰淋巴结 2～4 个，髂淋巴结 1～2 个，腹股沟浅淋巴结 2 个，荐淋巴结 1～3 个，髂下(股前)淋巴结 1 个。其中，髂淋巴结较小，位于髂总动脉起始部两侧；荐淋巴结位于荐中动脉起始部的腹侧。

(7)后肢淋巴结

后肢淋巴结主要是胆淋巴结，每侧有 1～3 个，呈卵圆形，长约 0.5 cm，位于膝关节的屈面、开腓肠肌起始部后方、半膜肌的深面。

四、淋巴管

左气管淋巴干汇集左头颈部深浅淋巴管、前肢深浅淋巴管后进入胸导管；右气管淋巴干收集右头颈部及前肢深浅淋巴管后汇入 1 支独立的短淋巴干，称为右淋巴干，后者进入右颈外静脉 2 条腰淋巴干，汇集腹壁骨盆壁淋巴管、盆腔内脏器官和结肠后段的淋巴管以及后肢的深浅淋巴管后进入乳糜池。1 条内脏淋巴干(由肠淋巴干和腹腔淋巴干汇合而成)汇集腹腔内脏器官(除结肠后段外)的淋巴管后也进入乳糜池。胸导管通常有 1 条，起自乳糜池，沿胸主动脉右侧向前行，沿途汇集胸腔的淋巴管，然后穿过主动脉弓到右侧，向前注入左颈外静脉。但有时胸导管有 2 条，分别位于胸主动脉的两侧，共同开口于左颈外静脉。

第十一节　神经系统

一、脊髓

脊髓前端在枕骨大孔处与延髓相接，后端伸达第 2 荐椎附近，有 37～38 节段，呈背腹稍扁的长圆柱状。其中，在颈胸交界处有不甚明显的颈膨大；在第 3～5 腰椎处有明显的腰膨大；在第 6 腰椎至第 2 荐椎间形成脊髓圆锥，后端以脊髓终丝与荐神经根和尾神经根共同形成马尾。

二、脑

1. 脑干

脑干包括延髓、脑桥、中脑。延髓窄而长，锥体十分明显。脑桥不发达，其腹侧的横向纤维较薄，不突出。中脑腹侧的大脑脚短而宽；背侧四叠体的前丘较大，后丘较小。

2. 间脑

间脑的外膝状体大而明显，内膝状体较小。

3. 小脑

小脑横向较宽，前后向较短。蚓部比较发达，伸达小脑的前端和后端，两侧与小脑半球的分界清楚，两个小脑半球较小。小脑绒球和旁绒球较明显，位于小脑半球的外侧后部。

4. 大脑

大脑呈楔形，前窄后宽，重约 7 g，长 3.5～4.5 cm，最宽约 2.5 cm。两侧大脑半球间的纵裂浅窄，与小脑的横裂宽大。大脑半球表面较光滑，没有明显的脑沟和脑回。大脑皮质较薄，胼胝体较小，尾状核、豆状核发达。嗅球大且长，向前突出，内、外侧嗅回明显，向后连于梨状叶，嗅三角不明显。海马呈环带状，盖于丘脑的背侧，构成侧脑室底壁的后半部(图 16-15、图 16-16)。

三、脊神经

脊神经为混合神经，共37～39对，其中颈神经8对，胸神经12～13对，腰神经7～8对，荐神经4对，尾神经6对。膈神经由第4～6对颈神经的腹侧支构成。臂神经丛由第5～8对颈神经的腹侧支和第1对胸神经的腹侧支构成，分出胸肌神经、肩胛上神经、肩胛下神经、腋神经、肌皮神经、桡神经、尺神经和正中神经。腰荐神经丛由第4～7对腰神经的腹侧支和第1～4对荐神经的腹侧支构成，分出髂腹股沟神经、生殖股神经、股后皮神经、股神经、闭孔神经、臀前神经、臀后神经、坐骨神经、阴部神经和直肠后神经。

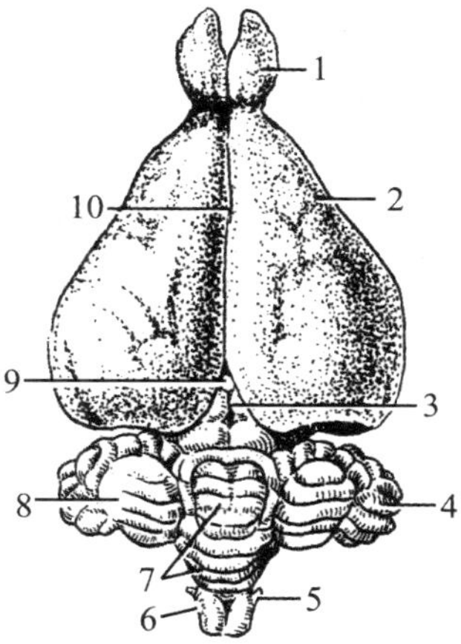

1.嗅球　2.大脑半球　3.中脑　4.小脑绒球　5.副神经　6.延髓　7.小脑蚓部　8.小脑半球　9.松果体　10.大脑纵裂

图16-15　兔脑的背侧面

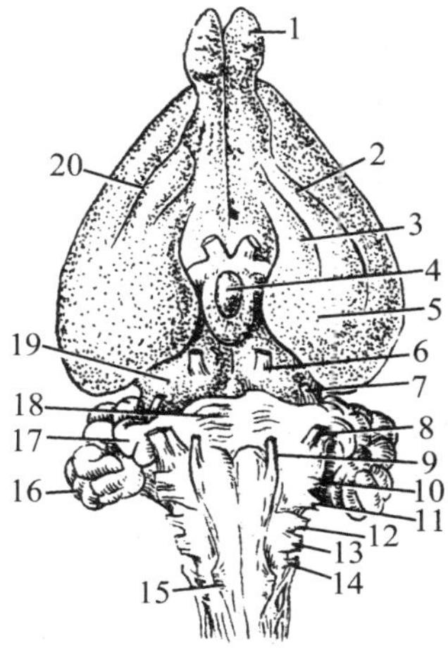

1.嗅球　2.外侧嗅回　3.内侧嗅回　4.垂体　5.梨状叶　6.动眼神经　7.滑车神经　8.三叉神经　9.外展神经　10.面神经　11.前庭耳蜗神经　12.舌咽神经　13.迷走神经　14.副神经　15.舌下神经　16.小脑绒球　17.小脑半球　18.脑桥　19.大脑脚　20.嗅沟

图16-16　兔脑的腹侧面

四、脑神经

兔的脑神经也有12对，与其他家畜的基本相似。但迷走神经有明显的特点：近神经节（即颈静脉神经节）较小，远神经节（即结状神经节）较大。在颈部，迷走神经与颈交感神经不形成迷走交感干，而各自独立成为迷走神经干和颈交感神经干，沿着气管的两侧、颈总动脉的外侧缘行走。其中迷走神经干较粗，位于外侧；颈交感神经干较细，位于内侧。

五、自主神经

交感神经的节前神经元胞体位于第3或第4胸节至第4腰节脊髓灰质外侧角（柱）内。颈交感神经干的颈前神经节较大，呈椭圆形；颈中神经节较小；颈后神经节与第1胸神经节合并成颈胸神经节，直径约 0.4 cm。内脏大神经起自第 8～10 胸节脊髓灰质外侧角；内脏小神经起自第 11 胸节脊髓，有时与内脏大神经合并。腹腔肠系膜前神经节位于腹腔动脉与肠系膜前动脉之间，肠系膜后神经节位于肠系膜后动脉的稍前方。副交感神经的节前神经元胞体位于中脑、延脑的相应核团和第 2～4 荐节脊髓灰质中间带的外侧，其神经纤维分别随第 III、VII、IX、X 对脑神经行走和形成盆神经分布于相应器官。

第十二节　内分泌系统

一、垂体

垂体(图 16-17)位于颅腔底壁蝶骨体背侧面的垂体窝中，由垂体柄悬挂于丘脑下部腹侧、视交叉的后方，呈椭圆形，重约 0.028 g。

二、甲状腺

甲状腺约 0.2 g，呈暗红色，位于甲状软骨与前 9 个气管软骨环之间的腹侧和外侧表面，分为峡部和两个侧叶。峡部长约 0.6 cm，横于第 7～9 气管软骨环的腹侧。每个侧叶大小为(0.7～0.8) cm×(0.17～0.23) cm。其大小、位置随性别和年龄有变化，一般母兔甲状腺比公兔的略大。

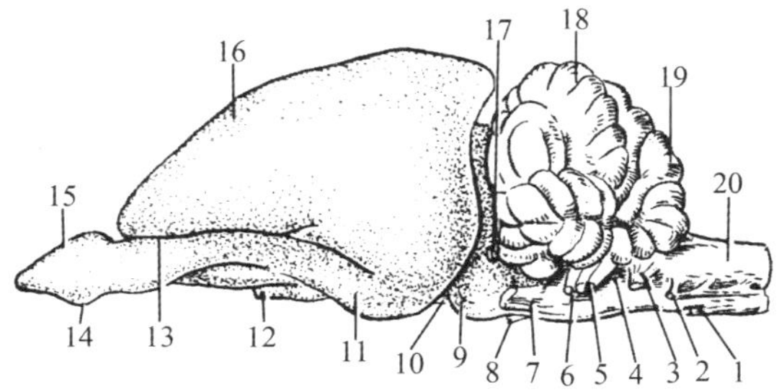

1. 舌下神经　2. 副神经　3. 迷走神经　4. 舌咽神经　5. 前庭耳蜗神经　6. 面神经　7. 三叉神经　8. 外展神经　9. 脑桥　10. 动眼神经　11. 梨状叶　12. 视交叉　13. 嗅沟　14. 嗅神经　15. 嗅球　16. 大脑半球　17. 滑车神经　18. 小脑半球　19. 小脑蚓部　20. 延髓

图 16-17　兔脑的外侧面

三、甲状旁腺

甲状旁腺通常有前、后两对(偶有 1 对)，前 1 对为内甲状旁腺(或缺)，埋在甲状腺内或在甲状腺侧叶前部两侧；后 1 对为外甲状腺，呈黄褐色，卵圆形或纺锤形，长 0.2～0.25 cm，位于甲状腺侧叶后部两侧、颈总动脉附近。

四、肾上腺

肾上腺左右各一，为黄白色不规则的扁平三角形小体，常位于肾的前内方。左侧肾上腺在第 2 腰椎腹侧、腹主动脉外侧；右侧肾上腺较前，位于第 12 胸椎下方、后腔静脉外侧。

五、松果体(腺)

松果体呈细长椭圆形或圆锥形，灰色或红褐色，重约 0.016 g，位于中脑四叠体前方正中线上、丘脑的后上方，以长柄连于第 3 脑顶壁的后端。

第十七章 家禽的解剖学特征

家禽身体的构造与家畜基本相同，但因适应飞翔，又与家畜有所区别，在各个系统都有所反映。主要表现为：皮肤薄而疏松，真皮无汗腺和皮脂腺，仅尾部有尾脂腺；皮肤具多种衍生物，体表被羽，后腿有角质鳞片；肌纤维纤细，有与远走、高飞相适应的胸肌和腿肌，有特殊的栖肌；骨骼薄而轻、致密坚硬、结构紧凑、关节牢固、有愈合现象，有充气性，有特殊的乌喙骨和尾综骨，前肢特化为翼，后肢有四趾，拇指向后，开放式骨盆；红细胞有核，心脏的右房室瓣为肌肉瓣，有右侧主动脉弓；无牙齿，有嗉囊、腺胃和肌胃，有两条盲肠，有泄殖腔，整个消化道为酸性，消化力强，粪便排入泄殖腔，泄殖腔的腔上囊有特殊功能；具气囊，为双重呼吸，以鸣管发音，无膈肌，无支气管树，呼气与吸气都是主动的；无膀胱，肾脏分叶无肾盂，尿排入泄殖腔；公禽睾丸在腹腔，附睾不发达，无副性腺；母禽只有左侧卵巢和输卵管，输卵管特别发达，无发情周期，排卵后不形成黄体，受精后无怀孕期，产大型具硬壳的卵，胚胎为体外孵化发育；内分泌腺及其分泌的激素基本同家畜；大脑皮层不发达，大、小脑表面平滑无沟回，纹状体发达，视叶发达，嗅叶退化，纹状体为家禽高级中枢所在，能建立条件反射；内脏神经分为交感神经、副交感神经和肠神经；家禽的肝门静脉分为左右两干，左干主要收集胃和脾的血液，右干主要收集肠的血液。

第一节 运动系统

一、骨骼

家禽在系统发生上属于脊椎动物鸟纲；禽类骨骼为了适应飞翔生活，具有轻便性和坚固性。轻便性是由于大部分骨为含气骨，坚固性即骨质致密和关节坚固，如颅骨、腰荐骨。雌禽在产蛋前 1～2 周内，在骨髓腔内的骨膜伸出许多细的骨针，相互交织成海绵状的变异性骨质，叫髓质骨，是贮钙装置，为蛋壳形成供钙，产蛋期过后即消失。家禽全身的骨由躯干骨、头骨、前肢骨和后肢骨组成(图 17-1、17-2)。

(一)躯干骨

躯干骨包括脊柱、两侧的肋骨和腹侧的胸骨。脊柱由颈椎、胸椎、腰椎、荐椎、尾椎 5 部分组成。颈椎(鸡 13～14 枚、鸭 14～15 枚、鹅 17～18 枚)连接成乙状弯曲，其中第 3～14 颈椎形态相似，寰椎和枢椎形状特殊，寰椎小、呈狭环状，寰枕关节只有一个枕骨髁，枢椎棘突明显，椎体前方有齿状突。胸椎(鸡 7 枚、鸭和鹅 9 枚)大多相互愈合,第 2～5 胸椎愈合,第 7 胸椎与前 6 枚尾椎愈合。腰椎、荐椎和部分尾椎愈合而成腰荐骨。尾椎(鸡 5～6 枚、鸭 7 枚),其中尾综骨为最后一个尾椎,也是尾羽支架。家禽比较解剖学资料表明,禽类脊柱的各部长度与种类有关,水禽(鸭、鹅)的颈部最长,胸、腰部较短;猛禽(鹰)的颈部最短,胸部、腰部最长;各种禽的荐、尾部较稳定。肋骨(鸡 7 对),前 1～2 对是浮肋,不与胸骨相接,其余为胸骨肋,其中第 2～6 肋骨中部均发出一支斜向后上方的钩突,连接于后一肋骨,因此胸廓比较牢固。禽类胸骨非常发达,飞翔能力强的鸟类更为明显,腹侧正中形成一胸骨嵴,称为龙骨突;鸭胸骨比鸡的大。

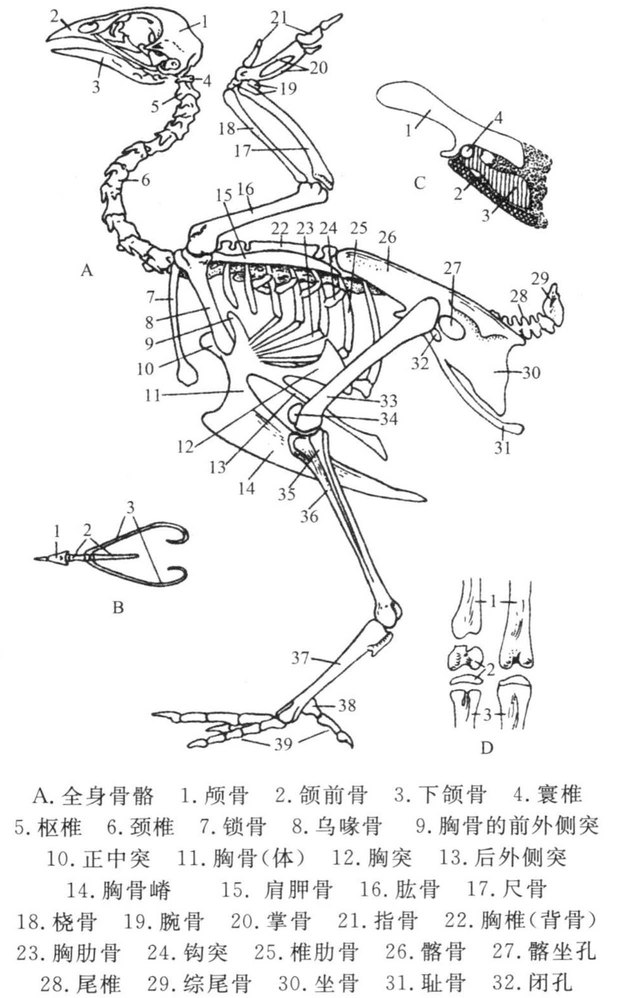

A. 全身骨骼 1. 颅骨 2. 颌前骨 3. 下颌骨 4. 寰椎 5. 枢椎 6. 颈椎 7. 锁骨 8. 乌喙骨 9. 胸骨的前外侧突 10. 正中突 11. 胸骨(体) 12. 胸突 13. 后外侧突 14. 胸骨嵴 15. 肩胛骨 16. 肱骨 17. 尺骨 18. 桡骨 19. 腕骨 20. 掌骨 21. 指骨 22. 胸椎(背骨) 23. 胸肋骨 24. 钩突 25. 椎肋骨 26. 髂骨 27. 髂坐孔 28. 尾椎 29. 综尾骨 30. 坐骨 31. 耻骨 32. 闭孔 33. 股骨 34. 髌骨 35. 腓骨 36. 胫骨 37. 大跖骨 38. 小跖骨 39. 趾骨 B. 舌骨:1. 舌内骨 2. 前、后基舌骨 3. 舌骨支 C. 幼禽髋骨:1. 髂骨 2. 耻骨 3. 坐骨 4. 髋臼 D. 幼禽(左)与成禽(右)的跗骨:1. 胫骨 2. 跗骨 3. 跖骨

图 17-1 鸡的骨骼

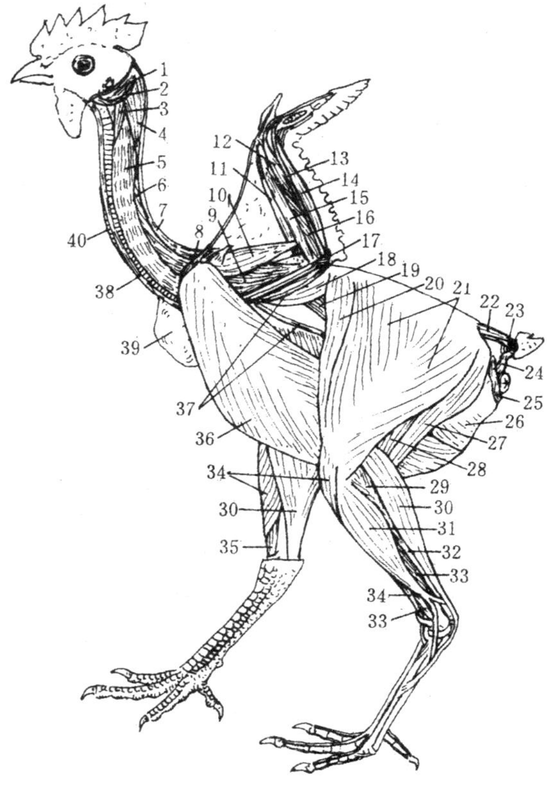

1. 下颌降肌 2. 舌骨支和颏舌骨肌 3. 头外侧直肌 4. 复肌 5. 横突间肌 6. 颈升肌 7. 颈二复肌 8. 翼膜长肌 9. 臂三头肌 10. 臂二头肌 11. 掌桡侧伸肌 12. 指深屈肌 13. 指浅屈肌 14. 腕尺侧屈肌 15. 旋前浅肌 16. 旋前深肌 17. 次级飞羽张肌 18. 背阔肌后部 19. 浅锯肌后部 20. 髂胫前肌(股阔筋膜张肌) 21. 髂胫外侧肌(股二头肌) 22. 尾提肌 23. 尾外侧肌 24. 尾降肌 25. 肛提肌 26. 腹外斜肌 27. 小腿外侧屈肌 28. 髂腓肌 29. 第 2 指穿孔和被穿屈肌 30. 腓肠肌 31. 腓骨长肌 32. 屈肌 33. 腓骨短肌 34. 胫骨前肌 35. 趾长伸肌 36. 胸肌 37. 肋肱和背肱皮肤 38. 胸骨舌骨肌 39. 嗉囊 40. 气管

图 17-2 鸡的肌肉

(二)头骨

头骨相对较小,以眼窝为界,分为颅骨和面骨。颅骨是含气骨。面骨比较特殊,上下颌无牙齿,上颌骨成为喙,上下颌骨中间有一块特有的方骨与颞骨、翼骨等以关节相连,以及方骨本身具有灵活性,所以当开口时,下降下喙的同时也抬起上喙,使口腔能够张开较大。

(三)前肢骨

前肢骨分为肩带部(肩胛骨、锁骨、乌喙骨)和游离部(臂骨、前臂部—桡骨和尺骨、前脚部—腕掌骨和指骨)。左右锁骨通常合成叉骨,前脚部相当于家畜前脚,但变化较大。

(四)后肢骨

后肢骨由骨盆带骨(髋骨、坐骨、耻骨)和游离部骨(股部—股骨和髌骨、小腿部—胫骨和腓骨、后腿部—趾骨和跖骨)组成。为适应产蛋,禽类为开放性骨盆,产卵期可利用两耻骨后端的距离增大来鉴别雌雄。

二、关节

禽类关节除颞下颌关节和肩关节外,其余部分都是不动关节。

三、肌肉

禽类肌肉的肌纤维较细,肌内无脂肪沉淀。肌纤维可分为白肌纤维、红肌纤维和中间型纤维。水禽和善于飞翔的禽类,如鸭、鹅、鸽等,红肌纤维较多,肌肉大多呈暗红色。飞翔能力差或不能飞翔的禽类,如鸡的胸肌则主要由白肌纤维构成,呈显著的白色;大多数的肌肉由中间型肌纤维构成。

禽类全身肌肉发达程度与全身结构和各部分功能相适应。全身最发达的肌肉是胸部肌肉(占全身肌肉总重一半以上),胸肌分为浅层的胸大肌和深层的胸小肌,收缩时起提、降翼作用。禽类第二发达的肌肉是腿部肌肉,肌腹主要分布在股骨和小腿骨周围。禽类第三发达的肌肉是翼部肌肉(如鸡翅),肌腹主要分布在肱骨和前臂骨周围。第四发达的肌肉是颈部肌肉。在肉鸡屠宰进行分割时,即取胸肌、鸡翅、鸡腿和鸡颈。禽类没有像家畜那样的膈肌,而是腱样膜,分为胸腹膈和肺膈。胸腹膈把胸腹腔不明显地分开;肺膈位于肺的腹侧。故在解剖时往往见不到肺,必须破坏肺膈才能见到肺(图 17-2)。

第二节 内脏

一、消化系统

禽消化系统包括消化管(口腔、咽、食管、嗉囊、胃、肠、泄殖腔)和消化腺(肝、胰)(图 17-3、图 17-4)。

(一)消化管

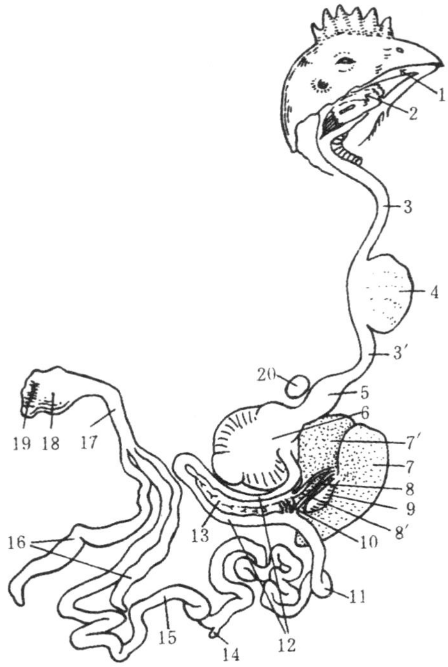

1. 口腔　2. 咽　3、3′. 食管颈段和胸段　4. 嗉囊　5. 腺胃　6. 肌胃　7、7′. 肝右叶和左叶　8、8′. 胆囊管和胆管　9. 胆囊　10. 胰管　11. 空肠　12. 十二指肠　13. 胰腺　14. 卵黄囊憩室　15. 回肠　16. 盲肠　17. 直肠　18. 泄殖孔　19. 肛门　20. 脾

图 17-3　鸡消化器官

1. 口腔　禽类没有软腭、唇和齿;颊不明显;上下颌形成喙,鸡、鸽的喙呈角锥形,大部分被覆角质化的鞘;雏鸡上喙尖部有角化上皮细胞形成的所谓蛋齿,孵出时可用来划破蛋壳。鸭、鹅的喙呈长匙形,除尖部外大部分被覆光滑而较柔软的所谓蜡膜;喙的边缘形成一系列角质横褶,在水中采食时,可将水滤出。蜡膜和横褶含丰富的赫氏小体等触觉小体。舌体内有舌内骨;舌体与舌根之间以舌乳头为界,也是口腔与咽的分界;舌黏膜上缺少味觉乳头,仅分布有少量结构简单的味蕾,因食料一般不经咀嚼就较快吞咽,所以味觉对禽的采食作用不大;舌对水温极为敏感。口腔顶壁正中有腭裂或称鼻后孔裂,呼吸时,舌背紧贴口腔顶,吞咽时,腭裂主动闭合。

2. 咽　与口腔及食管仅以黏膜上的一些乳头为界,顶部有一耳咽管口,底壁有喉,咽黏膜血管丰富,有散发体温的作用,禽唾液腺比较发达。

3. 食管和嗉囊　食管宽而易扩张,嗉囊为食管膨大部,位于食管下 1/3,鸭鹅没有真正的嗉囊,仅扩大形成纺锤形,雌、雄鸽的嗉囊的上皮细胞在育雏期增殖而发生脂肪变性,脱落后与分泌的黏液形成嗉囊乳(鸽乳),用于哺乳幼鸽。

4. 胃　禽的胃分为腺胃和肌胃。腺胃又称前胃,呈纺锤形,位于腹腔左侧、肝左右两叶之间,壁内腺体发达,黏膜有许多乳头(鸡 30～40 个,乳头较大;鸭鹅乳头较小,数量较多),分泌盐酸和胃蛋白酶原,主要起混合胃液的作用。肌胃又称砂囊,紧接腺胃之后,位于肝后方偏左,呈椭圆形,内有吞食的沙砾,可机械性磨碎食物。肌胃壁很厚,由半球状背侧肌和腹侧肌、较薄的前背中间肌和后腹中间肌 4 块肌肉构成。4 块肌肉在肌胃两侧以厚而致密的中心腱相连接。肌胃腺和上皮分泌物与脱落的上皮细胞一起在酸性环境中迅速硬化,形成一层类角质膜,紧贴黏膜表面,呈淡黄绿色,即中药鸡内金,它对胃黏膜起保护作用。肌胃主要是对饲料进行机械磨碎作用,加之沙砾的配合,产生很大的压力,把食物磨碎。鸡的肌胃收缩压力可达 2 个大气压,鸭、鹅达 4 个大气压,可将玻璃球压碎、金属管扭弯等。如笼养和平养鸡时,一定要在饲料中添加沙砾等,否则会降低饲料消化率。由于腺胃胃腔不大,食物停留时间很短,分泌的消化酶与食物很快进入肌胃内进行化学性消化。

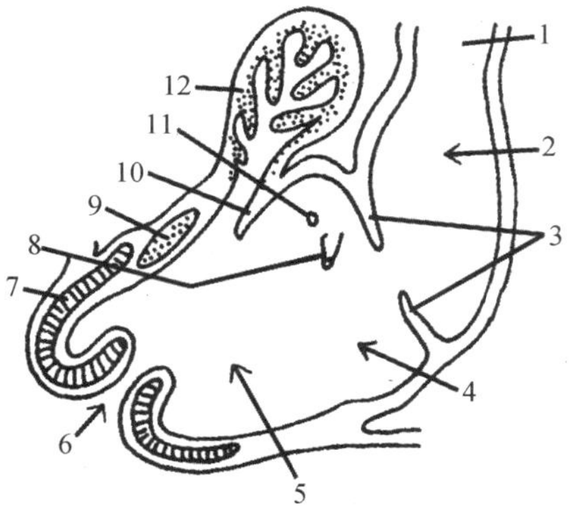

1. 直肠　2. 粪道　3. 粪道泄殖道襞　4. 泄殖道　5. 肛道　6. 肛门　7. 括约肌
8. 输精管乳头　9. 肛道背侧腺　10. 泄殖道肛道襞　11. 输尿管口　12. 泄殖腔囊

图 17-4　禽泄殖腔模式图

5. 肠和泄殖腔　肠分为小肠(十二指肠、空肠、回肠)和大肠(盲肠、结直肠)。

十二指肠形成较直的肠袢,分为降支(部)和升支(部)。空肠为小肠最长的一段,以肠系膜悬于腹腔右半部,鸡的空肠形成 10～11 个弯曲的肠袢,鸭鹅空肠形成 6～8 个环形肠袢。空肠中部有一小突起叫卵黄囊憩室,是胚胎时期卵黄囊柄的遗迹。回肠短而较直。盲肠基部有丰富的淋巴组织,叫盲肠扁桃体,是禽病诊断的主要观察部位。结肠不明显,直肠很短,即也可合称为结直肠。泄殖腔是消化、泌尿和生殖三系统的共同通道,分为粪道、泄殖道和肛道,泄殖腔背侧有腔上囊,是中枢淋巴器官,性成熟后逐渐退化,泄殖道背侧有一对输尿管开口,母鸡输卵管和公鸡输精管都开口于输尿管。泄殖孔又称肛门,是泄殖腔的对外开口。

(二)消化腺

肝脏较大,位于腹腔前下部,分左右两叶,右叶较大,两叶各有肝门,血管、淋巴管等由此出入。胆囊管只与右叶肝管相连,肝左叶肝管不经胆囊直接与胆囊管共同开口于十二指肠末端。胰位于十二指肠襻内,胰管(鸡 3 条,鸭鹅 2 条)开口于十二指肠终部。

二、呼吸系统

禽呼吸系统(图 17-5、图 17-6)包括鼻腔、鼻腺、咽、喉、气管、鸣管、肺、气囊等器官。

(一)鼻腔

禽的鼻腔较狭,位于上喙基部,其中眶下窦(禽类唯一的鼻旁窦)在传染性呼吸道疾病时常有病变。鼻腺不发达,位于鼻腔侧壁,水禽鼻腺较发达,分泌盐分,又称盐腺,对调节机体渗透压起重要作用。

(二)咽、喉

喉位于咽底壁,无会厌软骨和甲状软骨,喉腔内无声带,直接与气管相通。喉软骨上分布肌性瓣膜,平时开放,仰头关闭,故采食、饮水时常仰头下咽。

(三)气管

气管较长且粗，由软骨环构成，随年龄而骨化，随食道下行，进入胸腔后在心基上方分为两个支气管，分叉处形成鸣管。支气管经心基上方入肺。

(四)鸣管

鸣管是禽的发声器官，由软骨环和鸣骨构成。在鸣管内、外侧壁覆以两对鸣膜，形成一对狭缝，呼吸时，空气经过狭缝，振动鸣膜而发声。公鸭鸣管左侧形成一个大的骨质鸣泡，故发声嘶哑。鸣禽鸣管上有小肌肉，能发出悦耳多变的声音。

(五)肺

禽肺不大，位于胸腔背侧，呈扁平四边形，不分叶，背侧面嵌入肋骨形成肋沟。空气通路为：支气管→初级支气管→次级支气管→三级支气管→肺房→漏斗→肺毛细管。

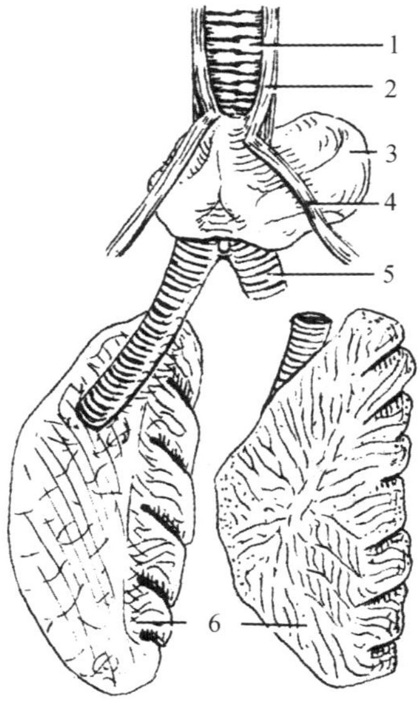

1. 气管　2、4. 气管肌和胸骨气管肌　3. 鸣管泡　5. 支气管　6. 肺

图 17-5　公鸭气管和肺(腹侧观)

(六)气囊

气囊是禽类特有的器官，共有 9 个：前群气囊(一个锁骨气囊、成对的颈气囊和前胸气囊)和后群气囊(一对后胸气囊、一对腹气囊)。主要作为贮气装置参与呼吸活动，吸气时，新鲜空气进入肺和气囊，呼气时，气囊内空气进入肺，进行二次气体交换，成为双重呼吸。此外，气囊能增加浮力、减轻体重、适合于游泳和飞翔，还能调节体温、降低睾丸温度、产生共鸣等。

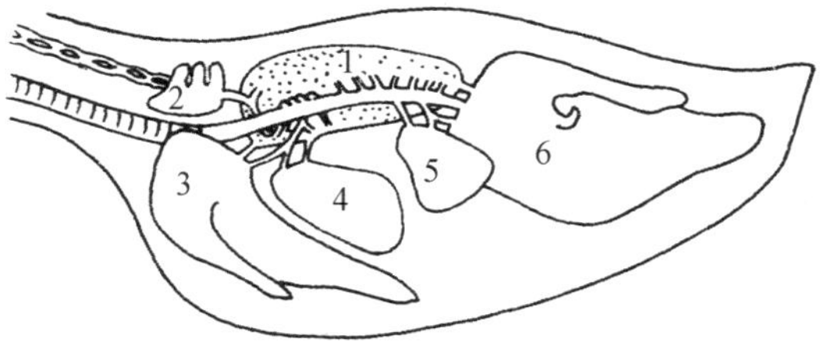

1. 肺　2. 颈气囊　3. 锁骨气囊　4. 胸前气囊　5. 胸后气囊　6. 腹气囊

图 17-6　禽气囊分布模式图

三、泌尿系统

(一)肾

禽肾比例较大，占体重的 1%以上，位于腰荐骨两旁和髂骨的骨窝里，呈红褐色、狭长豆荚状，无脂肪囊包裹，分为前、中、后三部分。无肾门、肾盂，血管和输尿管直接从肾表面进出，肾集合管直接注入输尿管在肾内的分支。禽肾虽有皮质和髓质，但由于肾小叶有浅有深，故不能分出皮质和髓质。血液供应与哺乳动物不同，除有肾动脉和肾静脉外还有肾门静脉(图 17-7)。

(二)输尿管

输尿管两侧对称，从肾中叶走出，沿肾背侧向后行，开口于泄殖道背侧，管壁薄，有时管内尿中尿酸盐较多而呈白色，无膀胱。

四、雄性生殖系统

由睾丸、睾丸旁导管系统、输精管和交媾器组成，缺副性腺和精索等结构（图 17-7、图 17-9）。

1. 睾丸　位于最后两个椎肋上部，呈豆状、乳白色、左右对称，左侧比右侧略大，雏鸡睾丸只有米粒大，性成熟后可达橄榄甚至鸽蛋大，鸭睾丸在性活动期体积更大。

2. 睾丸旁导管系统　包括睾丸网、输出小管、附睾小管和附睾管。位于睾丸背内侧缘，呈长纺锤形。

3. 输精管　主要贮存精子，是一对呈极端旋卷状的细管，与输尿管并行，末端形成射精管，最后输精管乳头开口于泄殖腔。

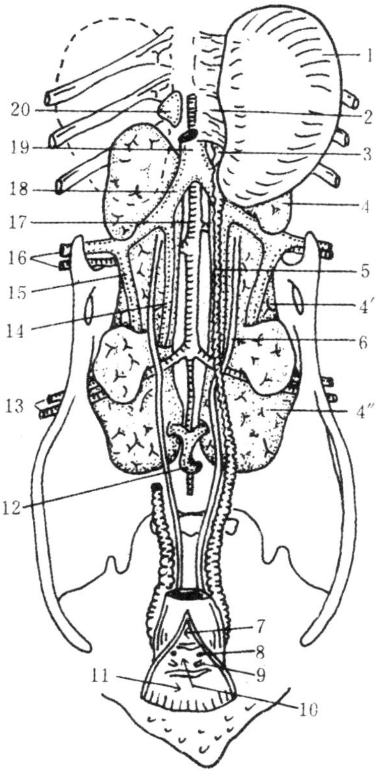

1.（左）睾丸　2. 睾丸系膜　3. 附睾　4、4′、4″. 肾部前部、中部和后部　5. 输精管　6. 输尿管　7. 泄殖腔粪道　8. 输尿管口　9. 输精管乳头　10. 泄殖道　11. 肛道　12. 肠系膜后静脉　13. 坐骨血管　14. 肾静脉　15. 肾门后静脉　16. 髂外血管　17. 主动脉　18. 髂总静脉　19. 后腔静脉　20.（右）肾上腺

图 17-7　公鸡泌尿和生殖器官（腹侧观，右侧睾丸和部分输卵管已切除）

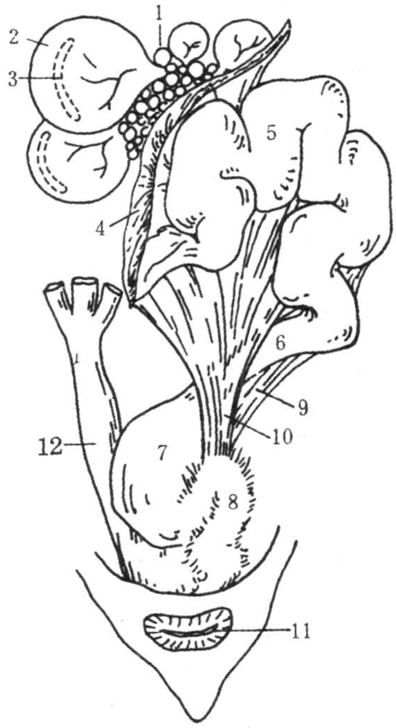

1. 卵巢　2. 成熟卵泡　3. 卵泡斑　4. 漏斗　5. 膨大部　6. 峡　7. 子宫　8. 阴道　9. 输卵管背侧韧带　10. 输卵管腹侧韧带　11. 肛门　12. 直肠

图 17-8　母鸡生殖器官

4. 交媾器　由输精管乳头(一对)、脉管体(一对)、阴茎体(雄性幼雏根据其鉴定性别)、淋巴襞等组成。公鸡无阴茎,但有一套完整的交媾器,公鸭和公鹅阴茎发达,但与哺乳动物并非同源器官,勃起时,阴茎内海绵组织中充满淋巴而非血液。

五、雌性生殖系统

由卵巢和输卵管构成,仅左侧发育正常,右侧在早期发育中退化(图17-8)。

图 17-9　成年公鸭勃起时的阴茎

1. 卵巢　卵巢被短的卵巢系膜悬于左肾前方,幼禽较小,为扁平椭圆形,灰白色。成年为葡萄状,繁殖季节体积更大,经常保持有 4～5 个依次递增的大卵泡。卵泡内充满大量卵黄物质,突出于卵巢表面,以小柄与卵巢相连,叫卵泡蒂。当左侧卵巢功能衰退或丧失时,右侧停止发育的生殖腺有时能继续发育,如发育成睾丸或卵睾体,即发生所谓性逆转现象。母鸡变成公鸡可以见到。

2. 输卵管　由漏斗部、蛋白分泌部、峡部、子宫或壳腺部和阴道 5 部组成。雏禽较平直而短,经产禽可达 80～90 cm,休产期变短。漏斗部是输卵管起始端,四周为输卵管伞,中央有一输卵管腹腔口,摄取卵子,是卵子和精子受精的场所。输卵管颈部产生的分泌物能参与形成卵黄系带。蛋白分泌部最长,主要形成浓稠的白蛋白,部分参与形成卵黄系带。峡部最窄,形成部分卵白和纤维性壳膜。子宫是峡后较宽部分,卵在此停留时间最长,可达 18～20 h,其主要形成稀蛋白、蛋壳以及形成色素沉积蛋壳。阴道是输卵管末端,壁厚,黏膜内形成阴道腺,交配后可贮存精子,以后陆续释放,使受精作用持续进行。肌层发达,形成阴道括约肌,有防止蛋滑出的作用。蛋在子宫内形成后,产前在子宫内旋转 180°以钝端向后进入阴道,靠子宫和腹肌收缩,阴道经泄殖孔向外翻出把蛋产出,所以在正常情况下,蛋是不与泄殖腔内容物接触的。

第三节　循环系统

一、心脏

家禽的心脏构造与家畜相似,不同之处是右房室瓣是一片肌肉瓣,呈新月形,右心室壁内较平滑,缺乳头肌和腱索结构。传导系也与哺乳动物相似,但房室束的右脚还分出一支到右房室瓣肌;房室束尚分出一返支,绕过主动脉口,与房室结分出的一支环绕右房室口而互相连接,形成右房室环。禽的房室束及其分支无结缔组织鞘包裹,兴奋易扩散到心肌,可能与禽的心跳频率较高有关。

二、血管

血管由动脉和静脉组成。动脉主要由肺动脉和主动脉（升主动脉、主动脉弓和降主动脉）构成，主动脉的分支有冠状动脉、臂头动脉、降主动脉、肾前动脉、髂外动脉、坐骨动脉和髂内动脉，其中禽的主动脉弓偏右，属右动脉弓，家畜属左动脉弓。肺静脉分为左右两支，注入左心房。大循环基本与动脉伴行，其中臂静脉位于臂部内侧，又称为翼下静脉，是家禽静脉注射和采血的部位（图 17-10）。

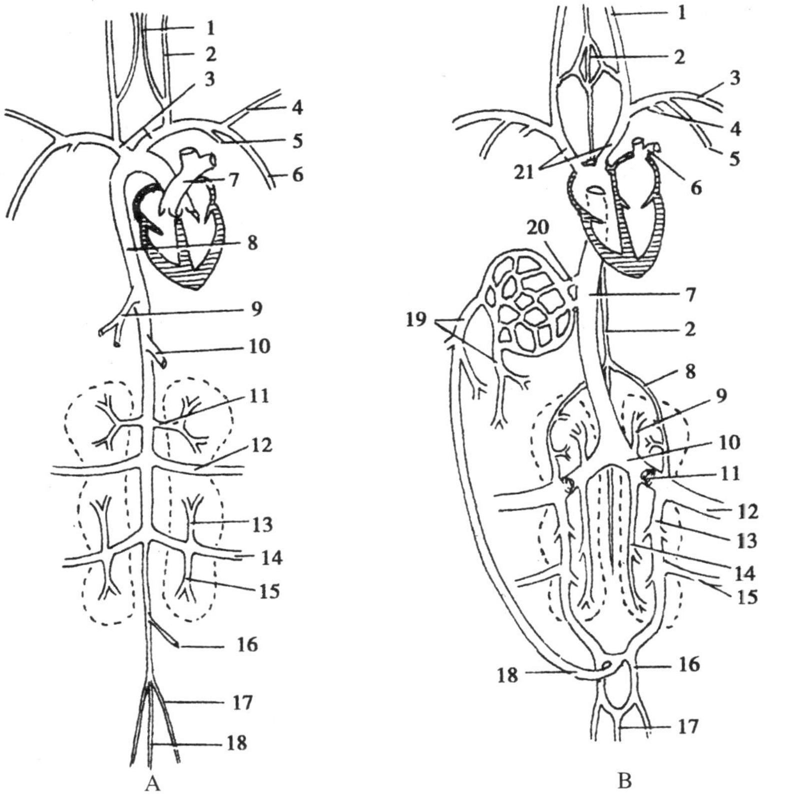

A. 动脉：1. 颈总动脉　2. 椎动脉　3. 锁骨下动脉　4. 臂动脉　5. 胸内动脉　6. 胸肌动脉　7. 肺动脉　8. 主动脉　9. 腹腔动脉　10. 肠系膜前动脉　11. 肾前动脉　12. 髂外动脉　13. 肾中动脉　14. 坐骨动脉　15. 肾后动脉　16. 肠系膜后动脉　17. 髂内动脉　18. 尾中动脉

B. 静脉：1. 颈静脉　2. 椎内静脉窦　3. 臂静脉　4. 胸内静脉　5. 胸肌静脉　6. 肺静脉　7. 后腔静脉　8. 肾门前静脉　9. 肾前静脉　10. 髂总静脉　11. 肾门静脉瓣　12. 髂外静脉　13. 肾门后静脉　14. 肾后静脉　15. 坐骨静脉　16. 髂内静脉　17. 尾中静脉　18. 肠系膜后静脉　19. 肝门静脉　20. 肝静脉　21. 前腔静脉

图 17-10　禽血管主干模式图

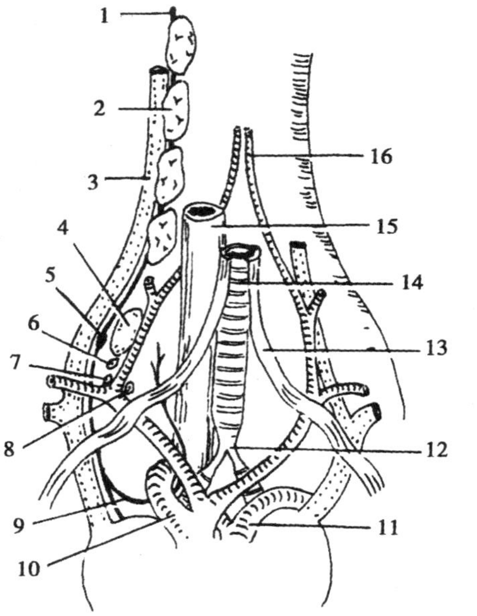

1.迷走神经　2.胸腺　3.颈静脉　4.甲状腺
5.结状节　6.甲状旁腺　7.颈动脉体　8.腮后腺
9.返神经　10.主动脉　11.肺动脉　12.鸣管
13.胸骨气管肌　14.气管　15.食管　16.颈总动脉

图 17-11　鸡颈基部及胸腔入口处的主要结构

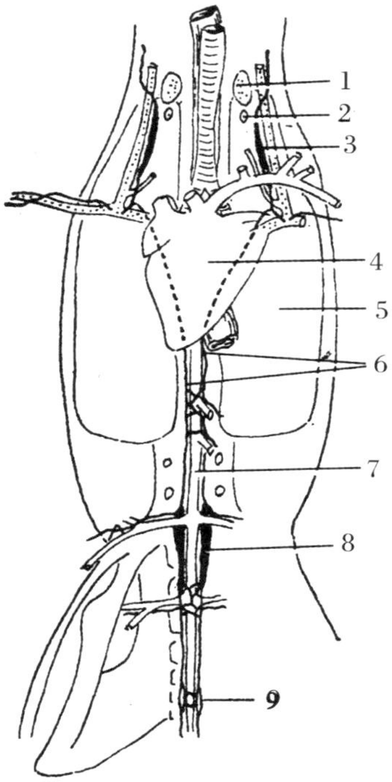

1.甲状腺　2.甲状旁腺　3.颈胸淋巴结
4.心　5.肺　6.胸导管　7.主动脉
8.腰淋巴结　9.淋巴心

图 17-12　鹅淋巴管和淋巴结模式图

三、淋巴管

禽淋巴管瓣膜较少，胸导管有一对(图 17-11、图 17-12)。

四、淋巴器官

淋巴器官有胸腺、腔上囊、脾、淋巴结。胸腺位于颈部两侧，形成一串小叶，性成熟后开始退化，主要功能是产生 T 淋巴细胞以及可能影响钙的代谢；腔上囊(法氏囊，Bursa of Fabricius)位于泄殖腔背侧，开口于肛道，鸡呈圆形，黏膜形成纵褶，有 12 枚，鸭鹅呈长椭圆形，黏膜纵褶仅有 2 枚，性成熟后开始退化，主要是产生 B 淋巴细胞；脾位于腺胃右侧，鸡呈球形，鸭鹅呈三角形，较小，主要功能是造血、滤血、参与免疫反应等，但无贮血和调节血量的作用；淋巴结仅见于水禽，有两对，胸颈淋巴结为长纺锤形，位于颈基部，腰淋巴结为长形，位于腹腔主动脉两侧。

五、淋巴组织

淋巴组织广泛分布于禽体，其中较大的有回肠淋巴集结和盲肠扁桃体(鸡的发达)。

第四节　神经系统

一、脑

禽脑较小，不同禽类脑的形态大体相似。脑干包括延髓、中脑和间脑（图 17-13）。脑桥不明显。中脑顶盖形成一对发达的中脑丘，又叫视叶，相当于哺乳动物的中脑前丘。突入中脑水管的腔内有 1 对半环状枕，内为中脑外侧核，相当于哺乳动物的后丘。小脑的蚓部很发达，两侧为 1 对小脑绒球。小脑以前脚和后脚与中脑和延髓相联系。间脑也包括丘脑、上丘脑和下丘脑等部。禽大脑半球前端为嗅球，不甚发达。半球的背外侧和内侧为大脑皮质。半球的腹外侧为纹状体；纹状体发达，是禽脑重要的运动整合中枢。禽的大脑皮质薄，表面光滑，不形成沟回，仅背侧有一略斜的纵沟。大脑皮质也可分为旧皮质区、古皮质区和新皮质区。嗅叶皮质属于旧皮质，位于半球外侧；禽嗅脑不发达。大脑半球的背内侧部为古皮质，相当于海马，在哺乳动物则褶曲至侧脑室内。覆盖在新纹状体上的上纹状体及其在半球表面的小部分，则相当于新皮质。联络两大脑半球的主要是前连合和皮质连合，胼胝体很不发达。脑脊膜与哺乳动物相同，但大脑镰和小脑幕不很发达。

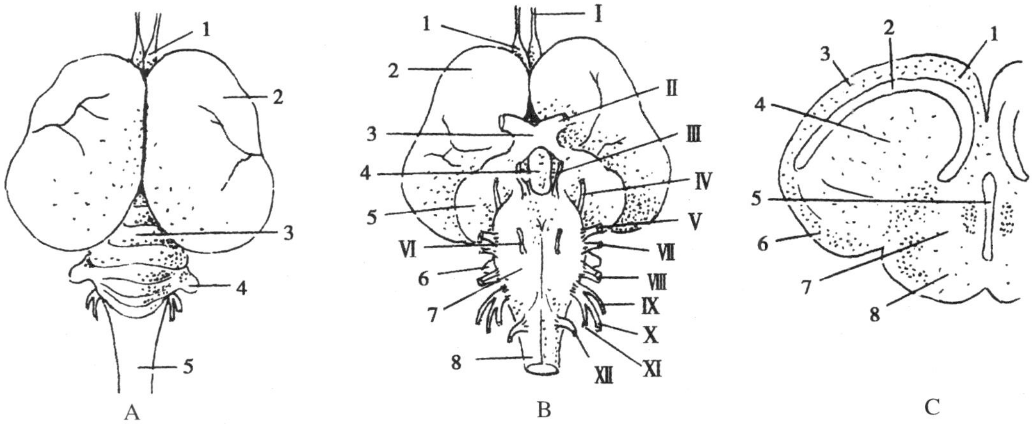

A. 背侧观：1. 嗅球　2. 大脑半球　3、4. 小脑蚓部和小脑耳　5. 脊髓

B. 腹侧观：1. 嗅球　2. 大脑半球　3. 视交叉　4. 垂体　5. 中脑丘　6. 小脑耳　7. 延髓　8. 脊髓

Ⅰ～Ⅻ. 12 对脑神经

C. 在大脑半球处的横切面：1. 海马　2. 侧脑室　3. 大脑皮质　4. 纹状体　5. 第三脑室　6. 嗅皮质　7. 丘脑　8. 下丘脑

图 17-13　鸡的脑

二、脊髓

脊髓位于椎管，由脊膜（硬膜、蛛网膜和软膜）、灰质、白质等组成，后端不形成马尾，腰荐膨大部发达。腰荐膨大部背侧左右分开，形成菱形窦，内有富含糖原的胶质细胞团，称胶质体。脊髓内部为灰质；颈膨大部和腰荐膨大部的灰质腹侧柱有一部分移至外周的白质内，形成所谓缘核。脊髓外周为白质，系传导路径；禽的外周感觉较差，有些上行传导路径也不发达。

三、脊神经

脊神经有40对。臂神经丛从脊髓颈膨大发出，由颈部4～5对脊神经形成，分支经锁骨、第一肋骨和肩胛骨形成的三角形间隙走出。腰荐神经丛由腰荐部8对脊神经形成，位于荐骨两旁和髂骨的肾窝里，在肾的内面，其中最大的坐骨神经在鸡患马立克氏病时会水肿、变性、颜色变黄。

四、脑神经

脑神经有12对，第五对三叉神经发达，第七对面神经不发达。

五、植物性神经

植物性神经由交感神经(颈部交感干、胸腰部交感干)、副交感神经(脑部副交感、荐部副交感)和肠神经组成(图17-14)，其中迷走神经是副交感神经的主要部分，且很发达；禽交感神经系还分出一支特殊的肠神经，由肾后端交感干分出的神经纤维形成。肠神经从直肠与泄殖腔连接处起，在肠系膜内沿肠管向前延伸，直至十二指肠终部，具有一串神经节，发出细支到肠。

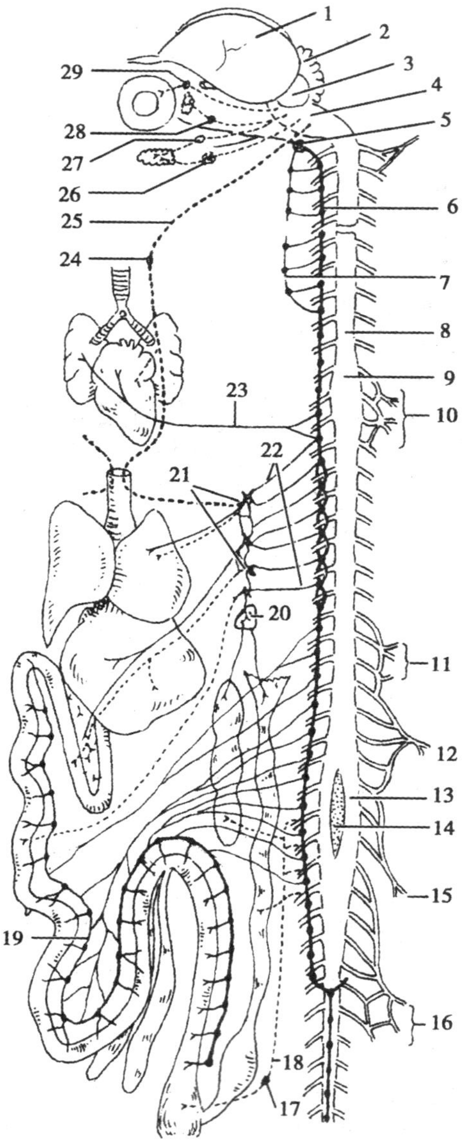

1.大脑半球 2.小脑 3.中脑丘 4.延髓 5.颈前神经节 6.交感神经干 7.颈动脉神经 8.脊髓 9.颈膨大 10.臂丛 11.腰丛 12.荐丛 13.腰荐膨大 14.腔质体 15.阴部丛 16.尾丛 17.泄殖腔神经节 18.盆神经 19.肠神经 20.肾上腺及肾上腺丛 21.腹腔丛及肠系膜前丛 22.脏神经 23.心肺支 24.结状节 25.迷走神经 26.神经丛及第9对脑神经副交感纤维 27.下颌节及第7对脑神经副交感纤维 28.蝶腭节及第7对脑神经副交感纤维 29.睫状节及第3对脑神经副交感纤维

图17-14 禽植物性神经系模式图

第五节 内分泌系统

内分泌系统由垂体、甲状腺、甲状旁腺、腮后腺、肾上腺和松果体组成，胰岛、卵巢髓质间质细胞、卵泡外腺细胞、睾丸间质细胞等都是内分泌腺。

1. 垂体　呈扁长卵圆形，位于蝶骨颅面的蝶鞍内，由腺垂体和神经垂体组成，前者可分泌促肾上腺皮质激素、生长激素、促甲状腺激素等，对生长发育、生殖、代谢起调节作用，后者含有催产素和加压素，促进输卵管、子宫部肌肉收缩以及收缩血管、上升血压，促进肾小管对水分重吸收，有抗利尿作用。

2. 甲状腺　一对，位于胸腔入口处附近，在气管两旁，临近颈总动脉和颈总静脉，主要功能是分泌甲状腺素，参与调节机体新陈代谢。

3. 甲状旁腺　两对，紧位于甲状腺后方，主要功能是促使骨中钙质参加血液循环，促进磷从肾脏排出。

4. 腮后腺　一对，位于甲状腺之后，紧邻甲状旁腺，作用是参与调节禽体内钙的代谢。

5. 肾上腺　一对，位于两肾前端，为乳白色或橙黄色，大多数为扁平不规则形，是禽体生命活动不可缺少的内分泌腺，摘除后短时间内致死，分泌肾上腺皮质激素，调节电解质平衡，促进蛋白质和糖代谢，影响性腺、腔上囊、胸腺、羽毛脱落等活动。

6. 松果体　位于大脑和小脑之间，淡红色，与生长、性腺发育和产蛋生理功能有密切关系。

第六节　感觉器官

一、视觉器官

视觉器官由眼球和眼的辅助器官构成(图 17-15)。眼球较大，家禽等白昼鸟的较扁。虹膜括约肌发达，与睫状肌均由横纹肌构成，因此动作迅速。视网膜较厚，但无血管分布，而在视神经盘处形成特殊的眼梳膜，内含有丰富的血管，伸入玻璃体内，与视网膜等的营养和代谢有关。前半部呈圆锥体形，后半部较圆。眼辅助器官中眼球肌有 6 块，无退缩肌，因此，眼球活动范围不大。眼睑缺少睑板腺，第 3 眼睑(瞬膜)发达，活动时能将眼球安全盖住，泪腺较小。瞬膜腺又称哈德氏腺(Harderian gland)，较发达，分泌黏液性分泌物，具有清洁、湿润角膜的作用。巩膜内有软骨板。

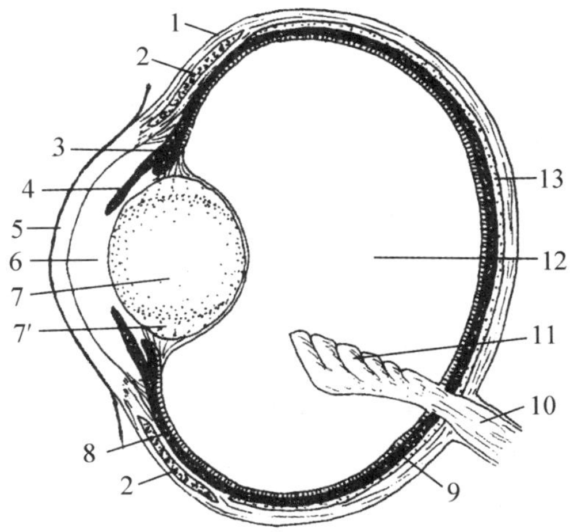

1. 巩膜　2. 巩膜骨环　3. 睫状体　4. 虹膜　5. 角膜　6. 瞳孔　7. 晶状体　7′. 晶状体环枕　8. 脉络膜　9. 视网膜　10. 视神经　11. 眼梳膜　12. 玻璃体　13. 巩膜软骨板

图 17-15　鸡眼球纵剖面

二、位听器官

位听器官包括外耳、中耳、内耳。外耳无耳廓，不发达。中耳由鼓室、咽鼓管和听小骨组成，其中听小骨只有一块，称为耳柱骨。内耳的半规管很发达，耳蜗仅为一稍弯的短管，主要功能是产生听觉、位置觉，维持身体平衡。

第七节 被皮

一、皮肤

禽皮肤较薄，皮下组织疏松，有利于羽毛的活动；皮下脂肪在羽区和水禽躯干腹侧形成一层，此外在其他一定部位形成若干脂肪体；无汗腺和皮脂腺，体温调节的散热主要依靠体表的裸区，蒸发散热则依靠呼吸道；皮肤颜色与所含黑素颗粒和类胡萝卜素有关；尾部具有尾脂腺(图 17-16)，分左右两叶，在水禽特别发达，仅极少数陆禽无此腺(如鸽类和鹦鹉)，分泌物起润泽作用；皮肤还形成一些固定的皮肤褶，如在翼部的翼膜，在水禽趾间的蹼，前者用于飞翔，后者用于划水；母鸡和火鸡在孵卵期，羽毛较少的胸部皮肤，因血管增生而形成特殊的孵区(孵斑)，其血液供应主要来自一支皮动脉，因此又称孵动脉。皮肤的真皮具有发达的平滑肌束，在羽区呈四边形或对角线形连接于相邻羽囊之间，如渔网状，称羽肌，起着竖羽、降羽和退羽的作用；在裸区的平滑肌则较短而均匀地平行分布。

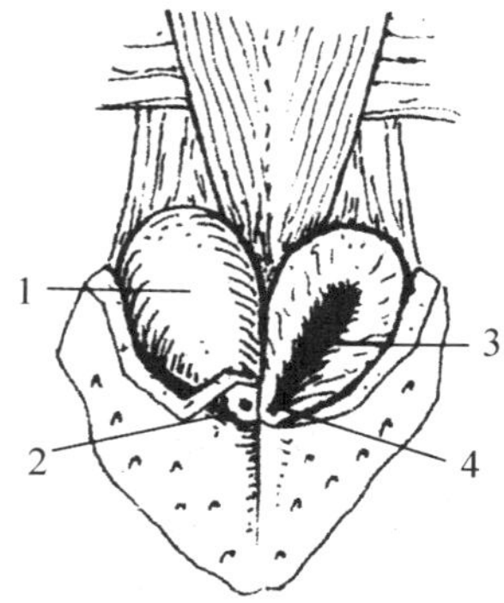

1. 尾脂腺左叶 2. 尾脂腺乳头 3. 腺池 4. 导管及开口

图 17-16 鹅的尾脂腺(背侧观、右叶水平剖开)

二、羽毛

羽毛是皮肤衍生物，分为正羽、绒羽和纤羽。典型羽毛有一根羽轴，分为羽根和羽干，羽根着生在皮肤羽囊内，羽干两旁由众多羽枝形成的两羽片构成。正羽构造典型，是典型羽毛，又称廓羽。绒羽羽茎细、羽枝长，小羽枝不形成小钩，起保温作用。纤羽细小，仅羽鳞片是表皮角质层加厚形成。被羽着生在禽体的一定部位为羽区，其余为裸区，以利肢体的运动(图 17-17)。

三、其他衍生物

头部有冠、肉髯、耳垂，都是由皮肤褶演变形成。冠和肉髯具有发达的结缔组织、丰富的血管、淋巴管和神经末梢。喙、距、爪和鳞片由表皮角质化而成，故很坚硬。

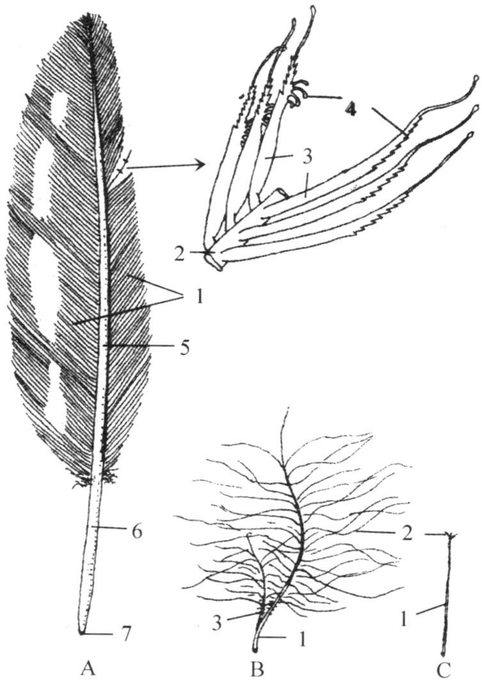

A. 廓羽(正羽)：1. 羽片 2. 羽枝 3. 小羽枝 4. 羽钩 5. 羽茎 6. 基翮 7. 下脐

B. 绒羽：1. 基翮 2. 羽枝 3. 下羽

C. 纤羽：1. 羽轴 2. 羽枝

图 17-17 禽羽毛模式图

主要参考文献

1. 马仲华. 家畜解剖学及组织胚胎学(第3版)[M]. 北京:中国农业出版社,2002.

2. 彭克美. 畜禽解剖学(第2版)[M]. 北京:高等教育出版社,2009.

3. 董常生. 家畜解剖学(第4版)[M]. 北京:中国农业出版社,2012.

4. 内蒙古农牧学院,安徽农学院. 家畜解剖学(第2版)[M]. 北京:农业出版社,1991.

5. 杨维泰,张玉龙,董常生. 家畜解剖学[M]. 北京:中国科学技术出版社,1993.

6. 陈耀星. 畜禽解剖学[M]. 北京:中国农业大学出版社,2001.

7. 胡耀民. 人体解剖学标本彩色图谱[M]. 广州:广东科技出版社,1998.

8. 孙裕光. 畜禽解剖生理[M]. 北京:高等教育出版社,2002.

9. 杨安峰,程红. 脊椎动物比较解剖学[M]. 北京:北京大学出版社,1999.

10. 雷治海. 动物解剖学实验教程[M]. 北京:中国农业大学出版社,2006.

11. 尚玉昌. 动物行为学[M]. 北京:北京大学出版社,2005.

12. 王会香. 动物解剖原色图谱[M]. 合肥:安徽科学技术出版社,2008.

13. 中等职业学校畜禽养殖专业教材编写组. 畜禽解剖生理[M]. 北京:高等教育出版社,1994.

14. 拉·汉. 拉·汉兽医解剖学名词[M]. 南京农学院,甘肃农业大学,北京农业大学,等译. 长沙:湖南科学技术出版社,1986.

15. König H E,Liebich H G. 家畜兽医解剖学教程与彩色图谱[M]. 陈耀星,刘为民,等译. 北京:中国农业大学出版社,2009.

16. Boyd J S. 犬猫临床解剖彩色图谱[M]. 董军,陈耀星,等译. 北京:中国农业大学出版社,2007.

17. Ashdown R R,Done S H. 反刍动物解剖学彩色图谱[M]. 陈耀星,曹静,等译. 北京:中国农业出版社,2012.

18. Done S H,Goody P C,Evans S A,等. 犬猫解剖学彩色图谱[M]. 林德贵,陈耀星,译. 沈阳:辽宁科学技术出版社,2007.